ANTHROPOGENE VEGETATION

BERICHT ÜBER DAS

INTERNATIONALE SYMPOSIUM IN STOLZENAU/WESER

1961

DER

INTERNATIONALEN VEREINIGUNG FÜR VEGETATIONSKUNDE

HERAUSGEGEBEN VON

REINHOLD TÜXEN

Springer-Science+Business Media, B.V.

ISBN 978-94-010-3560-6   ISBN 978-94-010-3559-0 (eBook)
DOI 10.1007/ 978-94-010-3559-0

Landesminister

RICHARD TANTZEN

dem Freund und Förderer

der Pflanzensoziologie

zu dankbarem Gedächtnis

INHALT

Die Teilnehmer am Internationalen Symposion für anthropogene Vegetation.

TEILNEHMERVERZEICHNIS

Deutschland

BORCHERS, Dr. K., Oberlandforstmeister, 3 Hannover, Calenberger Str. 2

BRACKER, Dr. H.-H., 225 Husum, Schobüller Str. 36, Lehranstalt f. Grünlandwirtschaft

BRÜLL, Dr. H., 2359 Hartenholm ü. Kaltenkirchen i. H.

DIEKMANN, W. †, 2 Hamburg

DUTY, J., Dipl.-Biol., Rostock, Adolf-Wilbrand-Str. 6, Universität, Seminargebäude

ERNST, GERTRAUD, Wiss.-Mitarb., Dresden, Zellescher Weg 19, Institut für Geographie der Techn. Universität

ERNSTING, W. †, Dipl.-Biol., 532 Bad Godesberg

ESKUCHE, Dr. U., Departemento de Biologia. Moreno 967-I°, Buenos Aires, Argentinien

FÖRSTER, Dr. E., 4190 Kleve-Kellen, Dammstr. 15, Forschungsstelle für Grünland und Futterbau des Landes NRW

FRIEDERICHS, Prof. Dr. K., 34 Göttingen, Am Sölenborn 14

FRIEDRICH, G., Stud.-Ass., 4153 Krefeld, Krefelderstr. 155

GEHLKER, Dr. H., 7065 Winterbach bei Schorndorf (Württbg.), Neue Gasse

GÖRS, Dr. SABINE, 714 Ludwigsburg, Favoriteschloß

GROSSER, Dr. K. H., Kleinmachnow b. Berlin, Medonstr. 21

GRUPE, Prof. Dr. H., 3140 Lüneburg, Sonninstr., Pädagogische Hochschule

HABER, Dr. W., Kustos, 44 Münster (Westf.), Himmelreichallee 50, Landesmuseum für Naturkunde

HÖLL, Dr. K., Reg.-Rat, 325 Hameln, Kreuzstr. 16

HÜBSCHMANN, A. v., 532 Bad Godesberg, Heerstr. 110, Bundesanstalt für Vegetationskunde, Naturschutz und Landschaftspflege

HUNDT, Prof. Dr. R., x 402 Halle/Saale, Straßburgerweg 5

JAHNS, W., 532 Bad Godesberg, Heerstr. 110, Bundesanstalt für Vegetationskunde, Naturschutz und Landschaftspflege

KLINGE, Dr. H., 232 Plön (Holstein), Hydrobiolog. Anstalt der Max Planck-Gesellschaft

KNAUER, Doz. Dr. H., 23 Kiel, Rendsburger Landstr. 181

KÖRBER-GROHNE, Dr. UDELGARD, 562 Velbert, Zur Abtsküche 24

KRAGH, G., Oberreg. Rat, 5673 Burscheid, Sträßchen 33

LAMPERT, Dr. KÄTHE, 314 Lüneburg, Gravenhoststr. 12
LOHMEYER, Dr. W., 532 Bad Godesberg, Heerstr. 110, Bundesanstalt
    für Vegetationskunde, Naturschutz und Landschaftspflege
MEISEL, Dr. K., 532 Bad Godesberg, Heerstr. 110, Bundesanstalt
    für Vegetationskunde, Naturschutz und Landschaftspflege
MEISEL-JAHN, Dr. SOFIE, 546 Linz/Rh., Postfach 27
MEISSNER, H., 532 Bad Godesberg, Heerstr. 110 Bundesanstalt für
    Vegetationskunde, Naturschutz und Landschaftspflege
MÜLLER, Dr. G., 4190 Kleve-Kellen, Dammstr. 15, Forschungsstelle
    für Grünland und Futterbau des Landes NRW
MÜLLER, Dr. M., 8601 Seehof b. Bamberg, Memmelsdorf (Ofr.)
MÜLLER, Dr. Th., 714 Ludwigsburg, Favoriteschloß
MÜLLER-STOLL, Prof. Dr. W., Postdam-Sanssouci, Am Drachenberg 1
OBERDORFER, Prof. Dr. E., 75 Karlsruhe, Erbprinzenstr. 13
OHE, Dr. SVANBURGA VON DER, 3101 Oberohe über Unterlüß
PASSARGE, Dr. habil. H., Eberswalde, Schneiderstr. 13
PIETSCH, Dr. R., 63 Gießen, Institut für Grünlandwirtschaft und
    Futterbau
RAABE, Prof. Dr. E.-W., 23 Kiel, Düsternbrooker Weg 17, Bota-
    nisches Institut der Universität
RABELER, Dr. W., 532 Bad Godesberg, Heerstr. 110, Bundesanstalt
    für Vegetationskunde, Naturschutz und Landschaftspflege
RODI, Dr. D., 7070 Schwäbisch Gmünd, Hochbergweg 8
RÖPKE, Dr. Fr.-W., 23 Klausdorf-Altenholz, Post Holtenau/Kiel,
    Alter Kieler Weg 1
RUNGE, Dr. F., 44 Münster i. Wf., Vinzenzweg 35
SCHLÜTER, Dr. H., x69 Jena, Steiger 17, Institut für Forstwissen-
    schaft, Zweigstelle f. reg. Standortskunde
SCHMIDT, Prof. Dr. G., Rostock, Adolf-Wilbrand-Str. 6, Geographi-
    sches Institut der Universität
SCHOLZ, Dr. H., 1 Berlin 33, Ehrenbergstr. 24b
SCHWERDTFEGER, Dr. G., Baurat, 3113 Suderburg, An der Napoleons-
    brücke 1
SEIBERT, Doz. Dr. P., Oberreg. Rat, 8 München, Höslstr. 9
SIOLI, Prof. Dr. H., 232 Plön, Hydrobiolog. Anstalt der Max Planck-
    Gesellschaft
SPEIDEL, Dr. B., 643 Bad Hersfeld, Eichhof
STÄHLIN, Prof. Dr. A., 63 Gießen, Thomastr. 18
STAGE, E., 63 Gießen, Institut für Grünlandwirtschaft und Futter-
    bau
SUKOPP, Dr. H., 1 Berlin-Schöneberg, Erfurterstr. 1
TANTZEN, R. †, Landes-Kultusminister a. D., 29 Oldenburg (Oldb.),
    Hermann Allmersweg 5
TRAUTMANN, Dr. W., Wiss. Oberrat, 532 Bad Godesberg, Heerstr.
    110, Bundesanstalt für Vegetationskunde, Naturschutz und Land-
    schaftspflege
TÜXEN, Dr. J., 29 Oldenburg (Oldb.) Pädagogische Hochschule
TÜXEN, Prof. Dr. Dr. h.c. R., 3261 Todenmann über Rinteln
WALTHER, Dr. Elly, 2 Hamburg-Wellingsbüttel, Reinkingstr. 13

WALTHER, Dr. K., Oberkustos, 2 Hamburg 36, Jungiusstr. 6–8

Finnland

CEDERCREUTZ, Prof. Dr. C., Helsingfors, Bergmansgatan 7B
CEDERCREUTZ, Frau ULLA, Fil.-Mag., Helsingfors, Bergmansgatan 7B
SAARISALO-TAUBERT, ANNIKKI, Lic.-Phil., Helsinki, Botanisches Institut der Universität

Irland

MOORE, J. J., S.J., Pater, Dublin 4, Botany Department, University College

Italien

FENAROLI, Prof. Dr. L., Bergamo, Stazione Sperimentale di Maiscoltura, Casella Postale N. 164
GENTILE, Dr. S., Napoli, Istituto Botanico, Via Foria 223
GIACOMINI, Prof. Dr. V., Roma, Istituto Botanico
MARCHESE-POLI, Dr. EMILIA, Catania, Istituto Botanico, Via A. Longo 19
PIGNATTI, Prof. Dr. S., Trieste, Via Fabia Seveto 152
PIGNATTI, Dr. ERIKA, Trieste, Via Fabia Seveto 152

Jugoslavien

JOVANOVIĆ, Dr. RAJNA, Beograd, Biološki Institut NRS

Luxemburg

REICHLING, Dr. L., Luxembourg, 75, av. Guillaume

Niederlande

BANNINK, J. F., Stichting voor Bodemkartering, Bovenweg 7, Bennekom
BARKMAN, Doz. Dr. J. J., Wijster (Dr.). Kampsweg 27
DONSELAAR, J. VAN, Wotro, Commewijnestr. 18, Zorg en Hoop Wijk, Paramaribo, Suriname.
KOP, Dr. B., Bennekom, Proefstation Akker-Weidebouw, Bornsesteeg, Wageningen
LEEUWEN, CHR. G. VAN, Zeist, Rijksinstituut voor Veldbiologisch Onderzoek ten behoeve van het Natuurbehoud, Laan van Beek en Royen 40
LEYS, H. N., Ede, Stichting voor Bodemkartering, Bovenweg 7, Bennekom
OVER, H. J., Utrecht, afd. Diergeneeskunde van de Organisatie voor Toegepast Natuurwetenschappelijk Onderzoek, Biltstraat 168
SEGAL, Dr. S., Amsterdam, Hugo de Vries-Laboratorium, Plantage Middenlaan 106
STAPELVELD, Dr. E., Assen, Staatsbosbeheer, Nassaulaan 7
VOO, E. E. VAN DER, Zeist, Rijksinstituut voor Veldbiologisch Onderzoek ten behoeve van het Natuurbehoud, Laan van Beek en Royen 40

Westhoff, Dr. V., Zeist, Rijksinstituut voor Veldbiologisch Onderzoek ten behoeve van het Natuurbehoud, Laan van Beek en
Royen 40
Zonneveld, Dr. I. S., Sokoto N-Nigeria, U.N.S.F./F.A./O., private
mail bag

Österreich

Hübl, Doz. Dr. E., Wien I, Dr. Karl Luegerring 1
Kutschera, Lore, Dipl.-Ing., Klagenfurt (Kärnten), Kempfstr.
12/XI
Mayer, Prof. Dr. H., 1180 Wien XVII, Gregor-Mendel-Str., Institut
für Waldbau

Polen

Matuszkiewicz, Dr. Anniela, Warschawa, Aleje Ujazdowskie 4
Matuszkiewicz, Prof. Dr. W., Warschawa, Aleje Ujazdowskie 4

Portugal

Teles, A. N., Sacavém, Estação Agronomica Nacional

Schweden

Merker, Dr. H., Hälsingborg, Sköldenborgsg. 5C

Schweiz

Brun-Hol, Prof. Dr. J., Luzern, Berglistr. 1
Ellenberg, Prof. Dr. H., Zürich 44, Zürichbergstr. 38
Furrer, Dr. E., Zürich 38, Nidelbachstr. 86
Marschall, Dr. F., Zürich 50, Birchstr. 95

Tschechoslowakei

Neuhäusl, Dr. R., Průhonice u Praha, Botan. Institut der Tschechoslowakischen Akademie d. Wissenschaften

Türkei

Gençkan, Dr. S., Izmir, Ege Üniversitesi Ziraat Fakültesi

Ungarn

Horvát, Dr. A. O., Pécs, Janus Pannonius-utca 8

USA

Eck, Prof. Dr. W. A. van, Morgantown (W-Virginia), Department of
Agronomy and Genetics, West Virginia University

ERÖFFNUNGSANSPRACHE

von

REINHOLD TÜXEN

Meine sehr verehrten Damen und Herren, verehrte Kollegen, liebe Freunde!

Im Namen des Herrn Präsidenten unserer Internationalen Vereinigung Dr. DE LEEUW habe ich die Ehre, das diesjährige Stolzenauer Internationale Symposion über das Thema „Anthropogene Vegetation" zu eröffnen. Ich darf Sie alle, die heute zum Teil aus fernen Erdteilen hierhergekommen sind, auf das herzlichste willkommen heißen. Wir sind glücklich, wieder im Kreise alter und vielleicht neuer Freunde aus 16 Ländern (Finnland, Irland, Italien, Jugoslavien, Luxemburg, Niederlande, Österreich, Polen, Portugal, Schweden, Schweiz, Tschechoslovakei, Türkei, Ungarn, USA und Deutschland) hier vereint über Fragen unserer schönen Wissenschaft nachdenken zu dürfen.

Wir haben in den letzten zweieinhalb Tagen bereits ein oder vielleicht zwei kleine Vorsymposien gehabt: Das erste war eine Diskussion systematisch-nomenklatorischer Fragen aus dem Gebiet der Pflanzensoziologie. Dieser Problemkreis hat uns zwei sehr lebhafte und ausgefüllte Tage im engeren, aber doch stark internationalen Kreise beschäftigt. Eine fruchtbare Vorarbeit, nicht nur für das jetzige Symposion, ist hier geleistet worden.

Wir haben zweitens heute morgen eine Tagung der „Gesellschaft der Freunde und Förderer der Bundesanstalt für Vegetationskartierung" gehabt. Ihren hochverehrten Herrn Präsidenten, Herrn Minister TANTZEN darf ich hier besonders begrüßen und ihm noch einmal im Namen aller meiner Mitarbeiter unseren Dank aussprechen für alles das, was er mit der von ihm geleiteten „Gesellschaft der Freunde und Förderer der Bundesanstalt" für die Anstalt trotz seiner Belastung mit anderen Pflichten getan hat.

Herzlich darf ich dann den Nestor der deutschen Biozönose-Forschung begrüßen, Herrn Prof. FRIEDERICHS aus Göttingen, der vielen von Ihnen von unserem letztjährigen Symposion für Biosoziologie in lebhafter Erinnerung ist.

Unser aller Lehrer und Meister JOSIAS BRAUN-BLANQUET, der leider nicht teilnehmen kann, schreibt: „Verehrte liebe Freunde und Kollegen, die Stolzenauer Versammlungen sind eine schöne Sache für alt und jung, vor allem aber natürlich für die aufstrebende Generation kommender Pflanzensoziologen. Ihr, aber auch den lieben alten Freunden und Kollegen gilt mein herzlichster Gruß. Die vielen lehrreichen Vorträge, mit

Aussprachen und Diskussionen verbunden, werden sicherlich zur Festigung der uns allen am Herzen liegenden naturnahen Wissenschaft beitragen. Nicht mit dabei zu sein und nicht an den Diskussionen teilnehmen zu können bedauert ein alter Kämpe, der mit immer gleichem Interesse Ihren Verhandlungen aus der Ferne folgt. Ihrer Tagung allen Erfolg wünscht Josias Braun-Blanquet."

Und unser Freund Ivo Horvat aus Zagreb, denen, die vor zwei Jahren unser Vegetationkartierung-Symposion mitgemacht haben, wohl in freundlichstem Gedenken, schreibt: „Leider kann ich am diesjährigen Symposion in Stolzenau nicht teilnehmen. Die schöne, liebe Ortschaft im Wesertale wird in diesen Tagen wieder bekannte und neue Freunde empfangen. Die erfolgreichen Symposien in Deinem kleinen, aber großartigen Institut bringen immer grundlegende Ergebnisse von großer wissenschaftlicher Bedeutung. Aber, was ebenso wertvoll ist, sie bringen eine unvergeßliche freundschaftliche Atmosphäre, die uns allen so willkommen ist. Durch die rege Tätigkeit der Bundesanstalt hat das unbekannte Stolzenau eine ungeahnte Geschichte erlebt. Es ist zu einer Zentralstelle für die Vegetationskunde geworden und leuchtet als ein glänzendes Licht einer ganzen wissenschaftlichen Generation. Ich freue mich außerordentlich dem Symposion der Bundesanstalt aus dem fernen Zagreb meine herzlichen Glückwünsche senden zu können. Mit herzlichen Grüßen an alle zuhause, im Institut und im Symposion verbleibe ich als Dein getreuer Ivo Horvat."

Wir sind hier zusammengekommen, um über Probleme unserer Wissenschaft zu beraten, so ist das ja immer hier gewesen, nicht um uns zu streiten, welche von den vorgetragenen Meinungen, die keineswegs immer von allen geteilt wird, nun sich am ersten durchsetzen kann. Wir wollen gemeinsam eine Synthese, die Wahrheit suchen, die beste Lösung der Probleme, über die wir grübeln, um deren Willen wir arbeiten. Dieses geistige Band wird uns jetzt vier Tage lange verbinden, es wird die Garantie dafür sein, daß wir fruchtbare Ergebnisse zutage fördern, die auch eindringen werden in noch für viele oder vielleicht sogar für alle von uns unbekanntes Neuland, wie es doch auf den letzten Symposien immer so gewesen ist.

Bevor wir nun unseren „Osterspaziergang" durch die anthropogene Vegetation nicht nur Europas, sondern auch anderer Erdteile beginnen, erlauben Sie mir vielleicht noch ein paar Bemerkungen:

Das Thema des jetzt begonnenen Symposion für „synanthrope Vegetation" – so war es ursprünglich formuliert – oder „anthropogene" Vegetation stammt von unserem Kollegen Hejný aus der Tschechoslovakei. Er hat es im vorigen Jahr angeregt.

Wir haben auch nachzudenken über das nächstjährige Symposion. Nach Rücksprache mit unseren Freunden in den letzten Tagen wollte ich mir den Vorschlag erlauben, daß wir einen soziologisch-systematischen Problemkreis wählen, ein Thema, das wirklich brennend ist für die europäischen Pflanzensoziologen, und das schon vor einigen Jahren einmal vorgeschlagen wurde in einer Anregung von Herrn Kollegen Reichling aus Luxemburg, die wir jetzt wieder aufgreifen möchten. Das Thema würde heißen: Soziologische Systematik der europäischen Buchenwälder.

Ich glaube, daß viele Pflanzensoziologen daran interessiert wären. Es besteht kein Zweifel, daß dieser Fragenkomplex so bald als möglich besprochen und so weit wie möglich gelöst werden sollte.

Einige Schriften dürfen wir Ihnen allen freundlichst überreichen: darunter Heft 17 der „Angewandten Pflanzensoziologie", Stolzenau/Weser, den Bericht über das letztjährige Symposion von E. Furrer und die 2. Ausgabe des Adreßbuches der europäischen Pflanzensoziologen.

Allen, die das diesjährige Symposion vorbereiten halfen, darf ich herzlich danken.

ANTHROPOGENE MEERESALGEN-GESELLSCHAF-TEN AN DER ADRIATISCHEN KÜSTE

von

ERIKA und SANDRO PIGNATTI, Trieste

Die Algenvegetation entwickelt sich in Meerwasser bekanntlich nur auf festem Substrat, d.h. auf Gestein, Felsen, Kies oder wenigstens auf festem Lehmgrund. Die Venezianische Küste, die auf einer Länge von etwa 150 km (von Grado bis Rimini) nur Sanddünen aufweist, bietet den Meeresalgen keinen günstigen Standort. Es gibt wohl ausgedehnte Algenwatten im Brackwasser der Lagunen, die durch schmale Landzungen vom eigentlichen Meer abgeschnitten sind, aber hier handelt es sich um Formationen, die taxonomisch sowie ökologisch und physiognomisch eher der Süßwasser- als der Salzwasservegetation angehören. Die eigentliche Sandküste Venetiens ist in natürlichem Zustand fast ohne makroskopische Algen.

An diesen Standorten, die für die Besiedlung von Algen ungeeignet sind, hat der Mensch durch das Errichten mächtiger Dämme die Möglichkeit geschaffen, daß die Algen auf festem Substrat haften können. Auf diese Art bildeten sich einige Algen-Assoziationen, die als rein anthropogen angesehen werden können.

Die ersten Dämme auf der Venezianischen Küste wurden von der Dogenrepublik im 16. Jh. aufgebaut. Diese sollten die schmalen Landstreifen („Lidi") festigen und das Eindringen der Meeresfluten in die Lagune verhindern. Die Dämme laufen entlang der Küste, und die Wellen brechen sich frontal daran; gewöhnlich bestehen sie aus zwei Stufen von Kalksteinen, die eine Gesamthöhe von etwa 5–8 m erreichen und an der Meeresseite werden sie außerdem noch von einem ungeordneten Haufen loser Felsblöcke geschützt, die als Wellenbrecher dienen. Derartige Längsdämme befinden sich in der Zone von Malamocco auf einer Länge von etwa 5 km, ferner entlang dem ganzen Lido von Pellestrina (etwa 10 km) und bei Sottomarina (3 km, hier aber meistens versandet).

Eine zweite Reihe von Dämmen wurde um 1880 aufgebaut, um die Häfen vor der Versandung zu schützen. Zu diesem Zweck wurden je zwei Dämme für jeden Hafen (im ganzen 6 für die drei Häfen von Lido, Malamocco und Chioggia) gebaut. Diese Dämme haben eine Länge von 2 bis 4 km und verlaufen quer zur Küstenlinie und die Meereswellen brechen sich diagonal daran. Ihr Aufbau entspricht im großen und ganzen den Längsdämmen. Die anthropogenen Algengesellschaften, die wir studieren konnten, bilden sich auf den Längs- und Querdämmen.

Die Umweltbedingungen dieser Standorte wurden ausführlich von PICOTTI (1931, 1934/35, 1935/36) und von SCHIFFNER u. VATOVA (1938)

Tab. I.   Stetigkeitstabelle (aus PIGNATTI, 1962)

	Fucetum virsoidis	Ceramieto-Corallinetum		Rhodymenietum	Cystoseiretum barbatae
		ceramietosum	corallinetosum		
Mittlere Tiefe dm	0	5	7	10	25
Zahl der Aufnahmen	16	16	12	11	18
Charakterarten des Fucetum virsoidis					
Fucus virsoides	16	2	.	.	.
Gelidium spathulatum incl. v. *affine*	13	6	3	.	3
Bangia fuscopurpurea	10	1	.	.	2
Enteromorpha lingulata	9	.	.	.	.
Phormidium tenue	6	.	.	.	.
Gelidium pulvinatum	3	3	.	.	.
Rivularia mesenterica	1	.	.	.	.
Charakterarten des Ceramieto-Corallinetum					
Corallina mediterranea	2	15	12	5	8
Ceramium ciliatum	8	16	7	1	2
Gelidium crinale	3	11	3	.	2
Ceramium barbatum	2	9	5	.	4
Antithamnion cruciatum	.	7	4	.	.
Grateloupia filicina	.	2	.	.	.
Ceramium diaphanum v. *diaphanum*	.	1	.	.	.
Charakterarten des Rhodymenietum					
Gigartina acicularis	3	(8)	1	8	2
(Tiere)					
Bryozoa	.	.	.	6	.
Ophiuroidea	.	.	.	2	.
Charakterarten des Cystoseiretum barbatae					
Cystoseira barbata	1	5	3	.	17
Halymenia floresia	.	.	.	2	16
Cystoseira abrotanifolia	.	3	3	1	14
Gracilaria compressa	.	.	.	.	14
Dictyopteris polypodioides	.	1	3	4	12
Gracilaria compressa fo. *brunnea*	.	.	1	.	12
Cladostephus verticillatus	.	.	.	.	8
Hypnaea musciformis	.	6	.	3	8
Nemastoma dichotoma	.	.	.	1	6
Ceramium strictum	.	.	.	.	6

	Fucetum virsoidis	Ceramieto-Corallinetum		Rhodymenietum	Cystoseiretum barbatae
		ceramietosum	corallinetosum		
Ceramium diaphanum v. *lophophorum* .	.	.	.	.	3
Bonnemaisonia asparagoides		.	.	.	1

Charakterarten der litoralen Biozönosen

	Fucetum virsoidis	ceramietosum	corallinetosum	Rhodymenietum	Cystoseiretum barbatae
Gymnogongrus griffithsiae	13	14	6	4	.
Enteromorpha compressa	14	14	.	1	1
Enteromorpha linza	5	7	5	.	.
Cladophora penicillata	4	8	5	.	.
Lyngbya confervoides	5	5	1	.	.

(Tiere)

	Fucetum virsoidis	ceramietosum	corallinetosum	Rhodymenietum	Cystoseiretum barbatae
Patella coerulea	10	8	6	.	.
Balanus sp.	14	7	4	.	.
Mytilus galloprovincialis	8	7	3	.	.
Actinia equina	7	8	1	.	.

Charakterarten der infralitoralen Biozönosen

	Fucetum virsoidis	ceramietosum	corallinetosum	Rhodymenietum	Cystoseiretum barbatae
Rhodymenia ardissonei	.	5	4	12	15
Bryopsis plumosa	1	4	4	7	14

(Tiere)

	Fucetum virsoidis	ceramietosum	corallinetosum	Rhodymenietum	Cystoseiretum barbatae
Adocia palmata	.	.	2	10	18
Stylostichon plumosus	.	.	3	8	15

Begleiter

	Fucetum virsoidis	ceramietosum	corallinetosum	Rhodymenietum	Cystoseiretum barbatae
Ulva lactuca	15	16	12	11	18
Dictyota dichotoma	.	9	7	7	9
Gastroclonium kaliforme	1	12	7	3	9
Laurencia paniculata	.	.	3	1	13
Cladophora prolifera	.	.	2	1	13
Bryopsis duplex	.	7	.	5	4
Polysiphonia sertularioides	4	4	3	.	6
Polysiphonia leptura	1	3	3	1	6
Callithamnion corymbosum	1	1	.	3	5
Dasya arbuscula v. *villosa*	3	3	.	.	8
Laurencia papillosa	2	4	2	.	4
Ectocarpus siliculosus	.	6	.	.	5
Gigartina teedi	.	.	7	1	1
Ectocarpus arctus	6	.	2	.	.
Laurencia obtusa	.	2	.	.	4
Gracilaria confervoides	.	.	.	.	6
Polysiphonia sanguinea	5	.	.	.	.

beschrieben. Der Salzgehalt schwankt von 32‰ bis 36‰. Der Gehalt an Sauerstoff schwankt von 75–95%. Das Wasser ist leicht alkalisch (pH 8,1 – 8,4), stellenweise sehr reich an H_2S, verschmutzt und trüb (etwa 5 mal weniger durchsichtig als in Triest und sogar 13 mal weniger als in Capri).

Der Wellengang ist nicht stark und besonders in den Wintermonaten gibt es lange Wetterperioden mit fast völliger Meeresstille; der Unterschied zwischen Ebbe und Flut beträgt im allgemeinen 70–104 cm, ist also ziemlich hoch im Vergleich mit anderen Mittelmeerküsten.

Das Substrat besteht aus Felsblöcken, die ein Gewicht von 1–10 Doppelzentner erreichen und von Istrien und Dalmatien gebracht worden sind. Es handelt sich meistens um Kalkgestein, seltener um Granit-, Sandstein- oder sogar Betonblöcke. Wir konnten bisher nicht feststellen, daß die Art der Gesteinsunterlage auf die Ausbildung der Algenvegetation Einfluß habe.

Die wichtigsten ökologischen Faktoren sind: Wellengang, Fluthöhe, Licht und Verunreinigungsgrad des Meereswassers.

Unsere Untersuchungen über die Algenvegetation der Venezianischen Küste wurden im Sommer 1960 begonnen und seither fortlaufend weitergeführt.

Bisher konnten wir vier voneinander gut getrennte Assoziationen unterscheiden, eine davon mit zwei Subassoziationen; sie werden von PIGNATTI (1962) ausführlich beschrieben:

1) Fucetum virsoidis auf Steinen, die bei Ebbe über dem Meeresspiegel liegen;

2) Ceramieto-Corallinetum, im Bereich des Ebbeniveaus, bleibt aber, mit Ausnahme einiger Stunden zur Zeit außergewöhnlich niedriger Ebbe, die sich allmonatlich bei Neumond wiederholt, immer unter dem Meeresspiegel; die Subass. corallinetosum auf exponierten Felsen, wo die Brandung am stärksten ist;

3) Rhodymenietum in schattigen Felslöchern und Rissen, meistens unterhalb der tiefsten Ebbeniveaus;

4) Cystoseiretum barbatae, in 1–5 m Tiefe an immer untergetauchten Felsen.

Die Verteilung der Arten in den verschiedenen Assoziationen ist in Tab. 1 ersichtlich.

Unserer Meinung nach ist die floristisch-statistische pflanzensoziologische Methode auch für das Studium dieser anthropogenen Meeresalgen-Assoziationen sehr geeignet.

ZUSAMMENFASSUNG

Die benthonische Algenvegetation der Küsten um Venedig ist anthropogenen Ursprungs. Trotzdem läßt sie sich gut in Assoziationen mit eigenen Charakterarten gliedern. Die wichtigsten Umweltfaktoren, die diese Assoziationen voneinander trennen, sind Wellengang, Licht und Gezeiten.

SUMMARY

The benthonic algal vegetation of the venetian coasts has anthropic origin. Though it is possible to distinguish several good associations with their characteristic species. The most important ecological factors are waviness, light and tide.

LITERATUR

Kornaś, J., Pancer, E., Brzyski, B.: Studies on Sea-Bottom Vegetation in the Bay of Gdańsk off Reva. – Fragm. flor. et geobot. **6** (1): 1–91. Kraków 1960.
Molinier, R.: Etude des biocenoses marines du Cap Corse. – Vegetatio **9**: 121–312. Den Haag 1960.
— et Picard, J.: Recherches sur les herbiers de Phanérogames marines du Littoral méditerranéen français. – Ann. Inst. Océan. **27**: 157–234. Paris 1952.
Picotti, M.: Caratteristiche termoaline dell' Alto Adriatico con alcune osservazioni talassografiche della Laguna di Venezia. – Boll. Soc. Adr. Sc. Nat., Trieste. **30**. 1931.
— Il regime termico delle acque della Laguna Veneta; Atti R. Ist. Sci. Lett. et Arti. **94**. Venezia 1934/35.
— Il regime alino nelle acque lagunari Venete – ibidem, **95**. Venezia 1935/36.
Pignatti, S.: Associazioni di alghe marine sulla costa veneziana – Mem. Ist. Veneto Sci. Lett. Arti, **32** (3): 1–134. Venezia 1962.
Schiffner, V. e Vatova, A.: Le alghe della Laguna di Venezia. In: Monografia „La Laguna", III, p. V–IX, Venezia, Carlo Ferrari, **16**. 1938.
Sighel, P. A.: La distribuzione stazionale e stagionale delle Alghe nella Laguna di Venezia. Comitato talassografico italiano, memoria **250**. Venezia 1938.

E. W. Raabe:

Fragt, ob die untersuchte anthropogene Algenvegetation sich wesentlich von derjenigen an natürlichen Standorten unterscheidet.

S. Pignatti:

Die Algenvegetation der Küste des Triester Golfes ist stark verschieden von der venezianischen Küste. Hier gibt es keine natürliche Algenvegetation.

V. Westhoff:

Da Prof. Pignatti als außermediterrane meeressoziologische Literatur nur die Arbeit von Kornaś et al. aus dem Ostseebereich erwähnt und dazu bemerkt hat, die Verhältnisse dieser Untersuchung seien wegen des geringen Salzgehaltes mit den mediterranen nicht vergleichbar, sei bemerkt, daß Dr. C. den Hartog, Niederlande, vor kurzem eine Dissertation über dieses Thema veröffentlichte: The epilithic algal communities on the Dutch sea coasts. – Wentia 1960. Diese Arbeit ist prinzipiell nach dem Braun-Blanquetschen System gefertigt worden, das sich also auch hier als brauchbar erwiesen hat. Wegen des normalen Salzgehaltes der Nordsee ist diese Arbeit besser mit den mediterranen Küsten vergleichbar. Es hat sich dabei herausgestellt, daß die anthropogenen (d.h. auf künstli-

chem Substrat wachsenden) Meeresalgen-Gesellschaften von den natürlichen nicht wesentlich verschieden sind. Dies war aber auch nicht zu erwarten, da nicht das Substrat, sondern das Wasser das eigentliche Milieu
der Meeresalgen bildet.

H. MERKER:

Werden diese Vorkommen irgendwie wirtschaftlich genutzt, indem die
Algen etwa gemäht werden, wie es z.B. an den skandinavischen Küsten
oder in Amerika geschieht?

S. PIGNATTI:

Ja, es gab während des Krieges Versuche, diese Algen zu nutzen, aber
in einer sehr groben Weise: Es wurden Kühe damit gefüttert. Die Kühe
können dieses Futter als Notnahrung ertragen, aber es ist kein zu befür-
wortendes Viehfutter. Jetzt werden diese Algen pharmakologisch untersucht. Aus Amerika sind einige Angaben bekannt, daß in Meeresalgen
sehr häufig Antibiotica vorkommen. Aber diese Untersuchungen sind
noch nicht abgeschlossen. Wir wollen die osmotischen Werte dieser Algen
kontrollieren. Außerdem wollen wir Preßsaft gewinnen. Doch die Algen
sind ganz besonders reich an Schleim. Aus 100 g Algen erhält man kaum
einige Tropfen Preßsaft.

W. R. MÜLLER-STOLL:

Die Errichtung fester Uferbauten, welche der höheren Algenvegetation
Aufwuchsgelegenheiten schafft, ist kein eigentlich anthropogener Faktor,
insofern als sich die Algengesellschaften in völlig natürlicher Ausbildung
einstellen. Im Falle der Venezianischen Lagune jedoch sind die Damman-
lagen Ursache für die Übereutrophierung (Verschmutzung) der abge-
schlossenen Meeresteile, von welcher offenbar ein deutlicher anthropogener
Einfluß auf die Algenvegetation ausgeht. Die chemische Beschaffenheit
der Unterlage (Fels etc.) ist für die Algen deshalb ohne Bedeutung, weil
die chemischen Milieufaktoren allein vom Wasser her bestimmt werden.

S. PIGNATTI:

Der anthropogene Charakter wird hauptsächlich dadurch gegeben, daß
das Wasser ganz verschmutzt und reich an Schwefelwasserstoff ist. Es
bilden sich *Ectocarpus*-Fazies in den Zonen, wo das Wasser ganz besonders
verschmutzt ist. In der Stadt selbst, wo das Wasser am meisten verun-
reinigt ist, kommt die urophile Alge *Ulotrix implexa* vor. Ihre Gesellschaften haben wir nicht untersucht. Aber das ist der extremste Fall von
anthropogener Beeinflussung, eine Art Ruderalflora, das wäre das Gegen-
stück zu den Phanerogamen.

W. R. MÜLLER-STOLL:

Zu der Beeinflussung der Küstengewässer durch menschliche Einwirkungen kommt also die Wirkung steinerner Längswerke hinzu, die eine Art
künstlicher Lagunen schaffen, in denen sehr starke Schwefelwasserstoff-
entwicklung, Eiweißfäulnis-Prozesse usw. eintreten. Das ist dann die
eigentliche anthropogene Wirkung.

Ich bin nicht ganz einverstanden mit dem Satz, daß keine Homologie zu Phanerogamen-Gesellschaften besteht. Ich bin sogar der Meinung, daß eine sehr starke und ausgeprägte Homologie mit diesen gerade bei den marinen Großalgen besteht, indem nämlich die Faktoren hier sehr viel einheitlicher und einfacher sind. Denn gerade die ausgesprochene Zonenbildung ist ja ein deutliches Kennzeichen dafür, daß wir einen Gesellschaftsaufbau haben.

S. Pignatti:

Ich will nicht sagen, daß keine Homologie besteht, sondern daß wir bisher nicht sicher sind, daß eine solche Homologie zu verallgemeinern ist.

C. Cedercreutz:

Ähnliche anthropogene Vegetation kommt auch in der nördlichen Ostsee (Helsinki) vor. Enteromorphen sind dort sehr reichlich, in reinerem Wasser *Cladophora glomerata*.

S. Pignatti:

Wenn wir diese Assoziationen nur auf Charakterarten stützen würden, dann würde sich zeigen, daß sie reicher an Charakterarten sind, als die meisten Phanerogamen-Gesellschaften. Wenn man die seltenen Arten einbeziehen würde, dann wären mehr als die Hälfte der Arten jeder Gesellschaft Charakterarten. Auch in diesem Sinne besteht eine Homologie mit den Phanerogamen-Gesellschaften.

MENSCHLICHER EINFLUSZ AUF DIE EPIPHYTEN-VEGETATION WEST-EUROPAS

von

J. J BARKMAN, Wijster (Niederlande)
(Mitteilung No 94 der Biologischen Station Wijster) [1]

EINLEITUNG

In einer natürlichen Landschaft wirkt der menschliche Einfluß anfangs bereichernd auf Flora und Vegetation, bei zunehmender Bevölkerungsdichte und besonders bei zunehmender Mechanisierung und Rationalisierung der Kulturtechnik aber stark verarmend. Es gibt also eine optimale Intensität des menschlichen Einflusses, bei welcher der Artenreichtum und die Variation der Pflanzendecke möglichst groß sind. Das gilt sowohl für die terrestrische wie für die epiphytische Vegetation. Im dichtbevölkerten Westeuropa ist dieses Optimum schon längst überschritten worden. In Skandinavien ist das anthropogene Optimum für die Epiphytenvegetation bis jetzt noch nicht erreicht worden.

Es fragt sich nun, welche menschlichen Einflüsse sich auf die Epiphytenvegetation geltend machen. Dabei wäre zu unterscheiden zwischen fördernden und hemmenden Maßnahmen.

FÖRDERNDE ANTHROPOGENE EINFLÜSSE

Der Mensch fördert die Ausbreitung bestimmter Epiphytenarten und -gesellschaften durch a) Transport über natürliche Migrationsbarrieren hinaus, b) Vernichtung anderer Arten oder Herabsetzung ihrer Konkurrenzkraft, c) Änderung der Standortsfaktoren und d) Schaffung völlig neuer Standorte.

a) Bis jetzt ist nur ein einziger Fall mit ziemlicher Sicherheit bekannt. In den zwanziger Jahren dieses Jahrhunderts wurde in England ein für Europa neues epiphytisches Moos entdeckt. Wie sich erst dreißig Jahre später herausstellte, handelte es sich dabei um eine südafrikanische Art, *Orthodontium lineare* Schwaegr., die wahrscheinlich mit Holz aus Südafrika in Liverpool importiert wurde (MEIJER 1951). Von dort aus hat sich die Art aus eigener Kraft nach allen Seiten, besonders aber in östlicher Richtung ausgebreitet. Seit 1943 ist sie aus Holland bekannt und heutzutage reicht ihr Areal mindestens bis Dänemark und Brandenburg. In Holland wird das Moos immer noch häufiger und hat sich in die Artengarnitur des einheimischen Leucobryo-Tetraphidetum eingefügt.

[1] Abteilung des Laboratoriums für Pflanzensystematik und -geographie der Landbauhochschule Wageningen.

b) Im atlantischen Europa (z.B. in der Nähe von Boulogne und in der Bretagne) werden die Alleebäume öfters völlig von Efeu eingehüllt, wodurch die Epiphyten aus Licht- und Platzmangel absterben. Um die Bäume zu schützen, entfernt man den Efeu, wodurch auch die Epiphyten sich wieder ansiedeln können.

In Städten und Industriegebieten werden die meisten Epiphytengesellschaften durch Rauch und giftige Gase vernichtet. Die wenig konkurrenzkräftigen, aber sehr rauchharten Assoziationen P l e u r o c o c c e t u m v u l g a r i s und L e c a n o r e t u m p i t y r e a e erreichen dadurch vollständige Vorherrschaft, werden also indirekt vom Menschen begünstigt.

c) Düngung fördert selbstverständlich die nitrophilen Epiphytengesellschaften. Dank dieses Einflusses hat sich *Parmelia acetabulum* nach Skandinavien ausgebreitet, seit 1794 in Schweden, seit 1875 in Finnland, seit 1907 auch in Norwegen (SERNANDER 1923).

Viele Epiphytenassoziationen sind zugleich licht- und feuchtigkeitsbedürftig, ziehen daher kleine Waldlichtungen und Parklandschaften den geschlossenen Wäldern vor. Die ersten menschlichen Siedlungen in ausgedehnten Waldklimaxgebieten haben denn auch zweifellos die Epiphytenvegetation bereichert.

Das A n o m o d o n t o - I s o t h e c i e t u m ist gebunden an Eschen und Ulmen in feuchten, aber nicht nassen Niederwäldern des A l n o - U l m i o n. Hochwälder dieses Typus sind meistens zu trocken, weil der Abstand zwischen den zwei Feuchtluftschichten, nämlich am Boden und im Kronenraum, zu groß ist und sich eine trockenere Luftschicht dazwischen schiebt. Die Assoziation fehlt daher in Hochwäldern und sogar in Niederwäldern, wenn die Baumstümpfe höher sind als 1,5 m. Wenn sie aber niedriger als 0,3 m sind, so sind die Stümpfe völlig von Bodenmoosen überwachsen. Eine ganz bestimmte Niederwaldbetriebsform (Höhe der Stümpfe zwischen 0,3 und 1,5 m) ist also Voraussetzung für diese Moosgesellschaft.

d) Aufforstung waldloser Gebiete, wie z.B. Heiden, hat natürlich immer eine Arealausbreitung bestimmter Epiphytengesellschaften zur Folge. Leider findet im Tiefland Westeuropas die Aufforstung meistens mit epiphytenfeindlichen Holzarten wie Nadelhölzern und amerikanischen Eichen statt. Trotzdem haben sich hierdurch einige Arten ausgebreitet, wie z.B. *Lecanora pityrea*, *Lecidea scalaris*, *Lepraria aeruginosa* und *Parmelia physodes*. Das C h a e n o t h e c e t u m m e l a n o p h a e a e hat sich in Holland in einem Jahrhundert von einem bis auf 20 Fundorte ausgedehnt.

Die wichtigste anthropogene Bereicherung der Epiphytenvegetation ist aber die Anpflanzung verschiedener Laubholzarten, besonders in Parkanlagen alter Schlösser. Unter diesen sind vor allem *Juglans regia* und *Liriodendron tulipifera* zu nennen. In den Niederlanden sind durch die Anpflanzung von *Juglans* das L e c a n o r e t u m c a r p i n e a e a t l a n t i c u m und das O p e g r a p h e t u m s u b s i d e r e l l a e häufiger geworden. Die zwei Kennarten dieser Assoziation, *Opegrapha subsiderella* und *Catillaria griffithii*, waren im vorigen Jahrhundert nicht aus Holland bekannt, sind es jetzt aber von 8 bzw. 13 Fundorten, während die Trennarten der gleichen Assoziation, *Arthonia punctiformis* und *Opegrapha atra*, eine Zunahme erfuhren von 0 auf 3 bzw. von 18 auf 28 Lokalitäten.

Die ehemalige großzügige Anpflanzung der 30 m Höhe erreichenden majestätischen holländischen Ulmen (*Ulmus carpinifolia glabra*) in den Poldergebieten Hollands hat sehr viele Epiphytenassoziationen, besonders die zu den Verbänden des Buellion canescentis, Xanthorion parietinae und Tortulion laevipilae gehörigen, stark gefördert. Die durch Kriegsmaßnahmen 1944–1945 veranlaßten Meeresüberschwemmungen in der Provinz Zeeland haben viele Ulmen getötet, was eine vorübergehende Ausdehnung des Caloplacetum phloginae zur Folge hatte, weil diese Assoziation an Holz und tote Rinde freistehender Ulmen in Meeresnähe gebunden ist.

Schließlich ist noch die Kopfweidenkultur in den Flußauen der großen Flüsse West-Europas zu erwähnen. Durch diese Kulturform bilden sich Stämme mit einer durch regelmäßiges Abschneiden der Zweige klein bleibenden Baumkrone, wodurch die Stamm-Epiphyten viel Licht erhalten, eine Voraussetzung für das Tortuletum latifoliae, das sowohl viel Licht wie jährliche Überschwemmung mit nährstoffreichem Wasser fordert. Durch das Abhauen der Stämme dringt das Regenwasser in das weiche Mark hinein, und die Bäume werden bald hohl. Auf dem modernden Holze der Innenseite dieser Bäume bildet sich ein Bryo-Aulacomnietum. Natürliche Weiden sind vom Grunde ab verzweigt und beschattet, und werden selten hohl, sind also für beide Epiphytenassoziationen wenig günstig. Leider beabsichtigt aber das Wasserbauamt in Holland jetzt alle Kopfweiden in den Rheinauen auszuroden, weil sie im Winter das Treibeis stauen.

HEMMENDE ANTHROPOGENE EINFLÜSSE

Auch bei den Epiphytengesellschaften überwiegen die hemmenden Einflüsse bei weitem die fördernden, obwohl die meisten schädlichen Maßnahmen hier weniger weit und tief eingreifen. Nur ein einziger Einfluß ist weit katastrophaler als bei der Vegetation höherer Bodenpflanzen, nämlich die Luftverschmutzung.

Das Substrat der Epiphyten wird nie gepflügt, nie mit fremden Pflanzenarten bepflanzt, nie mit Herbiziden bespritzt. Andere menschliche Eingriffe wirken hier mehr indirekt oder nur ausnahmsweise:

a. Die Epiphytenvegetation wird nie gejätet. Selektives Pflücken wie dies z.B. bei wilden Orchideen, *Drosera, Sphagnum* usw. eine beträchtliche Rolle spielt, fand nur im vorigen Jahrhundert in Mittel-Europa bei der Lungenflechte *Lobaria pulmonaria* statt, weil sie damals für ein Heilmittel gegen Lungenkrankheiten angesehen wurde. SCHULZ (1931) hält das Sammeln dieser Flechte für eine der Ursachen ihrer heutigen Seltenheit.

Vollständige Vernichtung der Epiphyten kommt nur bei Obstbäumen vor, wo man die Rinde abkratzt und öfters auch mit Weißkalk bestreicht.

b. Die Epiphytenvegetation wird nie unmittelbar gedüngt. Indirekt aber kann besonders Kunstdünger auf Sandböden im trockenen Frühling durch Aufwirbeln die Baumstämme imprägnieren. In der Provinz Drente (Holland) hat diese Erscheinung schon eine retrograde Sukzession der Klimaxgesellschaft des Parmelietum furfuraceae über das Parmelietum acetabulae bis zur Schlußdegenerationsphase, dem Pleurococcetum vulgaris in Gang gesetzt.

Eine entgegengesetzte Erscheinung ist die herabgesetzte Düngungsintensität an Waldstraßen seitdem das Pferd von mechanischer Kraft ersetzt wurde, und auch wohl in und bei Heidedörfern seit dem Verschwinden der Heideschafe.

c. Die Epiphyten werden selten absichtlich mit Giften behandelt. Die zur Bespritzung von Obstbäumen verwendeten organischen Insektizide sind für die Epiphyten wahrscheinlich harmlos. Früher oft, seltener heute, wurde auch mit Kupfersulfat und Bleiarsenat gespritzt, die wohl schädlich sind. Dennoch können mehrere Epiphyten, sogar Blattflechten wie die des Parmelietum acetabulae, eine jährliche Behandlung mit Bleiarsenat gut ertragen.

d. Eine unmittelbare Entwässerung des Substrates gibt es bei Epiphyten nicht. Indirekte Vertrocknung durch Trockenlegung von Seen und Sümpfen, Entwässerung von Grünland und Entwaldung gibt es aber umsomehr. Besonders die eu-ozeanischen Flechten im Sinne DEGELIUS sind in dieser Hinsicht äußerst empfindlich. Bereits die Durchforstung und der Bau von Waldstraßen können diese Arten zum Verschwinden bringen (DEGELIUS 1935), namentlich diejenige des Nephrometum lusitanicae. Diese und andere Assoziationen fordern nicht nur einen gewissen Kronenschluß, sondern auch eine Minimumgröße des Waldes, weil in die Randzonen der Wind eindringen kann. In Schleswig-Holstein und Oldenburg sind im vergangenen Jahrhundert durch forstliche Maßnahmen mehrere Flechten selten geworden, z.B. *Graphis elegans* (ERICHSEN 1928, 1957).

e. Sehr wichtig ist auch die Ersetzung natürlicher Holzarten durch Exoten, die meistens für Epiphyten sehr ungünstig sind, z.B. *Larix leptolepis, Pseudotsuga menziesii, Quercus rubra, Robinia pseudacacia*. Die Waldepiphyten haben hierunter stark gelitten. Ebenso sind die Epiphyten der freistehenden Bäumen in Holland stark zurückgegangen durch die Ulmenkrankheit, wodurch sehr viele Ulmen der Chausseen von der epiphytenfeindlichen *Populus canadensis* ersetzt wurden. Die Ulme dagegen hat in Holland die reichste Epiphytenvegetation aller Bäume.

f. Die systematische Entfernung toter Bäume und morscher Stümpfe von forstlicher Seite hat einige Epiphytengesellschaften, namentlich des Tetraphido-Aulacomnion und des Blepharostomion, dezimiert.

g. Da manche Epiphyten nur an sehr alten (toten oder lebendigen) Bäumen wachsen, hat auch ihre Entfernung einen großen Einfluß auf die Epiphytenvegetation. In Holland sind besonders die *Caliciaceae* stark mitgenommen worden: ihre Artenzahl hat sich von 10 im 19. Jahrhundert bis auf 3 in unserer Zeit vermindert. *Ramalina duriaei*, die charakteristisch ist für alte Bäume (Umfang der Stämme in 1 m Höhe 110–330 cm) wächst in Holland jetzt noch an 8 Stellen, im vorigen Jahrhundert an 38 Stellen.

Das Physcietum ascendentis und das Ramalinetum fastigiatae wachsen beide an Ulmen an Feldstrassen und in Parken und
sind beide nitrophil und photophil. Obwohl jene Assoziation trocken-
härter und weniger rauchempfindlich ist als diese, hat sie in den vergangenen Dezennien doch am meisten gelitten. Sie kommt aber nur an
alten Bäumen vor (Umfang in 1 m Höhe 90 bis 320 cm), während das
Ramalinetum fastigiatae schon an zwanzigjährigen Bäumen
wachsen kann (Umfang der Stämme 28 bis 260 cm).

h. Am weitaus wichtigsten ist aber unzweifelbar die stets zunehmende
Luftverschmutzung der Atmosphäre. Wir wollen dieser Erscheinung
daher einen besonderen Abschnitt widmen.

LUFTVERSCHMUTZUNG UND EPIPHYTEN

Der Rückgang der Epiphyten-Flora und -Vegetation in West-Europa
während der letzten hundert Jahre ist in erster Linie der Luftverschmutzung durch Rauch und giftige Gase von Häusern, Fabrikanlagen
und dem motorisierten Straßen- und Wasserverkehr zuzuschreiben. Das
Klima ist nicht trockener geworden. Die Niederschlagsmenge in den
Niederlanden z.B. hat sich von 1805 bis 1880 vergrößert und nimmt seitdem zwar langsam ab, ist aber immer noch größer als 1805 (LABRIJN
1945). Auch wurde, im großen Ganzen genommen, die besonders im
Mittelalter intensive Entwaldung seit 1800–1850 durch eine Wiederauf-
forstung ersetzt.

Um 1850 herum fing aber die Industrialisation West-Europas an, seit
etwa 1900 entwickelte sich der motorisierte Verkehr und auch die Bevölkerungsdichte nahm ungeheuer zu.

In den Niederlanden starben in dieser Periode 47 Epiphyten-Arten (mit
zusammen 250 Fundorten) aus und 28 Arten wurden viel seltener (ihre
Gesamtfundortzahl nahm um 438 ab). Es verschwanden sowohl nitrophile
wie nitrophobe, xerophile wie hygrophile Arten.

Der Rückgang war überall am stärksten in der Nähe der Großstädte
und Industriegebiete. Es bildeten sich hier sogenannte Epiphytenwüsten,
die durchwegs eine elliptische Form mit einer SW-NO Längsachse zeigen
und sich weiter nordöstlich als südwestlich der Städte ausdehnen, bei
Birmingham z.B. bis 20 km östlich und nur 8 km westlich der Stadt
(JONES, 1952). Rotterdam mit seinen Häfen, Fabriken und Satelliten-
städten bildete eine Wüste von 18 km Breite und 40 km Länge, das
heißt bis auf eine Entfernung, wo die Trockenheit des Stadtklimas schon
längst keine Rolle mehr spielt. Die Stadt Schleswig hat wenig Industrie
und einen geringen Einfluß auf die Epiphyten, Flensburg hat viel mehr
Industrie und eine verhältnismäßig viel größere Epiphytenwüste (ERICH-
SEN 1928).

Schließlich sei bemerkt, daß sich auch Epiphytenwüsten bildeten um
Fabrikanlagen herum, die weit entfernt sind von Städten, ja sogar mitten
in Wäldern, z.B. bei einer großen Fabrik in Bayern (MÄGDEFRAU 1960)
und bei den im Walde stehenden Ölraffinerien von Kvarntorp in Schweden (SKYE 1958).

Moose und Flechten, besonders die epiphytischen, sind viel rauchempfindlicher (toxiphob) als Gefäßpflanzen. Erstens haben sie keine wasserundurchlässige Kutikula und nehmen Regenwasser, Staub, usw. mit ihrer ganzen Oberfläche auf; zweitens sind sie immergrün und ist der Gaswechsel (Atmung und Photosynthese) bei den Flechten im Winter sogar am stärksten, weil sie im Sommer meistens in Trockenschlaf sind (STOCKER 1927; STÅLFELT 1939; BESCHEL 1955; BUTIN 1956).

Auch die Luftverschmutzung ist aber im Winter größer, weil dann die Häuser geheizt werden und weil der Rauch durch Temperaturinversion, Nebel und geringe Luftturbulenz mehr in den unteren Schichten der Atmosphäre hängen bleibt. In München z.B. ist der Schwefeldioxydgehalt der Luft im Winter drei- bis viermal so groß als im Sommer (MÄGDEFRAU 1960). In Kopenhagen wird die Maximumkonzentration im Dezember erreicht, das Minimum in Juli (ANDREASEN und GRAVESEN 1949), im Haag fällt das Maximum im Februar, gleich große Minima liegen im April und Juli.

Nicht alle Epiphytenarten sind gleich empfindlich. Es gibt toxiphobe und toxitolerante, aber keine toxiphile Arten. Die Reihenfolge, in der die Arten bei Entfernung von den Städten erscheinen, wurde vom Autor in den holländischen Städten Rotterdam, Gouda und Groningen untersucht; andere Autoren untersuchten sie in Birmingham (JONES 1952), Helsinki (VAARNA 1934), Oslo (HAUGSJÅ 1930), Zürich (VARESCHI 1936), Innsbruck und Salzburg (BESCHEL 1950) und Debrecen in Ungarn (FELFÖLDY 1942).

Für die Epiphytengesellschaften gilt im allgemeinen die folgende Reihenfolge zunehmender Toxiphobie: 1. Pleurococcetum vulgaris und Lecanoretum pityreae, 2. Buellietum punctiformis, 3. Xanthorietum candelariae, 4. Parmelietum acetabulae, 5. Ramalinetum fastigiatae, 6. Parmelietum furfuraceae, 7. Usneion florido-ceratinae und Usneion dasypogae. In Holland zog ein Teil der empfindlichen Arten und Gesellschaften sich auf die waldreiche Nord-Veluwe (im Zentrum des Landes) zurück, während ein anderer Teil sich auf die Küste beschränkte.

Wegen der im allgemeinen großen Empfindlichkeit epiphytischer Flechten gegen Luftverschmutzung und auf Grund der artspezifischen Unterschiede in der Empfindlichkeit sind diese Pflanzen besonders geeignet als Anzeiger verschiedener Grade der Luftverschmutzung, was auch aus sozial-hygienischen Gründen sehr wichtig ist. Zu diesem Zwecke habe ich im vergangenen Sommer die Epiphytenvegetation des zentralen Teiles der belgischen Provinz Limburg kartiert (1 : 100000).

Das untersuchte Gebiet ist ungefähr 1000 km² groß. Es wurden 17 Vegetationstypen unterschieden. Diese decken sich nicht mit Assoziationen. Es kommen ja in einem kleinen Walde oder sogar auf einem Bauernhofe oft mehrere Assoziationen vor, abhängig von Baumart, Exposition der individuellen Bäume usw. Sogar an einem einzigen Baum kommen oft ganz verschiedene Assoziationen vor, abhängig von Höhe über dem Boden, Stammseite, Neigung, usw. Es ist also unumgänglich, Gesellschaftskomplexe anstatt Gesellschaften zu kartieren (das wäre sogar noch bei einem Maßtab 1 : 1000 der Fall!).

Andererseits aber muß die Einteilung feiner sein als in Assoziationen,

besonders in einem so armen Gebiet wie Limburg, weil Komplexe einiger
weniger Assoziationen in großen Teilen der Provinz allein herrschen und
eine weitere Differenzierung der Karte also nur auf Grund kleinerer
Vegetationseinheiten möglich ist. Noch abgesehen davon, daß viele
Assoziationen nur fragmentarisch vorhanden sind, so daß überhaupt nur
Fragmente kartiert werden können. Die Karte soll an anderer Stelle
publiziert und eingehend diskutiert werden. Hier seien nur die wichtigsten Ergebnisse bezüglich des menschlichen Einflusses auf die Epiphytenvegetation hervorgehoben.

1. Schätzungsweise trägt nur 5–15% des untersuchten Gebietes eine
Epiphytenvegetation, die sich etwa mit der potentiellen natürlichen
Epiphytenvegetation deckt.

2. In mindestens 40% des Gebietes ist der menschliche Einfluß so
groß, daß die Epiphytenvegetation äußerst spärlich entwickelt ist.

3. Die Epiphytenwüsten finden sich gerade in der Nähe der Städte,
Kohlengruben und größeren Fabriken, besonders der Galmei- und chemischen Fabriken.

4. In den Epiphytenwüsten harren nur noch *Protococcus viridis* und
Lecanora pityrea aus; zusammen bedecken sie dort die ganze Stamm-
oberfläche. In der unmittelbaren Nähe bestimmter Industrien ist sogar
Lecanora pityrea schlecht entwickelt und steril.

5. Offenbar ist die Luftverschmutzung in diesem Gebiet sehr stark.
Denn *Protococcus viridis* findet sich sogar noch im Zentrum von Rotterdam und Amsterdam und selbst in Paris (Bois de Boulogne), fehlt eigentlich nur dem Zentrum von Metropolen wie Paris und London. *Lecanora
pityrea* ist u.A. vom Zentrum der Stadt Hamburg und aus Berlin (Zoo)
bekannt.

6. Die epiphytenreichste Stellen sind die Parke alter Schlösser in den
Bachtälern.

SUMMARY

Influences of man on cryptogamic epiphytes may be either positive or
negative. In Western Europe the former are nowadays largely out-
balanced by the latter. The main positive influences are the following:
removal of ivy from tree boles, manuring (affecting nitrophilous epiphytes), cutting of small glades in forests, afforestation with favourable tree
kinds (especially indigeneous species), planting of way-side trees (in the
Netherlands above all *Ulmus carpinifolia* × *glabra*, being the most
favourable way-side tree for epiphytes) and park trees (especially *Liriodendron* and *Juglans*), as well as planting of pollard-willows in river fore-
lands, and finally transformation of forests into coppice.

Such negative human influences as are widespread and radical with regard to terrestrial vegetation, often scarcely affect epiphytes, for instance
ploughing, manuring, weeding, treatment with herbicides, plantation of
alien species. On the other hand, air pollution affects epiphytes more
seriously than terrestrial plants. The following negative influences are
discussed: collecting lichens for medicinal purposes, scraping off epiphy-

tes from tree boles, impregnation of bark with artificial manure (affecting nitrophobous epiphytes!), reduction of air humidity by reclamation, drainage, and deforestation, substitution of introduced for indigeneous tree kinds, removal of dead boles and rotten stumps, cutting of old trees, and last but not least: air pollution.

In the last century this resulted in the extinction of many species of epiphytes in Western and Central Europe, especially lichens, and in the formation of so-called epiphyte deserts around big towns and industrial areas. Not all species are equally sensitive. The gradation of toxiphoby makes it possible to obtain a picture of the distribution of air pollution in a certain area by mapping its epiphytic vegetation. This has been done by the author in the Belgian province of Limburg.

SCHRIFTTUM

ANDREASEN, A. H. M. and GRAVESEN, P.: Preliminary report on investigations of atmospheric pollution. – Trans. Dan. Acad. techn. Sci. 4. 1949. 72 pp.

BARKMAN, J. J.: Phytosociology and ecology of cryptogamic epiphytes, including a taxonomic survey and description of their vegetation units in Europe. Van Gorcum, Assen 1958. 628 pp. (Dort wird auch weitere einschlägige Literatur erwähnt, die hier nicht aufgenommen wurde).

BESCHEL, R. E.: Flechtenvereine der Städte. Stadtflechten und ihr Wachstum. – Ber. naturw.–med. Ver. Innsbruck 52, 1–158. Innsbruck 1950.

— Individuum und Alter bei Flechten. – Phyton 6 (1/2), 60–69. Horn 1955.

BUTIN, H.: Physiologisch-Ökologische Untersuchungen über den Wasserhaushalt und die Photosynthese bei Flechten. – Biol. Zbl. 73 (9/10), 459–502. Leipzig 1954.

DEGELIUS, G.: Das ozeanische Element der Strauch- und Laubflechtenflora von Skandinavien. – Acta phytogeogr. Suec. 7. Uppsala 1935. 411 pp.

ERICHSEN, C. F. E.: Die Flechten des Moränengebiets von Ostschleswig. – Verh. bot. Ver. Prov. Brandenburg 70, 1–129 und 72, 1–68. Berlin-Dahlem 1928.

— Flechtenflora von Nordwestdeutschland. Stuttgart 1957. XXIV + 411.

FREY, E.: Die anthropogenen Einflüsse auf die Flechtenflora und -vegetation in verschiedenen Gebieten der Schweiz. – Veröff. geobot. Forsch. Inst. Rübel 33, 91–107. Bern 1958.

HAUGSJÅ, P. K.: Ueber den Einfluß der Stadt Oslo auf die Flechtenvegetation der Bäume. – Nyt. Mag. Naturvidensk. Oslo 68, 1–116. Oslo 1930.

JONES, E. W.: Some observations on the lichen flora of tree boles, with special reference to the effect of smoke. – Rev. bryol. lichén. 21 (1/2), 96–115. Paris 1952.

LABRIJN, A.: Het klimaat van Nederland gedurende de laatste twee en een halve eeuw. Diss. Schiedam 1945. 114 pp.

MÄGDEFRAU, K.: Flechtenvegetation und Stadtklima. – Naturwiss. Rundschau 6, 210–14. 1960.

MEIJER, W.: The genus Orthodontium. Diss. – Acta bot. Neerl. 1 (1). 1951. XIII + 80 pp.

SCHULZ, K.: Die Flechtenvegetation der Mark Brandenburg. Diss. Berlin. 1931. 192 pp.

SERNANDER. G.: Parmelia acetabulum (Neck.) Dub. i Skandinavien. – Svensk bot. Tidskr. 17 (3), 279–330.Uppsala 1923.

SKYE, E.: Luftföroreningars inverkan på busk- och bladlavfloran kring skifferoljeverket i Närkes Kvarntorp.– Svensk bot. Tidskr. 52 (1), 133–190. Uppsala. 1958.

STÅLFELT, M. G.: Der Gasaustausch der Flechten. – Planta **29**, 11–31. Berlin 1939.
STOCKER, O.: Physiologische und ökologische Untersuchungen an Laub- und Strauchflechten. – Flora N.F. **21**, 334–415. Jena 1927.
VAARNA, V. V.: Helsingin kaupingin puiden ja pensaiden jäkäläkasvisto. – Ann. bot. Soc. Zool. – Bot. Fenn. „Vanamo" **6** (6). Helsinki 1934. 32 pp.
VARESCHI, V.: Die Epiphytenvegetation von Zürich. – Ber. schweiz. bot. Ges. **46**, 445–488. Zürich 1936.
— La influencia de los bosques y parques sobre el aire de la ciudad de Caracas. – Acta cient. Venezolana **4** (3), 89–95. Caracas 1953.

S. PIGNATTI:

Ich möchte fragen, ob dieser giftige Einfluß von Rauch usw. auch experimentell erforscht worden ist, d.h., ob man versucht hat, gut entwickelte Epiphytengesellschaften dem Rauch auszusetzen, um zu sehen, wie sich ein einzelner oder mehrere Stämme ändern können.

J. J. BARKMAN:

In München hat man Epiphyten, die man aus dem Freien in die Stadgebracht hat, auf Bäume übertragen und dann konstatiert, daß sie start ben. Laboratoriumsversuche mit Epiphyten in filtrierter Luft ergaben, daß darin Flechten wachsen können. Aber exakte Versuche über die Rauchempfindlichkeit gegen bestimmte Gase und Untersuchungen der letalen Konzentrationen gibt es noch nicht. Wohl gibt es chemische Analysen von Epiphyten, die man aus dem Freien in die Nähe einer Fabrikanlage, die Fluorwasserstoff produzierte, auf die Bäume gebracht hat. Sie ergaben, daß sich das Fluor tatsächlich im Thallus akkumuliert. Eine Methode zur Bestimmung des Schwefeldioxyd- oder des Fluorgehaltes der Luft mit Hilfe der Epiphyten ist allerdings noch nicht erreicht.

H. ELLENBERG:

In Hamburg habe ich eine Arbeit angeregt, die den Einfluß des Schwefeldioxyds auf die Entwicklung der Flechten zum Gegenstand hatte. Die ersten Ergebnisse waren damals für uns sehr überraschend dadurch, daß sich das Schwefeldioxyd wenigstens auf Versuche der Flechten-Atmung und -Assimilation, mit dem Uraß gemessen, nicht negativ auswirkte, daß also das Schwefeldioxyd offenbar nicht der entscheidende Faktor für das Entstehen der Flechtenwüsten sein konnte, sondern vielleicht irgend welche anderen Gehalte in den Industrie- und Hausabgasen.

L. REICHLING:

Wie erklärt sich die Tatsache, daß epilithische Kryptogamengesellschaften weit weniger empfindlich gegen atmosphärische Verunreinigungen sind als epiphytische? Das kann nicht genügend dadurch begründet werden, daß die in Frage kommenden Kryptogamen der Epiphytengesellschaften die schädlichen Gase mit ihrer ganzen (nicht durch eine Kutikula geschützten) Oberfläche aufnehmen, denn das tun die epilithischen Kryptogamen auch.

J. J. Barkman:

Da sogar die gleiche Art, z.B. *Xanthoria parietina*, an Steinen weiter bis in die Stadtmitte geht als an Bäumen, ist diese Frage schon öfter erörtert worden. Der Einfluß der auftretenden Gase ist komplex und einer der Einflüsse des Schwefeldioxyds ist, daß es innerhalb von drei Tagen in der Luft oxydiert wird zu Schwefeltrioxyd, das sich unmittelbar mit dem Regenwasser zu Schwefelsäure verbindet. Darum ist der Regen in der Stadt und damit auch die Baumrinde viel saurer als außerhalb der Stadt. Messungen in Leiden haben gezeigt, daß hier die pH-Werte sehr niedrig liegen, bei der Eiche sogar bei 2,9, während sie im Freien auch sauer, aber bei der Eiche doch immerhin nur etwa 4 sind. Diese Versauerung ist noch von zusätzlich schädlicher Wirkung. Die Kalkreserven der Mauersteine neutralisieren diesen Einfluß. Darum stoßen an Bäumen mit neutraler Rinde die gleichen Arten oft weiter in die Stadt vor, als an Bäumen mit schon an sich saurer Rinde. Die Steine in den Städten mindern also wenigsten einen der Gas-Einflüsse. In Luxemburg wäre damit bewiesen, daß hier der Einfluß von Schwefeldioxyd für Steinflechten noch nicht letal ist.

W. R. Müller-Stoll:

Eine kurze Bemerkung zur physiologischen Seite dieses Problems: Wir müssen davon ausgehen, daß die Stoffe nur schädlich wirken, wenn sie in die Zellen eindringen können. Sie können jedoch nur als Lösung eindringen, nicht als Gase. Also wirkt das Schwefeldioxyd nur über Schwefeltrioxyd als Schwefelsäure. Man hat das ja bei den Waldrauchschäden sehr eingehend untersucht. Eine zweite grundsätzliche Tatsache ist die Adsorptionswirkung der Substrate, des Bodens mit seinem Humus, seinen Tonbestandteilen. Diese sind ja außerordentlich stark adsorbierend für alle Gifte. Wenn die höheren Pflanzen ihr Wasser durch die Wurzel aus dem Boden entnehmen, ist es hier bereits entgiftet. Die Flechten nehmen aber das Wasser direkt und außerordentlich rasch auf, da sie Pflanzen sind, die bei geringer Luftfeuchtigkeit sofort austrocknen, dann schlagartig wieder aufquellen und einen geringen Regulationsmechanismus der gesamten Plasma-Permeabilität haben. Die Permeabilitätsverhältnisse sind sehr primitiv organisiert gegenüber den hochentwickelten Permeabilitätsvorgängen bei höheren Pflanzen mit ihrem Isolierungsmöglichkeiten giftiger Stoffe im Zellsaft usf. Dies ist sicher ein weiterer Grund neben der Substratwirkung. Rinden-Substrate sind offenbar viel weniger geeignet, Giftstoffe zu adsorbieren, als Stein-Substrate, und noch stärker wirken Boden-Substrate.

J. J. Barkman:

Ich stimme nicht mit Ihnen überein in der Meinung, daß die Flechten Schwefeldioxyd nicht als Gas aufnehmen können. Sie nehmen ja auch Kohlendioxyd in Gasform auf zur Atmung. Es ist ein Beweis für meine Ausführungen erbracht worden durch amerikanische Untersuchungen mit *Tillandsia usneoides*, die so auf einem Baum befestigt wurde, daß sie kein Regenwasser aufnehmen konnte. Dennoch nahm der Gehalt an Fluorwasserstoff, das ja auch ein Gas ist, zu. *Tillandsia* nimmt also den Fluorwasserstoff in Gasform auf.

W. R. Müller-Stoll:

Ja, aber über eine Lösung im Quellungswasser. Es kommt auf die Löslichkeit der Bestandteile an.

L. Fenaroli:

Haben Sie auch solche Giftwirkungen bei alkalischem Staub von Zement- und Kalkfabriken bemerkt?

J. J. Barkman:

Gar keine. In der Nähe von Kalkfabriken bekommen die Bäume andere Epiphyten, mehr neutrophile Arten. Die Epiphytenvegetation wird nicht ärmer, nur anders.

DIE FLORA IN IHRER BEZIEHUNG ZUR SIEDLUNG UND SIEDLUNGSGESCHICHTE IN EINIGEN SÜDFINNISCHEN STÄDTEN

von

ANNIKKI SAARISALO-TAUBERT, Helsinki

Im Rahmen der Arbeit [1], über welche in Stolzenau 1961 vorläufig berichtet wurde, ist zunächst einmal versucht worden, die eventuellen Korrelationen zwischen der lokalen Siedlungsgeschichte und der Verbreitung der Pflanzenarten im Weichbild dreier südfinnischer Städte aufzuklären. In Bezug auf ganz Finnland hat nämlich LINKOLA (1917) einige sog. „Begleitarten alter Kultur" angeführt, und diese Arten danach gruppiert, wie weitgehend sie vom Alter und von der Dichte der Siedlung abhängig zu sein scheinen. Über die Ursachen der Verbreitung dieser Arten hat LINKOLA (op. c. und 1933) nur einige Vermutungen ausgesprochen.

In den Jahren 1953–54 und 1957–59 wurde in Porvoo, Loviisa und Hamina (die Städte liegen an der Nordküste des Finnischen Meerbusens östlich von Helsinki) die Verbreitung des Artenbestandes genau kartiert. Da von allen Städten ziemlich exakte Angaben über ihre Besiedlungsgeschichte vorlagen, konnte die mit den Besiedlungsphasen verknüpfte Gruppierung der Artenverbreitung wahrgenommen werden.

Die Flora kann zunächst in zwei Hauptgruppen eingeteilt werden, nämlich (1) in die alte Siedlungen bevorzugenden Arten (Begleitarten alter Siedlung) und (2) in die indifferenten und/oder alte Siedlung meidenden Arten. Die Begleitarten alter Siedlung können noch weiter nach dem Grad der Bevorzugung in vier Gruppen unterteilt werden.

Zur Gruppe A werden in jeder Stadt diejenigen Arten gerechnet, die ausschließlich in den ältesten Stadtteilen angetroffen werden, oder bei denen der Schwerpunkt der Verbreitung deutlich in diesen alten Teilen liegt. Es handelt sich um die Siedlungsgebiete I und II (vgl. Abb. 1.). Arten der Gruppe B sind in den Siedlungsgebieten I–III verbreitet, Arten der Gruppe C in den Gebieten I–IV, und als Gruppe D werden noch diejenigen Arten unterschieden, die in sämtlichen Siedlungsgebieten angetroffen werden, die aber im Siedlungsgebiet V auf die ältesten und dichtesten Teile beschränkt sind. Als Beispiel seien hier nur die Besiedlungskarte von Porvoo und die Verbreitung einiger Arten in derselben Stadt dargelegt.

In den untersuchten Städten haben sich sehr weitgehend die gleichen Arten als Begleiter alter Siedlung erwiesen; auch die Verteilung auf die Gruppen A–D ist in allen drei Städten relativ einheitlich.

---

[1] Die Untersuchung ist 1963 in Ann. Bot. Soc. „Vanamo" publiziert worden.

Abb. 1. Die verschiedenaltrigen Siedlungsgebiete in der Stadt Porvoo. Innerhalb der Strich-Kreuz Linie Siedlungsgebiet I (ca. von 1250–1550); innerhalb der Punkt-Stern Linie Siedlungsgebiet II (ca. von 1550–1750); innerhalb der gestrichelten Linie Siedlungsgebiet III (ca. 1750–1860); innerhalb der Strich-Punkt-Linie Siedlungsgebiet IV (ca. 1860–1940); außerhalb der letzteren Grenze liegt Siedlungsgebiet V.

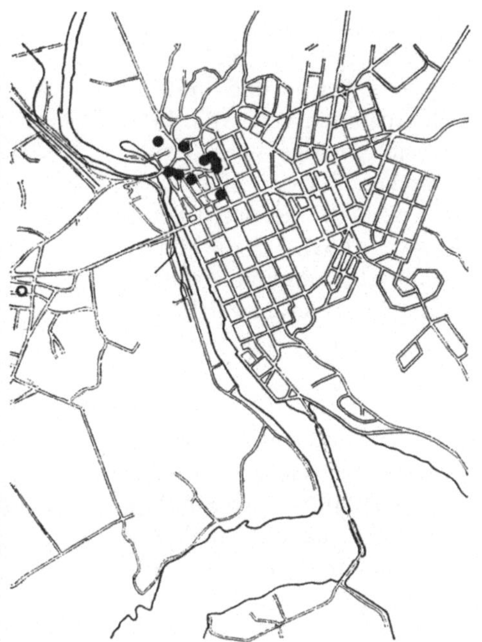

Abb. 2. *Solanum nigrum* (Gruppe A) in Porvoo.

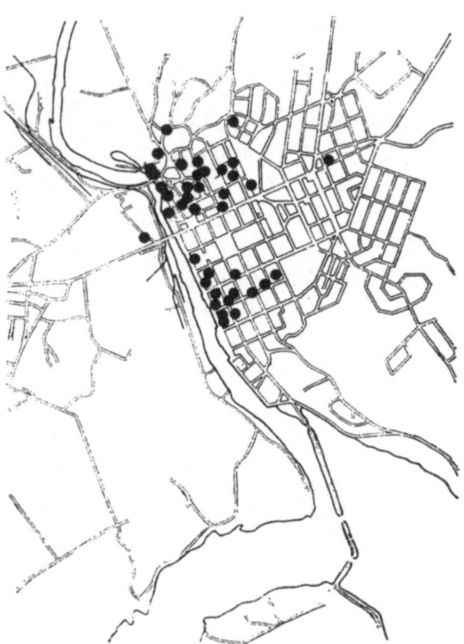

Abb. 3. *Aethusa cynapium* (Gruppe B) in Porvoo.

Abb. 4. *Gagea minima* (Gruppe C) in Porvoo.

Abb. 5. *Atriplex patula* (Gruppe D) in Porvoo.

Es wurde nachgewiesen, daß die sog. Begleitflora alter Siedlung in
erster Linie aus südlichen, anspruchsvollen Hemerochoren (Hemerochor
= eine durch Vermittlung des Menschen eingeschleppte Art; vgl. JALAS
1955) besteht, für deren Gedeihen günstige edaphische und (mikro-)
klimatische Verhältnisse erforderlich sind. Je anspruchsvoller die betr.
Arten sind, in umso älterer Siedlung finden sie günstige Verhältnisse.
Die vom Alter der Siedlung abhängigen edaphischen Faktoren sind Nährstoffgehalt, Reaktion und Garezustand des Bodens (vgl. GROSSE-BRAUCK-
MANN 1954, JES TÜXEN 1958, JALAS und HONKALA 1962). Für die günstige Entwicklung dieser edaphischen und kleinklimatischen Faktoren sind
vor allem die altmodische Hygiene und alte Bauweise verantwortlich.

ZUSAMMENFASSUNG

Die Untersuchung betrifft die Verbreitung der eu- und mesohemeroben
Pflanzenarten, d.h. der Pflanzenarten der vom Menschen geschaffenen
und vom Mensch beeinflußten Standorte. In drei südfinnischen Städten,
Porvoo, Loviisa und Hamina, wurde die Verbreitung des fraglichen
Artenbestandes im Verhältnis zum Alter der Siedlung, die Geschichte
der Flora und auf die heutige Verbreitung einwirkenden Ursachen untersucht.

SUMMARY

This investigation concerns the distribution of the eu- and mesohemerobic
plant species. In three towns in southern Finland, namely Porvoo,
Loviisa and Hamina, the distribution of such species in relation to the
age of the settlement, the floral history and the present-day distributional
factors were investigated.

LITERATUR

GROSSE-BRAUCKMANN, G.: Untersuchungen über die Ökologie, besonders den
    Wasserhaushalt von Ruderalgesellschaften. – Vegetatio 4, 245–282. Den
    Haag 1954.
JALAS, JAAKKO: Hemerobe und hemerochore Pflanzenarten. Ein terminolo-
    gischer Reformversuch. – Acta Soc. Fauna Flora Fenn. 72 (11), 1–15.
    Helsingforsiae 1955.
— und TERTTU, HONKALA: Über die Beziehung einiger Gartenunkräuter
    zum Nährstoffgehalt des Bodens in der Stadt Hämeenlinna in Südfinnland.
    – Arch. Soc. Zool.- Bot. Fenn. ,,Vanamo'' 16, 2–18. Helsinki 1962.
LINKOLA, K.: Vanhan kulttuurin seuralaiskasveja maamme ruderati- ja
    rikkaruohokasvistossa. – Terra 29, 125–152. 1917.
— Über Rückgangserscheinungen in der ruderalen Begleitflora der alten
    Kultur in Süd-Häme. – Ann. Bot. Soc. Zool.- Bot. Fenn. ,,Vanamo'' 4 (12):
    1–7. Helsinki 1933.
SAARISALO-TAUBERT, ANNIKKI: Die Flora in ihrer Beziehung zur Siedlung
    und Siedlungsgeschichte in den südfinnischen Städten Porvoo, Loviisa und
    Hamina. – Ann. Bot. Soc. Zool.- Bot. Fenn. ,,Vanamo'' 35 (1), 1–190.
    Helsinki 1963.
TÜXEN, J.: Stufen, Standorte und Entwicklung von Hackfrucht- und Garten-
    Unkrautgesellschaften und deren Bedeutung für Ur- und Siedlungsge-
    schichte. – Angew. Pflanzensoz. 16, 1–167. Stolzenau/Weser 1958.

J. Tüxen:

Ich habe mich etwa 10 Jahre mit eben diesen Fragen beschäftigt und
gefunden, daß mindestens von Süddeutschland bis herauf nach Narvik
dieselbe Erscheinung anzutreffen ist, wie Sie sie beschrieben haben.
Besonders im Norden zieht sich eine ganze Reihe von Acker-Unkraut-
arten, die bei uns noch mehr oder weniger überall auf den Äckern zu
finden sind, um so mehr in die Gärten zurück, je weiter man nach Norden
kommt. Etwas ähnliches habe ich in Uppsala gesehen. Noch weiter nördlich, in Narvik, kommen überhaupt keine Acker-, sondern nur noch
Garten-Gesellschaften vor (eingeschlossen die Arten der ein- bis zweijährigen Ruderalgesellschaften des Sysimbrion etwa).

Aus dieser Erscheinung kann man, um bei Ihrem Beispiel zu bleiben,
eine Methode ableiten zur Datierung des Alters der Stadtteile: Wenn
diese oder jene Unkräuter vorkommen, deren soziologische Zugehörigkeit
zu gewissen Gesellschaften geprüft ist, wird der betreffende Stadt- oder
Ortsteil so und so alt sein. Ich glaube, daß diese Methode in Finnland
auch möglich sein wird. Ich empfehle, wegen Mangel an Gärten in den
Städten die Bauerngärten zu untersuchen.

J. Duty:

Wir haben auf Anregung früherer Floristen, die sich intensiv mit den
Adventivpflanzen in Mitteleuropa beschäftigt haben, eine umfangreiche
Kartei der Adventivfloristik begonnen. Jetzt sind etwa über 7000 Literaturangaben durchgesehen und kartiert worden. Dabei zeigt sich, daß die
in den Städten einst mögliche geschichtliche Deutung der Unkraut-
verteilung, sich jetzt nur noch in den ländlichen Gebieten anwenden
lassen wird. Denn die Industrie-Schwerpunkte in den Städten haben
ganz deutlich bei den Neophyten eine Bezugsbindung gegeben, so daß
man also aus den verschiedenen Schwerpunkten der Industrien – Ge-
treidesilos, Großmarkthallen mit Südfruchtbegleitern, Hafenbahnen, die
Getreideunkräuter aus dem Ausland mitbringen, oder Wollkämmereien –
innerhalb der Großstädte eine ganz andere Verteilung der neophytischen
Unkräuter bekommt. In Leipzig können wir zeigen, daß von der Woll-
kämmerei ausstrahlend in sämtliche Vorgärten und in das andere Gebiet
der Stadt bestimmte Unkräuter einwandern und sich ausbreiten. In
einem Hafenviertel Leipzigs verbreiten sich dagegen Getreideunkräuter.
Andererseits ist es möglich, von den städtischen Großmarkthallen aus
die Ausbreitung der Südfruchtbegleiter zu beobachten. Die Kartierung
der Unkräuter in den Vorgärten einer solchen Großstadt stößt hier schon
auf recht schwierige Probleme. Es zeigt sich, daß in den Ortschaften um
Leipzig sich das Bild zugunsten der Siedlungsgeschichte verschiebt. Man
kann hier also die altwendischen Siedlungsgebiete sehr deutlich bis in die
Neuzeit verfolgen. Da die Städte im Gegensatz zu diesen Ortschaften ein
ganz anderes Bild liefern, wäre es interessant, zu sehen, wie sich das Bild
in Abhängigkeit von den Schwerpunktindustrien innerhalb eines ganzen
Landes verschiebt.

Wir haben in den Landbezirken um Rostock plötzlich Arten gefunden,
die früher noch vollständig im Norden fehlten, und jetzt fiel auch *Senecio
vernalis* als Beziehungspflanze in Mecklenburg und in den Küstenbezirken

als ungeheuer häufige Art auf. Außerdem wandert jetzt eine neue *Senecio*-Art aus Holland ein. Sie ist eindeutig mit Getreidetransporten zu uns gekommen über den Verbindungsweg durch ganz Europa hindurch, von Italien, durch Österreich, Deutschland, an die schwedische Fähre nach Saßnitz. Von da aus geht ihre Verbreitung auf Mecklenburg über.

Ein weiterer Verbindungsweg besteht nach Polen.

Ein dritter Weg führt, durch die Trennung Deutschlands bedingt, zum Auftreten einer riesigen Menge östlicher Woll-Adventivpflanzen, die mit der Einfuhr asiatischer Woll-Importe z.B. in den Vorgärten Leipzigs regelmäßig auftreten. Man staunt, mit welcher Hartnäckigkeit sich diese Arten halten können.

Andererseits gibt es auch mediterrane Pflanzen, die zu unserer Verwunderung bei uns regelmäßig assoziationsbildend auftreten, z.B. *Aegilops ovata* auf Schutthalden in Leipzig.

E. W. Raabe:

Zur Altersbestimmung irgendwelcher Ortschaften auf Grund der vorhandenen Unkrautflora: Man wird diesen Weg nur mit Erfolg beschreiten können, wenn man ihn auf ganz lokalen Raum begrenzt, und man wird sich dabei hüten müssen, die Ergebnisse auf einen zu großen Raum zu übertragen. Auf Grund einzelner Arten oder einzelner Vegetationtypen gleich das Siedlungsalter an einer ganz anderen Stelle der Erde angeben zu wollen, wäre höchst gewagt. Schon auf kleinstem Raum von wenigen Kilometern Entfernung beobachten wir ja sehr unterschiedliche Zusammensetzung der dörflichen Ruderalflora, die mehr abhängig ist von der Bodenunterlage, sei es etwa Schwarzerde oder irgend ein Sand-, Podsoloder Braunerde-Boden, als von der Altersentwicklung der einzelnen Gartenböden, obwohl innerhalb der einzelnen Gärten in den beiden Bereichen etwa dieselben Vegetationstypen vorkommen können, aber nicht gleich alt zu sein brauchen. Wir sehen diese Unterschiede etwa in Schleswig-Holstein. Die kleine Insel Fehmarn mit ihren Schwarzerde ähnlichen Böden, wie wir sie auch auf Aerø und auf weiteren dänischen Inseln antreffen, unterscheidet sich in ihrer dörflichen Flora außerordentlich von derjenigen der nur 10 km entfernt gelegenen Dörfern des Festlandes, so daß wir aus einer Gleichmäßigkeit oder Ungleichmäßigkeit dieser Flora nicht auf ein entsprechend gleiches oder ungleiches Alter der Siedlungen schließen können. Auf kleinem Raum ist das sicherlich bei gleichbleibenden übrigen Voraussetzungen möglich. Auf großem Raum werden wir aber sehr vorsichtig sein müssen.

J. Tüxen:

Bei der Altersuntersuchung von Orten oder Ortsteilen mit der pflanzensoziologischen Methode ist als erste Anforderung an die Zeigerarten ihre Beziehung zu der Unkraut-Assoziation genau zu überprüfen und ihre Anwendung auf das Areal dieser Gesellschaften zu beschränken.

Eine Schwierigkeit dabei ist die Erscheinung, daß wenige Kilometer weiter einzelne Arten als Zeigerarten ausfallen oder hinzukommen können, so daß in jedem neuen Gebiet eine Neuuntersuchung, d.h. Nacheichung vorgenommen werden muß, wenn man sichere Ergebnisse erhalten will.

MITTEILUNGEN UEBER ACKERUNKRAUT-UNTERSUCHUNGEN IN W-SCHONEN, SCHWEDEN

von

HELLMUT MERKER, Lund

Mehr als in manchen anderen europäischen Ländern sind die Fragen der Ackerunkrautforschung in Schweden bisher unbearbeitet geblieben, während die nordischen Nachbarn wie Dänemark und Norwegen ganz bedeutende Einsätze auf diesem Gebiet seit langem aufzuweisen haben. Das Fehlen einer Tradition ist deshalb zu bedauern, weil wir für die hiesigen Agrarzentra eigentlich keine sichere Unterlage für eine Rekonstruktion der Ackerunkrautgesellschaften für jene Zeitabschnitte haben, in denen die chemische Bekämpfung noch nicht als so dominierender dynamischer Faktor hinzukam. Denn was wir heute haben, scheint bereits eine überall beginnende mengen- und artenmäßige Verarmung oder auch Verschiebung zugunsten gewisser spritzwiderstandsfähiger Arten zu sein. Ihre Ursachen über die chemische Bekämpfung hinaus sind vor allem die vollendete Saatgutreinigung und der Fortfall des Stalldüngers. Handgreifliche Beispiele dafür sind das Schicksal von *Agrostemma githago, Delphinium consolida, Galeopsis segetum, Ranunculus arvensis, Anagallis phoenicea, Scandix pecten-veneris, Legousia speculum-veneris, Legousia hybrida, Veronica praecox* und einige andere.

Die Kornrade ist in meinem Untersuchungs-Gebiet, einer fast reinen Agrarebene von etwa 200 km², im Aussterben begriffen. Sie wurde lediglich auf 2 Feldern, die noch dazu dem gleichen Pächter gehörten, angetroffen. Historische Angaben in Dänemark und Schweden deuten darauf hin, daß bei aller zugegebenen Seltenheit *Veronica praecox* früher häufiger gewesen ist. Heute kenne ich insgesamt nur 2 Vorkommen dieser mono- oder halb dizyklischen hapaxanthen Pflanze. In dieser Dynamik stehen den Verlierern bisher anscheinend einige Gewinner gegenüber, ich möchte nur *Apera spica-venti* und *Poa annua* nennen. Aber auch hier bahnt sich schon eine neue Entwicklung an, nämlich das Zustandekommen selektiver Präparate, die auch Grasarten und gegen bisherige Mittel widerstandsfähige Arten von Dicotyledonen vernichten oder bremsen.

Die menschlichen Maßnahmen sind aber bekanntlich nicht die einzigen entscheidenden Faktoren, die das Auftreten der Ackerunkrautgesellschaften bedingen. Einen bestimmenden Einfluß hat u.a. auch die *Bodenbeschaffenheit*, die im untersuchten Gebiet durchaus nicht einheitlich ist. Wenn auch die Ebene zwischen Lund und Landskrona innerhalb der niederbaltischen, also kreidereichen letzteiszeitlichen Moränen liegt, so sagt dies eigentlich recht wenig über die Qualitäten der Krumen aus, da die Moränen und Sedimente bei dem Abschmelzen des Inlandeises

so vielfältigen Umwandlungen der oberflächennahen Teile durch bewegtes
oder stehendes Wasser, durch Wind, durch Periglazialfrost usf. ausgesetzt
gewesen sind, daß die historisch-genetischen Gemeinsamkeiten der Böden
hinter den heterogenen physikalisch-chemischen Folgen ihrer schließ-
lichen Entstehung zurückbleiben. Es sind vielerlei Zwischenstufen von
Flugsanden bis Gletschertonen vorhanden, die Übergänge sind oft un-
vermittelt, so daß auch eine mehrtausendjährige landwirtschaftliche Nutzung sie nicht immer hat ausgleichen können. Meine mit Hilfe der Sieb-
analyse und der ATTERBERGschen Schlämmanalyse fraktionierten Krumen erwiesen sich als eine gleitende Serie von sortierten Sanden bis
schweren Lehmen.

1959 führte ich während der gesamten Vegetationsperiode allmonat-
liche pH-Standsmessungen durch und stellte dabei fest, daß die verschiedenen Dauerflächen sowohl räumlich als auch zeitlich durchgreifende
Unterschiede aufwiesen, mit auffallenden Ähnlichkeiten mit gewissen
Untersuchungs-Ergebnissen ELLENBERG's aus dem süddeutschen Raume.
Diese pH-Schwankungen an ein und demselben Standort waren so bedeutend, daß sie mir Anlaß zu folgender Reflexion gaben: wenn der
pH-Wert des humushaltigen Sandes Nr. 9 im Laufe einer Vegetationsperiode von 5,9 im März bis 8,1 im Sept. gleiten kann, oder wenn des-
gleichen der Lehmboden Nr. 1 im März ein pH von 6,4 hat und im Juli-
August 8,2, dann ist doch der pH-Wert eigentlich ein Unstetigkeitsfaktor,
dem an sich kaum eine größere Bedeutung für die Gesellschaftenbildung
zukommen kann. Müssen es nicht eher statischere Bedingungen sein,
wie z.B. Feinstfraktionsgehalt einer Krume, oder Humusgehalt, welche
beide das Sorptionsvermögen für Wasser und Nährstoffe eines Bodens
ausmachen? Eine hohe Sorptionskraft geht oft parallel mit günstigen
Gehalten an Spuren- und Grundnährstoffen, die langfristig durch chemische Verwitterung aufnehmbar werden, d.h. die „nachschaffende"
Kraft einer Krume bedingen. Jedenfalls scheinen mir jene pH-Messungen,
die sich auf einen oder einige wenige Zeitpunktbestimmungen beschränken, unzureichend, um im Zusammenwirken der Standortsfaktoren *die*
Bedeutung zu erhalten, die ihnen mitunter beigemessen wird. Ich habe
deshalb im vorigen Jahre auf meinen Dauerflächen Bestimmungen der
schwerlöslichen Pflanzennährstoffreserven eingeleitet. Darüber hinaus
sollen einige nicht gedüngte Dauerflächen allmonatlich auf leichtlösliche
(laktatlösliche) Nährstoffe untersucht werden, um eine ziffernmäßige
Unterlage über die Art der Basen-Säuren-Freisetzung zu erhalten.

Was mir bisher als bedeutungsvollste Voraussetzung für die Ausbildung
der Ackerunkrautgesellschaften im aktuellen Raume bestehen zu bleiben
scheint, ist über die makroklimatischen Gegebenheiten hinaus erstens die
Bodenbeschaffenheit und zweitens die Kulturtechnik, vielleicht wäre
diese sogar an erste Stelle zu setzen. Die Niederschläge bewegen sich, von
Westen nach Osten ansteigend, zwischen 500 und 600 mm/Jahr, wovon
55% während der Vegetationsperiode April–Sept. fällt. Die langperio-
dische Jahresmitteltemperatur ist für Lund 7° (1901–30).

Was die Technik in der hiesigen Landwirtschaft betrifft, greifen wohl
gegenwärtig keine Maßnahmen so tief in das Gesellschaftsgefüge der
Ackerunkräuter ein wie 1) die Spritzung der Getreide-, Erbsen- und

Kartoffelschläge, 2) der intensive Zuckerrübenbau und 3) der 1–2 jährige
Futterbau. Zu 1): Gespritzt werden alle Getreide, nunmehr auch der
Roggen, der bis vor wenigen Jahren noch vielfach ausgelassen wurde, da
ihm eine bessere unkrautunterdrückende Wirkung als anderen Getreiden
zukommt, und weil die leichten Böden erst in zweiter Hand für Kapital-
aufwendungen wie Spritzung in Betracht kommen. Man kann heute in der
Lund-Landskrona-Ebene kilometerweit umherfahren, bevor man ein
„richtiges" Kornblumen-Mohnfeld oder einen von Ackersenf gelben
Schlag findet. Wenn auch nicht alle Landwirte immer ganz von der
positiven Seite der Herbizide überzeugt sind, so ist es doch eine Tatsache,
daß auch dann die Spritzung aus Prestigegründen durchgeführt wird, denn
ein buntes Feld ist ein „vernachlässigtes" Feld! Die z.Z. am meisten verwendeten Verbindungen sind folgende: 4Chlor-2Methyl-Phenoxyessig-
säure (= 4K-2M), Dinitro-orthokresol = DNOC, DNOC + 4K-2M,
Trichloressigsäure = TCA. Abtötung des Kartoffelkrautes zwecks
Erleichterung der Erntearbeit führt sich immer mehr ein.

Zu 2): Die minutiöse Hackpflege der Zuckerrübenschläge läßt in der
Regel nur Splitter der Gesellschaften überleben, da bis 3 mal gehackt
wird. Was noch so spät keimt, daß es dem Hacken entgeht, kommt unter
dem Schirm des zusammenschließenden Laubwerks der Rüben um. Zu 3):
Ein nicht zu unterschätzender Faktor der Begrenzung unserer Ackerunkräuter ist weiterhin der Kleegrasbau, hier ein- oder zweijährig betrieben. Merkwürdigerweise sind auch Blößen häufig völlig unkrautfrei,
während dieselben in Raps sehr unkrautwüchsig sein können.

Der hiesige moderne Ackerbau ist eine scharfe Drosselung der Unkrautflora, was auf die Dauer voraussichtlich durchgreifende Wirkungen haben
wird. Einige von ihnen sind, wie bereits erwähnt, schon sichtbar geworden; die bescheidene Kompensation durch z.B. Rapsbau kann die Ver-
armungsmaßnahmen nicht aufwiegen. Raps kann nicht gespritzt werden
und beherbergt deshalb nach bearbeitungsungünstigen Herbsten und
Frühjahren eine mengen- und artmäßig für den Soziologen günstige Flora.
Für die Sommerannuellen gilt dies für den Mais, der seit einigen Jahren
in steigendem Maße als Industriegemüse angebaut wird. Zuckermais hat
hier wiederholt bewiesen, daß in ihm die Ackerunkräuter besondere Um-
weltsgunst genießen und sowohl Massenfrequenzen als auch Massenproduktion erreichen können. Hier dürften es neben der Spritzfreiheit
spezielle Licht- und Bodenfeuchtigkeitsverhältnisse sein, die der Gast-
vegetation Vorschub leistet. Langlebige Samenarten können bei solchen
Gelegenheiten eine wirkungsvolle Auffüllung der Reserven erfahren.

Was die Floristik des Gebietes betrifft, möchte ich auf meinen 1959
erschienenen Bericht in Botaniska Notiser, Lund, hinweisen. Seither sind
kaum mehr als ein Dutzend Arten hinzugekommen, u.a. *Veronica praecox*.

Um die Zusammensetzung der hier vorkommenden Gesellschaften zu
erfassen und zu verfolgen, wie diese sich in die Wirtschaftsweisen einfügen und darin ablösen, habe ich seit 1958 ihre Entwicklung auf 300
Dauerflächen notiert. Zu den Fruchtfolgen wäre zunächst zu sagen, daß
sie nicht über das ganze Gebiet hin einheitlich sind, sondern von ziemlich
starren Zirkulationen bis zu freiem Anbau reichen. Eine verbreitete
Fruchtfolge in den Zuckerrübendistrikten ist die Norfolker, aus 4 Ein-

heiten zusammengesetzt: 1. Hackfrucht, 2. Gerste, 3. Klee-Luzerne
(1–2 Jahre), 4. Weizen (Gerste oder Hafer). Oder mehr konjunkturbetont:
Markerbse, Raps, W.-Weizen, Zuckerrüben, Gerste. Leichte Böden folgen
auch hier dem Kreislauf: Roggen – Kartoffel – Roggen – 2–3 Jahre Mäh-
Weide.

Bezüglich der Gesellschaftssystematik muß ich zugeben, daß Endgültiges noch nicht gesagt werden kann, solange die Tabellen nicht fertig
ausgearbeitet sind. Diese vordringliche Arbeit habe ich nun unter der sehr
geschätzten Leitung von Prof. Tüxen und Dr. Jes Tüxen in Angriff
genommen. Ich kann aus der bisherigen Tabellenarbeit und aus dem
mehrjährigen Umgang mit meinem Material heraus wagen, gewisse soziologische Schlüsse zu ziehen und mir ein vorläufiges Urteil bilden.

Das südlichste Schweden hat vegetationsmäßig sehr enge Beziehungen
zu Norddeutschland, denn es gehört, was die spontane Vegetation betrifft,
zur zentraleuropäischen Laubwaldregion. Es ist daher zu erwarten, daß
auch die Ackerunkrautflora im Großen und Ganzen diesem Anschluß
folgt. Ein Einpassen hiesiger Verhältnisse in die von R. Tüxen im
„Grundriß einer Systematik der nitrophilen Unkrautgesellschaften in der
Eurosibirischen Region Europas" aufgestellten Einheiten dürfte auch
grundsätzlich möglich sein, nur mit der Einschränkung, daß einige
Untereinheiten wegen Verarmung an der Grenze ihres Zerfalls stehen
oder bereits ausgefallen sind. Ein solcher Fall scheint die Panicum
crus galli – Spergula arvensis-Assoziation (Krusem. et Vlieger
1939) Tx. 1950 zu sein, die als Seltenheit einen humosen Sand in Küsten-
nähe besiedelt. Sie kam in den aufeinanderfolgenden Feldfrüchten
Samengurke, Mais und wieder Mais vor. Das gleiche Feld beherbergte
auf den etwas höher gelegenen und humusärmeren Stellen enorme Mengen des sonst im Gebiet sehr seltenen, hier aber offensichtlich standorts-
treuen *Solanum nitidibaccatum*. Auch zeigte der angrenzende, von *Solanum* kaum besiedelte Teil auffällige Dominanz von *Erodium cicutarium*,
hier trat auch als einziges Ackervorkommen *Galinsoga* auf, die sonst stets
an Gartenbau gebunden vorkommt. Nun kann Gurken- und Zuckermais-
bau auch als Gartenbau bezeichnet werden, nur sind die Flächen völlig
ackerbaulich bestellt.

Von der Ordnung Chenopodietalia albi Tx. et Lohm. 1950 sind
nicht selten die Assoziationen von Spergula arvensis und Chrysanthemum segetum Tx. 1937 und das Veroniceto-Lamietum
hybridi Krusem. et Vlieger 1939 vertreten, nur spielt unter den Kennarten *Chrysanthemum segetum* eine verhältnismäßig untergeordnete Rolle.
Weit verbreitet ist eine dem Fumarietum officinalis (Krusem. et
Vlieger 1939) Tx. 1950 sehr ähnliche Assoziation, die arealmäßig den
weitaus überwiegenden Teil der Zuckerrübenböden beherrscht. Zugegeben
daß *Chrysanthemum segetum* gegenwärtig spärlich vorkommt, muß doch
hervorgehoben werden, daß ihr Vorkommen bei uns sich innerhalb
eutropherer Grenzen hält als in jenen Gebieten, von denen Braun-
Blanquet und Tüxen die Assoziation beschrieben. Ihr bestes und hart-
näckigstes Vorkommen liegt auf einem mittelschweren Moränenlehm
ohne *Anchusa arvensis*, was allerdings nichts anderes zu sein braucht als
eine Verarmung infolge der Spritzung, durch die ja bekanntlich *Chrysan-*

themum segetum nicht umgebracht wird, wohl aber *Anchusa arvensis.*

Um die Gesellschaften der Sommerfrüchte abzuschließen sei betont, daß es vor allem *Chenopodium album* und *Sinapis arvensis* sind, die bei günstigen Gelegenheiten der Ackerflora ihr Gepräge geben.

Die Winterannuellen des Rapses und der Getreide bilden Einheiten, die der Ordnung A p e r e t a l i a s p i c a - v e n t i (Tx. 1950) J. et R. Tx. 1960 zuzureihen sind. Auf den magersten Böden erscheint als Seltenheit das T e e s d a l i o - A r n o s e r e t u m (Malcuit 1929) Tx. 1937, an dem *Arnoseris minima* äußerst schütter teilnimmt, dafür aber um so reichlicher *Teesdalia.* Die sommerannuelle Erscheinungsform dieser Standorte ist eine P a n i c u m   i s c h a e m u m – A s s o z i a t i o n. Die Kennart *Galeopsis segetum* konnte ich bisher nicht finden, sie ist jedoch historisch belegt für Schonen. Das hier vorkommende T e e s d a l i o - A r n o s e r e t u m ist die oligotrophste und artenärmste Ausbildungsform der Ordnung A p e r e t a l i a s p i c a - v e n t i. Wegen der Abwesenheit der meisten Ordnungskennarten widerstrebt es einem beinahe, sie dieser Ordnung anzuschließen. Viel leichter ist dies der Fall für die A s s o z i a t i o n v o n A l c h e m i l l a a r v e n s i s u n d M a t r i c a r i a c h a m o m i l l a Tx. 1937, die in ihren Subassoziationen weite Areale der Lund-Landskrona-Ebene überzieht. Wir haben auch einzelne Stützpunkte der S u b a s s o z i a t i o n v o n Th l a s p i a r v e n s e, nur kann ich mich mit der Benennung nicht recht befreunden, weil nach hiesigen Erfahrungen *Thlaspi arvense* viel weniger in Gesellschaft mit *Euphorbia exigua* und *Delphinium consolida* als mit *Scleranthus annuus* vorkommt.

Zweifellos eine interessante Stellung nimmt bei uns das bereits seltene *Delphinium consolida* ein, da es zwei pedologisch kontrastierende, aber räumlich nebeneinander liegende Einheiten bildet, nämlich einmal auf schweren Lehm und zweitens auf humosen Sanden. In beiden Fällen sind sie auf schlecht spritzende Höfe beschränkt. Ihre Lehmbodengenossen sind *Melandrium noctiflorum, Lamium hybridum, Veronica persica* und *agrestis* (winterannuell) und *Kickxia elatine, Euphorbia exigua, Sherardia arvensis, Sinapis arvensis* usw. (sommerannuell). Die Sandrittersporn-Ge-, sellschaft dagegen ist reich an *Veronica hederifolia, triphyllos* und *arvensis Apera spica-venti, Myosotis arvensis, Chenopodium album,* in einem Fall auch *Veronica praecox* und *Camelina microcarpa.* Hederich wurde in diesem Zusammenhange nicht bemerkt. Es macht mir den Eindruck, als ob diese beiden Rittersporn-Vorkommen ökologisch verschieden spezialisiert wären.

Zusammenfassend kann gesagt werden, daß das Gebiet auf die Art eines Fachwerks von den in Subassoziationsgruppen und Subassoziationen differenzierten beiden Fruchtfolgeaspekten der winterannuellen A l c h e - m i l l a a r v e n s i s - M a t r i c a r i a c h a m o m i l l a - A s s o z i a t i o n Tx. 1937 und sommerannuellen, dem P o l y g o n o - C h e n o p o d i o n Sissingh 1946 untergeordneten Einheiten zusammengehalten wird.

Die südschwedischen Gebiete sind floristisch jung, der Beginn der Pflanzenbesiedlung liegt etwa 12000 Jahre zurück. Zu jenen Pionieren die dem schwindenden Inlandeise auf dem Fuße folgten, gehörten bereits *Centaurea cyanus, Artemisia*-Arten, *Chenopodien* und *Rumex.* Da die moderne Pollenanalyse den Kräutern steigende Aufmerksamkeit widmet, sind auf diesem Gebiete noch bedeutsame Ergebnisse zu erwarten. Vom Jahre–3000 an ist die Einpassung einiger Urböden- und Trittpflanzen in den beginnenden Ackerbau wahrzunehmen. Gegenwärtig sind die hiesigen Ackerunkrautgesellschaften einer gesteigerten Dynamik ausgesetzt, die bereits eine gewisse Abmattung der Lebenskraft bei einigen Arten erkennen läßt.

ZUSAMMENFASSUNG

Für Schonen, eines der ertragreichsten Ackerbaugebiete des Nordens, liegen für die Zeit vor dem allgemeinen Einsatz der Biozide, Handelsdünger und hochwirksamen Saatgutreinigungsverfahren keine Erhebungen über die bodenständige Ackerwildflora vor, wie sie z.B. für das benachbarte Dänemark seit 1918 bestehen. Eingehende Untersuchungen wurden erst seit 1958 im westlichen Schonen eingeleitet, wobei sich zeigte, daß gewisse Ackerwildpflanzen nicht mehr, oder nur noch sporadisch angetroffen wurden. So sind, verglichen mit Angaben in einschlägiger Literatur und Aussagen der Landwirte, folgende Arten auf ihren Krumen sehr selten geworden – oder verschwunden: *Agrostemma githago*, *Arnoseris minima*, *Camelina microcarpa*, *Delphinium consolida*, *Digitaria ischaemum* (*Panicum i.*), *Euphorbia exigua*, *Kickxia elatine* (*Linaria e.*), *Raphanus raphanistrum*, *Sherardia arvensis*, *Stachys arvensis*, (für *Veronica praecox* fehlen jegliche Anhaltspunkte für Ackerstandorte vor 1959) – *Anagallis phoenicea*, *Galeopsis segetum*, *Legousia*-Arten, *Ranunculus arvensis* und *Scandix pecten-veneris*.

Zur Soziologie ist zu sagen, daß 1.) folgende Chenopodietalia-Einheiten vorkommen: Spergula arvensis – Chrysanthemum segetum – Ass. (Br.-Bl. et De L. 1936) Tx. 1937, Veroniceto-Lamietum hybridi Krusem. et Vlieger 1939, Fumarietum officinalis (Krusem. et Vlieger 1939) Tx. 1950, und als Seltenheit (trotz ausgedehnter Sandareale) die Panicum ischaemum-Ass. Tx. et Prsg. (1942) 1950.

2.) folgende Secalinetea vertreten sind: Papaveretum argemone (Libbert 1932) Krusem. et Vlieger 1939, Alchemilla arvensis –Matricaria chamomilla-Ass. Tx. 1937 und Teesdalio-Arnoseretum (Malcuit 1929) Tx. 1937.

Im Laufe der Bodenuntersuchungen wurde besondere Aufmerksamkeit den pH-Messungen gewidmet, die Monatswerte von hunderten von Fixpunkten während mehr als einer Vegetationsperiode ergaben mit derartigen Schwankungen in Zeit und Raum, daß im hiesigen Gebiet dem pH-Faktor schwer ein Einfluß auf die Ausbildung der Gesellschaften zugeschrieben werden kann.

SUMMARY

Scania is one of the most high yielding tillage regions of the North. However, no information on the established tillage wild plants exists for the time before the onset of herbicides, commercial manures and the highly effective seed purification processes, such as, for example, is available for the neighbouring Denmark since 1918. Intensive investigations first got under way in western Scania in 1958 and it was discovered that certain wild plants were no longer present or of only sporadic occurrence. A comparison with the pertinent literature together with statements from agricultural advisors revealed that the following species have become very rare or disappeared altogether: *Agrostemma githago, Arnoseris minima, Camelina microcarpa, Delphinium consolida, Digitaria ischaemum (Panicum i.), Euphorbia exigua, Kickxia elatine (Linaria e.), Raphanus raphanistrum, Sherardia arvensis, Stachys arvensis,* (in the case of *Veronica praecox* no information is available for tillage habitats before 1959), – *Anagallis phoenicea, Galeopsis segetum, Legousia* species, *Ranunculus arvensis* and *Scandix pecten-veneris.*

With regard to the sociology, 1) the following Chenopodietalia-communities occur: Spergula arvensis – Chrysanthemum segetum-Ass. (Br.-Bl. et de L. 1936) Tx. 1937, Veroniceto-Lamietum hybridi Krusem. et Vlieger 1939, Fumarietum officinalis (Krusem. et Vlieger 1939) Tx. 1950, and as a rarity (despite the presence of widespread sand areas) the Panicum ischaemum-Ass. Tx. et Prsg. (1942) 1950;

2) the following Secalinetea-communities are represented: Papaveretum argemone (Libbert 1932) Krusem. et Vlieger 1939, Alchemilla arvensis – Matricaria chamomilla-Ass. Tx. 1937 and Teesdalio-Arnoseretum (Malcuit 1929) Tx. 1937.

During the soil investigations special attention was devoted to the pH measurements. The monthly values from hundreds of fixed points during more than one growth period, with their fluctuations in time and space, revealed that in this particular region the pH factor does not exert a determining influence on the development of the communities.

LITERATUR

Atlas över Sverige: Svenska sällsk. f. antropologi och geografi. Stockholm 1958.
Bolin, P.: En undersökning rörande de viktigaste ogräsarternas olika frekvens och relativa betydelse som ogräs i Sverige. – Cent. anst. f. förs. väs. på jordbr. område Medd. 239. Stockholm 1922.
Dorph-Petersen, K.: Nogle Undersögelser over Ukrudsfrös Forekomst og Levedygtighed (1896–1910). – Tidssk. f. Landbr. Planteavl. 17. Kopenhagen 1910.
Ellenberg, H.: Landwirtschaftliche Pflanzensoziologie. I Unkrautgemeinschaften als Zeiger für Klima und Boden. – Stuttgart 1950.
Ferdinandsen, C.: Undersögelser over danske Ukrudsformationer paa mineraljorder. – Kopenhagen (Dissertation) 1918.
Granström, B. & Almgård, G.: Studier över den svenska ogräsfloran. – Stat. Jordbr. förs. Medd. **56**. Stockholm 1955.
Hjelmqvist, H.: Die älteste Geschichte der Kulturpflanzen in Schweden. – Opera bot. **1** (3) Lund 1955.
Jessen, K. & Lind, J.: Det danske markukrudts historie. – Kopenhagen 1922–1923.
Korsmo, E.: Ugras i nåtidens jordbruk. – Oslo 1954.
Lübben, H.: Die Ackerunkrautgesellschaften des Lübecker Raumes. Dissertations-Manuskript. – Kiel 1949.

Lyttkens, A.: Om svenska ogräs, deras förekomst och utbredning. – Norr-
köping 1885.
Merker, H.: Bestandesaufnahme der Ackerunkrautvegetation in einigen
westschonischen Gemeinden 1958. – Bot. Not. 112 (2). Lund 1959 a.
— Veronica praecox All.. ett skånskt åkerogräs. – ib. 112 (3). Lund 1959 b.
Passarge H.: Zur geographischen Gliederung der Agrostidion spica-venti-
Gesellschaften im no-deutschen Flachlande. – Phyton 7. Horn (N.-O.) 1957.
Raabe. E. W.: Der Zeigerwert der Ackerunkräuter im östlichen Holstein. –
Biol. Zbl. 68 (11/12) Leipzig 1949.
Tüxen, R.: Das System der nordwestdeutschen Pflanzengesellschaften. –
Mitt. flor.-soz. ArbGemeinsch. N.F. 5. Stolzenau/Weser 1955.

H. Ellenberg:

Es hat sich herausgestellt, daß die verschiedensten Böden pH-Schwankungen aufweisen. Dieser Faktor, der in den zwanziger Jahren im Vordergrund aller ökologischen Arbeiten stand, ist dadurch in der Beurteilung etwas schwierig geworden. Das gilt nicht nur für die Ackerböden,
sondern auch für Wiesen, Moore, Wälder, wie von den verschiedensten
Seiten nachgewiesen worden ist. Letzten Endes ist das nur ein Argument
in der großen Gruppe derer, die deutlich zeigen, daß der pH-Wert eigentlich kein wichtiger Standortfaktor ist. Das pH ist, wie sich durch physiologische Versuche in der letzten Zeit herausgestellt hat, innerhalb der
Grenzen von 3,2–3,5 bis etwa 8,8–8,9 praktisch ohne physiologische
Wirkung auf höhere Landpflanzen, die bewurzelt sind, nicht auf Wasser-
pflanzen. Wenn man innerhalb dieser Spanne eine als basiphil oder
neutrophil geltende Pflanze gut ernährt, wächst sie ganz normal. Man
kann beispielsweise anspruchsvolle Weizensorten bei pH 3,5 genau so
gut wie bei pH 7 zu Vollernten bringen. Man sollte deshalb davon abkommen, das pH als Faktor immer wieder zu untersuchen, weil es so
leicht greifbar ist. Es ist der Faktor, den jeder messen kann, weil die
Apparate so leicht zu bekommen sind. Man sollte sich bei ökologischen
Versuchen immer die Frage vorlegen, wo denn die entscheidenden Faktoren liegen. Diese entscheidenden Faktoren sollte man, wie das Tüxen
schon lange gelehrt hat, sich zunächst durch eine qualitative Analyse vor
Augen führen und dann zum Messen, zum Quantitativen übergehen.
Dann wird man z.B. bei den Ackerunkräutern sehr häufig zu dem
Schluß kommen, daß nicht der Säuregrad und der Kalkgehalt, sondern
z.B., wie das Herr Merker getan hat, der Phosphor, das Kali und
besonders ein Faktor, der am allerschwersten zu fassen ist, der Stickstoff,
eine Rolle spielen. Deshalb möchte ich zur Beteiligung an der Untersuchung des Stickstoff-Faktors auffordern. Es gibt jetzt Methoden, um
ihn einigermaßen greifbar zu machen. Wir wenden sie jetzt auf Zöttls
Veranlassung in Wäldern an und bekommen schöne und mit jeder Mes-
sung überraschende und befriedigende Resultate.

C. Cedercreutz:

In Südfinnland war *Agrostemma githago* um 1910 noch recht verbreitet,
jetzt ist sie sehr selten. *Vicia villosa* und *Bromus secalinus* sind auch viel
seltener geworden als früher. Auf Åland wurde früher *Veronica hederifolia*
an mehreren Stellen gefunden, jetzt kaum mehr. *Apera spica-venti* war in
Südfinnland allgemein in Roggenäckern in früheren Jahren, jetzt ist sie

selten. Die Ackerkultur ist viel intensiver als früher. Früher wurde nur
Roggen gebaut, jetzt aber viel Weizen, besonders auf Åland.

E.-W. Raabe:
Es ist sicher, daß durch die intensiven Düngungsmaßnahmen und andere
landwirtschaftliche Eingriffe unsere Ackerflora im Laufe der letzten
10–20 Jahre außerordentlich verarmt ist. In den letzten Jahren sind wir
in Schleswig-Holstein gezwungen gewesen, bei dem etwas ungünstigen
Klima eine Vegetationskartierung unserer Ackerflächen auf Grund der
intensiven Spritzung einzustellen.

Die Veränderung unserer Unkrautflora ist sicherlich aber nicht nur ein
Ergebnis der intensiveren Wirtschaft. Bei vielen Pflanzenarten, die heute
in ihren Grenzgebieten angekommen sind und dort zum normalen Bilde
der Ackerflora gehören, müssen wir es für wahrscheinlich halten, daß sie
auch aus anderen Gründen, etwa aus klimatischen, aus unserer Landschaft verschwinden. Wenn wir die Floren Mitteleuropas und vor allem
die des nordeuropäischen Bereiches über 200 Jahre zurückverfolgen, so
sind dort eine ganze Menge Pflanzenarten regelmäßig vorhanden gewesen, die wir heute nicht mehr antreffen, und die sicherlich nicht deswegen
verschwunden sind, weil der Mensch ihnen den Lebensraum genommen
hätte. Denken wir etwa an eine Art wie *Trapa natans*. In Schleswig-Holstein hatten wir sie noch vor kurzer Zeit, ihre Nordgrenze liegt heute
etwa bei Magdeburg. Es sind klimatische Veränderungen, die dieser Art
ihr Dasein heute nicht mehr ermöglichen. In ähnlicher Weise ist es mit
vielen anderen Arten, vor allen bei den Gruppen, deren Hauptverbrei-
tungsgebiet im südwesteuropäischen Raum liegt, seien es submediterran-
mediterrane oder westatlantische Arten, die aussterben ohne Zutun des
Menschen. Zu diesen könnten eine Reihe von Ackerunkräutern gehören,
deren Fehlen einen sehr wesentlichen Wandel des gesamten Vegetationstypes bedingen würde, denken wir etwa an *Chrysanthemum segetum*, eine
Art, die submediterraner Herkunft ist, die heute auf ähnliche Weise
verschwinden könnte, ohne daß der Mensch daran in erster Linie beteiligt
wäre. Oder denken wir an das kleine *Anthoxanthum aristatum*, das im
südlichen Schleswig-Holstein ein ganz alltägliches Ackerunkraut ist,
aber bei Kiel ihre fast absolute Nordgrenze auf dem europäischen Fest-
land erreicht, und die langsam verschwindet. So könnten also klimatische
Gründe dazu beitragen, eine Veränderung der Vegetationstypen hervorzurufen. Das ist ein Hinweis darauf, daß unsere Vegetationstypen, so
wie wir sie im Lauf der letzten Jahrzehnte aufgestellt haben, nichts
unbedingt Feststehendes, sondern etwas durchaus Dynamisches sind, das
sich oft allerdings nicht im Rahmen eines einzigen menschlichen Lebens-
alters merklich ändern wird, aber im Laufe von zwei bis drei Generationen einen solchen Wandel erfahren könnte, den der einzelne im allgemeinen nicht beobachten kann. Diese Tatsachen sollten wir auch, wenn
wir die Vegetation historisch betrachten, nicht übersehen. So etwa auch
bei *Centaurea cyanus*, die in diesem nördlichen Raum pollenanalytisch
nachgewiesen worden ist, wo sie in Massen vorgekommen sein muß.
Wir kennen sie aus Schleswig-Holstein, wo sie aber nicht bis heute
permanent vorhanden gewesen ist. Seit der waldlosen Zeit ist sie in-

zwischen auf natürliche Weise verschwunden. Der Mensch hat sie sekundär, wie viele andere Arten mehr, erst wieder eingeführt.

S. Pignatti:

Bei uns in Nordost-Italien geschieht gerade das Gegenteil. In den letzten Jahren hat man mehrmals stark thermophile Arten gefunden, die seit etwa 200 Jahren verschwunden waren. Z.B. sind in der Flora von Venedig einige mediterrane Arten wie *Smilax aspera, Cistus incana, Phillyrea angustifolia, Crataegus pyracantha* schon von den Älteren vor 250 Jahren angegeben worden und später nie mehr gefunden. In den letzten Jahren sind sie nicht nur wiedergefunden worden, sondern sie treten sogar massenhaft auf. Das bedeutet, daß wahrscheinlich dieselben Änderungen ganz verschiedene Folgen in Norddeutschland und bei uns haben können.

H. Merker:

Die klimatischen Verhältnisse können sicher eine Rolle spielen. Denn wir haben ja seit der Eisabschmelzung immer wieder Oszillationen des Klimas sowohl in Skandinavien als auch in anderen Ländern zu verzeichnen gehabt. Aber ich möchte doch zu bedenken geben, daß die neuesten Glazialforschungen in Schweden ergeben haben, daß unsere Gletscher rapid abschmelzen, was ja darauf hindeuten würde, daß wir uns in einer positiven Klimaschwankung befinden. Daß man dies für südschwedische und vor allem schonische Verhältnisse auch geltend machen darf, will ich nun nicht behaupten, denn es ist immerhin sehr weit bis zu den schwedischen Gletschern.

Was nun *Trapa natans* betrifft, so kann ich nicht ganz zustimmen. Denn in Schweden ist man vorläufig auch einer anderen Ansicht, die besagt, daß *Trapa natans* verschwunden sein kann wegen einer Oligotrophierung unserer Gewässer. D.h. die Verwitterungsprodukte wurden im Laufe der Jahrhunderte und Jahrtausende nach der Eisabschmelzung durch die Gewässer abgeführt, und große Gebiete sind also nun an der Grenze, wo sie vielleicht nicht mehr derartige Überschüsse an Kali, Phosphor, Mikronährstoffen in die Gewässer abgeben können. Ich erinnere mich, daß einige Quartärgeologen und Botaniker auch diese Ansicht verfechten.

M. Schwind:

Ich möchte davor warnen, für den Ausfall von Ackerunkräutern in Schleswig Holstein „Klimaverschlechterungen" verantwortlich zu machen. Über den größeren Zeitraum gesehen, hat sich das Klima gebessert. Wie Herr Merker sagte, gehen die Gletscher im Norden zurück, auch die Südgrenze des ewig gefrorenen Bodens weicht in Rußland nordwärts aus. Man simplifiziert vielleicht das Problem des Ausfallens von Ackerunkräutern, wenn man es betont auf klimatische Ursachen zurückzuführen sucht.

E. Oberdorfer:

Im Oberrheingebiet nimmt *Trapa natans*, und zwar im Zuge der Eutrophierung zu, was eben Ihre Ausführungen bestätigen würde. In dem

Maß, wie gewisse Altrhein-Arme verschmutzen, gewinnt und profitiert davon *Trapa natans*. Sie ist bei uns keine aussterbende, sondern eine im Zuge der Verschmutzung zunehmende Pflanze.

E.-W. RAABE:

Es stimmt, daß die Gletscher heutzutage fast an allen Punkten der Erde abschmelzen. Im gesamten europäisch-asiatischen Raum ist das eindeutig der Fall. Aber warum schmelzen sie ab? Der Grund braucht nicht unbedingt der Wärmefaktor zu sein, wenn wir ihn im allgemeinen Mittel nehmen. Die Temparatur Schleswig-Holsteins z.B. ist im Laufe der letzten 150 Jahre angestiegen. Die Jahresmittel-Temperaturen liegen jetzt um etwa 1° höher. Die mittleren Winter-Temperaturen sind aber in Schleswig-Holstein in der gleichen Zeit um 2° angestiegen. Die Mittel-Temperaturen für die Monate Juli/August liegen aber heute unter denen vor 150 Jahren. Die Durchschnittstemperatur des Jahres bleibt trotzdem immer noch höher als früher. Für die Pflanzendecke ist aber die Höhe der Winter-Temperatur und der Winter-Niederschläge weniger wichtig als die Klimaverhältnisse, die während einer Vegetationsperiode, vom Frühjahr bis etwa in den Spätsommer hinein herrschen. Diese verschieben sich heute bei uns mehr zum nordatlantischen Bereich hin. Es wird also kühler und regenreicher. Die Niederschläge haben in den letzten 150 Jahren im Sommer (August, September, Oktober) zugenommen. Abgenommen haben sie in den ehemals schneereichen Wintermonaten, vor allem im Februar. Damit ist eine Entwicklung der Temperatur-Verschiebung zu beobachten. Vor 150 Jahren war der kälteste Monat mit — 1° C der Januar. Heute ist der kälteste Wintermonat mit + 1° C der Februar. Wir müssen von den Schwankungen der letzten paar Jahre absehen, die darf man nicht so sehr mit in Betracht ziehen, man muß große Mittel von Jahrzehnten dabei betrachten, um zu einigermaßen brauchbaren Zahlen zu kommen.

Damit möchte auch zusammenhängen, daß unsere Gletscher zurückgehen. Die Ursache dafür muß also kein Wärmeeffekt sein; sie kann ein Niederschlagseffekt sein, oder beides. Niederschläge, die als Regen oder als Schnee während der Sommerzeiten fallen, sind nicht in der Lage, sich zu Eis und anschließend zu Gletschern weiterzuentwickeln. Im Winter fallen nicht mehr die großen Niederschläge wie früher, und so müssen schon durch die Verschiebung vom Winter zum Sommer hin die Gletscher wohl oder übel abnehmen, obwohl insgesamt gesehen die Niederschläge durchaus zunehmen können. Von e i n e r Zahl her kann man die Zusammenhänge nicht beurteilen.

E. OBERDORFER:

Das entscheidende bei der Bemerkung von Herrn Kollegen RAABE ist darin zu suchen, daß wir beim Rückgang der Ackerunkräuter eben einen Komplex von Faktoren berücksichtigen müssen. Es ist vielleicht nicht nur der Einfluß des Menschen, sondern es kann möglicherweise auch der Klima-Faktor mitwirken, was sicher sehr richtig ist.

I. S. Zonneveld:

Sie haben über die Spritzungen und ihren Einfluß auf die Vegetation
erzählt. Ich habe nicht ganz begriffen, ob jetzt noch in Südschweden eine
Unkrautvegetation besteht, die man gut unterscheiden und etwa im
Maßstab 1 : 10000 kartieren kann. Vielleicht geht es noch? Und wie
lange noch?

H. Merker:

Es geht noch. Aber wie lange, das kann ich nicht beurteilen. Aber wenn
wir die neuen Präparate in den Handel bringen, die auch dem Zucker-
rübenanbau helfen sollen, dann sind wir bald fertig.

I. S. Zonneveld:

Wir haben in Holland in den letzten 3–4 Jahren auch Unkrautgesellschaften kartiert. Es geht schlecht in den neuen Anbaugebieten; in den
neuen Poldern geht es fast nicht mehr. Man erfindet ja fast jede Stunde
neue Mittel. Man fängt in Holland jetzt auch schon im Wald an, und es
sind schon „erfolgreiche" Untersuchungen gemacht, wonach man die
ganze Waldvegetation töten kann. Das geschieht natürlich nur bei den
Anpflanzungen. Die Vegetation hat dann 70 Jahre Zeit, wieder zurück-
zukommen.

D. Rodi:

Sie hatten verschiedene Dauerversuchsflächen auf verschiedenen Böden
einige Jahre hindurch während des Fruchtwechsels beobachtet. Was
stellt den Haupteinfluß dar, die Wirtschaftsform oder die Standortsform?
Ich habe nämlich im Schwäbisch-Fränkischen Wald festgestellt – allerdings
waren dort die Standorte sehr unterschiedlich – daß in diesem Gebiet die
standortsbedingten Unterschiede wesentlich größer waren als die der
Wirtschaftsform, zumindest in den dorfentfernteren Äckern. Ich konnte
hier kaum feststellen, daß die Chenopodietalia-Arten so hervorge-
treten sind in den Hackfrüchten, daß man hier tatsächlich danach hätte
kartieren und die Gesellschaften richtig einordnen können. Ich habe die
Gesellschaften der Hackfrüchte und die der Sommergetreidearten und
die der Wintergetreidearten des gleichen Standortes verglichen und festgestellt, daß man in meinem Arbeitsgebiet wesentlich mehr herausbe-
kommen hat, was den Standort, als was die Nutzungsform betrifft.
Das Klima ist nicht sehr warm, nicht wie im Rheintal, sondern wir haben
durchschnittliche Jahrestemperaturen von höchstens 7–8°, d.h. in der
Temperatur ist unser Klima beinahe Ihrem gleich. In den dorfentfernteren Gebieten waren die Chenopodietalia-Arten und die einzelnen
Kennarten nicht sehr stark vorhanden.

H. Merker:

Bei uns ist die Scheidung und Trennung deutlich. In der Winterfrucht
überwintern die Unkräuter, während im Sommergetreide nur solche Unkräuter wachsen, die sowohl im Frühjahr als im Sommer keimen können.

R. Tüxen:

Was wir hier hören und jeden Sommer draußen sehen, ist der menschlich bedingte und katastrophal durch gewisse chemische Mittel beschleunigte Zerfall von Pflanzengesellschaften, eben jener Ackerunkraut-Gesellschaften. Diesem Zerfall steht gegenüber der Aufbau anderer Pflanzengesellschaften, wie er entsteht durch verbreitungsbiologische Vorgänge, wie sie uns Herr Duty geschildert hat, und wie wir sie von den Trittgesellschaften mit *Juncus macer* und ähnlichen Gesellschaften kennen.

G. Schwerdtfeger:

Nachdem Prof. Tüxen eben das Wort „Zerfall" brauchte, darf ich doch die Pflanzen einmal etwas positiver werten. Prof. Ellenberg stellte den pH-Wert als unzureichendes Kriterium heraus. Ist das nicht ein Hinweis, daß gerade unter der intensiven Ackerwirtschaft auch die bisherige Bodenklassifizierung gar nicht mehr ausreicht? Daß wir mit unserer alten Bodentypenansprache, die 20 Jahre alt ist, dort einfach nicht mehr auskommen, sondern daß die Bodentypen durch die starke Düngung mit Stickstoff (100-200 kg N/ha) in ihren landwirtschaftlichen Erträgnissen nicht mehr zu unterscheiden sind, daß die Unkräuter dann ebenfalls in dieser Richtung reagieren und uns sehr viel rascher als alle wissenschaftlichen Messungen anzeigen, daß hier etwas ganz neues Positives aufgebaut wird. Für die Pflanzensoziologie könnte man daher erwarten, daß sie in der Lage ist, diese Vorgänge rascher zu erkennen als andere Wissenschaften.

ACKERUNKRAUT–FRAGMENTGESELLSCHAFTEN

von

JOSEF BRUN-HOOL, Willisau

Die Ackerunkraut-Gesellschaften können mit Recht zu den am stärksten vom Menschen beeinflußten Pflanzengesellschaften gezählt werden.

Wir untersuchten in den Jahren 1954–60 in einem Gebiet von 50 × 50 km in der NW-Ecke der Schweiz, im angrenzenden Frankreich (Sundgauer Hügelland und Elsaß) und Deutschland (Schwarzwald und Markgräflerland) 1000 Unkrautbestände in Hack- und Halmfruchtkulturen und legten zu diesem Zweck ein möglichst gleichmäßiges aber dichtes Netz von pflanzensoziologischen Aufnahmen über dieses Gebiet und verglichen diese mit zahlreichen andern Aufnahmen aus der übrigen Schweiz. Dabei konnten 81% dieser Bestände in 13 Ackerunkrautgesellschaften eingeordnet werden. Die verbleibenden 19% wiesen aber keine Charakterarten einer der in Frage kommenden Unkrautgesellschaften auf und besaßen auch keine Arten, die sich als Kennarten für eine neu zu beschreibende Assoziation geeignet hätten. Wir bezeichneten sie daher vorläufig als *fragmentarische Gesellschaften*.

Der zahlen- und flächenmäßig große Anteil dieser fragmentarischen Bestände veranlaßte uns zu einer besonderen Untersuchung und zum Versuch einer Gliederung und Einteilung dieser Bestände. Die nähere Überlegung führt uns vorerst zu zwei verschiedenen Gruppen von fragmentarischen Gesellschaften, nämlich:

1) Fragmentarische Gesellschaften im Sinne von noch nicht vollkommen entwickelten Gesellschaften: pionierhafte, im Entstehen begriffene und erst teilweise ausgeprägte Gesellschaften ohne eigene Kennarten. Solche unvollkommen entwickelte, noch nicht gegliederte Gesellschaften möchte ich hier vorläufig mit dem Namen *Rumpfgesellschaften* belegen.

2) Fragmentgesellschaften im Sinne von Assoziationsresten: Überreste von ehemals voll ausgebildeten Gesellschaften, die jetzt geköpft oder gekappt erscheinen. Ich möchte sie hier als *Restgesellschaften* bezeichnen.

Den Rumpf- und Restgesellschaften, zusammen kurz als *Fragmentgesellschaften* bezeichnet, stehen gegenüber die vollständig ausgebildeten Gesellschaften oder Assoziationen, welche durch eigene, treue Charakterarten gekennzeichnet sind, und die man – um beim Anfangs-R zu bleiben, auch als *Reingesellschaften* bezeichnen könnte.

Rumpfgesellschaften fanden wir vor allem auf Höhenlagen über 600 m, und zwar nimmt ihr Anteil mit steigender Höhe der Äcker über NN ständig zu; oberhalb 950 m liegt ihr Anteil im Schweizer Jura bereits über 50%, oberhalb 1200 m in den Schweizer-Alpen über 80%. Äcker in den Alpen, welche oberhalb 1400 m liegen, weisen nur noch in Ausnahmefällen Charakterarten auf. Die Zunahme dieser Rumpfgesellschaften nach oben geht ungefähr parallel mit der Abnahme der Artenzahl dieser Bestände.

Rumpfgesellschaften wurden aber auch beobachtet in Äckern der kurzfristigen Fruchtwechselwirtschaften, wie sie in der Schweiz häufig sind. Eine mehrjährige (2- bis über 10-jährige) Nutzung des Landes als Wiese wird dabei unterbrochen von einer nur 4-, 3-, 2- oder gar nur 1-jährigen Ackernutzung. Daß sich hier in der kurzen Ackernutzungszeit keine vollausgebildeten Ackerunkrautgesellschaften etablieren können, erscheint verständlich. Je höher wir im Jura oder in den Alpen aufsteigen, um so kürzer ist meist die Dauer der Ackernutzung. Beide Einflüsse – Höhenlage und Kurzfristigkeit der Ackernutzung – fallen demnach oft zusammen, überlagern sich gegenseitig und verstärken sich. Da nun beide Einwirkungen schon seit jeher bestanden haben, dürfte es auch in der Schweiz schon immer Ackerunkraut-Rumpfgesellschaften gegeben haben. Die Untersuchungen von VOLKART 1933 in den Zwanzigerjahren im Gebirge (bis 1750 m Höhe) und jene von SALZMANN 1939 und BUCHLI 1936 in den Dreißigerjahren im Jura und in den höhergelegenen Teilen des schweizerischen Mittellandes (bis ca. 1100 m Höhe) weisen deutlich in dieser Richtung.

Ganz anders scheint es sich mit den Restgesellschaften zu verhalten. Diese wurden bis in die tiefsten Teile des Untersuchungsgebietes (um 240 m über NN) in großer Zahl festgestellt. Im Gegensatz zu den Rumpfgesellschaften sind sie in rascher Ausdehnung begriffen, was aus mehreren Anzeichen hervorgeht, die während der kurzen Dauer unserer Untersuchungen (1954–60) festgestellt wurden. Mag auch das Überhandnehmen der charakterartenlosen Unkrautgesellschaften und der Rückgang der Unkräuter vom agronomischen Gesichtspunkt aus wünschenswert erscheinen, so dürfte diese Entwicklung in mancher Hinsicht aber auch ihre bedenklichen Aspekte haben.

Vorerst interessierten uns die Gründe für das Zunehmen der fragmentarischen Gesellschaften, insbesondere der Restgesellschaften, und es seien hier einige der möglichen Gründe aufgezählt:

Die landwirtschaftlich genutzte Fläche ist in der Schweiz, aber auch in vielen Teilen Westeuropas in starkem Rückgang begriffen; damit geht ein allgemeiner Rückgang der Ackerunkrautflora einher. Ein Vergleich mit den Angaben des Florenwerkes von BINZ vor 50 Jahren (1911) mit unseren Feststellungen zeigte, daß für das Gebiet der NW-Schweiz bei den Ackerunkräutern ein Rückgang von 36% der Klassenkennarten, von 78% der Ordnungskennarten, von 92% der Verbandskennarten und von 100% der Charakterarten festgestellt werden muß. 24 Unkrautarten sind seit 1911 im Gebiet überhaupt ausgestorben.

Im gleichen Zeitraum und besonders seit dem 2. Weltkrieg sind die Landbaumethoden ganz erheblich verbessert worden. So haben z.B. der Ankauf von maschinell gereinigtem Saatgut um das 17fache, der Traktorbestand seit 1925 um das 25fache zugenommen und die maschinellen Einrichtungen zur Saatbettherstellung, Felderpflege und Ernte um das 10-fache. Ebenso nahm der Kunstdüngerverbrauch sehr stark zu, am meisten aber der Verbrauch an chemischen Unkrautbekämpfungsmitteln, der allein seit 1954 um das 10fache anstieg. Die neue Methode des künstlichen Totbrennens der Kartoffelstauden vor der Ernte erzielte seit 1954 einen Mehrverbrauch an Chemikalien um das 22fache. Daß solche Maßnahmen ihren mehr oder minder starken Einfluß auf die Unkrautgesellschaften ausüben, erscheint verständlich.

Die Tatsache des Zurückgehens der Ackerunkrautgesellschaften ist auch in andern Gebieten Europas beobachtet worden, so besonders von den Mitarbeitern der Bundesanstalt für Vegetationskartierung in NW-Deutschland (Westfalen, Niedersachsen), dann aber auch in der Tschechoslowakei (nach HEJNÝ, mündl. nach R. TÜXEN) und andern Gebieten. Vielfach wird sogar von einem Zerfall der Ackerunkrautgesellschaften gesprochen.

Können nun bei diesen verbleibenden fragmentarischen Beständen noch bestimmte Typen unterschieden werden, oder sind diese in eine unübersehbare Vielzahl von Assoziationsfragmenten aufgespalten, so daß es beinahe aussichtslos aber auch sinnlos wäre, jedem dieser Verarmungstypen einen besonderen Namen geben zu wollen (BRAUN-BLANQUET 1951)?

Unsere Beobachtungen und Untersuchungen ergaben die folgenden Tatsachen:

1) Die fragmentarischen Unkrautbestände kommen außerordentlich häufig vor (ca. 19% der Bestände in der NW-Schweiz) und sind sehr großflächig ausgebildet; in der NW-Schweiz machen sie rund ein Viertel der ackerbaulich genutzten Fläche aus. Es dürfte daher heute kaum mehr möglich sein, die Ackerunkrautgesellschaften eines größeren Gebietes zu beschreiben, ohne diese fragmentarischen Bestände zu erwähnen.

2) Die fragmentarischen Unkrautgesellschaften sind nicht in unzählige Assoziationsfragmente aufgesplittert, sondern lassen sich auf wenige, in der Schweiz auf neun gut umschreibbare Typen zusammenfassen.

3) Die Zugehörigkeit dieser fragmentarischen Gesellschaften zu bestimmten, im Gebiet heimischen Pflanzengesellschaften, zu denen sie gestellt werden könnten, ist nicht ohne weiteres ersichtlich. Diese Gesellschaften können also nicht mehr irgendwo „angehängt" werden, sondern ihnen gebührt jeweils eine eigene Untersuchung und Eingliederung.

4) Diesen Gesellschaften kommt eine bestimmte Eigenständigkeit zu (Standortsansprüche, Artenzusammensetzung usw.), die sich über Jahre hinaus auf dem gleichen Standort erhalten kann. Es sind also echte Typen anzutreffen, die sich in ähnlicher Artenzusammensetzung in den verschiedensten Landesteilen (Jura, Schweizer Mittelland und z.T. bis in die Hochalpen) wiederfinden lassen.

5) Die Beobachtung der fragmentarischen Gesellschaften im Gelände ergab, daß es nicht in allen Fällen möglich, in vielen Fällen sogar ausgeschlossen ist, zu unterscheiden, ob es sich um Rumpf- oder Restgesellschaften handelt.

Diese fünf Charakteristika der fragmentarischen Gesellschaften, die in

Tab. 1. Das Verhältnis der Ackerunkraut-Fragmentgesellschaften zueinander und zu den bestehenden Assoziationen in der Schweiz

Aus der Klasse Chenopodietea albi

Assoziations-Höhe	Oxali-Cheno-podie-tum	Veroni-co-Fu-marie-tum	Veroni-cetum agres-tis	Falca-rio-Vero-nice-tum	Gera-nio-Alli-etum	Panico-Cheno-podi-etum	Seta-rio-Vero-nice-tum	Seta-rio-Fuma-rie-tum	Portu-laco-Amaran-thetum

Verbandsniveau: Sonchus asper-Chenopodion-Gesellschaft | Setaria viridis-Chenopodion-Gesellschaft

Ordnungsebene: Galeopsis tetrahit-Chenopodietalia-Gesellschaft

Klassenbasis: Chenopodium album-Chenopodietea-Gesellschaft

Aus der Klasse Secalinetea

Assoziations-Höhe	Alchemillo-Matricarietum	Papaveretum argemone	Adonis autumnalis-Iberis amara-Ass.	Lathyrus aphaca-Lathyrus tuberosus-Ass.

Verbandsniveau: Alchemilla arvensis-Aphanion-Gesellschaft | Euphorbia exigua-Caucalion-Gesellschaft

Ordnungsebene: Agrostis spica-venti-Aperetalia-Gesellschaft | Papaver rhoeas-Secalinetalia-Gesellschaft

Klassenbasis: Viola arvensis-Secalinetea-Gesellschaft

wechselndem Maße auch für andere Gebiete Mitteleuropas zutreffen
dürften, legen nun zwei Konsequenzen nahe:

– Statt von fragmentarischen Beständen können wir von echten Gesellschaften, nämlich Fragmentgesellschaften sprechen.

– Diese Fragmentgesellschaften lassen sich ebenso wie die Assoziationen
in Tabellen fassen, was wir für das Gebiet der NW-Schweiz und der
übrigen Schweiz versucht haben, und wir legen hier gleichzeitig den
Vorschlag für eine Namengebung vor: Fragmentgesellschaften mögen
außer dem Namen der stetesten Art auch die Bezeichnung der höheren
Einheit tragen, der die Gesellschaft zugeordnet werden kann. So müßte
z.B. die in der NW-Schweiz häufigste Fragmentgesellschaft (92 Aufnahmen) „Sonchus asper-Chenopodion-Gesellschaft" heis-
sen, was bedeutet Fragmentgesellschaft (Rumpf- oder Restgesellschaft
ohne eigene Charakterarten), deren steteste Art *Sonchus asper* ist und
welche auf Grund der vorhandenen Verbandskennarten zum Cheno-
podion-Verband (Eu-Polygono-Chenopodion polyspermi
Koch 1926) zu stellen ist.

Außer dieser Fragmentgesellschaft konnten in der Schweiz noch weitere
acht Fragmentgesellschaften festgestellt werden, deren Verhältnis zueinander und zu den in der Schweiz vorgefundenen Assoziationen in Tab. 1
dargestellt ist.

Alle Fragmentgesellschaften bilden in der NW-Schweiz, teilweise auch
in der übrigen Schweiz – ungeachtet der Tatsache, daß sie keine Charakterarten besitzen – doch *Untereinheiten* aus: Untergesellschaften und
Varianten. So besitzt die Sonchus asper-Chenopodion-Gesellschaft eine Untergesellschaft von *Euphorbia exigua* und eine Variante
von *Sagina procumbens*. Die neun in der Schweiz vorgefundenen Fragmentgesellschaften sind in Tab. 2 kurz charakterisiert.

Tab. 2. Die neun in der Schweiz vorgefundenen Ackerunkraut-Fragmentgesellschaften

A. Fragmentgesellschaften aus der Klasse Chenopodietea albi

1. Sonchus asper-Chenopodion-Gesellschaft (160 Aufnahmen)

NW-Schweiz, Mittelland, Alpen (in Graubünden bis 1460 m) und Alpensüdseite.

Verbandskennarten:	*Sonchus asper*	V
	Atriplex patula	IV
	Sinapis arvensis	IV
	Veronica persica	III
	Lamium purpureum	II
	Thlaspi arvense	II
	Geranium dissectum	I
Ordnungskennarten:	*Polygonum persicaria*	V
	Galeopsis tetrahit	IV
	Anagallis arvensis ssp. *phoenicea*	IV
	Polygonum lapathifolium	II
	Erysimum cheiranthoides	r

Klassenkennarten:	Chenopodium album	V
	Stellaria media	IV
	Senecio vulgaris	III
	Euphorbia helioscopia	II
	Sonchus oleraceus	II
	Mercurialis annua	I
	Setaria glauca	I

ferner mit r: *Solanum nigrum, Sisymbrium officinale, Euphorbia peplus, Lepidium ruderale, L. campestre, Geranium molle, Galinsoga parviflora, Chenopodium vulvaria.*

2. Setaria viridis-Chenopodion-Gesellschaft (38 Aufnahmen)

Tiefere Lagen der NW-Schweiz, des Mittellandes und der Alpen.

Trennarten gegen die vorige Ges.:	Setaria viridis	V
	Amaranthus retroflexus	II
	Setaria glauca	II
	Panicum crus-galli	II
	Panicum sanguinale	I
Verbandskennarten:	Sonchus asper	V
	Sinapis arvensis	V
	Veronica persica	IV
	Atriplex patula	III
	Lamium purpureum	II
	Thlaspi arvense	II
	Geranium dissectum	I
Ordnungskennarten:	Anagallis arvensis ssp. phoenicea	V
	Polygonum persicaria	V
	Galeopsis tetrahit	I
	Polygonum lapathifolium	I
	Erodium cicutarium	r
Klassenkennarten:	Chenopodium album	V
	Mercurialis annua	V
	Sonchus oleraceus	IV
	Stellaria media	IV
	Euphorbia helioscopia	IV
	Senecio vulgaris	III
	Solanum nigrum	II
	Euphorbia peplus	I
	Malva neglecta	I
	Erigeron canadensis	I
	Galinsoga parviflora	I
	Geranium pusillum	r
	Lamium amplexicaule	r

3. Galeopsis tetrahit-Chenopodietalia-Gesellschaft (24 Aufnahmen)

NW-Schweiz und Mittelland zwischen 410 und 980 m, Alpen bis 1510 m in Graubünden.

Ordnungskennarten:	Galeopsis tetrahit	V
	Polygonum persicaria	III
	Anagallis arvensis ssp. phoenicea	II
	Polygonum lapathifolium	I

Klassenkennarten: *Chenopodium album*   V
           Sonchus oleraceus   II
           Euphorbia helioscopia   II
           Stellaria media   I
           Euphorbia peplus   r

4. Chenopodium album-Chenopodietea-Gesellschaft
(11 Aufnahmen)

Höhere Lagen des Mittellandes und der Alpen (Graubünden) bis 1500 m.

Klassenkennarten: *Chenopodium album*   V
           Euphorbia helioscopia   IV
           Stellaria media   I
           Sonchus oleraceus   I
           Geranium pusillum   I

B. Fragmentgesellschaften aus der Klasse Secalinetea

1. Euphorbia exigua-Caucalion-Ges. (127 Aufnahmen)

NW-Schweiz und Mittelland zwischen 320 und 625 m, in den Alpen bis 1650 m aufsteigend, auf der Alpensüdseite bis auf 270 m hinunter.

Verbandskennarten: *Euphorbia exigua*   V
         Aethusa cynapium var. *agrestis* IV
         Sherardia arvensis   IV
         Legousia speculum-veneris II
         Valerianella rimosa   II
         Delphinium consolida   I
         Galeopsis ladanum var. *angustifolia* I
         Bifora radians   r
         Melampyrum arvense   r

Ordnungskennarten: *Papaver rhoeas*   IV
         Anagallis arvensis ssp. *coerulea* III
         Ranunculus arvensis   II
         Stachys annua   II
         Ajuga chamaepitys   I
         Lithospermum arvense   I
         Galium tricorne   I
         Caucalis daucoides   I
         Vaccaria pyramidata   r

Klassenkennarten: *Viola tricolor* ssp. *arvensis* V
         Myosotis arvensis   IV
         Vicia sativa ssp. *angustifolia* II
         Centaurea cyanus   II
         Vicia tetrasperma   I
         Agrostis spica-venti   I
         Alopecurus myosuroides I
         Raphanus raphanistrum I
         Vicia sativa ssp. *obovata* I
         Veronica hederifolia   I
         Anthemis arvensis   I
         Agrostemma githago   r
         Antirrhinum orontium   r
         Alchemilla arvensis   r
         Neslia paniculata   r

2. Alchemilla arvensis-Aphanion-Gesellschaft (56 Aufnahmen)

Mittelland von 320 bis 995 m, Alpen (Wallis und Graubünden) bis 1520 m,
Alpensüdseite bis 300 m hinunter.

Verbandskennarten:	*Alchemilla arvensis*	V
	Papaver rhoeas	IV
	Veronica hederifolia	II
Ordnungskennarten:	*Agrostis spica-venti*	IV
	Vicia tetrasperma	I
	Scleranthus annuus	I
Klassenkennarten:	*Myosotis arvensis*	V
	Viola tricolor ssp. *arvensis*	IV
	Vicia sativa ssp. *obovata*	II
	Alopecurus myosuroides	II
	Valerianella locusta	II
	Ranunculus arvensis	II
	Sherardia arvensis	II
	Centaurea cyanus	II

ferner mit Stetigkeit I: *Raphanus raphanistrum, Agrostemma githago, Legousia
speculum-veneris, Lithospermum arvense, Vicia sativa* ssp. *angustifolia,
Anthemis arvensis, Delphinium consolida,*
ferner mit r: *Euphrasia odontites, Valerianella rimosa, Euphorbia exigua,
Valerianella dentata, Aethusa cynapium* var. *agrestis.*

3. Papaver rhoeas-Secalinetalia-Gesellschaft (24 Aufnahmen)

Mittelland zwischen 340 und 920 m, Alpen (Wallis, Graubünden, Tessin) bis
1535 m, auf der Alpensüdseite bis auf 300 m hinunter.

Ordnungskennarten:	*Papaver rhoeas*	IV
	Lithospermum arvense	III
	Ranunculus arvensis	II
	Anagallis arvensis ssp. *coerulea*	I
Klassenkennarten:	*Viola tricolor* ssp. *arvensis*	III
	Myosotis arvensis	III
	Vicia sativa ssp. *angustifolia*	II
	Agrostemma githago	II
	Legousia speculum-veneris	II

ferner mit Stetigkeit I: *Vicia tetrasperma, Alopecurus myosuroides, Valerianella locusta, Centaurea cyanus,*
ferner mit Stetigkeit r: *Bromus secalinus, Euphrasia odontites, Anthemis
arvensis, Vicia sativa* ssp. *obovata.*

4. Apera spica-venti-Aperetalia-Gesellschaft (21 Aufnahmen)

Mittelland zwischen 425 und 810 m, Alpen (Graubünden, Tessin) bis auf
1390 m, auf der Alpensüdseite bis auf 294 m hinunter.

Ordnungskennarten:	*Apera spica-venti*	IV
	Vicia tetrasperma	II
	Scleranthus annuus	I

Klassenkennarten: *Viola tricolor* ssp. *arvensis* IV
Vicia sativa ssp. *angustifolia* III
Myosotis arvensis III
Raphanus raphanistrum II
Valerianella locusta II

ferner mit Stetigkeit I: *Centaurea cyanus, Vicia sativa* ssp. *obovata, Agrostemma githago, Matricaria inodora,*
ferner mit r: *Ranunculus arvensis, Bromus secalinus, Euphorbia exigua, Papaver rhoeas, Euphrasia odontites.*

5. Viola arvensis-Secalinetea-Gesellschaft (28 Aufnahmen)

NW-Schweiz und Mittelland zwischen 400 und 1000 m, in den Alpen (Graubünden) bis 1050 m aufsteigend.

Klassenkennarten: *Viola tricolor* ssp. *arvensis* III
Vicia sativa ssp. *angustifolia* III
Agrostemma githago III
Myosotis arvensis II
Raphanus raphanistrum II
Centaurea cyanus II
Legousia speculum-veneris II
Vicia sativa ssp. *obovata* I
Anthemis arvensis I

ferner mit r: *Alopecurus myosuroides, Valerianella locusta, Avena fatua, Bromus arvensis.*

Schließlich sei noch auf einige mögliche Folgen des Überhandnehmens der Ackerunkraut-Fragmentgesellschaften (Restgesellschaften) kurz hingewiesen:

1) Der Ausfall der Charakterarten, ja wie wir gesehen haben, der Rückzug der Gesellschaften auf die Verbände, Ordnungen oder selbst auf die Klassen bringt wahrscheinlich auch seine Rückwirkung auf die Tierwelt, also auf die gesamte Biozönose mit sich.
2) Die heute bestehende Systematik der Ackerunkrautgesellschaften wird mit fortschreitendem Überhandnehmen der Fragmentgesellschaften schließlich in Frage gestellt.
3) Das Zeigerinstrument, das uns bisher durch die Unterscheidung der Assoziationen für bestimmte Eigenschaften des Bodens, des Klimas usw. zur Verfügung stand, verliert seine Feinheit.
4) Diese exogenen Wirkungen dürften in ihrem Gefolge auch endogene Wirkungen nach sich ziehen (nach R. Tüxen, mündl.). Diese endogenen Veränderungen der Biozönosen sind vorläufig noch gar nicht oder nur wenig übersehbar.
5) Die mengenmäßige Ertragssteigerung durch die Vernichtung der Ackerunkräuter braucht nicht notwendigerweise mit einer Qualitätssteigerung der Feldfrüchte verbunden zu sein.

Die geschilderten Tatsachen sollen indessen nicht zu allzu pessimistischen Zukunftsaussichten führen, haben wir doch ohne schwerwiegende Folgen
– in den Rumpfgesellschaften in den gebirgigen Gegenden wohl schon

seit Jahrhunderten Fragmentgesellschaften besessen und sind doch bereits aus verschiedenen Teilen Mitteleuropas seit langem Fragmentgesellschaften bekannt, so z.B. die Caucalis lappula-Scandix pecten-veneris-Ass. Tx. (1928) 1950, welcher eigene Kennarten fehlen, die also eine echte Fragmentgesellschaft ist und Scandix pecten-veneris-Caucalion-Ges. heißen könnte,

– zeigen doch die oben vorgeschlagenen Nomenklaturvorschläge, daß der Pflanzensoziologe auch diese Gesellschaften durchaus zu fassen und zu beschreiben vermag.

Dessen ungeachtet bedeutet der immer stärker werdende menschliche Einfluß auf die Vegetation und das damit verbundene Überhandnehmen der Fragmentgesellschaften vorerst für den Botaniker, dann aber für jeden mit der Natur verbundenen Menschen und schließlich für die ganze Lebewelt das Symptom einer Verarmung der Natur und des Lebens. Diesen Preis haben wir für die stets steigenden Erträge zu bezahlen, die wir unserem Boden abverlangen müssen.

ZUSAMMENFASSUNG

Von 1000 in der Schweiz untersuchten Ackerunkrautbeständen erwiesen sich 19% als fragmentarische Gesellschaften, oberhalb 950 m über NN betrug ihr Anteil mehr als 50%, oberhalb 1200 m über 80%. Es wurde festgestellt, daß die fragmentarischen Gesellschaften in raschem Zunehmen begriffen sind, wobei die Charakterarten z.B. seit dem Jahre 1911 am meisten, die Ordnungs- und Verbandskennarten weniger und am wenigsten die Klassenkennarten zurückgegangen sind. Es werden Vorschläge zu einer Systematik und zur Benennung aller fragmentarischen Gesellschaften gemacht.

SUMMARY

A phytosociological investigation of 1000 tillage weed stands in Switzerland revealed that in 19% of all cases only fragmentary communities were present. At heights over 950 m the percentage of fragmentary communities was over 50% while above 1200 m it rose to over 80%. It has been established that the number of fragmentary communities is increasing. Since the year 1911 character-species of alliance and order rank have shown the greatest decrease and those of class the least. Proposals for a systematization and nomenclature for all fragmentary communities are made.

LITERATUR

BINZ, A.: Flora von Basel und Umgebung. – Basel 1911.

BRAUN-BLANQUET, J.: Pflanzensoziologie. 2. Aufl. – Wien 1951.

BRUN-HOOL, J.: Ackerunkrautgesellschaften der Nordwestschweiz. – Beitr. geobot. Landesaufn. Schweiz **43**. Bern 1963.

BUCHLI, M.: Ökologie der Ackerunkräuter der Nordostschweiz. – Beitr. geobot. Landesaufn. Schweiz **19**. Bern 1936.

SALZMANN, R.: Die Anthropochoren der schweizerischen Kleegraswirtschaft, die Abhängigkeit ihrer Verbreitung von der Wasserstoffionenkonzentration

und der Dispersität des Bodens mit Beiträgen zu ihrer Keimungsbiologie. –
Bern 1939.

Tüxen, R.: Grundriß einer Systematik der nitrophilen Unkrautgesellschaften
in der Eurosibirischen Region Europas. – Mitt. flor.- soz. ArbGemeinsch.
N.F. 2. Stolzenau/Weser 1950.

Volkart, A.: Untersuchungen über den Ackerbau und die Ackerunkräuter
im Gebirge. – Landw. Jb. Schweiz **47** (1). Bern 1933.

E. Oberdorfer:

Es scheint mir bei den Fragmentgesellschaften ein systematisches Problem grundsätzlicher Art vorzuliegen. Was würde mit diesen Gesellschaften geschehen, wenn wir jetzt oder vielleicht in 20 Jahren erst anfingen, mit der soziologischen Aufnahme und der soziologischen Systematik? Würden wir nicht aus diesen verarmten Gesellschaften Charakterarten heraussuchen die heute etwa Verbandscharakterarten sind? Das System würde bei der starken Verarmung also gröber werden.

R. Tüxen:

Da Herr Brun mich zitiert hat, bin ich vielleicht eine Erklärung schuldig über die Begriffe der exogenen und endogenen Faktoren, die er erwähnt hat. Wir möchten bei der Beurteilung des Zustandekommens und des Daseins der Pflanzengesellschaften scharf unterscheiden zwischen den Faktoren, die wir als Standorts- oder e x o g e n e Faktoren bezeichnen, und jenen, die bisher kaum untersucht oder gar von vielen überhaupt nicht gesehen worden sind, und die wir als die e n d o g e n e n Faktoren der Gesellschaftsbildung den exogenen gegenüberstellen. Man kennt einen dieser Faktorenkomplexe, das ist die Konkurrenz oder der Wettbewerb. Aber das ist ganz sicher bei weitem nicht der einzige, und die übrigen kennen zu lernen, beginnt man gerade jetzt, und das wäre eine der dringensten Aufgaben der theoretischen Pflanzensoziologie. Wir wissen doch, daß die Pflanzen nicht nur durch Konkurrenz auf einander wirken, sondern daß sie sich auch gegenseitig fördern können. Ich darf an die Untersuchungen von Winter erinnern, der ganz überraschende Resultate gefunden hat und an die von Knapp und von Rademacher. Ich möchte mir die Anregung erlauben, daß diejenigen unter uns, die dazu in der Lage sind, doch in dieser Richtung weiter vorstoßen möchten, um die endogenen Faktoren der Gesellschaftsbildung zu erhellen.

J. Duty:

Ich möchte zu dem Problem nur deshalb kurz Stellung nehmen, weil ich einige Jahre Gelegenheit hatte, Sonderkulturen im Arzneimittelwerk Leipzig, d.h. also Monokulturen bestimmter Arzneipflanzen: *Paeonia, Mentha, Digitalis, Apocynum, Verbascum* und *Lycopus virginicus* im Vergleich zu den rings herum in den gleichen Gemarkungen wachsenden normalen Ackerunkrautgesellschaften zu untersuchen. Da zeigte sich ein äußerst spezifischer und stets selektiver Wirkungsgrad dieser Arzneipflanzen.

V. Westhoff:

Der Hinweis von Prof. Tüxen, daß neben den exogenen Standortsfaktoren auch die endogenen zu berücksichtigen seien und daß die Konkurrenz nur einen unter vielen dieser endogenen Faktoren ausmacht, ist sehr zu begrüßen. Als wichtiges Beispiel eines solchen endogenen Faktorenkomplexes sei kurz auf den „mass effect" (Massenwirkung) hingewiesen, eine Erscheinung, die zuerst von den russischen Forschern beachtet wurde und als theoretische Voraussetzung zurückgeht auf die „gegenseitige Hilfe" im Sinne KROPOTKINS. LYSENKO hat diesen Effekt angewandt bei Aufforstung (Waldbau), indem die Baumarten nicht gemischt gepflanzt werden, sondern in geschlossenen, aus einer Art bestehenden Gruppen. Die Ergebnisse sind von hieraus nicht zu beurteilen, aber der „mass effect" ist seitdem auch im Westen studiert worden. Beispiele: *Sphagnum*-Arten können als Einzelindividuen nicht im Brackwasser leben; die *Sphagnum*-Polster aber halten sich in den holländischen Brackwassersümpfen ausgezeichnet. – *Scirpus maritimus* ist als Einzelpflanze in dem Süßwasser-Gezeitendelta des Rheins nicht im Stande, eine gewisse extreme exponierte Lage zu ertragen, doch hält er sich am selben Standort gut, wenn er in dichten Beständen wächst. – *Fagus silvatica* hält sich im Walde auf Standorten, wo sie nach Isolierung (durch Schlag) eingeht. – Prof. PISEK (Innsbruck) studierte diesen Massen-Effekt an Moospolstern im Trockensand.

H. MERKER:

Es ist vielleicht eine unglückliche Kombination, wenn man einerseits Landwirt ist und andererseits als Pflanzensoziologe Ackerunkräuter behandeln soll. Man wird immer zwischen zwei schlechten Gewissen hin- und hergerissen.

Die Aufrechterhaltung oder Steigerung unserer gegenwärtigen Ertragshöhen ist nicht allein oder hauptsächlich der Herbizidverwendung und Düngung zuzuschreiben, sondern auch eine Folge der beachtenswerten Leistungen der Pflanzenzüchtung. Die Verarmung des Lebens ist aber nicht ganz gleichzusetzen dem Preis, den wir für die Aufrechterhaltung oder Erhöhung unserer Produktion zahlen.

W. MÜLLER-STOLL:

Die Ertragssteigerung im modernen Pflanzenbau beruht in weitem Umfang auf der züchterischen Verbesserung der Kulturpflanzen. Die Unkrautbekämpfung ist neben anderen agrotechnischen Maßnahmen eine wichtige Voraussetzung, um die Leistungpotenzen der Kultursorten zur Entfaltung zu bringen. Ein Verzicht auf optimale Unkrautbeseitigung würde im Verhältnis zu viel stärkeren Ertragsdepressionen führen als bei einfachen Landsorten. Daher ist die moderne Unkrautbekämpfung – von unwirtschaftlichen Übertreibungen abgesehen – als zwangsläufige Begleiterscheinung der allgemeinen Intensivierungsmaßnahmen in der Landwirtschaft anzusehen.

H. ELLENBERG:

Nach einem Vortrag von Prof. RADEMACHER in Zürich führt die Bekämpfung der Unkräuter durch Herbizide durchaus nicht immer zu wesentlich höheren Reinerträgen. Man sollte deshalb seiner Meinung nach der biologischen Unkräuter-Bekämpfung wieder mehr Recht einräumen, d.h. der Unterdrückung der Unkräuter durch optimal wachsende Kulturpflanzen.

Wahrscheinlich wird man also schon aus wirtschaftlichen Gründen zu einem vernünftigen Maß in der Anwendung chemischer Mittel kommen.

E.-W. Raabe:

Die landwirtschaftlichen Erträge des Getreidebaus sinken nach einer amerikanischen Quelle bei einem Ansteigen des Unkrautbesatzes über 15% und gleichfalls nach dem intensiven Spritzen, wenn der Unkrautbesatz unter 12% liegt.

G. Schwerdtfeger:

Es wird auch schwierig sein, diese amerikanischen Angaben auf deutsche und europäische Verhältnisse zu übertragen, denn die Ertragshöhe der Amerikaner liegt etwa auf der Hälfte der unseren. Sie haben auch ganz andere Reihenabstände: wo wir 62 cm haben, können sie sich 1 m und mehr leisten. Daß dann ein Offenlassen des Bodens und ein restloses Freispritzen auch ertragsdrückend wirken, ist klar. Wir liegen auf einem höheren Ertragsniveau (USA 15dz/ha, hier 35dz/ha) und müssen es auf unserem engeren europäischen Raum halten. Prof. Auckhammer führt 50% unserer Ertragssteigerung auf die Mineraldüngung zurück (in den letzten 80 Jahren), 30% auf die Pflanzenzüchtung und 20% auf die verbesserte Maschinenanwendung. Gerade die Maschinenwirkung, die unseren ganzen Standraum tiefgründiger macht, ist ja in dieser komplexen Erscheinung keineswegs aus den Augen zu lassen. Der Bodentyp wird sehr stark verbessert. Es käme jetzt vielleicht darauf an, daß man von pflanzensoziologischer Seite nicht nur das Verschwinden einzelner Arten bedauert, sondern daß man versucht, noch intensiver zu beobachten, wie wir z.B. bei den Schädlingen längst feststellen können, daß sie sich anpassen, daß sie neue Formen bilden.

H. Mayer:

Nach meinen Verjüngungsuntersuchungen von Tanne und Fichte in montanen Mischbeständen findet man beste Ansamungsbedingungen bei „schwachem Unkrautbesatz" von 20–30%, keinesfalls beim Ausbleiben von konkurrierenden Arten der Bodenvegetation (Ber. d. geobot. Inst. ETH Zürich, Stiftung Rübel, **31** (2). Zürich 1960).

H. Ellenberg:

Es ist oft schwer, Rumpf- und Restgesellschaften im Sinne Bruns zu unterscheiden. Besser wäre, sich auf den Begriff Fragment-Gesellschaft zu beschränken.

IST DAS GANZE DES LEBENS IM AGRARBIOTOP EINE LEBENSGEMEINSCHAFT?

von

K. FRIEDERICHS, Göttingen

Daß im Agrarbiotop eine Lebensgemeinschaft von mancherlei Tieren zusammen mit den Wildkräutern („Unkräutern"), die diesen anthropogenen Biotop besiedeln, und den Pilzen und Bakterien im Boden besteht, ist nicht zweifelhaft. Der dominierende Bestandteil der Vegetation – die angebaute Kulturpflanze bzw. die Weidetiere – gehören nicht dazu, weil sie sich nicht über eine Vegetationsperiode hinaus daselbst erhalten können, die Lebensgemeinschaft aber ein Artenspektrum ist, das sich durch Selbstregulation konstant erhält, so lange die Verhältnisse sich nicht wesentlich ändern. Nur wenn Kulturpflanzen oder Weidetiere verwildern, gehören sie zur Lebensgemeinschaft. Das bedeutet aber nicht, daß die Intensivierung der Landwirtschaft, insbesondere der Pflanzenschutz auf die Lebensgemeinschaft keine Rücksicht zu nehmen braucht, denn die *Gesetze der Lebensgemeinschaft gelten für alles Leben im Agrarbiotop* und können nicht ohne große Nachteile außer Acht gelassen werden (Beispiele). Es gibt auch andere Rücksichten: Der Mensch „lebt nicht vom Brot allein".

Der Mensch ist nicht nur einfach Glied der Lebensgemeinschaft, sondern mehr. Seine Freiheit zur unbegrenzten Erweiterung seiner „Umwelt" im Gegensatz zur Instinktgebundenheit der Tiere befähigt ihn, sich der gesamten Natur gegenüberzustellen und die Erdoberfläche nach seinem Willen umzugestalten. Der Lebensgemeinschaft gegenüber spielt er eine doppelte Rolle: Einmal bedingt seine Lebenstätigkeit die anthropogene Lebensgemeinschaft, ist also eine Voraussetzung derselben *außerhalb* ihrer, ein Faktor, der zielbewußt, nicht nur organisch-triebhaft wirkt. Ohne diesen Faktor würden die Verhältnisse und damit die ganze Lebensgemeinschaft sich von Grund aus ändern, eine andere an ihre Stelle treten. Zum anderen wurzelt der Mensch in der von sich aus gewordenen Natur und ist ständig ein Faktor *innerhalb* der verschiedenen Lebensgemeinschaften.

Das Ganze des Lebens im Agrarbiotop ist zwar keine Lebensgemeinschaft, aber etwas ähnliches, von F. SCHWERDTFEGER „Biozönoid" genannt. Die Lebensgemeinschaft darin ist durch menschliche Tätigkeit, die nur Fragmentgesellschaften übrig läßt, äußerst bedroht. Radikale Unkrautvertilgung ist im Gange, obgleich die pro- und antibiotischen Beziehungen von Wildkräutern zur Kulturpflanze außer der Konkurrenz noch kaum untersucht sind.

Die zunehmende Intensivierung der Landwirtschaft und die Verkünst-

lichung des Lebensraumes des Menschen sind unaufhaltsam, aber nicht
ohne Lichtblicke. Die Intensivierung kann sich nicht auf Gelände er-
strecken, wo sie nicht rentabel ist, extensive Wirtschaft aber lohnt nicht.
Dadurch freiwerdendes Gelände wird großenteils aufgeforstet; die Waldfläche Deutschlands wächst zur Zeit. Aber die Forstwirtschaft kann ebenfalls nur da intensiv wirtschaften, wo es sich lohnt. Nicht alles Land wird
also der Nutzung unterliegen, da außerdem Wasserschutzanlagen und
Begrünung der großen der Bundesbahn eigenen Flächen nötig sind, Naturschutzparke geschaffen werden u.s.w. Doch ist anzunehmen, daß die
Landschaft von morgen außerhalb der Industriegelände i.a. weniger Natur als Garten sein wird.

DO ALL THE ORGANISMS PRESENT IN THE BIOTOPE OF CULTIVATION CONSTITUTE A BIOTIC COMMUNITY (LEBENSGEMEINSCHAFT)?

There is no doubt that, in the biotope of cultivation, the different animals
together with the weeds which colonise this anthropogenic biotope as
well as the soil fungi and bacteria form a biotic community. However
the dominant element of the vegetation, the cultivated crop (or the grazing animals), does not belong to this biotic community since it does not
persist unchanged for more than one growing season. A biotic community,
on the other hand, is a spectrum of species which maintains itself in a
steady state by autoregulation as long as the conditions do not change
radically. It is only when cultivated plants or grazing animals run wild
that they form part of the biotic community. This does not mean that
those interested in the intensification of agriculture or in conservation
do not need to pay any attention to the biotic community; for *the laws
governing the biotic community also hold for all the organisms present in the
biotope of cultivation* and may not be ignored with impunity. (Examples
are given). Other considerations should also be taken into account: ,,Not
on bread alone does man live ...''

Man is more than a simple member of a biotic community. In contrast
to the animals which are restricted to their instinctual drives, man's free-
dom to enlarge indefinitely his environment enables him to stand apart
from the whole of nature and to transform the face of the earth according
to his own wishes. Man plays a double role in the biotic community: (1)
His activities condition the anthropogenic community – he is thus an
external condition, a factor acting not merely organically and instinctively
but with a purpose. In the absence of this factor the situation is altered –
and therefore the whole biotic community would change fundamentally
and another would arise in its place. (2) Man is rooted in nature which he
himself has shaped and is thus a constant *internal* factor in various biotic
communities.

Although all the organisms present in the biotope of cultivation do not
constitute a biotic community, they do form something similar; F.
SCHWERDTFEGER calls it a ,,biocenoid''. That element of it which does

form a biotic community is gravely threatened by human activity which leaves only fragmentary communities in its wake. Radical weed elimination is in full swing although the harmful and beneficial relationships between weeds and cultivated plants (with the exception of competition) have been but little investigated.

The increasing intensification of agriculture and the increasing tendency to make man's environment an artificial one proceed apace. Yet, there is some hope. Intensive cultivation cannot be practiced on land where there is no commensurate return; in such places extensive agriculture does not pay either. Areas which are thus left free are mostly afforested – (the area under forest in Germany is growing at present). But forestry similarly can only be intensive where it pays. Therefore the whole of the countryside will not be utilised; and besides the protection of waterworks and the planting of most of the land belonging to the railways will also be necessary - nature reserves are being set up etc. Still we must suppose that the countryside of the future (apart from industrial areas) will have more the character of a garden than that of a natural landscape.

G. Schwerdtfeger:

Die Frage der Lebensgemeinschaft ist vielleicht von der Ernährung her gar nicht so dringend wie vom Wohnen. Bade hat errechnet, daß auf der Welt mit den heutigen wissenschaftlichen Methoden 60 Milliarden Menschen ernährt werden könnten, ohne daß die Forschung noch neue Erkenntnisse dazu gewönne. Wenn aber schon 12 Milliarden in diesem Raum, der uns heute auf der Welt ohne Einbeziehung der Planeten zur Verfügung steht, leben sollten, dann wären die Probleme des Lebens einfach gar nicht mehr zu lösen. Deswegen ist es besonders verdienstvoll, daß Herr Prof. Friederichs uns darauf hingewiesen hat, daß diese Lebensgemeinschaft unter Einbeziehung aller wirtschaftlichen Dinge, speziell auch der Agrarwirtschaft, nötig ist.

Es klang gestern so, als wenn wir hier einen Verein gegen die Unkrautvernichtung gründen müßten. Dagegen möchte ich doch gewisse Bedenken erheben und darf einmal die Parallele aus vergangenen Zeiten ziehen. In Bremen sind die naturwissenschaftlichen Fragen im vorigen Jahrhundert sehr stark vorangetrieben worden durch den Verein gegen das Moorbrennen. Dieser Verein, der die damalige Kultivierung der Moore hundertprozentig ablehnte und sie erhalten wollte, hat dazu geführt, daß aus dieser Arbeit heraus die Moorversuchsstation entstanden ist, welche die Kultivierung der Moore auf höherer Ebene erreicht hat. Wer heute durch die kultivierten Moore fährt und sie mit dem großen Ödlandstrich, den sie vorher bildeten, vergleicht, erkennt, daß diese wissenschaftlich zweifellos sehr interessanten aber unbedingt lebensfeindlichen Räume in denen das Leben nach der Eiszeit verdrängt wurde, vom Menschen für ein ganz anderes Leben wieder erschlossen worden sind, indem ja z.T. der Niederwildreichtum enorm zugenommen hat. Denken Sie daran, wie Rehe sich heute in der freien Feldmark bis zur Annäherung an die modernen Schlepper einfügen, so daß wir hier doch wirklich echte Lebensgemeinschaften haben. Ich meine, zu dieser Lebensgemeinschaft gehört der Mensch auch. Daß auch von der wissenschaftlichen Seite her die Dinge richtig gesehen sind, zeigen Arbeiten von HOLZ und RICHTER aus Oldenburg, die gerade die von Ihnen angeschnittene Frage der Auswirkung des Spritzens sehr eingehend verfolgt haben und immer wieder feststellten, was in den nächsten Jahren sich nun auf den behandelten Flächen entwickeln kann. Ihre letzte Arbeit bezog die Fließgewässer mit ein, in denen wir heute ja auch bereits Herbizide einsetzen müssen, weil wir gegen gewisse Verkrautungen nicht ankommen. Aber diese Fragen hat der Pflanzenschutz heute zumindest von der wissenschaftlichen Seite her voll in der Hand und ist sich über die Eingriffe, die er in die Lebensgemeinschaften verantworten kann, hundertprozentig im klaren. Daß in der Praxis hier und da über die Grenzen hinausgeschossen wird, ist unbestritten. Wenn TCA, ein Holzbekämpfungsmittel, was zur Ginster-Vernichtung notwendig ist, auf Äckern in Gebrauch genommen wird, müssen unerwünschte Folgen eintreten. Aber gerade von dieser Seite her glaube ich, daß wir die Lebensgemeinschaft auf höherer Basis bekommen. Der von Ihnen zitierte Gartenbau ist der beste Beweis dafür. Im Gartenbau wird die völlige Unkrautvernichtung durch Abdeckung der gesamten Fläche mit Planen erreicht. Für die Pflanze bleibt in der Plane nur noch eine kleine Öffnung. Aber auf längere Sicht gesehen, hat sich der Gartenbau von der reinen Gewächshauskultur ja gelöst. Wiesmoor ist heute unmodern. Das neue Gemüsegebiet bei Papenburg ist überlegen, weil man nicht mehr mit ständigen Gewächshäusern, sondern mit Rollhäusern arbeitet und in ihrer 2 ha-Fläche Leben hat, den Boden aufbauen und damit auch billiger produzieren kann, indem man jetzt mit der Natur als Ganzes arbeitet, und dort eine höhere, sehr viel ertragsreichere Lebenstufe aufbaut, die dazu führt, daß auf immer weniger Fläche nun immer mehr erzeugt werden kann. Die Zahlen, die BADE erarbeitet hat, werden hier also real, während die Probleme des Lebens im Raum noch längst nicht erkannt oder erörtert werden. Wie sollen 6–12 Milliarden nun auf diesem Raum wohnen, leben? Das verlangt die Neugestaltung einer Lebensgemeinschaft auf höherer Ebene. Da sitzen wir in Europa ja so eng, daß daraus vielleicht auch zu erklären ist, daß man im außereuropäischen Ausland diese Probleme noch gar nicht in ihrer ganzen Schwere sehen kann.

K. FRIEDERICHS:

Das sind Ergänzungen über Tatsachen, die mir in meiner Klause nicht so direkt zufließen.

R. TANTZEN:

Ich habe von 1927–1953 das Oldenburgische Staatliche Siedlungsamt geleitet. Meine Hauptaufgabe war, Heide und Moore für die Landwirtschaft kultivieren zu lassen und sie zu besiedeln. Als ich 1953 aus dem Staatsdienst ausschied, hat man mir erzählt, daß ich in dieser Zeit 35 Dörfer mit 685 landwirtschaftlichen Höfen gegründet hätte. Ich bin zur Zeit noch Mitglied des Kuratoriums der Moorversuchsstation in Bremen. Vielleicht ist es Herrn Prof. FRIEDERICHS interessant zu hören, daß auch in dem Bereich, den ich übersehe, man allmählich dazu kommt, daß Böden, die landwirtschaftlich nicht mehr mit Erfolg auf die Dauer rentabel gestaltet werden können, wie Dünen, dünenähnliche Flächen, Heide und Moorflächen, liegen bleiben. Sie bleiben zunächst liegen in der Erwartung, daß sich die Forstwirtschaft ihrer annehmen und sie in Kultur bringen würde. Diese nimmt sie allerdings auch nicht in Kultur. Es handelt sich um die Frage, ob es sich lohnt, Böden, einerlei, ob es Sand- oder Moorböden sind, mit den jetzigen wirtschaftlichen Mitteln, insbesondere den zur Verfügung stehenden Arbeitskräften, die überall sehr rar sind, so zu kultivieren, daß ein finanzieller Erfolg für die Betriebsleiter herauskommt. Diese Entwicklung führt bei den geringwertigen Böden zu der Tatsache, daß sie leider liegen bleiben. Wenn ich durch Würzburg fahre und die Weingärten sehe, die nicht mehr bewirtschaftet werden, dann ist das genau die gleiche Erscheinung, als wenn ich hier durch Diluvial-Böden fahre und sehe, daß auch hier eine Fläche nach der anderen liegen bleibt. Wenn ich in Süddeutschland bin, etwa in Baden und die Gegenden, wo die Realteilung bis zum Unvernünftigen fortgeführt worden ist, betrachte, dann sehe ich zwischen den kultivierten Flächen einzelne Flächen, die auch nicht mehr bewirtschaftet werden. Wenn ich in meine Heimat, die Marsch komme, dann sehe ich, daß ein normaler Bauernhof, der etwa 40–50 ha groß ist, heute im Einzugsgebiet der großen Städte nicht mehr die Möglichkeit hat, die Arbeitskräfte zu beschaffen, die erforderlich sind, um neben Betriebsleiter und Hausfrau 40 oder 50 ha zu bewirtschaften. Es bahnt sich die Entwicklung an, daß diese Höfe teilweise verpachtet, teilweise schon verkauft werden, d.h. sie werden wieder geteilt und in kleinere Betriebseinheiten zurückverwandelt. Wenn Sie in der Agrargeschichte die Ergebnisse des 17. und 18. Jahrhunderts lesen, dann werden Sie noch bei uns an der Küste zwischen Ems und Weser sehen, daß eine große Zahl der Bauernhöfe, die eine Betriebsfläche von 40–50 ha hatten, in diesen früheren Jahrhunderten aus verschiedenen Teilen zusammengekauft und -geerbt sind. Diese zerfallen allmählich in solche Größen, die sie einmal vor zwei Jahrhunderten hatten. Das ist eine Entwicklung, die in einzelnen Fällen schon in der Marsch vorhanden ist, die aber sicher wegen Arbeitskräftemangels und wegen einer notwendigen Technisierung sich weiter anbahnen wird. Ich wollte sagen, daß hier eine Entwicklung zur ursprünglichen Lebensgemeinschaft zurück sichtbar wird.

K. Friederichs:

Herr Minister Tantzen, als ich Sie zum ersten Mal traf, haben Sie mir 3 DM geschenkt. Es war eine Naturschutztagung und Sie haben mir das Eintrittsgeld erlassen, weil ich nur kurz daran teilnahm. Jetzt haben Sie mir wertvolle Informationen geschenkt, zu dem was ich sagte, denn diesen Gesichtspunkt der Verkleinerung des Betriebes habe ich noch nicht gesehen. Dagegen ist mir die Verringerung der an der Produktion beteiligten Arbeitskräfte klar. Die Arbeit ist so teuer geworden, und die Maschinen ersetzen auch immer mehr Menschen. Ich danke Ihnen für diese Ergänzung.

V. Westhoff:

Wir dürfen sehr dankbar sein, daß Prof. Friederichs uns den ganz speziellen Charakter des anthropogenen Faktors in seiner Weltumfassendheit und Zielstrebigkeit so klar dargestellt hat. Dieser „überorganische Faktor" erscheint im französischen Sprachgebiet als „noosphère" (Noösphäre), ein von VERNADSKY und TEILHARD DE CHARDIN begründeter Begriff, welcher der Biosphäre gegenüber gestellt wird und zugleich daraus entsteht, wie ja ihrerseits die Biosphäre ein Teil der Atmo-, Hydro- und Pedosphären ist. Das Wort stammt aus dem griechischen nous = Verstand, Geist. Um Ihnen zu zeigen, daß dieser Gedankenkreis heutzutage auch anderswo rege ist, sei hingewiesen auf ein besonders wichtiges Buch „Man's Role in Changing the Face of the Earth" – Chicago 1956. Dieses mehr als 1100 Seiten dicke und von etwa 40 berufenen, aus allen Erdteilen kommenden Autoren geschriebene Buch ist das Ergebnis eines großen, über dieses Thema in den USA gehaltenen Symposions.

Diese Gedanken leben also nicht nur in Deutschland. Als ehemaliger Präsident der „Commission on Ecology of the International Union for the Conservation of Nature and its Resources" weiß ich, daß die Ökologen in vielen Ländern derartige Überzeugungen haben – auch in der USA –, daß ihre Stimme aber leider von den landwirtschaftlichen und sonstigen Technikern nicht oder zu wenig beachtet wird.

Ich muß entschieden Stellung nehmen gegen die Auseinandersetzung meines Vorredners Dr. SCHWERDTFEGER. Erstens frage ich mich mit wirklichem Entsetzen: Wie darf man behaupten, daß die Erde bei dem heutigen Stand der wissenschaftlichen Erkenntnisse mehrere Milliarden Menschen ernähren könnte? Nur in Ausnahmegegenden mit feuchtem kühlem Klima, ebenen guten Böden, hoher technischer Zivilisation und dazu uralten bodenständigen agrarischen Erfahrungen wie in NW-Europa kann der Ertrag ohne Schaden fast immer weiter gesteigert werden. In manchen großen Teilen der Welt ist das aber ganz unmöglich, ohne wesentliche Erosionsschäden hervorzurufen, die den Ertrag eben herabsetzen und vielfach auf Null reduzieren. Dies sowohl im ariden Klima wie auch im feuchtheißen.

The Soil Conservation Service of the USA teilt das Land der Erde in 9 Klassen. Bei jeder folgenden Klasse kann die Landwirtschaft sich weniger erlauben, soll man vorsichtiger vorgehen und bedarf der Boden mehr Schutz; also jede folgende Klasse ist weniger geeignet für Ertragssteigerung als die vorige. Klasse I z.B., die Mehrzahl der nw-europäischen Böden, ist auf die ganze Welt bezogen, selten. Der so üppige tropische Regenwald gehört zu Klasse VII, sein Boden ist ja äußerst verletzbar, wie Prof. SIOLI uns gestern abend so klar gezeigt hat. Außerdem macht das niedrige technische und zivilisatorische Niveau des Großteils der Erdbevölkerung einen bedeutenden Anstieg des Ertrages vorläufig illusorisch, und wenn dieses Niveau steigt, schwillt auch die Bevölkerungszahl explosionsartig an und setzt also die Erosion umso stärker ein. Es ist daher unverantwortlich, zu behaupten, daß die Erde mehrere Milliarden Menschen ernähren könnte beim heutigen Stand der wissenschaftlichen Erkenntnisse (science fiction, wie Ernährung aus dem Weltmeer und künstliche Photosynthese außer Betracht gelassen).

Zweitens: Man darf nicht sagen, daß das Hochmoor „lebensfeindlich" sei, auch wenn es als eiszeitliches Relikt zu betrachten wäre. Das Hochmoor hat seine eigene ganz charakteristische, wissenschaftlich bedeutende und schützenswerte Lebensgemeinschaft. Man darf „Leben" nicht anthropozentrisch gleichsetzen mit „menschlichem Leben". Es ist nicht der Mensch, der mitbestimmen soll, was Leben ist. Das hat der Herrgott bestimmt und nicht wir! Eben die Nivellierung, Uniformierung der Umweltverhältnisse und Lebensgemeinschaft der Welt durch übersteigerten menschlichen Einfluß führt hin auf die größte Lebensverarmung, welche die Erde je gekannt hat.

H. MERKER:

Wir brauchen nicht Tränen weinen um die Unkräuter, die durch die Spritzung und durch andere Maßnahmen verschwinden. Wir wollen sicher keinen Verein zum Schutz der Ackerunkräuter gründen.

Die Äußerung, daß wir die Dynamik der neuen Unkrautbekämpfungsmethoden, sowohl im Ackerbau wie in der Forstwirtschaft beherrschten, scheint mir zu weit gegriffen. Dabei entstehen sekundäre Prozesse, die wir durchaus noch nicht übersehen können. In der Forstwirtschaft aber auch in der Landwirtschaft führt z.B. die Ackerunkraut- und die Forstunkraut-Bekämpfung sicherlich mit der Zeit eine Senkung des Humus-Niveaus mit sich. Diese Senkung wird natürlich im Laufe von einigen Jahrzehnten oder Jahrhunderten, eine prinzipielle Änderung der Bodenstruktur aber auch der mikrobiellen Beschaffenheit in diesen Böden nach sich ziehen, was ja auch direkt zusammenhängt. Ich denke zunächst einmal nur an die Frequenz der Regenwürmer. Ich habe in Schweden in meinen doch ziemlich kurzjährigen Untersuchungen feststellen können, daß einige Ackerböden durch die enorme rationelle Spritzung derart verdichtet sind – und die Landwirte geben zu, daß sie früher nicht so verdichtet waren –, daß wir heute in einem Markerbsenanbau, der ja auf tausenden von ha in Schonen betrieben wird, kaum mehr irgendwelche Regenwurm-Exkremente feststellen können. Diese Böden sind durchaus nicht derart, daß sie keine Regenwürmer beherbergen könnten, sondern sie haben früher eine Regenwurmfauna gehabt. Wie diese Geschehnisse sich im Laufe von einigen Jahrzehnten auswirken werden, können wir durchaus nicht absehen, also beherrschen wir diese Prozesse sicher nicht!

Es wurde gesagt, daß im Anbau unter Glas der einzig natürliche Faktor vielleicht noch die Atmosphäre sei. Das ist sie durchaus nicht. Als ehemaliger Gärtner muß ich sagen, daß gerade die Gas-Zusammensetzung in den Glashäusern sehr weitgehend von der Außenluft abweicht. Die Industriegärtnereien, die Schnittblumen, Schnittgrün oder Gemüse erzeugen, müssen Ventilationssysteme anwenden, um den Gasaustausch konstant zu halten. Der Luftsauerstoff- und der Kohlensäuregehalt ändern sich immer wieder, so daß wir gerade diesen Faktor als einen der artifiziellsten bezeichnen müssen.

Bei *Viola arvensis*, welche die Böden gesunden lassen soll, könnte ich den Spieß umdrehen und sagen, *Viola arvensis* stellt sich sekundär erst wieder auf Aufwertungsböden ein. Ich glaube kaum, daß diese Pflanze mit einer so geringen Massenproduktion überhaupt einen aktiven Einfluß auf den Boden ausüben kann, sondern ich meine, sie tritt auf, wo die Böden sich im Aufwertungsstadium befinden.

Es ist wohl nicht grundsätzlich festzustellen, daß Monokulturen ganz
und gar außerhalb jeder Biozönose liegen müssen.

K. Friederichs:

Ich bin Herrn Dr. Merker sehr dankbar für diese Mitteilungen, die mir
einiges Neue brachten und möchte noch auf eine merkwürdige Entwicklung hinweisen. Bisher hieß es immer, der letzte Fetzen Land muß für die
Erzeugung ausgenutzt werden. Jetzt auf einmal ist es umgekehrt,
also war es doch gar nicht nötig alles zu kultivieren, zumal der Ertrag doch
manchmal zweifelhaft ist.

Ich erinnere mich an die Zeit, als die Fischerei-Sachverständigen äusserst gegen den Naturschutz eingestellt waren und sich auf den Standpunkt des Fischers stellten, für den nur dreierlei Lebewesen überhaupt
Berechtigung hatten, nämlich 1. der Fischer, 2. die Fische und 3. die
Leute, die die Fische kauften.

Und jetzt ist es so, daß die Fische unter Naturschutz gestellt werden
müssen, da es an manchen Orten kaum noch möglich ist, einen genieß-
baren Süßwasserfisch zu bekommen.

G. Kragh:

Parallel zur Verarmung der anthropogenen Vegetation und zur Entstehung von Fragmentgesellschaften und speziellen Agrarbiotopen verläuft die weitere Spezialisierung im Bereich des menschlichen Lebens mit
ähnlichen Verarmungserscheinungen: Der Bauer gibt seine bisherige
Funktion als Pfleger der Landschaft auf, dem Landesplaner aber fehlen
landschaftsökologische Kenntnisse für sein koordinierendes Planungs-
werk. Daher lösen sich die staatlichen und privaten Organisationen des
Naturschutzes in Deutschland wie in vielen anderen Ländern von ihrer
einseitigen Konservierungsaufgabe. Für ihr erweitertes Aufgabengebiet
der Erhaltung und Gestaltung der Landschaft sind die hier erörterten
Fragen von so grundsätzlicher Bedeutung, daß eine ganz enge Zusammenarbeit zwischen Vegetationskundlern (Landschaftsökologen) und den
Natur- und Landschaftsschützern eingeleitet werden sollte.

K. Friederichs:

Ich danke sehr für die letzte Mitteilung und habe dazu zu bemerken, daß
bei der Landesplanung Ökologen leider kaum herangezogen werden, ihre
Hilfe hier nicht gewünscht wird. Auch im Naturschutz werden vielfach
keine Sachverständigen befragt.

Ich möchte noch auf die Stellung des Auslandes zu dem erörterten
Problem zurückkommen. Man interessiert sich scheinbar nicht sehr dafür.
Denn als ich einen Artikel, der sich mit diesen Dingen befaßte, an zwei
ökologische Zeitschriften, eine in Amerika und eine in England, schickte,
und zwar in englischer Sprache, da hieß es, man wolle ihn nicht veröffent-
lichen wegen Platzmangel, man hätte nicht genügend Raum für solche
,,semantischen" Fragen. Wenn die Redaktion den Raum aufsparen will
für Tatsachenberichte, so ist das doch ein kurzsichtiger Standpunkt.

H. ELLENBERG:

Ich darf zum Schluß noch einmal – Ihr Beifall hat es auch gezeigt – Herrn
Prof. FRIEDERICHS sehr herzlich danken, daß er uns heute in dieser allgemeinen Weise eine Grundlage auch für eine so fruchtbare Diskussion
gegeben, und daß er unsere Gedanken auf diese allgemeinen und notwendigen Fragen gelenkt hat. Wir wissen das alle sehr zu schätzen, gerade
weil wir uns im allgemeinen mit speziellen Problemen beschäftigen.

EINE NEUE ERAGROSTIDION-GESELLSCHAFT DER CITRUS-KULTUREN IN SIZILIEN

von

EMILIA POLI, Catania

Die alten sizilianischen Kulturen, z.B. von *Triticum*-Arten, *Olea europaea*, *Prunus amygdala*, *Vitis vinifera* u.a., die alle extensive Kulturen auf trockenen Böden sind, nehmen die größte Fläche der Insel Sizilien ein.

Seit dem IX. Jahrhundert ist die *Citrus*-Kultur auf unserer Insel durch die Araber eingeführt und danach, soweit es die ökologischen Faktoren erlaubt haben, immer weiter entwickelt worden. Heute finden wir die „Agrumeti", so nennen wir die *Citrus*-Kulturen, nur entlang der Küste. Sie wachsen besonders dort, wo Wasser von küstennahen Kalk- oder vulkanischen Gebirgen herabkommt. „Agrumeti" wachsen auch entlang der Unterläufe der Flüsse, d.h. dort, wo der Boden frisch und wo die Bewässerung leicht ist.

Das Bild der „Agrumeti" ist sehr auffallend in unserer Landschaft. Während die Vegetation im Hochsommer überall verbrannt ist, bleiben die „Agrumeti" in flachen Mulden als Oasen immergrün. Die Bäume, die meistens 2 Meter hoch werden, stehen ganz dicht beieinander, so daß die Krone wie ein Dach die starke Sonne von der Krautschicht abhält (Abb. 1).

Abb. 1.   Häufigste Verteilung der *Citrus*-Bäume in den „Agrumeti". Die Unkrautgesellschaft wächst nur unter der Krone.

Die Unkräuter wachsen daher in einem besonders frischen Mikroklima. Auch die „Agrumeti" wachsen unter besonderen klimatischen Bedingungen, d.h. die Mitteltemperaturen des Jahres liegen bei 14° C (22° C im Sommer und 10° C im Winter), und die absolut niedrigste Temperatur sinkt nicht tiefer als 4° C. Darum finden wir die „Agrumeti" nur in niedrigen Höhen bis 400 m NN; in höheren Lagen ist das Winterwetter zu gefährlich für die Kulturen. Der Winter darf nicht streng sein und die Niederschläge müssen innerhalb bestimmter Werte bleiben. Die günstigste Exposition ist SE.

Die „Agrumeti" brauchen außerdem besondere edaphische Bedingungen: der Boden soll mitteldurchlässig und womöglich sandig sein. Die Hangneigung soll ganz gering, aber wenigstens 2⁰/₀₀ sein. Der Boden muß

sehr fruchtbar sein: die wichtigsten Nährstoffe sind N, P_2O_5, K_2O. Das pH des Bodens soll zwischen 6 und 7 (Extremwerte zwischen 4 und 9) liegen. Der Kalkgehalt soll nicht mehr als 40% betragen.

Alle diese Bodenbedingungen, die sich durch intensive und sorgfältige Bearbeitung (Verbesserung des Bodens, Düngung u.a.) auf den verschiedenen Substraten erzeugen lassen, genügen noch nicht für die *Citrus*-Kulturen, die ohne regelmäßige Bewässerung, (d.h. alle 10–20 Tage in der ungünstigen Jahreszeit), unmöglich sind. Das zeigt, wie lebensnotwendig das Wasser für die „Agrumeti" ist. Ein gutes „Agrumeto" braucht in der wärmsten Zeit 40 m³ Wasser pro ha und Tag. Die Bewässerung, die auf der ganzen Insel fast nur für diese Kultur gebraucht wird, erfolgt durch eine mehr oder weniger moderne Kanalisation. Weil die „Agrumeti" für die Wirtschaft der Insel die wichtigste Kultur sind, geht das Wassersuchen aus Quellen oder aus dem Grundwasser immer weiter. Der Wasservorrat ist ein wesentlicher Faktor, der die weitere Ausbreitung der *Citrus*-Kulturen auf der Insel begrenzt. Die *Citrus*-Kulturen werden regelmäßig gejätet, bearbeitet, organisch und anorganisch gedüngt und bewässert.

Ebenso speziell wie die *Citrus*-Kulturen ist auch ihre Unkraut-Vegetation. Sie ist streng an alle klimatischen, edaphischen und wirtschaftlichen Bedingungen der „Agrumeti" gebunden. Darum findet man in einem so günstigen Gebiet, unter einem mediterranen Klima, auch im Hochsommer eine überraschend frische und üppige Unkrautgesellschaft, die normalerweise in Sizilien gar nicht erwartet werden kann.

Leider besitzen wir von den Unkrautgesellschaften der *Citrus*-Kulturen auf Sizilien nicht viele Aufnahmen (Tab. 1 u. Karte 1). Die hier wachsende Gesellschaft ist ziemlich homogen, obwohl alle drei oder vier Wochen die

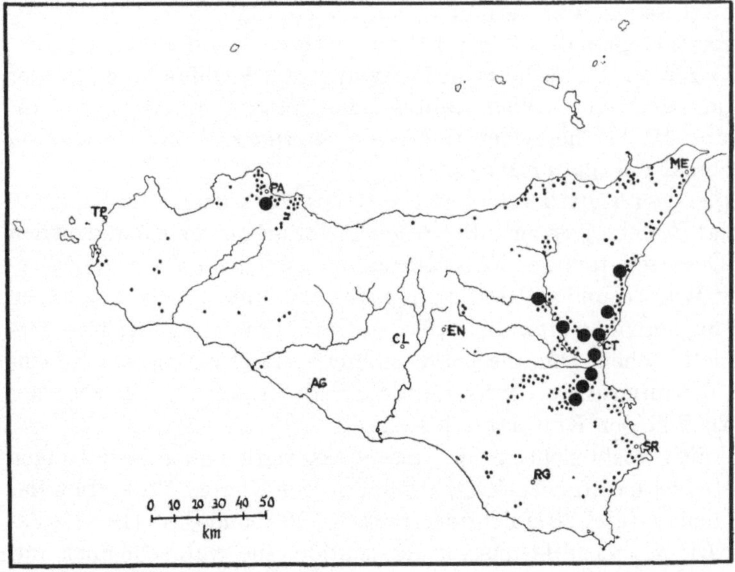

Karte I. Kleine Punkte: Verbreitung der „Agrumeti" in Sizilien (nach Milone 1959). Große Punkte: Verbreitung der Cyperus rotundus-Oxalis cernua-Ass. in Sizilien (nach unseren Aufnahmen).

Unkräuter gejätet wurden. Sie erscheint als ein dichter grüner, kniehoher Teppich unter den *Citrus*-Bäumen. Wo diese etwas weiter auseinander stehen, verliert die Gesellschaft ihre Geschlossenheit und ist in kleine Bestände getrennt, die sich auf die Baumscheiben beschränken. Die Kurzlebigkeit der Gesellschaft erlaubt aber nicht allen Pflanzen, sich voll zu entwickeln, einige bleiben Keimlinge, so daß es schwer ist, diese Pflanzen zu erkennen oder zu bestimmen.

Diese eigenartige Unkrautgesellschaft kann als eine selbständige Assoziation gelten, deren Charakter- und Differentialarten (D) vorläufig folgende sind:

Cyperus rotundus	D *Urtica pilulifera*
Fumaria capreolata	D *Amaranthus ascendens*

Cyperus rotundus ist vielleicht als Verbandscharakterart zu werten, weil er auch, wenn auch schwächer, in anderen Gebieten Europas vorkommt. *Fumaria capreolata*, die ich oft nur als unentwickelte Pflanze gefunden habe, kommt dagegen (ebenso wie *Oxalis cernua*) in keiner anderen verwandten Gesellschaft des E r a g r o s t i d i o n-Verbandes Europas (s. Tab. 2) vor. Die Klassencharakterarten der C h e n o p o d i e t e a: *Urtica pilulifera* und *Amaranthus ascendens*, die in unserer Assoziation mit größerer Stetigkeit vorkommen, fehlen in fast allen verwandten Assoziationen des gleichen Verbandes und können daher als Differentialarten der Assoziation gelten.

Wir möchten diese Unkrautgesellschaft der sizilianischen *Citrus*-Kulturen als C y p e r u s   r o t u n d u s-O x a l i s   c e r n u a-A s s. bezeichnen.

Innerhalb der Assoziation kann man zwei Subassoziationen unterscheiden (s. Tab. 1). Ob sie von der Bodennatur oder von anderen edaphischen Faktoren oder von Wirtschaftbedingungen abhängig sind, ist noch nicht zu sagen. Wir vermuten, daß sie eine jahreszeitliche Bedeutung („aspetti stagionali") haben könnten. *Oxalis cernua* (s. Tab. 1), die schon in Dezember blüht, herrscht im Winter und Frühling und gibt der Assoziation durch ihre gelben Blüten einen besonderen Aspekt [1]. Im Sommer und Herbst herrschen *Galinsoga parviflora, Setaria verticillata* und manchmal *Portulaca oleracea.*

Die C y p e r u s   r o t u n d u s-O x a l i s   c e r n u a-A s s. der *Citrus*-Kulturen Siziliens hat Beziehungen zu anthropogenen vorangegangenen und zu den Kontakt-Gesellschaften der *Vitis*-Kulturen, aus denen die *Citrus*-Kulturen, soweit Wasser- und andere Bedingungen es erlauben, hervorgegangen sind. Darum kann man oft in einem Gebiet *Citrus*-Bäume zwischen trockenen „Vigneti" sehen. D.h. die Umwandlung von der extensiven Rebenkultur in die intensivere *Citrus*-Kultur erfolgt manchmal nur zögernd, was natürlich beiden Kulturen schadet.

Obwohl nicht mehr sichtbar, hat unsere Assoziation auch Beziehungen zur potentiellen natürlichen Vegetation, d.h. der Klimax-Vegetation des Gebietes, dem typisch litoralen mediterranen Verband des O l e o - C e r a t o n i o n. Die Höhenstufe unserer Assoziation, die wahrscheinlich mit

---

[1] Sie hat keinen höheren diagnostischen Wert in unserer Assoziation weil sie ziemlich häufig außerhalb der „Agrumeti", wo sie zwar ihr Optimum hat, vorkommt.

derjenigen der *Citrus*-Kulturen zusammenfällt, liegt ganz im Bereich des
Oleo-Ceratonion (bis ca. 400 m). Die Cyperus rotundus-Oxalis
cernua-Ass. ist also Ersatzgesellschaft des Oleo-Ceratonion.

Die systematische Stellung der Cyperus rotundus-Oxalis cernua-Ass. ergibt sich aus einer Übersichtstabelle über den gesamten
Eragrostidion-Verband. Dieser Verband gehört zu den Unkrautgesellschaften der Hackfrucht-Äcker in den sommerwarmen Gebieten des
südlichen und mittleren Europas. Er findet eine seiner nördlichen Grenzen in Süd-Deutschland (nördliche Oberrhein-Ebene, Main-Tal) und
kommt dort auf den wärmsten Böden vor.

Braun-Blanquet (1931, 1936) hat zuerst unter dem Namen Diplotaxidion zwei Assoziationen in solchen Unkrautgesellschaften zusammengefaßt, und später haben Tüxen u. Preising (1942) als Amaranthion die thermophilen Unkrautgesellschaften des südlichen Gebietes
Mitteleuropas vereinigt. Morariu (1943) schlug außerdem das Amarantho-Chenopodion albi als vikariierenden Verband des Diplotaxidion in Südost-Europa vor. Der Name Eragrostidion ist zuerst von
R. Tüxen (apud Slavnić 1944) für diese Gesellschaft benutzt worden.
Das Eragrostidion galt später als thermophiler Unterverband des
Panico-Setarion Sissingh 1946. Tüxen apud Oberdorfer 1949
führte das Eragrostidion wieder als selbständigen Verband ein. Oberdorfer (1953/54) schlug für die Balkanhalbinsel einen das Diplotaxidion vertretenden Verband Heliotropion vor. Aus Ungarn wurden
zuletzt unter dem Namen Consolido-Eragrostidion poaeoidis
Soó et Timár 1954 und Tribulo-Eragrostidion poaeoidis Soó et
Timár einige Assoziationen beschrieben, die wohl z.T. dem Eragrostidion-Verband angehören.

Wenn man alle die genannten thermophilen Unkrautgesellschaften der
Hackfrucht-Äcker in Süd- und Mitteleuropa in einer Übersichtstabelle
vereinigt (Tab. 2), erscheinen sie als ein einziger Verband, der nichts
anderes als das Eragrostidion im Sinne von Tüxen apud Slavnić
1944 ist. Alle bisher beschriebenen Assoziationen fügen sich ihm zwanglos
ein. Der Name Diplotaxidion Br.-Bl. 1931 em. 1936 ist zwar älter,
aber er umfaßt nur zwei Assoziationen und kann daher und weil die
namengebenden Arten nur in diesen Assoziationen eine Rolle spielen,
nicht für den ganzen Verband gebraucht werden.

Syn.: Diplotaxidion Br.-Bl. 1931 em. 1936
Amaranthion Tx. et Prsg. 1942 p.p.
Amarantho-Chenopodion Morariu 1943
Eragrostidion Tx. apud Slavnić 1944
Eragrostidion Tx. apud Oberd. 1949
Heliotropion Oberd. 1953/54
Consolido-Eragrostidion poaeoidis Soó et Timár 1954 p. min. p.
Tribulo-Eragrostidion poaeoidis Soó et Timár 1954 p. min. p.

Das Eragrostidion wurde bisher zur Chenopodietalia-Ord-
nung gerechnet. Nach der Neugliederung der Chenopodietea muß
aber neben die Ordnungen der Polygono-Chenopodietalia und der

Sisymbrietalia die Ordnung des Eragrostidetalia J. Tx. Mskr.
1961 mit dem einzigen Verband Eragrostidion gestellt werden.

Allen Assoziationen diesen Verbandes sind folgende Arten gemeinsam,
die als Verbands- = Ordnungscharakterarten des Eragrostidion
und der Eragrostidetalia betrachtet werden können (nach Stetigkeit
geordnet);

Portulaca oleracea	*Hibiscus trionum*
Panicum sanguinale	*Tribulus terrestris* et ssp. *orientalis*
Amaranthus albus	*Amaranthus angustifolius* ssp. *silvester*
alle europ. *Eragrostis*-Arten	? *Aristolochia clematitis*
Heliotropium europaeum	*Euphorbia virgata*
Setaria verticillata	*Sorghum halepense*
Salsola kali et ssp. *ruthenica*	*Colocynthis citrullus*

Euphorbia segetalis

Innerhalb des Eragrostidion lassen sich zwei Gesellschaftgruppen
unterscheiden, von denen die eine mit den Arten:

Amaranthus albus
Xanthium spinosum

zu denen im Osten zum Teil noch *Hibiscus trionum* und *Stachys annua*
kommen, extensive Bearbeitung ihrer Standorte verrät, während die
zweite mit den Arten:

Senecio vulgaris	*Lamium amplexicaule*
Stellaria media	*Calendula arvensis*
Mercurialis annua	*Rumex pulcher*

auf intensiver bearbeiteten Böden vorkommen dürfte. Diese Gesellschaften
stehen den Polygono-Chenopodietalia-Gesellschaften nahe.

Durch den kritischen Vergleich aller Tabellen der einzelnen Autoren
in unserer Übersichtstabelle (Tab. 2) ergeben sich die absoluten Charak-
ter- und Differentialarten für jede einzelne Assoziation innerhalb des
Eragrostidion-Verbandes. Zusätzlich haben wir in der Tabelle die lokalen oder territorialen Charakterarten innerhalb bestimmter Gebiete
nach den Angaben der einzelnen Autoren durch ein ! kenntlich gemacht
(vgl. Tab. 2).

Folgende Assoziationen des Eragrostidion-Verbandes sind uns
bisher bekannt geworden:

1. Setaria glauca-Echinochloa colona-Ass. A. et O. de Bolòs
1950

3 Aufn. von A. und O. DE BOLÒS (1950) und von O. DE BOLÒS und R.
TÜXEN (1958) bei Barcelona (Spanien).

Aus „Huertos de manzanos" und auf künstlich bewässertem Bohnen-
feld (*Phaseolus*) auf frischem kalkreichem Lehm hat die Ass. durch die
große edaphische Feuchtigkeit Beziehungen zu dem Flutrasen-Verband
des Paspalo-Agrostidion. Sie stammt aus dem mediterranen
Quercion ilicis-Gebiet.

2. Panicum sanguinale-Eragrostis barrelieri-Ass. Rivas
Goday 1955
5 Aufn. von RIVAS GODAY (1955) bei Valladolid, Avila, Madrid (Spanien).
  Diese Assoziation ist die der *Vitis*-Kulturen und Gärten. Der Verfasser
unterscheidet zwei Subassoziationen, deren eine (von *Pulicaria uliginosa*
und *Echinochloa crus-galli*) auf sehr feuchtem Medium, die andere (von
Chenopodium botrys und *Eragrostis major*) auf sehr trockenem und sandigem Boden wächst. Die Assoziation hat nach dem Verfasser Ähnlichkeit
mit der nächsten Assoziation.

3. Eragrostido-Chenopodietum Br.-Bl. 1936
4 Aufn. von BRAUN-BLANQUET (1952) aus dem Languedoc (Frankr.),
14 Aufn. von RIVAS GODAY (1955) aus der Provincia de Valladolid und
aus Avila (Spanien).
Syn: Tribulus terrestris et Heliotropium europaeum-Ass.
Rivas Goday 1955
Die Assoziation ist typisch für die Weinberge auf sandigem Silikatboden
in Frankreich und in Barcelona (A. et O. DE BOLÒS 1950) und die ,,tierras
barbechadas'' in der Rotation auf Miozän-Boden in Spanien. Sie ist auch
aus dem ,,bassin de l'Orb'', Banyuls, Caunelle und von Catalogne bekannt.
  Innerhalb der Assoziation unterscheiden wir nach unserer Tabelle drei
Subassoziationen:
a) typicum;
b) durch *Mollugo cerviana, Senecio gallicus, Linaria spartea, Eryngium
    tenue* gekennzeichnet (RIVAS GODAY 1955), auf Miozän-Sand (Spa-
    nien);
c) durch *Malva niceaensis* und *Allium polyanthum* gekennzeichnet
    (Languedoc). *Chenopodium botrys*, daß wir zunächst als Charakterart
    für das Bidention bezeichnet hatten (vgl. POLI u. J. TÜXEN 1960),
    fassen wir als Differentialart für das Bidention und Charakterart
    für das Eragrostidion auf.

4. Diplotaxidetum erucoidis Br.-Bl. 1931
36 Aufn. von BRAUN-BLANQUET (1952) aus dem Languedoc, 1 Sammel-
liste von MOLINIER (1942) aus Marseille.
  Diese Assoziation ist typisch für die Weinberge; sie hat ihr Optimum
im September-Oktober und im Februar-März und bildet nach BRAUN-
BLANQUET (1952) je nach Kulturmethode oder Düngung oder nach besonderen edaphischen Bedingungen verschiedene Fazies und Varianten.
Nach unserer Tabelle kann man zwei Subassoziationen (prov.) unterscheiden:
a) von *Anacyclus clavatus* und *Geranium rotundifolium* (Languedoc);
b) von *Reseda phyteuma* und *Muscari comosum* (Marseille).
  Die Assoziation wächst auch in der West-Provence und in Spanien
(A. et O. DE BOLÒS 1950) an relativ ariden Orten bei Barcelona.
  BRAUN-BLANQUET u. O. DE BOLÒS (1957) geben eine fragmentarische
Aufnahme von einem Maisfeld aus dem Ebro-Becken, die zu dem Diplo-
taxidetum erucoidis gehören sollte.

5. Cyperus rotundus-Oxalis cernua-Ass. (provis.) ass. nova
15 Aufn. von E. Poli (1961) aus Sizilien (Italien) (s.o.).

6. Panicum sanguinale-Eragrostis minor-Ass. Tx. (1942) 1950
17 Aufn. von Pignatti (1954) aus Pianura Veneta orientale (Italien),
7 von R. Tüxen (Mskr.) aus der südlichen Oberrheinebene, 7 von J.
Tüxen (Mskr.), Oberdorfer (1957), Volk (1931) aus der nördl. Oberrheinebene, 14 von Körber (Mskr.) aus Würzburg, 11 von Felföldy
(1942) aus Ungarn.

Syn.: Polygonum aviculare – Ass. Felföldy 1942 – Tab. p.p.
 Setaria glauca-Digitaria sanguinale – Ass. Felf. 1942 – Tab. p.p.
 Portulaca oleracea – Ass. Felf. 1942 – Tab. p.p.
 Eragrostis minor – Ass. Oberd. 1949 (n.n.)
 Convolvuleto-Portulacetum oleraceae Ubrizsy 1949 p.p.

Die Assoziation kann in zwei Rassen geteilt werden: eine südliche
(Pignatti 1954 und Felföldy 1942) und eine nördliche (Tx. 1942,
J. Tx. Mskr., Oberdorfer 1957, Volk 1931, von Rochow 1951, Körber
Mskr.), die durch *Erodium cicutarium* unterschieden sind. Innerhalb jeder
Rasse lassen sich zwei Subassoziationen unterscheiden, deren eine, die
auf Straßenschottern erscheint, Übergänge zu dem Polygonion avicu-
laris-Verband zeigt. Die Subass. der südlichen Rasse ist durch *Eleusine
indica* (Pignatti 1954) gekennzeichnet, die der nördlichen Rasse läßt
sich durch *Anagallis arvensis* (Tüxen 1950 u. z. T. von Rochow 1951)
unterscheiden. Tüxen (1950) trennt noch in der Rheinebene die Subass.
von *Setaria glauca* in Gärten und Reb-Bergen ab.

Diese nitrophile Unkrautgesellschaft wächst auf Sandböden und hat als
Charakterarten die Verbands-Charakterarten und als Differentialarten
Erodium cicutarium, zu dem etwas schwach *Rumex acetosella* kommt, die
den Übergang zu den Chenopodietalia zeigen.

7. Spergula arvensis-Portulaca oleracea-Ass. J. Tx. 1958
n.n. 5 Aufn. von J. Tüxen (n.p.) aus der Rheinebene bei Mannheim.
Schwach azidophile psammophile Gesellschaft auf kalkfreien Flugsanden. Die vorige und diese Assoziation, die nur durch Differentialarten getrennt sind, haben die Verbandscharakterarten als Assoziationscharakter-
arten, weil sie die äußersten Ausläufer des Verbandes gegen Norden sind.
Durch *Erodium cicutarium* und *Spergula arvensis* (s. diese Ass.) leiten sie
zum Spergulo-Erodion, dem Verband der sandigen Böden in der
Ordnung der Chenopodietalia über.

Einige Aufnahmen von Herrn v. Hübschmann (Mskr.) aus dem Moseltal (zwischen Trier und Koblenz) gehören, trotz der steten *Panicum
sanguinale*, schon dem Spergulo-Erodion an. D.h. diese zwei Assoziationen bilden fast die nördlichste Grenze des Eragrostidion.

8. Tribulo (terrestris)-Tragetum racemosi Soó et Timár
1954
30 Aufn. von Bodrogközy (1955) und 2 von Timár (1957) aus Ungarn.
Syn.: Digitarieto-Portulacetum Bodrogk. 1953
 Tribuleto-Tragetum corispermetosum Bodrogk. 1954.

Die Unkrautgesellschaft ist die der Sandböden in Weingärten und Hackfrüchten.

Das Digitario-Portulacetum und das Tribulo-Tragetum corispermetosum sind wohl nur Fazies derselben Assoziation, die von *Portulaca oleracea* und *Corispermum nitidum* beherrscht werden. Die beiden Autoren stellen die Assoziation in den Verband des Tribulo-Eragrostidion Soó et Timár 1954.

9. Hibisco-Eragrostidetum poaeoidis Soó et Timár 1951
15 Aufn. von TIMÁR (1957) aus Ungarn.
Syn.: Amarantho-Chenopodietum albi Soó 1947 apud Timár 1957.

Die beiden von TIMÁR (1957) angegebenen Assoziationen, Hibisco-Eragrostidetum poaeoidis und Amarantho-Chenopodietum, die zu zwei verschiedenen Verbänden, Tribulo-Eragrostidion poaeoidis Soó et Timár 1954 und Consolido-Eragrostidion poaeoidis Soó et Timár 1954 gestellt wurden, sind floristisch so nahe verwandt, daß sie wohl nur eine einzige Assoziation mit zwei Subassoziationen bilden. Die eine in Hackfruchtkulturen und Weingärten auf tonhaltigem Sande wird durch *Sisymbrium sophia*, *Salsola kali* ssp. *ruthenica* und *Chondrilla juncea*, die andere in Hackfruchtkulturen und auf Stoppelfeldern auf schweren und mittelschweren Böden durch *Calystegia sepium*, *Lathyrus tuberosus*, und *Setaria verticillata* differenziert.

10. Eragrostis major - Eragrostis minor Slavnić 1944
11 Aufn. von SLAVNIĆ (1951) aus der Voivodine (Jugoslavien).

Assoziation der Hackfruchtkulturen auf durchlässigem sandigem Boden, die an Sommertrockenheit angepaßt ist. *Melampyrum barbatum*, das als Differentialart einer Subassoziation von dem Autor angegeben ist, kann vielleicht den Namen für die Assoziation geben.

11. Hibiscus trionum - Eragrostis megastachya - Ass. (Felf. 1942) Tx. 1950
34 Aufn. von SLAVNIĆ (1942 Mskr. u. 1951) u. MORARIU (1943) aus Jugoslavien und Rumänien.
Syn.: ?Amaranthus hybridus - Setaria verticillata - Ass. Slavnić Mskr. 1942
Setaria - Heliotropium europaeum - Ass. Slavnić 1944
Amaranthus retroflexus - Xanthium spinosum - Ass. Morariu 1943
Amaranthus albus - Eragrostis poaeoides - Ass. Morariu 1943
Thermophile Unkrautgesellschaft der Sommerfrüchte in SO–Europa.

12. Hibiscus trionum–Panicum ciliare–Ass. Oberdorfer 1954
4 Aufn. von OBERDORFER (1954) von der Balkanhalbinsel (Mazedonien).
In den fetten Talauen Mazedoniens auf frischem Boden in Maiskulturen. Der Autor hat die Assoziation als Hibiscus trionum – Eragrostis megastachya – Ass. (Felf. 1942) Tx. 1950 beschrieben. Wir ziehen aber den Namen Hibiscus trionum – Panicum ciliare – Ass. vor, den OBERDORFER in derselben Arbeit ebenfalls verwendet.

13. Heliotropo-Chrozophoretum Oberd. 1954

14 Aufn. von OBERDORFER (1954) von der Balkanhalbinsel.

Hackunkrautgesellschaft des *Quercus ilex-* und *Quercus coccifera*-Gebietes Griechenlands. Der Autor unterscheidet zwei Subassoziationen, eine auf schweren tonigen Böden durch *Sorghum halepense*, während die andere auf leichteren, mehr sandigen Böden durch *Panicum eruciforme* unterschieden wird. Aufnahme b (s. Tab. 2) soll die intensive Bearbeitung (Subass.?) innerhalb der Assoziation zeigen. Der Autor schlägt für diese Assoziation, die wohl noch zum Eragrostidion gehört, den Verband Heliotropion vor.

14. Herniaria odorata – Eragrostis minor – Ass. Tx. et Prsg. (1942) 1950

5 Aufn. von R. TÜXEN und PREISING (1942) aus dem Gebiet von Kiew (Ukraine).

Thermophile und nitrophile Unkrautgesellschaft auf sandigem Boden in Sommerfruchtkulturen und Gärten.

Außerdem sind noch einige außereuropäische Assoziationen und Aufnahmen, die unseren europäischen, obwohl mit eigenen Merkmalen, nahe verwandt sein könnten bekannt geworden:

Setario-Euphorbietum Oberd. 1960 aus Süd-Chile;

Ass. à Linaria reflexa Burollet 1927 (in Br.-Bl. 1936) aus N-Afrika;

Portulacetum Conard 1953 aus N-Amerika. Endlich wären Mitteilungen von LÉONARD (1952) aus Belg. Congo und CIFERRI (1946) aus Somalia zu vergleichen.

Die Kontakte, die unsere Eragrostidion-Gesellschaften mit anderen Gesellschaften haben, könnten die folgenden sein:

ERAGROSTIDION

Natürliche Überschwemmungs-Gesellschaften:	Andere anthropogene Gesellschaften:
Bidentetalia (in Mitt. Europa)	Polygono-Chenopodietalia (Unkrautges.)
Paspalo-Agrostidion (in S-Europa)	Sisymbrietalia (Ruderalges.)
Isoeto-Nanojuncetea (Europa)	Polygonion avicularis (Trittges.)

Zum Schluß möchte ich Herrn Prof. R. TÜXEN herzlichst danken für die Einführung und die zahlreiche Literatur, die er mir zur Verfügung gestellt hat.

In der Karte 2 haben wir die Eragrostidion-Gesellschaften Europas, die wir aus der Literatur erkannt haben, eingezeichnet.

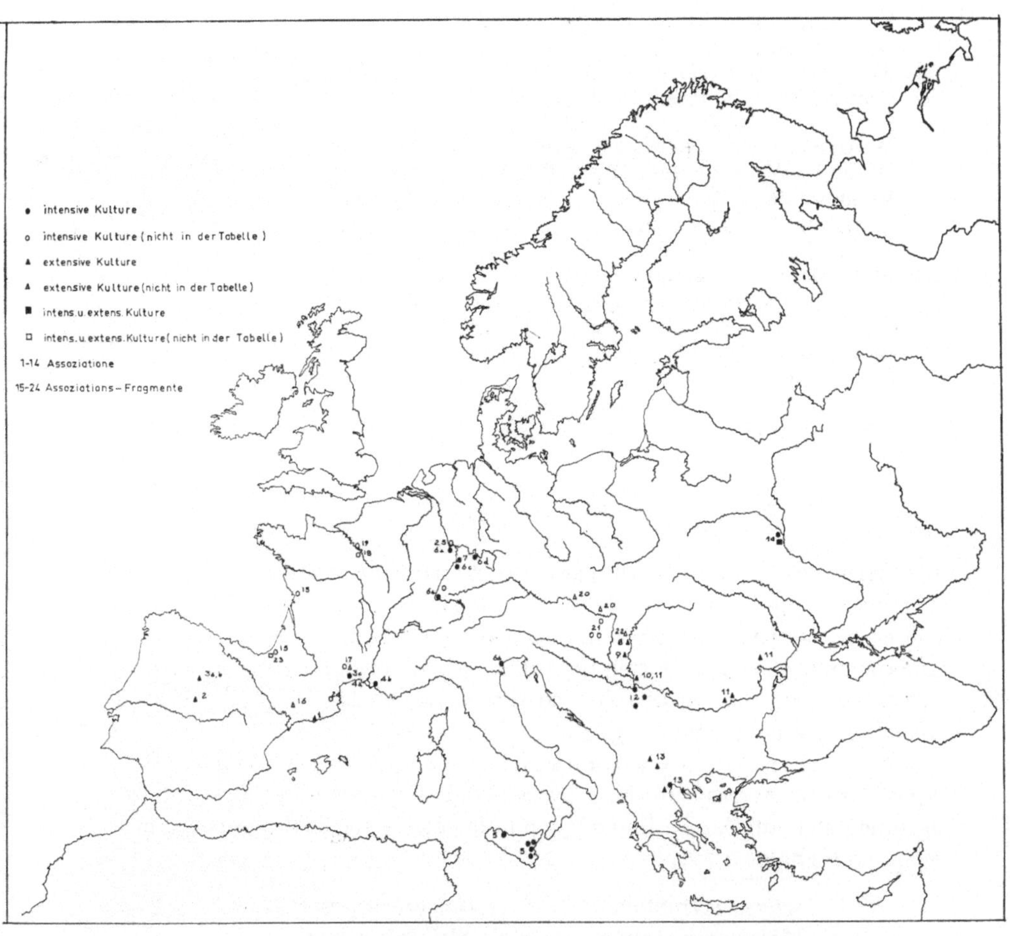

Karte 2. Verbreitung der Eragrostidion-Gesellschaften in Europa nach der Literatur (vgl. auch Tabelle 2).

A. Gesellschaften die im Text genannt wurden:

1. Prat bei Barcelona (A. Y O. DE BOLÒS 1950)
2. Provincia de Avila (RIVAS GODAY 1955)
3a. Provincia de Valladolid (RIVAS-GODAY 1955)
3b. Provincia de Valladolid (RIVAS-GODAY 1955)
3c. Languedoc (BRAUN-BLANQUET 1952)
4a. Languedoc (BRAUN-BLANQUET 1952)
4b. Marseille (MOLINIER 1942)
5. Sizilien (POLI 1961)
6a. Lido di Venezia (PIGNATTI 1954)
6b. Südl. Oberrheinebene (R. TÜXEN Mskr.)
6c. Nördl. Oberrheinebene (J. TÜXEN Mskr., OBERDORFER 1957, VOLK 1931)
6d. Würzburg (KÖRBER Mskr.)
7. Mannheim (J. TÜXEN 1958)
8. Csongrád (BODROGKÖZY 1955, TIMÁR 1957)
9. Szegedin (TIMÁR 1957)
10. Voivodine (SLAVNIĆ 1951)
11. Voivodine (SLAVNIĆ 1951)

Vlasca, Băneasa, Bucarest (Morariu 1943)
12. Belgrad, Morawatal, Ibartal (Oberdorfer 1954)
13. Saloniki, Vardartela, Negotin, Üsküb (Oberdorfer 1954)
14. Kiew (Tüxen u. Preising 1942)

B. Andere Gesellschaften, meistens fragmentarische:
15. W- und SW-Frankreich (Tüxen Mskr.)
16. Vilanova de la Barca (Braun-Blanquet u. Bolòs 1957)
17. Massif de l'Aigoual (Cévennes méridionales) (Braun-Blanquet 1951)
18. Vexin Français (Allorge 1922)
19. Fontainebleau (Gaume 1934)
20. Mikulov, Palarikovo (Kühn, Uhrecký 1959)
21. Mór, Tihany, Szántod (Felföldy 1942)
22. Keskeméten (Ubrizsy 1960)
23. Pays Basque (Jovet 1941)
24. Crau (Molinier et Tallon 1950)
25. Nördl. Oberrheinebene (Tüxen Mskr.)

RIASSUNTO

L'Autrice descrive un aggruppamento di erbe infestanti gli agrumeti della Sicilia, mettendolo in relazione con la storia e la coltura degli agrumi nell'isola. Particolare attenzione viene rivolta alle condizioni ambientali (microclimatiche ed edafiche), del tutto speciali, che gli agrumeti offrono alle infestanti, le quali di solito costituiscono, anche durante la siccità estiva, una vegetazione rigogliosa.

L'Associazione a Cyperus rotundus e Oxalis cernua, sebbene a carattere provvisorio, é fra le Associazioni di erbe infestanti gli agrumeti siciliani l'unica fino ad oggi nota. Fra le specie più appariscenti vengono segnalate:

Setaria verticillata   *Galinsoga parviflora*
Mercurialis annua   *Stellaria media*

Oxalis cernua

Descritto l'aggruppamento nei suoi particolari, l'A. lo mette in rapporto con la vegetazione naturale climacica (Oleo-Ceratonion), di cui rappresenta una „vegetazione di sostituzione", e tenta infine di inserirlo nel quadro sistematico degli aggruppamenti antropogeni legati alle colture (Eragrostidion), già descritti in altre parti d'Europa.

Viene data infine la carta della distribuzione dell' Eragrostidion in Europa.

ZUSAMMENFASSUNG

Die Verfasserin beschreibt eine Unkraut-Gesellschaft der *Citrus*-Kulturen in Sizilien und deren Beziehungen zu der Geschichte und der *Citrus*-Kultur der Insel.

Besonders wird die Einzigartigkeit der standörtlichen Bedingungen (vor allem Mikroklima und Boden) dieser Unkraut-Gesellschaft behandelt. Sie bleibt immer üppig, während die anderen Gesellschaften im Hochsommer durch die starke Trockenheit schwer zu erkennen sind.

In der Assoziationstabelle werden als häufigste und bedeutendste Arten
folgende gezeigt:

Oxalis cernua   *Setaria verticillata*

Mercurialis annua   *Stellaria media*

Galinsoga parviflora

Nach der Beschreibung der Assoziation werden ihre Beziehungen zu der
heutigen potentiellen natürlichen Vegetation (Oleo-Ceratonion),
wovon sie eine Ersatzgesellschaft sein dürfte, kurz erläutert.

Zum Schluß wird die neu beschriebene Assoziation zu den bis heute in
Europa bekannten Eragrostidion-Gesellschaften in Beziehung gesetzt.

Eine Verbreitungskarte dieser Eragrostidion-Gesellschaften ist
beigelegt.

SUMMARY

The author describes a group of weeds of the orange groves in Sicily, in
relation to the history and the culture of the island's citrus fruits. Particular attention is devoted to the very special habitat conditions (micro-
climatic and edaphic) offered by the groves to the infesting plants,
which generally produce a luxurious vegetation even in the summer
drought.

The most abundant species noted on the phytosociological table, are
the following:

Oxalis cernua   *Setaria verticillata*

Mercurialis annua   *Stellaria media*

Galinsoga parviflora

Having described the group in detail, the author relates it to the climax
vegetation (Oleo-Ceratonion) of which it represents a ,,substitution
vegetation'', and lastly she attempts to insert it in the systematic table
of the anthropogenous groups connected with the cultures (Eragrostidion) already described in other parts of Europe.

The map of the Eragrostidion distribution in Europe is presented
at the end.

LITERATUR

ALLORGE, P.: Les associations végétales du Vexin français. – Rev. gén. Bot.
33–34. Paris 1922.

ARÈNES, J.: Les associations végétales de la Basse-Provence. – Paris 1928.

BODROGKÖZY, G.: Das zönologische System und die Bodenindikator-Rolle der
Unkrautgesellschaften der Sandweingärten des Donau-Theiss-Zwischen-
stromlandes. – Acta Univ. Szegediensis. Acta biol. N.S. 1 (1/4). Szeged
1955.

— Beiträge zur Kenntnis der synökologischen Verhältnisse der Schlamm-
vegetation auf Kultur und Halbkultur-Sandbodengebieten. – Acta biol.
N.S. 4 (3/4). Szeged 1958.

— Adatok a délkeletkiskunsági homoki szölök gyomtársulásainak ismereté-
hez. (Beiträge zur Kenntnis der Unkrautassoziationen in den Weingärten

auf Sandböden im südöstlichen Teile des Kiskunsag). – Bot. Közl. **48** (1/2). Budapest 1959.

BOLÒS, O. DE: La végétation de la Catalogne moyenne. In: LÜDI, W., Die Pflanzenwelt Spaniens. Teil I. Veröff. geobot. Inst. Rübel **31**. Bern 1956.
— De vegetatione valentina, 1. – Collect. bot. **5** (2). Barcinone 1957.

BOLÒS, A. Y O. DE: Vegetación de comarcas Barcelonesas. – Barcelona 1950.

BRAUN, J.: Les Cévennes méridionales. – Genève 1915.

BRAUN-BLANQUET, J.: Übersicht der Pflanzengesellschaften Rätiens. – Vegetatio **1/2**. Den Haag 1948–50.

BRAUN-BLANQUET, J. et Coll.: Prodrome des groupements végétaux. – Montpellier 1936 ff.
— Les groupements végétaux de la France méditerranéenne. – Montpellier 1952.
— et BOLÒS, O. DE: Les groupements végétaux du Bassin Moyen de l'Ebre et leur dynamisme. – An. Estacion exper. Aula Dei **5** (1/4). Zaragoza 1957.

FELFÖLDY, L.: Szociológiai vizsgálatok a pannoniai flórateriilet gyomvegetációján. – Acta geobot. hung. **5** (1). Kolozsvár 1942.

GAUME, R.: Le Chenopodium carinatum R. Br. naturalisé en forêt de Fontainebleau et aux environs. – Bull. Ass. Nat. Vallée du Loing. Moret-sur-Loing 1934.

HERMANN, F.: Flora von Nord- und Mitteleuropa. – Stuttgart 1956.

JOVET, P.: La végétation anthropophile du Pays Basque français. – Bull. Soc. Bot. France **88**. Paris 1941.

KRAUSE, W.: Das Mosaik der Pflanzengesellschaften und seine Bedeutung für die Vegetationskunde. – Planta **41** (3). Berlin-Göttingen-Heidelberg 1952.

KÜHN, F. a UHRECKÝ, I.: Výskyt polních plevelů na různých půdních typech. (Vorkommen von Ackerunkräutern auf verschiedenen Bodentypen). – Acta Univ. Agric. Sylvic. **3**. Brno 1959.

LÉONARD, J.: Aperçu préliminaire des groupements végétaux pionniers dans la region de Yangambi. – Vegetatio **3** (4/5). Den Haag 1952.

MILONE, F.: Memoria illustrativa della carta della utilizzazione del suolo della Sicilia. – C.N.R. Roma 1959.

MOLINIER, R.: Notes sur la flore et la végétation du Massif d'Allauch (Marseille). – Le Chêne **47**. Marseille 1942.
— et TALLON, G.: La végétation de la Crau (Basse-Provence). – Rev. gén. Bot. **56**. Paris 1950.

MORARIU, I.: Asociatii de plante antropofile din Jurul Bucurestilor cu observatii asupra răspândirii lor in Tară si mai ales in Transilvania. – Bul. Grăd. bot. Univ. Cluj **23**. Clŭj 1943.

OBERDORFER, E.: Pflanzensoziologische Exkursionsflora für Südwestdeutschland und die angrenzenden Gebiete. – Stuttgart 1949.
— Über Unkrautgesellschaften der Balkanhalbinsel. – Vegetatio **4**. Den Haag 1949.
— Süddeutsche Pflanzengesellschaften. – PflSoziol. **10**. Jena 1957.
— Pflanzensoziologische Studien in Chile. – Flora et Vegetatio Mundi **2**. Weinheim 1960.

PEDROTTI, F.: La vegetazione delle colture sarchiate di patata in Val di Sole. – Studi trentini di Sci. nat. **36** (1). Trento 1959.

PIGNATTI, S.: Introduzione allo studio fitosociologico della pianura veneta orientale. – Arch. bot. **28/29**. Forli 1954.

POLI, E. u. TÜXEN, J.: Über Bidentetalia-Gesellschaften Europas. – Mitt. flor. soziol. ArbGemeinsch. N.F. **8**. Stolzenau/Weser 1960.

REBOUR, H.: Gli Agrumi (Tit. orig.: Les Agrumes). – Traduzione di Bertini, Bologna 1956.

RIVAS-GODAY, S.: Aportaciones a la Fitosociologia hispanica. – An. Inst. bot. Cavanilles de Madrid **13** (1954). Madrid 1955.

ROCHOW, MARGITA V.: Die Planzengesellschaften des Kaiserstuhls. – PflSoziol. **8**. Jena 1951.

SLAVNIĆ, Z.: Prodrome des groupements végétaux nitrophiles de la Voivodine (Yougoslavie). – Arch. sci. Matica srpska **1**. Novi/Sad 1951.

Soó, R.: Geobotanische Monographie von Kolozsvar (Klausenburg). – Mitt.
Kommiss. Heimatk. **4**. Budapest 1927/28.
TIMÁR, L.: Zönologische Untersuchungen in den Äckern Ungarns. – Acta
bot. **3** (1/2). Budapest 1957.
TÜXEN, J.: Stufen, Standorte und Entwicklung von Hackfrucht- und Garten-
Unkrautgesellschaften und deren Bedeutung für Ur- und Siedlungsgeschichte. – Angew. PflSoziol. **16**. Stolzenau/Weser 1958.
TÜXEN, R.: Grundriss einer Systematik der nitrophilen Unkrautgesellschaften in der Eurosibirischen Region Europas. – Mitt. flor.-soziol.
ArbGemeinsch. N.F. **2**. Stolzenau/Weser 1950.
— u. OBERDORFER, E.: Die Pflanzenwelt Spaniens. Eurosibirische Phanero-
gamen-Gesellschaften Spaniens. – Veröff. geobot. Inst. Rübel, **32**. Bern
1958.
UBRIZSY, G.: Magyarország ruderális gyomnövényzetei, tekintettel a mező-
gazdasági vonatkozásokra. (Die ruderale Unkrautvegetation Ungarns
mit Rücksicht auf die landwirtschaftlischen Beziehungen. – Mezőgazd.
Tud. Közl. **1**. Budapest 1949.
— A hazai romtalajok gyomnövény-szövetkezeteinek gazdasági jelentöséye.
(La signification économique des associations de mauvaises herbes du pays).
– Agrártudomány **1**, évf. 11. Budapest 1949.
— Les associations de mauvaises herbes rudérales de la Hongrie et les aspects
agricoles du problème. – Acta agron. Acad. Sci. hung. **1**. Budapest 1950.
— A Kukoricában végzett vegyszeres gyomirtás a herbicid hatás tükrében.
(Die Unkrautbekämpfung in Maiskulturen im Spiegel der Herbizidwirkung).
– Magy. Tudom. Akad. **17** (1). Számából 1950.
— u. CSONGRÁDY, M.: Ergebnisse der mit Chlor-Aminotiazin-Derivaten in
Ungarn durchgeführten Unkrautbekämpfungsversuche. – Acta agron.
10 (1/2). Budapest 1960.
UJVAROSI, M : Hajdúnánás vegetációja és flórája. (Vegetation und Flora von
Hajdúnánás). – Acta geobot. hung. **1** (2). Debrecen 1937.
VOLK, O.: Beiträge zur Ökologie der Sandvegetation der oberrheinischen
Tiefebene. – Z. Bot. **24**. Jena 1931.

E. PIGNATTI:

Oxalis cernua, ein Sauerklee, ist vor etwa 100 Jahren aus Südafrika eingeschleppt worden und hat sich jetzt ungeheuer über ganz Sizilien verbreitet. Er kommt nicht nur in den Agrumen-Hainen, sondern etwa an der
ganzen Nordküste bis zum Monte Pellegrino in einer degradierten Macchie
mit *Euphorbia dendroides* vor und ist auch in ganz Süditalien sehr weit
verbreitet. Es ist vielleicht gewagt, *Oxalis cernua* als Charakterart für
diese Agrumen-Hain-Assoziation anzusehen. Sie kommt nicht nur auf frischen Böden vor, sondern geht auch in trockene Vegetation hinein. Es ist
ein ausgesprochener Frühlingsaspekt, den diese *Oxalis* in ganz Sizilien
bildet.

Dasselbe gilt, vielleicht in etwas schwächerem Maße, auch für *Fumaria
capreolata*. Auch diese Art hat eine sehr weite Verbreitung bis nach Elba
hin und kommt in verschiedenen Ackerunkraut-Assoziationen aber auch
in Macchien vor.

R. TÜXEN:

Fräulein POLI will sagen, daß sie in der Übersichtstabelle alle E r a g r o s t i-
d i o n-G e s e l l s c h a f t e n Europas, von Spanien bis nach Kiew und von
Mainz bis nach Catania verglichen hat, und daß sich in der großen europäischen Übersichtstabelle die absoluten Charakter- und Differentialarten jeder Assoziation ergeben haben. Sie will weiter sagen, daß sie aber

auch die territorialen Charakterarten hinzugefügt hat, die jeder Autor in seinem eigenen Untersuchungsgebiet territorial oder lokal gefunden hat. Frau PIGNATTI hat wahrscheinlich nicht ganz ohne Recht darauf hingewiesen, daß z.B. *Oxalis cernua* wohl keine Charakterart der Agrumen-Assoziation von Frl. POLI in Sizilien sei. Diese Frage wäre leicht zu bereinigen, wenn man jetzt wieder zu unserem alten Namen zurückkehrt und vom Oxalido-Cyperetum rotundi sprechen würde. *Cyperus rotundus* ist ganz offensichtlich die beste namengebende Art, weil sie in keiner anderen Eragrostidion-Gesellschaft vorkommt. Um mit Herrn RAABE zu sprechen, so ist, wenn man nun die ganze Arten-Verbindung betrachtet, diese Kombination von *Oxalis cernua* und *Cyperus rotundus* so bezeichnend, daß wir sie doch für den Namen dieser in jeder Hinsicht außerordentlichen Gesellschaft annehmen können.

KURZE ÜBERSICHT ÜBER DIE DERZEITIGE SYSTEMATISCHE GLIEDERUNG DER ACKER- UND RUDERAL-GESELLSCHAFTEN EUROPAS

von

JES TÜXEN, Stolzenau

Im Verlaufe der Vorarbeiten für die 2. Auflage der Pflanzen-Gesellschaften Nordwest-Deutschland, mit denen wir nun seit gut 2 Jahren beschäftigt sind, haben wir stets größten Wert auf die Stellung unserer Assoziationen im Rahmen der mitteleuropäischen Verbände, Ordnungen und Klassen gelegt. Einige Resultate dieser Bemühungen darf ich mit um so größerer Freude vorlegen, als mit Dr. OBERDORFER und Dr. MÜLLER, auch mit Prof. MATUSZKIEWICZ und Dr. WESTHOFF über diese Fragen Einigung erzielt werden konnte.

Nachdem die alte Sammelklasse der Rudereto-Secalinetea von Tx., Lohmeyer u. Preising 1950 in 6 einzelne Klassen aufgespalten war, ging BRAUN-BLANQUET 1951 noch einen Schritt weiter, indem er eine dieser Klassen, die Stellarietea, der Ackerunkräuter, in zwei neue zerlegte. OBERDORFER folgte ihm darin 1957; wir haben uns 1960 auch dieser Auffassung angeschlossen. So bestehen unserer Meinung nach also die Klassen der Thero-Chenopodietea Lohm., J. et R. Tx. 1961 in den Sommerfrüchten und der Secalinetea Br.-Bl. 1951 in den Winterfrüchten. Der Hauptgrund für die Trennung der beiden Klassen, die floristisch allerdings meist durch die Rotation (Fruchtfolge) unmöglich gemacht wird, liegt in der Tatsache, daß gewisse Kulturarten wie etwa Rebberge und Gärten, auf der anderen Seite auch ganze soziologische Einheiten wie das Sisymbrion oder das Eragrostidion frei von Arten der Secalinetea sind und auch kaum Klassenkennarten der Stellarietea mediae enthalten.

Die Überprüfung der Stellung des Caucalion innerhalb der Secalinetea zeigte eine so starke floristische Verwandtschaft mit den Gesellschaften des Secalinion mediterraneum, daß das Caucalion besser als mitteleuropäischer Ersatz des Secalinion aufgefaßt werden muß und mit diesem in die Ordnung der Secalinetalia Br.-Bl. 1931 em. 1936 vereinigt werden muß. Von den 28 seinerzeit von R. TÜXEN (1950) angegebenen Caucalion-Charakterarten sind 14 gemeinsam mit dem Secalinion und werden so zu Ordnungskennarten.

Diesen Kalkäckern stehen die auf Silikatböden – Aphanion arvensis J. et R. Tx. 1960 – und die auf Quarzböden – Arnoserion Malato-Beliz, J. et R. Tx. 1960 – gegenüber, die wir zur Ordnung der Aperetalia spica-venti (Tx. 1950) J. et R. Tx. 1960 vereinigen. Dieser Ordnung synonym ist der damit hinfällige Verband des Agrostidion spica-venti (Krusem. et Vlieger 1939) Tx. apud. Oberd. 1949. Für Einzelheiten darf hier auf unsere Mitteilung zusammen mit MALATO-BELIZ (1960) verwiesen werden.

Den beiden Ordnungen der Secalinetalia und der Aperetalia gegenüber steht der Verband des so speziellen Lolio remoti-Linion, der dann ebenso zu einer eigenen Ordnung Linetalia J. et R. Tx. 1961 erhoben werden muß, was seiner floristischen Eigenart auch am besten gerecht wird.

Abweichend von BRAUN-BLANQUET'S Auffassung und auch von der von OBERDORFER (1957) wollen wir in der zweiten aus den Stellarietea gebildeten Klasse nur die Sommerfrucht-Unkrautgesellschaften und die ein- bis zweijährigen Ruderalgesellschaften unter dem Namen Thero-Chenopodietea Lohm., J. et R. Tx. 1961 zusammenfassen. Die mehrjährigen Ruderalgesellschaften stellen wir in nunmehriger Übereinstimmung mit OBERDORFER, wie schon R. TÜXEN 1950 getan hat, in die Klasse der Artemisietea vulgaris Lohm., Prsg. et Tx. 1950.

Die Gründe, die uns zu dieser Trennung veranlassen, werden wir später angeben.

Wir gliedern die Klasse der Thero-Chenopodietea Lohm., J. et R. Tx. 1961 in die Ordnungen der Polygono-Chenopodietalia (Oberd. 1960) J. Tx. 1961, der Eragrostidetalia J. Tx. 1961 und der Sisymbrietalia J. Tx. 1961. Die erste Ordnung Polygono-Chenopodietalia umfaßt die Verbände Spergulo-Erodion J. Tx. 1961 auf Sandböden und Veronico-Chenopodion J. Tx. 1961 auf Silikatböden. Die alten Verbände Panico-Setarion und Eu-Polygono-Chenopodion, die auf SISSINGH 1950 zurückgehen, konnten schon im südlichen Deutschland nicht mehr getrennt werden (vgl. auch PASSARGE 1959) und waren darum revisionsbedürftig. Durch die Vereinigung der Assoziationsgruppe der Stachys arvensis-Gesellschaften mit dem alten Panico-Setarion ergab sich diese neue Verbandsgruppierung, die nun auch im südlichen Mitteleuropa brauchbar ist. Die Ordnung der Eragrostidetalia besteht aus dem einen Verbande des Eragrostidion. R. Tx. apud Slavnić 1944. Ich verweise hier auf den Vortrag von Fräulein Dr. POLI (p. 60). In der letzten Ordnung der ein- bis zweijährigen Ruderal-Gesellschaften der Sisymbrietalia werden die drei Verbände des zentralmitteleuropäischen Sisymbrion officinalis Tx., Lohm., Prsg. 1950, des mediterranen Hordeion leporini Br.-Bl. (1931) 1947 und des submediterranen Onopordion acanthii Br.-Bl. 1926 vereinigt. Die Selbständigkeit des Verbandes Chenopodion muralis müßte wohl noch überprüft werden.

Den beiden Klassen der Secalinetea und der Thero-Chenopodietea gemeinsam ist die Erscheinung, daß die mittel- und nordeuropäischen Ackerunkrautgesellschaften der Aperetalia spicaventi bzw. der Polygono-Chenopodietalia im Vergleich zu den südmitteleuropäischen und mediterranen Ordnungen der Secalinetalia und Eragrostidetalia wie auch der Sisymbrietalia auffällig arm an Charakterarten sind.

Die Klasse der mehrjährigen Ruderalgesellschaften die Artemisietea vulgaris Lohm., Prsg., Tx. 1950, ist mit Ausnahme des herausgelösten Onopordion, das mit Charakterarten der Thero-Chenopo-

d i e t e a stets reichlich versehen ist, gegenüber dem Stand von 1950 unverändert geblieben. Sie umfaßt erstens die Ordnung der A r t e m i s i e t a -
l i a Lohm. apud Tx. 1947 mit dem einzigen Verband des E u - A r c t i o n
Tx. 1937 em. Sissingh 1946. Diesen Gesellschaften gegenüber steht die
zweite Ordnung der C o n v o l v u l e t a l i a s e p i i Tx. 1950, welche die
Spülsaumgesellschaften enthält. Sie umfaßt die Verbände des A n g e l i -
c i o n l i t o r a l i s Tx. (1950) 1961 an den brackischen Gewässern Mittel-
und Nordeuropas und des S e n e c i o n f l u v i a t i l i s Tx. (1947) 1950 entlang der Flüsse Mitteleuropas. Diese zweite Ordnung enthält so gut wie
gar keine Arten der Klasse der T h e r o - C h e n o p o d i e t e a, wenn auch
selbst in sorgfältigst angefertigten Aufnahmen der A r t e m i s i e t a l i a -
Gesellschaften solche vorkommen mögen. Die bisher von den genannten
Autoren durchgeführte Unterordnung der A r t e m i s i e t a l i a und der
C o n v o l v u l e t a l i a unter die ,,C h e n o p o d i e t e a'' ist daher nicht
aufrecht zu erhalten.

Die von R. Tüxen 1950 zitierten Verbände R u m i c i o n a l p i n i
(Rübel 1933) Klika 1944 und C h e n o p o d i o n s u b a l p i n u m Br.-Bl.
1947 bleiben in ihrer Beurteilung weiterhin unklar und bedürfen einer
gründlichen Überprüfung. Das von R. Tüxen damals vorgeschlagene
P o i o n v a r i a e kann in dieser Form nicht beibehalten werden, da es
unter anderem eine Trittgesellschaft des P o l y g o n i o n a v i c u l a r i s
Br.-Bl. 1931 enthält.

Die letzte hier zu behandelnde Klasse der P l a n t a g i n e t e a m a i o r i s
Tx. et Prsg. 1950 mit der einzigen Ordnung der P l a n t a g i n e t a l i a
m a i o r i s Tx. (1947) 1950 umfaßt die Tritt- und Flutrasen Europas. Wir
fassen in dieser Einheit wenigstens drei gleichberechtigte Verbände zusammen, nämlich die über ganz Europa von Sizilien bis nach Nord-Norwegen
verbreiteten eigentlichen Trittrasen des P o l y g o n i o n a v i c u l a r i s Br.-
Bl. 1931, die mittel- und nordeuropäischen Flutrasen des A g r o p y r o - R u -
m i c i o n c r i s p i Nordh. 1940 und die mediterranen Flutrasen des P a s -
p a l o - A g r o s t i d i o n Br.-Bl. 1952. Eine eigene Ordnung der P a s p a l o -
H e l e o c h l o e t a l i a Br.-Bl. 1952 erscheint wohl nicht unbedingt erforderlich. Ihre Aufrechterhaltung würde bedeuten, daß alle *drei* Verbände
zu Ordnungen erhoben werden müßten, die dann jedoch allesamt floristisch viel zu schwach gekennzeichnet wären. Das A g r o p y r o - R u m i -
c i o n c r i s p i greift ebenfalls in die Mediterranregion über und wurde in
dieser Form als T r i f o l i o - C y n o d o n t i o n Br.-Bl. et O. de Bolòs 1954
beschrieben. Dieser Verband muß, da er vom A g r o p y r o - R u m i c i o n
sich floristisch nicht unterscheidet, besser fallen gelassen werden. Das
gleiche gilt, wie es scheint, vom H e l e o c h l o i o n s c h o e n o i d i s Br.-Bl.
1952. Beide Verbände sind dem A g r o p y r o - R u m i c i o n Nordh. 1940
p.p. synonym.

Die Stellung des B e c k m a n n i o n e r u c i f o r m i s, das von R. Tüxen
1950 vorläufig hier angeschlossen wurde, ist jedoch erneut zweifelhaft
geworden, so daß heute noch nichts sicheres darüber gesagt werden kann.

Eine Gruppe japanischer, von unserem Freunde A. Miyawaki studier-
ter Trittgesellschaften hat im Gegensatz zu den chilenischen, die von
Oberdorfer (1960) beschrieben wurden, und wohl auch den nordamerikanischen nur so wenige Arten mit den P l a n t a g i n e t e a m a i o r i s
gemein, daß sie nicht zu dieser Klasse gestellt werden kann.

Plantago maior wird in Japan durch *Plantago asiatica* ersetzt, das zusammen mit den bezeichnenden Arten *Eleusine indica* und *Eragrostis ferruginea* vorkommt. Hier dürfte unseres Erachtens ein Fall vorliegen, wo die kürzlich von Braun-Blanquet vorgeschlagene höchste gesellschaftssystematische Einheit der Klassengruppe eine erste praktische Anwendung finden könnte. Wir dürfen daher hier die Klassengruppe der Plantago-Gesellschaften mit dem Charaktertaxon (Gattung) *Plantago* aus der *maior*-Verwandtschaft vorschlagen und zur Diskussion stellen.

Abschließend sei nur eine letzte Bemerkung erlaubt. Die hier vorgeschlagene Gliederung mit allen z.T. erheblichen Neufassungen und Änderungen des Bestehenden möchte als ein bescheidener Versuch gewertet werden, in die z.T. leider in hohem Maße von einander abweichenden Systeme, die heute in Europa nebeneinander bestehen, eine Einheitlichkeit zu bringen. Vor zwei Jahren ist an dieser Stelle die pflanzensoziologische Kartierung Europas beschlossen worden, für welche die Einigkeit *aller* beteiligten Länder eine unbedingt notwendige Voraussetzung ist.

ZUSAMMENFASSUNG

Während der Neubearbeitung der Pflanzengesellschaften NW-Deutschlands wurde deren Stellung im Rahmen der mitteleuropäischen Vegetationseinheiten überprüft. Eine neue Untergliederung der alten Sammelklasse Rudereto-Secalinetea in Klassen, Ordnungen und Verbände wird vorgeschlagen und begründet.

SUMMARY

During the revision of the plant communities of N.W. Germany their position within the general framework of European vegetation was reviewed. A new sub-division of the old collective class, Rudereto-Secalinetea, into classes, orders and alliances is proposed and justified.

S. Pignatti:

Die Idee, die Unkrautgesellschaften in zwei Klassen, Thero-Chenopodietea und Secalinetea, zu trennen, ist wertvoll, weil beide Vegetationen äußerst verschiedene Herkunft haben. Die Secalinetea, die Arten der Weizenkulturen, kommen von der Steppenvegetation, aus Westasien, also aus der gleichen Zone, aus der man *Triticum*-Arten und -Sippen in Europa eingeführt hat. Mit dem kultivierten Weizen hat man eine Menge dieser Unkraut-Arten nach Europa gebracht, die jetzt als Archaeophyten gelten und dadurch hat die Vegetation der Weizen-, Roggen- und Gersten-Felder eine große Einheitlichkeit, weil ihre Herkunft gleich ist. Die Vegetation der Chenopodietea ist an amerikanische Kulturen gebunden: die Kartoffel, den Mais oder den Tabak usw. Diese Vegetation ist durch eine Reihe von Arten charakterisiert, die amerikanischer Herkunft, oder wenigstens pantropikalische Unkräuter sind und nichts mit der westasiatischen Steppenvegetation zu tun haben.

Beim Studium einer Vegetation in ihren Randgebieten hat man oft nicht den richtigen Einblick; z.B. wurde das Orneto-Ostryon ursprünglich für die Alpen studiert, und man hatte ein ganz falsches Bild von dieser Vegetationseinheit. Durch die jetzigen Arbeiten auf dem Balkan sieht man, daß diese Vegetation ganz anders ist, als man nach den Reliktzonen der Alpen gedacht hätte. Vielleicht wäre es besser, daß man die Einheiten, ehe man sie endgültig definiert, erst dort beobachtet, wo sie optimal vorkommen. Die Weizenunkräuter und ihre Assoziationen sind z.B. in den mediterranen Gebieten viel besser entwickelt als in Mitteleuropa. Vielleicht kann man am Mittelmeer noch mehr Assoziationen kennen lernen und so einen weiteren Einblick in die Vegetation erhalten. Das gleiche gilt auch für die Thero-Chenopodietea-Gesellschaften. Vielleicht ist der Blickpunkt von Mitteleuropa aus nicht der richtige, um diese Vegetationen zusammenzufassen.

Warum hat man den Namen „Thero-Chenopodietea" gewählt, wenn alle unsere Chenopodietum-Arten Therophyten sind?

J. Tüxen:

Um den Gegensatz zur alten Auffassung zu betonen, da die Klasse nur ein- bis zweijährige Gesellschaften enthält. Die mehrjährigen Gesellschaften sind herausgenommen.

S. Pignatti:

Ist es notwendig, zwei so bekannte Namen wie Panico-Setarion und Eu-Polygono-Chenopodion polyspermi fallen zu lassen? Dienen wir wirklich der Klarheit, wenn wir neue Namen schaffen? Wäre es nicht möglich, die alten Namen zu verbessern oder zu revidieren und weiter zu verwenden?

J. Tüxen:

Die alte Fassung des Panico-Setarion ging davon aus, daß die beiden *Setarien* als Charakterarten galten in Nordwestdeutschland und Holland. Diese Arten gehen aber in ganz Deutschland durch alle Gesellschaften der Thero-Chenopodietea hindurch, so daß sie höchstens im nordwestlichen Raum als Differentialarten brauchbar sind. Wir haben eine Verschiebung des Inhaltes dieser beiden Begriffe vorgenommen, so daß jetzt für Spergulo-Erodion die Arten *Erodium cicutarium* und *Spergula arvensis* Verbandscharakterarten sind, die unterstützt werden durch die beiden Differentialarten des Verbandes *Scleranthus annuus* und *Rumex acetosella*. In dieser Form läßt sich nun auch das neue Panico-Setarion vom Veronico-Chenopodion auch in Süddeutschland abtrennen.

Zu Ihrer Äußerung, daß man doch lieber bei den alten Namen bleiben sollte, meine ich, daß die angestrebte Klarheit in unserer Wissenschaft wohl durch die neuen Begriffe nicht belastet wird. Wir unterscheiden erstens den Fall, wo der Inhalt der Einheiten so wenig verändert ist, daß man es beim alten Namen und beim alten Autor ohne weiteres lassen sollte. Zweitens gibt es die Formel „emendavit". Hier ist der Inhalt nur wenig verändert. Die dritte Möglichkeit ist, daß der Umfang der systematischen Einheiten gänzlich umgeformt wurde. Dann sollte man einen

ganz neuen Namen wählen. Es liegt hier vielleicht ein Grenzfall vor. Das
Polygono-Chenopodion ist eigentlich wenig verändert worden, andererseits ist das Panico-Setarion sowohl in seiner systematischen
Fassung durch Charakterarten als auch in seinem Assoziations-Umfang
von zwei auf drei Assoziationen verändert, so daß dort die Einführung
eines neuen Namens gegeben ist. Das Polygono-Chenopodion, –
Polygonum polyspermum war gemeint, das ja nur in einer Assoziations-
Gruppe vorkommt, – haben wir darum durch Veronico persicae-
Chenopodion ersetzt.

S. Pignatti:

Es scheint mir, daß dieses Eragrostidion, das rein mediterran und
hauptsächlich an die Weinkultur gebunden ist, von den anderen Vegetationseinheiten mehr getrennt sein sollte; denn es bildet vielleicht ein
Zwischenglied zwischen der Vegetation der Weizenfelder und derjenigen
der amerikanischen Kulturen.

J. Tüxen:

Es ist mir bei unseren Vorbesprechungen aufgefallen, daß man immer
wieder versucht ist, auf Grund solcher ökologischen Übereinstimmungen
oder trennender Merkmale systematische Einheiten zu schaffen. Ich
glaube aber, daß man das nur tun darf, wenn man solche Einheiten auch
floristisch kennzeichen kann. Unsere europäische Übersichtstabelle der
Thero-Chenopodietea, die so groß ist, daß ich sie nicht reproduzieren konnte, zeigt eindeutig, daß man die Eragrostidetalia
nur in Form einer Ordnung den Polygono-Chenopodietalia und
den Sisymbrietalia gegenüberstellen kann.

S. Pignatti:

Ist es notwendig, die neue Ordnung Linetalia zu nennen? Gibt es auch
ein *Linum* als Unkraut, oder ist es nur die angebaute Art? Vielleicht
wäre es besser ein Unkraut in den Namen hineinzuziehen. Es könnte ja
möglich sein, daß diese Assoziationen auch in anderen kultivierten Arten
auftreten.

J. Tüxen:
Diesen Hinweis erkenne ich gerne an.

E.-W. Raabe:
Die vorgetragene Übersicht zeigt eine auffällige Gegensätzlichkeit
zwischen Halmfrucht- und Hackfrucht-Gesellschaften, die hier sehr klar
getrennt nebeneinander stehen. Das ist sicherlich in vielen mitteleuropäischen Gegenden deutlich zu beobachten. In nördlichen Gebieten
Europas, angefangen mit Schleswig-Holstein etwa, können wir eine so
klare Absetzbarkeit dieser Gruppen nicht mehr beobachten. Nicht nur
auf Grund fehlender, weniger regelmäßiger Charakterarten, sondern vor
allem durch statistisch-mathematische Berechnungen ergibt sich daß
die Affinität von Hackfrucht-Gesellschaften auf Lehmböden zu den entsprechenden Halmfrucht-Wintergetreide-Gesellschaften auf denselben

Lehmböden fast 100% beträgt. Sie entsprechen sich also in ihrer Artenzusammensetzung. Die Parallele dazu sehen wir genauso auf den sandigen Böden. Dort stimmen Sandboden-Gesellschaften der Hackfrüchte fast hundertprozentig in der gesamten Artenzusammensetzung mit den entsprechenden Gesellschaften des Wintergetreides überein. Das können natürlich lokale Zufälligkeiten sein. Es ist aber vielleicht anzuregen, daß man diese Affinitätsbetrachtung in die Bewertung einzelner systematischer Einheiten einbeziehen sollte, um auf diese Weise neben der reinen Charakterartenkombination auch die gesamte Kombination der einzelnen Vegetationstypen zu berücksichtigen. Denn ein Vegetationstyp ist mehr als lediglich durch das Vorhandensein von Charakterarten verschiedener Grade, durch die gesamte Artenkombination überhaupt charakterisiert. Wenn die gesamte Artenkombination bisher sehr weit getrennten Vegetationseinheiten fast übereinstimmt, so wäre zu überlegen, ob man dann nicht doch eine etwas engere Synthese auch in einem systematischen Aufbau erreichen sollte, als das hier der Fall ist.

D. Rodi:

Im süddeutschen Raum bin ich auf ähnliche Probleme gestoßen, wie sie Prof. Raabe genannt hat. Ich habe dort vor allem auf die Bodentypen besonderen Wert gelegt und verglichen, wie sich die Halmfrucht- und die Hackfrucht-Gesellschaften auf den gleichen Bodentypen verhalten. Ich habe eine sehr weite Spanne Bodentypen, von den Kalk-Braunerden über die Braunerden auf Lehm- und Sandunterlage und bemerkt, daß hier die Kennzeichnung der Gesamtartenkombination in bezug auf die Böden wesentlich stärker sichtbar wird, als in bezug auf die Art der Bewirtschaftung. Es war schwierig hier die einzelnen Parallelisierungen vorzunehmen. Ich habe deshalb mehr Wert gelegt auf eine Kennzeichnung vom Boden her.

Nun ist ein weiteres Problem dadurch gegeben, daß ein jährlicher Fruchtwechsel stattfindet und sich dadurch natürlich ein Gleichgewicht eingestellt hat, das aber immer gestört worden ist. Ich könnte mir auch vorstellen, daß im Mediterrangebiet, wo die Optimum-Bedingungen für diese Gesellschaften gegeben sind, die Unterschiede wesentlich größer sind, weil in den nördlichen Gebieten viele Kennarten gerade der Hackfrucht-Unkräuter ihre Grenze haben.

E. Oberdorfer:

Da ich mich mit angeklagt fühle, darf ich die Auffassung von Herrn Pignatti unterstützen, daß wir die Gesellschaften vom Optimum her betrachten müssen. Tatsächlich trennen sich im Optimum dieser Gebiete die Chenopodietea, die auch eine ganz andere Herkunft haben, von den Secalinetea sehr scharf. In unserem mitteleuropäischen Raum ist die Vermengung ausschließlich eine Folge der Rotation des Fruchtwechsels. In den Secalinetea-Gesellschaften haben hier die Chenopodietea-Arten immer einen herabgesetzten Vitalitätsgrad.

H. Ellenberg:

Man sollte in Zukunft „Secalinetea" nicht als „Getreideunkraut-

Gesellschaften" und „Thero-Chenopodieten" nicht als „Hackfruchtunkraut-Gesellschaften" bezeichnen, sondern auch auf Deutsch einen floristischen Namen gebrauchen. Dann wird manche Verwirrung vermieden.

J. Tüxen:

Der Haupteinwand, der schon der Trennung der Stellarietea in Centauretalia und in Chenopodiatalia seit 1950 entgegen gehalten wurde, ist immer wieder der, den Herr Prof. RAABE und Herr Dr. RODI eben vorgetragen haben. Ich habe auch nicht verschwiegen, daß eine Trennung floristisch gesehen im größeren Teile des Areals beider Klassen unmöglich ist, eben durch die Rotation. Vielleicht darf ich noch einmal darauf hinweisen, daß es geographisch gesehen, sowohl große Gebiete in Europa, zu denen nicht nur der Süden, sondern ebenso der Norden gehört, als auf der anderen Seite auch systematische Einheiten hohen Ranges gibt, in denen eine solche Zusammenfassung dieser Einheiten floristisch gar nicht vorhanden ist. Wenn man auf Grund dieser floristischen Übereinstimmungen eine Vereinigung beider neuen Klassen wieder in die alte Klasse der Stellarietea in Erwägung zieht, würde stark schematisiert folgendes Tabellenbild herauskommen: Chenopodietalia und Centauretalia. Wirklich brauchbare Klassencharakterarten könnten zwar hier gefunden werden, die sich aber doch sehr stark aus übergreifenden Arten rekrutieren würden, wie etwa *Chenopodium album*, das auf der einen Seite meterhoch wächst und auf der anderen Seite zollhoch. Aber einige wenige Arten wären doch brauchbar. Das sind *Vicia hirsuta* und *Polygonum convolvulus*. Ich haben den Eindruck gewonnen, daß bei der Abgrenzung oder Umgrenzung der Klassen, außer der letzten Endes allein ausschlaggebenden floristischen Bezeichnung durch Klassencharakterarten aber auch ein prinzipielles Moment eine Rolle spielt. Damit meine ich eben die Berücksichtigung der Tatsache, daß, wenn auch auf das ganze Areal gesehen, kleinräumigere Einheiten vorkommen, die mit den übrigen durch Rotation vermengten Einheiten nicht kombiniert werden können.

HALMFRUCHT-GESELLSCHAFTEN
IN GRIECHENLAND

von

K. WALTHER, Stolzenau/Weser

In der mediterranen Region Griechenlands stehen bereits Ende März die Unkrautgesellschaften in den Halmfruchtäckern in voller Blüte. Ihre Aspekte leuchten in den Weizen- (*Triticum aestivum* L., seltener *T. durum* Desf. und *T. turgidum* L.) und Gersten- (*Hordeum distichon* L.) Feldern, die auf meist altem Kulturland im Bereich immergrüner Hartlaubwälder (Quercetea ilicis) angelegt sind. Umgeben werden die Äcker von Therophyten-Weiden, Ölbaumpflanzungen, mediterranen Trockenrasen und Zwergstrauchheiden. Diese Nachbargesellschaften sind nirgends geschlossen und unterscheiden sich in ihren Lebensbedingungen viel weniger von den Ackerunkrautgesellschaften als die dichtrasigen Wiesen und Weiden, die in Mitteleuropa die Felder begrenzen. Es wird daher verständlich, daß die mediterranen Halmfruchtäcker eine hohe Zahl von Arten aus den Kontaktgesellschaften beherbergen, die, soweit es sich um eumediterrane Sippen handelt, als Differentialarten des Secalinion mediterraneum gegen Caucalion und Aphanion benutzt werden können.

Eine andere Eigentümlichkeit der untersuchten Felder ist die hohe Frequenz mitteleuropäischer Chenopodietea-Arten, die im Frühjahr in Blüte stehen und bei weitem nicht so häufig in den mediterranen Hackfruchtäckern auftreten, so z.B. *Lamium amplexicaule* L., *Senecio vulgaris* L., *Fumaria officinalis* L. und *Chrysanthemum segetum* L.

Einige Secalinetalia-Arten bilden auffallende Aspekte, wie *Papaver rhoeas* L. in verschiedenen Varietäten (var. *rhoeas*, var. *caudatifolium* (Timb.) Fedde, var. *scabiosaefolium* Beck), *Sinapis arvensis* L. und *Lathyrus aphaca* L.

Das Secalinion mediterraneum ist in Griechenland gekennzeichnet durch folgende frequente Arten: *Neslia apiculata* F., M. et Avé-Lall., *Coronilla scorpioides* (L.) Koch, *Hypecoum imberbe* Sibth. et Sm., *Bifora testiculata* (L.) DC., *Lathyrus sativus* L., *Lathyrus cicera* L., *Lolium temulentum* L., *Papaver strigosum* (Boenn.) Schur und *Roemeria hybrida* (L.) DC.

Meine Vegetationsaufnahmen vom März und April 1960 lassen sich in mehrere Gesellschaften einordnen, die auf verschiedener Bodenunterlage wachsen. So findet sich im Schwemmland der Flüsse im Wuchsgebiet des Auenwaldes eine Gesellschaft von Matricaria chamomilla und Alopecurus myosuroides vom Norden bis zum Süden Griechenlands. Auf dem tiefgründigen Boden des tertiären Hügellands im

Norden der Kassandra wächst die Vicia narbonensis-Bunium ferulaceum-Gesellschaft. Weiter im Süden der Halbinsel kommt auf lehmig-sandigem Boden im Bereich des *Pinus brutia*-Waldes die Anchusa stylosa-Legousia falcata-Gesellschaft vor. Im Süden Griechenlands dagegen tragen die Halmfruchtäcker die Geranium tuberosum-Centaurea pinardi-Gesellschaft auf den lehmigen Böden der unteren Berghänge, während die mehr sandigen Flächen von der Cerastium pedunculare-Veronica chaubardi-Gesellschaft eingenommen werden.

SUMMARY

In the mediterranean region of Greece communities of weeds in fields of corn and barley were studied. They belong to the Secalinion mediterraneum. In the fields were found a great number of species from the surrounding therophyte communities and also very frequent species of the Chenopodietea of Central Europe which occur rarely in the mediterranean Chenopodietea. Four associations could be distinguished.

E.-W. Raabe:

Denken wir uns aus dem Mediterrangebiet alle diejenigen Pflanzen fort, die durch den Menschen direkt oder indirekt hineingekommen sind, was bleibt dann noch von dem Bild übrig, das wir im allgemeinen als Mitteleuropäer als mediterran haben? Das ist nicht sehr viel. Die Äcker werden dort ganz extensiv gepflegt.

In der Ost-Mediterraneis können wir Äckern begegnen, auf denen 2 dz Weizen pro ha geerntet werden. Unser Sönke-Nissen-Koog in Schleswig-Holstein trägt 85–90 dz/ha Weizen. Entsprechend verhält sich in reziproker Weise der Unkrautbesatz. Eine dichte Unkrautflora, wie sie aus den Aufnahmen von Herrn Walther wunderschön hervorgeht, bedeckt diese Flächen. Als Mittel- und Nordeuropäer sind wir aber nur zu leicht geneigt, aus einem Besuch, bei dem wir Aufnahmen machen, Arten als feste Charakterarten in bestimmte Ordnungen, Verbände usw. hineinzubringen, nachdem sie sich für unser System als brauchbar erwiesen haben. Man wird die mediterranen Gebiete, die bisher nicht intensiv untersucht worden sind, hinsichtlich der Vegetationsverhältnisse mit großer Vorsicht betrachten müssen, wenn wir einzelne Arten in ganz bestimmte Ordnungen des Vegetationssystems einordnen wollen.

Ich weiß nicht, wie weit das für die Arten gilt, die Herr Walther als Verbands-Charakterarten ausgeschieden hat. Das mag in diesem griechischen Raum ohne Zweifel zutreffen, ich kenne ihn nicht. Im Westen Siziliens, Italiens oder auch weiter im Osten, in Anatolien trifft es nicht mehr zu. Eine Art wie *Anchusa italica* etwa geht weit über diese Ordnung hinaus. Es ist möglich, daß sie hier ihr Optimum hat, dasselbe gilt für weitere, *Hypecoum grandiflorum* etwa, die auf die Schotterfelder und weit hinaus als Wegrandbegleiter in den verschiedensten mehr oder weniger ruderalen Gesellschaften vorkommt. Das möchte zur Vorsicht mahnen, zu schnell Arten, die man lokal als bezeichnend für einen Typ gefunden

hat, allgemein dann schon einzustufen als Verbandscharakterart und
dergleichen. Solange die Treue nicht in größerem Rahmen geklärt ist, wird
man vorsichtig sein müssen mit einer Zuordnung. Es könnte sein, daß die
gesamten Verbandscharakterarten ausfielen.

K. Walther:

Wir gewinnen unsere Verbands- und Klassenkennarten durch den Vergleich. Zum Vergleich herangezogen sind die uns bekannten Tabellen von
Oberdorfer, Pignatti, Braun-Blanquet, de Bolòs. Dabei hat sich
herausgestellt, daß eine Gruppe von Arten nicht im Caucalion vorkommt, sie bleibt daher für den Verband des Secalinion mediterraneum übrig. Ob der in dieser Form bestehen bleiben kann, ist eine
andere Frage; aber der derzeitige Vergleich ergibt diese Zusammenstel-
lung.

E.-W. Raabe:

Ich will nicht anzweifeln, daß die Arten nur in diesem Verband innerhalb
dieser beiden untersuchten Verbände vorkommen. Aber *Anchusa italica*
und *Hypecoum grandiflorum* gehen außerhalb dieser beiden Verbände in
viele andere Vegetationseinheiten sehr weit hinein. Eine Parallele, was
wir eben schon von Frl. Poli gehört haben mit *Oxalis cernua*. Sie hat
sicher ein Optimum in diesen Orangen-Hainen, aber sie geht viel weiter
darüber hinaus, und ebenso diese beiden Arten, die ich hier genannt habe.
Man könnte sie dann natürlich trotzdem systematisch verwerten, indem
man einfach statt Verbandskennart Verbandsdifferentialart sagen würde.

R. Tüxen:

Ich stimme ganz zu. Wir sollten Vorsicht üben. Aber vor allem gegen uns
selbst. Wir kennen das mediterrane Gebiet viel schlechter als die Autoren,
die in diesem Gebiet ein ganzes Leben lang gearbeitet haben. Diese müssen wir fragen. Die Kenner, die hier unter uns sind, haben ja diese Verbände aufgestellt. Verlassen wir uns auf sie und ihre statistischen Vergleiche. Wenn wir gelegentlich die eine oder andere dieser Arten außerhalb ihrer Verbände sehen, so müssen wir sie eben als Differentialarten
auffassen. Aber seien wir vorsichtig von Kiel oder Stolzenau aus ein Urteil über das Mediterrangebiet zu geben.

S. Pignatti:

Ich möchte nur sagen, daß es viele Deutsche gibt, die die mediterrane
Flora und Vegetation viel besser kennen als die Einheimischen selbst.

K. Walther:

Das Optimum von *Hypecoum* liegt sicher in den Äckern.

ERGEBNISSE VON DAUERUNTERSUCHUNGEN IN NORDWESTDEUTSCHEN ACKER-UNKRAUTGESELLSCHAFTEN

von

K L A U S M E I S E L, Stolzenau

Nach einem Tiefpunkt in der landwirtschaftlichen Produktion in den Jahren 1946 und 1947 haben nach der Währungsreform (1948) in der Bundesrepublik eine Intensivierung des Landbaues und ein Anstieg in der Erzeugung von Agrarprodukten eingesetzt, die alle vorherigen Perioden ganz erheblich übertroffen haben. Durch ständig steigende Düngung, verbesserte Fruchtwechsel sowie Saatpflege und starke Anwendung chemischer Mittel wird eine weitere Steigerung der Feldfruchterträge und die weitestgehende Vernichtung der Ackerunkräuter angestrebt. Es ist daher verständlich, wenn von Seiten der Landwirtschaft der Aussagewert der Acker-Unkrautgesellschaften mit dem Hinweis bezweifelt wird, daß ja die Unkräuter alle vernichtet werden und dadurch die Pflanzensoziologie ihres Meßinstrumentes beraubt würde.

Eine der Aufgaben der Ackerunkraut-Soziologie war es daher, den Einfluß der Intensivierungsmaßnahmen auf die Zusammensetzung der Acker-Unkrautgesellschaften zu untersuchen und zu prüfen, ob und in welchem Umfange die Acker-Unkrautgesellschaften weiterhin als Indikatoren für die Gesamtwirkung der Standortsfaktoren auf die Feldfrüchte dienen können.

Um den Einfluß der Intensivierung auf die Zusammensetzung der Acker-Unkrautgesellschaften zu ermitteln, haben wir auf über 200 Äckern, die im west- und nordwestdeutschen Flachland liegen, in mehreren aufeinanderfolgenden Jahren an der gleichen Stelle die Unkrautbestände aufgenommen. Dabei sind besonders die Stolzenauer Probeflächen aufschlußreich, die bereits seit 1945 beobachtet werden. Infolge der Verteilung der Dauerflächen auf Sand- und Lehmböden wurden dabei die wichtigsten im nordwestdeutschen Tiefland vorkommenden Unkrautgesellschaften erfaßt.

Durch die alljährliche Aufnahme der Unkrautgesellschaften an der gleichen Stelle unter verschiedenen Deckfrüchten konnten wir zunächst feststellen, welche Unkrautgesellschaften der Winter- und Sommerfrüchte sich im Zyklus der Fruchtfolge ablösen (Abb. 1).

Diese Kenntnis der sich zyklisch ablösenden Gesellschaften der Winter- und Sommerfrüchte ermöglicht es, aus einer Vegetationskarte, in welcher der durch die Deckfrucht bedingte Gesellschaftswechsel erfaßt ist, für die Wirtschaft eine leichter lesbare, vom Fruchtwechsel unabhängige „Wuchsgebietskarte der Acker-Unkrautgesellschaften" abzuleiten. Darin sehen wir einen Weg, für die Praxis die durch Fruchtwechsel bedingten

Schwierigkeiten bei der systematischen Zuordnung der Unkrautbestände zu umgehen.

Für die Gliederung der Wuchsgebiete der Acker-Unkrautgesellschaften steht uns im west- und nordwestdeutschen Flachland heute noch eine Gesamtartenzahl von 150 Arten zur Verfügung, die sich auf die einzelnen

Unkrautgesellschaften der Winterfrüchte

Unkrautgesellschaften der Sommerfrüchte	Oxalido-Chenopodietum	Aphano-Matricarietum, Subass.-Gruppe v.Alopecurus myosuroides, Typ.Subass., Typ.Var.	Aphano-Matricarietum, Subass.-Gruppe v.Alopecurus myosuroides, Typ.Subass., Var.v.Veronica hederifolia	Aphano-Matricarietum, Typ.Subass.-Gruppe, Typ.Subass., Typ.Var.	Aphano-Matricarietum, Typ.Subass.-Gruppe, Var.v.Veronica hederifolia	Aphano-Matricarietum, Typ.Subass.-Gruppe, Subass.v.Scleranthus annuus, Typ.Var.	Aphano-Matricarietum, Typ.Subass.-Gruppe, Subass.v.Scleranthus annuus, Var.v.Veronica hederifolia	Aperetalia spica-venti	Teesdalio-Arnoseretum	Setario-Arnoseretum
Oxalido-Chenopodietum	✗									
Veronico-Fumarietum, Subass.v.Alopecurus myosuroides		✗	✗							
Veronico-Fumarietum, Typ.Subass.				✗	✗					
Veronico-Fumarietum, Subass.v.Spergula arvensis					✗	✗				
Spergula arvensis-Chrysanthemum segetum-Ass., Typ.Subass.						✗	✗			
Spergula arvensis-Chrysanthemum segetum-Ass., Subass.v.Scleranthus annuus							✗	✗		
Chenopodietalia albi								✗	✗	
Panicum crus-galli-Spergula arvensis-Ass.									✗	✗
Digitarietum ischaemi										✗

Abb. 1. Übersicht der sich gegenseitig ersetzenden wichtigsten Sommer- und Winterfrucht-Unkrautgesellschaften in Nordwestdeutschland.

Wuchsgebiete, welche wir nach den Hackfruchtgesellschaften bezeichnen, wie folgt verteilen:

Wuchsgebiet des

Oxalido-Chenopodietum	77 Arten
Veronico-Fumarietum, Subass. v. Alopecurus myosuroides	105 ,,
Veronico-Fumarietum, Typ. Subass.	51 ,,
Spergula arvensis – Chrysanthemum segetum – Ass.	71 ,,
Panicum crus-galli- u. Digitaria ischaemum – Ass.	85 ,,

Mit zunehmender Bewirtschaftungsintensität und durch Anwendung von Wuchsstoffen verarmen die Artenzahlen der Einzelbestände und somit auch die der einzelnen Wuchsgebiete immer mehr.

So betrug in den Jahren 1945 und 1946 auf unseren Probeflächen bei Stolzenau die mittlere Artenzahl der Typischen Subass. – Gruppe des Aphano – Matricarietum noch 30 Arten, während 1960 auf den gleichen Stellen im Mittel für diese Gesellschaft nur noch 17 Arten gefunden wurden. Innerhalb von 15 Jahren verarmte der Artenbestand somit um fast 50%. Ebenso stark wurde auch die Unkrautbedeckung zurückgedrängt, die 1945 im Mittel noch 50% betrug, während 1960 die Unkräuter nur noch einen mittleren Deckungsanteil von 5–8% hatten. Diese Abnahme des Deckungsgrades, sowohl bei den einzelnen Arten als auch beim Gesamtbesatz, hat zur Folge, daß wir heute unsere Aufnahmeflächen wesentlich größer wählen müssen. Wenn früher 50 m² als Aufnahmefläche ausreichten, sind heute 500–1000 m² und lokal auch noch mehr nötig. Außerdem kommt auch einem geringeren Deckungsgrad diagnostisch wichtiger Differentialarten heute eine größere Bedeutung zu.

Sehr intensiv bewirtschaftete Felder haben in Einzelfällen jedoch einen so artenarmen Unkrautbestand, daß ohne Berücksichtigung der Kontaktgesellschaften eine pflanzensoziologische Auswertung nicht mehr möglich ist. Nach unseren Beobachtungen in Nordwestdeutschland auf Lehm- und Lößböden können besonders Zuckerrüben-Äcker, nachdem das Rübenblatt den Boden fast völlig beschattet hat, Spätkartoffelbestände und Weizenfelder recht artenaim sein. Aber selbst in Gebieten intensivster Nutzung beträgt der Anteil an vollkommen unkrautfreien Äckern höchstens 5–10% der Gesamtackerfläche.

Wie haben sich nun die Artenverbindungen der Acker-Unkrautgesellschaften im Laufe der Jahre geändert?

Wir haben dazu jeweils die Stetigkeiten der Unkräuter unserer Probeflächen aus früheren Jahren mit Aufnahmen jüngeren Datums verglichen und wollen die Ergebnisse der Gegenüberstellung am Beispiel der Stolzenauer Probeflächen aus den Jahren 1945 und 1946 mit denen aus dem Zeitraum von 1957–1960 für die Typische Subass. – Gruppe des Aphano – Matricarietum näher erläutern. Wir wählen das Stolzenauer Beispiel daher, weil wir hier von derselben Probefläche sechs- und siebenmalige Wiederholungsaufnahmen haben. Beim Vergleich der Aufnahmen ergibt sich zunächst, daß sich die Unkräuter nicht alle gleich verhalten. Wenn auch die meisten Unkräuter abgenommen haben, so gibt es auch welche, deren Stetigkeit gegenüber früher gleich geblieben ist oder sogar zugenommen hat. Von einer echten Abnahme wollen wir nur dann sprechen, wenn die Stetigkeit gegenüber früher um mehr als 20% zurückgegangen ist.

Von der Kamillen-Gesellschaft gibt es verschiedene Untereinheiten, wie z.B. eine anspruchsvollere, auf schweren Lehmböden wachsende mit *Euphorbia exigua*, *Delphinium consolida* und *Thlaspi arvense*, eine typische und eine etwas ärmere, sandige Lehmböden bevorzugende mit *Papaver argemone*, *Veronica hederifolia*, *Lamium amplexicaule* und *Anthemis arvensis*. Da die Stolzenauer Probeflächen alle im Wesertal liegen, welches früher viel häufiger überflutet wurde als heute, war es

1945/46 sehr gut möglich, mit Hilfe der Unkrautgesellschaften feinste, z.T. durch die verschiedenartigen Hochwasserablagerungen bedingte Bodenunterschiede zu erfassen. Von den genannten Trennarten ist im Laufe der Jahre bei der reicheren Gruppe nur *Delphinium consolida* etwas stärker zurückgegangen, während dagegen das Zurückgehen von *Papaver argemone*, *Veronica hederifolia* und *Lamium amplexicaule*, deren Stetigkeit sich um 30–40% verringerte, recht groß ist. Starken Veränderungen waren auch die folgenden anspruchslosen Trennarten unterworfen: *Scleranthus annuus*, *Spergula arvensis*, *Rumex acetosella*, *Erophila verna* und *Arabidopsis thaliana*, deren Stetigkeit um 20–40% zurückging und die z.T. heute überhaupt nicht mehr vorhanden sind, wie z.B. *Erophila*. Von den Kennarten des A p h a n o - M a t r i c a r i e t u m hat *Matricaria chamomilla* etwas zugenommen, während *Aphanes arvensis* zurückgegangen ist, und bei den Ordnungs- und Klassen-Kennarten der Gesellschaft sind am stärksten *Raphanus raphanistrum*, *Vicia tetrasperma* und *V. angustifolia* ausgefallen. Dagegen hat *Apera spica-venti* um 20% zugenommen. Ein sehr starkes Zurückgehen zeigen ferner folgende Begleiter: *Sonchus arvensis*, *Equisetum arvense*, *Achillea millefolium*, *Galium aparine*, *Capsella bursa-pastoris*, *Tripleurospermum inodorum*, *Cirsium arvense*, *Convolvulus arvensis*, *Odontites rubra* und *Myosurus minimus*, deren Stetigkeit heute um 30–60% niedriger ist und die daher z.T. überhaupt nicht mehr zu finden sind, wie z.B. *Myosurus minimus*. Andererseits hat sich *Agropyron repens* vermehrt.

Das Zurückgehen der Arten wurde sowohl durch Düngemittel wie Kalkstickstoff und Kainit, als auch durch Anwendung von Wuchsstoffen oder bei einigen Arten auch durch nachlassende Überflutungen bewirkt. In den Böden unseres Stolzenauer Beobachtungsgebietes wurden im Laufe der Jahre durch hohe Düngergaben und Bewirtschaftungsintensität sowie durch eine großräumigere Bewirtschaftung und durch das Nachlassen der Überflutungen, die früher vorhandenen feineren Bodenunterschiede verwischt. Diese Uniformierung der Wuchsorte spiegelt sich in der Unkraut-Vegetation wieder, so z.B. im Verschwinden des P a p a - v e r e t u m a r g e m o n e – Einschlags in unserem A p h a n o - M a t r i c a - r i e t u m. Hier zeigt sich ein feines Reaktionsvermögen der Unkraut-Vegetation, das beweist, daß selbst eine artenarme Unkrautgesellschaft eine Beurteilung der Äcker ermöglicht.

Für andere wichtige Trennarten des A p h a n o - M a t r i c a r i e t u m und des V e r o n i c o - F u m a r i e t u m dürfen außerdem einige Feststellungen aus anderen Gebieten erwähnt werden. So haben wir bei den Lehmzeigern *Alopecurus myosuroides* und *Atriplex patula* sowie bei den Bodenfeuchtigkeit liebenden Arten *Mentha arvensis*, *Ranunculus repens* und *Stachys palustris* kaum eine Abnahme im Laufe der Jahre feststellen können und nur im Sommer 1959 konnte in einigen Lehmgebieten infolge der großen Trockenheit auch eine Schwächung der Feuchtigkeitszeiger beobachtet werden. Man darf daraus eine große Stabilität der anspruchsvolleren Unkrautgesellschaften auf Lehmböden ableiten.

Dagegen sind die anspruchsloseren Unkrautgesellschaften der Sandböden weniger stabil.

Hauptsächlich sind es bei ihnen die Magerkeitszeiger *Scleranthus an-*

nuus und *Rumex acetosella*, die herausgedüngt werden können. Ebenso werden *Arnoseris minima* und weniger stark *Anthoxanthum puelii*, *Spergula arvensis* und *Erodium cicutarium* beeinflußt. Auf solchen Äckern kann aber bei nachlassender Bewirtschaftungsintensität eine Verarmung auch schnell wieder einsetzen.

Die im Arnoseretum, in der Panicum crus-galli-Spergula arvensis-Ass. und im Digitarietum ischaemi zur Abgrenzung einer eigenen Einheit, der Myosotis-Subass., dienenden Differentialarten *Myosotis arvensis* und *Veronica arvensis* haben sich nach unseren Dauerbeobachtungen als nicht konstant erwiesen. Ihr Fehlen wurde sowohl in einzelnen Jahren an der gleichen Stelle unter der gleichen Frucht sowie unter einer anderen Deckfrucht beobachtet. Ob sie allein durch Bewirtschaftung oder durch die Witterung beeinflußt werden, bedarf noch einer Klärung.

Eindeutig ließ sich dagegen für die Krumenfeuchtigkeit liebenden Differentialarten *Juncus bufonius*, *Plantago intermedia*, *Sagina procumbens*, *Gnaphalium uliginosum* und *Ceratodon purpureus*, die z.T. ihren Schwerpunkt im Nanocyperion haben, eine Abhängigkeit ihres Auftretens von der Witterung feststellen, worauf ELLENBERG bereits hingewiesen hat. So kamen diese Arten in niederschlagsreichen Jahren wie 1956, 1958 und 1960 auf grundwasserfernen Äckern vor, während sie auf denselben Äckern in trockeneren Jahren wie 1952, 1954, 1955 und 1959 fehlten. Wir können daher diese Arten nur in Trockenjahren als gute Grundwasserstufenzeiger im Sinne von R. TÜXEN betrachten, während ihr Zeigerwert für Grundwasser in niederschlagsreichen Jahren nicht mehr erkennbar ist.

Das Verhalten von *Myosotis arvensis* und *Veronica arvensis* sowie der genannten „Krumenfeuchtigkeitszeiger" muß bei der Beurteilung von Ackeruntersuchungen der Sandäcker beachtet werden, wenn Fehlschlüsse vermieden werden sollen.

Trotz zunehmender Bewirtschaftungsintensität und steigender Unkrautbekämpfung war uns in den letzten Jahren selbst in Gebieten intensiven Ackerbaues eine Kartierung der Acker-Unkrautgesellschaften – einschließlich der Fragmentgesellschaften – und eine Standortsbeurteilung mit ihrer Hilfe möglich, wenngleich auch die Untersuchung artenarmer Bestände eine größere Geländeerfahrung bei der ökologischen Ausdeutung der teilweise nur spärlich vorkommenden Arten erfordert und von wenig erfahrenen Hilfskartierern kaum durchgeführt werden kann. Die Annahme, daß die Intensivierung den Aussagewert der Acker-Unkrautgesellschaften ausschalten kann, war bisher jedoch nicht zutreffend.

Bei den Einflüssen der Intensivierung einschließlich der Anwendung chemischer Mittel auf die Unkrautgesellschaften müssen wir unterscheiden zwischen den Schwierigkeiten, die bei der Einordnung dieser assoziations-, verbands- oder gar ordnungskennartenlosen Fragmentgesellschaften ins pflanzensoziologische System von BRAUN-BLANQUET bestehen, und der Möglichkeit, daß durch völlige Vernichtung diagnostisch wichtiger Arten der Aussagewert der Acker-Unkrautgesellschaften für die Wirtschaft in Frage gestellt wird. Fragmentgesellschaften oder das starke Vermischen von Unkräutern der Sommer- und der Winterfrüchte infolge des Fruchtwechsels auf unseren Äckern bereiten m.E. keine

Schwierigkeiten, um an Hand von diagnostisch wichtigen Differentialarten den Boden und einen Teil der Standortsfaktoren zu erkennen. Solange überhaupt noch Unkräuter auf einem Acker zu finden sind, solange
können wir mit Hilfe derselben eine Standortsbeurteilung vornehmen.
Worin liegt nun der Aussagewert der Acker-Unkrautgesellschaften für
die Wirtschaft, der von landwirtschaftlicher Seite oft bestritten
wird?

Heute ist man bestrebt, im großen Rahmen durch Flurbereinigungen
und Meliorationen alle Äcker zu verbessern, die sich noch nicht in einem
dem Optimum nahen Zustand befinden. Bei allen diesen Vorarbeiten
haben die in den letzten Jahren erarbeiteten vegetationskundlichen
Unterlagen den planenden Behörden ein wertvolles Hilfsmittel für ihre
Vorarbeiten sein können. Pflanzensoziologische Untersuchungen konnten
schnell ein Bild über die vorhandenen Böden und deren physikalische
Eigenschaften vermitteln, wodurch bodenkundliche Untersuchungen auf
die Klärung spezieller Fragen konzentriert werden konnten. Diesen Einblick in die Dynamik und die Ökologie der Acker-Unkrautgesellschaften
konnten wir nur durch die langjährigen Beobachtungen bei der Kartierung der Unkrautgesellschaften gewinnen. Er zeigt, wie wichtig die
Kartierung auch für die Forschung ist, ja, daß sie selbst mit zur Forschung gehört.

Um zu erfahren, wie sich Düngemittel und Wuchsstoffe auf unsere
Gesellschaften auswirken können, haben wir nach Literaturangaben versucht, einen Überblick über ihre Wirksamkeit auf die Assoziations- und
Verbandskennarten sowie die diagnostisch wichtigen Differentialarten zu
erhalten, den wir kurz mitteilen dürfen.

Danach ist in den Gesellschaften der Winterfrüchte *Matricaria chamomilla* nur im Keimlingszustand gegen Kalkstickstoff und Kainit empfindlich, gegen Wuchsstoffe jedoch schwach resistent, so daß die Möglichkeiten einer Vernichtung also gering sind. Die flachwurzelnde *Aphanes arvensis* ist dagegen bis zum 8-Blatt-Stadium, *Veronica hederifolia* aber nur
bis zum 4-Blatt-Stadium empfindlich; letztere aber gegen Wuchsstoffe
resistent, so daß zunächst nur bei *Aphanes arvensis* mit einer starken
Vernichtung zu rechnen ist.

Anthoxanthum puelii ist nur im frühesten Keimlingsstadium mit
Düngemitteln zu bekämpfen, während es wie die meisten Gramineen
gegen Wuchsstoffe resistent ist. Die Möglichkeiten einer restlosen Vernichtung sind also kaum gegeben. Über die anderen Kennarten des A r-
n o s e r e t u m liegen keine Angaben vor. Zumindest muß aber mit einer
Abnahme von *Arnoseris* und *Galeopsis ochroleuca* gerechnet werden. Bemerkenswert ist, daß z.B. Arten der Kalkäcker, wie *Caucalis lappula* und
Scandix pecten-veneris, nur sehr schwer mit Düngemitteln zu bekämpfen
sind.

Bei den Sommerfruchtgesellschaften ist *Chenopodium polyspermum*
gegen Wuchsstoffe sehr empfindlich, doch finden sich für die Wuchsorte
des O x a l i d o - C h e n o p o d i e t u m zumindest lokal genügend Trennarten zur Abgrenzung gegen die anderen Assoziationen.

Von den Kennarten des V e r o n i c o - F u m a r i e t u m ist *Fumaria officinalis* nur im Keimlingsstadium durch Kalkstickstoff oder Kainit zu ver-

nichten, während die gleichen Mittel bei *Veronica agrestis* nur mäßig wirksam sind.

Von den Verbandskennarten des Eupolygono-Chenopodion läßt sich für *Lamium purpureum, Geranium dissectum, Sinapis arvensis* und *Thlaspi arvense* eine wirksame Bekämpfung durch Düngemittel auch noch bei älteren Entwicklungsstadien nachweisen, ebenso ein schädigender Einfluß der Wuchsstoffe. Vielleicht liegt hier die Erklärung für das gebietsweise geringere Vorkommen dieser Arten in den Gesellschaften des Eupolygono-Chenopodion. Für die Assoziations- und Verbandskennarten des Spergulo-Erodion habe ich nur Beispiele für eine wirksame Bekämpfung durch Düngemittel und Wirkstoffe für *Chrysanthemum segetum* und *Spergula arvensis* gefunden, während *Panicum crus-galli* und *Digitaria ischaemum* kaum einer Beeinflussung unterliegen.

Der Erfolg bei der Bekämpfung anspruchsloser Trennarten, wie *Scleranthus annuus* und *Spergula arvensis*, wurde bereits mehrfach erwähnt, während die anspruchsvolleren Lehmzeiger *Alopecurus myosuroides* und *Atriplex patula* sowie die Bodenfeuchtigkeit liebenden Arten *Mentha arvensis, Stachys palustris* und *Ranunculus repens* durch Dünger und Wuchsstoffe kaum beeinflußt werden.

Unsere Untersuchungen haben gezeigt, daß die Artenverarmung in den Unkrautgesellschaften für die Standortsbeurteilung bisher keine schwerwiegenden Folgen hatte. Von viel größerer Bedeutung ist sie jedoch für pflanzensoziologisch-systematische Arbeiten, bei denen vollständige pflanzensoziologische Aufnahmen erforderlich sind. Hier sollte die Tatsache einer Artenverarmung der Acker-Unkrautgesellschaften Anlaß dafür sein, so lange es noch möglich ist, aus allen bisher noch nicht so intensiv genutzten Gebieten ausreichendes Material zu sammeln.

ZUSAMMENFASSUNG

Durch die Aufnahme von über 200 Daueruntersuchungsflächen auf Äckern in verschiedenen Jahren unter verschiedenen Deckfrüchten wurde festgestellt, welche Unkrautgesellschaften der Winter- und Sommerfrüchte sich im Zyklus der Fruchtfolge im nordwestdeutschen Flachland ablösen. Dadurch ist es möglich, aus einer Vegetationskarte, welche die von den jeweiligen Deckfrüchten abhängigen Unkrautgesellschaften enthält, eine vom Fruchtwechsel unabhängige „Wuchsgebietskarte der Acker-Unkrautgesellschaften" abzuleiten. An Beispielen wird weiter dargelegt, wie die Unkrautvegetation der Äcker infolge der Bewirtschaftungsintensität sowie der Anwendung von Unkrautbekämpfungsmitteln ververarmt und welche Folgen sich daraus für die Ackerunkrautsoziologie ergeben.

SUMMARY

Permanent quadrats placed in cultivated areas in northwest Germany were kept under observation for some years. In this way it has been possible to show which weed communities in rootcrop cultivation areas are replaced by those of cereal crops in the rotation. Examples are given

of the effects of fertilizers and weed control methods in reducing the
number of weed species. Despite this almost universal reduction of species
number in weed communities it is still possible to use them as indicators
of soil fertility.

LITERATUR

Ellenberg, H. u. Snoy, M.-L.: Physiologisches und ökologisches Verhalten
von Ackerunkräutern gegenüber der Bodenfeuchtigkeit. – Mitt. Staatsinst.
allg. Bot. Hamburg **11**. Hamburg 1957.
Habel, W.: Über die Wirkungsweise der Eggen gegen Samenunkräuter sowie
deren Empfindlichkeit gegen den Eggvorgang. – Z. Acker- u. Pflanzenbau
104 (1). Berlin u. Hamburg 1957.
Hirdina, F.: Beitrag zur Biologie und Bekämpfung des Klettenlabkrautes. –
Z. Acker- u. Pflanzenbau **109** (2). Berlin u. Hamburg 1959.
Linser, H. u. Frohner, W.: Zur Prüfung der Wirksamkeit verschiedener
Herbizide unter vergleichbaren Bedingungen. – Z. Acker- u. Pflanzenbau
98 (3). Berlin u. Hamburg 1954.
Payrebrune, G. Baron de, St. Sève: Möglichkeiten der chemischen Un-
krautbekämpfung im Gemüsebau. – Z. Acker- u. Pflanzenbau **99** (3).
Berlin u. Hamburg 1955.
Petzold, K.: Wirkung des Mähdruschverfahrens auf die Verunkrautung. –
Z. Acker- u. Pflanzenbau **109** (1). Berlin u. Hamburg 1959.
Rademacher, B.: Neuartige Unkrautbekämpfungsmittel auf Wuchs-
stoffgrundlage. – Z. Pflanzenkrankh. u. Pflanzenschutz **55** (1/2). Ludwigs-
burg 1948.
Rademacher, B. u. Flock, A.: Untersuchungen über die Anwendung von
Kalkstickstoff und Feinkainit gegen die Ackerunkräuter der Lehm- und
Sandböden. – Z. Acker- u. Pflanzenbau **94** (1). Berlin 1951.
Repp, G.: Zur Selektivwirkung von 2, 4-D. – Z. Acker- u. Pflanzenbau **107**
(1). Berlin u. Hamburg 1958.
Tüxen, R.: Pflanzengesellschaften und Grundwasser-Ganglinien. – Angew.
Pflanzensoz. **8**. Stolzenau 1954.

V. Westhoff:

Die sehr starke Verarmung der Ackerunkrautgesellschaften bringt die
Schwierigkeit mit sich, sie systematisch zu beurteilen. In den Nieder-
landen haben wir deshalb schon Äcker zu Naturschutzgebieten erklärt.
Diese Äcker werden auch wirklich geschützt, d.h. daß sie primitiv be-
wirtschaftet bleiben, um so Beispiele dieser Ackergesellschaften zum
Studium zu erhalten.

H. Ellenberg:

Wir haben in der Schweiz ähnliche Bestrebungen, Äcker unter Naturschutz zu stellen, ebenso Wiesen, Arrhenathereten, die so selten
geworden sind, daß man kaum noch einen typischen Bestand aufnehmen
kann. Dies ist wirklich ein ernstes Anliegen des Naturschutzes. Man hat
auch etwa 1910 nicht geglaubt, daß die Heide verschwinden könnte. Wie
man jene Leute verlacht hat, die damals die Heide schützen wollten, so
verlacht man jetzt diejenigen, die Ackerunkraut- oder Wiesengesellschaften unter Schutz zu stellen vorschlagen.

H. Merker:

Dr. Meisel begann seine Arbeit 1945/46. Da muß man doch davon ausgehen, daß als Kriegsfolge die Verunkrautung auf den hiesigen Äckern ungemein größer gewesen ist als in normalen Zeiten. Haben Sie irgendeinen Korrekturfaktor Ihrer Beurteilung zugrunde gelegt, oder haben Sie alles genommen, wie es war?

K. Meisel:

Einen Korrekturfaktor habe ich nicht angebracht. Ich habe einfach dieses Material, welches 1945/46 von meiner Frau aufgenommen wurde, den in der Zwischenzeit gewonnenen Ergebnissen gegenübergestellt. Damals war ein 50%iger Unkrautbesatz zu finden.

H. Merker:

Darin liegt ein wesentlicher Unterschied zwischen meinen Untersuchungen und Ihren hier. Denn wir hatten ja eigentlich keine direkte Kriegsfolge in diesem Punkte, denn wir haben auch während des Krieges immer noch unsere Spritzmittel verwenden können. Die Landwirtschaft hat natürlich in gewissem Grade durch die Einziehungen zur schwedischen Wehrmacht gelitten, aber doch lange nicht so wie hier.

Ich habe auf einer Fläche, die für einen Bauplatz aufgelassen, also nicht mehr landwirtschaftlich genutzt wurde, für *Myosurus minimus* 1958 Deckungsgrade bis zu 4 und 5 gefunden. Die Pflanze hat einen Rasen gebildet. Im Jahre 1959 war sie so gut wie verschwunden. Es waren vielleicht drei oder vier Pflanzen pro qm da. Nur ein einziges Jahr hat die Art eine Spitze erreicht. Auch in den Äckern hat sie sich ähnlich verhalten. Das eine Mal explodiert sie, das andere Mal fehlt sie. Ich vermute, daß Witterungsverhältnisse sich bei der Bodenbearbeitung auswirken und dadurch die Keimung, die Existenzbedingungen dieser kleinen Pflanze beeinflussen. Ein ähnliches Verhalten haben wir ja bei manchen anderen Pflanzen auch feststellen können. Wir können z.B. in einem Jahr eine ganz starke Entwicklung von *Sinapis arvensis* oder von *Apera spica venti* haben, während sie im nächsten Jahre viel geringer sind.

Sind alle Ihre Fixpunkte überflutet, oder nur einige?

K. Meisel:

Das richtet sich jeweils nach der Höhe des Hochwassers. Es gibt einige Flächen, die jährlich und einige, die nie überflutet worden sind.

H. Merker:

Das kenne ich in meinem Gebiet überhaupt nicht. Es kann bei uns vorkommen, daß von manchen Moränenhängen Sand abgespült wird, und dann ist in der Wanne eine ganz andere Vegetation zu finden. Dieser dynamische Faktor ist wohl sehr hoch zu bewerten, da gewisse Unkrautsamen aus- und andere zugespült werden können.

R. Tüxen:

Unsere Grundaufgabe hier in Stolzenau ist, die systematischen Verhältnisse und Beziehungen zwischen den einzelnen Gesellschaften in erster Linie für unser Gebiet zu klären. Wir sind also zuerst einmal Systematiker. Als solche haben wir heute ganz bedeutende und wertvolle Anregungen gehört. Wir haben gesehen, wie vielseitig dieses Problem der anthropogenen Ackervegetation ist. Als Systematiker bin ich besonders darüber befriedigt, daß trotz der von Allen erkannten und behandelten Fragmentierungs-Erscheinungen in unserer Ackervegetation doch keine unüberwindlichen Schwierigkeiten bestehen, die Systematik der Ackerunkrautgesellschaften auch weiterhin durchzuführen und mit diesen Gesellschaften zu arbeiten. Durch den Begriff „Fragment-Gesellschaften" von Herrn BRUN haben wir eine Schwierigkeit in der Systematik überwinden können.

Wir hören von Herrn MEISEL und auch von anderer Seite, daß man mit den Pflanzengesellschaften unserer Äcker auch ökologisch arbeiten könne. Ich meine ökologisch diagnostizieren, daß also das „Meßinstrument" unserer Ackerunkrautgesellschaften noch nicht so abgestumpft ist, daß seine ökologische Auswertung als diagnostisches Hilfsmittel an Hand der Vegetationskarten unbrauchbar geworden wäre. Ich spreche nicht von den Schwierigkeiten, die sich in Gebieten ergeben, die wir noch nicht genügend kennen, oder die bei Autoren auftreten, welche die Tabellentechnik und -methodik nicht genügend beherrschen. Diese Schwierigkeiten sehe ich nicht als ernst an für die Weiterverfolgung und Weiterentwicklung der Ackerunkrautgesellschafts-Systematik. Es ist mir eine Arbeit bekannt aus einem an sich gut untersuchten Gebiet, in welcher der Autor zu dem Ergebnis kam, daß etwa 80% der Bestände keine Charakterarten hätten. Wir haben diese Aufnahmen selbst zu Tabellen zusammengestellt, und sie paßten bis auf etwa 20%, – das waren die Fragment-Gesellschaften, – genau in das bestehende System. Der junge Mann hatte sich etwas getäuscht, weil er die Technik der Tabellenherstellung nicht ganz beherrschte.

Nun aber verfolge ich seit langen Jahren mit Respekt die Schriften von Prof. FRIEDERICHS und bemühe mich, soweit ich sie verstehen kann, die allgemeinen philosophischen Erkenntnisse des Ökologen auf unsere Systematik anzuwenden. Ich habe vor längeren Jahren einen trostreichen Satz bei Herrn Prof. FRIEDERICHS gelesen, der etwa so hieß: Die Pflanzensoziologen bemühen sich, ein System zu machen, das können sie ja ruhig tun. Nun aber haben wir heute morgen gehört, daß Sie die Ackerbiozönosen nicht als echte Lebensgemeinschaften betrachten.

K. FRIEDERICHS:

Das natürliche Vorkommen der Unkräuter ist ohne Zweifel eine Lebensgemeinschaft. Die Rüben dagegen bilden mit den Unkräutern keine Lebensgemeinschaft. Sie sind Fremdkörper.

R. TÜXEN:

Ich wäre dankbar, wenn Herr Prof. FRIEDERICHS, nachdem er jetzt zweimal bei unseren Symposien einen intensiven Einblick in unsere pflanzensoziologischen Bemühungen hat gewinnen können, von seinem Gesamtüberblick her zu unseren systematischen Bemühungen Stellung nehmen wollte. Bis dahin meine ich, daß wir keine Gründe haben, unsere systematischen Untersuchungen weder wegen der Ausrottung der Unkräuter oder wegen der Abstumpfung des ökologischen Meßinstrumentes, noch wegen der allgemeinen Betrachtungen von der Ökologie her einzustellen, sondern wir sollten weiter versuchen, die noch bestehenden Auffassungsunterschiede im einzelnen – es geht nur um das Einzelne – zu beseitigen. Dann werden wir in absehbarer Zeit zu einer einheitlichen systematischen Auffassung, wenigstens für Mittel- und Westeuropa, kommen, und wenn die Arbeiten im Süden sich so weiter entwickeln wie jetzt in Spanien, in Italien und in Griechenland, dann auch für das Mediterrangebiet. Ich sehe daher gerade nach den letzten Tagen keinen Grund mehr, von einer ,,Krise der Charakterlehre'' zu sprechen, zu der sich u.a. Herr Kriso (1958) und neuerdings auch Herr Krisai (1960) geäußert haben.

Eine gewisse Schwierigkeit ist tatsächlich entstanden, weil wir Älteren nicht immer konservativ genug gewesen sind und zu oft unsere Ansichten geändert haben und weil auch einige Jüngere zu schnell glaubten, einen Überblick zu haben über ein Gebiet, das sie noch nicht genug übersehen konnten. Darum ist so viel geäußert und so mancherlei geändert worden, daß der Chor derjenigen, die hier mitsingen, nicht immer ganz harmonisch geklungen hat. Wir bemühen uns, diese Harmonie wieder herzustellen, und wohl jeder von uns muß etwas Disziplin üben, damit wir zu einer einheitlichen Auffassung kommen, die durch anthropogene Einflüsse auf die Ackerunkraut-, Grünland- und Forstgesellschaften, die durch die Abstumpfung unserer systematischen Einheit als ökologisches Meßinstrument und wohl auch von Seiten der Ökologie nicht gestört werden wird.

A. Stählin:

Ich spreche als Landwirt. Ich muß sagen, daß ich die Kulturpflanze mit den Unkräutern als Einheit sehen möchte. Zwar gebe ich zu, daß wir den Boden, der an und für sich eine andere Vegetation als unsere Nutzpflanzen tragen würde, dazu zwingen, unsere Nutzpflanzen zu tragen. Ebenso paßt die Nutzpflanze nicht zu dem Boden, der durch das Klima geformt ist. Aber *Linum usitatissimum* z.B. bestimmt seine Unkrautgesellschaft. Es gehört also ganz bestimmt mit in dieses System hinein. Das ist aber bei jeder unserer Nutzpflanzen der Fall.

K. Friederichs:

Wenn mein Vorredner und ich scheinbar verschiedener Meinung sind über das Verhältnis der Kulturpflanze zur Lebensgemeinschaft, so liegt das daran, daß man unterscheiden muß zwischen dem abstrakten Zustand Lebensgemeinschaft und der konkreten Lebensgemeinschaft. Das Wesen der Lebensgemeinschaft besteht im biozönotischen Konnex. Die Kulturpflanze steht mit dem Unkraut in einem solchen biozönotischen Konnex. Insofern gehören sie zusammen. Aber unter einer konkreten Lebensgemeinschaft verstehen wir etwas anderes als unter dem abstrakten Begriff der Lebensgemeinschaft. Es ist derselbe Unterschied wie zwischen Leben und einer lebendigen Person. In die Definition der abstrakten Lebensgemeinschaft paßt die Kulturpflanze nicht hinein. Die Logik zwingt dazu, sie auszuschließen.

Und wenn ich noch etwas über die Soziologie sagen soll, nur so mit drei

Worten und ohne damit abzuschließen, so heißt es nur einfach: Sie stören einander nicht. Und die Biozönologie schätzt die Pflanzensoziologie einfach nach dem Grundsatz: an ihren Früchten sollt ihr sie erkennen. Sie hat Hervorragendes geleistet, ist für die Praxis, entgegen der Meinung gewisser Regierungsstellen unentbehrlich für heutige Verhältnisse. Also deswegen bin ich hier. *Uns* trennt kein Graben!

THIENEMANN und ich standen vor Jahrzehnten vor der Aufgabe ein System der Biozönologie aufzustellen. Das gab es nicht. Die *theoretische* Grundlage ist hauptsächlich in Deutschland geschaffen worden.

J. DUTY:

Ich habe mich längere Zeit gewundert, warum man immer systematische Tabellen erzeugen konnte, auch wenn eine große Liste von Begleitern vorlag. Ich sagte mir, diese Begleiter haben doch für diesen Standort auch etwas auszusagen, etwas ökologisches etwa, auch wenn ich Trennarten sehr gut für feine Varianten benutzen kann. Als ich jetzt spezielle Fruchtfolgen untersuchte mit Luzerne-, Buchweizen-, Seradella-, Phacelia-, Kümmel-, Mohn-, Maisfeldern im Vergleich zu Kulturen von Arzneipflanzen, stellte sich heraus, daß dort spezifisch selektive Unkrautgesellschaften standen. Unter Kümmel traten Arten auf, die ich sonst nur in Leinfeldern fand, obwohl vorher nie Lein dort gebaut wurde. Es kam sehr schnell zutage, daß bei diesen eigenen Gesellschaften, z.B. bei Seradella und bei Buchweizen, eine starke Beeinflussung von der Pflanze selbst zu erwarten war. D.h. die Dichte der Bestände hat eine sehr selektive Auslese hinsichtlich Licht und Feuchtigkeit unter den Arten herbeigeführt, so daß man dort sicher erst ökologische Untersuchungen machen müßte, um endgültig sagen zu können, daß z.B. eine Leingesellschaft mit einer Kulturpflanze zu einer eigenen Ordnung erhoben werden kann. Bei Pflanzen, die als Grünfutter dienten, wurde es noch kritischer (Luzerne-, *Lolium-*, *Onobrychis*-Felder). Wenn man diese mehrere Jahre lang auf der selben Stelle untersucht, sieht man eine vollständige selektive Auslese hinsichtlich der Gemeinschaften. Merkwürdig ist, daß man dort nicht mehr zu Assoziationsbegriffen kommt, sondern daß sich alle diese Befunde viel besser unterbringen lassen, wenn man sie nach DU RIETZ als Soziationen mit irgendwelchen dominanten Arten betrachten würde.

H. ELLENBERG:

Man muß also vorsichtig sein bei der Namengebung, weil vielleicht, wie im Falle der Linetalia, noch andere Kulturpflanzen gleiche Unkrautgesellschaften bedingen können, worauf die Namengebung Rücksicht nehmen sollte.

W. MÜLLER-STOLL:

Ich möchte mir doch erlauben, zu den grundsätzlichen Fragen des Wesens der Lebensgemeinschaft noch einige Bemerkungen zu machen. Ich möchte zunächst feststellen, daß meiner Überzeugung nach das wichtigste Kennzeichen und – vielleicht das einzige – eben der biozönotische Konnex ist, während ich nicht glaube, daß man nun die Lebensgemeinschaft einengen darf auf solche biozönotische Konnexe, die von längerer Dauer

sind. Es können außerordentlich kurze biozönotische Konnexe sein, z.B.
die Konnexe, die in Gemeinschaften von Mikroorganismen bestehen.
Wenn ein Apfel zu Boden fällt, dann siedlen sich eine ganze Reihe sapro-
phytischer Pilze an, die dann eine wohldefinierte Lebensgemeinschaft
und regelrechte Assoziationen bilden, die eine Sukzessionsreihe durch-
laufen, bis das Substrat aufgebraucht ist. Die Mikrogemeinschaften mit
entsprechenden biozönotischen Konnexen sind überaus zahlreich. Ich
will jetzt einmal die Konnexe ausklammern, die sich in Form des Parasi-
tismus und der Symbiose äußern, wo also die Beziehungen zwischen den
Arten außerordentlich spezifisch sind, und nur die große Zahl der übrigen
Biozönose-Konnexe betrachten. Zur Analyse dieses Phänomens müßte
man von den kleinen Einheiten ausgehen, um dann induktiv die größeren
aufzubauen. Es empfiehlt sich nicht, zur Fixierung des Begriffs Lebensgemeinschaft von den eindrucksvollen Großgemeinschaften auszugehen,
von einem ganzen Moor, von einem Wald usw. Denn diese bestehen ja aus
einer Unzahl von Mikrogemeinschaften. Man denke an die Rindenhafter-
Gemeinschaften, nicht nur mit den Pflanzen, sondern auch mit den darin
lebenden Tieren, die auf den verschiedenen Seiten der Baumstämme, auf
den verschiedenen Substraten ganz verschieden sind. Der Begriff der
Synusien gehört hierher. Das Ganze bildet dann die Formation, oder die
Großgesellschaft, die dann doch charakterisiert ist durch eine Hierachie
von Wechselbeziehungen, wobei eine sehr differenzierte Stufenfolge von
derartigen Beziehungseinheiten sich, zu einem (nach GAMS) vieldimen-
sionalen Beziehungsgefüge aufbaut.

Die spezielle Frage, von der wir ausgingen, bilden Agrar-Biotope. Ich
möchte es unbedingt bejahen, daß solche Agrarbiotope Gemeinschaften
bilden. Man darf ja nicht davon ausgehen, daß der in eine Gemeinschaft
eintretende Organismus von den anderen Organismen als solchen Kenntnis nimmt, wie der Mensch das tut. Sondern die Organismen nehmen ja
nur innerhalb ihrer biozönotischen Konnexe die Bedingungen wahr, die
für sie maßgebend sind. Wenn der Mensch hier mit Hilfe von Unkrautbekämpfungsmitteln eingreift oder andere agrarische Maßnahmen trifft,
sind für das Unkraut nur der Wasserfaktor, die chemischen Faktoren, die
das Nährstoff-Milieu bedingen und die lokalklimatischen physikalischen
Umstände maßgebend dafür, ob die eine Art mit anderen Arten einen
Konnex bilden kann. Die Konnexbildung wird entschieden durch die
Ansprüche der einzelnen Art, ob und wie weit sie innerhalb dieses Konnex-
Systems befriedigt werden können, mit anderen Worten, ob in dem
Wechselspiel der Kräfte sich die Art erhalten kann, ob sie sich in einen
Gleichgewichts- oder Quasi-Gleichgewichtszustand einzufügen vermag.

Meines Erachtens ist zwischen den natürlichen und den stark anthropogen beeinflußten Lebensgemeinschaften nur ein Unterschied, der den
Grad der Gleichgewichtslage betrifft, der in den einzelnen Gemeinschaften erreicht wird. Während eine im Endstadium der Entwicklung be-
findliche optimale natürliche Gemeinschaft ein hohes Maß an Gleichgewicht der Beziehungskräfte erreicht hat, das dann den Komplex charakterisiert, sind die Konnexe in anthropogen beeinflußten Lebensgemeinschaften nicht in diesem Ausmaß bis zu einer Gleichgewichtseinstellung
vorgeschritten, sondern die Gleichgewichte sind noch stark verschiebbar.

Sie bewegen sich in Richtung auf einen Ausgleich der gegenseitigen Ansprüche und der Beanspruchungen des Milieus und der Milieufaktoren, wobei ja gerade bei den anthropogen beeinflußten Standorten die Erreichbarkeit des Standortes für die einzelnen Arten sehr wichtig ist.

Der Mensch ist insofern Bestandteil der Lebensgemeinschaft, nicht als *homo sapiens*, sondern als ein, die Bedingungen für die Existenz der Arten und die möglichen Konnexe beeinflussendes Agens. Insoweit ist auch die Kulturpflanze ein solches Agens. Das gilt auch für die Tiere. Ein Tier wird nur dort in eine Gemeinschaft eintreten, und einen biozönotischen Konnex aufsuchen, wo bestimmten Lebensansprüchen dieses Tieres entgegengekommen wird durch das Beziehungsgefüge des ganzen Bedingungssystems.

Wenn man das als ein vielschichtiges Beziehungsgefüge auffaßt und die großen Lebensgemeinschaften als aufgebaut sich vorstellt aus kleinen Einzelheiten von den mikroskopischen Assoziationen her, kann man den Begriff Lebensgemeinschaft in viel umfassenderer Weise interpretierend verstehen.

J. J. BARKMAN:

Es sind zwei Fragen zu stellen:

1. Wie kann man praktisch Vegetationstypen unterscheiden und 2. wie soll man sie theoretisch philosophisch werten.

Wenn eine Ackerunkrautgesellschaft gute Charakterarten oder eine charakteristische Artenkombination hat, dann kann man sie ebenso gut als eine Assoziation bewerten und in ein System eintragen wie andere Gesellschaften, über deren Rang als Biozönose niemand diskutiert. Darum braucht man sich also nicht zu kümmern, wenn man praktisch arbeitet.

Die von Prof. FRIEDERICHS gestellte Frage, ob die Lebewelt des Agrarbiotops eine Biozönose ist oder nicht, hängt von der Definition der Biozönose ab. Man kann m.E. folgende drei Kriterien für eine Biozönose anwenden:

1.) Eine Biozönose muß konstant sein in der Zeit. Dann gäbe es überhaupt keine Biozönosen, denn nicht nur die ephemeren Ackergesellschaften, sondern auch die Klimaxgesellschaften sind nicht konstant. Auch sie ändern sich, wenn auch in längerer Zeit.

2.) Sie soll einen geschlossenen Nährstoffkreislauf aufzeigen und sich selbst erhalten. (Definition von Prof. FRIEDERICHS). In diesem Fall würden die Agrarbiotope keine Biozönose enthalten. Aber man kann sie dennoch praktisch als eine BRAUN-BLANQUET-Assoziation beschreiben.

3.) Sie soll aus Lebewesen (Pflanzen und Tieren) zusammengesetzt sein, die sich untereinander beeinflussen. In diesem Falle wäre eine ganz offene Pioniervegetation auf nacktem Boden keine Biozönose.

Aber wenn das Pionier-Milieu extrem genug ist, sogar ohne Konkurrenz die auslösenden Faktoren des abiotischen Milieus stark genug sind, um eine bestimmte Artenkombination des Milieus auszulösen, dann bekommt man eine Pioniergesellschaft, die man floristisch sehr gut charakterisieren kann.

Man könnte die Agrar-Biozönosen vielleicht am ehesten noch wie die

Epiphyten-Gesellschaften als „abhängige Biozönosen" betrachten. Die ersten werden weitgehend von einer Kulturpflanze bestimmt, die zweiten vom Trägerbaum. Jedenfalls sind es aber keine Soziationen, ausgenommen, wenn eine bestimmte Unkrautart dominiert. Die Dominanz der Nutzpflanze hat in diesem Zusammenhang ja keine Bedeutung. Dieses ganze Problem hat aber nichts zu tun mit der praktischen Möglichkeit, Assoziationen zu unterscheiden. Das geht nämlich ebenso gut bei echten wie bei „Pseudo-Biozönosen". In anderen Fällen wieder ergeben sich bei beiden Kategorien Schwierigkeiten in der Charakterisierung der Vegetationseinheiten.

Was die Untersuchung der Interrelationen der Glieder der Pflanzengesellschaft anbetrifft, so sei hingewiesen auf die große Bedeutung der gegenseitigen Beeinflussung durch Wurzelausscheidung von Wuchs- und Hemmstoffen. Dieses ist bei wilden Pflanzen in der natürlichen Situation noch fast nicht untersucht worden, und das wäre doch sehr wünschenswert. Eine derartige Untersuchung ist in Holland begonnen worden.

K. FRIEDERICHS:

Mein Vorredner hat in seiner Diskussionsbemerkung viel Grundsätzliches von dem, was ich vortrug, in Frage gestellt. Ich könnte darauf so reagieren, wie THIENEMANN es in gewissen Fällen zu tun pflegte: darauf hinweisen, daß ich meine Einsicht von der Sache dargelegt und belegt habe. Aber da ich sie stark komprimiert darlegen mußte, will ich auf die Einwände eingehen, indem ich sie als Ergebnisse eines andersartigen, weil einseitigen Denkens aufzeigen will, soweit das in Kürze möglich ist. Mein Antagonist bedient sich ausschließlich des *kausalen* Denkens und folgt damit der in der heutigen Biologie im allgemeinen allein üblichen Denkweise, die aber die Biozönologie, wenn nicht die ganze Ökologie und die Pathologie als Wissenschaften einfach aufheben würde [1]. Die kausale Denkweise stellt sich *neben* den einzelnen kausalen Sachverhalt, wie es in der Autökologie zunächst völlig angebracht ist und bis zu einem gewissen Grade ausreicht. In der Biozönologie aber ist außerdem ein anderer Blickpunkt nötig, nämlich von oben her, *über* den Kausalreihen. Hier gilt es zu kombinieren, und dazu gehört finales Denken, *Sinnforschung*. Bleibt sie aus, so ist das Ergebnis nicht wirklichkeitsentsprechend, denn das einzelne Lebendige und seine Umwelt wie auch die Gesamtnatur sind ein einziger großer Sinnzusammenhang: In der nur kausalen Denkweise dagegen erscheinen sie als sinnloser Kreislauf, als ein bloßer Mechanismus. Auch das finale Denken aber reicht noch lange nicht aus, um an die ganze Wirklichkeit heranzukommen. Dazu gehört das *Analogische*, die verstandesmäßig notwendige Einteilung der Gesamtwirklichkeit in Dimensionen, Bereiche, Schichten oder wie man das nennen will, insbesondere in die drei Hauptbereiche des Körperlichen, des Seelischen und des Geistigen, und gesonderte, aber nach dem Prinzip der Entsprechung zusammenfassende Untersuchung der verschiedenen Bereiche.

[1] Wegen der notwendig gleichsam aphoristischen Form dieser Ausführungen von fundamentaler Bedeutung sei auf Literatur hierzu hingewiesen: T. v. UEXKÜLL (Arzt): „Der Mensch und die Natur", München 1953.

Selbst damit aber sind noch nicht alle Wege genannt, die das Denken gehen muß, um die Natur richtig zu deuten, d.h. um diejenigen Antworten zu finden, die weder die Beobachtung noch das Experiment direkt zu liefern vermag. Dazu gehört noch das *fließende* oder *dynamische Denken*, das u.a. ein Denken in Stufenbegriffen ist (dann dem analogischen verwandt). Aber das ist ein weites Feld. Mir kommt es nur darauf an, anzudeuten, wie Meinungsverschiedenheiten wie die vorliegende ihre psychische Wurzel haben, indem nicht jeder über alles Rüstzeug verfügt, das zum richtigen Denken in großen Zusammenhängen erforderlich ist und sich daher auf die gewohnte Routine beschränken muß. Die künstliche Grenze zwischen Natur und Geisteswissenschaft muß bei Aufgabe dieser Art überschritten werden, sonst gelangt man (im besten Fall) nur zu Halbwahrheiten. Wer diese künstliche Grenze nicht überschreiten will oder kann, ist für solche Fragen m.E. nicht zuständig, besonders wenn es sich um die Rolle des Menschen in und gegenüber der Natur handelt, da sich sein Wesen in seiner Gliedhaftigkeit in der Natur nicht erschöpft [1], sondern erst darüber beginnt, obgleich es praktisch in gewissen kleineren Zusammenhängen genügen mag, den Menschen als Glied der Lebensgemeinschaft in Betracht zu ziehen, das er eben *auch* ist. Bei umfassenden grundsätzlichen Überlegungen, wie sie sich in dem Begriff „anthropogen" ausdrücken, genügt es nicht.

Erkennt man den Sinn in der Natur nicht, so kommt es zu der Entscheidung, die THIENEMANN so formuliert hat: „Hier scheiden sich die Geister und gibt es keine Brücke", und ich füge hinzu: Über einen Abgrund hinweg kann man nicht disputieren. Insbesondere der Materialismus aller Schattierungen verpönt (z.T. mit Berufung auf herausgegriffene und zwiespältige Äußerungen von KANT) die Sinnforschung, Teleologie genannt. Kein Wunder, denn das Wesen der Materie erschöpft sich in der Kausalität. Im Lebendigen kommt (dies ist eine Vereinfachung) die Finalität hinzu, im Geistigen die Freiheit. In allen Bereichen gilt die Kausalität, aber sie liefert nur Material für Sinnzusammenhänge. Ökologie ist Sinnforschung, vorzugsweise solche, und wird sie nicht so aufgefaßt, so verdient sie den Namen nicht. Als Sinnforschung erkennt sie die kausalen Zusammenhänge mit Selbstverständlichkeit an, bedient sich ihrer; die grundsätzlich lediglich kausale Forschung dagegen, sei es in der Ökologie oder außerhalb derselben, möchte am liebsten die andere verbieten. Es gibt solche, die es fertig bringen, der Biozönologie, oder der Ökologie überhaupt, einer höchst fruchtbaren Grundlage vieler angewandter Wissenschaften, die Wissenschaftlichkeit und damit die Daseinsberechtigung abzusprechen! Diese Blindheit gegenüber den Zusammenhängen der Gesamtnatur (als Erscheinung und gegenüber der darüber hinausgehenden Gesamtwirklichkeit) erklärt sich aus dem oben angedeuteten engen Wissenschaftsbegriff, der nur gewisse Fragestellungen zuläßt, daher damit nur ein bestimmter Aspekt der Wirklichkeit erkannt wird. KANT hat uns in dieser Hinsicht ein fragwürdig gewordenes retardierend wirkendes Erbe hinterlassen, und „retardierend" ist nur ein schwacher Ausdruck da-

---

[1] Zusammenfassend werden die ältere, unhaltbare naturalistische Auffassung und die neuere oben bezeichnete behandelt von W. STEINBERG in „Grundfragen des menschlichen Seins". München 1953, S. 17–26.

für. Was damals zu sagen notwendig sein mochte, hat heute nicht mehr die gleiche Bedeutung, sondern etwas anderes muß betont werden.

Es wäre noch viel hierzu zu sagen, aber ich muß abbrechen [1].

[1] Bezüglich gewisser ernst zu nehmender möglicher Einwände, die den Wahrheits- und Wirklichkeitsbegriff betreffen, sei hingewiesen auf GERHARD KRÜGER, „Grundfragen der Philosophie". Frankfurt a. M. 1958, S. 10–38, besonders aber auf den mit dem Obigen übereinstimmenden Abschnitt auf den S. 269–271. Siehe auch K. FRIEDERICHS: „Die Selbstgestaltung des Lebendigen". München 1955, S. 139–147 („Berechtigte Teleologie").

ERTRAGSBESTIMMUNGEN VON FELDFRÜCHTEN IN VERSCHIEDENEN ACKER-GESELLSCHAFTEN

von

K. WALTHER, Stolzenau/Weser

ZUSAMMENFASSUNG

Die Leistungsfähigkeit der Ackerflächen ist das Kernproblem der Landwirtschaft. Lassen sich nun die mit den Feldfrüchten zusammenwachsenden Gesellschaften der Secalinetea- und Chenopodietea-Klasse zur Beurteilung der Leistungsfähigkeit heranziehen?

Zur Beantwortung dieser Frage wurden zunächst die Ernteerträge von verschiedenen Parzellen derselben Gesellschaften gemessen und mit den Ergebnissen in anderen Gesellschaften verglichen.

Die Schwankungsbreite der Erträge in der gleichen Gesellschaft ist sehr groß, weil die Erträge auch in hohem Maße von Faktoren abhängen, die keine oder sehr geringe Beziehung zu den Gesellschaften haben, wie etwa von der Art des Saatgutes der Feldfrucht oder von der jährlichen Düngung.

Wenn man gesicherte Mittelwerte bekommen will, wird eine hohe Zahl von Ertragsermittlung benötigt. Wir nehmen dabei an, daß die genannten Faktoren in den verglichenen Gesellschaften gleichmäßig verteilt sind, dann lassen sich die Gesellschaften nach Ertrags-Mittelwerten der mit ihnen zusammenwachsenden Feldfrüchte abstufen, wie es in meinen Veröffentlichungen in den letzten Jahren geschehen ist.

Damit man aber diese Annahme nicht zu machen braucht, werden seit 1959 nur Ackerparzellen untersucht, die mit gleichem Saatgut und zur gleichen Zeit bestellt sind und gleichartig gedüngt werden, in denen aber 2 oder mehr Gesellschaften vorkommen. In jedem Parzellenteile, der also von einer besonderen Gesellschaft besetzt ist, werden die Erträge gemessen. Das Untersuchungsgebiet, die Lüneburger Elbmarsch, ist dazu sehr günstig, weil ein reicher Wechsel von Bodenarten und Feuchtigkeitsstufen und außerdem ein kleinflächiger bäuerlicher Besitz vorhanden ist. Die Erträge werden beim Getreide nach der Quadratmeter-Methode ermittelt. Bei den Kartoffeln werden Reihen von 4 m Länge gerodet. Es hat sich gezeigt, daß im allgemeinen 3 Quadratmeter bzw. 3 Reihen ausreichen, um repräsentative Werte zu erhalten.

Beim Vergleich der Ertragswerte in den einzelnen Gesellschaften auf der gleichen Parzelle ergibt sich, daß bei den trockenen Ausbildungen des Arnoseretum und der Alchemilla arvensis – Matricaria chamonilla – Ass. eine Abstufung der Erträge in folgender Reihenfolge vorhanden ist:

"

Sehr geringe Erträge: **Arnoseretum typicum**, Typ. Ausbildung
geringe Erträge: **Arnoseretum typicum**, Ausbildung v. *Equisetum arvense*
mäßige Erträge: **Arnoseretum myosotetosum**
hohe Erträge: **Alchemilla arvensis-Matricaria chamomilla-Ass., Subass. v. Scleranthus annuus**
sehr hohe Erträge: **Alchemilla arvensis-Matricaria chamomilla-Ass.**

Eine ähnliche Reihenfolge läßt sich bei den Gesellschaften des **Spergulo-Erodion**- und des **Polygono-Chenopodion**-Verbandes mit den Kartoffelerträgen durchführen.

Eine besondere Untersuchung bedürfen die Ausbildungen mit Feuchtigkeitszeigern. Dazu werden die Arten gerechnet, die sich bei der Eichung der Pflanzengesellschaften auf den Grundwassergang durch R. Tüxen als Zeigerarten herausstellten. Das Auftreten einer Reihe einjähriger Arten dieser Gruppe, wie *Juncus bufonius, Gnaphalium uliginosum, Plantago intermedia*, die als Krumenfeuchte-Zeiger bekannt sind, hängt sehr von der Witterung ab. Im Trockenjahr 1959 war diese Artengruppe wenig verbreitet, im feuchteren Jahr 1960 dagegen sehr häufig. Aber überall, wo in beiden Jahren Parzellen mit **Arnoseretum** oder mit **Spergulo-Erodion**-Gesellschaften untersucht wurden, die in einem Teil diese Arten besaßen, im anderen nicht, konnten höhere Erträge in den feuchteren Ausbildungen gemessen werden.

Auf Parzellen mit der **Alchemilla arvensis-Matricaria chamomilla-Ass.** oder mit **Polygono-Chenopodion**-Gesellschaften wurden dagegen häufig auf Parzellenteilen mit feuchten Ausbildungen der Gesellschaften, die durch Krumenfeuchte-Zeiger und zudem durch ausdauernde Feuchtezeiger wie *Mentha arvensis, Stachys palustris* und *Equisetum palustre* charakterisiert sind, geringere Erträge gemessen.

SUMMARY

The productive ability of the tillage areas is the central problem in agriculture. Do the communities of the **Secalinetea** and **Chenopodietea** classes, which grow along with the field crops, have the ability to define the productivity? To answer this question the yields from different portions of the same community were measured and compared with the results from other communities.

The range of variation in yield within the same community is very wide, since the yields are also largely related to factors which have little or no relationship to the communities such as, for example, the nature of the crop seed or of the annual manuring.

If good averages are to be obtained a large number of yield estimations must be used. If we can assume that the mentioned factors in the compared communities are uniformly distributed, then the communities can be graded according to the mean yield values of the crops growing with them, as done in my publications in recent years.

To avoid making this assumption, from 1959 on only tillage plots were investigated which were sown with the same seed and received the same manures but in which two or more communities occur. The yields are measured in each plot portion which is occupied by a particular community. The study region, the Elbe marsh near Lüneburg, is very suitable because there is a wide variety of soil types and moisture steps. There are also small farms present. The yields of corn are estimated by the square metre method. For potatoes, rows four metres long are dug out. It has been shown that in general three square metres or three rows suffice to obtain representative values.

Comparison of the yield values in the individual communities on the same plot shows that in the case of the dry forms of the Arnoseretum and the Alchemilla arvensis-Matricaria chamomilla-Ass. a gradation of the yields occurs in the following sequence:

Very low yields: Arnoseretum typicum, Typ. form
low yields: Arnoseretum typicum, Form of *Equisetum arvense*
moderate yields: Arnoseretum myosotetosum
high yields: Alchemilla arvensis-Matricaria-chamomilla-Ass., Subass. of Scleranthus annuus.
very high yields: Alchemilla arvensis-Matricaria chamomilla-Ass.

A similar sequence can be followed through for the potato yields in communities of the Spergulo-Erodion and Polygono-Chenopodion alliances.

The forms with moisture indicators require special investigation. For this the species are graded according to Tüxen's gauging the ground water pattern of plant communities by indicator-species. The occurrence of a number of annual species of this group, such as *Juncus bufonius*, *Gnaphalium uliginosum* and *Plantago intermedia*, which are known indicators of surface moisture, is very much dependant on the weather. In the dry year of 1959 this species group was rare while in the moister year of 1960 it was quite common. However overall, where plots with Arnoseretum or Spergulo-Erodion communities were investigated in both years, those plots which possessed these species in one portion gave the highest yields in the moister forms.

On plots with communities of the Alchemilla arvensis-Matricaria chamomilla-Ass. or Polygono-Chenopodion-All. lower yields were measured in the portions with moist forms. These moist forms are characterised by the previously mentioned indicators of surface moisture in addition to such perennial moisture indicators as *Mentha arvensis*, *Stachys palustris* and *Equisetum palustre*.

H. ELLENBERG:

Ich möchte Herrn Dr. WALTHER nur fragen, ob er diese Ertragsbestimmungen auch in aufeinander folgenden oder in mehreren Jahren gemacht hat.

Nach meinen Erfahrungen – ich habe schon vor Jahren mit ähnlichen

Methoden gearbeitet – wechseln gerade auf Böden mit ausdauernden Feuchtigkeitszeigern, die auf eine gewisse Staunässe hindeuten, also auf etwas schwereren Böden, die Erträge sehr stark, so daß innerhalb derselben Parzelle die Relationen gegenüber einer anderen Gesellschaft unter Umständen sogar umgekehrt werden können. Man müßte also mindestens noch neben einem Ertragsmittelwert, den man vergleicht, auch die Schwankungsamplitude mit vergleichen, die in gewissen Gesellschaften sehr gering ist, bei anderen aber sehr stark sein kann. Erst dann kann man aus Vegetationskarten sichere Ertragsfähigkeitskarten ableiten.

K. WALTHER:

Nur in den Jahren 1959 und 1960 haben wir in dieser Weise gearbeitet. Was 1959 mit Roggen bebaut war, war 1960 in den meisten Fällen mit Kartoffeln oder Gemenge bestellt. Wir hoffen in diesem Jahre (1961) wieder die Roggenerträge von 1959 zu ermitteln und werden natürlich sehr auf die feuchten Flächen achten und sehen, ob wir dieselben Relationen ohne oder mit ausdauernden Feuchtigkeitszeigern bekommen. Bisher waren die Zahlen bei den ärmeren sandigen Bodenarten immer gleich, daß also mit Ansteigen der Feuchtigkeit auch höhere Erträge auftraten. Dieses Ergebnis schlägt um bei den Gesellschaften des Chenopodion-Verbandes auf lehmigem Boden. Ob dieser Umschlag alljährlich stattfindet, kann ich jetzt noch nicht sagen. Wir hoffen aber, daß wir das bei den Messungen in ein paar Wochen feststellen können. Wenn zu den Grundfeuchtigkeitszeigern in den reichen Gesellschaften die Krumenfeuchtigkeitszeiger hinzu kommen, sinkt der Ertrag ab. Aber auch in den reicheren Gesellschaften sind Flächen vorhanden mit nur Grundfeuchtigkeitszeigern, die keinen geringeren Ertrag haben. Das sind bisher aber nur Einzelfälle.

H.-H. BRACKER:

Haben Sie auch Arten finden können, die den durch zunehmende Vernässung abfallenden Ertrag in den sonst reichen Gesellschaften anzeigen?

K. WALTHER:

Ja, aber diese Arten treten nicht in so hoher Stetigkeit auf wie *Stachys palustris* und *Mentha arvensis*. Dazu gehört z.B. *Symphytum officinale*, eigentlich eine Wiesenpflanze, die ab und zu in Äckern auftaucht, ebenso wie einige andere Arten.

V. WESTHOFF:

Dieser Vortrag eröffnet ganz neue Perspektiven auch für die Synchronologie, die Vegetationsgeschichte und für die Auswertung eines neuen Typs eines biologischen Spektrums.

H.-H. BRACKER:

Ich möchte Herrn Dr. WALTHER fragen, ob er schon den Vergleich angestellt hat zwischen der Karte der Feuchtigkeitsstufen bezw. der Grundwasserstufen nach TÜXEN und den Ertragsstufen? Fassen wir hier nicht einen Fruchtbarkeitsfaktor, der wohl verschieden deklariert wird, aber trotzdem dasselbe zeigt? Wird das Ergebnis dieses Kartenvergleiches nicht dieselben Grenzen im Acker aufzeigen, die damit identisch wären?

Ermitteln Sie mit den Zeigern für die verschiedenen Ertragsstufen nicht gerade Feuchtigkeitszeiger? Ist also ein kontinuierlicher Zug von sandigen Böden bis zu den Lehmböden festzustellen, so daß Sie eigentlich in der Hauptsache mit Feuchtigkeitszeigern arbeiten? Hier werden also zwei verschiedene Vorgänge mit demselben Verfahren bearbeitet, die zwei verschiedenen Aussagen gegeben, die man auf eine Ursache zurückführen kann.

K. Walther:

Ich habe bei der Auswahl der ersten Flächen zunächst nur solche genommen, die keine Feuchtigkeitszeiger im Sinne der Eichung auf Grundwasserganglinien hatten. Bei der zweiten Bearbeitung sind diese Feuchtigkeitszeiger vorhanden gewesen. Diese Arten hatten aber nur Bedeutung, wenn sie im Arnoseretum vorkamen, während ihre Zeigereigenschaft in den Gesellschaften des Polygono-Chenopodion-Verbandes oder in der Matricariachamomilla-Gesellschaft sich abstumpfte. Neben dem Gesellschaftsunterschied habe ich gleichzeitig einen Reliefunterschied festgestellt. In dem tieferen Teil sind die Feuchtigkeitszeiger zu finden. In diesen Reliefbildungen liegt der Standortsunterschied. Neben verschiedener Bodenfeuchtigkeit ist eine Reihe anderer Faktoren für den Ertragsunterschied verantwortlich. Meine Frage war aber, wie kann ich die Gesellschaften eichen, nicht, woher rührt die Ausbildung der Gesellschaft?

H.-H. Bracker:

Verallgemeinern kann man die Ertragsangaben, die Sie hier gefunden haben, natürlich nicht. Es kann nur eine relative Stufung vorgenommen werden. Dagegen kann man die Standortsaussagen über die Feuchtigkeitszeiger wahrscheinlich verallgemeinern.

K. Walther:

Zur Ermittlung der absoluten Werte muß man alle auf den Boden einwirkende Faktoren berücksichtigen. Zu dieser zweiten Arbeit sind bereits Unterlagen bei der Landbau-Außenstelle Lüneburg vorhanden. Beim Vergleich alles zu sammelnden Materials kann man auch etwas über die Entstehung der unterschiedlichen Erträge aussagen.

POLYPLOIDIE-VERHÄLTNISSE DER ANTHROPOGENEN PFLANZENGESELLSCHAFTEN UND VEGETATIONSSERIEN

von

SANDRO PIGNATTI, Trieste

Die Zahl der polyploiden Arten steigt allmählich bei den Phanerogamen von den Floren der Tropen zu den Floren kälterer Gebiete an. Das wurde ursprünglich als Wirkung des Klimas erklärt, aber nach neueren Arbeiten (DARLINGTON 1956; FAVARGER 1959) und nach Angaben des Verf. (PIGNATTI 1960) ist dieser Polyploiden-Anstieg eher auf die Wirkung der quartären Vergletscherungen zurückzuführen.

In den letzten Jahren haben wir eine größere Menge Angaben über den Polyploidie-Grad der mitteleuropäischen Vegetation bearbeitet (etwa 400 Ass. mit insgesamt 600 Tabellen und fast 12000 Aufnahmen), die uns einen ersten Einblick in dieses Problem ermöglichen. Um zwei Assoziationen, bzw. zwei Tabellen vergleichen zu können, haben wir einen Index von Diploidie berechnet. Dieser ist das Ergebnis der Präsenzsumme aller Diploiden dividiert durch die Präsenzsumme aller Polyploiden, also der Quotient Diploide : Polyploide. Wenn beide Gruppen gleich stark sind, ist der Index $= 1$; wenn die Polyploiden überwiegen, liegt der Index zwischen 1 und 0, wenn die Diploiden überwiegen, ist der Index größer als 1.

In den von uns untersuchten Gesellschaften konnten wir Werte zwischen 0,1 und 2,0 berechnen, seltener sinken die Werte bis 0,0 oder steigen bis 4, sogar bis 8.

Die anthropogene Vegetation bietet ein gutes Arbeitsfeld für diese Forschungen, weil die Pflanzen dieser Gesellschaften meist karyologisch schon sehr gut bekannt sind: in den von uns untersuchten Assoziationen waren meistens die Chromosomenzahlen aller Arten schon bekannt, seltener gab es darin 2–5% (maximal bis 9%) der Präsenzen von solchen Arten, die karyologisch noch nicht untersucht wurden.

In der folgenden Tabelle werden die Angaben über anthropogene Gesellschaften in verkürzter Form dargestellt.

Sehr charakteristisch ist der hohe Anteil an Arten, die diploide und polyploide Rassen zeigen, d.h. der intermediären Gruppe der „poly-diploiden" angehören. Eine schöne Hypothese wäre, daß dieser Anstieg durch menschlichen Einfluß verursacht worden sei, d.h., daß mehrere Arten die Tendenz zeigen, kollektive Gruppen zu bilden, mit verschiedenem Ploidie-Grad in den einzelnen Sippen. Das könnte eine Folge des degradierenden Einflusses durch den Menschen sein, der immer wieder neue Standorte für die Arten der anthropogenen Assoziationen schafft; an diesen Standorten haben die Mutanten (die zum Teil polyploid sind) die Möglichkeit

stabil zu werden, weil sie der Konkurrenz von nicht-mutierten Parental-
Formen weniger ausgesetzt sind.

Man muß aber diese Angaben mit großer Vorsicht betrachten, denn
vielleicht ist in einigen Fällen diese Erscheinung nur auf unsere besseren
Kenntnisse über die Pflanzen der anthropogenen Gesellschaften zurückzuführen. Diese Pflanzen sind, ihrer Häufigkeit wegen, wiederholt karyologisch untersucht worden, und das hat ermöglicht, seltene Lokal-Rassen
oder Sippen mit verschiedenem Ploidie-Grad zu entdecken. Bei selteneren
Arten, die in natürlichen Assoziationen vorkommen, wurden von den
Autoren nur einmal die Chromosomen gezählt, sodaß sie diploid oder
polyploid erscheinen, auch wenn sie vielleicht andere (uns noch unbekannte) Rassen oder Unterarten mit verschiedenen Chromosomenzahlen
besitzen könnten.

Die Werte der meisten anthropogenen Gesellschaften liegen zwischen
0,5 und 1,2: sie sind also weder besonders reich an Diploiden, noch an
Polyploiden; diese Werte entsprechen jenen vieler natürlicher Pflanzengesellschaften unserer Gebiete und sind den Werten der Klimaxgesellschaften des C a r p i n i o n (0,8–1,3) und des F a g i o n (0,6–1,2) sehr ähnlich. Stark abweichend sind nur einzelne Sonderfälle und zwar:

a) Das N a n o c y p e r i o n (0,1–0,8) und das C a l t h i o n (0,1–0,6), die
einen stärkeren Anteil an Polyploiden zeigen, wohl weil sie einen Übergang zu der hygrophilen Vegetation (die einen äußerst hohen Polyploiden-
Anteil aufweist) darstellen. Die Vegetation feuchter Standorte besteht
fast ausschließlich aus polyploiden Arten, oder Arten mit diploiden und
polyploiden Rassen zugleich, während die Diploiden fast fehlen.

b) Vom P o l y g o n i o n a v i c u l a r i s wurde nur das L o l i o - P l a n t a -
g i n e t u m untersucht aber mit sehr vielen Tabellen, die eine gute Übereinstimmung aufweisen; Diese Assoziation hat einen sehr niedrigen Index (0,1–0,4), der aber nicht durch eine besondere Dominanz der Polyploiden (die maximal bloß 53% erreichen) verursacht wird, sondern durch
einen ungemein hohen Anteil an Arten der intermediären Gruppe (Poly-
Diploide). Dieser könnte als extremer Fall der degradierenden Einwirkung
von Seiten des Menschen (wie oben erwähnt) angesehen werden.

c) Die O n o p o r d e t a l i a -Assoziationen haben besonders hohe Werte
(1,3–1,7). Das scheint nicht unlogisch, da diese Assoziationen erst, seitdem der Mensch in geschlossenen Siedlungen wohnt, bestehen, d.h. seit
wenigen Jahrtausenden: in dieser kurzen Zeit ist die Evolution der
Ruderalflora sehr gering gewesen, sodaß nicht viele polyploide Arten
entstehen konnten. Man könnte dagegen bemerken, daß die Unkrautgesellschaften der Felder ebenso jung, aber doch reicher an Polyploiden
sind. Dieser Einwand ist aber nicht richtig, weil die C e n t a u r e t a l i a -
Arten von der westasiatischen Steppen-Vegetation abstammen, d.h. von
einer natürlichen Vegetation; diese Arten hatten also schon eine lebhafte
Evolution gehabt noch bevor sie als Unkräuter der Getreidefelder eigene
Gesellschaften bildeten.

Sehr lehrreich ist das Studium der Beziehungen zwischen Polyploidie
und Bodenfeuchtigkeit. Das kann man auf Grund einiger Beispiele untersuchen:

	d. Tabellen	d. Aufnahmen	% Diploide	% Poly-Diploide	% Polyploide	Index
CHENOPODIETALIA						
Sisymbrion officinalis						
Malvo-Urticetum urentis	4	38	31.8	19.7	48.5	0.663
Hordeo-Brometum sterilis . . .	2	32	26.0	29.7	44.3	0.565
Sisymbrietum sophiae	1	5	41.7	21.6	36.7	1.135
Lepidieto-Eragrostidetum poaeoidis.	1	7	43.6	19.2	37.1	1.207
Panico-Setarion						
Panicetum ischaemi	3	49	40.5	18.9	40.6	1.057
Panico-Sperguletum arvensis . .	5	116	37.6	18.1	44.3	0.802
Setario-Galinsogetum.	1	10	43.0	13.9	43.0	1.00
Polygono-Chenopodion polyspermi						
Chrysanthemo-Sperguletum . . .	3	90	39.3	19.7	41.0	0.966
Veronico-Lamietum hybridi. . .	2	36	33.2	17.8	49.0	0.754
Fumarietum officinalis	4	84	32.5	23.7	43.8	0.740
Oxalido-Chenopodietum polyspermi	4	41	34.0	21.7	44.3	0.795
CENTAURETALIA CYANI						
Agrostidion spica-venti						
Teesdalio-Arnoseretum minimae .	4	109	43.2	20.7	36.1	1.274
Alchemillo-Matricarietum chamomillae	12	178	37.7	18.3	44.0	0.868
Malachietum aquatici	1	10	31.5	13.9	54.6	0.568
Legousietum speculum-veneris. .	1	20	41.4	24.4	34.2	1.21
Linarietum spuriae.	1	26	45.3	18.3	36.4	1.245
Caucalion lappulae						
Biforo-Euphorbietum	1	20	42.0	13.0	44.9	0.935
Bunio-Melampyretum	1	10	55.3	12.1	32.7	1.69
Caucalido-Scandicetum.	1	9	46.5	20.8	32.7	1.42
Caucalido-Neslietum	1	12	59.2	14.3	26.4	2.24
PLANTAGINETALIA MAIORIS						
Polygonion avicularis						
Lolio-Plantaginetum maioris . .	9	116	15.2	36.5	48.3	0.314
ONOPORDETALIA ACANTHII						
Onopordion						
Echio-Melilotetum	1	6	41.1	35.5	23.3	1.76
Eu-Arction						
Balloto-Chenopodietum.	2	28	56.0	14.2	29.8	1.78
Berteroetum incanae.	1	22	30.1	27.2	42.7	0.704
Alliario-Chaerophylletum temuli .	1	4	51.1	9.8	39.2	1.300
Tanaceto-Artemisietum.	3	36	45.2	20.7	34.1	1.325

	Zahl				
	d. Tabellen	d. Aufnahmen	% Diploide	% Poly-Diploide	% Polyploide	Index

	d. Tabellen	d. Aufnahmen	% Diploide	% Poly-Diploide	% Polyploide	Index
ISOETETALIA						
Nanocyperion						
Centunculo-Anthoceretum punctati	1	46	36.2	21.3	42.5	0.852
Juncetum macri.	1	8	14.4	24.0	61.5	0.234
Spergulario-Illecebretum	1	22	18.5	24.0	57.6	0.312
Cyperetum flavescentis.	2	20	11.6	25.5	62.8	0.185
Cicendietum filiformis	1	20	37.8	8.7	53.5	0.706
Isolepideto-Stellarietum	1	15	29.4	10.0	60.6	0.484
MOLINIETALIA						
Molinion						
Molinietum	7	71	33.3	29.1	37.5	0.890
Calthion						
Juncetum subnodulosi	1	4	10.0	24.0	66.0	0.152
Brometo-Senecietum aquatici . .	1	12	19.2	33.5	47.4	0.407
Cirsio-Angelicetum silvestris. . .	7	104	29.2	32.0	38.8	0.753
Ranunculo-Alopecuretum geniculati	5	52	16.6	33.5	49.9	0.332
ARRHENATHERETALIA						
Arrhenatherion						
Arrhenatheretum	10	76	33.7	32.3	34.0	0.991
Centaureo-Cynosuretum	1	23	26.7	33.4	39.9	0.670
Cynosurion						
Lolio-Cynosuretum.	5	82	23.0	39.2	37.2	0.618

Im Gailtal (Kärnten) haben wir folgende Typen von Dauerwiesen aufgenommen (unveröffentlichte Angaben):

Assoziation	Boden	Index
Magnocaricetum	naß	0.782
Fazies von *Equisetum palustre*	sehr feucht	0.942
Arrhenatheretum (*Deschampsia*-Fazies)	feucht	1.44
Arrhenatheretum (optimale Fazies)	frisch	1.18
Arrhenatheretum (*Bromus*-Fazies)	trocken	0.637
Mesobrometum	dürr	0.552

Die von ELLENBERG (1952) in Nordwestdeutschland untersuchten Wiesen ergeben folgende Werte:

Assoziation	Boden	Index
Arrhenatheretum typicum	trocken	0.792
Arrhenatheretum mit *Angelica*	,,	0.939
Cirsio-Angelicetum brometosum	,,	0.632
Cirsio-Angelicetum typicum	feucht	0.587
Cirsio-Angelicetum caricetosum	,,	0.612
Caricetum gracilis	naß	0.294

Für die von R. Tüxen (1954) in Nordwest-Deutschland studierten Wiesen wurden folgende Werte berechnet:

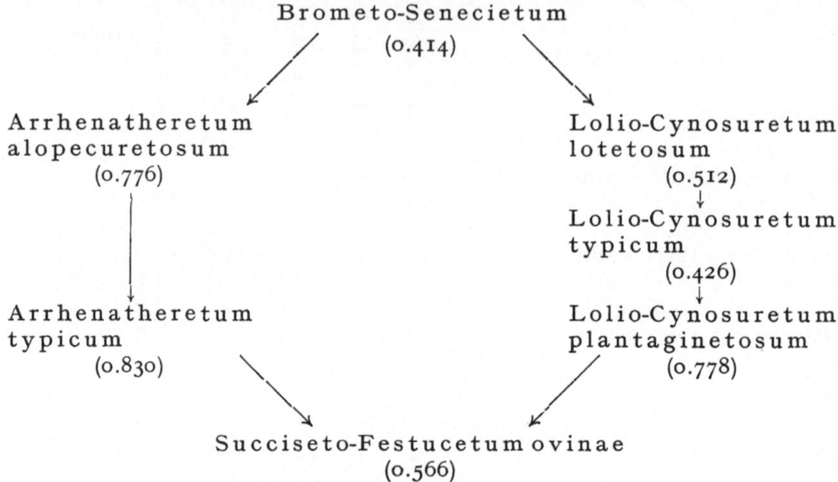

Das Centunculo-Anthoceretum punctati wurde von Moor (1936) besonders eingehend untersucht: die Werte, mit abnehmender Feuchtigkeit, steigen von der 2. bis zur 7. Fazies und sinken wieder in der 8. und 9.; die einzige Ausnahme ist die Fazies 1, von der aber nur 3 Aufnahmen wiedergegeben werden, und die wahrscheinlich extrem und dadurch weniger typisch ist.

Fazies	Abnehmende Feuchtigkeit	N° der Aufn.	Index
1		3	(0.852)
2		4	0.583
3		4	0.749
4		5	0.886
5		6	0.901
6		8	0.889
7		6	1.016
8		5	0.838
9		5	0.822

Den drei ersten Beispielen kann man entnehmen, daß die Vegetation feuchter Standorte (Sumpfvegetation) sowie auch die Vegetation extrem trockener Standorte (Trockenrasen) viel reicher an Polyploiden ist als jene mesophiler Standorte. Wenn wir eine Reihe von Pflanzengesellschaften nach der Bodenfeuchtigkeit anordnen, sehen wir, daß der Index zuerst steigt, sein Maximum erreicht und dann wieder sinkt. Auch im Centunculo-Anthoceretum punctati, das keine Wiesenassoziation ist, können wir das gleiche beobachten. Nicht wesentlich anders verhalten sich die Unkrautgesellschaften der Weizenfelder; sie wurden von uns in der Gegend von Pavia (Pignatti 1957) mit folgenden Ergebnissen untersucht:

Assoziation	Boden	Index
Malachietum aquatici	naß	0.568
Alchemillo-Matricarietum papaveretosum	feucht	0.735
Alchemillo-Matricarietum alopecuretosum	mesophil	0.843
Biforo-Euphorbietum	trocken	0.935
Bunio-Melampyretum	(montan)	1.69

Bei abnehmender Feuchtigkeit steigen die Werte regelmäßig vom Malachietum bis zum Biforo-Euphorbietum; das Bunio-Melampyretum kann wohl als die thermophilste Assoziation angesehen werden, da sie einen ausgesprochen mediterran-montanen Charakter hat. In dieser Assoziation ist der Boden nicht besonders trocken, aber trotzdem läßt sie sich gut den oben genannten Gesellschaften anschließen.

Eine allgemeine Erscheinung ist, daß die (meist anthropogen) degradierten Gesellschaften ständig reicher an Polyploiden als die entsprechenden Klimax-Assoziationen sind. Unter den vielen Fällen, die wir untersuchen konnten, gibt es kaum eine Ausnahme:

BHARUCHA 1932

Klimax:	Quercetum ilicis	1.90
Degradation:	Brachypodietum phoenicoidis	0.736–1.265

SUSPLUGAS 1942

Klimax:	Querco-Buxetum	1.42
Klimax:	Fagetum	1.625
Degradation:	Callunaie	1.255
Degradation:	Sarothamnaie	0.899

KORNAS 1958

Klimax:	Quercetum ilicis	2.87
Beginnende Degradation:	Cocciferetum	2.17
Fortgeschrittene „ :	Brachypodietum ramosi	1.09

BRAUN-BLANQUET u. TÜXEN 1952

Klimax:	Blechno-Quercetum	1.002
Degradation:	Erico-Caricetum binervis	0.892

Die Untersuchungen von AICHINGER 1933 über die Degradation der Wälder in Kärnten können recht gut erklären, wieso eine Wertverschiebung zustande kommen kann. Dieser Autor beschreibt die Vegetationsveränderungen nach Kahlschlag (an Hand von Untersuchungen in Dauerquadraten). Es handelt sich um Einzelaufnahmen, die jedes Jahr wiederholt wurden, daher ist es nicht möglich, den entsprechenden Index zu berechnen. Unsere Werte wurden hier nach der Bedeckung (Coefficient de recouvrement) der Arten berechnet.

AICHINGER 1933, p. 150:

Jahre nach dem Kahlschlag	1	2	3	4	5	6
Kryptogamen	—	0.5	37.5	62.5	62.5	87.5
Diploide	—	3.5	81.5	119.5	96.5	56.5
Poly-Diploide	—	1.5	2.0	2.5	7.0	19.5
Polyploide	60.0	25.5	24.5	12.0	11.0	9.5

Im ersten Jahr wird die Vegetation nur von Polyploiden gebildet, die aber sehr schnell absinken, während die Diploiden stark zunehmen; sie erreichen ihr Maximum im vierten Jahr, aber in den beiden folgenden Jahren treten sie stark zurück; im letzten Jahr dominieren die Kryptogamen (Waldmoose). In den ersten Jahren ändert sich also dieVegetation sehr rasch und chaotisch, aber schon im 6. Jahr wird ein gutes Gleichgewicht zwischen den vier Hauptgruppen erreicht. Die weitere Vegetationsentwicklung bis zum Pinetum silvestris (Dauergesellschaft) zeigt wieder eine allmähliche Zunahme der Diploiden:

Pinetum silvestris	1.70
Calluna-Heide	0.817
Atropetum	0.525

Einen Einblick in die Beziehungen zwischen dem Alter der Pflanzengesellschaften und dem Prozentsatz an Polyploiden ermöglicht uns die ausführliche Arbeit von Jes Tüxen über die Entwicklung der Hackfrucht- und Garten-Unkrautgesellschaften (1958). Die Berechnung der vielen Tabellen, die darin veröffentlicht worden sind, hat uns große Mühe gekostet und zuerst nur zu einem nicht ganz befriedigenden Resultat geführt. Die Indexwerte der verschiedenen Abteilungen in jeder Tabelle zeigen manchmal eine Zunahme der Diploiden in den älteren Fazies, manchmal das Gegenteil und in einigen Fällen ist keine deutliche Verschiebung bemerkbar. Nur nach Zusammenfassung aller berechneten Angaben ist es uns gelungen, zu einheitlichen Resultaten zu kommen.

ÄCKER

Rodungsstufe	neuzeitlich	4 Tabellen	0.868
Junge Ackerstufe	mittelalterlich	4 Tabellen	0.938
Alte Ackerstufe	prähistorisch	6 Tabellen	0.915 (0.948)

GÄRTEN

Junge Gartenstufe	1–25 Jahre	4 Tabellen	0.792
Alte Gartenstufe	35–200 Jahre	4 Tabellen	0.800
Ältere Gartenstufe	über 200 Jahre	3 Tabellen	0.916

Der Wert der Alten Ackerstufe (0.915) wird stark von dem Index der Alten Ackerstufe von Tab. 47 beeinflußt, der ganz besonders niedrig ist und wahrscheinlich eine Ausnahme darstellt; es scheint uns also, daß es vorteilhafter ist, den Durchschnitt unter Ausschluß dieses Sonderwertes zu berechnen und das Resultat wäre in diesem Fall 0.948. Wie man aus diesen Angaben ersieht, nimmt der Anteil an Diploiden mit steigendem Alter der Gesellschaften allmählich zu, das gilt sowohl für Äcker als auch für Gärten, aber die Verschiebungen sind sehr gering und könnten nur durch einen umfangreichen statistischen Vergleich aufgezeigt werden. Dieses Beispiel zeigt, daß es möglich ist, daß die Polyploiden in einer bestimmten Vegetation von den Diploiden verdrängt werden. Das steht in krassem Gegensatz zur gewöhnlich vertretenen Meinung, die polyploiden Arten seien vitaler.

Der Vergleich des Polyploidiegrades innerhalb verschiedener anthropogener Pflanzengesellschaften ermöglicht uns, besser zu verstehen, wie sie sich gebildet haben. Die allgemein verbreitete Meinung der höheren Vitalität der polyploiden Arten findet keine Bestätigung und ist wahrscheinlich unbegründet. Die Polyploidieverhältnisse werden auch bei dieser Vegetation durch die Möglichkeit für die Pflanzen, Neuland zu besiedeln, bestimmt; das scheint der wichtigste Faktor für die Evolution der Pflanzen zu sein (nämlich Neuland zu besiedeln). In dieser Hinsicht verhält sich also die anthropogene Vegetation genau gleich wie die der natürlichen Pflanzengesellschaften.

ZUSAMMENFASSUNG

Die Untersuchung der Ploidie-Verhältnisse in der anthropogenen Vegetation zeigt, daß sich diese Assoziationen nicht von den natürlichen wesentlich unterscheiden. Als wichtigster Faktor für die Evolution und gleichzeitige Polyploidisierung tritt hier der menschliche Einfluß hervor.

SUMMARY

The study of the polyploidy in the anthropogenous vegetation shows that these associations are not essentially different from the natural vegetation. The influence of man is here the most important factor for evolution and consequently for the origin of polyploids.

LITERATUR

AICHINGER, E.: Vegetationskunde der Karawanken. – Jena 1933.

BHARUCHA, F. R.: Etude écologique et phytosociologique de l'association à Brachypodium ramosum et Phlomis lychnitis des garrigues languedociennes. – Beih. bot. Zbl., II, **50**. Dresden 1932.

BRAUN-BLANQUET, J. u. MOOR, M.: Ueber das Nanocyperion in Graubünden und Oberitalien – Jber. Naturf. Ges. Graub. **73**: 1–12. Chur 1935.

— u. TÜXEN, R.: Irische Pflanzengesellschaften. – Veröff. geobot. Inst. Rübel **25**: 224–421. Bern 1952.

DARLINGTON, C. D.: Chromosome Botany. – London 1956.

ELLENBERG, H.: Auswirkungen der Grundwassersenkung auf die Wiesengesellschaften am Seitenkanal westlich Braunschweig. – Angew. Pflanzensoz. **6**. Stolzenau/Weser 1952.

FAVARGER, C.: Quelques problèmes de géobotanique alpine. – IX. Congrès Int. de Bot. Montreal. 1959.

KORNAS, J.: Succession régressive de la végétation de garrigue sur calcaires compacts dans la montagne de La Gardiole près de Montpellier. – Acta Soc. bot. Polon. **27** (4), 563–596. Warszawa 1958.

PIGNATTI, S.: La vegetazione messicola delle colture di frumento, segale ed avena nella provincia di Pavia. – Arch. bot. **33** (1–2), 1–77. Torli 1957.

— Il significato delle specie poliploidi nelle associazioni vegetali. – Atti Ist. Ven. Sci. Lett. Arti 118, cl. d. sc. 75–98. Venezia 1960.

SUSPLUGAS, J.: Le sol et la végétation dans le Haute-Vallespir (Pyrénées Orientales). – Montpellier 1942.

TÜXEN, J.: Stufen, Standorte und Entwicklung von Hackfrucht- und Garten-Unkrautgesellschaften und deren Bedeutung für Ur- und Siedlungsgeschichte. – Angew. Pflanzensoz. **16**. Stolzenau/Weser 1958.

TÜXEN, R.: Pflanzengesellschaften und Grundwasserganglinien. – Angew. Pflanzensoz. **8**, 64–98. Stolzenau/Weser 1954.

E.-W. Raabe:

Die Formel zur Errechnung dieses Spektrums kann man vielleicht noch etwas verbessern. Sie haben die gesamten Artenlisten der einzelnen Verbände oder Gesellschaften berücksichtigt, also auch diejenigen Arten, die nur einmal, also zufällig darin sind. Soll man das?

S. Pignatti:

Das ist ein praktisches Problem, denn die Berechnung für eine Art ist gleich schwierig, ob nun die Art einmal oder hundertmal vorkommt. Wegen der Vollständigkeit habe ich in einigen Fällen alle Pflanzen, auch die einmalig vorkommenden Arten, eingeschlossen. In anderen Fällen habe ich das nicht getan, weil die Autoren selbst nicht alle zufälligen Arten angeben. Die einzelnen Pflanzen können in keinem Fall die gesamten Ergebnisse ändern, und deshalb kann man sie berücksichtigen oder nicht.

E.-W. Raabe:

Die Ergebnisse Ihrer Berechnungen sind im ersten Augenblick vielleicht etwas überraschend. Wenn wir bedenken, daß Diploide und Polyploide sich einmal im europäischen Raum von Süden nach Norden hin deutlich verschieben, indem wir im südlichen Raum eine größere Menge Diploide und im Norden eine größere Menge Polyploide besitzen, und dazu eine zweite Parallele haben, daß die Diploiden im wesentlichen Einjährige und die Polyploiden vorwiegend mehrjährige ausdauernde Pflanzen sind. Das entspricht auch wieder den Verhältnissen von Süden nach Norden. Im mediterranen Raum leben viel mehr Einjährige als im arktischen Bereich, wo die Pflanzen ausdauernd werden.

S. Pignatti:

Die Polyploiden sind nicht unbedingt nur die ausdauernden Arten. Die meisten Bäume sind Diploide. Sie haben eine enorme Wichtigkeit innerhalb der Assoziations-Tabellen der Waldgesellschaften.

Es gibt noch eine große Zahl von Pflanzengeographen, die denken, daß Polyploidie irgend eine Beziehung zum Klima hat. Gehen wir von einer tropischen bis zu einer rein arktischen Flora, so werden die Diploiden immer weniger, die Polyploiden immer mehr. Man sagt daher, daß die Polyploiden im kälteren Klima häufiger vorkommen, weil sie vitaler seien. Das ist nicht wahr! In den Alpen sind die Assoziationen, die am meisten frosthart sind, reich an Diploiden. In der Serie C u r v u l e t u m – S a l i c e - t u m   h e r b a c e a e – P o l y t r i c h e t u m   s e x a n g u l a r i s, die einer Schneebedeckung von 7–10 Monaten entspricht, kommen Polyploide sehr häufig vor. Die Diploiden leben in der Assoziation, die am längsten von Schnee bedeckt ist. *Salix herbacea, Dryas octopetala, Arabis pumila, Arabis alpina* sind alle Diploide. Es ist also nicht die Kälte, welche die Polyploidisierung erzeugte, wie Hagerup dachte, sondern es ist die Vergletscherung. Die Vergletscherung hat in der ganzen nördlichen Hemisphäre die Vegetation vernichtet. Als das Eis zurückging, haben sich in dem entstandenen leeren Raum die Arten wieder angesiedelt. Die Wiedereroberung des leeren Raumes hat den hauptsächlichsten Grund für die

Evolution unserer gemäßigten Flora Europas und des östlichen Nordamerikas dargestellt. Die Vergletscherung hat diese riesigen Evolutionen und auch die starke Polyploidisierung in unserer Flora bedingt. Ich habe die Angaben über Pflanzen aus dem Himalaya, aus Patagonien und Japan berechnet. Es sind alle gemäßigte oder kalte Floren. Aber sie haben keine Polyploidisierung. Sie haben die gleichen Werte wie die tropischen Floren. Man kann nicht beweisen, daß ein direkter Zusammenhang zwischen Polyploidie und Kälte besteht, sondern nur zwischen Polyploidie und Evolution. Die Evolution ist möglich gemacht worden durch die kalten Klimate des Quartär.

H. Ellenberg:

Man soll zwar nicht verallgemeinern. Ich möchte aber doch die von Tischler vertretene Auffassung, die Polyploiden seien lebenskräftiger, an Hand der Beispiele, die Herr Kollege Pignatti brachte, verteidigen. Das letzte darf man nicht in dem Sinne deuten, daß etwa das Polytrichetum die schlechteren Lebensbedingungen habe, und das Curvuletum die besseren, sondern es ist genau umgekehrt. Die Schneebedeckung bedeutet in diesen Höhen über der Waldgrenze einen günstigen Faktor. Wenn Sie z.B. die Temperaturen zu Grunde legen, so zeigt sich, daß das Polytrichetum unter den am wenigsten kalten Temperaturen lebt. Unter dem Schnee, das hat schon Rübel gemessen, sinkt die Temperatur niemals tiefer als 1–2° unter 0°, während das Curvuletum, das früher ausapert, viel früher auch der Kälte, die dann noch immer herrscht, im Frühjahr ausgesetzt ist. Dies bedeutet eine Reihe zunehmender Erschwerungen der Lebensbedingungen.

So möchte ich auch diese Reihe hier ausweiten. Wo sind die Lebensbedingungen relativ schwerer? Einerseits in der nassen, andererseits in der trockenen Region. Die besten Lebensbedingungen sind auf frischen in der Mitte liegenden Böden, also wären hier auch die geringsten Polyploiden Anteile zu erwarten.

Das Polygonion avicularis lebt m.E. unter schweren Lebensbedingungen. Deshalb ist es so artenarm. Tüxen hat immer wieder betont, daß die unter erschwerten Lebensbedingungen stehenden Gesellschaften artenarm seien. Die einartige Gesellschaft des Salicornietum strictissimae ist eine Gesellschaft aus nur einer polyploiden Art, die unter besonders extremen Bedingungen steht. So könnte man eigentlich hier alles deuten.

Die relativ hohen Werte von Onopordion und Eu-Arction würde ich so verstehen, daß diese Gesellschaften unter relativ günstigen Ernährungsbedingungen besonders des Stickstoff stehen. Die Äcker, die jung sind, haben relativ schlechte Ernährungsbedingungen. Jes Tüxen hat gezeigt, daß je älter die Äcker sind, die Ernährungsverhältnisse umso günstiger werden.

Das Abnehmen der Polyploiden würde auch in diesem Falle zu Gunsten der Tischlerschen Theorie sprechen. Nun möchte ich allerdings dem Mißverständnis vorbeugen, als glaubte ich, nun damit alles erklärt zu wissen. Sondern ich möchte nur der alten Tischlerschen Auffassung

hier das Wort reden, soweit das Material mir für diese Auffassung zu
sprechen scheint.

S. Pignatti:

Es gibt viel zu bemerken zu dieser sehr zutreffend geschilderten Sache.
Ich kann Ihre Meinung nicht teilen, daß das Polytrichetum bessere
Lebensbedingungen habe als das Curvuletum, weil das Curvuletum
viel artenreicher ist. Im Polytrichetum kommen etwa 10 Arten vor,
im Salicetum herbaceae wenig mehr. Aber im Curvuletum haben wir oft Aufnahmen mit viel mehr, bis zu 30 Arten. Übrigens leben im
Curvuletum Arten, die eine gewisse ökologische Breite haben, während
alle Arten des Polytrichetum hoch spezialisiert und nur auf die
Schneeflächen beschränkt sind. Diese Assoziation wiederholt sich ganz
gleich in Alaska, in Grönland und in den Alpen. Das bedeutet schon, daß
sie hoch spezialisiert ist, und daß ihr Standort als extrem zu bezeichnen
ist.

Im allgemeinen möchte ich sagen, daß die Aufassung, die Standorte als
extreme oder mesophile, als optimale oder schlechte zu bezeichnen, nach
meiner Meinung nicht möglich ist, weil jede Art im allgemeinen dort lebt,
wo es ihr am besten geht. Ich sage, das Salicetum herbaceae ist extremer als das Curvuletum. Niemand würde zweifeln, daß das Salicetum herbaceae extremer ist als ein Feld hier in Stolzenau. Aber wenn
ich *Salix herbacea* dorthin pflanze, stirbt sie wahrscheinlich. Wir können
in unserem botanischen Garten in Padua diese hochalpinen Arten gar
nicht züchten. Das bedeutet, daß für diese Arten der fruchtbare Tief-
landboden viel extremer ist, als ihre bescheidene Lebensgemeinschaft, der
sie ganz sicher angepaßt sind. Ich würde die geringe Evolution dieser
Gruppe dadurch erklären, daß diese Flora schon immer an die nivalen
Lebensbedingungen angepaßt ist. Dadurch haben die Vergletscherungen
sie fast unverletzt gelassen. Die Vergletscherungen haben die Flora der
Schneetälchen nur ausgebreitet, aber nicht beeinflußt. Die Bezeichnung
der Standorte als extrem entspricht also eigentlich nicht der Physiologie
der Pflanze. Wir können sagen, der Standort ist günstig für 500 Pflanzen,
ein anderer ist günstig für 5 Pflanzen. Aber für diese Pflanze ist das
Polytrichetum günstiger als das Curvelutum oder ein Feld in
Stolzenau.

H. Ellenberg:

Ich möchte auch da widersprechen; man kann, glaube ich, nicht den Satz
aussprechen, daß jede Pflanze dort wächst, wo es ihr am besten geht, sondern im Gegenteil. Ich möchte sagen, daß es eine ganz große Gruppe von
Pflanzen gibt, wenn es nicht überhaupt die meisten von unserer Flora
sind, die dort wachsen, wo es ihnen nicht am besten geht, wo ihnen aber
die mächtigen Konkurrenten Platz übrig lassen. Die ganze Gruppe der
oligotrophen Vegetation, auch der Schneetälchen usw. sind Pflanzen,
die auf anderen Standorten auch, vielleicht sogar besser gedeihen könnten, aber nur verdrängt sind. Ein typisches Beispiel ist die Kiefer, *Pinus
silvestris*, deren forstliches Optimum sozusagen das physiologische Optimum ist, wenn der Forstmann dafür sorgt, daß die Konkurrenten, die

Schattenholzarten nicht hochkommen. Aber in der Naturlandschaft, wo
die Konkurrenten sie verdrängen, steht sie auf Kalkfelsen, auf Sandstein-
felsen, auf sauren Mooren, auf nassen und sehr trockenen Standorten.
Sie ist aber weder trockenheit- noch nässeliebend, noch säure- oder kalk-
liebend. Sondern sie ist mesophil und eine Lichtholzart, die von Schattenholzarten leicht verdrängt wird.

Es sind günstige Lebensbedingungen dort, wo gute Ernährung herrscht,
und dort sind die kräftigen hochwachsenden Pflanzen, wie z.B. *Onopordon*,
gut entwickelt. An extremen Standorten sind die ausharrenden, die an
schwierige Bedingungen angepaßt sind, noch in der Lage, zu überleben,
weil ihnen die Normalflora keine Konkurrenz macht.

S. Segal:

Man muß sehr vorsichtig sein mit Interpretationen der Chromosomen-
Zahl bei Untersuchungen in einem Gebiet, wo wenig oder keine karyolo-
gischen Arbeiten gemacht worden sind. In letzter Zeit hat es sich gezeigt,
daß es von vielen Arten, von welchen man zuerst nur diploide Formen
kannte, auch polyploide Formen gibt, manchmal in demselben Gebiet,
aber auf verschiedenen Standorten. Untersuchungen der Chromosomen-
Zahl geben dagegen manchmal wichtige Information über bestimmte
Taxa in verschiedenen Vegetationen, wie sich z.B. gezeigt hat bei den
,,Arten'' *Juncus bufonius* L. (2n = 80) und *Juncus ambiguus* Guss.
(2n = 30) (= *Juncus bufonius* L. ssp. *ranarius* Hiit. oder var. *halophilus*
Buch. et Fern.), wo es gar keine Diploidie gibt. Für weitere Studien ist
ausgezeichnet Darlington and Wylie: Atlas of the Chromosome-num-
bers.

S. Pignatti:

Die intermediäre ist immer die kleinste der drei Gruppen. Meine Indices
sind berechnet, ohne daß man die intermediäre Gruppe berücksichtigt
hat. Sie beeinflußt die Angaben praktisch gar nicht. Nur für Einzelfälle könnte sie die Angaben beeinflussen. Es kommt oft vor, daß in
einer Art mehrere Chromosomenzahlen entdeckt werden, aber auch das
Gegenteil. Man sieht, daß jeder Chromosomenzahl eine gewisse Unterart
entspricht. Dann werden sie natürlich als verschiedene Arten behandelt.

Zu Prof. Ellenberg möchte ich sagen, daß es ja ganz richtig ist, daß
die Pflanzen nicht nur dort wachsen, wo es ihnen am besten geht. Aber
ich möchte nicht sagen, daß dies ein Beweis ist, daß in absolutem Sinne
extreme und nicht extreme Lebensbedingungen existieren. Jede der
vielen Vegetationsserien, die ich untersucht habe, hat eine deutliche Verschiebung der Werte gezeigt. Wenn man die Assoziationen von den
Pioniergesellschaften zur Klimax anordnet, ist es ausgeschlossen, daß
eine so regelmäßige Verschiebung nur durch einen Rechnungszufall zustande kommt. Das ist der beste Beweis, daß diese Angaben gerade der
Natur entsprechen. Wir sind ein wenig geblendet, weil wir in vielen Fällen von hochleistenden Pflanzen gerade Polyploide haben. Die Zahl der
Chromosomen hat höchstwahrscheinlich keine Beziehung zur Vitalität
der Pflanze.

R. Tüxen:

Herr Pignatti hat uns eine sehr interessante Beziehung eröffnet zwischen seinen Indices und den Evolutionen einer Degradationsserie, wenn ich das kurz so formulieren darf. Sie wissen, daß wir hier von Ersatzgesellschaften (groupements substitués) sprechen. Das sind ja die anthropogenen Gesellschaften. Es genügt aber nicht, einfach von Ersatzgesellschaften schlechthin zu sprechen, sondern wir sollten die Wirkung des anthropogenen Einflusses etwas abstufen und sollten die Ersatzgesellschaften unterscheiden in solche verschiedenen Grades. Wenn ich mir die reale natürliche Vegetation vorstelle, wie sie einmal war, und wenn ich mir denke, daß gewisse Einflüsse des Brandes oder gelegentlicher Beweidung stattfinden, so werde ich durch diese Faktoren Ersatzgesellschaften 1. Grades bekommen. Wenn aber diese Einflüsse weiter gehen, wenn regelmäßig geweidet wird, wenn intensiver geweidet wird, so entstehen Ersatzgesellschaften 2. Grades. Wenn Ackerbau getrieben wird, wenn also der Boden umgebrochen wird, wenn er gar gedüngt wird, wenn also der anthropogene Einfluß noch intensiver wird, so kann ich auch Ersatzgesellschaften 3. Grades erwarten, und wenn schließlich ein anthropogener Faktor so dominant wird, daß alle primären Faktorenkomplexe des Bodens, des Klimas, des Wassers und was sie sonst sein mögen, völlig verwischt werden, wie etwa bei den Trittgesellschaften, so habe ich Ersatzgesellschaften 4. Grades. Man kann nicht genau die verschiedenen Grade unterscheiden. Ich will nur sagen: Ersatzgesellschaften verschiedenen Grades. Es wäre eine ganz interessante Probe auf Ihre Berechnung, wenn Sie einmal Ersatzgesellschaften dieser Reihe prüfen würden, dann müßte sich herausstellen, daß bei den Ersatzgesellschaften 4. Grades tatsächlich die kleinen Zahlen vorkommen, während die Ersatzgesellschaften 1. Grades hohe Zahlen haben.

S. Pignatti:

Daran hatten wir noch nicht gedacht. Aber das eröffnet ein neues Gebiet für weitere Arbeit.

WURZELBILD UND LEBENSHAUSHALT
AM BEISPIEL ANTHROPOGENER VEGETATION

von

LORE KUTSCHERA, Klagenfurt

Für den Pflanzensoziologen ist es schon eine Freude, allein den Wechsel der Artenverbindungen im Gelände zu verfolgen. Bei dieser Arbeit gesellt sich jedoch sogleich sein Interesse an den diesen Wechsel bedingenden Ursachen hinzu. Ausgehend von der floristischen Zusammensetzung der Pflanzenbestände liegt es nahe, den Schlüssel für den Wechsel der Artenverbindungen zunächst in einer möglichst eingehenden Kenntnis des Wesens der verschiedenen Pflanzenarten zu suchen. Die bisher geringere Erforschung der unterirdischen Pflanzenteile regt an, gerade mit ihrer Hilfe zusätzliche Hinweise auf die Eigenart der einzelnen Pflanzenformen zu gewinnen, die bisher aus den oberirdischen Teilen nicht erkennbar waren.

Wie bei dem Sproß stehen wir auch bei der Wurzel zuerst vor der Aufgabe, ihre Arteigenheit zu erkunden. Das nächste Ziel ist die möglichst weitgehende Erforschung der unter verschiedenen Wachstumsbedingungen auftretenden Spielweite der artbegrenzten Wurzelausformung. Schon verhältnismäßig bald tritt vor Augen, daß selbst eine beschränkte Zahl genauer Untersuchungen genügt, um das Wesen der Wurzelausformung einer bestimmten Art vor allem durch den Vergleich mit einer größeren Zahl anderer Arten einigermaßen zu erkennen. Die Erforschung der Spielweite wird durch die Gesetzmäßigkeit erleichtert, mit der die Wurzel im allgemeinen auf den verschiedenen Einfluß der Hauptwachstumsfaktoren wie Wärme, Licht, Durchlüftung, Feuchtigkeit und Mineralstoff sowie Stickstoffangebot antwortet.

Von den kennzeichnenden Merkmalen der Wurzelausformung seien folgende besprochen: 1. Farbe der Wurzeln, 2. Verteilung der Wurzelsysteme im Bodenraum und Wurzelverzweigung, 3. Innerer Bau der Wurzeln, Durchlüftungs-, sowie Trocken- und Fäulnisschutzgewebe, 4. Verhältnis von Wurzel- zu Sproßwachstum.

I. FARBE DER WURZELN

Bestimmte Arten bilden unter dem Einfluß zeitweiser höherer Trockenheit und Wärme dunkel-rötlichbraune bis schwarzbraune Wurzeln. Dazu zählt *Carex elata*. Die Pflanze wuchs am Ostrand des engeren Klagenfurter Beckens in einem künstlich aufgestauten, früher der Fischzucht dienenden Teich, der seit längerer Zeit nicht mehr bespannt wird. Die Wurzeln des frei aufragenden, 70 cm hohen Horstes waren deshalb schon während mehrerer Jahre durch ihre besonders im Frühjahr freie, der Sonne zugewandten Lage höherer Trockenheit und Wärme ausgesetzt. Bei anhaltend größerer Feuchtigkeit und Kühle der Standorte bleiben die Wurzeln von *Carex elata* hingegen sandfarben und stellenweise sogar weißlich. Dies zeigen Wurzelsysteme von *Carex elata* aus dem kühleren und gleichmäßig feuchteren Paltental der Steiermark auf Standorten, auf denen sie zusammen mit *Pedicularis sceptrum-carolinum* wächst.

Dunkelbraune bis schwarzbraune Wurzeln besitzt auf Oberboden-trockeneren, wärmeren Standorten auch *Symphytum officinale*. Soweit die Wurzeln der Art, die auf grundwasserdurchströmten Moränenböden des Klagenfurter Beckens stellenweise eine Tiefe von über zwei Metern erreicht, in anhaltend grundfeuchte, kühle Bodenschichten hinabreichen, bleibt die Wurzelfarbe wieder sandfarben bis weißlich. Die Fähigkeit, besonders dunkel gefärbte Wurzeln zu entwickeln, teilt *Symphytum officinale* mit anderen Boraginaceen wie *Anchusa officinalis*, *Nonea pulla* und *Echium vulgare*. Die dunkle Wurzelfarbe, die bei diesen Pflanzen nicht mit einer Wachstumsschädigung verbunden sein muß, kennzeichnet offensichtlich die Verwandtschaft dieser Arten.

Auf frisch-feuchten, quellnassen, phosphorarmen Böden wurden nicht selten blaurote Farbtöne an den Wurzeln beobachtet. Dies zeigt das Bild von *Petasites hybridus*, das am Rande der gleichen ehemaligen Teichfläche wie jenes von *Carex elata* aufgenommen wurde. Blaurote Wurzeln entwickelten auch mehrere Pflanzen von *Amaranthus lividus*, die auf einem humusreichen Hanggleyboden in einem Garten bei Klagenfurt wuchsen. Ausgesprochen arteigen ist die blaurote Wurzelfarbe des *Lithospermum arvense*, bei dem sie durch den Farbstoff Lithospermin hervorgerufen wird.

Arten der Trockengebiete besitzen neben schwärzlichen Wurzeln besonders häufig leuchtend rötlichbraune, gelbbraune bis schwefelgelbe Wurzeln. Dies zeigen die Bilder von *Coronilla varia* mit ihren rötlich-braunen Wurzeln und von *Nigella arvensis* mit ihren schwefelgelben Wurzeln. *Coronilla varia* wurde auf mittelgründiger Schwarzerde, *Nigella arvensis* auf Paratschernosem im Burgenland östlich von Wien freigelegt.

Wie schon bei *Carex elata* und bei *Symphytum officinale* erwähnt wurde, ändert sich die Wurzelfarbe innerhalb der arteigenen Grenzen mit dem Wechsel der Wachstumsbedingungen des umgebenden Lebensraumes. So zeigen selbst mehrjährige auf frischer Braunerde nördlich von Klagenfurt gewachsene Wurzeln von *Taraxacum officinale* durchwegs eine weißliche Wurzelfarbe. Wächst *Taraxacum officinale* hingegen auf den zeitweise trockenen Böden östlich Klagenfurt, die dem Typ der graubraun podsoligen Böden ähneln, sind die Wurzeln sehr bald braun gefärbt. Im Pflanzenbestand unterschieden sich beide Standorte dadurch, daß bei Ackernutzung die erste Fläche einen Bestand der Vicia cracca – Campanula rapunculoides – Ges., die andere einen solchen der Vicia villosa ssp. pseudovillosa – Legousia speculum-veneris – Ges. trägt.

Dunkel bis schwarzbraune Wurzelfarben kennzeichnen offensichtlich häufig jene Arten, deren Wurzelsysteme zumindest teilweise hoher

Trockenheit und starker Vernässung ausgesetzt werden können, ohne
auszutrocknen oder zu faulen.

2. VERTEILUNG DER WURZELSYSTEME IM BODENRAUM UND WURZELVERZWEIGUNG

Auffallend an der räumlichen Wurzelverteilung in Trockengebieten ist der
vielfach zylinderförmige Aufbau der Wurzelsysteme. Auf den Standorten
der von WAGNER aus dem Wiener Becken beschriebenen Caucalis
daucoides – Scandix pecten-veneris – Ass., die TÜXEN der
Camelina microcarpa–Euphorbia falcata–Ass. zuzählt, und
namentlich auf den ostwärts angrenzenden Standorten auf mittelgründigen Schwarzerden mit ähnlichen Artenverbindungen sind die Seitenwurzeln der Pflanzen fast gleich kräftig wie die Primärwurzel ausgebildet
und dringen nach anfangs waagrechtem Wachstum knieförmig abgebogen
senkrecht bis gegen die Tiefe der in ihrem Wachstum gehemmten Primärwurzel vor. Besonders auf Paratschernosemen des gleichen Gebietes über
Schotter- und Sanduntergrund nimmt die Wurzelverzweigung endwärts
außergewöhnlich stark zu, so daß der größte Teil der aktiven Wurzelmasse nicht in den oberen, sondern in den mittleren und unteren Bodenschichten liegt. Je niederschlagsärmer der Standort ist, umso weiter seit-
wärts erstreckt sich außerdem das zunächst waagrechte Wachstum der
Seitenwurzeln in den oberen Bodenlagen, soferne die Wurzeln nicht zum
Grundwasser vordringen können. Damit vermögen sie zur besseren Wasserversorgung einen seitlich erweiterten Bodenraum mit einer entsprechend größeren Niederschlagsmenge zu erschließen. Deutlich veranschau-
licht dies die Gegenüberstellung der Bilder von *Xanthium strumarium* auf
mittel- und tiefgründiger Schwarzerde. In beiden Fällen zeigt auch diese
Art einen zylinderförmigen Wurzelaufbau.

Neigt eine Art ihrer Eigenheit gemäß jedoch weniger zu einem zylinderförmigen Wurzelaufbau, kommt dieser trotz gleicher Standortsbedingungen nicht zur Ausbildung. Ein Beispiel dafür bietet *Salsola kali* ssp.
ruthenica. Als Pflanze, die häufig auf mehr oder weniger salzhaltigen
Böden des Binnenlandes mit lückigem Pflanzenbestand auftritt, besitzt
ihr Wurzelsystem, selbst auf mittelgründiger Schwarzerde, eine starke
Aufgliederung in eine Gruppe flachstreichender und in eine Gruppe
senkrecht nach unten gerichteter Wurzelstränge. Wechselnde Durchfeuchtung und Durchlüftung der Böden ihrer ursprünglichen Standorte
ließen diese mehreren Salzpflanzen eigenen Wurzelformen entstehen.

Einzelne Arten, die zum Grundwasser vorzudringen vermögen, wie
Chondrilla juncea, durchstoßen mit ihrer besonders kräftigen Primärwurzel nahezu unverzweigt den mittelgründigen Schwarzerdeboden bis
sie den unter der wenig mächtigen Lößdecke liegenden Sand- und Schot-

[1] Die Herstellung der Wurzelpräparationen wurde in dankenswerter
Weise durch den Kulturreferenten der Kärntner Landesregierung, Herrn
Alt-Landeshauptmann FERDINAND WEDENIG, dem damaligen Finanzreferen-
ten, Herrn Landeshauptmann HANS SIMA und dem Leiter der Kulturabteilung
Herrn Hofrat Dr. OTTMAR RUDAN ermöglicht.

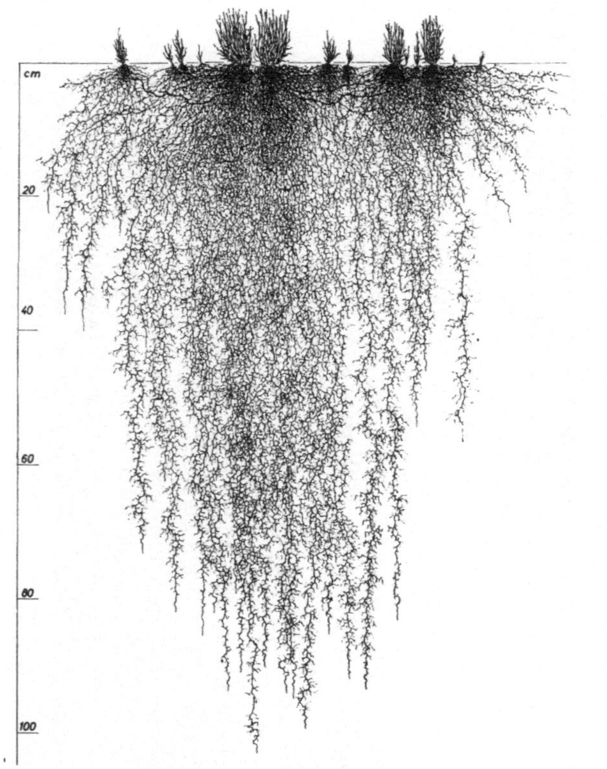

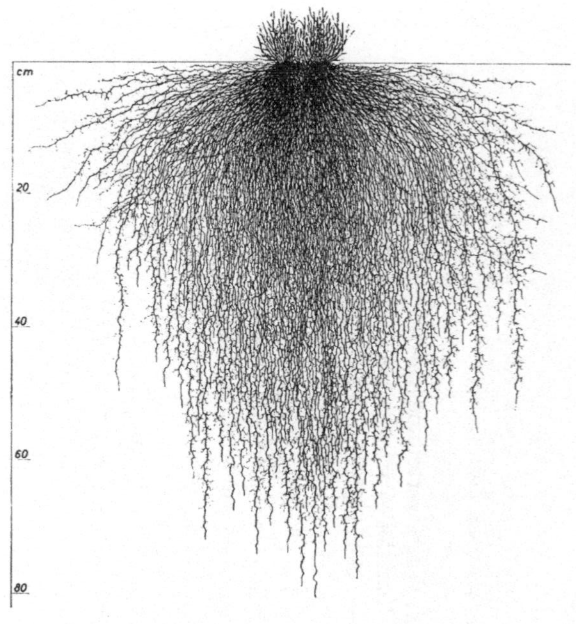

Abb. 1. *Poa pratensis* links, *Lolium perenne* rechts am 8. 3. 1959 ausgesät und am 23./24. 5. 1960 freigelegt. *Poa pratensis* Sproßhöhe 60 cm, Zahl der Bestockungstriebe 45, die Hälfte der Wurzelstränge wurde gezeichnet; *Lolium perenne* Sproßhöhe 60 cm, Zahl der Bestockungstriebe 150 (Wurzeldarstellungen von Dr. E. LICHTENEGGER). Die Pflanzen wuchsen auf zwei aneinander angrenzenden Versuchsflächen auf schwach entwickelter, schotterreicher Braunerde in Klagenfurt.

teruntergrund erreichen. In diesem verzweigen sie sich endwärts in zunehmendem Maße, sobald die grundfeuchten Lagen beginnen.

Im Gegensatz zu dem zylinderförmigen Aufbau der Wurzelsysteme und zu deren endwärts stärkeren Verzweigung in den semihumiden Schwarzerdegebieten sind die Wurzelsysteme in den humiden Gebieten in den oberen Schichten stärker verzweigt und meist kegelförmig nach oben erweitert. Dies trifft, bezogen auf die Ackervegetation, vor allem im Raum der A p e r e t a l i a zu. Selbst tiefwurzelnde Arten wie *Taraxacum officinale* und *Echium vulgare* besitzen einen, wenn auch schwach kegelförmig nach oben erweiterten, mit Faserwurzeln in den oberen Bodenschichten angereicherten Wurzelkörper. Auf gleichmäßig durchfeuchtetem Auboden nehmen zwar auch im humiden Gebiet die Wurzelsysteme häufig eine annähernd zylinderförmige Wurzelform an, wie das Bild von *Chenopodium album* zeigt. Dennoch besitzen auch diese eine Anreicherung der Wurzelmasse in den oberen Bodenlagen. Außerdem sind die Wurzelenden meist langgestreckt und kaum verzweigt. Ihr Tiefenwachstum wird hier nicht durch Trockenheit in den tieferen Bodenlagen wie in den semihumiden Gebieten gehemmt. Im Gegenteil, die zunehmende Feuchtigkeit und Kühle in den tieferen Bodenlagen der humiden Gebiete bewirkt ein stärkeres Streckungswachstum und eine Abnahme der Feinverzweigung. (Vgl. dazu auch KUTSCHERA, 1960, Abb. 89, *Amaranthus retroflexus* auf Auboden im humiden Gebiet Kärntens und Abb. 141, *Melilotus officinalis* auf Paratschernosem im semihumiden Gebiet im Nordburgenland östlich von Wien).

Ein anschauliches Beispiel für die stärkere Feinverzweigung von Arten, die einen größeren Luftraum im Boden verlangen gegenüber jenen, die luftärmere Böden ertragen, bieten die beiden wichtigen Weidegräser *Poa pratensis* und *Lolium perenne*. *Poa pratensis* entwickelt zwar in den kontinentalen Beckenlagen Kärntens vom September bis März, wenn der Boden kühl und gleichmäßig durchfeuchtet ist, ebenfalls mitunter über 60 cm lange unverzweigte relativ dicke weiße Wurzelstränge. Mit Einsetzen der Wärme und zeitweiser Frühjahrstrockenheit entstehen jedoch bald zahlreiche feine Wurzelverästelungen, während bei *Lolium perenne* die Feinverzweigung zurückbleibt. (Abb. 1). Ähnliches zeigt ihr Vergleich mit *Poa trivialis*, die ebenfalls einen luftärmeren Boden als *Poa pratensis* erträgt (Abb. 2).

3. INNERER BAU DER WURZELN, DURCHLÜFTUNGS-, TROCKEN- UND FÄULNISSCHUTZGEWEBE

Die verschiedene Widerstandsfähigkeit von *Poa pratensis* und *Lolium perenne* gegen Luftarmut im Boden, sowie außerdem gegen Trockenheit und Fäulnis geht ferner aus dem inneren Bau ihrer Wurzeln hervor. Bei *Poa pratensis* sind die Zellreihen der Rinde, die an die Rhizodermis anschließen, nahezu gleich groß. Erst gegen den Zentralzylinder werden die Zellen englumiger. *Poa pratensis* entwickelt daher in der Rindenschicht ihrer Wurzeln auch kein ausgeprägtes Durchlüftungsgewebe. Nur dort, wo mehrere Zellen aneinander stoßen, weichen diese stellenweise etwas auseinander. Durch das Fehlen englumiger Zellen in den äußeren Rinden-

schichten schrumpft ferner die äußere Rinde meist zur Gänze bei
Trockenheit in kurzer Zeit ein. Nur die inneren drei bis vier Rinden-
schichten mit ihren englumigen, stärker verdickten, bräunlichen Zellen
bleiben erhalten. Deshalb erscheinen die Wurzeln von *Poa pratensis* frühzeitig dünn, drahtig und bräunlich gefärbt. Sie sind sehr bald gut gegen

Abb. 2. Links *Poa trivialis* auf lehmigem Mullgleyboden auf einer Koppelweide südöstlich von Klagenfurt, Wurzelstränge stärker und weniger verzweigt, rechts *Poa pratensis* auf schotterreichen, mineralkräftigem, schwach
kalkhaltigem Humussilikatboden auf einer Koppelweide im Glantal nordwest-
lich von Klagenfurt, Wurzeln dünner, stärker verzweigt. (Rechtes Bild aus
LICHTENEGGER, E. Die natürlichen Voraussetzungen und deren Berücksichtigung für eine erfolgreiche Weidewirtschaft im Kärntner Becken. Diss. Wien
1963).

Trockenheit geschützt, benötigen aber einen größeren Luftgehalt im Boden.
Lolium perenne entwickelt hingegen angrenzend an die Rhizodermis häufig
etwa zwei bis vier Reihen englumigerer Zellen. Daran anschließend finden
sich drei bis fünf Reihen mit etwas weitlumigeren Zellen. Diese lösen sich
bis auf einzelne, im Querschnitt radial verlaufende Zellreihen auf oder es
bleiben nur Zellwände erhalten. Dadurch bildet sich ein deutliches Durch
lüftungsgewebe aus. An dieses grenzen wieder zwei bis drei Reihen mit

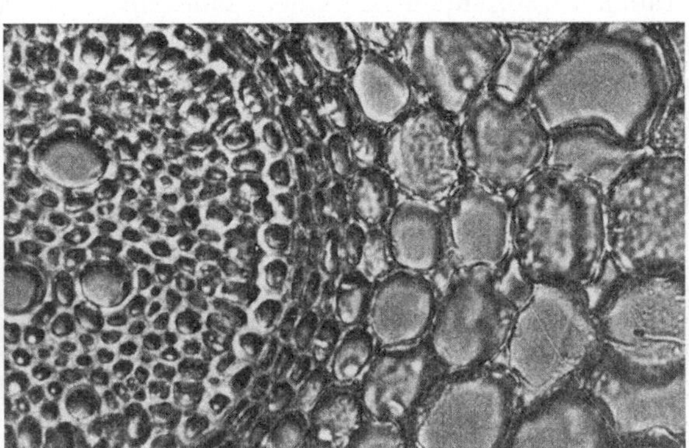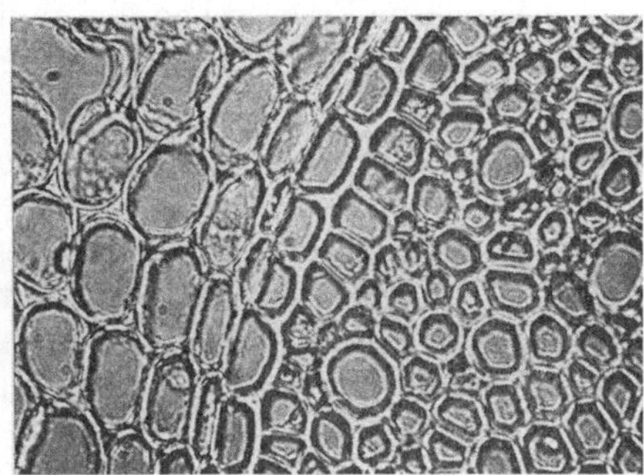

Abb. 3 und Abb. 4

Querschnitte sproßbürtiger Wurzelstränge, Abb. 3. von *Poa pratensis* ssp.
pratensis 240 ×, Endodermis stark verdickt, Zellen dreier angrenzender Reihen der Innenrinde englumig, deutlich ausgebildetes Durchlüftungsgewebe
fehlt, Abb. 4. von *Lolium perenne* 180 ×, Endodermis schwach verdickt,
Zellen der angrenzenden Schichten der Innenrinde weitlumig, in das Durchlüftungsgewebe übergehend.

englumigeren Zellen an. Deren Zellwände sind jedoch bedeutend weniger
verdickt als bei *Poa pratensis*. Die äußere Rindenschicht bleibt bei *Lolium
perenne* außerdem länger als bei *Poa pratensis* erhalten. Die Wurzeln erscheinen deshalb längere Zeit hell gefärbt. Wegen der geringeren Zell-
wandverdickung ertragen sie weniger Trockenheit und sind auch anfäl-
liger gegen Fäulnis. Dagegen ermöglicht ihnen ihr Durchlüftungsgewebe

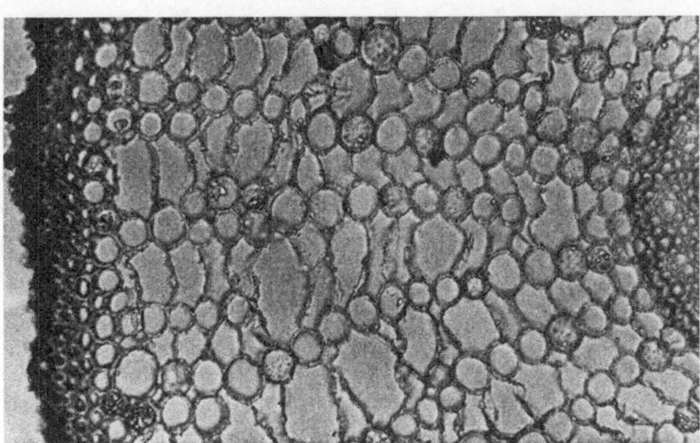

Abb. 5. Querschnitt eines sproßbürtigen Wurzelstranges von *Carex elata*
mit stark verdickter Endodermis, ausgedehntem Durchlüftungsgewebe und
drei Reihen englumiger, verdickter Zellen der Außenrinde.

das Ausharren auf luftärmeren Böden. (vgl. Abb. 3 und 4 und Schröder „Unterscheidungsmerkmale der Wurzeln einiger Moor- und Grünlandpflanzen nebst einem Schlüssel zu ihrer Bestimmung und einem Anhang für die Bestimmung einiger Rhizome", 1952). Ausgedehntes Durchlüftungs- sowie Trocken- und Fäulnisschutzgewebe besitzt ferner, ihrer Standortswahl gemäß, *Carex elata* (Abb. 5). Zum Unterschied von *Lolium perenne* und anderen Gramineen besteht das Durchlüftungsgewebe bei *Carex elata* jedoch nicht nur aus radial verlaufenden Zellreihen, sondern gleich anderen Cyperaceen auch aus tangential verlaufenden Zellwandlamellen, die zwischen den radial verlaufenden Zellreihen nach der Auflösung der Zellen erhalten bleiben.

4. VERHÄLTNIS VON WURZEL- ZU SPROSZWACHSTUM

Die ökologische Bedeutung des Wurzel-Sproß-Verhältnisses sei an zwei in ihrer Standortswahl wesentlich verschiedenen Grasarten dargelegt. Während bei *Phragmites communis* bei der Keimung des Samens das Sproßwachstum dem Wurzelwachstum vorauseilt gleich jenen Arten, die während der Keimung stets genügend Wasser benötigen, bleibt beim Weizen (*Triticum aestivum*), der trockenere Standorte besiedelt, das Sproßwachstum gegenüber dem Wurzelwachstum bei der Keimung und bei der Jungpflanze deutlich zurück. Eine in Kärnten kurz nach der Winterruhe auf tiefgründig humosen Mullgleyboden freigelegte Jungpflanze des Winterweizens besaß bei einer Sproßhöhe von 7 cm bereits eine Wurzel, die 120 cm, und zwei weitere, die 84 bzw. 58 cm in den Boden eingedrungen waren.

Diese hier nur andeutungsweise dargelegten Zusammenhänge zwischen Wurzelform, Pflanzenbestand, Standort und Wirtschaft (weitere Darstellung siehe Kutschera 1960, Wurzelatlas mitteleuropäischer Ackerunkräuter und Kulturpflanzen, Frankfurt) mögen anregen, das Wurzelwachstum und das unterirdische Sproßwachstum mehr als bisher für die Beurteilung des Lebenshaushaltes der Pflanzengesellschaften heranzuziehen. Von den in neuerer Zeit vorliegenden Arbeiten über eine einzelne Art sei hier nur jene von A. Kullmann 1958 „Die Abhängigkeit der Bewurzelung von den Standortsbedingungen bei *Molinia caerulea*" erwähnt.

ZUSAMMENFASSUNG

Im Wurzelbild der Pflanzen spiegelt sich die Gebundenheit der verschiedenen Arten an einen bestimmten Lebenshaushalt mitunter noch deutlicher wider als im Aufbau des Sprosses.

Von den kennzeichnenden Merkmalen der Wurzelausformung werden Farbe, räumliche Verteilung im Boden und Verzweigung sowie Durchlüftungs-, Trocken- und Fäulnisschutzgewebe der Wurzeln und das Verhältnis von Wurzel- zu Sproßwachstum besprochen.

Dunkelrotbraun bis schwärzliche Wurzelfarben treffen wir häufig bei Arten mit stärker ausgeprägtem Trocken- und Fäulnisschutzgewebe. Dazu gehören *Carex elata* und *Symphytum officinale*. Die dunkle Wurzelfarbe entwickelt sich, wenn die Wurzeln zeitweise höherer Trockenheit und Wärme ausgesetzt sind. Auf anhaltend feuchten bis nassen und kühlen Standorten bleibt die Wurzelfarbe der gleichen Art längere Zeit sandfarben bis weißlich. Bei Arten auf frischen Standorten finden sich häufig weißliche, auf mäßig trockenen Standorten bräunliche, auf stärker trockenen Standorten in semihumiden, wärmeren Gebieten intensiv rötlichbraune bis gelbbraune schwefelgelbe Wurzelfarben.

In semihumiden Gebieten auf grundwasserfernen Standorten bilden viele Pflanzen ein zylinderförmiges Wurzelsystem. Außerdem nimmt die Feinverzweigung und damit die der Nährstoffaufnahme dienende Wurzeloberfläche in den tieferen Bodenschichten zu. In humiden Gebieten weisen dagegen die Wurzeln meist ein nach oben kegelförmig erweitertes Wurzelsystem auf. Die der Nährstoffaufnahme dienende Wurzeloberfläche ist in der Regel in den oberen Bodenschichten größer als in den unteren.

Poa pratensis besitzt im Vergleich zu *Lolium perenne* feinverzweigtere Wurzeln mit geringerem Durchlüftungs- und stärkerem Trockenschutzgewebe. Dementsprechend benötigt sie Böden mit höherem Luftgehalt und erträgt größere Trockenheit als *Lolium perenne*.

Trockene Standorte können Arten umso eher ertragen, je mehr ihr Wurzelsystem dem Sproßwachstum vorauseilt. Unter den Kulturpflanzen zeichnet sich der Weizen vor allem in kontinentalen, humiden Gebieten mit größerer Winterkälte und geringen Winterniederschlägen durch ein stark vorwüchsiges Wurzelwachstum aus. 7 cm hohe Winterweizenpflanzen können im Frühjahr Wurzeltiefen von 120 cm und darüber erreichen.

SUMMARY

The root systems of plants sometimes show more clearly than the forms of the shoots the dependance of the different species on certain environmental conditions.

Among the characteristics of root forms the following will be discussed: colour, distribution in the soil, ramification, ventilating tissues and tissues protecting against drought and putrefaction, and the relation between the growth of roots and of shoots.

We often find colours between a dark reddish-brown and black in the case of species with well developed tissues protecting from drought and putrefaction, for instance *Carex elata* and *Symphytum officinale*. Dark root colours will develop when they are temporarily exposed to higher degrees of dryness or warmth. In continually moist to wet, cool soils the roots of the same species will remain for a rather long time sandcoloured to whitish. We often find whitish roots in well drained soils and definitely reddish-brown, yellow-brown to brimstone coloured roots in drier soils in semi-humid, warmer areas.

In semi-humid areas at places with deep underground-water levels, many plants form a cylindriform root system. Besides, the fine ramification increases in deeper layers, and with it the root surface serving the absorption of nutrients. In humid areas, on the other hand, we mostly find a coniform root system enlarged towards the soil surface. The root surface serving the absorption of nutrients is, as a rule, larger in the upper layers of the soil than in the lower ones.

Poa pratensis, as compared with *Lolium perenne*, has more finely ramified roots with smaller ventilating tissue, and a stronger tissue to protect it from drought und putrefaction. Accordingly, it needs soils with higher air-content, and can withstand greater drought than *Lolium perenne*.

The more a species can tolerate dry soils, the more its root development is in advance of the growth of its shoots. Among the cultivated plants, wheat is conspicuous by its much earlier root development, especially in continental, humid areas, with harder frosts and lower atmospheric precipitation in winter. Winter-wheat plants, 7 cm high, may achieve, in spring, root depths of 120 cm and more.

BEITRÄGE ZUR PROBLEMATIK DER ANTHROPOGENEN BÖDEN

von

TERÉZIA KRIPPELOVÁ, Bratislava

Boden ist jedes Substrat, das geeignet ist höhere Pflanzen zu ernähren. So wie jede natürliche Formation hat auch der Boden seine Historie, die mit der des Menschen verbunden ist. Schon seine Anwesenheit in Zeiten, wo er noch nicht ansässig war, hatte einen bestimmten, wenn auch unregelmäßigen Einfluß auf viele Boden-Eigenschaften. Vom Ende des Neolithikum, als der Mensch schon angesiedelt war, wurde sein Einfluß auf den Boden immerfort größer und zielbewußter. Er beginnt den Boden zur Pflanzenzucht auszunützen, und dadurch wirkt er direkt auf die Zusammensetzung des Bodens. Im Falle, wo sein Einfluß auf den Boden nicht dauernd war, ändert sich dieser allmählich zum ursprünglichen, natürlichen Zustand. Einer der ausdrucksvollen Faktoren des dauernden Einflusses des Menschen auf den Boden war seine regelmäßige Bearbeitung, so bei Gärten- und Feldkulturen.

Die Wirkung des Menschen auf den Boden war auch anderer Art. Dort, wo er Siedlungen angelegt hatte, wo er Verkehrsstraßen, später Fabriken und andere gesellschaftliche Objekte baute, häufte er näher oder weiter davon entfernt Abfälle an. So entstanden nach und nach mit der Entwicklung der Zivilisation Sammelplätze von Abfällen aus Haushalten, von den Handwerkern und andere, die den Beginn heutiger Abfallgruben und Kehrichthaufen bilden.

Diese alten Abfallgruben kann man heute im Bodenprofil sehr klar unterscheiden. Sie stechen von ihrer Umgebung durch Verfärbung und durch ihre mechanische Zusammensetzung ab. Sehr oft kann man das ursprüngliche kesselförmige Profil beobachten. Die Überreste ehemaliger Menschentätigkeit, die sich an den Bodenprofilen erweisen, behandeln die Arbeiten TÜXENS aus dem Jahre 1957.

Alle Böden, von welchen wir bisher gesprochen haben, sind charakterisiert durch den Eingriff des Menschen, oder dadurch, daß sie der Mensch selbst geschaffen hat, weiter so, daß sie mit bestimmten Pflanzengesellschaften spontan bewachsen sind. Der Grundfaktor bei ihrer Entstehung ist der Mensch. Darum nennt man solche Böden anthropogen.

Anthropogene Böden wurden bisher noch nicht in genetischen Bodensystemen respektiert, obwohl ihre Ausdehnung im Weltmaßstab riesig ist. Die Pedologen werden die Aufgabe haben, diese Böden als gleichwertig zu beurteilen mit denjenigen, die durch natürliche pedogenetische Faktoren entstanden sind. Sie entsprechen der Definition des Bodens, die am Anfange des Referates angeführt wurde. Der Begriff anthropogene Böden drückt die Abhängigkeit vom Menschen aus.

Im ganzen muß man den Einfluß des Menschen auf die Böden mit bestimmter Reserve bewerten. Fast alle Böden auf der Welt sind schon heute dem Einfluß des Menschen mehr oder weniger ausgesetzt. Es ist darum notwendig, diesen Einfluß abzustufen. Wenn es sich um das Weiden, um den Waldschlag, um Brände usw. handelt, halten wir diese Böden nicht für anthropogen, da der Mensch hier die Funktion eines pedogenetischen Faktors nicht erfüllt. So ist es möglich, diese Böden ganz grundsätzlich von den anthropogenen zu unterscheiden.

In der heutigen pedologischen Literatur treffen wir den Begriff anthropogene Böden nur spärlich. In der tschechoslowakischen Literatur erwähnt V. NOVÁK diese im Jahre 1946 in „Půdoznalství" (Bodenkunde), wo er auf der Seite 26 sagt: „Den Bodentyp kann man später durch Agrikultur und technische Kultur ändern in einen Kulturboden (anthropogen)". Er meint also unter dem Begriff – anthropogene Böden, nur solche Böden, die kultiviert sind. L. SMOLÍK befaßt sich im Lehrbuche „Pedologie" aus dem Jahre 1957 verhältnismäßig umfassend mit dieser Bodengruppe. Er selbst machte auf einigen städtischen Halden mehrjährige Beobachtungen und beobachtete, wie schnell sich diese ändern und in den ursprünglichen, natürlichen Typ übergehen. Leider sind die Ergebnisse seiner 25jährigen Beobachtungen im Laufe des Krieges verloren gegangen und das wertvolle Material und seine Beobachtungen blieben unbearbeitet. SMOLÍK nennt alle Böden anthropogen, die durch den Menschen entstanden oder die durch ihn beeinflußt sind.

ANTHROPOGENE BÖDEN

Benennung	1. Kultivierte Böden	2. Aufschüttböden (Dammböden)	3. Ruderalböden
Einteilung nach der Entstehung	Natürliches, primär abgelagertes Erdreich	Natürliches, sekundär abgelagertes Erdreich	Künstlich angehäufter Abfall
	regelmäßig	einmalig	unregelmäßig
Grundeinfluß des Menschen	Umschichtung und Fruchtbarmachung des Bodenhorizontes	Aufschüttung des Erdreiches auf einen sekundären Standort	Anhäufung des Abfallmaterials
Standort	Felder, Weingärten, Gärten	Dämme, Eisenbahn- und Straßenaufschüttungen, Kanalränder, Halden	Alle Ruderalstellen (Kehrichtplätze, Schutthalden, Baustellen).
Pflanzengesellschaften	(Stellarietea mediae) Therochenopodietea Secalinetea	Molinio-Arrhenatheretea u. andere	Plantaginetea maioris, Artemisietea vulgaris, (Stellarietea mediae). Therochenopodietea

Der Einfluß des Menschen auf anthropogene Böden hat einen mannig-
faltigen Charakter. Nach den bisherigen Beobachtungen kann man sie in
drei Hauptgruppen einteilen: 1. Die kultivierten Böden, 2. die Aufschüttböden (die Dammböden) und 3. die Ruderalböden. Die Einteilung
möchte man als einen vorläufigen Entwurf auffassen. Auf diesem Gebiete haben wir bisher sehr wenige Erkenntnisse, und es ist wahrscheinlich,
daß im Laufe der Zeit eine ausführlichere Klassifikation entsteht. In unserer Klassifikation sind nicht die Böden eingeschlossen, die im Territorium unserer Republik nicht vorkommen. Zwischen den einzelnen Gruppen der anthropogenen Böden ist eine große Menge von Übergängen, die
man bisher nicht genau charakterisieren kann. Das wird nur nach der
Durchforschung der ganzen menschlichen Tätigkeit gelingen, die irgend
einen Einfluß auf den Boden hat.

1. Die kultivierten Böden (bearbeitete Böden, Agrar-Böden) sind in
Wirklichkeit Bestandteile der natürlichen Böden. Sie sind durch natürliche pedogenetische Faktoren und Vorgänge entstanden, aber ihre
oberste Schicht (die Ackerkrume) wurde durch den Menschen kultiviert
und durch ihn auf einer bestimmten Stufe der Fruchtbarkeit erhalten.
Das Hauptmerkmal des kultivierten Bodens ist die Umstürzung der
oberen Schicht des Bodenprofils, die künstlich erhaltene Pflanzendecke
und die Besiedlung durch eine besondere Gruppe ungezüchteter Pflanzen – der Unkräuter. Flächenmäßig gehören sie zu den verbreitesten auf
der Erde. Wenn der Einfluß des Menschen zu wirken aufhört, kehren sie
durch natürliche Vorgänge in den ursprünglichen Zustand zurück.

2. Zur zweiten Gruppe gehören die Böden, die den Übergang zwischen
der ersten und der folgenden Gruppe ausmachen: die Aufschüttböden.
Dazu gehört jedes natürliche Erdreich, das durch den Menschen auf einen
anderen Platz versetzt worden ist. Die Pflanzengesellschaften, welche die
Dammböden besiedeln, sind in ihrer floristischen Zusammensetzung den
natürlichen Gesellschaften am nächsten, da der menschliche Einfluß hier
größtenteils nur einmalig ist. Mit der Anschüttung des Erdreiches auf
dem sekundären Standort endet gewöhnlich auch jeder weitere Einfluß
des Menschen auf den Ursprung eines solchen Bodens. Darum hat auch
die Vegetation hier einen anderen Charakter, wie auf anderen anthropogenen Böden, wo der Einfluß des Menschen dauernd ist. Die trockenen
Dämme verwachsen mit Halbkulturgesellschaften (Arrhenatheretalia). Die Vegetation der feuchteren Standorte, wie z.B. die Ränder der
Kanäle, ist gewöhnlich durch die benachbarten Gesellschaften beeinflußt.

3. Die dritte Gruppe bilden die Ruderalböden, die ihren Ursprung nur
dem Menschen verdanken. In Wirklichkeit sind sie eine Mischung der
mannigfaltigsten Abfälle organischen und anorganischen Ursprungs. Sie
sind größtenteils in der Nähe der Menschensiedlungen in Form von
Kehricht, Baustellen, Trümmerhaufen und Aufschüttungen verschiedener
Art entstanden. Den Kern ihrer Zusammensetzung schafft der Abfall,
welcher dem Menschen unnütz ist. Aus dem Charakter dieser Böden ist
die Benennung Ruderalböden abgeleitet. Die Bedeutung des Wortes ru-

dus im Latein, erklärt sehr gut die Entstehung der Ruderalböden und zugleich auch die Zugehörigkeit zur Pflanzenwelt, durch welche diese Böden besiedelt werden (Ruderalpflanzen). Ruderalboden ist also jeder Abfall, der durch die Tätigkeit des Menschen sekundär angehäuft wurde, der auf natürlichem Boden liegt und der Pflanzen zu ernähren geeignet ist.

ZUSAMMENFASSUNG

Für die Klassifikation der anthropogenen Böden, welche sich auf dem Gebiet der Tschechoslovakei befinden, wird ein vorläufiger Vorschlag gegeben. Die anthropogenen Böden werden nach dem Grade der menschlichen Einwirkung in drei Gruppen geteilt:

1. Kultivierte (bearbeitete) Böden, Agrarböden sind durch natürliche pedogenetische Faktoren entstanden, aber ihre oberste Schicht, die Ackerkrume, ist durch den Menschen kultiviert und wird durch ihn auf einer bestimmten Stufe der Fruchtbarkeit erhalten.
2. Aufschüttungsböden sind auf den durch den Menschen bewegten natürlichen Böden entstanden.
3. Ruderalböden sind auf angehäuften menschlichen Abfallstoffen entstanden.

Die ausführliche Einteilung der einzelnen Gruppen, ihre Genesis und die Übergänge zwischen ihnen wird auf Grund ausführlicher Untersuchungen in verschiedenen Gebieten noch eine Überarbeitung brauchen.

SUMMARY

The contribution gives a preliminary proposal for classification of antropogenous soils in the territory of Czechoslovakia. The antropogenous soils are divided according to the grade of human influence into three groups:

1. Cultivated soils (agricultural), arisen under the action of natural soil-forming factors, but their upper-most layer (arable-land) has been cultivated by man and kept at a certain grade of fertility.
2. Dike-soils arisen on natural soils which have been transposed secondarily by man.
3. Ruderal-soils arisen exclusively under the action of man, by accumulation of waste-matter.

A more detailed division of several groups, their genesis and the transitions among them should be worked over and characterized on the basis of detailed materials from different territories.

OBSERVATIONS SYNTHÉTIQUES SUR LA VÉGÉTATION ANTHROPOGÈNE MONTAGNARDE DE LA CALABRE (ITALIE MÉRIDIONALE)

par

VALERIO GIACOMINI ET SALVATORE GENTILE

Dépuis trois années nous travaillons à la connaissance de la végétation de l'Aspromonte et de la Sila, en particulier au but d'établir une typologie de la végétation herbacée et d'en reconnaître la dynamique.

Le territoire exploré s'étend entre le 38° et 38°,3 et le 39° et 39°,3 de lat. N, et entre les altitudes 900–1956 m (pour l'Aspromonte) 1000–1929 m (pour la Sila).

Les substrats géologiques sont peu différents dans les deux groupes de montagnes et sont représentés surtout par des gneiss, des schistes, des rochers granitiques. Les sols sont assez profonds, sablonneux, de couleur brun foncé, dans les dépressions, peu profonds jusqu'à la dénudation des rochers sur les pentes et les sommets.

Au sujet du climat on peut dire que les pluies (moyenne de l'année) montent à 1000–1500 mm dans l'étage montagnard que nous avons exploré avec des maximums de 2000 mm environ aux altitudes plus elevées. Le 3/4 de ces pluies tombent pendant l'automne et l'hiver. Les hivers sont froids et humides, les étés chauds et secs. La température minime absolue descend rarement au dessous de $-5°–10°$; le maximum absolu dépasse rarement 30°.

LA VÉGÉTATION SPONTANÉE

Au sujet de la végétation spontanée on peut se rapporter surtout à celle de la Sila où elle est mieux développée.

Le massif de la Sila au niveau montagnard s'étend largement en forme de plateau ondulé entre 1100 et 1300 m, interrompu ça et là par des montagnes assez modestes dont la plus élevée est Botte Donato (1929 m).

La végétation herbacée et arbustive peu ou non altérée par l'homme trouve son développement optimal sur les pentes plus ou moins escarpées et aux superieures altitudes, en général au dessus de 1650 et 1700 m. Ailleurs les cultures exercent – comme on va examiner bientôt – une influence variable mais toujours bien apercevable.

La végétation forestière est représentée par des taillis très denses de *Fagus silvatica* mélé d'*Abies alba*, parfois – au Gariglione – par de véritables forêts. Bien plus répandue est cependant la pineraie à *Pinus laricio*, à laquelle la Sila (*Silva*) doit sa célébrité ancienne et actuelle. Seulement aux bords extérieurs du plateau montent des peuplements très fragmentaires de *Quercus pubescens* et de *Q. cerris*.

La hêtraie moins altérée donne des exemples assez riches en espèces du F a g i o n, mais beaucoup de bois de hêtre sont profondement appauvris et contaminés. La pineraie est peu différenciée et garde toujours quelques espèces du F a g i o n à côté du contingent assez nombreux commun aux clairières et aux paturages.

On peut distinguer dans la végétation herbacée et arbustive quatre associations fondamentales, que nous décrirons prochainement dans un travail plus vaste floristique et écologique.

Nous avons donné le nom de A s t r a g a l e t u m c a l a b r i à une association largement répardue dans tout le plateau de la Sila, avec de prolongements inférieurs jusqu'à l'horizon supérieur du Q u e r c i o n i l i c i s, où elle s'enrichit d'espèces thermophiles. Ses caractéristiques sont un petit arbuste épineux, l'*Astragalus calabrus* et quelques espèces méditerraneo-montagnardes, parmi lesquelles dominent *Koeleria splendens* et *Festuca levis* var. *gallica*. On trouve cette association constamment sur les pentes arides et sur les dos entre 1000 et 1700 m selon les expositions; en fragments on la trouve aussi aux bords des cultures, dans les clairières plus sèches des bois; le sol est de type AC.

L'association que nous avons nommée F o e n i c u l o - F e s t u c e t u m s p a d i c e a e est moins répandue, mais plus homogène et mieux caractérisée. On la reconnaît par la dominance de *Festuca spadicea* et par la présence d'espèces subalpines telles que *Thesium divaricatum*, *Veronica prostrata*, *Pedicularis comosa*, d'une espèce méditerraneo-montagnarde, le *Foeniculum peucedanoides*. Elle occupe toujours les pentes à Nord, généralement entre 1300 et 1700 m dans les clairières des bois de *Fagus* ou aux bords des cultures. Le sol est de type A(B)C.

Nous avons rangé ces deux premières associations dans une nouvelle Alliance (voir le tableau synthétique) que nous avons nommée K o e l e - r i o - A s t r a g a l i o n c a l a b r i.

Une troisième association nouvelle, le L u z u l o - N a r d e t u m, occupe les petites clairières des bois de *Fagus* ou les endroits plus humides des prairies plus ou moins inclinées entre 1700 et 1900 m, avec sol peu profond de type ABC sensiblement podsolisé. On peut la caractériser par la présence ou dominance de *Nardus stricta* et de *Luzula multiflora*, *Carex leporina*, *Sieglingia decumbens* et *Gnaphalium silvaticum*. Dans cette association on peut distinguer deux sous-associations: un L u z u l o - N a r d e t u m g e n i s t e t o s u m avec *Genista anglica*, *Ranunculus serbicus* et *Galium cruciata*, qui occupe le terrain moins incliné ou plan; un L u z u - l o - N a r d e t u m a g r o s t i d e t o s u m avec *Agrostis canina* et *Barbarea sicula* dans les endroits à sol plus compact, comprimé par le bétail.

La quatrième association a été nommée H y p o c h a e r i d o - P o t e n - t i l l e t u m c a l a b r a e. Elle est caracterisée par la *Potentilla calabra* nettement dominante et par *Hypochaeris levigata*. On peut dire qu'elle est le résultat de la dégradation du L u z u l o - N a r d e t u m, auquel elle tend toujours de revenir. On trouve cette association sur les pentes plus escarpées et plus exposées à l'érosion météorique. Le sol est caractérisé par un horizon A plus ou moins décapité et en reconstitution.

Cette dernière association comprend une sous-association à *Satureja alpina* et *Poa alpina* qui trouve son optimum dans les clairières des sommets plus élévés, entre 1800 et 1929 m (M. Botte Donato).

Nombre des rélévés	5	11	14	14	31
Car. de l'association					
Luzulo-Nardetum					
Luzula multiflora	IV	V	.	.	.
Gnaphalium silvaticum	II	IV	I	.	.
Sieglingia decumbens	II	III	.	.	.
Carex leporina	III	I	.	.	.
Diff. de la sous-association					
Luzulo-Nardetum genistetosum					
Genista anglica	V	.	II	III	I
Ranunculus serbicus	V	.	.	.	.
Galium cruciata	II	.	.	.	.
Diff. de la sous-association					
Luzulo-Nardetum agrostidetosum					
Agrostis canina	.	III	.	.	.
Barbarea sicula	.	I	.	.	.
Hypochaerido-Potentilletum calabrae					
Car. de l'association					
Potentilla argentea calabra	.	.	V	.	.
Hypochaeris levigata	.	.	III	.	.
Car. de l'alliance					
Cirsio-Nardion					
Cirsium vallis-demoni	V	V	III	.	.
Ranunculus thomasii	V	IV	I	.	.
Nardus stricta	V	V	III	.	.
Car. de l'association					
Foeniculo-Festucetum spadiceae					
Festuca spadicea	.	.	.	V	.
Foeniculum peucedanoides	.	.	.	II	.
Veronica prostrata	.	.	.	II	.
Prunella laciniata	.	.	.	II	.
Pedicularis comosa	.	.	.	II	.
Car. de l'association					
Astragaletum calabri					
Bartsia trixago	.	.	.	.	IV
Herniaria glabra permixta	.	.	.	.	V
Silene conica	.	.	.	.	V
Filago minima australis	.	.	.	.	II
Hypochaeris cretensis hispida	.	.	.	.	II
Trifolium lagopus	.	.	.	.	IV
Car. de l'alliance					
Koelerio-Astragalion calabri					
Astragalus calabrus	.	.	.	I	V
Koeleria splendens	.	.	.	III	V
Festuca levis gallica	.	.	.	II	V
Cytisus subspinescens	.	.	.	III	II
Thesium divaricatum	.	.	.	IV	II
Saxifraga bulbifera pseudogranulata	.	.	.	II	II

Soit à la Sila, soit à l'Aspromonte les cultures dominent l'étage montagnard entre 1000 et 1400 m, atteignant parfois 1700 m (Gruppo di Pettinascura dans la Sila). C'est ce qu'on voit aujourd'hui, mais auparavant – même après la dernière guerre – les cultures montaient bien plus haut et occupaient bien plus de place, c'est à dire tous les morceaux de terrain qui pouvaient être cultivés avec un minimum de production.

Les cultures principales dans la Sila et à l'Aspromonte sont celles des céréales et de la pomme de terre, souvent en assolement, mais d'une façon très irregulière en général. Seulement dans les dernières années, dans les fermes de l' ,,Opera della Sila'' on trouve des cycles d'utilisation réguliers et rationnels.

Dépuis bien de temps l'agriculture montagnarde est liée ici à l'art pastoral qu'on appelle en Italie ,,transumante''; les pasteurs conduisent au commencement de l'été les troupeaux de la plaine au plateau de la Sila ayant loué pour le pâturage beaucoup de terres précédemment cultivées, et qui le seront encore dans les années suivantes. Puisque le cycle culture-pâturage-culture est très régulier la plupart des terrains est occupée par une végétation qui n'est ni typiquement anthropogène, ni spontanée, mais un mélange variable en conditions d'équilibre très peu stable. C'est ce qu'on peut voir dans les diagrammes que nous avons dessinés pour chaque groupe d'espèces ayant une signification phytosociologique et pour chaque groupement végétal du plateau de la Sila.

Si l'on observe les diagrammes des cultures (d'après 9 rélevés de champs de *Triticum* et de *Secale* en culture alternant avec *Solanum tuberosum*) **on** peut constater la dominance de deux groupes d'espèces qui en Europe centrale indiquent des conditions écologiques différentes: les espèces des S e c a l i n e t e a et les espèces des C h e n o p o d i e t e a. La présence de ces deux groupes est à peu près équivalente dans les cultures de la Sila – et aussi à l'Aspromonte – et après ce que nous avons dit plus haut ça n'est pas étonnant. On peut ajouter qu'à coté des deux groupes d'espèces susdites d'autres entrent aussi à composer la végétation de ces champs bien qu' avec un petit nombre d'espèces: il y a là des réprésentants des H e l i a n t h e m e t a l i a g u t t a t i, des F e s t u c o - B r o m e t e a, du K o e - l e r i o - A s t r a g a l i o n c a l a b r i, des A r r h e n a t h e r e t e a et du C i r s i o - N a r d i o n. Il s'agit des différents contingents de végétation spontanée qui entrent dans les cultures pendant les interruptions et deviennent presque un caractère constant (d'une constance fluctuante).

C'est ce qui nous a conseillé de ne distinguer aucune association véritable dans la végétation de ces champs, et des champs dépuis peu abandonnés, et de choisir plutôt le terme de ,,*stade*'', qui parait ici plus convenable.

Le stade à *Hypericum perforatum* et *Chondrilla juncea* (9 rélevés dans les champs en repos dépuis une année après la culture du blé) présente en comparaison avec les cultures susdites un appauvrissement en espèces des S e c a l i n e t e a et des C h e n o p o d i e t e a à peu près dans la même mesure, et un enrichissement des espèces des autres groupes, surtout des F e s t u c o - B r o m e t e a et du K o e l e r i o - A s t r a g a l i o n. L'augmenta-

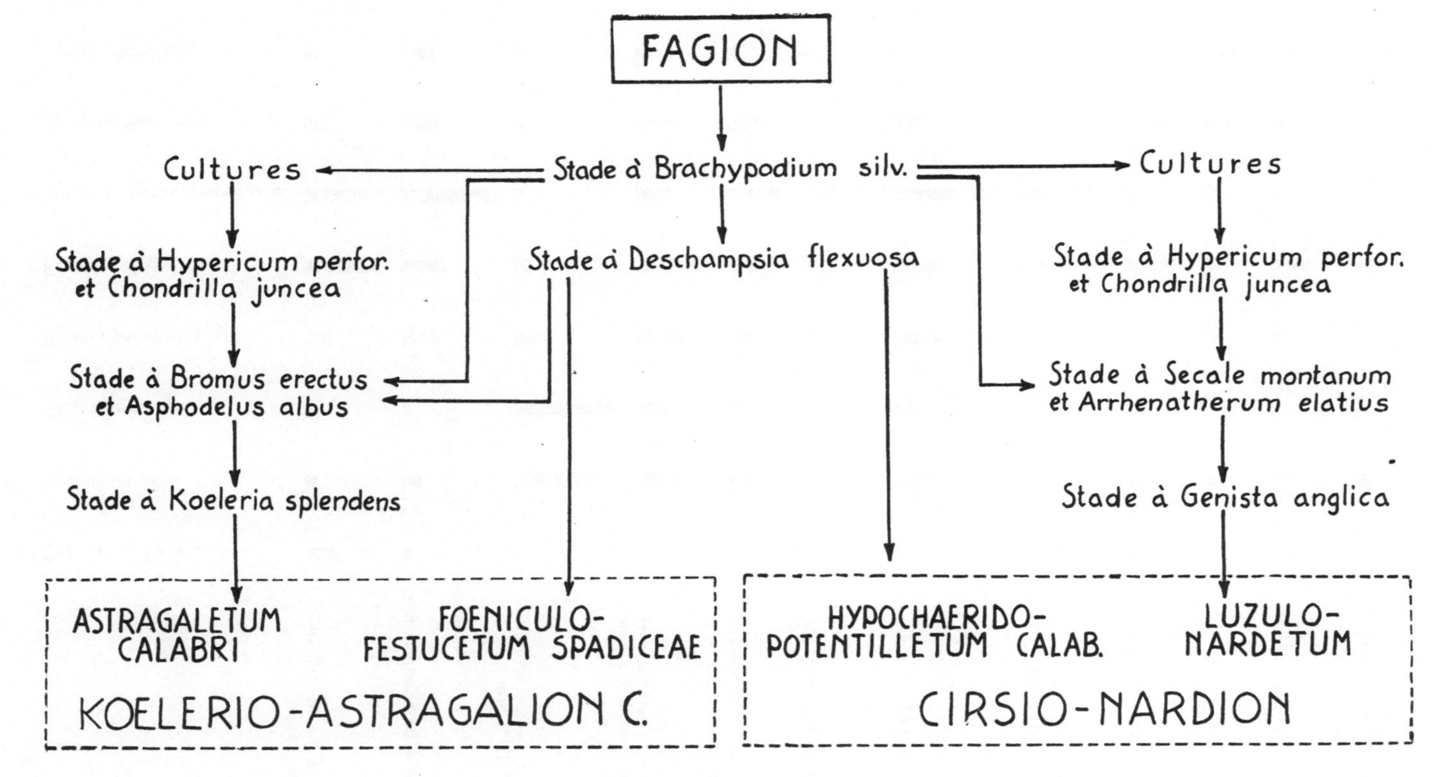

FAGION
Cultures
Stade à Brachypodium silv.
Cultures
Stade à Hypericum perfor. et Chondrilla juncea
Stade à Deschampsia flexuosa
Stade à Hypericum perfor. et Chondrilla juncea
Stade à Bromus erectus et Asphodelus albus
Stade à Secale montanum et Arrhenatherum elatius
Stade à Koeleria splendens
Stade à Genista anglica
ASTRAGALETUM CALABRI
FOENICULO-FESTUCETUM SPADICEAE
HYPOCHAERIDO-POTENTILLETUM CALAB.
LUZULO-NARDETUM
KOELERIO-ASTRAGALION C.
CIRSIO-NARDION

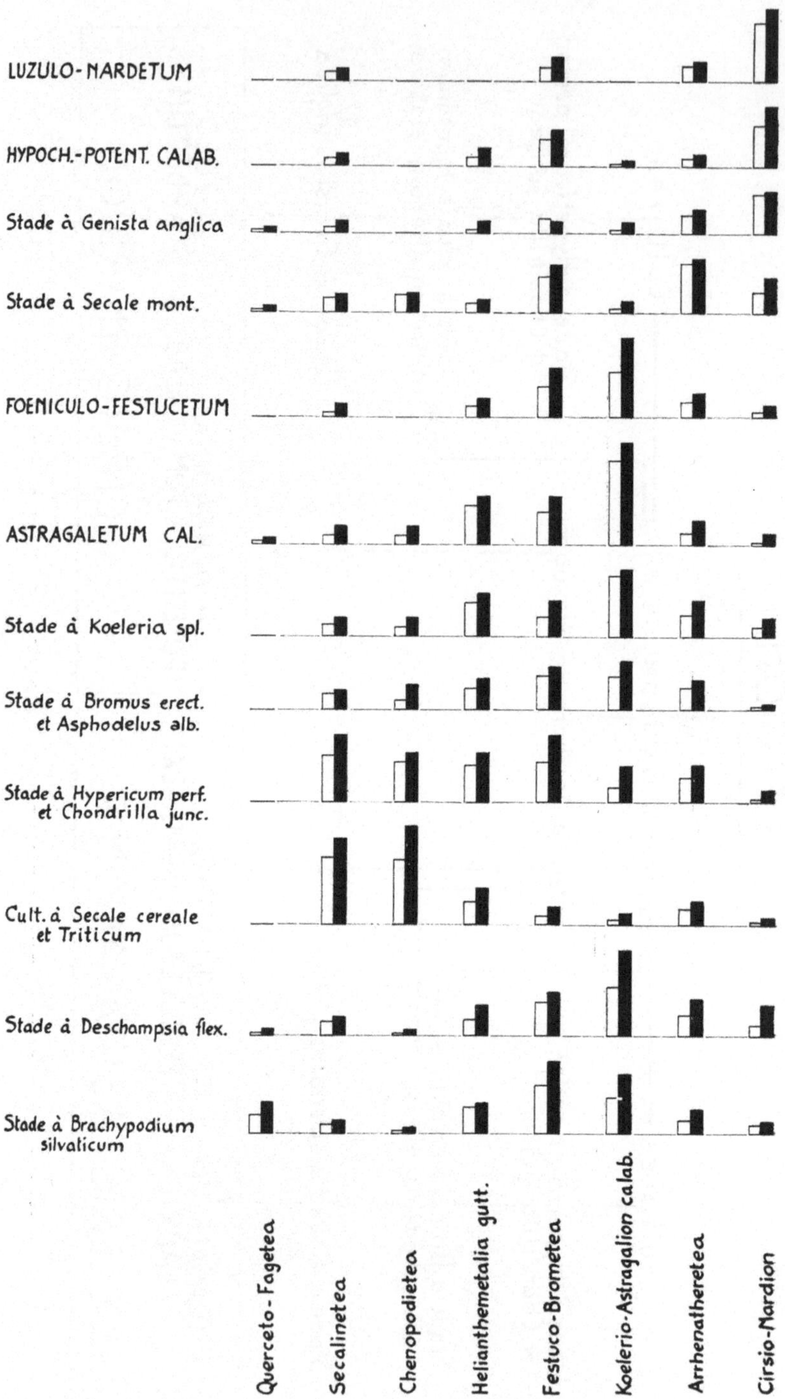

LUZULO-NARDETUM
HYPOCH.-POTENT. CALAB.
Stade à Genista anglica
Stade à Secale mont.
FOENICULO-FESTUCETUM
ASTRAGALETUM CAL.
Stade à Koeleria spl.
Stade à Bromus erect. et Asphodelus alb.
Stade à Hypericum perf. et Chondrilla junc.
Cult. à Secale cereale et Triticum
Stade à Deschampsia flex.
Stade à Brachypodium silvaticum
Querceto-Fagetea
Secalinetea
Chenopodietea
Helianthemetalia gutt.
Festuco-Brometea
Koelerio-Astragalion calab.
Arrhenatheretea
Cirsio-Nardion

tion des groupements spontanés devient encore plus importante dans les stades qui suivent (à *Bromus erectus* et *Asphodelus albus*, à *Koeleria splendens*) et culmine dans l'association A s t r a g a l e t u m   c a l a b r i, dans lequel les espèces du K o e l e r i o - A s t r a g a l i o n trouvent leur optimum, et dans l'association F o e n i c u l o - F e s t u c e t u m   s p a c i c e a e où disparaissent tout à fait les espèces des C h e n o p o d i e t e a.

Le stade à *Secale montanum* et *Arrhenatherum elatius* se rattache aussi au stade à *Hypericum* et *Chondrilla*, mais dans les endroits plus humides; il ouvre une série hygrophile, où demeurent encore – au commencement – les espèces des C h e n o p o d i e t e a, culminent les espèces des A r r h e n a - t h e r e t e a, et entrent toujours plus nombreuses celles du C i r s i o - N a r d i o n. La disparition graduelle des espèces des H e l i a n t h e - m e t a l i a   g u t t a t i souligne le caractère toujours plus humide des stations observées.

Le stade successif à *Genista anglica* semble beaucoup plus durable et nous conduit au L u z u l o - N a r d e t u m, association du C i r s i o - N a r - d i o n. Dans le L u z u l o - N a r d e t u m et dans le H y p o c h a e r i d o - P o t e n t i l l e t u m   c a l a b r i on peut observer la disparition complète des espèces du K o e l e r i o - A s t r a g a l i o n.

LE DYNAMISME

Les stades et les associations dont nous avons traité dérivent de la déstruction des bois de hêtre. A la suite de la taille se développe le stade à *Brachypodium silvaticum*, qui garde encore beaucoup d'espèces des Q u e r c o - F a g e t e a, étant déjà riche en espèces du K o e l e r i o - A s - t r a g a l i o n c a l a b r i et des F e s t u c o - B r o m e t e a. Le sol est encore assez riche en matière organique, ce sont les restes de la litière du bois disparu.

Du stade à *Brachypodium* on peut passer au stade à *Bromus erectus* et *Asphodelus albus* sur les pentes sèches et sur le sol appauvri en matière organique surtout à la suite du pâturage. Dans les endroits plus fraîches on peut passer au stade à *Deschampsia flexuosa*. Sur le sol plus humide et moins incliné, où la matière organique peut durer davantage, où le pâturage est moins intensif, est possible le passage au stade à *Secale montanum* et *Arrhenatherum elatius*.

Le stade à *Deschampsia flexuosa*, à son tour, peut s'évoluer en trois directions: vers le stade à *Bromus erectus* et *Asphodelus albus* dans les endroits chauds et arides à la suite du pâturage; vers le F o e n i c u l o - F e s t u c e t u m   s p a d i c e a e sur les pentes exposées au Nord; vers les associations du C i r s i o - N a r d i o n dans les endroits très humides et plus élevés (entre 1700 et 1900 m) à la suite de pâturage excessif.

Si l'on revient à la végétation qui suit les cultures on peut résumer de la façon suivante leur dynamique.

Il arrive souvent que les surfaces deboisées viennent tout de suite cultivées. Dès que les cultures sont abandonnées au pâturage suivent deux directions évolutives selon le milieu. Dans les endroits arides on passe tout de suite au stade à *Hypericum perforatum* et *Chondrilla juncea*. De celui-ci, toujours à la suite du pâturage on passe au stade à *Bromus erectus* et *Asphodelus albus*; plus tard encore au stade à *Koeleria splendens* et enfin à l'A s t r a g a l e t u m   c a l a b r i. La série des endroits plus humides conduit également – au commencement – au stade à *Hypericum perforatum* et *Chondrilla juncea*. On peut se demander alors pourquoi ce stade est commun aux deux différentes séries. La réponse est simple: on est encore très proche des conditions initiales de sol profondement labouré, et telles conditions sont encore très déterminantes sur la végétation. D'autre coté le sol profondement labouré dans les endroits arides acquière le pouvoir de garder mieux l'eau, tandis que dans les endroits humides il se dessèche sensiblement à cause de l'abbaissement de la nappe fréatique.

Dans la même série, du stade à *Hypericum* et *Chondrilla*, disparaissant les résultats du labourage, se caractérisant le milieu en direction hygrique, on passe au stade à *Secale montanum* et *Arrhenatherum elatius*. Le pâturage amène ensuite le stade à *Genista anglica*, duquel le L u z u l o - N a r d e t u m peut se développer.

A l'Aspromonte les conditions de la végétation sont un peu différentes. Au dessus de 1400 m il est difficile de trouver des clairières avec des exemples de végétation herbacée de quelque intérêt.

Les bois de hêtre et de *Abies alba* couvrent presque sans interruption l'étage montagnard au dessus de telle altitude. Entre 1300 et 1400 m la haute pinéraie à *Pinus laricio* est dominante; au dessous de 1300 m commence le domaine des taillis de *Castanea sativa*, tandis que les associations du Q u e r c i o n   i l i c i s se poussent parfois jusqu'à cette limite le long des profondes vallées qui montent du littoral. Les autres parties de l'Aspromonte, les plus planes en particulier, sont occupées par les cultures.

Telles conditions ne sont pas favorables au développement des associations du K o e l e r i o - A s t r a g a l i o n, qui manquent à l'Aspromonte. Les associations du C i r s i o - N a r d i o n ne sont pas absentes, mais très réduites, fragmentaires et non typiques. Puisque l'étage de la hêtraie a été peu anthropisé, trop peu dégradé pour permettre le développement de types bien différenciés de végétation herbacée naturelle, on peut s'expliquer ces conditions.

Seules les clairières des sommets les plus élevés (Montalto, 1955 m et Tre Limiti, 1700 m) sont occupées par une végétation avec *Potentilla calabra* dominante, et avec *Scleranthus perennis*, très semblable à l'H y p o c h a e r i d o - P o t e n t i l l e t u m   c a l a b r i. Les fragments du L u z u l o - N a r d e t u m y sont peu typiques.

La végétation anthropogène liée aux cultures est au contraire plus semblable à celle de la Sila, mais les stades qui suivent le groupements à *Hypericum* et *Chondrilla* sont moins bien tranchés. On peut cependant distinguer deux étapes assez frappantes. Le stade à *Adenocarpus complicatus* dans les endroits moins élevés (1000–1100 m) et secs, devrait évoluer vers une association à *Erica arborea* et *Adenocarpus complicatus*. Un autre stade riche en *Sarothamnus scoparius* est moins distinct et devrait passer à une véritable association à *Sarothamnus scoparius*.

On trouve aussi à l'Aspromonte le stade à *Secale montanum* et celui à *Genista anglica*, mais sans *Arrhenatherum elatius*. La série dynamique dans laquelle entrent ces deux stades demeure encore assez incertaine.

Les conditions particulières de l'Aspromonte – surtout le développement moins troublé des forêts, les cultures très irrégulières, le manque de fragments assez développés de végétation spontanée – expliquent nos incertitudes. On comprenderait encore moins la végétation anthropogène de l'Aspromonte sans l'aide des explorations achevées à la Sila.

CONCLUSION

Après avoir donné ce coup d'oeil très synthétique aux conditions de la végétation anthropogène de la Sila et de l'Aspromonte vis à vis des conditions de la végétation spontanée, nous ne croyons pas d'avoir donné une réponse à tous les problèmes soit de caractère général soit de caractère particulier. Toutefois – notamment pour la Sila – nous croyons d'avoir ébauché un aperçu assez coordonné et assez clair des groupements les plus importants et de leur dynamique.

Nous nous rappelons qu'à la fin de la prémière et de la seconde année des recherches en Calabre nos idées demeuraient très douteuses. Nous craignions même parfois d'avoir appliqué la méthode phytosociologique mal à propos et en dehors de ses possibilités, l'ayant appliquée au sujet de formes de végétation anthropogène tellement variables, tellement atypiques, en comparaison des groupements déjà établis pour l'Europe centrale.

C'est après avoir mieux connu la végétation spontanée des forêts, des pelouses, que nos idées se sont éclairciés. Il ne serait jamais assez recommandé de chercher partout, autant que possible, les liaisons entre la végétation naturelle et la végétation anthropogène.

Dans un territoire comme celui des montagnes de Calabre, plongé au milieu de la Méditerranée, nouveau aux explorations phytosociologiques, on pourrait songer à créer, même pour cette végétation anthropogène atypique, des associations, des alliances et des ordres nouveaux. Mais à l'état actuel des connaissances nous avons renoncé à telles nouveautés, qui n'auraient ajouté aucune clairté à nos représentations.

Il nous paraît que même cette représentation assez prudente, et qu'on pourra juger rudimentaire, permet déjà de voir distinctement l'état de la végétation. Elle exprime aussi d'une façon indirecte et conséquentiale les mauvaises conditions de l'agriculture montagnarde du territoire et l'influence de cette intervention humaine irrégulière et fluctuante sur toute la végétation de l'étage.

La réprésentation dynamique que nous venons de donner n'offre pas une idée des dimensions actuelles de ces phénomènes généraux, ni l'extension actuelle de chaque stade ou groupement. On pourrait représenter cela avec une cartographie, mais on fixerait ce qui est plus variable et contingent. A présent cette agriculture rudimentaire est en déclin, mais il y a quelques années – tout de suite après la guerre – elle était bien autrement développée et répandue. On peut souhaiter que dans les années à venir elle disparaisse du tout avec l'avantage des pâturages améliorés, des forêts, et, où il est convenable, des cultures bien réglées et rationnelles.

Avoir saisi dans ce qui est multiforme, variable et irrégulier dans la végétation anthropogène d'un territoire montagnard méditerranéen, ce qu'il y a néanmoins de récurrent, de répétible, est donc le but des recherches que nous avons entreprises et que nous allons continuer sur les montagnes de l'Italie méridionale.

H. Ellenberg:

Wir haben gesehen, daß die Chenopodietea und die Secalinetea in den Tabellen gleich stark vertreten waren in den Kulturen von *Triticum* und *Secale*. Ich frage, ob das tatsächlich so ist, denn es ist ja das Gleiche wie bei uns, und nicht etwa anders im mediterranen Gebiet, wie wir es heute morgen glaubten.

S. Gentile:

C'est toujours ainsi. Mais je pense que cette mixture est due plutôt au reste de la culture que vient avant. C'est tout une question de la rotation. Nous avons là des champs de pommes de terre. Après il y a de *Triticum* et alors ce qui reste est la classe des Chenopodietea. Elle reste très marquée. Mais c'est une affaire particulière, parce que les rotations ne sont pas régulières. Alors tous ces espèces trouvent son optimum dans les champs, parce qu'elles trouvent là le milieu, le sol plus ou moins compact.

Il y a la présence de quelques espèces des Secalinetea dans les champs de pommes de terre pas aussi fortement que dans les champs de *Triticum*, parce que les travaux de préparation du terrain pour planter les pommes de terre sont très profonds. Au contraire, si on sème *Triticum* ou *Secale*, on ne prépare que le sol très superficiel.

V. Westhoff:

Diese Wirtschaftsweise ist im Süden aber nur im Gebirge üblich und läßt sich nicht für das ganze Mediterrangebiet verallgemeinern.

S. Gentile:

La rotation est tout irregulière et nous avons un champ, qui est cultivé une année avec de pommes de terre, quelques fois directement avec du blé. Après, on le laisse au pâturage pour trois ou quatre années. Ça c'est variable. Après on le cultive de nouveau.

On peut faire des stades en rélation avec l'age du pâturage. Mais c'est très difficile. Il n'y a pas de constantes.

A. N. Teles:

Au sujet des rotations des cultures je me demande si la rotation (culture et friche) devient constante dans le temps. Dans ce cas, quand à la culture se suit un friche, on peut définir des groupements soit pour la végétation, les cultures soit pour les friches et ne parler pas seulement de stades.

Quelles sont les autres espèces qui sont à l'étage de *Castanea sativa*?

S. Gentile:

Nous avons *Pinus laricio* entre 1300–1400 m. Nous avons des taillis artificiels de *Castanea sativa* entre 1100–1300 m. Après nous avons une pénétration des fragments du Quercion ilicis – 1300 m.

S. Pignatti:

Y a-t-il *Quercus farnetto* dans cette région?

S. Gentile:

Oui, il y a *Quercus farnetto*.

E. Oberdorfer:

Fragt nach der Ordnung, in die der K o e l e r i o n-Verband gehört.

S. Gentile:

Möchte diese Frage noch nicht entscheiden, glaubt aber, daß in der montanen Stufe eine neue Ordnung aufzustellen sei.

DIE BEDEUTUNG DER PFLANZE
BEI DER FLUGWILDHEGE

von

HEINZ BRÜLL
(Forschungsstation Wild, Wald und Flur, Hartenholm/Wolfsberg)

Unter einem landschaftsbiologischen Aspekt wurde die Hege des Flugwildes in ihrer Abhängigkeit von Pflanzengesellschaften behandelt. Von Bedeutung sind hier die Einwirkungen des Menschen in ursprünglichen Moor-, Heide- und Waldlandschaften, aus denen Wiesen, Weiden und Äcker gewonnen wurden. Nach dem Verhalten des Flugwildes können wir unterscheiden:

1. Kulturflüchter, z.B. Birkwild
2. Kulturfolger, z.B. Rebhuhn, welches Wild als Zivilisationsflüchter anzusehen ist,
3. Zivilisationsfolger, z.B. Fasan

Diese Definitionen gründen sich auf Untersuchungen von Kropfinhalten und den damit aufgefundenen Äsungsanteilen. In Abb. 1–3 sind die Äsungspflanzen in prozentualen Äsungsanteilen in einzelne Landschaftsteile geordnet. Zugrundegelegt sind jeweils 250 Kröpfe jeder Flugwildart. Der Schwerpunkt der Befunde liegt auf den Jagdzeiten. Die Klärung der Äsung im Jahreszyklus geht langsam voran.

Die Beobachtung der Äsungsansprüche des Birkwildes (*Lyrurus tetrix*) als Kulturflüchter zeigt eindeutig, daß dieses Wild auf die Vegetation tätiger Moore und Heiden mit nicht unerheblichen Anteilen angewiesen ist. Pflanzen aus Moor und Heide machen insgesamt 10.4% der Gesamtäsung gemäß dem derzeitigen Stand der Untersuchungen aus. Sie sind die Äsungsgrundlagen in den Monaten X, XII, I, III, IV und V. Eine besondere Bedeutung haben im Monat III die Blüten des scheidigen Wollgrases (*Eriophorum vaginatum*), deren früh im Jahr erscheinenden Antheren dem Wilde erste Eiweißnahrung bieten.

Kätzchen und Nadelknospen von Waldpionieren, die in das Moor eindringen wie Birke, Weide und Fichte, stellen 6.3% der Äsung im Frühjahr und Winter. Einen hervorragenden Raum nehmen hier die geschlossenen Kätzchen der Birke ein.

Unter den Wildkräutern der Grünlandmoore ragen die Löwenzahnarten (*Taraxacum officinale* und *Leontodon autumnalis*), die Sauerampfer (*Rumex acetosa* et *acetosella*) und Hahnenfußarten (*Ranunculus* spec.) hervor. Nach den bisherigen Feststellungen – insgesamt 224 Kröpfe aus den Monaten April und Mai (es liegen bisher nur 11 Kröpfe außerhalb der Jagdzeit vor) – machen die Grünlandwildkräuter 36.5% der Gesamtäsung aus.

Von den Kulturpflanzen nehmen Klee und Gerste 10.6%, der eindeutig bevorzugte Hafer 37.0% der Äsung ein. Der geringe Buchweizenanteil versteht sich daraus, daß heutzutage diese Feldfrucht wenn überhaupt, dann nur noch auf Birkwildhegeäckern angebaut wird. Der Buchweizen stellte in früheren Zeiten erheblich höhere Anteile.

Schon auf grund des derzeitigen Standes der Äsungsstudien des Birkwildes müssen für seine Hege folgende Voraussetzungen erfüllt werden:

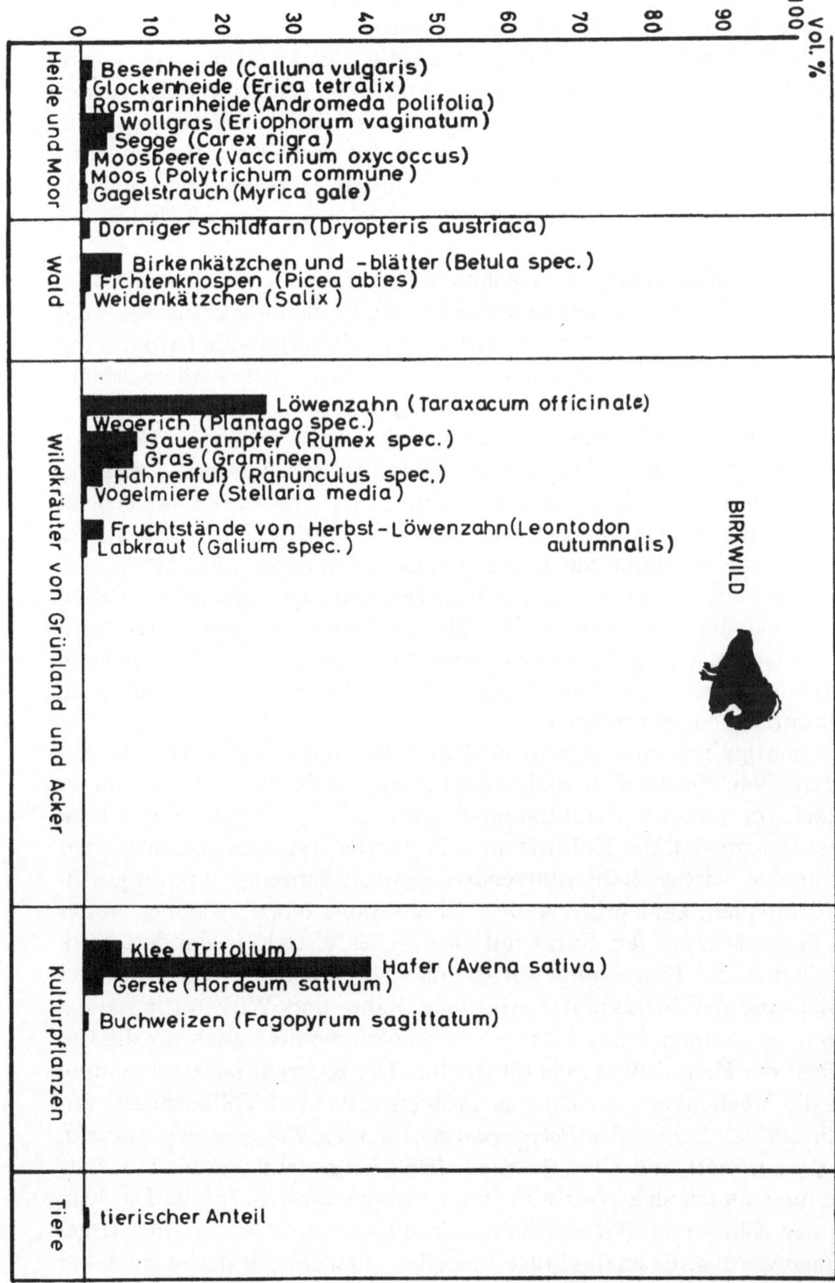

Abb. 1.   In verschiedenen Biotopen gebotene Äsungspflanzen des Birkwildes mit ihren prozentualen Anteilen in der bisher bekannten Gesamtäsung.

1. Erhaltung von Zwergstrauchgesellschaften der Moorböden in ausreichender Flächengröße – mindestens 200 ha, besser 500 ha und mehr.
2. Erhaltung atlantischer Zwergstrauchheiden in ebenfalls ausreichender Flächengröße.
3. Bruchwaldpioniere – Birken und Weiden – in lockeren Waldbeständen geben Winter- und Frühjahrsäsung. Nach Grundwassersenkungen und Abtorfungen großen Stils sich entwickelnde geschlossene Bruchwälder lassen das Birkwild verschwinden.
4. Wildkrautreiche Grünlandmoore bezieht das Birkwild ebenso in seinen Äsungsraum mit ein wie mit Hafer und Buchweizen bestellte Äcker.
5. Ökologisch ist das Birkwild als ein charakteristischer Bewohner von Zwergstrauchgesellschaften der Moorböden und Zwergstrauchheiden zu definieren. Vernichtung der Moore durch Entwässerung und Aufforstung der Heide führt zum unausweichlichen Verschwinden des Birkwildes.

Ein Blick auf die Äsung des Rebhuhnes (*Perdix perdix*) zeigt eindeutig, daß dieses Wild sich schwerpunktmäßig auf Verbands-, Ordnungs- und Klassencharakterarten der Halmfrucht-Wildkrautgesellschaften und einiger mitteleuropäischer Ruderalgesellschaften, insbesondere Hackfrucht-Wildkrautgesellschaften (Tüxen 1937), stützt (Abb. 2).

Hohe Äsungsanteile stellen *Stellaria media, Poa annua, Cerastium arvense, Galeopsis* spec., *Polygonum convolvulus, Polygonum persicaria* und *Chenopodium album*. Die Wildkräuter, hier sind es hervorstechend diejenigen des Ackers, machen 51.0% der Gesamtäsung aus! Zu 47.5% stützt sich das Rebhuhn auf Kulturpflanzen, von denen die Blattspitzen des Wintergetreides 11.0% ausmachen. Diese Grünäsung wird vom Rebhuhn, soweit ihm dies während der Monate Dezember, Januar bis April möglich ist, zu 95–100% aufgenommen. Bei hoher Schneelage müssen Fütterungen mit Dreschrückständen beschickt werden, die reich an Wildkrautsamen sein müssen.

Die heutige intensive Bewirtschaftung der Äcker, vor allem die Anwendung von Herbiziden und Insektiziden, stellt die Existenz dieser Wildart, die auf die „Kultursteppe" ganz und gar angewiesen ist, in Frage. Wir müssen die Kultursteppe, in der die Natur im Rahmen einer sich immer wieder konstituierenden Kulturpflanzen-Wildkrautgesellschaft mitspielt, eindeutig von der „Zivilisationssteppe" trennen, in der eben dieses Mitspiel der Natur mit chemischen Mitteln verhindert wird.

Es wurde die Frage aufgeworfen, ob nicht vielleicht sogar mit der Vernichtung der Wildkräuter wertvolle Nähr- und Wirkstoffbestände, die von den Samen dieser Pflanzen angeboten werden, auch für die Gesundheit der Menschen vernichtet werden. Der Referent bot dem Symposium die Möglichkeit, ein Brot zu probieren, das auf Vollkornbasis unter Zusatz von Samen des *Polygonum convulvulus, Polygonum persicaria, Galeopsis tetrahit* und *Chenopodium album* hergestellt wurde. Die Versammlung sprach sich positiv für die Geschmacksqualität aus. Die Klärung der Nähr- und Wirkstoffbestände dieser Samen ist in Angriff genommen worden. Es ist die Frage zu stellen, ob nicht nur derjenige Acker der gesunden Ernährung des Menschen dienen kann, der mindestens ein Volk Rebhühner mit heranwachsen läßt!?

Gegenüber dem Birkwild und dem Rebhuhn bieten dem Fasan (*Phasianus colchicus*) die meisten Biotope in unseren Landschaften Äsungsmöglichkeiten (Abb. 3). Seine Äsungsamplitude erstreckt sich vom Wald bis in die Kultursteppe. Mit 59.2% stehen beim Fasan ausgesprochene Kulturpflanzen unter seiner Gesamtäsung deutlich an der Spitze. Wildkräuter der Äcker und des Grünlandes machen bei ihm nur 25.6% aus.

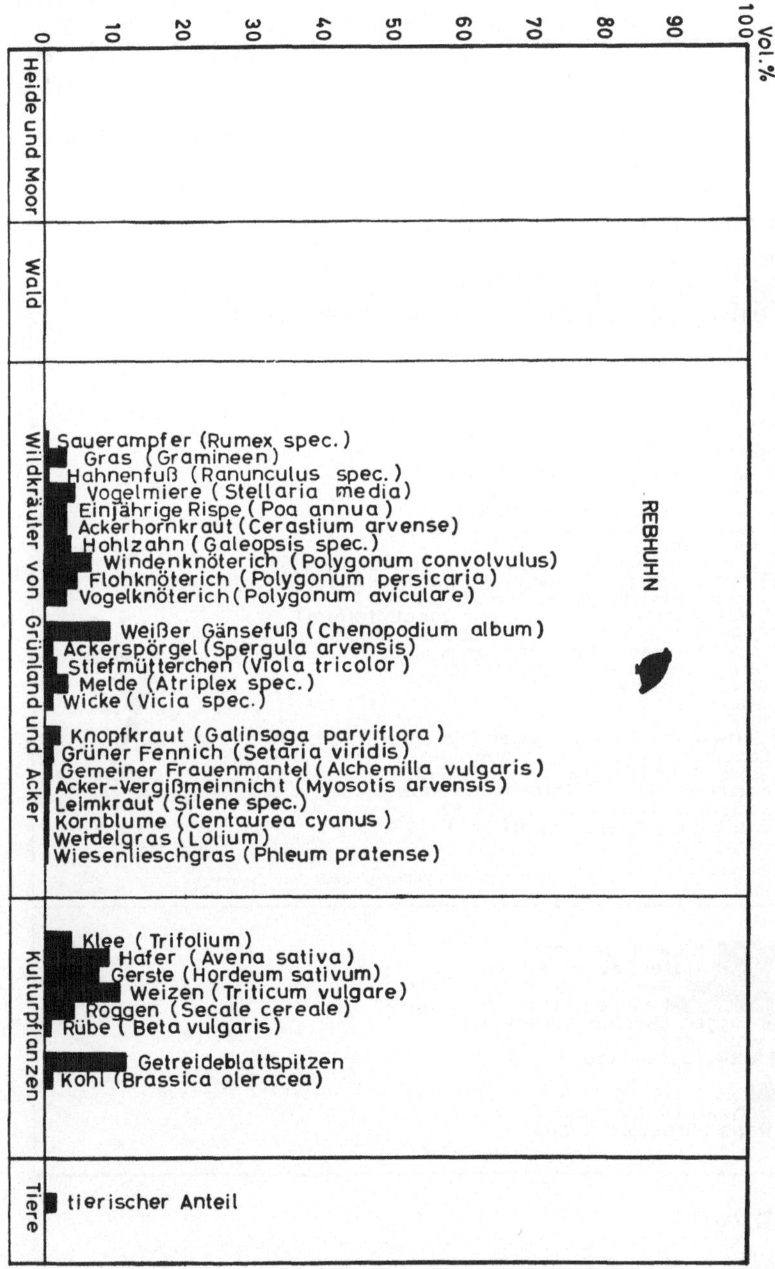

Abb. 2. In verschiedenen Biotopen gebotene Äsungspflanzen des Rebhuhns mit ihren prozentualen Anteilen in der bisher bekannten Gesamtäsung.

Bemerkenswert sind die Knollen von *Ranunculus ficaria,* die er sich in milden Wintern aus der Erde hackt, sowie die Früchte von *Solanum dulcamara* et *nigrum*! Letztere weisen darauf hin, daß dem Fasan mit Erfolg Tomaten an den Winterfütterungen angeboten werden können. Die aufgenommenen Früchte weisen auf eine gewisse Abhängigkeit von Laubmischwäldern hin.

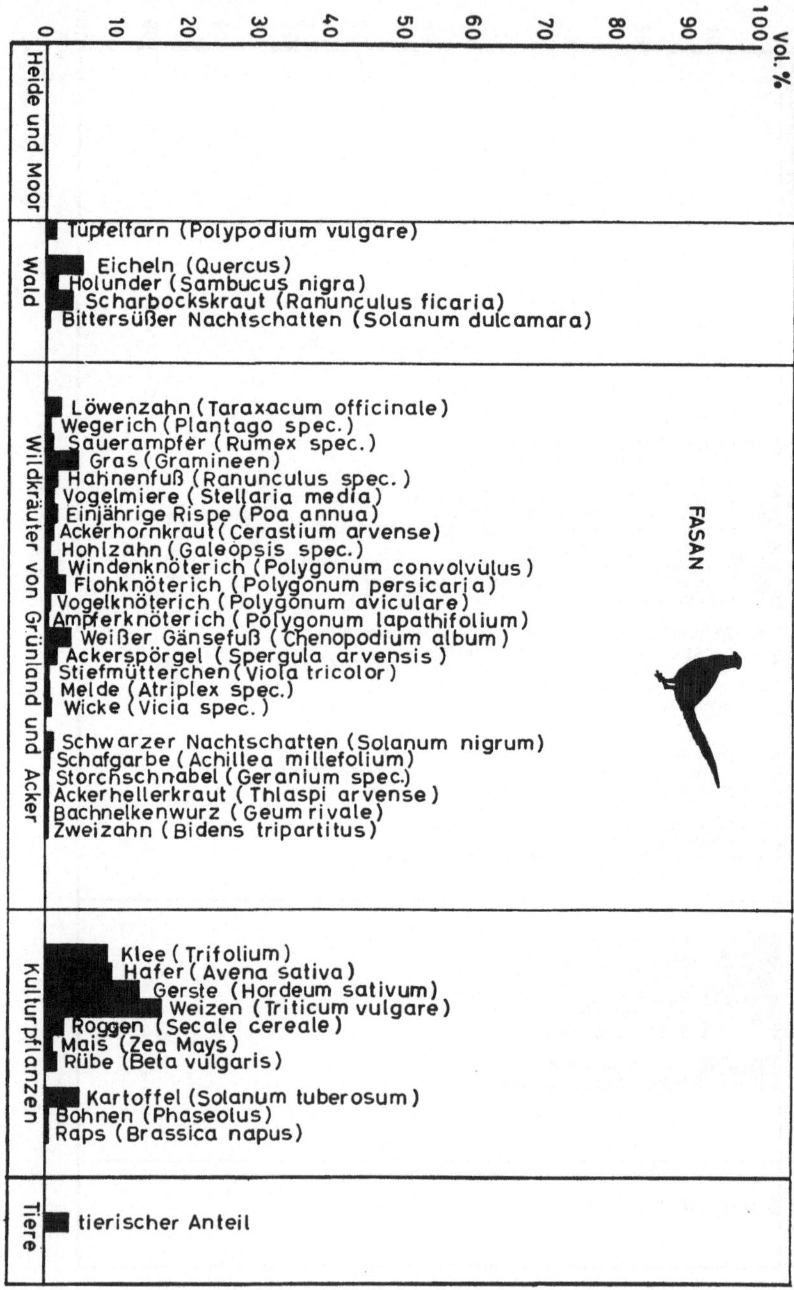

Abb. 3. In verschiedenen Biotopen gebotene Äsungspflanzen des Fasans mit ihren prozentualen Anteilen in der bisher bekannten Gesamtäsung.

Beachtenswert sind die hohen tierischen Anteile seiner Äsung – 3.6% gegenüber 0.5% beim Birkwild und 1.5% beim Rebhuhn! Unter seiner animalischen Kost ragen die Larven der Haarmücke (*Bibio marci*) und die Gallen von Weizen- und Rüben-Nematoden hervor.

Der Fasan wird von allen Flugwildarten am besten mit den Intensivmaßnahmen des Menschen in der heutigen Zivilisationslandschaft fertig und kann darum in vielen Gebieten mit großem Erfolg gehegt werden. Verglichen mit Birkwild und Rebhuhn hat er die weiteste Äsungsamplitude und stützt sich zudem schwerpunktmäßig auf die Kulturpflanzen. Er ist wesentlich weniger auf die Wildkrautgesellschaften der Äcker angewiesen als das Rebhuhn.

Auf den Beziehungen des Flugwildes zu den Pflanzengesellschaften aufbauend führte das Referat zu den Beziehungen beutegreifender Tiere, insbesondere von Greifvögeln mit Schwerpunkt auf dem Habicht (*Accipiter gentilis gallinarum*) zum Niederwild. Auf der Grundlage solcher funktioneller Beziehungen versuchte der Referent, diese als pars pro toto für die Erkenntnis einer gegebenen Ordnung in den Landschaften zu betrachten, mithin von der Analyse zur Synthese vorzudringen.

ZUSAMMENFASSUNG

Es wurde die Abhängigkeit verschiedener Flugwildarten – Birkwild, Rebhuhn und Fasan – von Pflanzengesellschaften auf der Grundlage von Kropfinhaltsuntersuchungen behandelt.

Das Birkwild (*Lyrurus tetrix*) ist der Charaktervogel der Zwergstrauchgesellschaften der Moorböden und atlantischen Zwergstrauchheiden mit Waldpionieren am Rande.

Es bezieht anthropogene Vegetationen, wie Grünland, soweit in sein Nahrungsbiotop mit ein, als dieses reich an Wildkräutern wie *Taraxacum*, *Leontodon*, *Rumex* und *Ranunculus* ist (Abb. 1). Von ausgesprochenen Kulturpflanzen nimmt es Blätter von *Trifolium*, Früchte von *Avena sativa* und *Fagopyrum sagittatum*. Das Birkwild ist stenök!

Mit der Zerstörung der Moore und Heiden verschwindet das Birkwild. Es muß als „Kulturflüchter" angesehen werden.

Das Rebhuhn (*Perdix perdix*) ist der Charaktervogel der „Kultursteppe". Den Schwerpunkt seiner Äsung stellen die Wildkräuter des Ackers, will sagen Verbands-, Ordnungs- und Klassencharakterarten der Halmfrucht-Wildkraut-Gesellschaften und einiger mitteleuropäischer Ruderalgesellschaften, insbesondere Hackfrucht-Wildkrautgesellschaften. Sie machen rund 51,0% der Äsung aus (Abb. 2).

Das Rebhuhn ist stenök! Es ist ein „Kulturfolger" aber „Zivilisationsflüchter"! Herbizide und Insektizide gefährden dieses Wild entscheidend!

Der Fasan (*Phasianus colchicus* spec.) stützt sich im Gegensatz zu den vorigen Arten hinsichtlich seiner Äsung schwerpunktmäßig auf Kulturpflanzen (– 52,0%, Abb. 3). Wildkräuter machen nur 25,6% seiner Äsung aus. Knollen und Früchte, Blüten und Blätter von Waldpflanzen stellen wesentliche Anteile seiner Nahrung. Der Fasan nimmt von den besprochenen Flugwildarten den höchsten Anteil an tierischer Nahrung. Er ist deutlich euryök und kann als ein „Zivilisationsfolger" angesehen werden.

SUMMARY

The conditions of dependance of several species of feathered game, namely black grouse, partridge and pheasant, upon the occurence of crops are discussed.

The black grouse (*Lyrurus tetrix*) is a characteristic bird of heath and moorland plant communities which may contain pioneer woodland species. Black grouse utilises anthropogenous grassland vegetation as a food source since there are many wild plants such as *Taraxacum*, *Leontodon*, *Rumex* and *Ranunculus* present (Fig. 1). The black grouse is stenoik. Of the cultivated plants it eats only the leaves of *Trifolium* and the fruits of *Avena sativa* and *Fagopyrum sagittatum*. With the destruction of moorlands and heaths the black grouse disappears. Thus cultivation must be considered as its principal enemy.

The partridge (*Perdix perdix*) is a characteristic inhabitant of cultivated steppes. Its principal diet is the character species of the associations, orders and classes of wild plants of grain and vegetable fields. These species make up 51.0% of its food (Fig. 2). The partridge is stenoik. It accompanies cultivation but avoids areas of human habitation. Herbicides and insecticides represent a positive danger to partridge.

The pheasant (*Phasianus colchicus* spec.), in contrast to the other species of feathered game, lives mainly on cultivated plants – (52%, cf. Fig. 3). Wild plants form only 25.6% of its food. Bulbous roots and fruits, flowers and leaves of forest plants are an essential part of its food. Of all feathered game the pheasant preys on the greatest number of animals. It is clearly euryoik and may be considered as a follower of civilisation.

NEUER GLIEDERUNGSVERSUCH DER ISOETO-NANOJUNCETEA

von

W. Müller-Stoll, Potsdam
(Referat nicht eingegangen)

E. Poli:

Wir haben eine mitteleuropäische Ordnung durch *Peplis portula, Gnaphalium uliginosum, Gypsophila muralis* u.a. gekennzeichnet. Innerhalb dieser lassen sich zwei Verbände unterscheiden, der eine ist durch *Hypericum humifusum, Radiola linoides, Fossombronia*-Arten, der andere durch *Eleocharis ovata, Lindernia pyxidaria, Limosella aquatica* unterschieden.

R. Tüxen:

Ich freue mich sehr über die Arbeitsmethodik, die in Potsdam geübt wird. Es wird offenbar gleichzeitig mit der Übersichtstabelle eine Karte der Verbreitung hergestellt. Viele Fragen lassen sich aus der Übersichtstabelle, sowohl was die Ordnungen, Verbände und Assoziationen und die Rassen und Subassoziationen angeht, nicht ohne weiteres klären, sondern die Karte entscheidet dann in den fraglichen Grenzgebieten. Wenn man gleichzeitig mit Tabelle und Karte arbeitet, so fördert das eine das andere, bis man schließlich zu einer Klarheit gekommen ist, die sich mit dem vorhandenen Material nicht weiter steigern läßt. Ich möchte die Bitte aussprechen, daß diese Karten, die Sie gezeigt haben, bald veröffentlicht werden.

Sie haben uns die Aufnahmen vom Elbufer von *Botrydium granulatum* gezeigt. Als wir vor einigen Jahren hier ein Weser-Hochwasser hatten, das uns die gerade gemähten Wiesen vollständig braun färbte und verfaulen ließ und die Vegetation oberflächlich an vielen Stellen im Wesertal vollkommen vernichtete, war *Botrydium granulatum* als Erstbesiedler auf dem abgelagerten Schlick, nachdem das Wasser verlaufen war, so dicht wie bei Ihnen. Wir sind der Meinung, daß *Botrydium granulatum*, die kleine Kugelalge, die nur wenige Tage lebt, eine ganz ephemere, eigene Gesellschaft bildet, die nicht zum N a n o c y p e r i o n bzw. zu dessen Klasse zu rechnen ist. Wir sind weiter der Meinung, daß die kleinen Lebermoose und Moose durchaus eigene Gesellschaften bilden. Auch aus Ihren Ausführungen klang das mehr oder weniger durch, daß sie nicht immer und überall an das N a n o c y p e r i o n gebunden seien. Ich erinnere mich vor zwei Jahren im Herbst in der Schweiz mit Dr. Berset in einer Talsperre, die im trockenen Jahre 1959 leer gelaufen war, Kleinmoos-Gesellschaften viele ha groß gesehen zu haben, ohne jede N a n o c y p e r i o n - Art. Ich möchte also sagen, daß man die Algen- und Moos-Gesellschaften

nicht zu der Klasse I s o ë t o - N a n o j u n c e t e a rechnen, sondern sie als
Vorstadien ausschließen sollte.

W. MÜLLER-STOLL:

Das ist ein Punkt, der uns viel beschäftigt hat. Wir sind der Meinung,
daß bei optimaler Entwicklung diese Moose immer mit dabei sind und
einen sehr charakteristischen Bestandteil bilden. Diese Moos-Gesellschaften sind von einer anderen Größenordnung. Sie liegen in einem
ganz anderen Niveau der pflanzengeographischen Bereiche, so daß man
die Moos-Gesellschaften durchaus als solche fassen kann, gleichzeitig
aber die entsprechenden Arten auch innerhalb der N a n o c y p e r i o n -
Gesellschaften als Begleiter führen könnte. Sie sind wichtige und unbedingt kennzeichnende Arten. Sie kommen sonst nirgends in der Gegend vor als nur in diesen Gesellschaften oder eben als eigene Dauergesellschaften.

E. POLI:

Nach unserer Tabelle sind die Moose wirklich eigene Gesellschaften ohne
Beziehung zu den Algen.

K. WALTHER:

Ich möchte Prof. MÜLLER-STOLL etwas über die Folgegesellschaften fragen. Wir kennen diese Gesellschaften in unseren Flußtälern, fast alljährlich kommen diese genannten Stadien am Flußufer der Elbe vor.
Im westdeutschen Gebiet haben wir auch die *Botrydium*-Gesellschaft.
Nun ist es ganz interessant, daß entweder das B i d e n t i o n oder hier an
der Weser gelegentlich sofort das A g r o p y r o - R u m i c i o n c r i s p i folgt.
Die Ausbildung dieser Gesellschaften ist manchmal sehr fragmentarisch,
aber, wenn man weiß, daß sie in dieser Zonierung kommen müssen, findet
man sie regelmäßig. Als die Staustufe in Geesthacht gebaut wurde,
wurden große Flächen überschwemmt. Kurz darauf wurden sie wieder
trocken gelegt. Da entstanden überall kleine Schlamm-Mulden, die dann
austrockneten. In ihnen fand man in einer bestimmten Zeit *Botrydium*,
dann einen Kranz von Fragmenten ihrer Gesellschaft und oben am Rand
der Mulden einen kleinen Kranz von B i d e n t i o n, oder an manchen
Stellen direkt das A g r o p y r o - R u m i c i o n c r i s p i. Die Entwicklung
konnte man auf einer großen Fläche, die diese Mulden gebildet hatte,
sehen.

E.-W. RAABE:

Zur Problematik der Arealgrenzen dieser verschiedenen Vegetationstypen
konnten wir im trockenen warmen Sommer 1959 sehr interessante Beobachtungen machen. Der größte Teil der diesen ganzen Komplex von
Vegetationseinheiten bezeichnenden Arten ist in unserem artenarmen
Schleswig-Holstein unbekannt. Im Sommer 1959 sind unsere Teichböden
aber schlagartig mit dichten Mengen dieser Arten besiedelt gewesen, die
wir vorher Jahrzehnte lang nicht in einem einzigen Stück gesehen hatten.
Bei einer Veränderung der Wetterverhältnisse kann plötzlich ein Vegetationstyp vorhanden sein und dann wieder für längere Zeit verschwinden.

Höchst wahrscheinlich liegen die Samen über diese lange Zeit von Jahrzehnten im Boden. Arten wie *Elatine* waren bei uns gänzlich unbekannt geworden. 1959 waren viele Teichböden plötzlich erfüllt davon. Ähnlich war es mit den genannten Moosen, mit Algen usw., so daß wir hier einen Einblick in die ökologischen Zusammenhänge bekommen können. Vielleicht läßt sich auf Grund solcher Vergleiche das ökologische Feld einzelner dieser Typen etwas einschränken.

ÖKOLOGISCHE UND SYSTEMATISCHE BEZIEHUNGEN ZWISCHEN NATÜRLICHER UND ANTHROPOGENER VEGETATION

von

V. WESTHOFF UND C. G. VAN LEEUWEN
(Reichsinstitut für ökologische Grundlagenforschung des Naturschutzes
in den Niederlanden)

R.I.V.O.N., Mitteilung Nr 211

Ökologische und systematische Beziehungen zwischen natürlicher und anthropogener Vegetation gibt es viele, und sie sind schon öfters in der Vegetationskunde nachgewiesen und systematisch-ökologisch ausgewertet worden.

Wir möchten sie hier an einem Beispiel erläutern, einer Standorts- und Gesellschaftsgruppe, die in Europa weit verbreitet ist und deren Studium auch praktische Folgerungen mit sich bringt. Wir werden zuerst die ökologischen Verhältnisse dieser Gruppe darstellen, um nachher auf die Vegetation einzugehen.

Innerhalb der Verschiedenheit der in der Natur gegebenen Umweltverhältnissen gibt es einige Haupttypen, die paarweise einander gegensätzlich sind, also sich untereinander polar verhalten. Besonders seien erwähnt die Alternativen salzig-süß, naß-trocken und nährstoffreich-nährstoffarm. Es ist nun eine bekannte Tatsache, daß die Pflanzengesellschaften solcher entgegengesetzten Standortstypen grundsätzlich verschieden sind, ja eben einander nahezu ausschließen. Die Einteilung der syntaxonomischen Einheiten, also der Einheiten des pflanzensoziologischen Systems, läuft daher größtenteils gleich mit den erwähnten ökologischen Differenzen.

Wie steht es aber mit den Standortsverhältnissen und der Vegetation derjenigen Stellen in der Landschaft, wo solche Gegensätze einander treffen in Raum und Zeit? Ist die Lage im Gebiet, wo z.B. ein salziger und ein süßer Standort zusammentreffen, intermediär zwischen beiden, oder gibt es da einen ganz eigenartigen Standort, grundverschieden von demjenigen der einander berührenden Extreme?

Im ersten Fall wäre theoretisch zu erwarten, daß die Vegetation eines solchen Übergangsgebietes aus einem Gemisch von Arten bestehe, die teilweise dem salzigen, teilweise dem süßen Standort angehören. Außerdem würden diese Arten hier herabgesetzte Vitalität und Abundanz aufweisen.

Im zweiten Fall kann man eine Vegetation erwarten mit eigenem Charakter, also mit einer Artenkombination, die stark verschieden von derjenigen der beiden Extreme ist.

Unsere Auseinandersetzung beabsichtigt in erster Linie zu erläutern, daß der letzte Fall der Realität entspricht (Abb. 1). Weiter wird die auffallende Übereinstimmung zwischen den Standorten und Vegetationen der unterschiedlichen Gegensatzverhältnisse betont werden, also der

Kontraste salzig-süß, naß-trocken, nährstoffarm-nährstoffreich. Weiterhin werden wir hinweisen auf die merkwürdige floristische Übereinstimmung zwischen diesen Vegetationen in geographisch weit auseinanderliegenden Teilen Europas. Schließlich wird die Beziehung zwischen diesen
besonderen natürlichen Pflanzengesellschaften und manchen wichtigen
anthropogenen Gesellschaften kurz dargestellt werden.

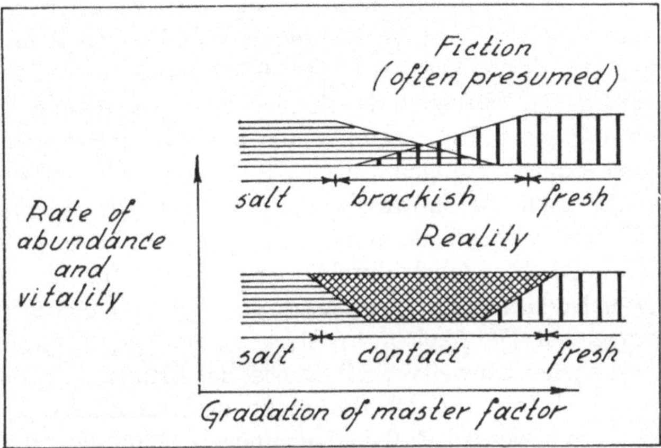

Fig. 1.   Die ökologischen Verhältnisse in Kontaktgürteln, wie man sie sich
denken könnte (oben) und wie sie in der Wirklichkeit sind (unten).

Einen Gegensatz zwischen zwei Extremen kann es sowohl im Raum wie
in der Zeit geben. In der Landschaft kann ein niedriger nasser Standort
an einen höheren trockenen anschließen. Das Grenzgebiet zwischen beiden nennen wir Kontaktgürtel. Die Umweltverschiebung innerhalb dieser
Strecke ist räumlich bedingt. Der Gegensatz zwischen naß und trocken

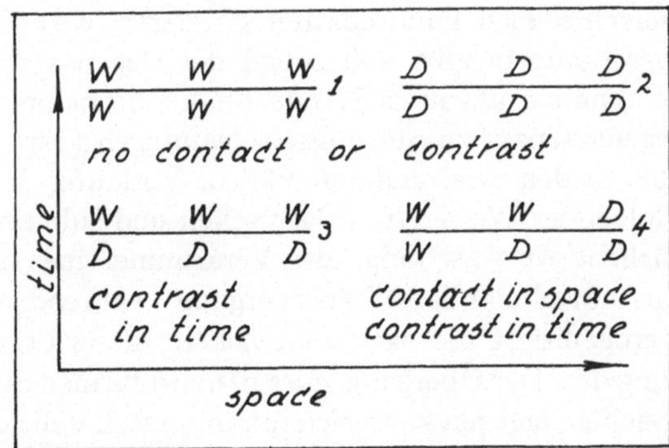

Fig. 2.   Gegensatzverhältnisse zwischen einander berührenden Standorts-
extremen in Raum und Zeit. W = naß, D = trocken. 1 u. 2: keine Gegensätze; 3: periodischer Wechsel; 4: Gegensatz in Raum und Zeit zugleich.

kann aber auch in der Zeit gegeben sein, ohne räumlichen Kontakt. Eine
derartige Lage gibt es in einem stark wechselfeuchten Standort, der im
Winter überflutet ist, im Sommer aber oberflächlich stark austrocknet.
In diesem Fall wechselt also ein Sumpf periodisch mit einer Wüste. Die
Wandelbarkeit der Lebensverhältnisse veranlaßt uns hier, die Lage als
Störungsstandort zu bezeichnen (Abb. 2). Sie wird von NEEF, SCHMIDT

& Lauckner (1961) als „jahreszeitliche ökologische Varianz" angedeutet.

Zurückkehrend zu den räumlichen Kontaktgürteln können wir feststellen, daß auch hier das dynamische Element der Änderung im Laufe der Zeit nahezu immer eine wichtige Rolle spielt. Im Übergangsgebiet zwischen naß und trocken wird in feuchten Jahreszeiten das nasse Element überwiegen, während in Trockenperioden die Grenze nach der anderen Seite verschoben wird. Im Kampfgebiet zwischen einem salzigen und einem süßen Standort wird aus denselben Gründen und je nach der Jahreszeit entweder der salzige oder der süße Faktor überwiegen. In Trockenzeiten steigt der Salzgehalt des Bodens, in Zeiten größerer Niederschlagsmengen sinkt er ab. Ein nur im Winter bei Sturmfluten vom Meer erreichtes Gebiet kann im übrigen Teil des Jahres entweder ganz ausgesüßt werden, oder auch das Süßwasser kann sich der Salzwasserschicht im Boden überlagern, wobei beide messerscharf getrennt bleiben können, eben in augenscheinlich ziemlich durchlässigen Böden. Im allgemeinen kann man also auch den Standort eines Kontaktgürtels als einen Störungsstandort kennzeichnen. Das ökologische Merkmal einer gegenseitigen Berührung gegensätzlicher Umweltverhältnisse ist das Element der Störung, oder, wie es in der Informationstheorie heißt, des Rauschens.

Es muß jetzt betont werden, daß die Neigung zur Häufung von Standortsunterschieden eines der Hauptmerkmale der Natur ist. Die eine Standortsdifferenz veranlaßt die andere. Es gibt also die erwähnten Gegensätze salzig-süß, naß-trocken und nährstoffarm-nährstoffreich öfters in Kombinationen zweier oder dreier dieser Kontraste. Naß, salzig und nährstoffreich steht dann insgesamt gegenüber trocken, süß und nährstoffarm. Eine derartige Lage findet sich z.B. auf den westfriesischen Inseln, wo trockene, nährstoffarme Dünenheiden mit feuchten salzigen Groden in Verbindung treten.

Bevor wir die verschiedenen Landschaften skizzieren, wo es Kontaktgürtel und Störungsstandorte gibt, soll zuerst der Gegensatz zwischen nährstoffreichem und nährstoffarmem Standort näher betrachtet werden. Weshalb dieses Gegensatzpaar zu Störungserscheinungen führt ist weniger einleuchtend als in den zwei anderen Fällen. Vorläufig deuten wir diesen Einfluß in folgender Weise: Im atlantischen und subatlantischen Klima ist die natürliche Auswaschung, also Verarmung eines ursprünglich reichen Bodens ein allmähliger Dauervorgang, während desselben der Boden sich heterogenisiert, also weiterentwickelt; dieser Prozeß stellt einen Aufbauvorgang dar. Der Übergang eines nährstoffarmen Standortes in einen nährstoffreichen dagegen kann sich jäh und rasch vollziehen und ist viel mehr als Abbauvorgang zu betrachten. Eine plötzliche Nährstoffzufuhr führt daher zu Störung. Von einem gewissen Standpunkt betrachtet ergibt sich also das Paradox, daß Bodenverarmung Umweltbereicherung mit sich bringt, Bodenanreicherung dagegen Umweltverarmung, wenigstens im humiden Klima.

Es wird sich näher herausstellen, daß dieses Düngerstörungselement auch dem Kontakt zwischen salzig und süß und dem Kontakt zwischen naß und trocken anhaftet; diese Kontakte enthalten also jenes Element.

Beispiele natürlicher Kontaktgürtel und Störungsstandorte finden sich zunächst entlang der Meeresküste und an den mitteleuropäischen Salz-

stellen. Die Flußauenlandschaften treten an zweite Stelle; hier überwiegt
der Gegensatz naß-trocken. Es gibt ihn zunächst an Quellen auf trockenen
Kalkhängen, weiterhin vielerorts in den Hochwasserbetten und an den
Ufern größerer Flüsse, besonders im Aestuariumgebiet, wo der Kontakt
zwischen salzig und süß den Störungseffekt verstärkt. Das ausgedehnte
Flußdeltagebiet der Niederlande stellt viele Möglichkeiten dar für die
Entstehung mancher Kontakte zwischen naß und trocken. Man findet
diesen Gegensatz sowohl an Stellen, wo eine trockensandige Flußdüne an
einem Gewässer liegt, als auch im räumlich homogenen Gebiet der Flußbeckentone mit äußerst feinkörnigen wechselfeuchten Böden, die im
Winter von Regentümpeln überflutet werden, im Sommer oberflächlich
aber bis zur Dürre austrocknen.

Wie schon erwähnt, steht das Düngungselement mit den Kontakten
salzig-süß und naß-trocken in engem Zusammenhang. Natürliche Düngung findet sich entlang der Meeresküste und den Flüssen, hauptsächlich
als Konzentrationsvorgang. Tierische und pflanzliche Überreste werden
gerade in den Kontaktgürteln zu Flutmarken angehäuft; mineralische
Lösungen werden in Wechseltümpeln konzentriert. Diese Vorgänge führen zu oberflächlicher Bodenanreicherung.

Natürliche Düngung gibt es aber auch anderswo, z.B. in nährstoffarmen Heide- und Moorlandschaften; man denke zunächst an Guanotrophie
z.B. die Düngung von Heidetümpeln durch eine Lachmöwenkolonie, weiter auch an den Kontakt zwischen Hochmoor und Bachrinnen in der
Laggzone und an eutrophe Quellen in nährstoffarmer Umgebung.

Obwohl Störungsstandorte also in ganz verschiedenen Landschafts-
typen zu finden sind, zeigen sie dennoch einige gemeinsame Merkmale.
In erster Linie gibt es da den dynamischen Aspekt, die Unbeständigkeit
im Laufe der Zeit. Besonders charakteristisch ist weiter die Bodenverdichtung. An dritter Stelle nennen wir die oberflächliche Bodenanreicherung, die auch den Bodenverdichtungsvorgang mitbedingt. Dazu kommt
in vierter Linie das Element der Verletzungen des Vegetationsteppichs.
Diese stehen in engstem Zusammenhang mit der Veränderlichkeit der
Störungsstandorte. Die Vegetation mag teilweise ertrinken oder verdor-
ren, sie kann aber auch begraben werden unter angeschwemmten Stoffen
oder Schlick. Auf den so entstandenen offenen Stellen verdichtet sich
wieder der Boden.

Es liegt weiter nahe zu vermuten, daß gerade die Kontaktgürtel die
ursprünglichen Weiden der wilden Huftiere darstellen. Die natürlichen
Weiden müssen ja hauptsächlich diejenigen Stellen entlang den Meeresküsten und in den Flußtälern besiedelt haben, wo die Unbeständigkeit
der Verhältnisse der Waldentwicklung vorbeugte. Außerdem passen die
Beweidungsfaktoren Tritt, Fraß und Düngung ausgezeichnet in das oben
skizzierte Gewebe der natürlichen Störungseinflüsse. Sie führen zu ähnlichen Erscheinungen, nämlich Bodenverdichtung, örtlicher Nährstoff-
anhäufung und Verletzung des Vegetationsteppichs.

Wir haben absichtlich die ökologischen Verhältnisse der Kontaktgürtel und Störungsstandorte dargestellt ohne jedwelche Anspielung auf
Vegetationsverhältnisse. Diese werden wir nun erörtern.

In dieser Umwelt stehen zentral die Gesellschaften der Plantaginetea maioris, Ordnung Plantaginetalia, welche nach Tüxen (1950) die Verbände Polygonion avicularis, Beckmannion eruciformis (jetzt ersetzt durch Paspalo-Agrostidion) und Agropyro-Rumicion crispi umfaßt. Der letzte Verband wurde aufgestellt von Nordhagen (1940) und würde nach ihm Arten umfassen

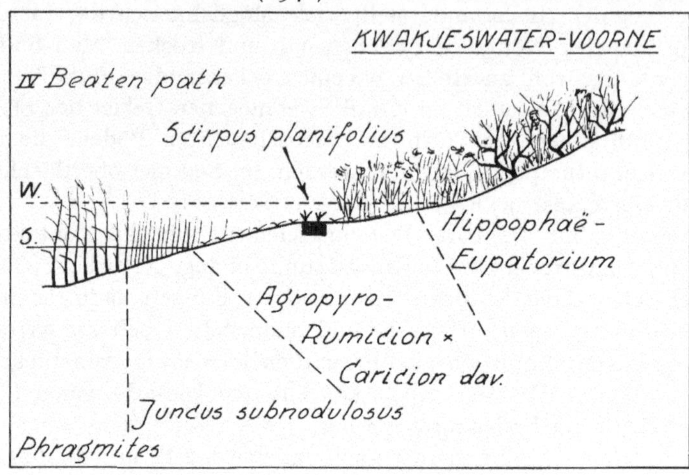

Fig. 3. Gesellschaft von *Scirpus planifolius* (= *Blysmus compressus*) in der klassischen Lage: an einem kaum betretenen wechselfeuchten Steig, und zwar an einem Dünensee entlang im kalkreichen Dünengebiet der Insel Voorne, Holland.

W = Winterwasserstand, S = Sommerwasserstand (im Durchschnitt).

wie *Agropyron repens*, *Rumex crispus*, *Potentilla anserina*, *Festuca arundinacea*, *Crambe maritima* und *Beta maritima*. Die Standorte dieses Verbandes sind nach Nordhagen alte, halbverwesende Tangwälle entlang der norwegischen Küste. Später sind ähnliche Gesellschaften auch anderswo in Europa studiert und beschrieben worden. Es stellte sich zunächst heraus, daß sie sich nicht nur entlang der Meeresküste und an den mittel-

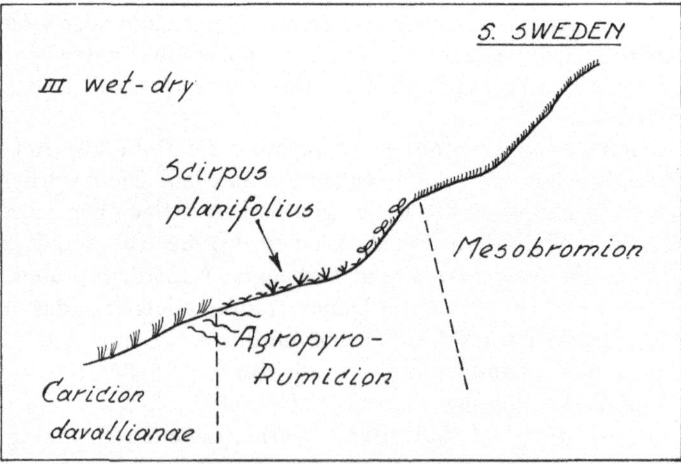

Fig. 4. Austretende Quelle am Trockenhang, Benestad-Hänge, Skåne, Süd-Schweden. Kontaktgürtel mit *Scirpus planifolius* (= *Blysmus compressus*), rechts (trockener) auch mit *Lotus siliquosus*.

europäischen Salzstellen fanden, sondern auch in den Hochwasserbetten der Flüsse und an verschiedenartigen anthropogenen Standorten.

In seinem ideenreichen Grundriß einer Systematik der nitrophilen Unkrautgesellschaften gibt TÜXEN (1950) an, daß der Standort des Agropyro-Rumicion nicht nur bedingt werde vom Faktor „Anschwemmung", also nicht nur als Spülsaum zu werten sei, sondern daß auch der Faktor „Veränderlichkeit" wesentlich sei. TÜXEN erwähnt besonders den Faktor der vorübergehenden Überflutung mit Nährstoffzufuhr und betont die „Harmonika-Sukzession" der Ranunculus repens – Alopecurus geniculatus – Assoziation, deren Namen er leider in Rumex crispus – Alopecurus geniculatus-Assoziation abgeändert hat. Mit Recht hat er das Element der organischen Anschwemmung als bedingenden Faktor schon abgeschwächt, indem er eine Reihe von Arten die nach NORDHAGEN zum Agropyro-Rumicion zu stellen wären, in die reinen Spülsaumgesellschaften der Cakiletea und der Convolvuletalia übertragen hat. Weiterhin hat TÜXEN, wenn auch nach seiner Beschreibung einigermaßen zur Not, die Überschwemmungskriechrasen des Agropyro-Rumicion mit den Trittgesellschaften des Polygonion avicularis in der Ordnung der Plantaginetalia zusammengebracht und somit als Erster diese Beziehung zwischen derartigen natürlichen und anthropogenen Gesellschaften betont.

In seinen süddeutschen Pflanzengesellschaften beschreibt OBERDORFER (1957) die Plantaginetea als natürliche bis anthropogene nährstoff-

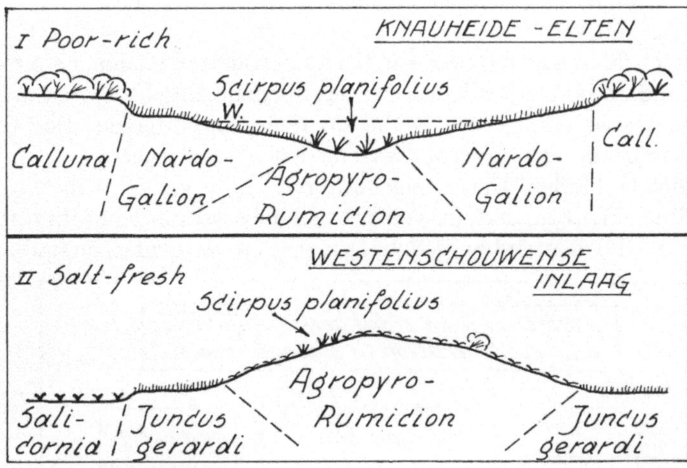

Fig. 5. I – Störungsgürtel zwischen nährstoffreichem und nährstoffarmem Standort. Scirpus planifolius – (= Blysmus compressus) – Ges. in der nie völlig austrocknenden Mitte einer wechselfeuchten Mulde (Nährstoffkonzentration). – Knauheide bei Elten (im Kontakt- und Störungsgürtel Niederlande-Westfalen).

II – Störungs- und Kontaktgürtel zwischen salzigem und süßem Standort. Agropyro-Rumicion in verschiedenen Ausbildungen. *Scirpus planifolius* (= *Blysmus compressus*) mit *Festuca arundinacea* und *Sieglingia decumbens*(!); rechts daneben *Carex hirta* und *Potentilla reptans*, weiterhin *Ononis spinosa* (als Zwergstrauch eingezeichnet) und *Carex distans*. – Westenschouwense Inlaag an der Oosterschelde, Zeeland, Niederlande.

liebende Pioniergesellschaften fester offener Böden, bedingt durch Überflutung, Tritt, Beweidung und Düngung (Abb. 3–7).

Es würde sich nicht lohnen jetzt alle von diesen und anderen Verfassern schon beschriebene Assoziationen des Agropyro-Rumicion aufzuführen, und es hat auch keinen Sinn alle Charakterarten zu erwähnen. Vielmehr möchten wir die Tatsache betonen, daß viele Arten, welche jetzt

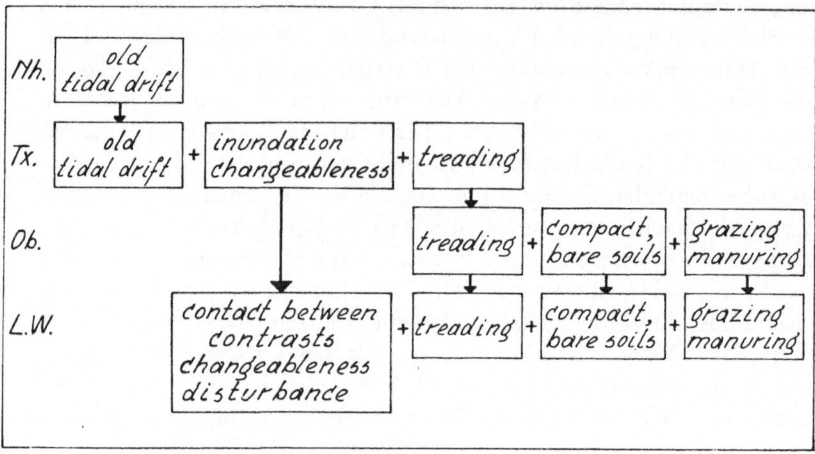

Fig. 6. Entwicklung der Auffassungen über die bedingenden Standortsfaktoren des Agropyro-Rumicion crispi.
Nh = Nordhagen 1940; Tx = Tüxen 1950; Ob = Oberdorfer 1957; L.W. = Van Leeuwen & Westhoff (diese Arbeit).

als Kennarten des Agropyro-Rumicion betrachtet werden, ursprünglich ganz andere und außerdem sehr verschiedene Gesellschaften kennzeichneten. Dieses erklärt sich leicht aus dem Charakter der Bestände in Kontaktgürteln, die ja grundverschiedene Gesellschaften räumlich mit einander verbinden. Unsere eigene Forschungsarbeit, sowohl im Gelände wie im Schrifttum, hat uns gelehrt, daß die Liste der Kontaktgürtelkennarten noch bedeutend ausgedehnt zu werden verdient. Wir sind z.B.

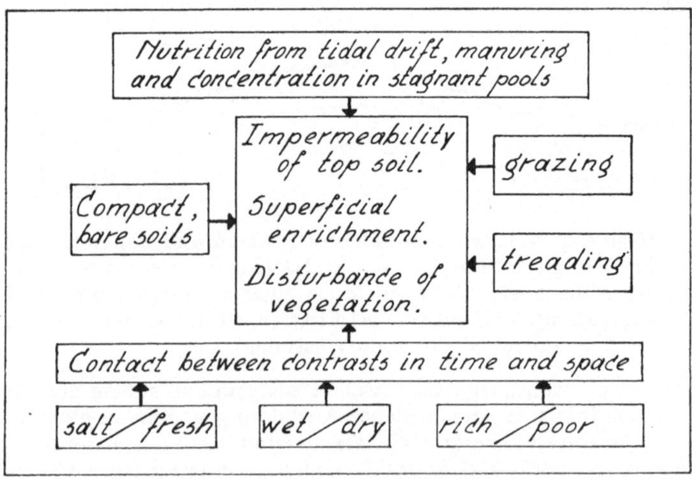

Fig. 7. Das Gewebe der bedingenden Standortsfaktoren im Agropyro-Rumicion crispi.

ganz einverstanden mit Rudolf Hundt (1958), daß auch die Arten
Carex vulpina, *Trifolium hybridum* und *Polygonum amphibium* in die Plantaginetea hinein gehören, obwohl Passarge (1960) das Caricetum
vulpinae im Elbetal noch dem Magnocaricion unterordnet, welche
Auffassung nach seiner Tabelle auch gerechtfertigt wäre; es handelt sich
hier um einen Grenzfall. Die Auffassung Hundts vertritt auch Freitag
(1957) in seiner Beschreibung der Grünlandgesellschaften im Nieder-Oderbruch. Freitag erwähnt hier mit Recht die älteren Arbeiten Horvatičs
(1930, 1931) über das Deschampsion caespitosae in Kroatien.
Die Tabellen und die Standortsbeschreibung einer Assoziation wie das
Caricetum tricostato-vulpinae bei Horvatić zeigen unseres
Erachtens ohne Zweifel, daß diese Assoziation zu den Plantaginetea
zu stellen sei. Dasselbe erscheint dann aber auch aus den Aufnahmen und
Tabellen mit *Carex otrubae* aus Irland und Spanien, beschrieben von
Braun-Blanquet und Tüxen und von Tüxen und Oberdorfer. Die
mediterran-atlantische *Carex otrubae* und vermutlich auch ihre kontinentale Vikariante *Carex vulpina* sind wohl keine Magnocaricion-Arten,
wie diese Verfasser meinen, sondern charakteristische Arten der Störungsstandorte. In den Niederlanden, wo beide Arten einander berühren, finden
sich die häufige *Carex otrubae* und die seltenere *Carex vulpina* an stark
wechselfeuchten und stickstoffhaltigen Standorten die abwechselnd überflutet werden und oberflächlich ganz austrocknen, und auch in dauerfeuchten Standorten wo sich Salz- und Süßwasser begegnen, dagegen niemals in den reinen Großseggenbeständen des Magnocaricion (Abb. 8).
In diesem Zusammenhang sei noch erwähnt, daß Tüxen 1937 die ökologische Stellung der *Carex vulpina* richtig einschätzte, indem er sie damals
als Kennart der Ranunculus repens-Alopecurus geniculatus-
Assoziation auffaßte.

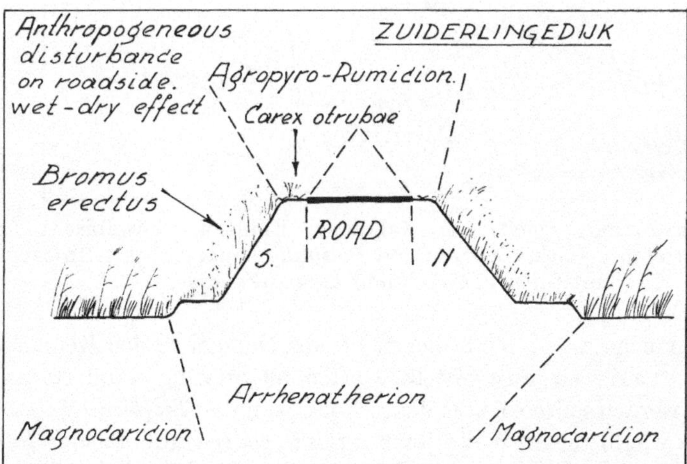

Fig. 8.   Anthropogener Störungsgürtel am Südrande des Pflasters eines 6 m
hohen Deiches in einem ausgedehnten Magnocaricion-Sumpf. *Carex
otrubae* wächst nicht im Magnocaricion, sondern im stark wechselfeuchten Agropyro-Rumicion (mit u.a. *Carex hirta* und *Potentilla anserina*)
oberhalb des mit einem *Bromus erectus*-Bestand bewachsenen Hanges.
Staatsnaturschutzgebiet im Flußtal der Linge, Betuwe, Niederlande.

Ohne Vollständigkeit zu beanspruchen, wollen wir die Liste der charakteristischen Störungs- und Kontaktgürtelarten, also Arten der Plantaginetea, vorläufig vermehren um *Gratiola officinalis, Teucrium scordium, Deschampsia media, Carex divisa, Euphrasia serotina, Eleocharis uniglumis, Triglochin palustris, Alopecurus bulbosus, Carex ovalis, Mentha arvensis, Mentha verticillata,* wahrscheinlich auch *Ophioglossum vulgatum* und auch wohl *Lotus* oder *Tetragonolobus siliquosus.* Die letzte Art ist auch bekannt unter dem bezeichnenden Synonym *Tetragonolobus maritimus.* Sie ist in den Niederlanden kaum einheimisch; wir sahen sie aber eindeutig als Störungs- und Kontaktart, also in dem Agropyro-Rumicion jedenfalls nahestehenden Beständen auftreten in sehr verschiedenen Gegenden (Abb. 9), wie in Süd-Schweden – sowohl an der Salzgrenze der Ostseeküste wie auch im lokalen Quellbereich auf trockenen Kalkhängen – und auf stark wechselfeuchtem verdichtetem Tonboden des Tals des Rio Aragón in Spanien. *Ophioglossum vulgatum* benimmt sich vielerorts mehr als Agropyro-Rumicion-Art wie als Molinion-Art, z.B. an der brackischen Ostseeküste Süd-Schwedens, zusammen mit *Lotus siliquosus,* und in brackischen Rasengesellschaften der niederländischen Delten.

Viele Beobachtungen veranlassen uns weiterhin zu der Feststellung,

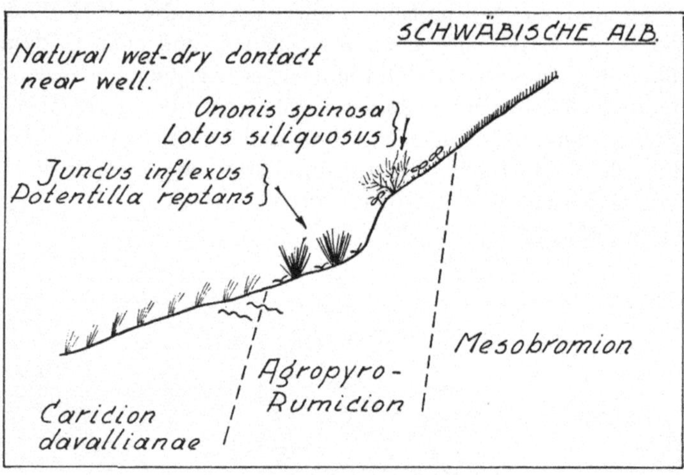

Fig. 9. Austretende Quelle am Kalkhang, Ebingen, Schwäbische Alb. Kontaktgürtel mit *Juncus inflexus* und *Potentilla reptans,* rechts (trockener) mit *Ononis spinosa* und *Lotus siliquosus.*

daß auch manche Arten, die bisher mehr oder weniger zu den Kennarten der Caricetalia fuscae gestellt wurden, als Störungsstandortszeiger betrachtet werden sollten. Außer dem schon erwähnten *Triglochin palustris* betrachten wir in dieser Weise jetzt *Agrostis canina, Ranunculus flammula, Juncus effusus, Juncus articulatus, Hydrocotyle vulgaris* und *Veronica scutellata.*

Agrostis canina ist eine charakteristische Pflanze neu gedüngter, aber ursprünglich nährstoffarmer Standorte. Sie erscheint z.B. als konstante und abundante Art in einer Gesellschaft mit *Ranunculus repens,* die bezeichnend ist für die stark wechselfeuchte Flußbeckentone in den niederländischen Delten, die wir zusammen mit Kollegen D.M. DE VRIES bearbeiteten. Dieses Ranunculeto-Agrostidetum caninae, das über ausgedehnte Strecken homogen auftritt, ist vermutlich eine gute Assoziation neben dem mehr stickstoffliebenden und öfter Überflutungen ausgesetzten Ranunculeto-Alopecuretum geniculati, in dem *Agrostis canina* fehlt.

Von *Ranunculus flammula* schreibt HEJNÝ (1960) in seiner neuen Arbeit – Ökologische Charakteristik der Wasser- und Sumpfpflanzen in den Slowakischen Tiefebenen – folgendes: ,,*Ranunculus flammula* ist eine hemerophile Art. Verbreitet sich gemeinsam mit *Alopecurus geniculatus* in den von Vieh niedergetretenen und nitrifizierten Rändern periodischer Tümpel''. Wir können diese Erfahrung durchaus bestätigen.

Auch *Hydrocotyle vulgaris* ist eine Kontaktgürtelart. Diese Beobachtung finden wir z.B. bestätigt bei FAEGRI (1960) in seiner Arbeit ,,Maps of distribution of Norwegian vascular plants, Vol. I Coast plants''. Über den Standort dieser Art schreibt er: ,,But the most characteristic habitat is where a wet meadow or fen, or a soak, reaches the beach''. Er wundert sich über diese Tatsache, aber er kann dieses Verhalten der *Hydrocotyle* in Norwegen nicht erklären. Er ist aber überzeugt, daß ,,seasalt certainly has something to do with the problem'', welcher Ansicht wir gerne beitreten, wie unsere ökologischen Auseinandersetzungen zeigen mögen. Auch in den Niederlanden und Großbrittannien ist *Hydrocotyle vulgaris* in dem Kontaktgürtel zwischen süß und salzig abundant aufzufinden, besonders vergesellschaftet von *Juncus maritimus*. Eine charakteristische Kontaktgürtelgesellschaft mit *Hydrocotyle vulgaris* und *Juncus maritimus* von der Insel Anglesey an der englischen Westküste beschreibt D. RANWELL (1960); eine derartige, etwas mehr halophile Gesellschaft finden wir bei FRÖDE in seiner Arbeit über die Insel Hiddensee (1958).

Juncus maritimus betrachten wir jetzt als eine Art der Kontaktgürtel entlang der Meeresküste, wie auch *Lotus tenuifolius*, *Carex distans* und *Euphrasia litoralis*, wo sich dann z.B. *Trifolium fragiferum*, *Agrostis stolonifera* und auch *Ononis spinosa* hinzugesellen. Derartige Kontaktgesellschaften sind von TÜXEN 1950 schon zum Agropyro-Rumicion gestellt worden, nämlich die Agrostis alba – Juncus gerardi – Assoziation der Meeresküste und die Agrostis alba – Carex distans – Assoziation der ungarischen Puszta, wobei allerdings die obererwähnten charakteristischen Kontaktgürtelarten wie *Lotus tenuifolius*, *Lotus siliquosus*, *Euphrasia litoralis* usw. nur als Differentialarten betrachtet wurden.

Daß es einen derartigen Kontaktgürtel mit *Juncus maritimus* auch im Mediterrangebiet gibt, konnten wir im Languedoc und in der Provence mehrfach beobachten. Ein schönes Beispiel von einer Zonation in der Camargue findet sich bei MOLINIER (1959) in seiner Fig. 21, wo das Juncetum maritimi den Kontaktgürtel besiedelt zwischen dem nassen Scirpo-Phragmitetum und einer Trockengesellschaft der Thero-Brachypodietalia.

Wenn wir jetzt zurückkehren zu *Hydrocotyle vulgaris*, sei bemerkt, daß diese nicht nur im Kontaktgürtel zwischen salzig und süß auffällt, son-

dern eine ähnliche Rolle spielt im Störungskontaktgürtel der eutrophierten oligotrophen Moore, hauptsächlich bei Guanotrophie durch Lachmöwenkolonien, und dann immer zusammen mit *Juncus effusus*. In diesem Zusammenhang sei die von JONAS (1935) aus dem Hümmling beschriebene Juncus effusus – Hydrocotyle – Assoziation erwähnt; diese kommt in West-Europa häufig vor, massenhaft z.B. in
Schottland, obwohl anzuzweifeln bleibt, ob hier wirklich eine Assoziation
in unserem Sinne vorliegt. In nährstoffreicheren Standorten gibt es zwar
auch von *Juncus effusus* bestimmte Kontaktgürtel- und Störungsgesellschaften ohne *Hydrocotyle*; ein lehrreiches Beispiel ist die von A. PAUCĂ
(1941) aus Rumänien beschriebene Juncus effusus – Ranunculus
repens-Assoziation, die von der Verfasserin zum Molinion-Verband gestellt wurde, die aber ohne Zweifel zum Agropyro-Rumicion
oder einem damit vikariierendem Verbande zu bringen wäre.

Es ist nun aber nicht unsere Absicht, zu behaupten, daß die obenerwähnten Arten aus dem Verwandtschaftkreis der Caricetalia fuscae, wie
Ranunculus flammula, *Hydrocotyle vulgaris* und *Juncus effusus*, ohne
weiteres als Kennarten des Agropyro-Rumicion zu bewerten seien.
Vielmehr liegt es nahe, weiter zu untersuchen, in wieweit man den ganzen
ökologischen Komplex der Störungs- und Kontaktgürtel pflanzensoziologisch berücksichtigen kann. Es wäre z.B. durchaus denkbar, daß es angebracht sei, neben dem eigentlichen Agropyro-Rumicion einige
weitere Verbände aufzustellen, z.B. ein Juncion effusi der Störungszonen im nährstoffarmen Bereich und ein Loto-Trifolion im Kontaktgürtel zwischen salzig und süß, wobei mehr euryöke Arten wie *Potentilla
anserina* als Ordnungskennarten zu bewerten seien. Wir möchten hier
aber keinen eindeutigen Vorschlag machen, sondern vielmehr zu weiterer
Forschung in dieser Gedankenrichtung anregen. Es wird zur Klärung
dieser Frage unbedingt notwendig sein, bei der Analyse sorgfältig zu arbeiten und kleinflächige, saubere Aufnahmen zu machen, wie auch TÜXEN
immer betont.

Übergangsgesellschaften zwischen den Caricetalia fuscae oder
eben Gesellschaften noch feuchterer Standorte und dem Agropyro-
Rumicion sind öfters beschrieben, aber meist ohne weiteres zu der
erster Gruppe gestellt worden, wie z.B. das Cariceto canescentis-
Agrostidetum caninae aus dem Weichseltal, beschrieben von
ZARZYCKI (1958), das aber sowohl seiner Tabelle als seiner ökologischen
Beschreibung nach eher zum Agropyro-Rumicion gestellt werden
sollte; ZARZYCKI betont besonders die starke Wechselfeuchtigkeit, wobei
das im Winter überflutende Wasser im Sommer bis 80 cm Tiefe absinkt.
FREITAG, MARKUS und SCHWIPPL (1958) geben, in ihrer Arbeit „Die Wasser- und Sumpfpflanzengesellschaften im Magdeburger Urstromtal" in den
Tabellen z.B. des Glycerietum maximae und des Caricetum
gracilis „Überflutungsanzeiger" an, mit der Hinzufügung „z.T. Agropyro-Rumicion-Arten", sich also der endgültigen Entscheidung über
die Zugehörigkeit dieser Arten bescheiden entziehend. Aber auch unter den
nicht, oder nicht immer, von ihnen als Überflutungsanzeiger gewerteten
Arten gibt es unseres Erachtens gute Störungsstandortszeiger wie *Gratiola
officinalis*, *Polygonum amphibium*, *Carex vulpina*, *Ranunculus flammula*

und *Hydrocotyle vulgaris*. Am klarsten haben BRAUN-BLANQUET und TÜXEN hier Stellung genommen in ihrer Irland-Arbeit (1952), bei der Beschreibung der Carex fusca-Potentilla anserina-Gesellschaft, die ihren genauen ökologischen Angaben nach eine charakteristische Störungsgesellschaft ist – wie sie auch betonen – die sie aber dennoch zu den Caricetalia fuscae stellen. Bei erneuter Betrachtung der soziologischen Zugehörigkeit der von uns hier besprochenen Arten möchte sich diese Zuteilung zugunsten des Agropyro-Rumicion ändern.

Schon NORDHAGEN (1940) betonte den Zusammenhang zwischen den natürlichen Störungsstandorten und bestimmten anthropogenen Vegetationstypen. Weil er aber den Standort des Agropyro-Rumicion nur durch Spülsäume bedingt betrachtete, zeigte er nur diese Beziehung zwischen natürlichen und anthropogenen Ruderalgesellschaften auf. TÜXEN (1950) hat, wie schon erwähnt, den Zusammenhang zwischen Störungs- und Trittgesellschaften zum Ausdruck gebracht, indem er das Polygonion avicularis mit dem Agropyro-Rumicion zu den Plantaginetalia vereinigte. LOHMEYER betonte 1954 schon besonders die Beziehung zwischen den anthropogenen Gesellschaften zertretener und stark beweideter Standorte in der Kulturlandschaft und den Gesellschaften des Agropyro-Rumicion. Dieser Zusammenhang ist besonders klar zum Ausdruck gebracht worden in der 1957 erschienenen Vegetationskarte des mittleren Elbetales oberhalb Damnatz von K. WALTHER, auf die wir noch zurückkommen.

Soweit uns bekannt hat bis jetzt aber Niemand Anlaß gefunden auch die meist verbreitete aller Kulturassoziationen, das Lolio-Cynosuretum und verwandte Gesellschaften, in unmittelbare Beziehung mit den Störungsgesellschaften zu bringen. Sowohl die floristische Zusammensetzung wie die Umweltverhältnisse der Kulturweiden passen aber ausgezeichnet in den Rahmen der Störungsstandorte und ihrer Gesellschaften.

BRAUN-BLANQUET und DE LEEUW betrachten die von ihnen 1936 zuerst Cynosureto-Lolietum genannte Vegetation der Großviehweiden der westfriesischen Insel Ameland als Sukzessionsschritt aus salzigen Armerion-Wiesen. In ihrer Aufnahme spielen die jetzt allgemein als Plantaginetalia-Arten gedeuteten Pflanzen denn auch eine wichtige Rolle. Die Geburt dieser Assoziation gerade im niederländischen Küstengürtel ist kein Zufall. Während unserer Untersuchung der Kontaktgürtel und Störungsstandorte in Gebieten mit scharfen Kontrasten zwischen salzig-süß und naß-trocken, haben wir eben anscheinend ursprüngliche, in der Zonation eingebettete und nicht nur von der Beweidung hervorgerufene Bestände des Cynosureto-Lolietum beobachtet. In diesen Gebieten zeichnet das Cynosureto-Lolietum sich öfter scharf ab wie ein sehr schmaler Streifen zwischen anderen Zonen, die zusammen den Kontaktgürtel bilden.

Es sei in diesem Zusammenhang noch einmal hingewiesen auf die schöne Vegetationskarte des mittleren Elbetales von K. WALTHER. Das Lolio-Cynosuretum bildet hier zusammen mit den feuchteren Beständen der Alopecurus geniculatus-Assoziation einen deutlichen

Kontaktgürtel an den trockeneren Beständen der Festuco-Sedetalia entlang. *Trifolium repens*, bisher immer als Kennart des Lolio-Cynosuretum bewertet, kommt nach dieser Karte auch in der Alopecurus geniculatus-Gesellschaft frequent und bestandbildend vor, wie auch die niederländischen Erfahrungen bestätigen. Ökologisch ist *Trifolium repens* ja eben eine charakteristische Art des Störungs- und Kontaktstandortes. In ihrem schönen Wurzelatlas mitteleuropäischer Ackerunkräuter und Kulturpflanzen (1960) schreibt Frau KUTSCHERA über diese Art. u.A.: „Besonders eignet sich die Pflanze zur Besiedlung dicht gelagerter, verschlämmter, betretener Böden. Weiter kann sie einen mäßigen Salzgehalt der Böden ertragen. Im Einklang mit ihrer Widerstandsfähigkeit gegen Bodenverschlämmung und mäßigen Salzgehalt erträgt sie auch im Vergleich zu anderen Kleearten am besten Düngung mit Jauche. Gegen zeitweise Dürre ist sie weniger empfindlich als der Rotklee". Eine zutreffendere Beschreibung der Ökologie einer Agropyro-Rumicion-Art kann man sich kaum wünschen.

Die niederländischen Grünlandforscher haben die Zuteilung ihrer Kulturweiden zu der Ordnung der Arrhenatheretalia niemals als glücklich empfunden. Sie sind mit uns einverstanden, daß eine Unterbringung bei den Störungsgesellschaften in manchen Hinsichten besser sei. Die sehr intensive heutige Grünlandwirtschaft der Niederlande bringt eine Reihe praktischer Probleme mit sich, die bei Berücksichtigung des Störungsfaktors verständlich werden, wie die Folgen der Überdüngung und der ansteigenden Versalzung. Die intensiv genutzten niederländischen Grünländer sind vielmehr als Düngerteppiche zu deuten.

Selbstverständlich gibt es vielerorts in Europa auch weniger intensiv genutzte wechselfeuchte Weiden, wo sich die Zuteilung des Lolio-Cynosuretum zum Agropyro-Rumicion weniger aufdrängt.

Die hier versuchte Fragestellung hat schon zu manchen praktischen Folgerungen geführt. Bei unserer eigenen Arbeit im Reichsinstitut für Grundlagenforschung des Naturschutzes hat sie neue Ansichten bei Wahl und Verwaltung der Naturschutzgebiete mit sich gebracht. In der Grünlandforschung sind die charakteristischen Störungsgesellschaften z.B. verwendbar als Zeiger einer allmählich aufkommenden Versalzung, auch schon dann, wenn sich überhaupt noch keine Halophyten angesiedelt haben.

Die wichtigste Entdeckung, die in diesem Zusammenhang in den Niederlanden gemacht wurde, bezieht sich aber auf das Vorkommen der Schnecke *Limnaea truncatula*. Diese Schnecke ist wirtschaftlich von hervorragender Bedeutung als exklusiver Zwischenwirt des Leberegels, *Fasciola hepatica*, einem besonders für Schafe und Rindvieh schädlichen Viehparasiten. Es war bisher völlig unklar, welcher Faktor die augenscheinlich weit verschiedenen Biotope dieser Schnecke bedingte. Die Untersuchung der Herren OVER und VAN LEEUWEN hat nun aber nachgewiesen, daß das Tier absolut beschränkt ist auf Kontaktgürtel und Störungsstandorte. Die Schnecke findet sich in grundverschiedenen Hauptlandschaftstypen, aber ausschließlich dort wo sich Gegensätze geben zwischen salzig und süß, naß und trocken oder arm und reich.

Sie ist eine treue Charakterart des Agropyro-Rumicion im weiteren Sinne (Übersicht 1–3). Herr OVER hat diese Erfahrung angewandt in Großbrittanien, wo man jetzt staunt über den praktischen Wert der dort so geschmähten Schule von BRAUN-BLANQUET und TÜXEN.

Mit diesem Beispiel praktischer Ergebnissen einer augenscheinlich nur rein-wissenschaftlichen Arbeit möchten wir unsere Auseinandersetzungen beschließen.

ÜBERSICHT 1

Salt-fresh contrast

Contact zone on salt marshes

Dune foot on salt marshes
Young primary dune valleys

Fresh wells on salt marshes

Salt wells in fresh environment

Desalinating polders
Brackish swamps in North-Holland
Marshes of former Zuyder Zee

Übersicht 1. Verschiedene in der Landschaft gegebene Möglichkeiten des ökologischen Gegensatzgürtels (ecotone) zwischen salzigem und süßem Standort. Die unterstrichenen Standorte sind bisher als Biotope der *Limnaea truncatula* bekannt.

ÜBERSICHT 2

Wet-dry contrast

Grasslands on river basin clay
          ,,   in river foreland

Transition from sand dune to river
Wet valleys between dry dunes

Wells on dry limestone slopes

Footpaths and roadsides

Abandoned clay and sand pits

Ditch bank effect in peatsoils
with clay cover

Übersicht 2. Verschiedene in der Landschaft gegebene Möglichkeiten des ökologischen Gegensatzgürtels (ecotone) zwischen nassem und trockenem Standort. Die unterstrichenen Standorte sind bisher als Biotope der *Limnaea truncatula* bekannt.

ÜBERSICHT 3

Rich-poor contrast

Manured peat and sands soils

Enriched oligotrophic moorland fens

River banks in valley bogs

Eutrophic wells on oligotrophic slopes

Dune moorlands influenced by seawater
Depressions in rough grazed ,,grass heath''

Depressions in poor grasslands on
shrinking peat soil

Übersicht 3. Verschiedene in der Landschaft gegebene Möglichkeiten des ökologischen Gegensatzgürtels (ecotone) zwischen nährstoffarmem und nährstoffreichem Standort. Die unterstrichenen Standorte sind bisher als Biotope der *Limnaea truncatula* bekannt.

ZUSAMMENFASSUNG

Wo entgegengesetzte Standortstypen einander treffen in Raum und Zeit, hat der Übergangsbereich ökologisch wie floristisch-soziologisch einen eigenen Charakter; er zeigt auch eine eigene charakteristische Artenkombination. Betont wird die auffallende Übereinstimmung zwischen den Standorten und Vegetationen der unterschiedlichen Gegensatzverhältnisse, also der Kontraste salzig-süß, naß-trocken, nährstoffarm-nährstoffreich. Diese Vegetationen bilden den Grundstock des Agropyro-Rumicion crispi-Verbandes; sowohl die synökologischen Verhältnisse dieses Verbandes wie auch sein Zusammenhang mit dem Polygonion avicularis in den Plantaginetalia maioris treten jetzt klarer hervor. Weiterhin wird an einer Reihe von Beispielen auf die große floristische Übereinstimmung der hier erwähnten Gesellschaften in geographisch weit auseinanderliegenden Teilen Europas hingewiesen. Die Beziehung zwischen mehr oder weniger natürlichen Agropyro-Rumicion-Gesellschaften und manchen wichtigen anthropogenen Gesellschaften, wie das Lolio-Cynosuretum, wird dargestellt. Schließlich wird die praktische Bedeutung dieser Ergebnisse am Beispiel der ökologischen Amplitudo der Schnecke *Limnaea truncatula* erläutert: diese Schnecke, exklusiver Zwischenwirt des Leberegels, *Fasciola hepatica*, erscheint als eine treue Charakterart des Agropyro-Rumicion crispi im weiteren Sinne.

SUMMARY

The contact in space between opposite situations (wet-dry, salt-fresh, rich-poor, etc.) often goes together with the same contrast in time, so with wet and dry, salt and fresh, rich and poor alternating. Such border areas are characterized by their own ecological and phytosociological features, quite different from those of the meeting extremes. Special attention is given to the conspicuous similarity between environment and vegetation in the various types of possible contrasts, the vegetation always belonging to the alliance Agropyro-Rumicion crispi. The synecological relations of this alliance as well as its connection to the alliance Polygonion avicularis with the Plantaginetalia maioris are more comprehensible now.

Further the striking floristical resemblance between these plant communities in geographical very widely diverging parts of Europe is illustrated by a series of examples. The relation is shown between more or less natural plant communities of the Agropyro-Rumicion and several important anthropogenous vegetation types, such as the Lolio-Cynosuretum. Finally the practical value of the conception developed here is elucidated on the ecological span of *Limnaea truncatula*: this snail, exclusive host of the liver-fluke *Fasciola hepatica*, appears as a faithful characteristic species of the alliance Agropyro-Rumicion crispi, used in a broad sense.

LITERATUR

BRAUN-BLANQUET, J. & DE LEEUW, W. C.: Vegetationskizze von Ameland. –
Ned. kruidk. Arch. **46**, 359–393. Amsterdam 1936.
— & TÜXEN, R.: Irische Pflanzengesellschaften. Veröff. Geobot. Inst. Rübel
25, 224–421. Bern 1952.
FAEGRI, K.: Maps of distribution of Norwegian Vascular Plants. I. Coast
Plants. Oslo 1960.
FREITAG, H.: Vegetationskundliche Beobachtungen an Grünland-Gesell-
schaften im Nieder-Oderbruch. Wiss. Z. Pädagog. Hochsch. Potsdam.
Math. nat. R. **3** (1), 125–139. Postdam 1957.
— CH. MARKUS & SCHWIPPL, I.: Die Wasser- und Sumpfpflanzengesell-
schaften im Magdeburger Urstromtal südlich des Fläming. – Beitr. z.
Flora u. Veg. Brandenburgs 22. Wiss. Z. Pädagog. Hochsch. Potsdam,
Math.-nat. R. **4** (1), 65–92. Potsdam 1958.
FRÖDE, E. TH.: Die Pflanzengesellschaften der Insel Hiddensee. – Wiss.
Z. Univ. Greifswald **7**, Math.-nat. R. 3–4, 277–305. Greifswald 1958.
HEJNÝ, S.: Ökologische Charakteristik der Wasser- und Sumpfpflanzen in
den Slowakischen Tiefebenen (Donau- und Theissgebiet). Bratislava 1960.
HORVATIĆ, S.: Soziologische Einheiten der Niederungswiesen in Kroatien
und Slavonien. – Acta bot. Inst. bot. Univ. Zagrebensis, **5**, 57–118. Zagreb
1930.
— Die verbreitesten Pflanzengesellschaften der Wasser- und Ufervegetation
in Kroatien und Slavonien. – Acta bot. Inst. bot. Univ. Zagrebensis, **6**,
91–108. Zagreb 1931.
HUNDT, R.: Beiträge zur Wiesenvegetation Mitteleuropas I. Die Auenwiesen
an der Elbe, Saale und Mulde. – Nova Acta Leopoldina **20** (135). Leipzig
1958.
JONAS, F.: Die Vegetation der Hochmoore am Nordhümmling. I. Beih.
Rep. spec. nov. veg. Beih. **78** (1). Dahlem b. Berlin 1935.
KUTSCHERA, L.: Wurzelatlas mitteleuropäischer Ackerunkräuter und Kulturpflanzen. – Frankfurt a. M. 1960.
LEEUWEN, C. G. VAN: Enige opmerkingen over het Agropyro-Rumicion
crispi Nordh. 1940 in Nederland. – Corresp. bl. Flor. Veg. Nederl. **11**, 117–
123. Leiden 1958.
LOHMEYER, W.: Über die Herkunft einiger nitrophiler Unkräuter Mittel-
europas. – Vegetatio **5/6**, 63–65. Den Haag 1954.
MOLINIER, R., MOLINIER, R. & TALLON G.: L'Excursion en Provence de
l'Association Internationale de Phytosociologie. Marseille 1959.
NEEF, E., SCHMIDT, G. & LAUCKNER, M.: Landschaftsökologische Unter-
suchungen an verschiedenen Physiotopen in Nordwestsachsen. – Abhandl.
Sächs. Akad. Wiss. Leipzig, Math. -nat. Kl. **47** (1). Leipzig 1961.
NORDHAGEN, R.: Studien über die maritime Vegetation Norwegens. I. Die
Pflanzengesellschaften der Tangwälle. – Bergens Mus. Årb. 1939–1940, nr.
2. Bergen 1940.
OBERDORFER, E.: Süddeutsche Pflanzengesellschaften. Jena 1957.
PASSARGE, H.: Pflanzengesellschaften der Elbauwiesen unterhalb Magdeburg
zwischen Schartau und Schönhausen. – Abh. u. Ber. f. Naturk. u. Vor-
geschichte, **11** (1/2), 19–33. Magdeburg 1960.
PAUCĂ, A. M.: Étude phytosociologique dans les monts Codru et Muma. –
Studii şi Cercetăvi **51**. Bucureşti 1941.
RANWELL, D.: Newborough Warren, Anglesey. II. Plant-associes and
Succession – cycles of the sand dune and dune slack vegetation.–J. Ecol. **48**,
117–141. Oxford 1960.
TÜXEN, R.: Die Pflanzengesellschaften Nordwestdeutschlands. – Mitt. flor.-
soz. Arbgemeinsch. Niedersacksen 3. Hannover 1937.
— Grundriß einer Systematik der nitrophilen Unkrautgesellschaften in der
eurosibirischen Region Europas. – Mitt. flor.-soz. Arb. Gemeinsch. N.F. **2**.
Stolzenau 1950.

— & Oberdorfer, E.: Die Pflanzenwelt Spaniens. II. Eurosibirische Phanerogamen-Gesellschaften Spaniens. – Veröff. geobot. Inst. Rübel Zürich. 32. Bern 1958.

Walther, K.: Vegetationskarten deutscher Flußtäler. Mittlere Elbe oberhalb Damnatz. 1: 5000. Stolzenau/Weser 1937.

Zarzycki, K.: Ważniejsze zespoly lakowe doliny górnej Wisly a poziomy wód gruntowych (Die wichtigsten Grünlandgesellschaften des oberen Weichseltales und die Grundwasser-Ganglinien). – Acta Soc. Bot.Poloniae 27 (2), 383–428. Warszawa 1958.

FETTRASEN, MÄHWIESE UND WEIDE
DREI ANTHROPOGEN BEDINGTE VEGETATIONSFORMEN

von

F RANZ M ARSCHALL (Eidg. Landw. Versuchsanstalt, Zürich)

EINFÜHRUNG

Als ich vor zwanzig Jahren anfing, mich pflanzensoziologischen Untersuchungen zu widmen, da mußte ich bald einmal spüren, daß das von mir gewählte Untersuchungsobjekt, die relativ intensiv bewirtschafteten, fetten Heuwiesen unserer Berggebiete, von den zünftigen Pflanzensoziologen und Geobotanikern soziologisch nicht ganz als vollwertig bewertet wurde. Aus der Literatur sowohl als auch aus Gesprächen konnte ich entnehmen, daß die Fettwiesen vom Menschen geschaffene und vom Menschen beeinflußte, in der freien Natur nicht vorkommende, und deshalb für die Erforschung der pflanzensoziologischen Gesetze nicht brauchbare Pflanzengesellschaften seien. Das betrübte mich ein wenig, wollte ich doch, wie die andern, ganz ernsthaft Pflanzensoziologie betreiben.

Im Laufe meiner Untersuchungen habe ich dann gesehen, daß sich die Fettwiesen – auch entgegen der damals vorherrschenden Meinung der landwirtschaftlichen Fachleute – pflanzensoziologisch sehr gut erfassen, einteilen und eingliedern ließen. Die Aufnahmen und die daraus erarbeiteten Tabellen zeigten alle wesentlichen Züge der bereits bekannten sogenannten natürlichen Pflanzengesellschaften: Einheitlichkeit, sich manifestierend in der großen Zahl von hochkonstanten Arten, Abgrenzungsmöglichkeit gegen andere Gesellschaften, Unterteilungsmöglichkeit in Subassoziationen und Varianten. Objektiv war da mit dem besten Willen nichts zu beanstanden. Gewiß, die Faktoren, die diese Gesellschaften zustande brachten und am Leben erhalten, sind direktes oder indirektes Menschenwerk: die Düngung, die Mahd, der regelmäßige Weidegang. Doch, was tut das zur Sache? Abgesehen davon, daß diese Faktoren im Prinzip auf die Vegetation ganz analog wirken wie irgend andere natürliche Standortsfaktoren, wie Wind und Wetter, Erdrutsche und Lawinen, Flußüberschwemmungen, Grundwasserschwankungen etc. ist es von der Pflanzengesellschaft aus gesehen doch sicher gleichgültig, ob eine bestimmte Beeinflussung vom Menschen, vom Tier oder von der Natur ausgeführt wird. Oder sollen wir eine Weide, die von Kühen abgefressen wird, als künstliche, eine Weide aber, die von Hirschen und Rehen abgeäst wird, als natürliche Pflanzengesellschaft betrachten, nur weil das eine Mal das Weidetier vom Menschen auf den Platz getrieben wird, das andere Mal es aus eigenem Antrieb daher kommt? Ich meine, wir sollten die Pflanzengesellschaften nicht nach objektfremden Vorurteilen oder nach der Herkunft der Standortsfaktoren bewerten und einteilen, sondern doch wohl in erster Linie nach objekteigenen Merkmalen, nach der floristischen Zusammensetzung.

Aus den gleichen grundsätzlichen Erwägungen heraus bin ich auch zur Auffassung gelangt, daß die verschiedene Herkunft der Fettwiesengesellschaften der soziologischen Einheitlichkeit und der Salonfähigkeit durchaus keinen Abbruch zu tun braucht. Die heterogene Herkunft trifft ja ebensogut für manche andere „natürliche" Dauergesellschaft zu; denken wir nur an Kahlschlag-, Schutt-, Geröll-, Spülsaum-Gesellschaften. Wir anerkennen ein Caricetum curvulae als gute Assoziation, gleichgültig ob es sich über ein Seslerietum oder über eine Silikatschuttgesellschaft entwickelt hat.

Summa summarum, es festigt sich in mir die Überzeugung mehr und mehr, daß die Wirtschaftswiesen und Weiden, d.h. das Dauergrünland nicht nur den „natürlichen" Assoziationen gleichwertige Pflanzengesellschaften darstellen, sondern daß sie geradezu ausgezeichnete Objekte für die pflanzensoziologische Grundlagenforschung liefern. Wo finden wir sonst so einheitliche, von so gut erfaßbaren und kontrollierbaren, maßgeblichen Standortsfaktoren beherrschte Pflanzenbestände?

Ich weiß, daß ich mit dem Gesagten heute glücklicherweise mancherorts offene Türen einrenne. Etwa bei der Bundesanstalt für Vegetationskartierung, wo seit langem unterschiedslos natürliche und „künstliche" Vegetation untersucht wird, und die Untersuchungen von KLAPP und seinen Schülern haben mit aller wünschenswerten Deutlichkeit gezeigt, wie gut und mühelos sich das bewirtschaftete Grünland pflanzensoziologisch bearbeiten läßt. Indessen dürfte aber doch noch nicht überall die gleiche Meinung vorherrschen, was mich veranlaßt hat, etwas ausführlicher darauf einzutreten.

Ich möchte nun die hauptsächlichsten dieser menschlich bedingten Standortsfaktoren und ihre Bedeutung und ihre Wirkung auf die Vegetation etwas näher beleuchten. Düngung, Mahd, regelmäßige Beweidung haben ganz spezifische Vegetationsformen hervorgebracht: Fettrasen, Mähwiesen, Weiden.

FETTRASEN

Fettwiese und Fettweide sind ursprünglich wirtschaftliche Begriffe. Man bezeichnet damit Rasen, die regelmäßig gedüngt werden, allenfalls etwa auch Weiden, die der Rindermast dienen. Die Bezeichnung Fettrasen hat nun aber auch pflanzensoziologische Bedeutung erlangt. Es hat sich nämlich gezeigt, daß Fettwiesen und Fettweiden in ihrer botanischen Zusammensetzung große Ähnlichkeit aufweisen. Eine ansehnliche Gruppe von Arten, die Fettwiesenpflanzen, verbinden diese in ganz Mitteleuropa und darüber hinaus weit verbreiteten Gesellschaften: *Dactylis glomerata, Trisetum flavescens, Cynosurus cristatus, Ranunculus steveni* und *R. acer, Trifolium pratense* und *T. repens, Heracleum sphondylium, Carum carvi, Chrysanthemum leucanthemum, Taraxacum officinale,* um nur die wichtigsten zu nennen. Durch ihr stetes frischgrünes, üppiges Aussehen sind die Fettrasen auch physiognomisch gut erkennbar.

STEBLER und SCHRÖTER (1892) haben die Wichtigkeit des Faktors Düngung erkannt. Bei ihrer Einteilung der Schweizerischen Wiesen stellen sie ihn obenan. Hören wir, was sie darüber selber schreiben (1892, p. 101):

> „In erster Linie ist hier ein künstlicher Faktor zu stellen, die Düngung, und zwar besonders die animalische. Sie beeinflußt durch Veränderung in der Nährstoffmischung und in den physikalischen Eigenschaften des Bodens die Flora der Wiese in sehr auffallender Weise, vertreibt die einen Arten, begünstigt die andern. Obwohl ein künstlicher Faktor, wird er doch bei uns in so konstanter Weise auf dieselben Flächen angewendet, daß seine Wirkung der eines natürlichen Faktors gleichkommt.''

Tatsächlich wird niemand die eminente Bedeutung der Düngung leugnen können. Wer sich die Mühe nimmt, die Verbreitung der Fettwiesen, z.B. in unseren Alpentälern etwas zu beobachten, der wird leicht erkennen können, daß dieser Wiesentyp wirklich ein Produkt der Düngung sein muß. Ungeachtet der großen Unterschiede hinsichtlich petrographischer Unterlage, Exposition, Wasserführung des Bodens und Höhenlage werden wir überall um die Dörfer und Gehöfte herum Fettwiesen finden. Von den Eichen–Hagebuchen– und Buchenwaldstandorten bis zu den Standorten des subalpinen Nadelwaldes und des Alpenrosen–Heidelbeergebüsches, von den Molinion- und Bromion-Standorten des Unterlandes bis zu den Seslerietalia- und Curvuletalia-Standorten der alpinen Stufe, überall hat die jahrzehntelange, wahrscheinlich z.T. sogar jahrhundertelange, regelmäßige Düngung mit Stallmist vermocht, Pflanzengesellschaften zu formen, die unter sich so große Ähnlichkeit zeigen, daß sie in eine einzige pflanzensoziologische Ordnung zusammengefaßt werden müssen. Noch eindeutiger und auffälliger tritt uns die überragende Wirkung der Düngung in den eintönig-uniformen Lägern, den Ampferbeständen um die Alphütten herum entgegen.

Indessen vermag die Düngung die anderen Standortsfaktoren nicht gänzlich auszuschalten, sie überdeckt sie lediglich, je nach dem Grade der Anwendung mehr oder weniger stark. So manifestiert sich z.B. die Höhenlage in den vikariierenden Assoziationspaaren Glatthaferwiese–Goldhaferwiese (Arrhenatheretum-Trisetetum) und Kammgrasweide-Milchkrautweide (Cynosurion-Poion alpinae). Exposition und Boden bedingen Subassoziationen und Varianten mannigfacher Art und Weise.

So ist es denn auch bei den stark bewirtschafteten Fettrasen durchaus möglich, die Wirkung der verschiedenen natürlichen Standortsfaktoren zu erkennen. Ich möchte hierbei auf die trefflichen Ausführungen verweisen, die KLAPP (1951, p. 2) in der Einleitung zu seinen „Pflanzengesellschaften des Wirtschaftsgrünlandes'' geschrieben hat.

Was ist nun eigentlich das Wesen der Düngung? Auf welche Weise wirkt sie auf den Boden und mittelbar auf den Pflanzenbestand. Sicher vorerst und in erster Linie durch die Zufuhr von Pflanzen-Nährstoffen. ELLENBERG (1952) mißt dem Stickstoff besondere Bedeutung zu. Zweifellos sind aber auch andere Nährsalze dabei beteiligt wie P, K und andere. Die Düngung beeinflußt aber auch die Bodenstruktur und -Reaktion:

Zufuhr von organischen Stoffen im Mist, Intensivierung des Bodenlebens, Rückstandanreicherung durch vermehrte Substanzproduktion, Humusvermehrung. Die Düngewirkung ist ohne Zweifel ein komplexes Phänomen. Dabei bin ich der Meinung, daß unsere Fettwiesen nicht ganz gleich aussehen würden, wenn an Stelle der üblichen Stallmistdüngung ausschließlich Mineraldünger zur Anwendung kämen. Obgleich hierüber zuverlässige Angaben fehlen, weisen doch verschiedene Düngungsversuche in dieser Richtung. Das schweizerische A r r h e n a t h e r e t u m und das schweizerische T r i s e t e t u m jedenfalls müssen, streng genommen, als Hofdünger-Fettwiesen bezeichnet werden.

In einer Hinsicht deckt sich der wirtschaftliche Begriff Fettrasen nicht ganz mit dem pflanzensoziologischen Begriff Fettrasen. Es gibt Fettrasenbestände, die nicht gedüngt werden. Die Milchkrautweiden (P o i o n a l p i n a e Oberd.) unserer Berggebiete sind zum kleineren Teil gedüngt; ihre Zuordnung zu den A r r h e n a t h e r e t a l i a scheint mir jedoch zwingend. Lenski (1953, p. 34) berichtet von typischen Glatthaferwiesen im Ostetal, die nie gedüngt werden. Die Beispiele ließen sich ohne weiteres vermehren. Der Faktor Düngung braucht nicht unbedingt vom Menschen gehandhabt zu werden, damit Fettrasen entstehen.

Auch diese beiden Begriffe sind wirtschaftlicher Natur. Eine Mähwiese ist ein Rasen, der regelmäßig und ausschließlich gemäht wird, eine Weide ein solcher, der regelmäßig und ausschließlich beweidet wird. Der Unterschied ist in dieser Hinsicht klar und eindeutig. Auch physiognomisch ist der Unterschied gut erkennbar: hier der hoch- und grobstengelige Bestand, dort der kurze und feine, dicht geschlossene Weiderasen. Weniger auffällig tritt die soziologische Verschiedenheit hervor. Und doch drängt sich eine solche bei näherem Zusehen auf. Vorerst haben wir zu bedenken, daß der Einfluß der Mahd sowohl als auch der Weide umso stärker wird, je intensiver diese Maßnahmen ausgeübt werden. Wir müssen demnach die Unterschiede bei den intensiv bewirtschafteten Rasen, den mehrschürigen Wiesen einerseits und den regelmäßig stark begangenen Weiden andererseits suchen und untersuchen, d.h. also in erster Linie bei den Fettrasen. So wie die Bewirtschaftung extensiver wird, treten die Faktoren Mahd und Weide mehr und mehr in den Hintergrund, die Unterschiede verwischen sich.

Für die Gegenüberstellung von Mähwiesen- und Weidebeständen liegt heute ein umfangreiches Tabellenmaterial zur Verfügung. Zwar nicht immer ist in der pflanzensoziologischen Literatur eindeutig zwischen Mähwiese und Weide unterschieden. Vergleichen wir zuerst die beiden Fettwiesengesellschaften A r r h e n a t h e r e t u m und T r i s e t e t u m einerseits mit Kammgras- und Milchkrautweide (C y n o s u r i o n - P o i o n a l p i n a e) andererseits. Der Vergleich ist hier sicher am Platze, kommen doch die genannten Assoziationen nebeneinander im gleichen Gebiet vor. Beide Assoziationspaare werden im allgemeinen einseitig genutzt und stellen echte Mähwiesen bezw. echte Weiden dar. Es ist nicht schwierig, auf beiden Seiten eine ganze Anzahl von Differentialarten auszuscheiden:

<table>
<tr><td align="center">Mähwiesen-Arten
(fehlen der Weide)</td><td align="center">Weide-Arten
(fehlen der Mähwiese)</td></tr>
<tr><td>Arrhenatherum elatius</td><td>Poa annua</td></tr>
<tr><td>Avena pubescens</td><td>Deschampsia caespitosa</td></tr>
<tr><td>Colchicum autumnale</td><td>Carex pallescens</td></tr>
<tr><td>Melandrium dioecum</td><td>Carex flacca</td></tr>
<tr><td>Vicia sepium</td><td>Carex leporina</td></tr>
<tr><td>Geranium silvaticum</td><td>Ranunculus repens</td></tr>
<tr><td>Anthriscus silvestris</td><td>Trifolium thalii</td></tr>
<tr><td>Rhinanthus alectorolophus</td><td>Ligusticum mutellina</td></tr>
<tr><td>Knautia arvensis</td><td>Plantago maior</td></tr>
<tr><td>Knautia silvatica</td><td>Cirsium arvense</td></tr>
<tr><td>Phyteuma halleri</td><td>Cirsium acaule</td></tr>
<tr><td>Tragopogon orientalis</td><td>Carlina acaulis</td></tr>
<tr><td>Picris hieracioides</td><td>Hypochoeris radicata</td></tr>
<tr><td>Crepis hiennis</td><td>Leontodon autumnalis</td></tr>
<tr><td>Crepis blattarioides</td><td>Crepis aurea</td></tr>
</table>

Diese Liste ließe sich zweifellos noch erweitern. Sie dürfte auch für Gebiete außerhalb unseres Landes weitgehend Geltung besitzen.

Im weiteren haben etliche Arten mengenmäßig ihren Schwerpunkt in der einen oder anderen Gruppe, so *Trisetum flavescens, Galium mollugo, Polygonum bistorta, Heracleum spondylium* in der Mähwiese; *Lolium perenne, Cynosurus cristatus, Phleum pratense, Trifolium repens, Plantago media* in der Weide. Der Weide fehlen die für die Mähwiese so bezeichnenden hohen Obergräser und grobstengeligen Kräuter.

Das Dargelegte bestätigt einmal mehr die Richtigkeit der von Tüxen (1951, 1955) vorgeschlagenen systematischen Gliederung der Fettrasen in einen Fettweideverband = Cynosurion und einen Fettwiesenverband = Arrhenatherion.

Mähwiese und Weide sind zwei ganz verschiedene Vegetationsformen!

Bedeutend schwächer zeigen sich die Unterschiede bei den Magerrasen. Aber auch hier läßt sich in manchen Fällen Mähwiese und Weide auseinanderhalten. So konnte ich bei den Borstgrasrasen unserer Gebirge ohne große Mühe ein Mäh-Nardetum von einem Weide-Nardetum unterscheiden. Die Differentialarten für ersteres sind: *Anemone sulfurea, Hypochoeris uniflora, Crepis conycifolia, Briza media, Gymnadenia conopea,* für letzteres: *Carex pallescens, Euphrasia minina, Cetraria islandica, Homogyne alpina, Solidago virgaurea.*

Auch beim Mesobrometum kennen wir eine Mäh- und eine Weidevariante. Der Einfluß der Weide auf den Pflanzenbestand ist nicht nur eine Sache des Verbisses, sondern ebensosehr eine Sache des Trittes. Die Trittwirkung nimmt mit der Intensität der Beweidung progressiv zu. Sie ist bei der Intensivweide schon sehr groß, um beim Extrem, der Trittgesellschaft ausschlaggebend zu werden.

Ein eindrucksvolles Beispiel für den Einfluß der Mahd auf den Pflanzenbestand ist uns in der schon vielfach praktizierten Umwandlung von Streuewiesen in Futterwiesen gegeben. Der häufigere und vor allem frühere Schnitt vermag innert weniger Jahre die floristische Zusammensetzung stark zu ändern. Der Ausgangsbestand, bei uns meistens Molinietum entwickelt sich deutlich in Richtung gegen das Arrhenatheretum.

Ich komme zum Schluß. Es war nicht meine Absicht, in Einzelheiten zu gehen. Es ging mir darum, eine Übersicht zu geben, die Zusammenhänge aufzuzeigen. Ich wollte nichts anderes als darlegen, daß Düngung, Weide und Mahd bei den Dauerwiesen eminent wichtige Standortsfaktoren darstellen und ganz charakteristische Pflanzengesellschaften zu prägen vermögen, Pflanzengesellschaften, die wirtschaftlich, sowohl als auch pflanzensoziologisch von großer Bedeutung sind.

ZUSAMMENFASSUNG

Düngung, Mahd und Beweidung üben einen sehr großen Einfluß auf die botanische Zusammensetzung des Rasens aus. Diese vom Menschen geleiteten Standortsfaktoren bewirken ganz bestimmte, pflanzensoziologisch gut erfaßbare Rasengesellschaften: den Fettrasen, die Mähwiese, die Weide.

Die in ganz Mitteleuropa und weit darüber hinaus weitverbreiteten Fettrasen sind durch die jahrzehntelange, intensive Düngung entstanden. Der Faktor Düngung wirkt so stark, daß alle diese Gesellschaften floristisch einander sehr nahe stehen und soziologisch in eine einzige Ordnung eingegliedert werden können. Der Einfluß der natürlichen Faktoren, wie Klima und Boden wird dabei stark zurückgedrängt, jedoch nicht ausgeschaltet. Streng genommen ist es nicht die Düngung, welche den Fettrasen hervorruft, sondern der Nährstoffgehalt des Bodens. Es gibt Fettrasen, soziologisch gesehen, die nicht gedüngt werden, die ihre Ausbildung einer natürlichen reichlichen Nährstoffversorgung des Bodens verdanken.

Mähwiese und Weide sind nicht nur zwei verschiedene Nutzungsformen, sondern sie unterscheiden sich floristisch grundsätzlich voneinander. Die Unterschiede sind umso größer, je intensiver die Nutzung betrieben wird. So lassen sich die intensiv bewirtschafteten Fettrasen leicht in Mähwiesen- und Weidegesellschaften scheiden, während bei den Magerrasen die Trennung meist nur auf der Ebene von Varianten oder Subassoziationen möglich ist.

SUMMARY

Manuring, moving and grazing exert a very great influence on the botanical composition of the sward. These anthropogenic habitat factors give rise to quite definite and well recognised grassland communities: intensively managed grasslands (Fettrasen), meadow, pasture.

Intensively managed grasslands are widely distributed in Central Europe and are the result of years of intensive manuring. The factor manuring is so important that all these communities have a close floristic relationship and can be sociologically arranged in a single order. The influence of the natural factors, such as climate and soil, is greatly reduced but not eliminated. Strictly speaking it is not the manuring which dictates the presence of the intensively managed grasslands but rather

the nutrient status of the soil. From a sociological viewpoint, there are
intensively managed grasslands which are not manured; these owe their
presence to a naturally high soil fertility.

Meadows and pastures are not different management forms only, they
also differ fundamentally from each other on floristic grounds. The
differences are all the greater, the more intensive the management.
Thus the intensively managed grasslands are easily divided into meadow
and pasture communities. In the case of not fertilized grassland (Magerrasen) the subdivision is only possible at the level of variants or sub-
associations.

LITERATUR

Ellenberg, H.: Wiesen und Weiden und ihre standörtliche Bewertung.
Landw. Pflanzensoziologie. – Stuttgart 1952.
Klapp, E.: Pflanzengesellschaften des Wirtschaftsgrünlandes. – Inst. f.
Boden- u. Pfl.bau Univ. Bonn 1951.
Lenski, H.: Grünlanduntersuchungen im mittleren Oste-Tal. – Mitt. flor.-soz.
ArbGemeinsch. N.F. 4. Stolzenau/Weser 1953.
Marschall, F.: Die Goldhaferwiese (Trisetetum flavescentis) der Schweiz.
Eine soziologisch-ökologische Studie. – Beitr. geobot. Landesaufn. Schweiz,
26. Bern 1957.
— Beiträge zur Kenntnis der Goldhaferwiese der Schweiz. – Vegetatio 3 (3).
Den Haag 1951.
— Pflanzensoziologisch-bodenkundliche Untersuchungen an schweizerischen
Naturwiesen. Die Milchkrautweide, ein Beitrag zur botanischen Klassifika-
tion der Alpweiden. – Landw. Jb. Schweiz. N.F. 7. Bern 1958.
Schneider, J.: Ein Beitrag zur Kenntnis des Arrhenatheretum elatioris in
pflanzensoziologischer und agronomischer Betrachtungsweise. – Beitr.
geobot.Landesaufn. Schweiz 34. Bern 1954.
Stebler, F. u. Schröter, C.: Beiträge zur Kenntnis der Matten und Weiden
der Schweiz. Versuch einer Übersicht über die Wiesentypen der Schweiz. –
Landw. Jb. Schweiz 6. Bern 1892.
Tüxen, R. u. Preising, E.: Erfahrungsgrundlagen für die pflanzensoziologische Kartierung des westdeutschen Grünlandes. – Angew. Pflsoz. 4.
Stolzenau/Weser 1951.
— Das System der nordwestdeutschen Pflanzengesellschaften. – Mitt. flor.-
soz. ArbGemeinsch. N.F. 5. Stolzenau/Weser 1955.

A. Stählin:

Ich möchte den beiden letzten Rednern sehr für ihre letzten Vorträge
danken, weil sie zeigen, daß unsere Unkraut-Gesellschaften anthropogen
sind. (Zuruf: Wildkraut-Gesellschaften). Wenn ich hier doch von Unkraut-Gesellschaften gesprochen habe, so denke ich an ein Bibelwort:
„Und machtet sie Euch untertan." Damit haben wir das Recht zu einer
Bewertung. Von „Wildkräutern" möchte ich nur beim Grünland sprechen,
aber auch nur, indem ich graduell sie gelten lasse – leider.

Die wildkrautigen Gesellschaften, die durch Natur, Tier oder Mensch
geschaffen werden, sind einander verwandt und gleichgerichtet, siehe
Flußüberschwemmungen und Vulkanausbrüche einerseits und chemische
Unkrautbekämpfung bis Totalvernichtung durch Narbenvergiftung andererseits, Wildtiere und Haustiere in Tritt (Wechsel und vor den Koppel-
toren), Düngung und Biß, Höhlenbrüter (Sturmtaucher- und Kaninchen-
bauten), Umbruch durch den Menschen. Man könnte von hippogenen

Gesellschaften auf Kot- und Verbiß-Stellen sprechen. Es kann ein Faktor
übermächtig sein als Katastrophe für die betroffene Biozönose und Voraussetzung für die folgende Gesellschaft.

V. Westhoff:

Was ist Milchkraut? Bei uns wäre es *Glaux maritima.*

F. Marschall:

Für diese von mir beschriebene Gesellschaft habe ich leider noch keinen
lateinischen Namen. Unter Milchkraut verstehen wir *Leontodon hispidus,*
Leontodon pyrenaicus und *Crepis aurea.* Braun hat diesen Typ vorläufig
mit Phleeto-Leontidetum nach *Phleum alpinum* und *Leontodon*
hispidus bezeichnet.

E.-W. Raabe:

Sie haben den deutschen Ausdruck Fettweide und Fettwiese auf der
einen Seite verwandt und Mähwiese und Dauerweide andererseits, wobei
zwischen diesen beiden Gruppen kein klarer Gegensatz vorhanden ist,
zumal Sie gesagt haben, daß die Düngung nicht unbedingt wesentlich wäre. Es kommt dazu, daß gerade der Ausdruck Fettweide in anderen
deutschen Sprachgebieten anders aufgefaßt wird. Eine Fettweide in
Schleswig-Holstein könnte z.B. zu 20% mit *Anthoxanthum odoratum* und
mit 40% *Agrostis tenuis*, etwas *Cerastium caespitosum* und etwas *Cyno-*
surus besetzt sein. Fettweiden sind nämlich bei uns alle diejenigen Weiden, auf denen junge Ochsen über einen Sommer hin fett gefüttert werden. Normalerweise werden das sicher solche sein, die ertragreich sind.
– Sollte man nicht diese Begriff Fettwiese, Fettweide durch einen anderen
ersetzen?

F. Marschall:

Ich weiß, daß der Begriff Fettweide auch für eine Weide, die der Rindermast dient, angewandt werden könnte. Aber ich möchte betonen, daß
ich vor allem aus unseren Verhältnissen heraus gesprochen habe. In der
Schweiz bedeutet Fettwiese nun ohne weiteres Fettrasen.

R. Tüxen:

In der englischen und amerikanischen Literatur tritt häufig der Begriff
des Continuum auf. Die Typen der Pflanzengesellschaften und ihre Einordnung in ein System werden von den Continuum-Anhängern bestritten
oder negiert. Die beiden Vorträge, sowohl der von Herrn Westhoff als
auch der von Herrn Marschall haben so deutlich, wie es nur wünschenswert ist gezeigt, daß in den behandelten Gebieten ein Continuum in dem
Sinne der angloamerikanischen Autoren doch nicht vorhanden sein kann.
Herr Westhoff hat sogar in der Kontaktzone, die kontinuierlich von
der einen in die andere Gesellschaft übergehen sollte, in seinem ersten
Schema eine besondere Störungszone eingezeichnet, in der ganz eigene
Pflanzengesellschaften vorkommen, über deren systematischen Rang wir
uns jetzt nicht zu unterhalten brauchen.

GEOBOTANISCHE UNTERSUCHUNGEN AN EINER PRÄHISTORISCHEN AUSGRABUNG IN DER MARSCH (MIT DEM VERSUCH EINER PFLANZENSOZIOLOGISCHEN AUSWERTUNG)

von

UDELGARD GROHNE

(Nieders. Landesstelle für Marschen- u. Wurtenforschung Wilhelmshaven)

Die genannten Untersuchungen sind an der Grabung Feddersen Wierde, nordöstlich von Bremerhaven, durchgeführt worden. Wurten, Warften oder Wierden werden die Wohnhügel genannt, welche die Bewohner des Nordsee-Küstengebietes im 1. Jh. v. Chr. gegen die Gefahr von Überflutungen zu bauen begonnen haben, denn Deiche sind frühestens 1000 Jahre später gebaut worden. Errichtet wurden die Wohnhügel aus Viehdung und Erdsoden (Marschklei). Hiervon eignet sich als Ausgangsmaterial für die geobotanischen Untersuchungen besonders der Viehdung wegen seines Artenreichtums an Pflanzenresten und den vorzüglichen Erhaltungsbedingungen. Da die Wurten in mehreren datierbaren Siedlungsperioden zu ihrer jetzigen Höhe von 5–10 m aufgebaut worden sind, lassen sich diese erfaßbaren Zeitabschnitte auch für die Vegetationsuntersuchungen verwenden. Die Feddersen Wierde gehört in die Zeit vom 1. Jh. vor bis 5. Jh. n. Chr.

An Hand der Vegetationsuntersuchungen läßt sich seitens der Geobotanik zu folgenden Problemen Stellung nehmen:

1) Wie sah die Vegetation in der Umgebung der Siedlung aus?
2) Haben die damaligen Bewohner in der Marsch Ackerbau betrieben, und welcher Art war dieser?

Die zweite Frage konnte auf Grund mehrerer Untersuchungsmethoden bejaht werden. Es hätte in das diesjährige Tagungsthema gehört, auch über die Ackerunkrautflora aus der Zeit um Christi Geburt zu sprechen, welche mit ihrem halophilen Gepräge von eigentümlicher Beschaffenheit war. Aber wegen der Kürze der Zeit ist eine Beschränkung auf den ersten Fragenkomplex notwendig. Aus dem gleichen Grund kann auch nicht auf die anthropogen geprägten Diatomeengesellschaften innerhalb der Siedlung und ihrer direkten Umgebung eingegangen werden.

Die Rekonstruktion der Vegetation in dem betreffenden Küstenabschnitt kann nur durch die Untersuchung der Pflanzenreste in den Dungschichten erfolgen. In der Hauptsache sind Samen, Früchte, teils auch Fruchtstände, Blüten- und Kelchblätter sowie Teile von Stengeln erhalten geblieben, vielfach mit noch erkennbarem Chlorophyll.

Durch zahlreiche Analysen dieser Dungschichten, sowie bei systematischer Durchmusterung im Gelände zeigte sich, daß außer den Kulturpflanzen im wesentlichen zwei Vegetationstypen vorkamen:

1) Juncus gerardi-Vegetation
2) Röhrichte.

Da an beiden Typen noch mehrere Varianten deutlich erkennbar waren,
wurde eine pflanzensoziologische Auswertung gewagt. Die Ordnung der
Rohtabellen, welche dankenswerterweise im wesentlichen von Herrn
Prof. Dr. Tüxen vorgenommen wurde, ergab eine Aufgliederung in folgende Einheiten:

I. Juncus gerardi-Vegetation
   1) Juncetum gerardi typicum
   2) Juncetum gerardi Subass. von *Leontodon autumnalis*
      a) Phase von *Trifolium repens*
      b) Phase von *Trifolium pratense*
   3) Juncetum gerardi Subass. von *Eleocharis uniglumis*

II. Phragmitetalia
   1) Scirpetum maritimi
   2) Scirpo-Phragmitetum
   3) (Weiden)-Bruch-Farn-Röhricht

Ein anthropogener Einfluß ist bei der Juncus gerardi-Vegetation
in unterschiedlichem Maße deutlich durch einen Anteil von Pflanzen der
Plantaginetea maioris. Dieser ist in der Phase von *Trifolium repens*
am größten und äußert sich in einem verhältnismäßig hohen Anteil an
*Potentilla anserina, Plantago maior, Polygononum aviculare, Leontodon
autumnalis, Lolium perenne, Poa annua* und anderen. In dem Referat
wird im einzelnen auf diese anthropogen beeinflußte Strandwiesenvegeta-
tion eingegangen. In den Phragmitetalia hingegen spielen die Plantaginetea maioris kaum eine Rolle.

SUMMARY

Here we found many remains of subfossil plants (141 species of wild
phanerogames, 11 culture plants, several woods and 30 spec. and subspec.
of mosses). On the base of numerous analyses of seeds it will be possible
to try a reconstructure of the vegetation in the prehistoric marshes.

E.-W. Raabe:
Äußert Zweifel an der Deutung der Siedlungslage.

U. Grohne:
Natürlich hat die Siedlung im unmittelbaren Küstenbereich gestanden,
sonst wäre der halophile Charakter dieser Vegetation undenkbar. Aber es
genügt ja, daß Überflutungen nur einige Male im Jahr geschehen sind.
Daß sie vorgekommen sind, zeigen Sturmflutlinien in Form von feinen
Sandbändern, die wir am Fuß der Wurt gefunden haben. Wir haben dort
auch Ackerflächen gefunden. Diese Ackerflächen sind irgendwann von
Sturmfluten erreicht worden und tragen eine Sturmflutablagerung von
etwa 5 cm Mächtigkeit. Die Ackerunkräuter zeigen ebenfalls einen starken Salzeinfluß. Daß Sturmfluten hingekommen sind, zeigt auch die
ständige Erhöhung der Wurt, die ja deswegen gemacht worden ist, damit die Leute sturmfrei wohnen konnten. Sie hatten nur ihr Vieh in der

Umgebung zu grasen und ihre Ackerflächen zu bestellen, das war noch das Gefährlichste von allem. Die Flut ist aber nicht zweimal täglich dahingekommen. Wir haben zahlreiche Nivellements der Juncus gerardi-Gesellschaften im Küstengebiet durchgeführt im letzten Sommer: Das Juncetum gerardi typicum liegt etwa 40–60 cm über dem mittleren Hochwasser und die Phase von *Trifolium pratense* ist etwa bei 80–90 cm über dem mittleren Hochwasser zu finden. Die Untergrenze von *Trifolium repens* selbst fällt etwa mit der vierzehntägigen Springtieden-Grenze zusammen. Nun besteht auch eine Relation zum Salzgehalt, indem mit steigendem Salzgehalt, diese Zonen höher hinaufreichen. Man kann aus diesen Untersuchungen etwa auf den Salzgehalt des Wassers schließen. Es ist kein vollsalziges Gebiet gewesen, sondern nach BROCKMANN vielleicht ein Gebiet des brackisch marinen Küstensaumes oder des unteren Brackwassers mit 15–20‰ Salzgehalt.

H. ELLENBERG:

Zu dem ausgezeichneten konzentrierten Vortrag und der bewundernswert vollständigen Rekonstruktion von Pflanzengesellschaften zuvor meinen herzlichen Glückwunsch! Ist die Siedlung wirklich auf dem Juncetum gerardi errichtet worden, oder von vornherein auf einer Grundlage von Klei, die dann etwas höher liegt?

Salicornia und *Puccinellia* traten in ihren Listen nicht auf und ebenso vermisse ich *Armeria maritima*, die sonst im Außendeichland auf den höheren Stellen vorkommt.

U. GROHNE:

Die Siedlung liegt auf dem Juncetum gerardi in der Subass. von Leontodon autumnalis und nicht auf dem typicum. Ob sie von vornherein direkt auf dem Marschboden angelegt worden ist, oder etwas erhöht liegt, konnte an der Feddersen Wierde noch nicht geklärt werden. Sämtliche Wurtenuntersuchungen in Holland und in Deutschland zeigen, daß im Beginn einer Wurt eine Flachsiedlung gestanden hat, bei der die Leute wirklich zu ebener Erde gewohnt haben. Aber das war weiter von der Küste entfernt. Es ist allerdings nicht ganz klar, ob die Grabungsmethodik in den früheren Grabungen vollkommen genug war, um diese Frage wirklich zu entscheiden.

Die Siedlungen um Christi Geburt sind bereits auf kleinen Sockeln zu finden, die aber nur 40–50 cm hoch sind. Die Bewohner haben sich eine Art Mistbeet geschaffen, indem sie den Kleiboden ausgehoben und das Loch mit Dung ausgefüllt und über das Gelände erhöht haben. Die Flachsiedlung wird also noch immer gesucht, so daß diese Frage noch nicht entschieden ist.

Es ist tatsächlich eigenartig, daß das Puccinellietum ganz fehlt. *Puccinellia maritima* habe ich nicht in einem einzigen Exemplar gefunden. Das ist erklärlich aus den speziellen Küsten- und aus den Salzverhältnissen. In einem vollsalzigen Gebiet wird man *Puccinellia maritima* eher erwarten. Wo sie nicht optimal wächst, bleibt sie weitgehend steril. Nun wächst die *Juncus gerardi*-Vegetation mindestens 40 cm über dem mittleren Hochwasser. Davor wäre wohl eine Abbruchküste oder das Scir-

petum maritimi gewesen. Dann wäre kein Platz für das Puccinellietum gewesen. An einer Wurt in Schleswig-Holstein, die von Herrn
Dr. BANTELMANN bei Tönning ausgegraben wurde, waren die Verhältnisse
anders. Da muß das Puccinellietum maritimae mit sehr viel
Statice limonium ausgebildet gewesen sein. Die Proben, die ich von dort
hatte, waren auch reich an *Puccinellia maritima* selbst, während wir hier
nur *Puccinellia distans* haben aus den Vertritt-Gesellschaften. Dieses
Fehlen ist bei uns eine Folge der Höhenlage und der Küstengestalt. An
Abbruschküsten wird man es vermissen, aber an Anlandungsküsten
könnte es auch bei uns vorhanden sein, soweit nicht der Salzgehalt zu
niedrig ist. *Armeria* haben wir, sie kommt aber nicht sehr häufig vor.

I. S. ZONNEVELD:

Ihre wunderbare Forschungsarbeit ist sehr wichtig auch für die pedolo-
gische Kenntnis des Marschgebietes. Was ist Ihre Meinung über die damalige Vegetation auf heutigen Knickböden. War das eine an weiche,
nasse und brackische Böden angepaßte z.B. Phragmites-Atriplex
hastata-Scirpus maritimus-Gesellschaft oder auch ein Juncetum gerardi oder Puccinellietum wie auf den festeren besiedelten Ufergebieten?

Für die Klärung des Knickproblems ist das sehr wichtig. Denn ein
weiches schlammiges Substrat hat einen starken Einfluß auf die Bildung
und Umbildung des Bodens und auf die Auswaschung von SiO_2, $CaCO_3$
und andere Umweltfaktoren, welche die Bodenstruktur beeinflussen.
Auch der Salzgehalt an sich wirkt auf die Kationenverteilung am Adsorp-
tionskomplex und dieser wieder auf die Struktur. Ihre Vegetationsfor-
schung könnte vielleicht jetzt schon Auskunft gegeben haben über diese
landschaftsökologischen Verhältnisse.

U. GROHNE:

Das Siedlungsgebiet selbst liegt nicht auf einem solchen dichten, schlammigen, sondern auf einem verhältnismäßig sandigen sehr grob geschichte-
ten Boden. Nur dahinter liegende tiefere Sietländer bekamen das
feinstkörnige Sediment ab und sind wegen des schlammigen Bodens heute
noch siedlungsfeindlich. Auch heute wird hier noch kein Ackerbau betrieben, es sei denn, daß diese Gebiete besonders dräniert worden sind.

V. WESTHOFF:

Schon PLINIUS hat sich klar zur Frage der Marschbewohnung in römischer
Zeit geäußert. Es besteht kaum ein Zweifel, daß die Leute damals
wirklich im Bereich der Sturm- und Winterüberflutungen gewohnt haben.
Obwohl nicht ganz sicher erscheint, ob die „Häuser" oder Hütten auf eine
geringe künstliche Bodenerhebung gestellt wurden oder nicht, fand
doch die Agrar- und Viehwirtschaft sicher im unmittelbaren Sturm- und
Winterflutbereich statt.

Die Ausführungen von Frl. GROHNE können wir aus den Niederlanden
durchaus bestätigen. Die Trifolium repens-Var. des Juncetum
gerardi wird nur noch so wenig von der Flut erreicht (nur bei Winter-

und Sturmfluten, *nicht* alle 14 Tage), daß sie unter primitiven Verhältnissen nicht als siedlungsfeindlich zu betrachten wäre.

Zu der Frage von Prof. ELLENBERG: Auch in den Niederlanden findet
Puccinellia maritima sich im Bereich des J u n c e t u m g e r a r d i nur steril;
Armeria maritima ist auf derartigen besiedelten Groden mit Bodenver-
dichtung immer ziemlich sporadisch, sie braucht (für hohe Stetigkeit und
Menge) einen lockeren, sauerstoffführenden sandigen Boden.

I. S. ZONNEVELD:

Es gibt gute Berichte aus der römischen Zeit z.B. von PLINIUS über die
Lebensweise der Bewohner an der Friesischen Küste, die von Fischen leb-
ten und vor dem Wasser flohen.

Es ist besonders für die bodenkundliche Untersuchung des Knickge-
bietes sehr wichtig, daß wir die Vegetation der Marschen zu jener Zeit
jetzt kennen, weil die Vegetation einen großen Einfluß auf die Knick-
Bildung und die Entkalkung und damit auf die gesamte Bodenbildung
dieses Gebietes hat. Das ganze Knick-Gebiet dürfte eine weiche schlam-
mige Marsch mit *Phragmites* und *Atriplex*, jedenfalls nicht fest und betret-
bar gewesen sein.

ESSAI D'UNE CLASSIFICATION
PHYTOSOCIOLOGIQUE DES PRAIRIES
MONTAGNARDES DU NORD DU PORTUGAL

par

A. N. TELES
(Estação Agronómica Nacional, Oeiras)

Les observations phytosociologiques qui sont à l'origine de cette étude regardent la partie montagnarde du Nord du Portugal, où des prairies qu'on dénomme ,,lameiros'' ont une représentation assez remarquable. Elles ont été effectuées (Fig. 1) dans les montagnes du Barroso et les Serras d'Alvão, de Montemuro et de Leomil et à Vinhais, Bragança, Vimioso, Figueira de Castelo Rodrigo et Vilar Formoso.

Ces prairies occupent, surtout, les vallons, qui en grand nombre, sillonnent le territoire, où elles trouvent les conditions d'humidité nécessaires à leur maintien. Elles sont souvent irriguées et, en général, soumises au fauchage et au pâturage la même année. Elles ne sont amendées qu'aux rares lieux où l'on procède à un faible apport de fumure organique.

Elles ont succédé à l'association-climax, le Myrtillo-Quercetum roboris du Quercion occidentale, alliance qui remplace, au Nord-Ouest de la Péninsule Ibérique, le Quercion robori-petraeae. Le Myrtillo-Quercetum roboris, comportant deux sous-associations (PINTO DA SILVA, TELES & ROZEIRA 1958), est propre aux régions montagnardes et révèle une influence atlantique, toutefois moins accentuée au fur et à mesure qu'on avance vers l'Est. À l'origine de ces prairies on peut aussi considérer les aulnaies riveraines appartenant à l'Alnion lusitanicum.

Les sols, minces dans les plateaux et versants, deviennent à la base de ceux-ci, ainsi qu'au fond des vallons, épais, colluvionaires ou alluvionaires et, le plus souvent, à horizon de gley ou de pseudo-gley. Ils dérivent des formations géologiques anciennes, schisteuses et granitiques. Leur pH dénote des sols acides.

On considérera successivement les types de prairies qu'on a pu définir jusqu'à présent. Bien qu'on ne possède pas de documentation sur tout le territoire, il est déjà peu probable, en ce qui concerne les associations, que l'on puisse en identifier d'autres à l'avenir.

Nous nous occuperons d'abord des prairies appartenant à l'alliance Cynosurion cristati.

Cette alliance est representée au Nord du Portugal par deux associations.

I. L'association à Anthemis nobilis et Cynosurus cristatus (Anthemido-Cynosuretum) differenciée par:

Agrostis castellana   *Centaurea rivularis*
Anthemis nobilis   *Holcus mollis*

Orchis sesquipedalis

II. L'association à Bromus commutatus et Cynosurus cristatus (Bromo-Cynosuretum) déjà décrite par l'auteur en 1956 [1] et dont le groupe différentiel comporte:

Agrostis castellana   *Orchis coriophora* var. *carpetana*
Festuca elatior ssp. *arundinacea*   *Narcissus bulbocodium*
Bromus commutatus   *Alopecurus pratensis* ssp. *ventricosus*

Au sein de ces associations on a pu constater un polymorphisme accentué dû, notamment, au régime hydrique des sols et à leur fertilité.

Dans l'Anthemido-Cynosuretum ont été identifiées deux sous-associations.

A. L'une, pauvre (sous-association à *Sieglingia decumbens*) differenciée par:

Sieglingia decumbens   *Luzula multiflora*

Potentilla erecta

B. Une autre, moins pauvre (sous-association typique).
Plusieurs variantes ont été reconnues. Ainsi, dans la sous-association à *Sieglingia decumbens* nous avons identifié:

1. La variante à *Nardus stricta* differenciée par cette espèce et par *Juncus squarrosus*, qui comprend les prairies les plus pauvres, déjà voisines des pelouses des Nardetalia.

2. La var. à *Arrhenatherum elatius* ssp. *bulbosum*, groupant des prairies plus fréquemment fauchées comme le témoigne l'espèce citée ci-dessus et *Heracleum sphondylium*. Les autres différentielles sont *Crepis capillaris* et *Dactylis glomerata*.

3. La variante typique.
Dans la sous-association typique on a distingué deux variantes:

1. La variante à *Arrhenatherum elatius* ssp. *bulbosum* differenciée par cette espèce et par *Dactylis glomerata*, *Crepis capillaris* et *Heracleum sphondylium*.

2. La variante typique.
Les prairies que nous venons de considérer, appartenant au Anthemido-Cynosuretum, colonisent des sols granitiques, plus rarement schisteux, à texture argilo-sabloneuse ou argileuse. On les a observées dans les montagnes de Barroso et les Serras d'Alvão, de Montemuro et de Leomil où l'influence atlantique est encore très accusée (Fig. 1).

Il faut signaler que ces prairies revèlent une influence accentuée des Molinietalia, ce qui est denoté par la présence de *Lotus uliginosus*, *Juncus acutiflorus*, *Carum verticillatum*, *Scutellaria minor*, *Rhinanthus minor* et *Caltha palustris*.

---

[1] Bromo-Cynosuretum nom. nov. = Agrostideto castellanae-Cynosuretum Teles 1956.

Parfois on est en face de prairies pour lesquelles il est un peu difficile de décider à quelle alliance (Cynosurion ou Juncion acutiflori) on doit les subordonner.

Voyons, maintenant, les prairies localisées plus à l'Est, à Vinhais,

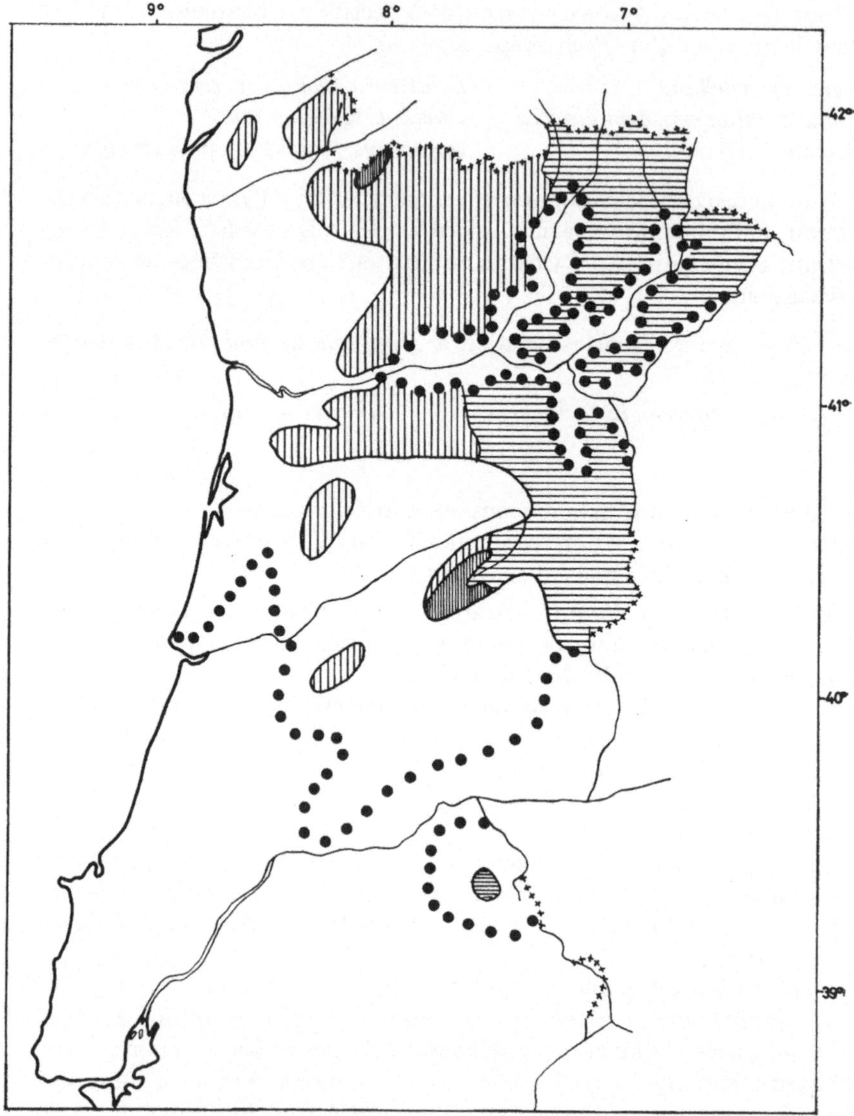

Fig. 1.   Esquisse d'une distribution des prairies montagnardes du nord du Portugal

|||||| Aire probable de l'Anthemido-Cynosuretum, de l'Agrosto-Arrhenatheretum bulbosi et du Peucedano-Juncetum acutiflori.

≡≡≡   Aire probable du Bromo-Cynosuretum et de l'Hyperico-Juncetum acutiflori.

▓▓▓   Aire du Junipereto-Ericetum, du Juniperion nanae et du Nardo-Galion saxatilis (D'après Br.-Bl. et al. 1952).

• • •   Limite entre le Quercion occidentale et le Quercion fagineae (Br.-Bl. et al. 1956).

Bragança, Vimioso, Figueira de Castelo Rodrigo et Vilar Formoso, qu'on a rattachées au Bromo-Cynosuretum.

Cette association englobe trois sous-associations, correspondant aux particularités du régime hydrique des sols:

A. L'une, humide (sous-association à *Juncus acutiflorus*), differenciée par des hygrophytes, telles que:

Juncus acutiflorus	*Heleocharis palustris*
Carum verticillatum	*Galium palustre*
Carex leporina	*Ranunculus flammula*

B. Une deuxième, fraîche (sous-association à *Ranunculus repens* et *Lolium perenne*), différenciée par des espèces à caractère sub-hygro-nitrophile:

Cyperus badius	*Lolium perenne*
Ranunculus repens	*Dactylis glomerata*
Mentha rotundifolia	*Poa pratensis*
Rumex crispus	

C. Une autre, enfin, sèche (sous-association à *Lepidium heterophyllum*), différenciée par des espèces xérophiles:

Sanguisorba minor var. *glaucescens*	*Linum angustifolium*
Lepidium heterophyllum	*Trifolium striatum*

En ce qui concerne la sous-association à *Juncus acutiflorus* on a pu noter deux variantes:

1. L'une, humide (variante à *Deschampsia caespitosa*).

2. L'autre, très humide (variante à *Lotus uliginosus*).

La première variante est liée aux sols caracterisés par une alternance de saturation et de dessiccation, où, l'on peut remarquer, par suite de cette particularité du régime hydrique, la coexistance d'hygrophytes, telles que *Juncus acutiflorus* et *Carex leporina*, et d'espèces à tendance xérophytique, telles que *Ranunculus bulbosus* et *Leontodon taraxacoides*. La seconde variante se présente sur des sols engorgés d'eau presque toute l'année.

Les prairies de la sous-association à *Juncus acutiflorus*, où des espèces transgressives des Molinietalia coeruleae, telles que *Juncus acutiflorus, Carum verticillatum* et *Deschampsia caespitosa*, jouent un rôle important, représentent un cas de transition vers les groupements de cet ordre.

Dans la sous-association à *Lepidium heterophyllum* on a distingué trois variantes:

1. Variante à *Lolium perenne*.

2. Variante à *Anthoxanthum aristatum*.

3. Variante à *Briza media*.

La variante à *Lolium perenne*, riche, est determinée par un contenu du sol plus élevé en substances azotées.

La variante à *Anthoxanthum aristatum*, pauvre, occupe des sols dont la période d'humidité est très courte, et la variante à *Briza media*, également pauvre, comprend les prairies des sols secs mais pas aussi acides et mieux drainés.

Les prairies de meilleure qualité, localisées surtout à Vinhais appartiennent à la sous-association fraîche (sous-association à *Ranunculus repens* et *Lolium perenne*) et à la sous-association à *Lepidium heterophyllum*, variante à *Lolium perenne*. Ces prairies, non amendées, sont dues à leur situation à la proximité des fermes, ou encore, ce qui arrive souvent à Vinhais, à leur irrigation par des eaux qui, provenant du village, entraînent des particules de fumier et du purin vers les prairies en aval. Les prairies situées en amont sont, au contraire, pauvres.

Comme nous l'avons déjà signalé, l'association est répandue dans l'extrêmité Nord-Est du Portugal (Fig. 1). Couvrant des sols schisteux, les plus fréquents dans cette région, et granitiques, elle est liée, par rapport au Anthemido-Cynosuretum, à une influence atlantique beaucoup moins accusée et à un caractère continental, par contre, remarquable.

Je m'occuperai ensuite des prairies de l'alliance Arrhenatherion elatioris. Elles sont, néanmoins, assez rares et appauvries au Portugal. En effet, on n'a rencontré que quelques stations dans les montagnes du Barroso et de la Serra de Leomil qui peuvent être filiées dans cette alliance.

On a rassemblé ces prairies dans l'association à Agrostis castellana et Arrhenatherum elatius ssp. bulbosum (Agrosto-Arrhenatheretum bulbosi). Parmi les espèces à rôle sociologique plus important on doit citer:

Arrhenatherum elatius ssp. *bulbosum*	*Anthriscus silvestris*
Dactylis glomerata	*Agrostis castellana*
Heracleum sphondylium	*Anthemis nobilis*
Galium mollugo	*Centaurea rivularis*

Il s'agit des prairies sèches à humides, plus au moins pauvres et soumises au fauchage exclusif ou alors, au fauchage associé au pâturage fugace. C'est, surtout, cette particularité du régime d'exploitation qui est à l'origine de leur réalisation.

On a pu distinguer une sous-association qui comprend les prairies moins pauvres, liées au sols légèrement nitrophiles. Parmi leur différentielles citons:

Ranunculus repens	*Poa trivialis*
Crepis capillaris	*Anthoxanthum odoratum*

Trifolium repens

Dans le Cynosurion on note parfois, comme nous l'avons déjà remarqué, la présence d'éléments de l'Arrhenatherion, surtout *Arrhenatherum elatius* ssp. *bulbosum* et *Heracleum sphondylium*. Ceci peut s'expliquer encore parce que dans le traitement mixte auquel sont soumises ces prairies, le pâturage devient, parfois, moins intensif. Ce même fait est très fréquent et bien plus évident dans les prairies belges (Sougnez 1954).

Nous considérerons, enfin, des prairies plus ou moins mouilleuses, acidophiles, qui appartiennent à l'ordre M o l i n i e t a l i a c o e r u l e a e.

Ces prairies à joncs (*Juncus acutiflorus* et *Juncus effusus*) comportent deux associations:

I. Le P e u c e d a n o - J u n c e t u m a c u t i f l o r i, observé dans les montagnes de Barroso et les Serras d'Alvão, de Montemuro et de Leomil.

II. L'H y p e r i c o - J u n c e t u m a c u t i f l o r i, observé à Vinhais et Vimioso.

La première association dénote une plus forte influence atlantique, ce qui est témoigné par la présence de:

Peucedanum lancifolium	*Anagallis tenella*
Carex laevigata	*Hypericum helodes*
Arnica montana ssp. *atlantica*	*Anthemis nobilis*

Ces groupements sont tout spécialement dus, eux aussi, comme nous l'avons déjà signalé pour les associations du C y n o s u r i o n c r i s t a t i, aux différences de nature climatique.

L'association P e u c e d a n o - J u n c e t u m a c u t i f l o r i se subdivise en deux sous-associations:

A. La sous-association à *Sieglingia decumbens* et *Anthemis nobilis*.

B. La sous-association à *Ranunculus flammula* et *Caltha palustris*.

La sous-association à *Sieglingia decumbens* et *Anthemis nobilis* différenciée par ces espèces et par *Centaurea rivularis* et *Hypochoeris radicata* comprend des prairies qui sont au contact de celles appartenant à l'A n t h e m i d o - C y n o s u r e t u m. Elles sont pauvres et dessèchées à l'été pendant une période plus ou moins longue.

Il faut signaler dans cette sous-association la variante à *Nardus stricta* et *Juncus squarrosus*, differenciée par ces deux espèces, que englobe les prairies les plus pauvres.

La sous-association à *Ranunculus flammula* et *Caltha palustris* est liée aux sols à plan d'eau superficiel pendant presque toute l'année. Parmi leurs différentielles on citera:

Ranunculus flammula	*Myosotis welwitschii*
Caltha palustris	*Juncus effusus*
Carex echinata	*Galium palustre*

Il a été possible de distinguer trois variantes dans cette sous-association.

1. Variante à *Arnica montana* ssp. *atlantica* et *Anagallis tenella*.

2. Variante typique.

3. Variante à *Ranunculus repens*.

La variante à *Arnica montana* ssp. *atlantica* et *Anagallis tenella* qui colonise les sols à tendance tourbeuse, oligotrophes (pH en moyenne 4,9), est différenciée par ces espèces et par *Molinia coerulea*, *Sphagnum auriculatum*, *Viola juressi* et *Wahlenbergia hederacea*. Elle révèle déjà des affinités avec les S c h e u c h z e r i o - C a r i c e t e a f u s c a e.

La variante à *Ranunculus repens*, à caractère nitrophile est différenciée par cette espèce et par *Poa trivialis* et *Cynosurus cristatus*.

Il faut signaler dans cette variante la sous-variante à *Lolium perenne* et *Glyceria declinata.* Cette sous-variante, observée au pays montagnard de Barroso, regarde les meilleures prairies, situées près des fermes et fauchées à plusieurs reprises la même année („lameiras de erva"). Ces prairies à régime en eau défavorable pendant l'époque pluvieuse, sont liées aux sols encore plus nitrophiles.

Bien que ratachées au Juncion acutiflori, elles révèlent déjà une si forte influence de l'Agropyro-Rumicion crispi qu'il est difficile de les placer en définitive dans une de ces alliances. Des études ultérieures permettront, on espère, de faire la lumière sur ce point.

L'Hyperico-Juncetum acutiflori, mal individualisé, englobe, parfois, surtout à Vimioso, plusieurs stations à l'état plus ou moins fragmentaire – des dépréssions disséminées dans les prairies. Leur espèces diférentielles sont:

Hypericum undulatum	*Lythrum salicaria*
Cyperus badius	*Carex hirta*

Au sujet des prairies mouilleuses un problème un peu difficile, se pose – celui de décider à quelle alliance on doit les subordonner.

Elles révèlent, notamment le Peucedano-Juncetum acutiflori, des affinités incontestables avec le Senecio-Juncetum acutiflori décrit pour l'Irlande (BRAUN-BLANQUET & TÜXEN 1952) et pour le Nord-Ouest de l'Espagne (TÜXEN & OBERDORFER 1958) et, par conséquent, il est indiqué de les placer dans la même alliance. Cependant, le Senecio-Juncetum acutiflori a d'abord été rataché au Juncion acutiflori (BRAUN-BLANQUET & TÜXEN l.c.) et ensuite au Bromion racemosi (TÜXEN & OBERDORFER l. c.). On constate que les espèces caractéristiques du Bromion racemosi, déjà très faiblement représentées au Senecieto-Juncetum acutiflori de l'Espagne, sont pratiquement absentes dans nos groupements et de cette façon il nous semble plus judicieux de retourner aux idées de BRAUN-BLANQUET & TÜXEN (l. c.) en admettant pour l'Europe occidentale le Juncion acutiflori. Cette alliance devra être remplacée par le Bromion racemosi au fur et à mesure qu'on avance vers l'Est.

SUMMARY

After having studied the floristic composition of the meadows of some areas in the higher parts of northern Portugal, the author has established the following phytosociological classification:

CL. MOLINIO-ARRHENATHERETEA

Ord. ARRHENATHERETALIA

All. Cynosurion cristati

Ass. Anthemido-Cynosuretum

Subass. *Sieglingia decumbens*

Var. *Nardus stricta*

Var. *Arrhenatherum elatius* ssp. *bulbosum*

Var. *typicum*

Subass. *typicum*

Var. *Arrhenatherum elatius* ssp. *bulbosum*
Var. *typicum*

Ass. Bromo-Cynosuretum

Subass. *Juncus acutiflorus*
Var. *Deschampsia caespitosa*
Var. *Lotus uliginosus*
Subass. *Ranunculus repens* et *Lolium perenne*
Subass. *Lepidium heterophyllum*
Var. *Lolium perenne*
Var. *Anthoxanthum aristatum*
Var. *Briza media*

All. Arrhenatherion elatioris

Ass. Agrosto-Arrhenatheretum bulbosi

Ord. MOLINIETALIA COERULEAE

All. Juncion acutiflori

Ass. Peucedano-Juncetum acutiflori

Subass.*Sieglingia decumbens* et *Anthemis nobilis*
Var. *typicum*
Var. *Nardus stricta*
Subass. *Renunculus flammula* et *Caltha palustris*
Var. *Arnica montana* ssp. *atlantica* et *Anagallis tenella*
Var. *typicum*
Var. *Ranunculus repens*

Ass. Hyperico-Juncetum acutiflori

BIBLIOGRAPHIE

BRAUN-BLANQUET, J. & TÜXEN, R.: Irische Pflanzengesellschaften. – Veröff.geobot. Inst. Rübel Zürich **25**: 224–421. (Comm. SIGMA 117). Bern 1952.
SILVA, A. R. PINTO DA, TELES, A. N. & ROZEIRA, A.: First account of the limestone flora and vegetation of North-Western Portugal. – Bol. Soc. Broteriana, sér. 2, **32**: 267–296. Coimbra 1958.
SOUGNEZ, N.: Texte explicatif de la planchette de Herve (122, E). Publ. de l'I.R.S.I.A. (Institut pour l'Encouragement de la Recherche Scientifique dans l'Industrie et l'Agriculture). Gand 1954.
TELES, A. N.: Os lameiros do Nordeste de Portugal. Subsídios para o seu estudo fitossociológico. XXIII Congr. Luso. Esp. Progr. Ci., Coimbra 1956, **5**: 387–395. Coimbra 1957.
TÜXEN, R. & OBERDORFER, E.: Die Pflanzenwelt Spaniens. II Teil: Eurosibirische Phanerogamen-Gesellschaften Spaniens mit Ausblicken auf die Alpine- und die Mediterran-Region dieses Landes. – Veröff. geobot. Inst. Rübel Zürich **32**: 1–328. Bern 1958.

ÜBERSICHT DER GESELLSCHAFTEN DER TALWIESEN UND DER SUMPFVEGETATION IN SERBIEN

von

RAJNA JOVANOVIĆ
(Biologisches Institut, Belgrad)

Während wir in Kroatien und Slavonien (HORVATIĆ 1930, 1931) eingehende Studien von Talwiesen und Sumpfvegetation haben, wurden in Serbien erst in neuerer Zeit phytozönologische Untersuchungen von Wiesen- und Sumpfvegetation (CINCOVIĆ 1959, SLAVNIĆ 1956, R. JOVANOVIĆ 1957/58, M. JANKOVIĆ 1953) unternommen. Auf Grund dieser Untersuchungen kann man eine Vorstellung von der Verbreitung einzelner wichtiger Gesellschaften der Niederungswiesen und der Sumpfvegetation in ganz Serbien gewinnen.

Die Täler mancher Flüsse in Serbien (Sava, die Grosse Morava, Jasenica, Kolubara, die Westliche Morava) stellen heute, dank besonderen orographischen, hydrologischen, pedologischen und anderen Faktoren, sehr reiche Wiesengebiete dar. Unter dem herrschenden Klima, dem der klimatogene Wald des Quercetum confertae-cerris Rud. 1951 entspricht, waren diese Täler im Zusammenhang mit den hydrologischen Verhältnissen mit Wäldern des Querco-Fraxinetum mixtum Jov. 1951, des Salici-Populetum und des Alnetum glutinosae bedeckt. Durch das Verdrängen der Wälder entstanden sekundär unter beständiger Einwirkung anthropogener Faktoren verschiedene Typen von Tal- und Sumpfwiesen. Vor allem in Abhängigkeit von der Bodenfeuchtigkeit, vom Regime der Flußläufe und dem Niveau des Grundwassers, wie auch von den edaphischen Faktoren, erscheinen in den Flußtälern differenzierte Gesellschaften von Wiesen und Sumpfvegetation.

In dieser Darstellung sind die Ergebnisse der Untersuchungen und der phytozönologischen Klassifikation von Wiesen- und Sumpfvegetation des reichen Wiesengebiets Serbiens gegeben. Differenzierung und Klassifikation wurden vorzugsweise auf Grund der floristischen Zusammensetzung durchgeführt, die vor allem und am stärksten auffällt, und deren Veränderungen sich als parallel mit und untrennbar von den ökologischen Verhältnissen zeigen, in erster Linie von der Feuchtigkeit der Böden, auf denen einzelne Typen von Sumpf- und Wiesenvegetation vorkommen.

KLASSIFIKATION DER UNTERSUCHTEN GESELLSCHAFTEN

In Abhängigkeit von der Konfiguration des Geländes und des dominanten Faktors – des Regimes der Bodenfeuchtigkeit und der Bewegung des

Grundwasser-Niveaus – entwickelten sich in den Tälern Serbiens zahlreiche und verschiedenartige Wiesen- und Sumpfgesellschaften. Auf Grund der bisherigen Untersuchungsergebnisse wurden folgende Gesellschaften ausgeschieden und phytozönologisch durchforscht:

I. Talwiesen

Große Flächen von Flußtälern in Serbien befinden sich unter Talwiesen, die von Tag zu Tag mehr verdrängt und in Kulturfelder verwandelt werden. Die durchforschten Assoziationen stellen reiche Mähwiesen dar, und gehören den (Verbänden) Arrhenatherion elatioris Br. Bl. 1925 und Trifolion resupinati Micevski 1957 an.

1. Ass. Brometo-Cynosuretum cristati H-ić 1931.
Diese weit ausgedehnte Phytozönose Kroatiens, die in Serbien am Fuße einiger Gebirge (KOSMAJ, RUDNIK, RTANJ 1956) festgestellt wurde, kommt in den Flußtälern in begrenzter Ausdehnung vor. Gewöhnlich trifft man sie in hohen Lagen außerhalb des Bereiches von Überschwemmungen auf lockerem Boden von mäßiger Feuchtigkeit.

Die Assoziation zeichnet sich durch das Dominieren der Art *Cynosurus cristatus* aus, neben welcher reichlich *Bromus racemosus* vertreten ist. Den bunten Anblick verleihen dieser Assoziation die Arten *Alectorolophus rumelicus, Ononis spinosa, Briza media, Anthoxanthum odoratum, Hypochoeris radicata, Erythraea centaurium, Galium verum, Ranunculus polyanthemos, Rumex acetosa, Trifolium incarnatum* und *Trifolium patens*. Diese letzte erscheint in Form von große Flächen bedeckenden Fazies, weshalb Wiesen von diesem Typ in ökonomischer Hinsicht sehr geschätzt sind.

2. Ass. Poeto-Alopecuretum pratensis R. Jov. 1958.
Auf etwas niedrigeren Geländen unter dem Einfluß von Überschwemmungen erscheint die Phytozönose einer reichen Mähwiese, in der die Gräser *Alopecurus pratensis, Poa pratensis, Poa trivialis* und *Agropyron repens* dominieren. Die Assoziation ist floristisch reich und zeichnet sich durch eine Fülle von Leguminosen aus, besonders durch die Arten *Trifolium resupinatum, Trifolium pratense, Trifolium repens, Lotus corniculatus Medicago arabica* und andere. In Verbindung mit der Bodenfeuchtigkeit ist die Assoziation in einige Subassoziationen differenziert (typicum, caricetosum praecox, agropyretosum repentis), die innerhalb der Assoziation eine ökologische Reihe bilden.

3. Ass. Agrostidetum albae prov.
Diese Wiesengesellschaft hat in Serbien eine begrenzte Ausdehnung, weil sie durch die Feuchtigkeit des Geländes bedingt ist, und kommt längs der Flußufer und in flachen Landsenken vor, so daß sie unter Einfluß von Überschwemmungen steht. Die dominante Art *Agrostis alba* erscheint in dieser Gesellschaft in zwei Formen (fo. *typica*, fo. *gigantea*), die überwiegend besondere Fazies bilden. Lokal bedingt durch verstärkte Feuchtigkeit, erscheint in den flacheren Engtälern dieser Gesellschaft die Fazies mit *Bolboschoenus maritimus*. Von den anderen Arten dominieren in dieser Gesellschaft: *Mentha pulegium, Lythrum salicaria, Poten-*

tilla reptans, Ranunculus repens, Trifolium fragiferum, Rorippa silvestris und andere.

4. Ass. **Festuco-Hordeetum secalini** R. Jov. 1958.
Auf den ausgedehnten Flächen der niedrigeren Lagen von Flußtälern, die unter dem steten Einfluß sowohl der Überschwemmungswässer als auch des hohen Niveaus des Grundwassers stehen, entwickelt sich auf schwerem Lehmboden eine Wiesengesellschaft, in der die Gräser *Hordeum secalinum, Festuca pratensis, Bromus racemosus, Alopecurus utriculatus* dominieren. Von den anderen Arten zeichnen sich in dieser Assoziation durch ihre Fülle aus: *Trifolium fragiferum, Trifolium resupinatum, Leucojum aestivum, Ranunculus repens, Potentilla reptans, Orchis palustris* ssp. *elegans* und *Ranunculus steveni.* Die dominante und charakteristische Art *Hordeum secalinum* ist diagnostisch und floristisch-geographisch sehr bedeutend, weil sie in ganz Serbien nur im Tal des Flusses Jasenica, des linken Nebenflusses der Grossen Morava festgestellt wurde. Die Assoziation wird durch reichliches Vorkommen von *Clematis integrifolia* charakterisiert, die ebenfalls für Wiesen Serbiens bezeichnend ist, und in Kroatien überhaupt nicht angetroffen wird.

Diese Gesellschaft ist von sehr heterogener Zusammensetzung im Zusammenhang mit der Bodenfeuchtigkeit und ist in einige Subassoziationen differenziert (**typicum, brometosum racemosi, festucetosum pratensis** und **alopecuretosum utriculati**) mit zahlreichen Fazies.

II. Sumpfgemeinschaften

Zum Unterschied von den Talwiesen, die von Zeit zu Zeit überschwemmt werden, wachsen die Sumpfgemeinschaften unter dem Einfluß sowohl von hohem Niveau des Grundwassers als auch von Überschwemmungswässern, besonders im Frühling. Infolge der Undurchlässigkeit gewisser Bodenschichten, hält sich das Wasser während des Jahres lange in den Depressionen, die oft auch während des Sommers unter Wasser stehen. In Bedingungen ergiebiger Feuchtigkeit entwickelten sich auf solchen Geländen verschiedenartige und reiche Sumpfgesellschaften. Sie gehören den schon früher ausgeschiedenen Verbänden **Phragmition communis** Koch 1926, **Glycerio-Sparganion** Br.-Bl. et Siss. 42, **Magnocaricion** Koch 1926, **Beckmannion** Soó 1949 an.

5. Ass. **Heleocharo-Caricetum nutantis** R. Jov. 1958.
Diese Gemeinschaft ist räumlich an weniger flache Depressionen auf Gelände von Talwiesen gebunden, wo genügend Feuchtigkeit gesichert ist, und das Vordringen gewisser hygrophiler Arten ermöglicht, während die Austrocknung über den Sommer das Erscheinen gewisser von abschüssigen Geländen herrührender Arten bedingt. Daher bildet diese Assoziation ihrer floristischen Zusammensetzung nach einen Übergang von mäßig feuchten Talwiesen zu feuchten und sumpfigen Phytozönosen. In ihr dominieren *Heleocharis palustris* und *Carex nutans,* und reichlich vertreten sind *Lysimachia nummularia, Mentha pulegium, Gratiola officinalis, Oenanthe fistulosa* und andere.

6. Ass. Junco-Calamagrostidetum pseudophragmites R. Jov. 1960.

Auf ziemlich großen Flächen sumpfigen Geländes von Flußtälern, wo das Niveau des Grundwassers ziemlich hoch ist, erscheint eine Phytozönose, in der *Calamagrostis pseudophragmites* und *Juncus articulatus* dominieren und *Iris pseudacorus, Stachys palustris, Lythrum virgatum, Gratiola officinalis* und andere reichlich vertreten sind. *Iris pseudacorus* erscheint hier in Fazies.

7. Ass. Caricetum vulpinae-ripariae R. Jov. 1958.

Diese Assoziation vertritt in Serbien das kroatische Caricetum tricostato-vulpinae, dem man in Serbien nur fragmentarisch begegnet. Das Caricetum vulpinae-ripariae nimmt bedeutende Flächen sumpfigen Geländes auf schwerem Lehmboden ein. Die Assoziation erscheint überwiegend in den Fazies der Arten *Carex riparia, Carex acutiformis, Carex gracilis*. In der Bodenschicht dominieren *Ranunculus repens, Potentilla reptans, Lysimachia nummularia* und andere.

8. Ass. Phalaridetum arundinaceae Libb. 1931.

Diese Gesellschaft nimmt im Gebiet Serbiens ziemlich begrenzte Flächen ein. Sie wird auf sumpfigen Geländen in Form von nicht sehr großen, doch wegen Üppigkeit und Wachstum der dominanten Art *Phalaris arundinacea* sehr auffallenden Inseln angetroffen. In der floristischen Zusammensetzung sind reichlich auch folgende Arten vertreten: *Carex riparia, Iris pseudacorus, Schoenoplectus lacustris, Ranunculus repens, Agrostis alba* u.a.

9. Ass. Scirpetum maritimi Tx. 1937.

Auf kleinere Landsenken und Kanäle begrenzt, die sich fast stets unter Wasser befinden, erscheint die Phytozönose, in der *Scirpus maritimus* dominiert. Sonst ist die Assoziation floristisch arm, und von reichlich vertretenen Arten wären nur *Galium elongatum, Carex riparia* zu nennen.

10. Ass. Beckmannietum erucaeformis Soó 1949.

Lokal bedingt durch die Feuchtigkeit des Geländes im Zusammenhang mit dem hohen Niveau des Grundwassers erscheint in den Flußtälern Serbiens eine Phytozönose, in der *Beckmannia erucaeformis* dominiert und *Oenanthe fistulosa, Rorippa silvestris, Mentha pulegium, Galium elongatum, Gratiola officinalis* reichlich vertreten sind.

11. Ass. Scirpo-Phragmitetum Koch 1926.

Die ausgedehnteste Sumpfgesellschaft in den Flußtälern Serbiens ist jedenfalls das Scirpo-Phragmitetum. Es hat in ganz Serbien seine Fundorte, besonders aber in den ausgedehnten Sümpfen an der Mündung der Großen Morava in die Donau unweit von Smederevo. Es befindet sich indessen in manchen Tälern im Rückzug, infolge der Wasserableitung durch Kanäle. Man begegnet ihm selten in seiner typischen Fazies, es ist vielmehr in den Fazies von *Phragmites communis, Typha latifolia* und *T. angustifolia, Sparganium polyedrum* und *Acorus calamus* entwickelt.

12. Ass. Glycerietum maximae Hueck 1931.

Von etwas geringerer Bedeutung, mit Rücksicht auf ihre Ausdehnung, ist die Gemeinschaft, in der die Art *Glyceria maxima* dominiert. Sie wächst auf feuchtem und schwerem Lehmboden mit hohem Grundwasser. Neben der dominanten Art erscheinen in Fülle *Galium palustre, Senecio paludosus* u.a.

13. Ass. Glycerio-Sparganietum neglecti Koch 1926.

An den Kanalrändern und Landsenken, in denen das Wasser über das ganze Jahr hin stagniert, erscheint eine Gesellschaft, in der die Arten *Sparganium neglectum* und *Glyceria fluitans* dominieren unter reichlicher Beteiligung von *Galium palustre, Sium erectum, Alisma plantago-aquatica, Veronica anagalis-aquatica* u.a.

Als allgemeiner Schluß aus der gegebenen Übersicht geht hervor, daß in Serbien ein großer Reichtum von Wiesen- und Sumpfgesellschaften erscheint (von denen hier nur die wichtigeren angeführt wurden), als Folge einer engen Verbindung und gegenseitigen Abhängigkeit zwischen der Entwicklung der Vegetation und den edaphischen Faktoren vor allem der Bodenfeuchtigkeit.

ZUSAMMENFASSUNG

Die Täler mancher Flüße in Serbien (Sava, Grosse Morava, Westliche Morava, Jasenica, Kolubara) stellen heute, dank besonderen orographischen, hydrologischen, pedologischen und anderen Faktoren, sehr reiche Wiesengebiete dar. Unter den klimatischen Verhältnissen, die dem klimatogenen Walde der Dichtfrüchtigen Eiche und der Zerreiche (Quercetum confertae-cerris Rud.) entsprechen, erscheinen in den Flußtälern differenzierte Gesellschaften von Wiesen und Sumpfvegetation.

In Abhängigkeit von der Konfiguration des Geländes und des dominanten Faktors – des Regimes der Bodenfeuchtigkeit, bzw. der Bewegung des Niveaus vom Grundwasser, entwickelten sich in den Tälern Serbiens zahlreiche und verschiedenartige Wiesen- und Sumpfgesellschaften. Auf Grund der bisherigen Untersuchungsergebnisse wurden folgende Wiesengesellschaften ausgeschieden und phytocenologisch durchforscht: Brometo-Cynosuretum cristati H-ić 31, Poeto-Alopecuretum pratensis R. Jov. 57, Festuceto-Hordeetum secalini R. Jov. 57 und Agrostidetum albae prov. Diese Gesellschaften gehören den Verbänden Arrhenatherion elatioris Br.-Bl. 25 und Trifolion resupinati Micevski 57 an.

Die Sumpfvegetation gliedert sich in die Verbände Phragmition communis Koch 26, Glycerio-Sparganion Br.-Bl. et Siss. 42, Magnocaricion Koch 26, Beckmannion eruciformis Soó 49 mit folgenden Assoziationen: Scirpetum maritimi Tx. 37, Glycerietum maximae Hueck 31, Phalaridetum arundinaceae Libb. 31, Glycerio-Sparganietum neglecti Koch 26, Junco-Calamagrostidetum pseudophragmites R. Jov. 60, Heleocharo-Caricetum nutantis R. Jov. 58, Caricetum vulpinae-ripariae R. Jov. 58, Beckmannietum eruciformis Soó 49 und Scirpo-Phragmitetum Koch 26.

SUMMARY

An account is given of the results of the investigations and of the phy-
tocenological classification of the meadow and marsh vegetation of the
rich meadow region of Serbia. The meadow and marsh communities ap-
pear to be differentiated from each other primarily as a result of differences
in soil moisture, water-flow régime and water-table level but, also by
edaphic factors.

The meadow communities are arranged in the alliances A r r h e n a t h e-
r i o n e l a t i o r i s Br.-Bl. 25 and T r i f o l i o n r e s u p i n a t i Micevski 57 and
include the following associations: B r o m e t o - C y n o s u r e t u m c r i s t a-
t i H-ic 31, P o e t o - A l o p e c u r e t u m p r a t e n s i s R. Jov. 57, F e s t u c o-
H o r d e e t u m s e c a l i n i R. Jov. 57 and A g r o s t i d e t u m a l b a e
prov. The marsh communities belong to the P h r a g m i t i o n c o m m u-
n i s Koch 26, G l y c e r i o - S p a r g a n i o n Br.-Bl. et Siss. 42, M a g n o-
c a r i c i o n Koch 26 and B e c k m a n n i o n e r u c i f o r m i s Soó 49 alliances. The following associations were investigated: S c i r p e t u m m a r i t i-
m i Tx. 37, G l y c e r i e t u m m a x i m a e Hueck 31, P h a l a r i d e t u m
a r u n d i n a c e a e Libb. 31, G l y c e r i o - S p a r g a n i e t u m n e g l e c t i
Koch 26, J u n c o - C a l a m a g r o s t i d e t u m p s e u d o p h r a g m i t e s R.
Jov. 58, H e l e o c h a r o - C a r i c e t u m n u t a n t i s R. Jov. 58, B e c k-
m a n n i e t u m e r u c i f o r m i s Soó 49 and S c i r p o - P h r a g m i t e t u m
Koch 26.

LITERATUR

Cincović, T.: Tipovi livadske i močvarne vegetacije u Zap. Srbiji (ms.). 1959.
Horvatić, St.: Soziologische Einheiten der Niederungswiesen in Kroatien
    und Slavonien. – Acta bot. **5**. Zagreb 1930.
— Die verbreitesten Pflanzengesellschaften der Wasser- und Ufervegetation
    in Kroatien und Slavonien. – Acta bot. **6**. Zagreb 1931.
Janković, M.: Vegetacija Velikog Blata. – Glas. Prir. muz. srpske Zemlje
    5–6. Beograd 1953.
Jovanović, B., Dunjić, R.: Prilog poznavanju fitocenoza hrastovih šuma
    Jasenice i okoline Beograda. – Zbor. nadŏva Inst. za ekolo giju i biogegraf.
    SAN. **2**. Beograd 1951.
Jovanović, R.: Tipovi pašnjaka i livada na Rtnju. – Zbor. rad. Inst. za
    ekologiju i biogeogr. **6** (1). Beograd 1956.
— Tipovi dolinskih livada Jasenice. – Arh. biol. nauka **9** (1–4). Beograd 1957.
— Tipovi močvarne vegetacije u Jasenici. – Zbor. rad. Biol. inst. NRS. **2** (1).
    Beograd 1958.
Micevski, K.: Typologische Untersuchung der Niederungswiesen und Sumpf-
    vegetation Mazedoniens. – Skopje 1957.
Oberdorfer, E.: Süddeutsche Pflanzengesellschaften. – Jena 1957.
Slavnić, Ž.: Vodena i barska vegetacija Vojvodine. – Novi Sad 1956.

R. Tüxen:

C'est remarquable que nous ne trouvons dans la région atlantique du
Portugal jusqu'à l'Irlande que des prairies, qui appartiennent à l'alliance
du C y n o s u r i o n et pas à l'A r r h e n a t h e r i o n, je pense à cause du
pâturage, qui est possible pendant la plus grande partie de l'année.

Die zweite Assoziation, die Frau Jovanović beschrieben hat, ist sehr

reich an Arten aus dem Agropyro-Rumicion-Verband. Ich habe
nicht genau verstanden in welchen Verband Sie diese Assoziation gestellt haben.

R. JOVANOVIĆ:

In das Arrhenatherion mit *Rumex acetosa, Crepis biennis* u.a. Arten.

R. TÜXEN:

Es waren aber auffällig viele gute Agropyro-Rumicion-Arten darin,
z.B. *Rorippa silvestris*. Auch der Standort in der Nähe des Flußes würde
dafür sprechen, daß es sich hier mindestens p.p. vielleicht um eine
Agropyro-Rumicion-Gesellschaft handeln könnte.

J. TÜXEN:

May I ask you for the systematical position of the alliance Beckmannion eruciformis?

R. JOVANOVIĆ:

Phragmitetalia.

G. SCHWERTFEGER:

Sie sprachen von *Trifolium incarnatum* in Dauerwiesen. Ist diese Art bei
Ihnen winterhart genug, oder hält sie sich aus irgendwelchen anderen
Gründen?

R. JOVANOVIĆ:

Trifolium incarnatum is rare in meadows, but in Cynosuretum
cristati it is very rare.

E. OBERDORFER:

Die Cynosurion-Gesellschaften im Süden und im Südwesten Europas
enthalten sehr viele Therophyten. Es ist neben *Trifolium incarnatum* auch
Medicago arabica genannt worden. Auch in Ihren Wiesen sind sie ein-
jährig. Es ist eine allgemeine Erscheinung, daß in das Gefüge dieser Wiesen einjährige Arten eindringen.

J. VAN DONSELAAR:

May I ask you, what according to you is the exact difference in ecology
between Glycerietum maximae and Scirpo-Phragmitetum?

R. JOVANOVIĆ:

In Scirpo-Phragmitetum stays water the whole year. But in Glycerietum there is only water in winter and spring, not in summer and
autumn.

R. TÜXEN:

It is quite the same with us.

J. van Donselaar:

What is the systematical position of Phalaridetum arundinaceae?[1]

R. Jovanović:

This is very difficult to decide, because Prof. Horvatić puts it in Phragmition communis. But in my opinion it is nearer to Magnocaricion. May be Phalaridetum is a transition between both alliances.
In the field it growths between Caricetum vulpino-ripariae and
meadows.

J. van Donselaar:

In Holland it is on the edge between Caricetum gracilis-vesica-
riae and Valeriano-Filipenduletum on the dryer side of Magnocaricion.

---

[1] Anmerkung des Herausgebers: Vgl. dazu Kopecký, K. und Hejný, S.:
Allgemeine Charakteristik der Pflanzengesellschaften des Phalaridion arundi-
naceae-Verbandes. – Preslia 37 (1). Praha 1965.
Und Kopecký, K. und Hejný, S.: Zur Stellung der Flußröhrichte des
Phalaridion arundinaceae-Verbandes im mitteleuropäischen phytocoenolo-
gischen System. – Preslia 37 (3). Praha 1965.

ZUR SYSTEMATIK UND VERBREITUNG DER FESTUCO-CYNOSURETEN

von

KLAUS MEISEL, Stolzenau

1940 wurde das Festuceto commutatae-Cynosuretum Eggersmann apud Tüxen 1940 aufgestellt, wobei die Ansicht herrschte, daß
diese montane Weide an Stelle des Trisetetum bei Beweidung entstehen würde (EGGERSMANN, BÜKER).

In den Erfahrungsgrundlagen für die Kartierung des westdeutschen
Grünlandes (TÜXEN und PREISING) werden folgende Differentialarten
für das Lolio-Cynosuretum gegen das (montane) Festuco-Cynosuretum genannt: *Agropyron repens, Bromus mollis, Cirsium arvense,
Glechoma hederacea, Hordeum nodosum, Lolium perenne, Plantago maior,
Poa annua, Potentilla anserina* und *Veronica serpyllifolia.* Es handelt sich
hierbei zum großen Teil um Arten, die KLAPP (1949, 1950) als „Intensiv-
weidezeiger" wertet. Diese Arten sollten nach dem damals vorhandenen
Material nicht in dem Festuco-Cynosuretum vorkommen, welches
sich vom Lolio-Cynosuretum durch *Alchemilla vulgaris, Briza media,
Campanula rotundifolia, Euphrasia rostkoviana, Festuca commutata,
Galium verum, Lotus corniculatus, Pimpinella saxifraga, Plantago media,
Ranunculus bulbosus, Potentilla erecta* und *Thymus serpyllum* unterscheiden sollte. Das Übergreifen einiger dieser Arten in das Lolio-Cynosuretum plantaginetosum störte nicht, da die Trennarten des
Lolio-Cynosuretum eine Entscheidung über die Zugehörigkeit solcher Bestände zum Lolio-Cynosuretum ermöglichten.

OBERDORFER möchte dagegen das Festuco-Cynosuretum nur
durch solche Arten definieren, in denen gegenüber dem Lolio-Cynosuretum die unterschiedliche Höhenlage des Standortes zum Ausdruck
kommt, wie z.B. *Alchemilla vulgaris* coll., *Carum carvi, Euphrasia
rostkoviana* und *Ranunculus nemorosus.*

Bei der Untersuchung nordwestdeutscher Flußtäler wurden jedoch auf
„Magerweiden" nährstoffarmer, schwach oder nicht gedüngter Sandböden Bestände mit den von TÜXEN und PREISING genannten Trennarten
für das Festuco-Cynosuretum gefunden, so daß diese Gesellschaft
nicht allein auf den montanen Bereich beschränkt ist (Tab. Spalte
5–13).

Eine Gegenüberstellung von über 500 Aufnahmen des Festuco-
Cynosuretum, welche im Archiv der Bundesanstalt für Vegetationskunde, Naturschutz und Landschaftspflege, Bad Godesberg, enthalten
sind oder der Literatur entnommen wurden, und über 1500 Aufnahmen
des Lolio-Cynosuretum aus Nord- und Westdeutschland ergab aus-

Sammeltabelle "Luzulo-Cynosuretum"

	1	2	3	4	5	6	7	8	9	10	11	12	13	14	15	16	17	18	19	20	21	22	23	24	25	26	27	28	29	30	31
Spalte:	1	2	3	4	5	6	7	8	9	10	11	12	13	14	15	16	17	18	19	20	21	22	23	24	25	26	27	28	29	30	31
Anzahl der Aufnahmen:	4	2	322	397	31	14	3	3	74	3	4	77	9	4	71	30	16	5	4	10	13	6	6	15	23	4	14	26	2	4	18
C. Trifolium repens L.	2	2	V	V	V	V	2	3	V	3	4	V	V	4	V	V	V	V	4	IV	V	V	V	V	V	4	V	V	2	2	V
Cynosurus cristatus L.	4	1	IV	IV	IV	III	.	.	III	1	2	III	III	4	IV	IV	IV	V	2	V	IV	V	V	V	V	4	V	II	2	3	V
Phleum pratense L.	.	.	II	II	I	III	1	1	III	1	4	IV	III	4	I	III	I	IV	.	.	I	.	.	II	V	1	IV	II	2	3	I
Trennarten der Assoziation:																															
Luzula campestris (L.) DC	.	2	V	IV	IV	IV	3	3	IV	1	.	III	.	1	IV	V	IV	.	4	V	V	II	V	IV	V	4	II	V	2	1	V
Hypochoeris radicata L.	2	1	IV	V	IV	IV	2	2	III	2	1	IV	III	3	IV	III	.	IV	3	V	III	III	V	V	IV	.	IV	III	.	1	.
Hieracium pilosella L.	3	.	I	II	II	IV	2	3	IV	.	4	IV	.	1	IV	V	V	I	3	.	V	III	I	IV	IV	3	II	IV	1	2	V
Lotus corniculatus L.	4	2	I	II	III	IV	1	.	IV	.	4	IV	III	4	IV	IV	V	III	3	III	III	V	V	V	V	4	V	IV	1	1	V
Pimpinella saxifraga L.	.	2	I	I	III	II	.	1	III	1	2	II	I	4	V	IV	V	III	.	IV	III	.	.	.	IV	1	V	II	.	1	V
Galium verum L.	4	1	I	I	IV	.	3	3	V	.	1	V	V	4	II	II	II	.	.	III	.	.	.	.	IV	.	II	.	.	1	III
Briza media L.	4	2	I	I	II	III	.	.	I	.	2	.	.	2	III	III	V	V	2	.	III	I	V	III	III	4	V	V	.	3	V
Thymus serpyllum L. coll.	.	1	I	I	I	III	.	1	IV	2	2	IV	.	.	II	III	IV	.	.	.	II	I	.	.	V	3	V	.	.	.	.
Leontodon saxatilis Lam.	3	.	II	II	I	I	.	.	II	.	1	II	.	1	.	.	.	.	.	.	.	.	.	.	.	.	.	.	.	.	.
Trennarten der geographischen Untereinheiten:																															
Thymus drucei Ronn. em. Jalas	4	.	.	.	.	.	.	.	.	.	.	.	.	.	.	.	.	.	.	.	.	.	.	.	.	.	.	.	.	.	.
Polygala dubia Bellynck	3	.	.	.	.	.	.	.	.	.	.	.	.	.	.	.	.	.	.	.	.	.	.	.	.	.	.	.	.	.	.
Anagallis tenella (L.) Murr.	2	.	.	.	.	.	.	.	.	.	.	.	.	.	.	.	.	.	.	.	.	.	.	.	.	.	.	.	.	.	.
Poa bulbosa L.	.	2	.	.	.	.	.	.	.	.	.	.	.	.	.	.	.	.	.	.	.	.	.	.	.	.	.	.	.	.	.
Gaudinia fragilis L.	.	1	.	.	.	.	.	.	.	.	.	.	.	.	.	.	.	.	.	.	.	.	.	.	.	.	.	.	.	.	.
Linum angustifolium Huds.	.	1	.	.	.	.	.	.	.	.	.	.	.	.	.	.	.	.	.	.	.	.	.	.	.	.	.	.	.	.	.
Alchemilla vulgaris L. coll.	.	.	.	.	.	.	.	.	.	.	.	.	.	.	.	III	IV	I	.	II	V	V	III	I	III	4	V	V	.	.	V
Euphrasia rostkoviana Hayne	.	.	.	.	.	.	.	.	.	.	.	.	.	.	.	I	.	.	.	I	IV	I	.	.	.	1	IV	V	.	.	V
Ranunculus nemorosus DC.	.	.	.	.	.	.	.	.	.	.	.	.	.	.	.	I	IV	.	3	I	III	.	I	III	III	4	III	.	.	.	I
Carum carvi L.	.	.	.	I	.	I	.	.	.	.	.	.	.	.	.	I	I	I	.	.	I	II	.	.	I	4	I	I	1	2	V
Galium verum Scop.	.	.	.	.	.	.	.	.	.	.	.	.	.	.	.	.	.	.	.	.	.	.	.	.	.	.	.	I	.	4	V
O. Taraxacum officinale Web.	.	1	V	V	IV	IV	3	3	IV	1	.	III	IV	4	II	IV	III	V	1	V	V	V	.	V	V	4	V	II	1	.	I
Bellis perennis L.	4	1	IV	IV	V	V	.	1	IV	3	2	IV	IV	4	IV	IV	I	.	1	V	II	II	V	III	V	.	.	.	.	.	II
Trifolium dubium Sibth.	.	2	II	III	III	III	.	.	II	1	1	IV	IV	3	III	I	III	.	.	III	III	.	II	IV	V	.	V	I	.	.	II
Chrysanthemum leucanthemum L.	4	1	II	II	III	II	.	1	I	.	2	III	.	.	V	III	III	I	4	III	III	.	II	IV	V	.	V	V	2	4	V
Dactylis glomerata L.	1	1	I	II	IV	II	2	2	II	1	3	I	.	3	IV	III	I	IV	.	I	I	I	.	II	V	2	V	I	.	.	.
Bromus mollis L.	.	1	II	II	III	II	1	.	II	2	3	II	.	2	II	I	.	.	.	.	I	.	.	I	II	.	.	II	.	1	.
K. Plantago lanceolata L.	4	1	IV	V	IV	V	3	3	V	5	4	V	IV	4	V	V	V	V	4	V	V	V	V	V	V	4	V	V	1	4	V
Poa pratensis L.	2	2	IV	IV	IV	V	3	3	II	2	3	IV	III	3	IV	IV	IV	.	4	V	III	III	V	V	IV	.	V	II	.	2	I
Cerastium vulgatum L.	.	.	IV	IV	V	IV	3	2	IV	3	4	IV	IV	4	V	II	IV	.	4	V	IV	V	II	IV	V	4	III	IV	1	3	II
Holcus lanatus L.	2	.	IV	V	IV	IV	1	1	IV	3	4	V	V	4	III	III	II	II	4	V	.	I	V	.	V	.	III	.	.	.	.
Ranunculus acer L.	1	.	IV	IV	III	IV	1	2	IV	1	2	III	II	4	III	IV	III	III	4	IV	V	II	V	III	V	2	.	IV	2	4	V
Festuca rubra ssp. rubra (L.)	.	.	III	IV	V	V	.	.	V	1	4	IV	V	4	III	IV	III	IV	4	.	V	V	V	IV	.	.	V	V	1	2	V
Trifolium pratense L.	3	2	IV	III	IV	III	.	.	IV	1	3	IV	II	4	V	V	V	IV	4	V	V	V	IV	V	4	V	IV	IV	1	2	V
Festuca pratensis Huds.	2	.	IV	IV	III	I	.	1	IV	1	4	III	II	4	II	.	.	.	.	IV	I	.	.	II	I	4	V	.	1	.	I
Poa trivialis L.	.	.	III	II	I	.	1	1	I	2	1	I	II	2	II	I	.	.	1	.	II	II	IV	II	.	1	.	I	.	1	.
Centaurea jacea L.	.	1	I	II	V	V	1	.	I	1	1	II	.	2	V	III	III	III	2	IV	I	I	V	III	V	3	V	IV	2	3	V
Cardamine pratensis L.	.	.	III	II	I	.	.	.	I	.	1	II	.	.	I	I	.	.	.	I	V	II	.	II	I	.	.	.	.	.	.
Begleiter:																															
Agrostis tenuis Sibth.	4	.	IV	V	V	V	3	2	V	2	4	V	V	3	IV	V	V	IV	4	V	V	V	V	V	V	4	V	V	2	4	V
Achillea millefolium L.	4	1	III	V	IV	V	3	3	V	3	4	V	IV	4	IV	V	IV	IV	1	V	IV	V	V	V	V	4	V	V	2	.	V
Anthoxanthum odoratum L.	3	1	IV	IV	V	IV	1	.	V	.	4	IV	II	1	IV	V	V	IV	4	V	V	III	V	IV	IV	4	II	V	2	4	V
Lolium perenne L.	.	.	III	IV	IV	III	.	.	III	.	4	II	IV	4	IV	II	I	II	.	I	.	III	.	II	V	4	IV	.	.	.	I
Leontodon autumnalis L.	1	.	III	III	I	I	1	.	II	2	2	III	V	1	II	II	I	.	1	IV	II	III	.	III	V	4	IV	V	2	.	IV
Prunella vulgaris L.	4	.	III	III	II	II	.	1	III	1	2	II	II	.	III	IV	II	IV	2	IV	II	II	.	I	IV	2	III	IV	.	2	V
Ranunculus repens L.	.	.	IV	III	.	I	.	.	I	.	1	I	.	.	II	II	.	.	2	III	.	.	IV	III	II	.	.	.	.	.	.
Brachythecium rutabulum Br. eur.	.	.	III	III	II	.	.	1	II	1	2	II	II	.	II	.	.	.	.	.	.	.	.	.	V	.	.	.	.	.	.
Rhytidiadelphus squarrosus Wtf.	1	.	II	II	I	.	2	1	III	1	.	IV	III	1	I	.	.	.	2	.	.	II	.	.	V	.	.	.	.	2	.
Ranunculus bulbosus L.	3	2	I	II	V	V	2	2	IV	3	4	V	V	4	V	III	.	.	.	IV	I	.	.	.	IV	2	III	.	.	.	III

serdem folgende prozentuale Anteile der von Tüxen und Preising genannten Differentialarten für das Lolio-Cynosuretum in beiden Gesellschaften:

	Lolio-Cyno- suretum 1564 Aufn.	Festuco-Cyno- suretum 535 Aufn.
Lolium perenne	(80%)	(42%)
Agropyron repens	(14%)	(10%)
Bromus mollis	(30%)	(24%)
Cirsium arvense	(31%)	(20%)
Plantago maior	(36%)	(10%)
Poa annua	(20%)	(3%)
Veronica serpyllifolia	(15%)	(10%)
Glechoma hederacea	(22%)	(—)
Potentilla anserina	(14%)	(—)
Hordeum nodosum	(1%)	(—)

Auf Grund dieses Vergleichs muß wohl die bisherige Ansicht revidiert
werden, daß das Lolio-Cynosuretum gegenüber dem Festuco-
Cynosuretum eigene Differentialarten besitzt, von denen man ja
mindestens eine 40%ige Stetigkeit (Stetigkeitsklasse III) verlangen muß,
wenn sie auch z.T. höhere Deckungsgrade im Lolio-Cynosuretum
erreichen.

In der Schweiz hat sich ferner gezeigt, daß die von Oberdorfer zur
Abgrenzung des Festuco-Cynosuretum genannten Arten in 1000 m
Höhe auch auf intensiv genutzten „Fettweiden" zu finden sind, welche
sich in ihrer übrigen Artenkombination so stark von den in gleicher Höhe
vorkommenden „Magerweiden" unterscheiden, daß man mit diesen Arten allein wohl keine Abgrenzung eines Festuco-Cynosuretum vom
Lolio-Cynosuretum vornehmen kann (Marschall mdl.).

Wir möchten daher vorschlagen, alle „Magerweiden" von der Ebene
bis ins Gebirge in einer eigenen Assoziation zusammenzufassen und diese
aus Gründen der Zweckmäßigkeit als Luzulo-Cynosuretum zu bezeichnen.

Beiliegende Tabelle vermittelt eine Übersicht über die Charakterarten
(C), die Differentialarten (Trennarten) der Assoziation, geographischen
Differentialarten, die häufigsten Ordnungs-Charakterarten (O), Klassen-
Charakterarten (K) und Begleiter dieser Gesellschaft. In 25%–1%
(= 303–12 Aufnahmen) aller Aufnahmen der Sammeltabelle des Luzulo-Cynosuretum kommen folgende Arten vor, bei denen in Klammern die Anzahl der Aufnahmen angegeben ist, in denen die Arten gefunden wurden:

Festuca commutata Gaud. (296), K. *Lotus uliginosus* L. (267), *Cirsium arvense*
(L.) Scop. (265), *Stellaria graminea* L. (256), *Nardus stricta* L. (227), *Plantago
media* L. (221), O. *Veronica chamaedrys* L. (219), *Carex leporina* L. (217), O.
Senecio jacobaea L. (200), K. *Cirsium palustre* L. (194), K. *Lychnis flos-cuculi*
L. (191), K. *Deschampsia caespitosa* (L.) P.B. (188), *Cirsium vulgare* (Savi)
Ten. (180), O. *Trisetum flavescens* (L.) P.B. (177), *Potentilla erecta* (L.) Raeu-
schel (175), *Sieglingia decumbens* (L.) Bernh. (174), *Carex hirta* L. (172,

gehäuft in Aufn. der Spalten 1–15), *Rumex acetosella* L. (167), *Festuca ovina* L. (166), *Plantago maior* L. (155), *Cerastium arvense* L. (155, gehäuft in Aufnahmen der Spalten 1–15), K. *Leontodon hispidus* L. (148), K. *Succisa pratensis* Moench (147), K. *Vicia cracca* L. (146), *Campanula rotundifolia* L. (141), *Ononis spinosa* L. (140), *Poa annua* L. (128), K. *Knautia arvensis* (L.) Coult. (121), K. *Alopecurus pratensis* L. (118), K. *Juncus effusus* (114), *Polygala vulgaris* L. (101), *Sagina procumbens* L. (101), *Agropyron repens* (L.) P.B. (100, gehäuft in Aufn. der Spalten 1–15), *Scleropodium purum* Limpr. (98), *Veronica officinalis* L. (97), O. *Galium mollugo* L. (96), *Carex fusca* All. (93, nur in Aufnahmen der Spalte 3), *Carex caryophyllea* Latour. (92), *Sanguisorba minor* Scop. (91), *Climacium dendroides* W. et M. (91), *Avena pubescens* Huds. (90), O. *Daucus carota* L. (89), *Veronica serpyllifolia* L. (86), *Mnium affine* Bland. (86, nur in Aufn. der Spalten 1–15), *Medicago lupulina* L. (80), *Ajuga reptans* L. (80), K. *Rhinanthus minor* L. (79), K. *Lathyrus pratensis* L. (77), *Equisetum arvense* L. (75, gehäuft in Aufn. der Spalten 1–15), *Cirsium acaule* (L.) Scop. (74), *Hypericum perforatum* L. (70), *Vicia angustifolia* Grufb. (67, nur in Aufn. der Spalten 1–15), *Veronica arvensis* L. (63, nur in Aufn. der Spalten 1–15), *Primula veris* L. (61), *Viola canina* L. (61), *Dianthus deltoides* L. (59), *Linum catharticum* L. (53), *Hieracium auricula* L. (50), K. *Campanula patula* L. (50, gehäuft in Aufn. der Spalten 16–31), *Rumex thyrsiflorus* Fingerhuth (49, nur in Aufn. der Spalten 1–15), *Koeleria pyramidata* (Lamk.) Domin (49), *Hypericum maculatum* Crantz (48), *Glechoma hederacea* L. (45, nur in Aufn. der Spalten 3 und 4), *Betonica officinalis* L. (45), *Agrimonia eupatoria* L. (43), K. *Bromus racemosus* L. (42, nur in Aufn. der Spalten 3 u. 4), *Galium saxatile* L. (40), *Armeria elongata* Koch (45, nur in Spalte 12), *Trifolium medium* Grufb. (40, gehäuft in Aufn. der Spalten 16–31), *Calliergon cuspidatum* Kindb. (40), *Euphorbia cyparissias* L. (39), *Bromus erectus* Huds. (36), *Potentilla anserina* L. (35, nur in Aufn. der Spalten 3 und 4), *Calluna vulgaris* (L.) Hull (35), *Brachypodium pinnatum* (L.) P.B. (35), *Lysimachia nummularia* L. (34, nur in Aufn. der Spalten 1–15), *Helianthemum nummularium* (L.) Mill. (33), *Antennaria dioica* (L.) Gaertn. (33, nur in Aufn. der Spalten 16–31), O. *Heracleum sphondylium* L. (32), *Carex panicea* L. (32), *Arrhenatherum elatius* (L.) Presl (30, gehäuft in Aufn. der Spalten 1–15), *Carlina vulgaris* L. (29), *Carex pilulifera* L. (28), K. *Vicia sepium* (27), *Cerastium semidecandrum* L. (26, nur in Autn. der Spalte 1–15), K. *Achillea ptarmica* L. (26, nur in Aufn. der Spalten 3 und 4), *Juncus articulatus* L. (26, nur in Aufn. der Spalte 3), *Carex flacca* Schreb. (25), *Geranium molle* L. (25, nur in Aufn. der Spalte 1–15), *Lathyrus montanus* Bernh. (24, nur in Aufn. der Spalten 16–31), *Eryngium campestre* L. (24, nur in Aufn. der Spalten 1–15), *Potentilla reptans* L. (23, nur in Aufn. der Spalten 1–15), *Trifolium campestre* Schreb. (23), K. *Filipendula ulmaria* L. (23), *Arenaria serpyllifolia* L. (22), K. *Rhinanthus serotinus* (Schönheit) Schi. et Thell. (22), *Rumex crispus* L. (22), *Leontodon hispidus* L. ssp. *hastilis* (L) Rchb. (22, nur in Spalte 28), *Sarothamnus scoparius* (L.) Wimm (21), *Crepis capillaris* (L.) Wallr. (21), *Geranium pusillum* Burm. fil. (21, nur in Aufn. der Spalte 3 und 4), *Brachythecium albicans* Br.eur. (21), K. *Galium uliginosum* L. (21, nur in Aufn. der Spalte 3), *Scabiosa columbaria* L. (21), *Allium vineale* L. (21, nur in Aufn. der Spalten 5 und 6), *Salvia pratensis* L. (21 nur in Aufn. der Spalte 5), *Vaccinium myrtillus* L. (18), *Cirsium eriophorum* L. (17 nur in Spalte 31), *Oxyrrhynchium swartzii* (Turn.) Wtf. (17), *Carduus nutans* L. (16), *Avena pratensis* L. (16), *Trifolium arvense* L. (15 nur in Aufn. der Spalten 1–15), *Galium pumilum* Murray (15), *Viola hirta* L. (15), *Ornithopus perpusillus* L. (14), O. *Tragopogon pratensis* L. (14), *Mentha arvensis* L. (13, nur in Aufn. der Spalten 3 und 4), *Trifolium montanum* L. (13), *Orchis sambucina* L. (13 nur in Spalte 31).

Arten, die in weniger als 1% aller Aufnahmen vorkommen, wurden nicht aufgeführt. Die Spalten enthalten Aufnahmen aus folgenden Gebieten:

1. Irland (BRAUN-BLANQUET und TÜXEN); 2. Span. Pyrenäen (v. HÜBSCHMANN unveröff.); 3. Nordwestdeutsches Flachland (Archiv der

Bundesanstalt (= A) unveröff.); 4. Nordwestdeutsches Flachland (A);
5. Rheintal bei Monheim und Moers (A); 6. Unteres Lippetal (A); 7.
Rhede (A); 8. Dülmen (A); 9. Emstal (A); 10. Werratal (A); 11. Leinetal
(A); 12. Elbetal (A); 14. Unna (A); 15. Belgien (SOUGNEZ); 16. Sauerland
(BOEKER, BÜKER); 17. Rhön (KLAPP, LUTZ); 18. Schwarzwald/Eifel
(KLAPP); 19. Belgien (SOUGNEZ); 20. Westerwald (ROOS); 21. Thüringen
(KLAPP); 22. Schwarzwald (OBERDORFER); 23. Schwarzwald/Eifel
(KLAPP); 24. Eifel (KLAPP, UNGLAUB); 25. Eifel u. Belgien (EGGERS-
MANN); 26. Berner Jura (MOOR); 27. West-Schweiz (BERSET); 28. Schles.
Beskiden (VAREK); 29. Westbeskiden (RALSKI); 30. Ostkarpaten (SWER-
DERSKI); 31. Mähr. Karpaten (RIĆAN).

Zum Luzulo-Cynosuretum würden demnach außer den bisherigen
Festuco-Cynosuretum auch alle *Luzula*-Untereinheiten des Lolio-
Cynosuretum (Tabelle, Spalte 3: Aufnahmen vom Lolio-Cynosuretum lotetosum, Var. von *Luzula campestris*; Spalte 4: Aufnahmen
vom Lolio-Cynosuretum luzuletosum und plantaginetosum, Var. von *Luzula*) gehören. Trennarten für das Luzulo-Cynosuretum mit Stetigkeitsklasse III und höher sind *Luzula campestris*,
Hypochoeris radicata und *Hieracium pilosella*. Außerdem kann man hierzu
Lotus corniculatus, *Pimpinella saxifraga*, *Thymus serpyllum*, *Briza media*,
Galium verum und im nordwestdeutschen Flachland noch *Leontodon saxatilis* (= *L. nudicaulis* [L.] Banks) zählen, auch wenn diese Arten regional
gesehen die Stetigkeitsklasse III nicht erreichen.

Mit dem Lolio-Cynosuretum hat das Luzulo-Cynosuretum
die Charakterarten *Trifolium repens*, *Cynosurus cristatus* und *Phleum
pratense* gemein. Diese Arten sind gleichzeitig Verbandskennarten des
Cynosurion-Verbandes, der zu der Ordnung der Arrhenatheretalia innerhalb der Klasse Molinio-Arrhenatheretea gehört.
Wenn auch die Charakterarten wenig „treu" erscheinen, so besitzen doch
die im Cynosurion vereinigten Weidegesellschaften durch den Einfluß
der Beweidung so kennzeichnende Merkmale, daß sie die Selbständigkeit
dieses Verbandes rechtfertigen und notwendig machen.

Nach dieser Gliederung würde das in seiner Artenverbindung keine Magerkeitszeiger besitzende Lolio-Cynosuretum mit den Subassoziationen

> juncetosum gerardii
> lotetosum uliginosi
> typicum und
> plantaginetosum mediae

von der Ebene bis ins Gebirge – soweit sie hier nicht zum Poion alpi-
nae-Verband gehören – die „Fett-Weiden" günstiger Standorts- und
Bewirtschaftungsbedingungen umfassen.

Die Gruppe des an Magerkeitszeigern reichen Luzulo-Cynosuretum besiedelt dagegen im gleichen Bereich sauere, stark verarmte oder
von Natur aus nährstoffarme oder extensiv genutzte Böden, auf denen
zweitklassige Weidegräser vorherrschen, anspruchsvolle Trittpflanzen
zurücktreten und Arten der Ödlandrasen, vornehmlich der Borstgras-
rasen, eine extensive Nutzung verraten (KLAPP 1951).

Folgende geographisch bedingte Unterschiede scheint es nach dem vorliegenden Material bei den Luzulo-Cynosureten zu geben, die man als Rassen bezeichnen sollte:

1. Eine atlantische Rasse in Irland vermutlich mit *Thymus drucei, Polygala dubia* und *Anagallis tenella*
2. eine atlantisch-mediterrane Rasse in den Pyrenäen vermutlich mit *Poa bulbosa, Gaudinia fragilis* und *Linum angustifolium*
3. eine Rasse der Ebene und des Hügellandes ohne Trennarten
4. eine montane Rasse in den deutschen Mittelgebirgen und den Alpen, z.T. jedoch nur schwach differenziert durch *Alchemilla vulgaris* coll., *Ranunculus nemorosus, Carum carvi* und *Euphrasia rostkoviana*, sowie
5. eine östliche Rasse in den Karpaten vermutlich mit *Galium vernum* * u.a. (z.B. Unterarten von *Thymus* und *Alchemilla*)

Eine weitere Differenzierung dürfte sich bei mehr Material für die Schweiz und den Beskiden–Karpatenraum ergeben (evtl. Gebietsassoziationen).

Innerhalb der verschiedenen Gebietsassoziationen oder Rassen des Luzulo-Cynosuretum lassen sich – abgesehen von lokalen Feinheiten – regional nach dem Wasserhaushalt des Bodens und nach dem Gestein mehrere Untereinheiten ausscheiden. So empfiehlt sich z.B. im nordwestdeutschen Flachland die Unterteilung des Luzulo-Cynosuretum in Bestände mit *Galium verum, Pimpinella saxifraga, Thymus serpyllum, Cerastium arvense* (Subass. von *Galium verum*) und solche, denen diese Arten fehlen und die insgesamt etwas bessere Boden- und Nährstoffverhältnisse anzeigen dürften.

Auf stark stau- oder grundwasserbeeinflußten Böden wächst eine feuchte Subassoziation mit *Lotus uliginosus, Lychnis flos-cuculi, Juncus effusus, Cirsium palustre, Filipendula ulmaria, Juncus conglomeratus* und *Carex fusca*, von der es eine nasse Ausbildung mit *Agrostis canina, Glyceria fluitans, Alopecurus geniculatus, Ranunculus flammula* und *Juncus articulatus* und eine typische Ausbildung ohne eigene Trennarten gibt. Die Subassoziation von *Lotus uliginosus* ist im nordwestdeutschen Flachland häufig.

Mäßig feuchte Ausbildungen des Luzulo-Cynosuretum lassen sich dagegen durch *Cardamine pratensis* und *Deschampsia caespitosa* abgrenzen, während sommertrockene Ausbildungen durch das Vorkommen von *Plantago media* und *Ranunculus bulbosus* unterschieden sind.

Arten der Kalktrockenrasen, wie *Koeleria pyramidata, Helianthemum nummularium, Scabiosa columbaria, Anthyllis vulneraria, Bromus erectus, Sanguisorba minor, Cirsium acaule* und *Ononis spinosa*, lassen in besonderen Ausbildungen auf Kalk den Übergang des Luzulo-Cynosuretum zu Brometalia-Gesellschaften erkennen. Nardo-Callunetea-Arten, wie *Nardus stricta, Sieglingia decumbens, Polygala vulgaris, Veronica officinalis, Calluna vulgaris, Festuca ovina, Potentilla erecta* und *Galium saxatile* sowie zusätzlich im montanen Bereich *Galium pumilum, Genista tinctoria, Lathyrus montanus* und *Antennaria dioica*, verraten andererseits eine nahe Verwandtschaft zu den Borstgras-Rasen und Heiden.

* In der Tabelle unter geogr. Trennarten versehentlich als *Galium verum* Scop. bezeichnet.

ZUSAMMENFASSUNG

Es wird über das Festuco-Cynosuretum berichtet und dargelegt,
weshalb die bisherige Abgrenzung vom Lolio-Cynosuretum nicht
befriedigt. Die Vereinigung aller „Magerweiden" von der Ebene bis ins
Gebirge zu einem Luzulo-Cynosuretum wird vorgeschlagen und die
an Hand von über 1200 Aufnahmen gewonnene Gliederung der Gesellschaft erläutert.

SUMMARY

A survey of the Festuco-Cynosuretum is given and it is explained
why this community is not well distinguished from the Lolio-Cynosuretum. It is proposed to join all records from grazing poor and more
acid soils to the association Luzulo-Cynosuretum, whose distribution is shown.

LITERATUR

Archiv der Bundesanstalt: Nicht veröffentlichte Tabellen und Aufnahmen
wurden verarbeitet von:
Dr. J. Berset, Dipl.-Gärtner E. Bittmann, Dipl.-Biol. W. Ernsting, W.
Jahns, A. v. Hübschmann, Prof. Dr. Dr. h.c. E. Klapp, Dr. N. Knauer,
Prof. Dr. Lutz, Dr. Sofie Meisel, Dr. Klaus Meisel, Prof. Dr. E. Prei-
sing, Prof. Dr. Dr. h.c. R. Tüxen und Dr. K. Walther.
Braun-Blanquet, J. u. Tüxen, R.: Irische Pflanzengesellschaften. – Veröff.
geobot. Inst. Rübel 25. Bern und Stuttgart 1952.
Boeker, P.: Basenversorgung und Humusgehalte von Böden der Pflanzen-
gesellschaften des Grünlandes. – Decheniana, Beiheft 4. Bonn 1957.
Büker, R.: Beiträge zur Vegetationskunde des südwestfälischen Berglandes.
– Beih. bot. Cbl. 61, B. Dresden 1942.
Eggersmann, R.: Über Zusammensetzung, Haushalt und Verbreitung von
Kammgrasweiden in Nordwestdeutschland. – Unveröff. Diss. Braun-
schweig 1940.
Foerster, E.: Rotschwingelweiden im westfälischen Flachland. – Forsch.
und Berat., Reihe B., 10 (Festschr. E. Klapp). Bonn 1964.
Issler, E.: Der Pflanzenbestand der Wiesen und Weiden des hinteren
Münster- und Kaysersbergertals. – Straßburg und Kolmar 1913.
Klapp, E.: Pflanzengesellschaften des Wirtschaftsgrünlandes. – Bonn und
Völkenrode 1951.
— Dauerweiden West- und Süddeutschlands. – Z. Acker- und Pflanzenbau
91 (3). Berlin 1949 u. 92 (3). Berlin 1950.
— u. Mitarbeiter: Die Grünland-Vegetation des Eifelkreises Daun und ihre
Beziehung zu den Bodengesellschaften. – Angew. Pflanzensoz., Aichinger-
Festschrift II. Wien 1954.
Moor, M.: Die Pflanzengesellschaften der Freiberge (Berner Jura.) – Ber.
Schweiz. bot. Ges. 52. Bern 1942.
Oberdorfer, E.: Süddeutsche Pflanzengesellschaften. – Pflanzensoziologie,
10. Jena 1957.
Ralski, E.: Hale i łąki Pilska w Beskidzie zachodninm. – Die Matten und
Wiesen des Pilsko in den Beskiden. – Prace Rolniczo-Leśe P. A. U. 1.
Kraków 1930.
Roos, P.: Die Pflanzengesellschaften der Dauerweiden und Hutungen des
Westerwaldes und ihre Beziehungen zur Bewirtschaftung und zu den
Standortsverhältnissen. – Z. Acker- und Pflanzenbau 96 (1). Berlin 1953.

Schwickerath, M.: Das Hohe Venn und seine Randgebiete. – Pflanzensoziologie **6**. Jena 1944.
Sougnez, N.: Essai d'une classification phytosociologique des prairies du Pays de Herve. – Bull. Soc. roy. Bot. Belg. **84**. Bruxelles 1951.
— Carte de la végétation de la Belgique: Herve 122, E. 1954.
Stebler u. Schröter: Beiträge zur Kenntnis der Matten und Weiden der Schweiz. – Landw. Jb. Schweiz **1**. Bern 1887.
Swerderski, W. u. Szafer, B.: Typy florystyczne połoniu w Karpatach wschodnich. – Alpenwiesentypen der Ostkarpaten. – Pam. Państw. Inst. Nauk. Gosp. Wiejs. w Puławach **12**. Puławy 1931.
Tüxen, R.: Niedersächsische Grünlandfragen in soziologischer und wirtschaftlicher Betrachtung. – 90. u. 91. Jber. Naturhist. ges. Hannover f.d. Jahre 1938/39 u. 1939/40. Hannover 1940.
— u. Preising, E.: Erfahrungsgrundlagen für die pflanzensoziologische Kartierung des westdeutschen Grünlandes. – Angew. Pflanzensoz. **4**. Stolzenau/Weser 1951.
Válek, B.: Příspěvek k poznáni porostů pastevnich oblastí ve Slezských Beskydách západně od Jablunkova ve vztahu k půdnim vlastnostem. – Beitrag zur Kenntnis der Weidelandbestände im Gebiete der schlesischen Beskiden (westlich von Jablunkov) in Bezug auf die Bodeneigenschaften. – Přírod. Čas. slezsky **21** (2). Opava 1960.

Anm. d. Herausgebers:
Herr Dr. Meisel hat inzwischen sein Manuskript neu überarbeitet und für das Festuco-Cynosuretum einen neuen Namen (Luzulo-Cynosuretum) vorgeschlagen. Seine Verwendung wird u.a. davon abhängen, ob die mit der nomenklatorischen Änderung verbundene Aufspaltung des Lolio-Cynosuretum zweckmäßig ist. Die Diskussionsbemerkungen werden hierdurch nicht grundsätzlich betroffen. R. Tx.

E. Oberdorfer:

Ich freue mich außerordentlich, daß wir durch den ungeheuren Fleiß der europäischen Pflanzensoziologen nun in der Lage sind, eine so schöne und umfassende Tabelle des Festuco-Cynosuretum endlich darstellen zu können. Als das Festuco-Cynosuretum zuerst als Begriff in Norddeutschland auftauchte, sahen wir in Süddeutschland diese Gesellschaft nur als montane Magerweide, und es sah zunächst so aus, als „könnten sie zusammen nicht kommen''. Ich hatte schon daran gedacht, daß diese montane Gesellschaft einen neuen Namen bekommen müsse, so wie Berset es vorgeschlagen hat. Aber vielleicht ist es richtig, daß man das Ganze zu *einem* Assoziations-Begriff zusammenfaßt, und eben regional nach den Differentialarten in Gruppen gliedert. Sie sprachen von Gebiets-Assoziationen. Diesem Begriff müßte doch nun ein eigener Name zugeordnet werden. Wenn das Ganze Festuco-Cynosuretum heißt, dann könnte man doch höchstens von geographischen Ausbildungsformen oder von Rassen, aber man dürfte nicht von Gebiets-Assoziationen sprechen. Die Frage, ob sie den Rang einer Gebiets-Assoziation verdienen, müßte man noch prüfen.

K. Meisel:

Ich habe den Begriff Gebiets-Assoziation versehentlich gebraucht. Ich bin selbstverständlich damit einverstanden, wenn man diese Ausbildungen nur als Rassen herausstellt.

R. Tüxen:

Ich möchte Herrn Meisel unterstützen. Ich glaube, er ist noch gar nicht fertig mit dieser Untersuchung und die Frage, ob dies eigene Assoziationen oder ob das Ganze *eine* Assoziation sei, ist für ihn noch gar nicht zu beantworten. Ich neige dazu, dies als eine Gruppe von Assoziationen aufzufassen und die herausgestellten Typen als eigene territoriale Assoziationen anzustreben. Aber das kann man jetzt noch nicht entscheiden. Damit wird das Problem eigentlich zu einer nomenklatorischen Frage.

A. Stählin:

Darf ich fragen, ob diese Gebietsgruppen eine verschiedene pflanzensoziologische Herkunft andeuten?

K. Meisel:

Hier sind Aufnahmen vereinigt, die aus unseren Mittelgebirgen und dem Alpenbereich stammen, die sicher auch Unterschiede aufweisen.

R. Tüxen:

Die Herkunft der territorialen Assoziationen ist sicher verschieden, wenn ich die Herkunft von der natürlichen potentiellen Vegetation darunter verstehen darf.

K. Meisel:

Die verschiedenen Untereinheiten kommen z.T. von N a r d e t e n, z.T. von B r o m e t e n.

E. Oberdorfer:

Ich möchte nur noch bemerken, daß ich eher dazu neige, das Ganze als *eine* Assoziation aufzufassen. Es ist eine so hoch spezialisierte Assoziation mit relativ wenig guten Arten, so daß im Gegensatz zu anderen höher organisierten Gesellschaften, es vielleicht richtiger und besser ist, parallel zu den Arrhenathereten, die ja auch großräumig als Assoziation auftreten, hier das F e s t u c o - C y n o s u r e t u m als eine größere Einheit, eine ganz spezialisierte, einer einseitigen Kultur angepaßte Gesellschaft anzusehen.

R. Tüxen:

Ich möchte den gegenteiligen Standpunkt vertreten und darauf hinweisen, daß, verglichen mit den L o l i o - C y n o s u r e t e n des Flachlandes Westeuropas, der uniformierende, menschliche Einfluß beim L o l i o - C y n o s u r e t u m viel stärker ist als bei dieser Extensiv-Weide. Wenn wir aber schon beim L o l i o - C y n o s u r e t u m eine Reihe von vikariierenden Assoziationen in Irland, Nordspanien, Portugal und auf dem Balkan beschrieben finden, so muß ich eigentlich, wie im Verhältnis A r r h e n a t h e r e t e n gegen T r i s e t e t e n, wo sich die Zahl vergrößert, auch hier mehr Selbständigkeit der einzelnen Gebietsgesellschaften erwarten als in den Intensiv-Weiden der L o l i o - C y n o s u r e t e n und ihrer Vikarianten. Ich glaube, daß Herr Meisel hier gute Gebiets-Assoziationen finden wird, wenn er sie genauer untersucht.

A. Stählin:

Ich würde es als Landwirt sehr begrüßen, wenn es Gebiets-Assoziationen wären, weil ich mir vorstellen könnte, daß die Verbesserung zu Lolio-Cynosureten einen ganz verschiedenen Aufwand verlangt. Auf den mageren Sandböden im Tal sollte das wohl sehr viel schwieriger sein, als bei den noch extensiv bewirtschafteten reinen Grünlandgebieten, weil dort die Höfe so viel Land haben, daß sie es gar nicht intensiv bewirtschaften können.

B. Kop:

Ich möchte Herrn Meisel fragen, wie weit die Arten des Agropyro-Rumicion im Lolio-Cynosuretum und im Festuco-Cynosuretum vertreten sind, und wenn sie es sind, wie weit dann die Differentialarten zurücktreten.

K. Meisel:

Die Arten des Agropyro-Rumicion crispi, nehmen wir *Poa annua*, *Agropyron repens*, *Potentilla anserina*, *Plantago maior*, erreichen in 1500 von mir untersuchten Aufnahmen des Lolio-Cynosuretum in Nord-west-Deutschland nur Stetigkeitsklasse II oder gar nur I. Mit gleicher Stetigkeit kommen sie auch im Festuco-Cynosuretum vor.

ial # GRÜNLANDGESELLSCHAFTEN UND GRÜNLANDPROBLEME IN CHILE IM RAHMEN DER CHILENISCHEN VEGETATIONSGLIEDERUNG

von

Erich Oberdorfer, Karlsruhe

Chile ist ein klassisches Land für das Studium breitenmäßig bedingter Vegetationszonen. In einem 4000 km langen Gebietsstreifen geringer Tiefe, teils gebirgig, teils langgestreckte Ebene (Längstal-Senke), lösen sich im westlichen Vorland der Anden von Norden nach Süden Klimagebiete ab, die mit der Abfolge der Klimagebiete von Nordafrika über Spanien, Westfrankreich, Irland bis zum Nordkap vergleichbar sind. Sie sind nur infolge des kalten Humboldtstromes in den Breitegraden etwas nach Norden verschoben und in allen Teilen stärker ozeanisch gefärbt als die entsprechende afro-europäische Raumfolge.

Aber auch in Chile beginnt es im Norden mit einer Vollwüste, der Atacama, die nach Süden in eine Strauch-Halbwüste und ein Dorngebüsch übergeht. Diese Formationen werden allerdings im Gegensatz zu Nordafrika – abgesehen vom makaronesischen Gebiet – vorwiegend aus Sukkulenten gebildet. An den Dorn- und Sukkulenten-Busch schließt in Mittelchile ein sommertrockenes und winterfeuchtes Etesienklima an, das ganz wie im europäischen Mittelmeergebiet von einer Hartlaubvegetation mit der Klimax-Klasse der Lithraeo-Cryptocaryetea beherrscht wird. Schließlich geraten wir südlich des 38. Breitegrades in Südchile in ein ganzjährig feuchtes Gebiet, in dem mit cyclonaler Westdrift, besonders im Winter, hohe Niederschläge, im ganzen bis 3000 mm im Jahre, fallen. Das Klima ist ähnlich unserem gemäßigt westeuropäischen, nur daß im Winter extreme Kältegrade, kontinentale Kaltlufteinbrüche oder scharfe, länger andauernde Fröste fehlen. Infolgedessen kann auch hier noch ein immergrüner Wald existieren. Er ist üppiger, breitlaubiger als der Hartlaubwald und vom Formationstypus des sogen. temperierten Regenwaldes, der besser und einfacher als Lorbeerwald bezeichnet wird. Pflanzensoziologisch gehört er zur Klimaxklasse der Wintero-Nothofagetea. Nur in der etwas kontinental getönten Ebene der Längstalsenke wird er als ein Saison-Lorbeerwald von einer laubwerfenden *Nothofagus*-Art überragt (Nothofago obliquae-Perseetum).

Ein echter Sommerwald mit ausschließlich laubwerfenden *Nothofagus*-Arten und zahlreichen Kräutern und Gräsern entwickelt sich mit Verschärfung der Fröste und der Schneelagen erst über dem Lorbeerwald an der Waldgrenze der Hohen Anden, oder auch nahe dem Meeresniveau tief im Süden, in den Pazifik-abgewandten Teilen des Feuerlandes.

Betrachten wir zunächst die Grünland-Potentiale des mittelchilenischen Hartlaubgebietes. Sie sind durchaus mit denen des Mittelmeergebietes zu vergleichen. Ganzjährige Grünländereien mit intensiver Bewirtschaftung sind nur da möglich, wo im Sommer bewässert werden kann, oder wo Grundwasser ansteht. Es sind kleine, beschränkte Flächen, die im Landschaftsbild nur eine untergeordnete Rolle spielen. Daneben herrscht in dem schon von den Inkas und dann seit 5 Jahrhunderten von den Spaniern intensiv kultivierten Land, wie in allen devastierten Hartlaubgebieten der Erde – die überall bevorzugte Zentren der Kulturentwicklung sind – eine typische Macchienlandschaft, die besonders in der Nähe der Siedlungen völlig offen sein kann. Hier wachsen dann kurzlebige Therophyten-Gesellschaften, die nur im Winterhalbjahr extensiv als Saisonweide bewirtschaftet werden, im Südsommer dagegen in sonnenverbrannter gelb-brauner Farbe öd und unproduktiv daliegen. Die Sukzessions-Entwicklung geht unmittelbar von den Unkrautgesellschaften der Siedlungen über die Therophyten-Gesellschaften zu immergrünen Hartlaubgebüschen und überspringt die saftig grünen Dauer-Rasengesellschaften, die für die kühl-gemäßigten Gebiete so bezeichnend sind und eine so wichtige Grundlage ihrer Wirtschaft bilden.

Ein interessantes Phänomen, im südlichen Chile dann noch viel stärker ausgeprägt, kündet sich bereits bei der Analyse der mittelchilenischen Wässerweiden und Therophyten-Fluren an. Ein großer Teil ihrer Flora ist gar nicht indigen-chilenisch, sondern eingeschleppt-holarktisch. In den fetten Wässerweiden, ebenso wie in den bewässerten Parkrasen der mittelchilenischen Städte herrschen *Lolium perenne, Trifolium repens, Plantago lanceolata, Poa annua* oder *Taraxacum officinale*. Von amerikanischen Arten spielten höchstens *Bromus unioloides* oder *Paspalum dilatatum* eine gewisse Rolle. Auch in den Therophyten-Fluren begegnet man neben hier etwas reicher vertretenen südamerikanischen Arten, zahlreichen europäischen Bekannten, wie *Vulpia myuros, Koeleria phleoides, Filago gallica, Aira caryophyllea*, u.a., die unmittelbare Beziehungen zu den uns vertrauten Therophyten-Weiden des Mittelmeergebietes herstellen.

Noch krasser werden nun die Gegensätze zwischen menschenbegleitenden Grünland- oder auch Unkraut-Gesellschaften und der autochthonen Waldflora, wenn wir das kühlgemäßigte Lorbeerwald-Gebiet Südchiles betreten. Zum Verständnis dieser südchilenischen Waldlandschaft muß noch gesagt werden, daß die wirtschaftliche Erschließung der großen Flächen im Gegensatz zu Mittelchile erst jungen Datums ist. Sie hat erst vor etwa 120 Jahren begonnen und ist heute noch nicht abgeschloßen. In einer durch und durch mittelalterlichen Form der Brandrodung schreitet sie gegen die Urwälder der Hohen Anden oder der Küstenkordillere fort. Im Zentrum der südchilenischen Längstalsenke ist schon ein mehr ausgewogenes, wenn auch noch primitives Stadium der Feldgras-Wirtschaft erreicht. Nach 6 oder 8 Jahren Grünland mit ziemlich extensiver Bewirtschaftung, z.T. in der Form einer Mähweide, folgen für 2 oder 3 Jahre: Weizen, Rüben oder Hafer, dann überläßt man die Brache sich selbst oder sät für die Beweidung neu ein. Die Wirtschaftsart ermöglicht eine großräumige Feldfrucht- und Großvieh-Wirtschaft. Kommt man im Sommer von Mittelchile nach Südchile, so beginnt bei Temuco im Landschaftsbild ein Umschlag, der etwa dem entspricht, den man von Süden kommend bei Lyon im Rhonetal erlebt. Die staubige gelb-braun verbrannte

Landschaft wird plötzlich grün. Nicht nur einzelne Talgründe, sondern auch die Hänge und Hügel werden von heckengegliederten grünschimmerden Rasenflächen überzogen. Da und dort sieht man hochwüchsige Einzelbäume oder Baumgruppen als Überbleibsel des Saison-Lorbeer-Waldes eingestreut.

Während aber nun dieser Lorbeerwald, wo man ihn in Resten noch studieren kann, ganz fremdartig, vorwiegend aus Holzgewächsen aufgebaut, von zahllosen Epiphyten durchwirkt und gras- und krautarm erscheint, ist die Wiese außerhalb des Waldes völlig holarktischer Art. Die Kontraste sind ungeheuer groß, größer noch als im mittelchilenischen Hartlaubwald-Gebiet. Dabei handelt es sich bei diesen Wiesen um eine ziemlich artenarme und über große Gebiete hin sehr gleichförmige Artenkombination. Die Gleichförmigkeit ist umso erstaunlicher als die Grundbesitzer schon seit über hundert Jahren immer und immer wieder versuchen, hochwertige europäische oder auch nordamerikanische Futtergräser anzusäen. Aber bestimmte Arten z.B. der Gattung *Festuca* oder *Poa* versagen die Einbürgerung ebenso oft. In kurzer Zeit stellt sich immer wieder das ganz einfache Modell einer Artenkombination her, deren vorherrschende, rasenbildende Art aus einer Zwischenform *Agrostis tenuis-castellana* besteht und zu der als weitere stete Arten insbesondere *Holcus lanatus, Trifolium repens, Tr. dubium, Prunella vulgaris, Plantago lanceolata, Crepis capillaris* oder *Hypochoeris radicata* treten. Gelegentlich sieht man auch *Arrhenatherum elatius*, oft in Mischung mit der Unterart *tuberosum*, aber auch hierbei handelt es sich nicht um ein A r r h e n a t h e r e t u m im europäischen Sinne, sondern nur um eine fazielle Ausbildung der *Agrostis*-Gesellschaft (H y p e r i c o - A g r o s t i d e t u m). Was zerstreut an südamerikanischen Arten in dem Gefüge steckt ist qualitativ und quantitativ ganz unbedeutend. Vielleicht reichen aber Arten wie *Centella asiatica, Gnaphalium spicatum* oder *Sisyrinchium chilense* gerade aus, einen eigenen Chilenischen Rasenverband (A g r o s t i d i o n   c h i l e n s e) zu begründen. Im ganzen gehört aber die Artenkombination eindeutig zur holarktischen Klasse der M o l i n i o - A r r h e n a t h e r e t e a, und zwar in einer Zusammensetzung, die in Westeuropa in dieser Form nicht oder höchstens andeutungsweise verwirklicht ist. Es handelt sich um ein vereinfachtes Gesellschafts-Modell, um eine Assoziation in statu nascendi, in Anpassung an die dem südlichen Chile eigenen Umweltverhältnisse.

Trotzdem ist sie von großer Geschlossenheit und stoßkräftiger Dynamik. Im Nu werden alle offenen Böden von ihr eingenommen. Mit großer Geschwindigkeit dringt ihre charakteristische Artenverbindung allen Pfaden und Verlichtungen entlang auch in die abgelegensten Urwälder ein. Auch entwickelt die Gesellschaft mit den Standortsänderungen ganz bezeichnende, wenn auch sehr vereinfacht konstruierte Ausbildungsformen, wobei mit zunehmender Trockenheit und zunehmender Feuchtigkeit die Beimischung chilenischer Arten ansteigt, mit zunehmender Stickstoffanreicherung dagegen die holarktischen Arten dominieren.

An trockenen Wegrainen oder trockenen Hängen gibt es z.B. eine trockenrasenartige Untergesellschaft mit chilenischen *Stipa-* und *Danthonia*-Arten, in feuchten Mulden leitet eine Subassoziation mit *Lotus uliginosus* zu einer nassen Binsenweide mit *Juncus procerus* über, die wie unsere mitteleuropäische *Juncus effusus*-Naßweide aussieht und vieles mit ihr gemeinsam hat. An die Stelle von *Senecio aquaticus* tritt *Senecio erraticus*. Bei intensiver Beweidung entwickelt sich schließlich aus dem Hyperico-Agrostidetum eine Fettweide, die von *Lolium perenne* und *Trifolium repens* beherrscht wird, ein Analogon zu unseren Cynosurion-Gesellschaften, nur daß *Cynosurus cristatus* in Chile sehr selten und offenbar wenig konkurrenzkräftig ist. Lediglich *Bromus unioloides* kann häufiger sein, neben den üblichen *Prunella vulgaris*, *Plantago lanceolata* u.a.

Das Phänomen dieser holarktischen Wiesen im antarktischen Lorbeerwald-Gebiet kann nur so erklärt werden, daß es der altertümlichen, kraut- und grasarmen, aus der Tertiär-Zeit stammenden Lorbeerwald-Flora Südchiles offenbar an Stickstoff und Licht liebenden Gräsern und Kräutern fehlt, die den Konkurrenzkampf mit den an die Begleitung des Menschen in Eurasien seit Jahrtausenden angepaßten holarktischen Sippen aufzunehmen in der Lage wären.

Allerdings kennt die chilenische Vegetation auch eine indigene Naturwiese! Sie steht an der andinen Waldgrenze im Kontakt mit der laubwerfenden Nothofagus pumilio-Ass. oder den Araukarien-Beständen (*Araucaria auracana*), die in Aufbau und Ökologie soviel gemeinsames mit unseren Buchen- oder Kiefernwäldern haben. Aber diese Grünland-Gesellschaft kann so wenig ins Tiefland verpflanzt werden, wie eine europäische Alpenwiese in das Oberrheintal. In dieser Andenwiese gibt es sogar echt holarktische Sippen, die auf natürlichem Wege über die andinen Gebirgsketten nach dem Süden gekommen sein müssen. Hauptrasenbildner sind *Festuca*-Arten und *Phleum alpinum*. Im Grasgefüge stehen ferner Arten der Gattung *Gentiana* oder *Cerastium*.

Überraschend für uns waren die überaus scharfen Grenzen, mit denen in einer von zoo- oder anthropogenen Faktoren praktisch unbeeinflußten Naturlandschaft im Übergang vom Wald zur offenen andinen Rasenstufe Wiese und Wald aneinandergrenzen. Offenbar können solche Grenzen, die wir in Europa gerne auf die Einwirkung von Menschen oder Tieren zurückführen, auch ausschließlich durch Wasser- oder Temperatur-Faktoren (Schneelagen, Überschwemmungen, Kaltluftansammlungen) ausgelöst werden.

ZUSAMMENFASSUNG

Die Möglichkeiten der Grünlandentwicklung sind eng an bestimmte Vegetations- (Klima-) Regionen gebunden. Im mittelchilenischen Hartlaubgebiet kann wie in anderen Hartlaubgebieten dieser Erde ertragreiches Dauer-Grünland nur auf Grundwasserböden oder bei Bewässerung angelegt werden. Außerdem sind an Stelle der Wälder lediglich therophytische Saison-Weiden möglich, die im Winterhalbjahr eine extensive Beweidung zulassen. Im südchilenischen ganzjährig feuchten Lorbeerwald-Gebiet kann dagegen eine vom Bodenwasser unabhängige Grünlandwirtschaft aufgebaut werden. Die hier an Stelle der antarktischen Wälder entwickelten Grünländereien bestehen fast ausschließlich aus holarktischen Arten, die eine sehr einförmige, in Ausbildungsformen wenig gegliederte und relativ artenarme Gesellschaft der **Molinio-Arrhenatheretea** bilden. Hauptrasen-Bildner ist eine Zwischenform *Agrostis tenuis – A. castellana*. Die in Europa unbekannte Artenverbindung ist sehr einheitlich, von großer Beständigkeit und aktiver Ausbreitungstendenz. Offenbar enthält die indigene chilenische Flora keine Sippen, die mit dieser holarktischen, stickstoffliebenden und spezifisch seit langem dem Menschen angepaßten Grünlandflora konkurrieren können.

Eine indigene Naturwiese gibt es in Chile nur in den Hochlagen der Anden im Bereich der laubwerfenden *Nothofagus pumilio*-Wälder. Rasenbildner sind *Festuca*-Arten und *Phleum alpinum*. Sie sind für die unter ganz anderen Klimabedingungen stehenden chilenischen Tieflagen praktisch ohne Belang.

SUMMARY

The possibilities for grassland development are closely related to particular vegetational and climatic regions. In the sclerophyllous woodland area of central Chile, as in other similar vegetation regions of the globe, productive permanent grassland can be maintained only on soils which are irrigated or subject to ground-water influence. Otherwise the woodland replacement communities are therophytic, seasonal pastures where extensive grazing is possible during the winter months. On the other hand, in the continuously moist, laurel forest region of south Chile grassland cultivation in the absence of ground-water influence is possible. The grassland which replaces these Antartic woodlands consists almost exclusively of holarctic species. These species combine to form a monotonous and relatively species-poor **Molinio-Arhenatheretea** community. The principal sward forming species is an intermediate form between *Agrostis tenuis* and *A. castellana*. The species combination is unknown in Europe; it is very uniform, occupies large areas and has considerable powers of spreading. The indigenous Chilean flora evidently lacks species capable of competing with the above mentioned holarctic flora which is nitrophilous and specifically adapted to human management for a considerable time.

In Chile, indigenous natural grassland is to be found only within the deciduous *Nothofagus pumilio* woodland zone of the upper Andes. The principal sward formers are *Phleum alpinum* and *Festuca* species. In the lowland areas of Chile, with their quite different climatic conditions, these grasses have little importance.

W. MÜLLER-STOLL:

Ich selbst hatte einmal Gelegenheit, eine echte Urlandschaft kennen zu lernen in Afrika, in den großen Savannen und Steppengebieten, wo über 100 oder 200 km nichts anderes Menschliches lebt als ein Polizist mit seiner Frau, der aufpaßt, daß niemand Unsinn macht, wie Erzschürfen, Diamantensuchen usw.. Ich kann voll bestätigen, daß man in diesen völlig unberührten Landschaften, wo bestenfalls noch 10 Buschmann-Familien auf hunderten von km² leben, auch sehr viel Vegetation sieht, die an jene erinnert, die wir anthropogen nennen. Die Urlandschaft war keineswegs frei von den Erscheinungen, die wir heute pflanzensoziologisch als anthropogene Gesellschaften ansprechen möchten. Gewiß, Herr OBER-DORFER hat uns in seiner Wiesen-Darstellung etwas geschildert, was wirklich nur der Mensch fertigbringen kann, nämlich über den Atlantik auf die Süd-Halbkugel große, neue Gemeinschaften aufbauende Arten zu transportieren. Aber das, was uns Herr WESTHOFF als Störungsgesellschaften nahe gebracht hat, gibt es in den unberührten Landschaften ebenso sehr verbreitet. Was etwa in den Savannen-Gebieten die großen Wildherden anrichten können an Degradation, Erosionswirkungen und Zerstörung, das kann lokal weit das überschreiten, was bei uns etwa das Weidevieh macht. Um die großen Tränkplätze in der Savanne sammeln sich derartige Massen von Wild, zu gewissen Zeiten, – und es führt u.U. zu Durstkatastrophen und Epidemien, – daß das Land dort eine Degradation erfährt in einem Ausmaß, wie es in der vom Mensch kontrollierten Landschaft gar nicht zugelassen werden kann und in Europa auch nicht mehr wird. Wir müssen uns vorstellen, was z.B. eine Elefantenherde in einem Wald an Verheerung anrichten kann; es dauert lange, bis das wieder regeneriert. Das ist kaum vergleichbar mit dem, was heute unser weniges Wild noch zu tun in der Lage ist. Auch das Feuer hat in diesen Gebieten so viele Wirkungen ausgelöst, die mit dem, was heute anthropogen bezeichnet wird, vollkommen identisch sind in weitem Umfang, mit Ausnahme von Veränderungen, die durch Migration, Transport durch den Menschen, entstanden sind. Man kann in der Urlandschaft die Wirkung des Menschen heute dort sehen, wo Kraftwagen fahren. Entlang der Wege werden dann die Klettfrüchter verschleppt. Das sind die ersten Pioniere, die heute wandern, weil der Kraftwagen das primäre Verschleppungsmittel geworden ist.

Daraus sehen wir, daß die sogenannten anthropogenen Pflanzengesellschaften, abgesehen von den durch Weittransport entstandenen, durch Störungen, Überdüngung, Bodenabtragung und -anwehung, Überflutungen u.a. Ursachen auch in der Urlandschaft entstehen konnten. Daraus möchte ich die Schlußfolgerung ziehen, daß wir etwas vorsichtiger sein müssen, wenn wir meinen, daß erst seit der Wirksamkeit des Menschen evolutionsfördernde Einwirkungen und Impulse auf die Pflanzen ausgeübt worden sind. Das ist schon lange vor dem Eingreifen des Menschen so gewesen.

V. WESTHOFF:

Ich stimme völlig mit Herrn MÜLLER-STOLL überein. Mein Begriff „Störung" ist ganz allgemein gemeint, nicht anthropogen. Mit Störung ist ebenso die natürliche und auch die anthropogene Störung gemeint gewesen.

Die eindrucksvollen Parallelen zwischen den südlichen und unseren Landschaften haben einen starken Eindruck hinterlassen, indem man sich fragt, wo sind die antarktischen Grünländer geblieben und waren je solche da? Wissen Sie ob es wirklich urwüchsige antarktische Wiesen gegeben hat? Die Arten sind fast verschwunden. Vielleicht waren sie überhaupt nicht da.

Man muß es annehmen, man kann es nicht anders erklären. Es hat in der
Waldflora Chiles keine Grundlage für eine Grünlandgesellschaft gegeben. Dieser ganze Wald ist ein tertiärer, undurchdringlicher Lorbeerwald, der gar keine Hemikryptophyten enthält, der uralt ist, der sich
infolge der günstigen Bedingungen in seinem altertümlichen Gefüge erhalten konnte und den riesigen Raum von der Grenze des gemäßigten
Gebietes bis in das Feuerland erfüllt hat. An den Flüssen gibt es *Paspalum*-
Arten, Spezialisten, aber offenbar nichts, was fähig gewesen wäre, eine
Grünland-Gemeinschaft zu bilden. Andererseits habe ich den Eindruck,
daß unsere europäischen Grünlandarten seit vielen Jahrtausenden so her-
vorragend an den Menschen angepaßte Sippen sind, daß sie eine unver-
gleichliche Konkurrenzkraft entwickeln, wenn sie in solche Räume kommen, wo sie sich einigermaßen entfalten können.

R. Tüxen:

Ich möchte ein Beispiel, daß ich allerdings nur aus flüchtiger Anschauung
aus Nordamerika kenne, hinzufügen zu dem, was Herr Oberdorfer aus
Südamerika und Herr Müller-Stoll aus Afrika geschildert haben. Ich
bin mit Herrn Küchler von Montreal nach New York gefahren. Das
Land ist dort ja erst seit wenigen Jahrhunderten auf großen Strecken
vom Walde befreit. Die dortigen Landschaften ähneln den süddeutschen.
Darin liegen große Wiesenflächen, die z.T. an B r o m i o n -Rasen erinnern
mit Wacholdern und eine besondere Assoziation, z.T. aber auch ganz
ausgesprochene Kunstwiesen darstellen, die man landwirtschaftlich wohl
als Futterbau-Flächen bezeichnen würde. Im übrigen geht der Wald bis
an die Flüsse heran, und es sind nur die B i d e n t i o n -Streifen und die
unseren A g r o p y r o - R u m i c i o n analogen Überschwemmungszonen
frei von Wald. Dann folgt eine Mantel-Gesellschaft und dann beginnt der
Wald. Natürliches Grasland ist also dort, wie es scheint, weder auf den
„P s e u d o - B r o m i o n ”- noch auf den grünen Wiesen- und Weide-
Flächen vorgekommen. In der jüngsten Zeit, vielleicht etwa gleichzeitig
mit Chile, ist das Grünland angelegt worden. Wo wir darin Aufnahmen
gemacht haben, – das begann schon südlich von Montreal, – fanden wir
drei Arten als Hauptbestandsbildner: *Poa pratensis*, *Agrostis gigantea*
und *Phleum pratense*. Dazu noch allerlei „Wildkräuter”, meist Europäer.
Aber diese Bestände, die ebenso von friesischem Vieh beweidet werden,
wie die Wälder, die wir eben in Chile gesehen haben, zeigen überall Zer-
fallserscheinungen. Sie sind offenbar nur von ganz kurzem Bestand. Solche Flächen haben Anfang September überall einen weißlichen Schimmer und stellenweise dicht geschlossene weißliche Flecken von *Ambrosia
artemisiaefolia*, einer ornamentalblättrigen, einjährigen Komposite, die
sich in die zerfallende Futterbau-Gesellschaft einschiebt und nun eine
sommerannuelle, dem E r a g r o s t i d i o n ähnliche Gesellschaft einleitet,
wie sie mit *Panicum*-Arten und *Portulacca oleracea* und anderen Arten
in den Maisfeldern dort weit verbreitet ist. Ich möchte daraus schließen:
diese Grünland-Bestände sind ganz ungesättigte Gesellschaften, die gar
nicht im Stande sind, sich selbst zu erhalten, wie es unsere L o l i o - C y n o -
s u r e t e n , A r r h e n a t h e r e t e n und T r i s e t e t e n ganz sicher tun, so-

lange der konstante Faktor der Beweidung oder Mahd anhält. Aber diese gehen nach wenigen Jahren einfach zugrunde und machen einjährigen Wildkraut-Gesellschaften Platz, und es beginnt eine neue Sukzession trotz der ursprünglichen Ansaat.

Ich möchte Herrn OBERDORFER fragen, ob die chilenischen Grünlandgesellschaften gesättigt sind und sich halten können, oder ob sie auch zerfallen. Was müßte man in Nordamerika tun, um diesen Grünlandbeständen zu einer Dauer zu verhelfen, die sie offenbar nicht haben, und zwar deswegen nicht, weil sie nicht wie bei uns schon seit der Steinzeit, also seit 4000–5000 Jahren ganz allmählich floristisch selektiert und damit soziologisch synthetisiert worden sind zu Dauergesellschaften, die sich bei den seither konstant wirkenden Faktoren der Beweidung und der späteren Mahd nun eben als stabil oder sehr geringfügig fluktuierend erwiesen haben. Welche Arten müßten die Nordamerikaner einführen, um hieraus stabile Gesellschaften zu machen?

E. OBERDORFER:

Die Verhältnisse in Südamerika sind völlig anders. Es handelt sich um stabile Gesellschaften. Sie haben eine monotone Artenkombination, aber diese erhält sich selbst. Sie dringt sogar aktiv mit der Beweidung vor, wenn ein Wald geschlagen oder abgebrannt wird. Wo intensiv beweidet wird, entstehen *Lolium perenne*- und *Trifolium repens*-Teppiche, die absolut stabile Kombinationen darstellen. Sie sind sehr artenarm, aber sie zerfallen nicht. Diese Weiden werden ja teilweise über ein Jahr lang nicht beweidet. Sie bilden trotzdem ein dichtes Gefüge, das erhalten bleibt und der weiteren Entwicklung Widerstände entgegenstellt und aktiv auf den Wegen und Böschungen vordringt.

H. ELLENBERG:

In der Frage der Naturlandschaft darf man kein Mißverständnis aufkommen lassen. Das, was Herr OBERDORFER schilderte als eine Landschaft, die parkartig nebeneinander die verschiedensten Elemente zeigt, und was auch Herr MÜLLER-STOLL aus Afrika beschrieb, sind Landschaften, in denen sich der Wald im Grenzgebiet seines Lebensbereiches befindet. Die Bemerkungen von Herrn OBERDORFER und von Herrn TÜXEN aber haben uns Landschaften vorgestellt, in denen im Naturzustand der Wald absolut dominierte. Das gilt von den Tallagen Chiles und auch in Nordamerika, und das wird auch in weiten Gebieten Mitteleuropas so sein. Man darf aus afrikanischen und einigen chilenischen Landschaften nicht folgern, daß die mitteleuropäische Naturlandschaft Wiesen und andere anthropogene Gesellschaften enthalten habe, wie wir sie heute sehen.

E. OBERDORFER:

Das ist sehr richtig. Was ich bei meinen Bildern meinte, ist die Ähnlichkeit in der Auflösung der Landschaft, wie wir sie bei uns auch sehen. In Europa würde man bei so scharfen Grenzen fragen, wer sie gemacht habe durch Schlag oder Weide. Aber hier weiß man, daß kein Mensch und kein Vieh gewirkt haben. Und auch Lamas gibt es seit Jahrhunderten nicht mehr. In diesen Gebieten ist also nichts geschehen von Seiten des Menschen. Diese von Natur aus scharfen Grenzen zeigen, daß es hier in dem chilenischen Urgebiet kein Continuum gibt.

V. WESTHOFF:

Der Begriff „Continuum" ist in den USA geprägt worden von T. CURTIS in Wisconsin. Ich habe einen Aufenthalt in SE-Canada während des IX. Internationalen Botaniker-Kongresses benutzt, um dieses Continuum an Ort und Stelle anzusehen und mit einigen Mitarbeitern von CURTIS zu diskutieren. Es stellte sich heraus, daß dieses Continuum sich auf die Baumschicht des Waldes bezog und zwar über eine ausgedehnte Strecke (z.B. 1000 km) eines geschlossenen Waldes. Etwas derartiges gibt es in Europa nicht mehr. Der menschliche Einfluß hat hier die Landschaft zersplittert und scharfe Grenzen gezogen. Hätten wir etwa einen geschlossenen Wald von Stolzenau bis Moskau, dann würde sich in diesem Sinne auch ein Continuum zeigen (etwa allmähliche Verringerung von *Fagus* und *Quercus* und zugleich Anstieg von *Pinus* und *Picea*). Das bedeutet nun aber gar nicht, daß es in diesem amerikanischen Continuum wirklich eine allmähliche Vegetationsverschiebung und keine scharfen Grenzen geben würde. Auf kleinem Raum spürt das geübte Auge eines europäischen Vegetationsforschers sofort die amerikanischen Vikarianten, etwa unseres Querco-Betuletum, Querco-Carpinetum, oder Fraxino-Ulmetum oder Salicetum albae, offensichtlich von edaphischen Faktoren bedingt und untereinander klar abgegrenzt. Wenn man die amerikanischen Forscher auf diese Unterschiede aufmerksam macht, ist die Antwort, daß sie sich erstens nicht mit derartigen unwichtigen winzigen Unterschieden befassen, sondern nur den Großraum im Auge behalten, und daß sie zweitens der Krautschicht keine Rechnung tragen (obwohl sie die Arten immerhin kennen und also doch wohl etwas berücksichtigen, wenn auch nicht methodisch).

Es zeigte sich also, daß das sogenannte Continuum ein theoretischer Begriff ist, gewonnen durch Anwendung einer globalen und u.U. unvollständigen Methodik. Wenn man die nordamerikanische Vegetation mit unseren Methoden bearbeiten würde, ließen sich klar abgegrenzte Assoziationen unterscheiden. Die Anwendung unserer Methode wäre dort sogar vielversprechender und fruchtbarer, als sie es hier ist, erstens weil die Artenzahl in Amerika viel größer ist und es ganz offensichtlich darunter auch viel mehr Charakterarten gibt, und zweitens weil die Vegetation dort viel weniger vom Menschen gestört ist.

H. MERKER:

Ich möchte darauf hinweisen, daß die Araucarien im Tertiär schon ebenso existiert haben, wie wir sie heute finden. Wir haben im geologischen Institut in Lund eine Spezialsammlung von Achaten von einem Rhyolit oder Liparit aus Chile, welche die besten Coniferen-Zapfen enthält, die es überhaupt gibt.

H. MAYER:

Die Naturwiesen brauchen nicht nur reine Auflösungserscheinungen sein. In unberührten Urwäldern nahe der russisch-türkischen Grenze zeigen sich im Bereich des kolchischen Abieti-Fagetum 100–500 m unterhalb der natürlichen Baumgrenze plötzlich Naturwiesen mit scharfen Grenzen, ohne daß man sagen könnte, irgendwelche edaphische oder klimatische Erscheinungen würden dort ein Wachsen des Waldes verhindern. Im Waldgebiet der amazonischen Hylaea sind ähnliche Naturwiesen vorhanden im Bereich des Waldes, von denen auch nicht gesagt werden kann, daß lokalklimatische oder edaphische Verhältnisse diese Erscheinungen geschaffen hätten. Vielleicht bestehen dort irgendwelche kurz- oder langfristige dynamische Erscheinungen, die wir jetzt noch nicht erklären können.

E. Oberdorfer:

Auch ich kenne die Erklärung nicht, aber ich nehme an, daß es eine gibt, die in natürlichen und nicht in anthropogenen Faktoren gesucht werden muß.

H. Mayer:

Bei den Araucarien, die auf trockenen Standorten vorkommen, könnte man denken, daß Feuchtigkeitsverhältnisse diese Erscheinungen hervorrufen. Aber in den montanen Abieti-Fagetum, die optimal entwickelte Klimax-Wälder sein dürften, besteht dieselbe Erscheinung in völlig unberührten Urwäldern.

E.-W. Raabe:

Es wäre denkbar, daß diese Naturwiesen auch durch Wildverbiß zustande kommen, oder ist das nicht möglich? Unser Wald in Schleswig-Holstein würde vollkommen zusammenbrechen, wenn wir unser Wild, wie es augenblicklich vorhanden ist, hundert Jahre laufen lassen würden.

H. Mayer:

In diesen Abieti-Fageten des Pontus, wo Naturwiesen vorkommen, hat man eine Rotwild-Dichte von schätzungsweise 0.1 je 1000 ha, d.h. ein Tausendstel oder noch weniger der Rotwild-Dichte des Algäu oder anderer deutscher Gebiete.

E. Oberdorfer:

In den chilenischen Wäldern spielt das Wild gar keine Rolle. Es ist ein kleiner, sehr seltener Zwerghirsch da, der dem Gefüge des Lorbeerwaldes angepaßt ist. Aber es lebt auch der Puma hier, der den Zwerghirsch zu einer großen Rarität macht. Andere größere Säugetiere fehlen praktisch.

A. Sthälin:

Sollte das daher kommen, daß wir versuchen, unsere eben jahrtausendealte Bewirtschaftung zu übertragen in andere Klimate und Böden, wohin sie nicht passen – das würde der Fall sein für Nordamerika und für Südamerika – daß wir hier diesem Boden etwas zumuten, was er nicht hergeben kann? Aber Ihre Frage, Herr Tüxen, ist eigentlich nicht beantwortet worden. Was fehlt hier? Das müssen natürliche Ursachen sein.

E. Oberdorfer:

Es fehlt natürlich noch die Eutrophie. Das ist eine junge Landschaft, die Böden sind sauer und arm. Aber da, wo Intensivwirtschaft betrieben wird, wo Koppelweiden angelegt werden, da entstehen wirklich fette Weiden.

A. Stählin:

Dann fehlt also nur die Intensität der Bewirtschaftung. Dann sind wieder wir Landwirte daran schuld. Wir Deutschen sagen: „Jeder hat die Weide, die er verdient".

ÜBER DIE SOZIOLOGISCHE WERTUNG DER WIESENPFLANZEN UND IHRE BINDUNG AN EINIGE GELÄNDEFAKTOREN

von

R u d o l f H u n d t, Halle (Saale)

Die durch Tabellenvergleich herausgearbeiteten soziologischen Artengruppen werden von nahezu allen mitteleuropäischen Vegetationskundlern, unabhängig von ihren soziologisch-systematischen Auffassungen, als wesentliche Strukturelemente der Vegetationstypen betrachtet. Die soziologischen Artengruppen lassen sich innerhalb einheitlicher Wuchsräume recht objektiv erfassen, wenn alle Vegetationstypen eines solchen Territoriums in den floristischen Vergleich einbezogen werden. Subjektive Momente bei der Vegetationsanalyse und Unterschiede bei der Typisierung und Gliederung vermögen an diesem Tatbestand wohl grundsätzlich kaum etwas zu ändern. Die soziologischen Artengruppen drücken in ihrer Kombination die Standortssituation des Vegetationstypes aus. Ihre Aussage gewinnt an Schlüssigkeit, wenn sie durch ökologische Experimente oder ökologisch-statistische Untersuchungen im Wuchsgebiet unterbaut ist. Bei einer pflanzensoziologischen Übersichtsuntersuchung der Bergwiesen des Harzes, Thüringer Waldes und Erzgebirges wurde deshalb auch den Beziehungen nachgegangen, die zwischen der soziologischen Wertung der Wiesenpflanzen und ihrer Bindung an die Bodenfeuchtigkeit, an den Humusgehalt, den pH-Wert, den P_2O_5-Gehalt und den K_2O-Gehalt des Bodens, den Massenertrag der Bestände und die Höhenlage bestehen. Zu diesem Zwecke erfolgte die Auswertung von etwa 450 Vegetationsaufnahmen mit den dazugehörigen Untersuchungsergebnissen dieser Faktoren.

Dabei ergaben sich folgende Teilaufgaben:

1. Ermittlung der ökologischen Amplitude der Wiesenpflanzen hinsichtlich dieser Faktoren.
2. Bildung von Artengruppen mit ähnlicher oder gleicher Amplitude gegenüber den einzelnen Faktoren.
3. Bildung von Artengruppen mit ähnlicher oder gleicher Amplitude gegenüber allen untersuchten Faktoren.
4. Herausstellung der Beziehungen zwischen den ökologischen und soziologischen Artengruppen.

Das Auswertungsverfahren des Untersuchungsmaterials zeigt die Abb. 1, die die Bindung von *Taraxacum officinale* an den P_2O_5-Gehalt des Bodens wiedergibt. Die Errechnung des Mittelwertes und der mittleren Streuung würde die Beziehungen zwischen dem Vorkommen der Pflanzen und dem Geländefaktor nur unbefriedigend wiedergeben. Auch die

Ermittlung der Vorkommen der Arten in den einzelnen P_2O_5-Klassen führt zu wenig brauchbaren Ergebnissen. Die sich dabei ergebenden Kurven ähneln bei den meisten Pflanzen dem Kurvenverlauf, der die Verteilung der Untersuchungsergebnisse des Gesamtmaterials auf die einzelnen P_2O_5-Klasse widerspiegelt (vgl. Kurve I und II). Ein realeres Bild erhält man, wenn der prozentuale Anteil der Vorkommen einer jeden

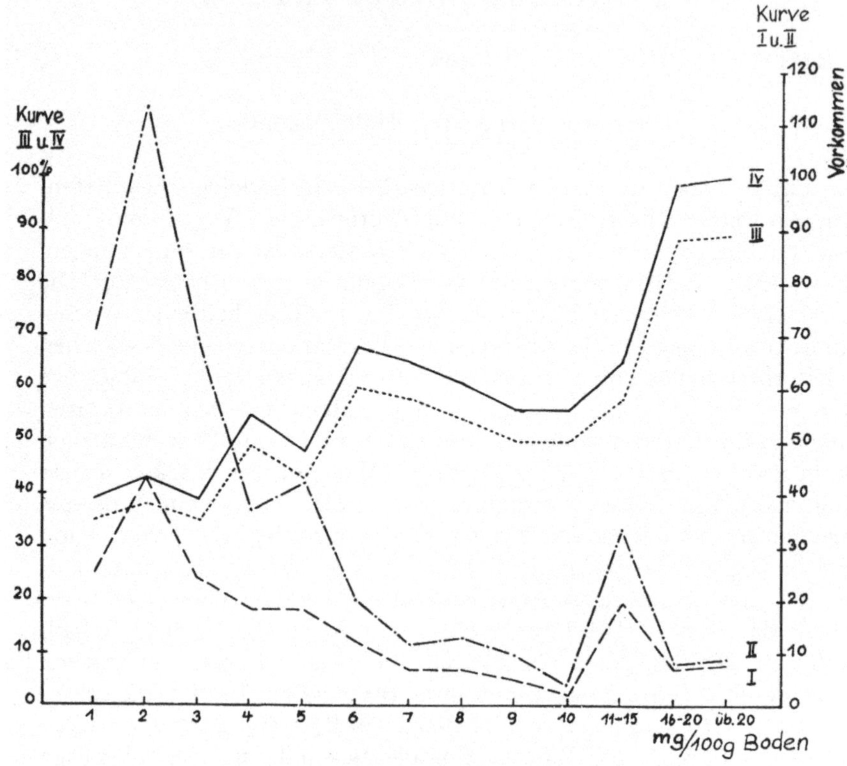

Abb. 1. Auswertungsverfahren

I. Kurve: Anzahl der Vorkommen von *Taraxacum officinale* im Untersuchungsmaterial.

II. Kurve: Gesamtvorkommen der Untersuchungsergebnisse in den einzelnen P_2O_5-Klassen.

III. Kurve: Prozentualer Anteil der Vorkommen von *Taraxacum officinale* am Gesamtvorkommen der Untersuchungsergebnisse in den einzelnen P_2O_5-Klassen.

IV. Kurve: Relative Vorkommen von *Taraxacum officinale* in den einzelnen P_2O_5-Klassen.

Art in der einzelnen Faktorenklasse am Gesamtvorkommen der Untersuchungsergebnisse in dieser Klasse errechnet wird (vgl. Kurve III). Um die Ergebnisse bei dem unterschiedlichen Gesamtvorkommen der einzelnen Arten besser vergleichen zu können, wurde der höchste Wert bei einer jeden Art gleich 100 gesetzt und die Abweichung in den übrigen Klassen prozentual berechnet. Dadurch verändert sich lediglich die Darstellung, nicht aber das Untersuchungsergebnis (vgl. VOLK 1931, KLAPP u. STÄHLIN 1934). Die so erhaltenen Werte werden in den weiteren Ausführungen als relative Vorkommen bezeichnet.

Pflanzen mit einer gleichen oder ähnlichen ökologischen Amplitude gegenüber dem einzelnen Faktor lassen sich zu Gruppen zusammenfassen. Die Tabelle 1 (im Anhang) zeigt einen Ausschnitt aus der Tabelle der ökologischen Gruppen der Wiesenpflanzen im Hinblick auf die Bodenfeuchtigkeit. Es wird dabei von der im Bodenprofil sichtbaren Durchfeuchtung des Substrates ausgegangen, weil dadurch die komplexe Wirkung der Bodenfeuchtigkeit auf die Wiesenpflanzen besser zu erfassen ist als mit einmaligen oder wenigen Grundwassermessungen oder Wassergehaltsbestimmungen, deren Ergebnisse ja stark von der Jahreszeit und der Witterung abhängig sind. Wir können so Böden ohne Grundwasser- und Staunässeeinfluß, gleyartige Böden und echte Gleyböden unterscheiden, die sich nach Lage der Oberkante des g- bzw. G-Horizontes weiter differenzieren lassen. Eine Unterscheidung der Böden ohne sichtbaren Feuchtigkeitseinfluß nach dem trockenen Flügel hin ist schwer möglich, sie erübrigt sich jedoch auch bei Untersuchungen in der Montanregion, weil hier trockene Grünlandstandorte wegen der hohen Niederschläge kaum anzutreffen sind.

Die erste Gruppe umfaßt Arten mit einem ökologischen Optimum auf Böden ohne im Profil sichtbaren Feuchtigkeitseinfluß. Während auch auf gleyartigen Böden z.T. noch ein relatives Vorkommen von 70–90% erreicht wird, liegen die Werte auf echten Gleyböden bei allen Arten unter 50%. In den folgenden Gruppen verlagert sich das Optimum in zunehmendem Maße gegen die Gleyböden hin. Die Gesamtamplitude erweitert sich in der gleichen Richtung und engt sich gleichzeitig in den Klassen mit geringer Durchfeuchtung ein. So treffen wir in der Gruppe 5 b auf Böden ohne sichtbaren Feuchtigkeitseinfluß nur sporadische Artvorkommen an, und auch auf gleyartigen Böden bleiben die relativen Werte unter 50%. Das Optimum liegt bei allen Pflanzen dieser Gruppe auf Gleyböden mit hochanstehendem G-Horizont.

Betrachten wir die soziologische Wertung der Pflanzen, so vereinigen sich in der ersten Gruppe (1a) Arten mit Verbreitungsschwerpunkt in Arrhenatherion- und Nardetalia-Gesellschaften, in der nächsten (1b) treten zu diesen Elementen Pflanzen mit Verbreitungsschwerpunkt in Triseto-Polygonion-Gesellschaften. Die Gruppen 2a und 2b enthalten ebenfalls Arten dieser soziologischen Gruppen, hinzu kommen hier mit *Leontodon hispidus*, *Plantago lanceolata*, *Lathyrus pratensis* und *Taraxacum officinale* die ersten Molinio-Arrhenatheretea-Kennarten. Die Gruppen 4a–4d enthalten ausschließlich Arten mit Verbreitungsschwerpunkt in Molinio-Arrhenatheretea- und Molinietalia-Gesellschaften und in den Gruppen 5a und 5b finden sich Molinietalia- und Caricetalia fuscae-Kennarten zusammen. Indifferent gegenüber der Bodendurchfeuchtung verhalten sich, wie übrigens bei allen untersuchten Faktoren, meist Pflanzen mit Verbreitungsschwerpunkt in Molinio-Arrhenatheretea-Gesellschaften.

Es kann an dieser Stelle nicht im einzelnen auf jeden der untersuchten Faktoren eingegangen werden. Hingewiesen sei nur noch auf den P_2O_5-Gehalt und K_2O-Gehalt des Bodens. KLAPP 1954, BOEKER 1953 und SPEIDEL 1955 konnten nachweisen, daß es keine eindeutigen Beziehungen zwischen dem Bodenvorrat an pflanzenaufnehmbarem Phosphat und

Tab. 1. Das Vorkommen der Arten auf Standorten mit verschiedener Bodenfeuch-

Feuchtigkeitseinfluß im Wurzelraum Oberkante in cm unter Flur, p = Staunässe über G-Horizont	Böden ohne Grundwasser und Staunässe-einfluß	Pseudogleyböden. Oberkante des Staunässeeinflusses:		
		45 —30	30 —15	15 —05
Gruppe 1a				
Tragopogon pratensis	100	—	37	—
Lathyrus montanus	100	—	52	44
Hypochoeris radicata	100	—	56	30
Deschampsia flexuosa	100	—	92	—
Campanula rotundifolia	100	81	63	27
Hypericum maculatum	100	79	74	79
Galium hercynicum	100	86	81	86
Agrostis tenuis	100	61	86	71
Gruppe 1b				
Crepis biennis	53	100	32	—
Luzula luzuloides	7	100	47	100
Veronica chamaedrys	58	100	41	27
Dactylis glomerata	67	100	47	45
Chrysanthemum leucanthemum	65	100	53	40
Phyteuma spicatum	99	100	55	83
Geranium silvaticum	80	100	47	67
Veronica officinalis	28	100	8	17
Carex pilulifera	10	100	—	—
Melandrium rubrum	21	100	32	67
Campanula patula	44	100	42	22
Crepis mollis	43	100	45	52
Cirsium heterophyllum	31	86	47	100
Gruppe 5a				
Lotus uliginosus	2	—	19	27
Agrostis canina	—	—	9	20
Valeriana dioica	2	—	9	40
Carex panicea	5	—	17	12
Leontodon autumnalis	34	40	38	13
Colchicum autumnale	12	27	13	27
Juncus acutiflorus	—	—	—	—
Juncus conglomeratus	—	—	12	13
Angelica silvestris	7	—	41	29
Crepis paludosa	8	—	13	19
Eriophorum angustifolium	—	—	10	22
Gruppe 5b				
Trollius europaeus	18	31	29	42
Carex fusca	2	—	12	26
Viola palustris	—	—	22	—
Cirsium palustre	9	32	25	22
Ranunculus flammula	—	—	—	40

Kali und dem Pflanzenbestand gibt. Die Zusammensetzung der Bestände
und ihr Wuchs lassen höchstens Schlüsse auf den Entzug, nicht aber auf
den Bodenvorrat an diesen Nährstoffen zu, so daß sich unter einer pro-
duktionsschwachen Wiesengesellschaft durchaus Phosphat und Kali an-
reichern können, während der Boden unter einer üppig entwickelten
Wiesengesellschaft namentlich nach der Ernte einen recht geringen P_2O_5-

Echte Gleyböden. Oberkante des G-Horizontes

60 —45	60 —45P	45 —30	45 —30P	30 —15	30 —15P	15 — 0	15 — 0p
—	—	—	—	12	—	—	—
37	—	—	—	27	24	16	—
—	—	—	—	6	—	22	—
—	—	—	—	43	—	40	—
—	—	—	20	33	29	19	—
44	—	—	—	36	42	19	33
—	—	—	—	26	—	—	—
34	—	12	30	44	44	22	25
—	—	—	—	10	—	—	—
—	—	—	—	31	—	24	—
22	—	—	20	31	36	5	33
37	—	26	—	17	24	24	28
33	—	8	40	27	36	10	33
—	—	—	25	31	—	24	—
—	—	39	—	15	18	12	—
—	—	—	—	—	—	—	—
—	—	—	—	10	—	—	—
—	—	—	—	—	—	—	—
—	—	—	—	7	12	—	—
19	—	39	33	17	24	8	—
48	—	17	21	22	31	10	—
100	31	80	73	86	67	100	—
100	75	69	30	43	43	71	50
100	—	92	60	74	22	71	50
100	45	83	36	44	26	72	60
22	100	—	60	4	—	—	—
15	100	31	40	19	29	13	—
89	100	62	80	41	29	95	—
62	47	100	56	42	51	71	62
—	—	100	43	18	31	—	—
32	36	77	100	62	41	68	95
74	—	51	100	61	—	79	—
35	78	48	31	45	100	22	78
59	32	51	40	40	47	100	22
78	88	81	70	36	50	100	58
72	40	75	65	66	81	100	54
66	—	92	—	37	86	57	100

und K_2O-Gehalt aufweisen kann. Die Tabelle 2 vermittelt einen Überblick über die Beteiligung der soziologischen Gruppen in den ökologischen Gruppen im Hinblick auf diese beiden Faktoren. In den Gruppen mit einem Verbreitungsoptimum bei geringem P_2O_5-Gehalt treffen wir vor allem auf Pflanzen mit einem Verbreitungsschwerpunkt in Caricetalia fuscae-, Nardetalia- und Molinietalia-Gesellschaften; Pflanzen,

Tab. 2. Beziehungen zwischen den ökologischen und soziologischen Gruppen beim P_2O_5- und K_2O-Gehalt

Ökologische Gruppen		Soziologische Gruppen	
P_2O_5-Gehalt	K_2O-Gehalt	P_2O_5-Gehalt	K_2O-Gehalt
I	I	Caricetalia fuscae-Kennarten	Arrhenatherion-Kennarten Molinietalia-Kennarten Molinio-Arrhenatheretea-Kennarten
2	2a–2b	Molinietalia-Kennarten	Arrhenatherion-Kennarten Triseto-Polygonion-Kennarten Molinietalia-Kennarten Molinio-Arrhenatheretea-Kennarten
3a–3d	3	Nardetalia-Kennarten Molinietalia-Kennarten Molinio-Arrhenatheretea-Kennarten	Triseto-Polygonion-Kennarten Nardetalia-Kennarten
4a–4b	4a–4b	Molinio-Arrhenatheretea-Kennarten Triseto-Polygonion-Kennarten Arrhenatherion--Kennarten	Arrhenatherion-Kennarten Molinietalia-Kennarten Caricetalia fuscae-Kennarten
5a–5b	5a–5d	Arrhenatherion-Kennarten	Nardetalia-Kennarten Caricetalia fuscae-Kennarten
o	oa–oc	Molinio-Arrhenatheretea-Kennarten Nardetalia-Kennarten	Molinio-Arrhenatheretea-Kennarten

die besonders auf phosphatreichen Böden vorkommen, besitzen in A r r h e - n a t h e r i o n -Gesellschaften einen Verbreitungsschwerpunkt. Völlig entgegengesetzt ist das Verhalten gegenüber dem K_2O-Gehalt. Hier liegt das ökologische Optimum der A r r h e n a t h e r i o n -Kennarten auf kaliarmen Böden; Pflanzen mit einem Verbreitungsschwerpunkt in N a r d e t a l i a - und C a r i c e t a l i a f u s c a e -Gesellschaften bevorzugen im Untersuchungsgebiet Standorte mit einem hohen K_2O-Gehalt.

Welche Gruppierungen ergeben sich, wenn man die ökologischen Amplituden im Hinblick auf die sechs untersuchten Faktoren miteinander kombiniert? Um die ökologische Bindung der Arten an diese Faktoren übersichtlich darzustellen, wird in Tabelle 3 für jeden Faktor die Zahl der Gruppe benutzt, in denen die einzelne Art in der jeweiligen Faktorentabelle steht. Die Anzahl der Gruppen in diesen Tabellen schwankt zwischen 11 und 15. Sie wurden zur besseren Übersicht in Anlehnung an ELLENBERG (1950, 1952) zu sechs Hauptgruppen zusammengefaßt. Die Gruppenzahlen sind nicht identisch mit den Werten bei ELLENBERG. Da sich die Abstufungen aus dem ausgewerteten Material ergeben, lassen sich die Zahlen erst nach einer Übertragung in die allgemeingültigere Skala ELLENBERG's mit dessen Werten vergleichen. Die Pflanzen der ersten Gruppe in der kombinierten Tabelle 3 bevorzugen humusarme bis humose Böden ohne Grundwasser und Staunässeeinfluß mit einem hohen pH-Wert und P_2O_5-Gehalt und einem geringen K_2O-Gehalt. Sie besiedeln besonders ertragreiche Bestände, die auf einen hohen Nährstoffentzug hinweisen und bleiben an die colline Stufe gebunden. Alle vier Pflanzen sind echte Arrhenatherion-Kennarten. Die Elemente der zweiten Gruppe besitzen recht ähnliche ökologische Amplituden bis auf die weniger enge Bindung an das Hügelland. In der Höhentabelle besitzen nur die

Tabelle 3.

Geländefaktoren und Heuertrag	Bodenfeuchtigkeit	Humusgehalt	Wasserstoffionenkonzentration	P_2O_5 Gehalt	K_2O Gehalt	Ertrag	Höhenlage
Gruppe 1							
Crepis biennis	1	1	5	5	1	5	1
Geranium pratense	2	1	5	5	1	5	1
Tragopogon pratensis	1	1	5	5	2	5	1
Arrhenatherum elatius	2	1	5	5	0	5	1
Gruppe 2							
Galium mollugo	2	1	5	5	2	5	2
Anthriscus silvestris	2	1	5	5	4	5	2
Dactylis glomerata	1	1	5	4	2	5	2
Lathyrus pratensis	2	1	5	4	1	5	2
Trisetum flavescens	2	2	4	5	3	5	0
Heracleum sphondylium	2	1	4	4	2	5	2
Vicia sepium	2	1	4	4	2	5	0
Taraxacum officinale	2	2	4	4	2	4	2
Gruppe 3							
Knautia arvensis	2	2	4	4	4	4	2
Veronica chamaedrys	1	2	4	4	0	4	2
Plantago lanceolata	2	2	4	4	0	3	2
Achillea millefolium	2	2	3	3	3	4	0
Campanula patula	1	1	3	3	2	4	2
Gruppe 4							
Chrysanthemum leucanthemum	1	2	0	3	3	3	2
Leontodon hispidus	2	2	0	0	0	4	5
Hypochoeris radicata	1	2	3	0	3	3	3
Rhinanthus minor	2	2	2	2	4	2	4

Arten der Gruppe 1 und 5 echte Bindungen aus klimatischen Gründen an das Berg- und Hügelland. In den Gruppen 2 und 4 ist die Nutzungsintensität und die damit zusammenhängende Nährstoffversorgung meist Ursache der Bevorzugung einer bestimmten Höhenstufe. In der zweiten Gruppe finden wir neben einigen Molinio-Arrhenatheretea-Kennarten Pflanzen, die die Arrhenatherion- und Triseto-Polygonion-Gesellschaften miteinander verbinden. Die Gruppe 3 zeichnet sich durch gehäuftes Vorkommen bei geringeren pH-Werten, bei einem geringeren P_2O_5-Gehalt und bei geringerem Massenertrag der Bestände aus. Sie enthält mit *Knautia arvensis, Veronica chamaedrys* und *Campanula patula* Arten, die innerhalb des Grünlandes an Arrhenatherion-Gesellschaften gebunden sind oder diese mit Triseto-Polygonion-Gesellschaften verbinden und als weniger anspruchsvoll gelten. Noch weniger Bindung an hohen Nährstoffgehalt zeigen die Arten der Gruppe 4. Die Abbildung 2 gibt die ökologische Konstitution im Hinblick auf die untersuchten Faktoren von *Crepis biennis* (Tab. 3, Gr. 1) und *Chrysanthemum leucanthemum* (Tab. 3, Gr. 4) wieder. Abgesehen von den weiteren Amplituden von *Chrysanthemum leucanthemum* bei der Bodenfeuchtigkeit

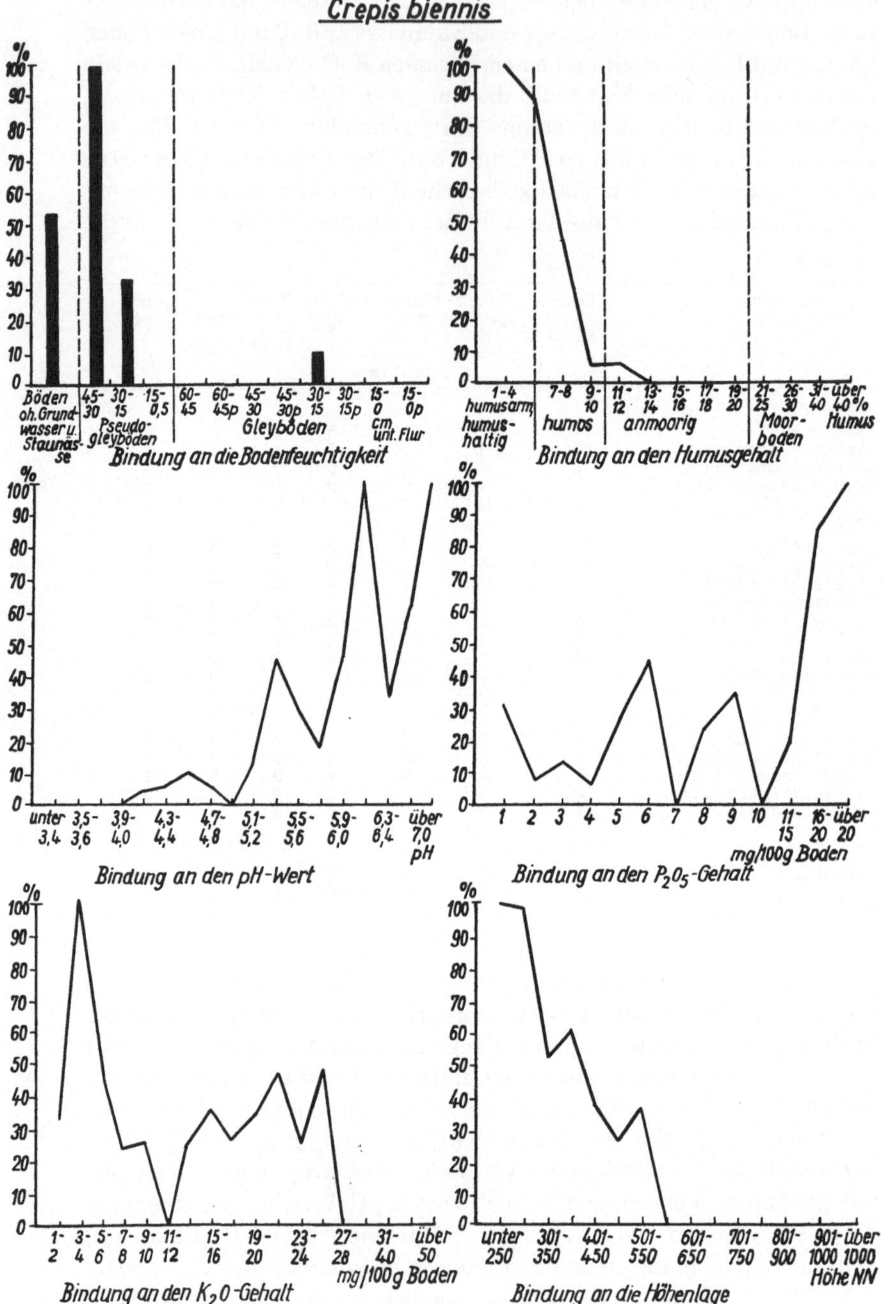

Abb. 2. Ökologische Konstitution von *Crepis biennis* und *Chrysanthemum leucanthemum*.

Chrysanthemum leucanthemum

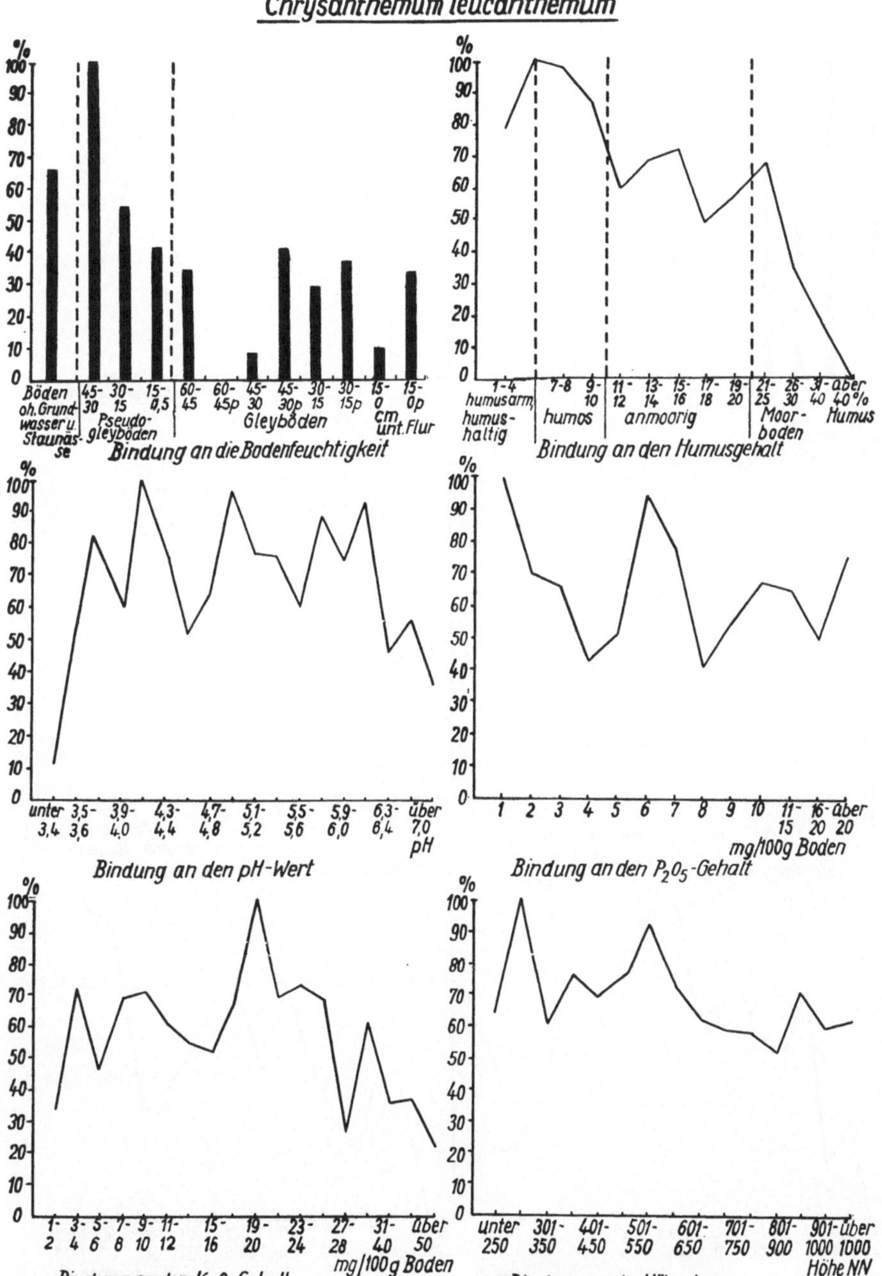

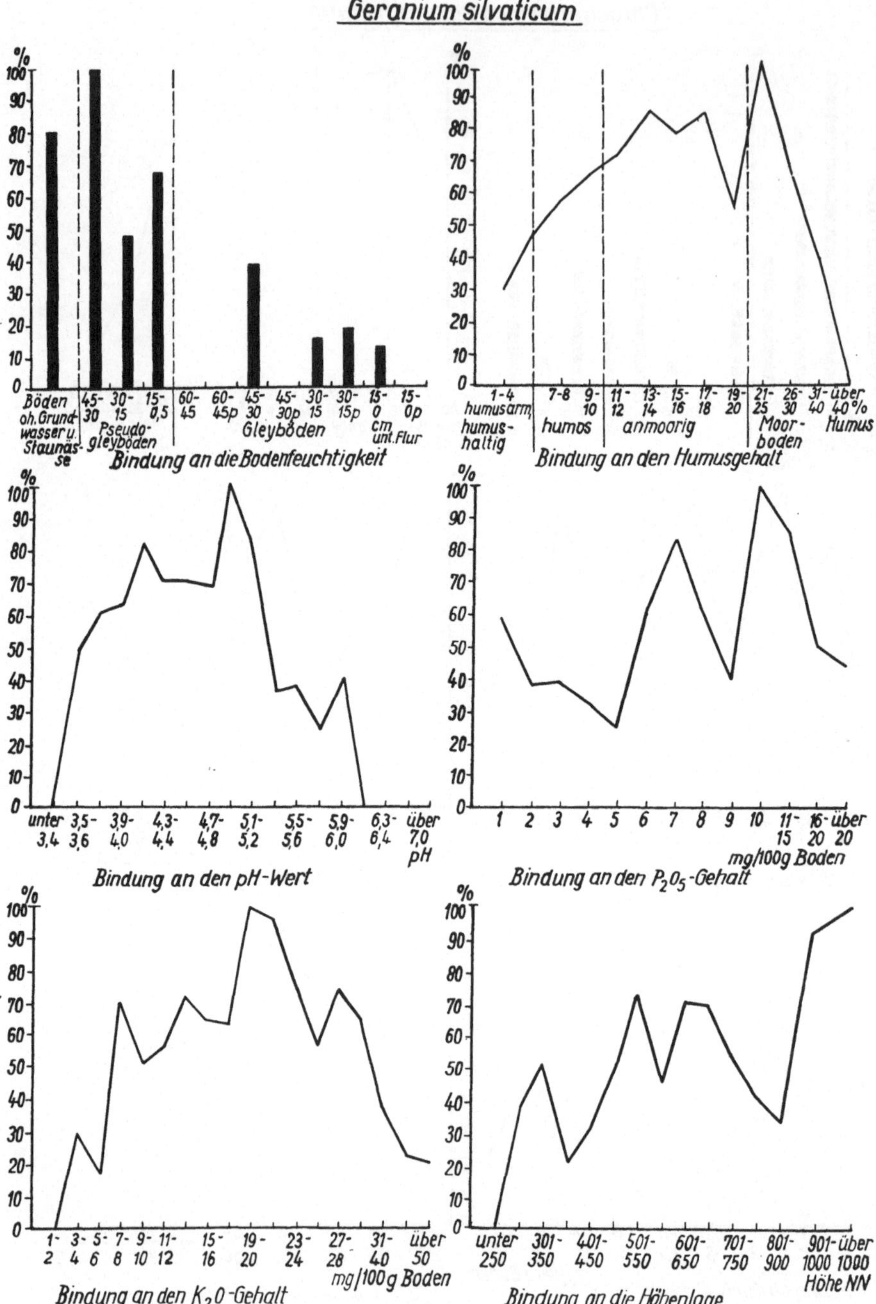

Abb. 3. Ökologische Konstitution von *Geranium silvaticum* und *Arnica montana*.

Arnica montana

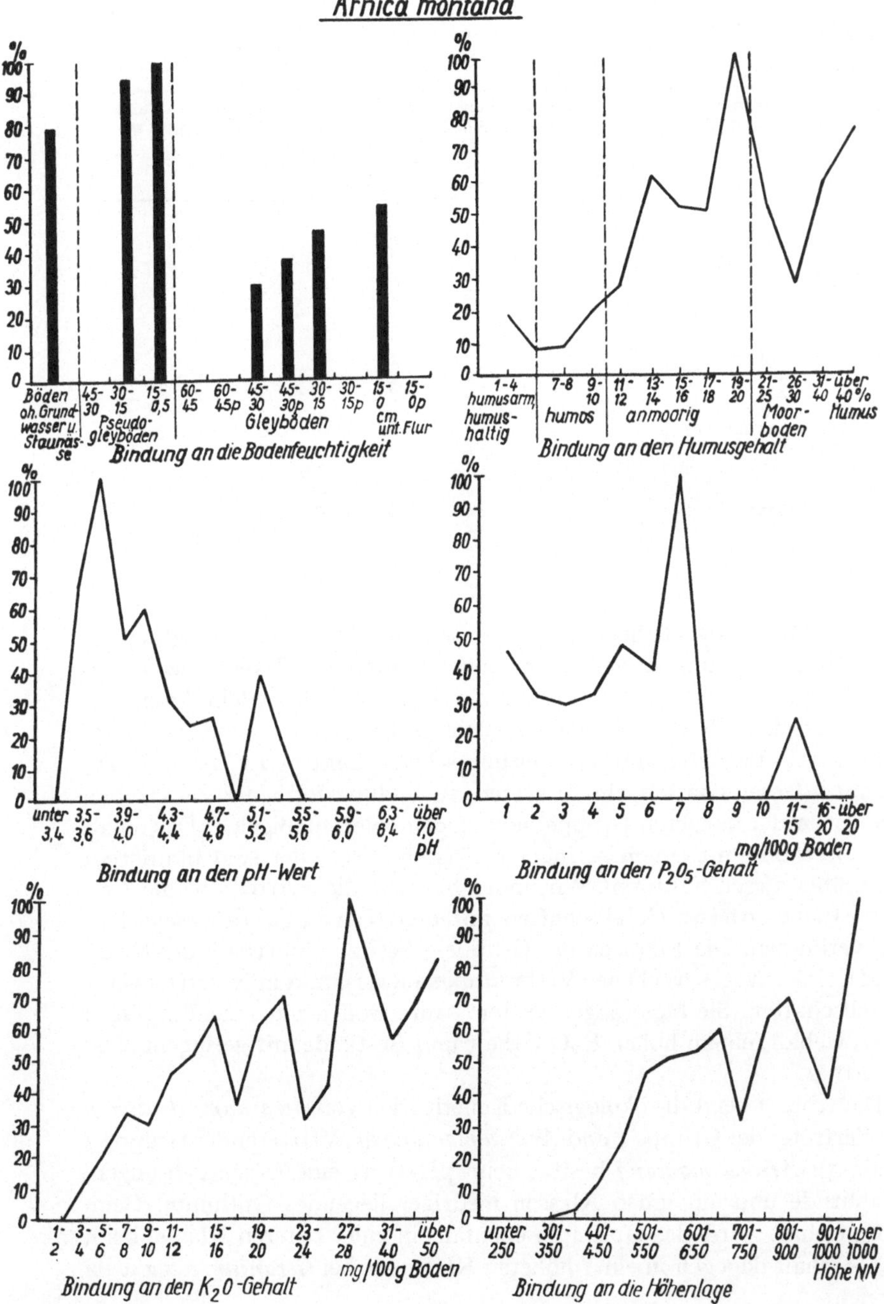

und beim Humusgehalt, wird die Abweichung beim pH-Wert, beim P$_2$O$_5$-Gehalt, beim K$_2$O-Gehalt und bei der Höhenlage recht deutlich.

Tabelle 4.

Geländefaktoren und Heuertrag	Boden feuchtigkeit	Humusgehalt	Wasserstoffionenkonzentration	P$_2$O$_5$-Gehalt	K$_2$O-Gehalt	Ertrag	Höhenlage
Gruppe 1							
Phyteuma spicatum	1	3	2	5	5	4	5
Melandryum rubrum	1	4	1	5	3	0	5
Crepis mollis	1	4	2	4	3	5	5
Geranium silvaticum	1	4	2	4	3	4	5
Gruppe 2							
Lathyrus montanus	1	3	2	3	5	2	4
Poa chaixii	2	4	2	3	5	5	4
Veronica officinalis	1	4	2	3	5	2	4
Hypericum maculatum	1	4	2	0	3	0	3
Campanula rotundifolia	1	4	2	0	0	0	5
Meum athamanticum	2	4	1	3	3	2	5
Gruppe 3							
Arnica montana	2	4	1	3	5	1	5
Galium hercynicum	1	4	1	3	5	1	5
Deschampsia flexuosa	1	4	1	3	5	1	4
Carex pilulifera	1	4	1	3	3	1	5
Cirsium heterophyllum	1	4	1	1	2	1	5

Die Gruppen der Tabelle 4 stimmen überein in der Bevorzugung humushaltiger bis anmooriger saurer Böden in montaner Lage ohne Grundwasser und Staunässe. Die Arten der Gruppe 1 besiedeln besonders phosphatreiche Böden und massenwüchsige Bestände. Soziologisch handelt es sich um Arten mit Verbreitungsschwerpunkt in Triseto-Polygonion-Gesellschaften, die in armen Ausbildungsformen zurücktreten. Die Arten der nächsten Gruppe bevorzugen einen mäßigen P$_2$O$_5$-Gehalt und Bestände mit einem geringeren Massenertrag oder sind indifferent gegenüber diesen Faktoren. Wir finden hier vor allem Arten, die die Triseto-Polygonion-Gesellschaften mit den Nardetalia-Gesellschaften verbinden. Die Pflanzen der Gruppe 3 besitzen innerhalb des Grünlandes einen ausgesprochenen Verbreitungsschwerpunkt in Nardetalia-Gesellschaften. Sie bevorzugen extrem saure Böden mit einem mäßigen P$_2$O$_5$-Gehalt, einem hohen K$_2$O-Gehalt und Bestände mit geringem Massenertrag.

Die Abb. 3 zeigt die ökologische Konstitution von *Geranium silvaticum* als Vertreter der Gruppe 1 und *Arnica montana* als Vertreter der Gruppe 3 (Tab. 4). *Arnica montana* besitzt beim pH-Wert eine wesentlich engere Amplitude und ein um 6 Klassen niedriger liegendes Optimum. Beim P$_2$O$_5$-Gehalt wird das Optimum ebenfalls in einer tieferen Klasse, beim K$_2$O-Gehalt dagegen in einer höheren Klasse als bei *Geranium silvaticum* erreicht.

Die Arten in den Gruppen der Tabelle 5 verbindet eine Bevorzugung von gleyartigen und Gleyböden mit günstigen pH-Werten. In der Gruppe 1 finden wir Pflanzen, die besonders auf humusarmen bis humosen Böden mit geringer Wasserstoffionen-Konzentration, einem hohen P$_2$O$_5$-Gehalt, einem geringen K$_2$O-Gehalt und in ertragreichen Beständen angetroffen werden. Neben *Cirsium oleraceum* gehören zu dieser Gruppe Pflanzen mit Verbreitungsschwerpunkt in Molinio-Arrhenatheretea-Gesellschaften. Die Pflanzen der Gruppe 2 bevorzugen einen etwas niedrigeren P_2O_5-Gehalt und besiedeln Bestände mit geringeren Erträgen. Auch hier finden wir vorzugsweise Molinio-Arrhenatheretea-Kennarten. Die Pflanzen der Gruppe 3 besitzen eine recht ähnliche ökologische Konstitution. Lediglich beim Humusgehalt verschiebt sich das Optimum in den anmoorigen z.T. sogar in den Moorbodenbereich. Alle Arten besitzen

Tabelle 5.

Geländefaktoren und Heuertrag	Bodenfeuchtigkeit	Humusgehalt	Wasserstoffionenkonzentration	P_2O_5-Gehalt	K_2O-Gehalt	Ertrag	Höhenlage
Gruppe 1							
Centaurea jacea	4	1	5	5	2	5	1
Cirsium oleraceum	4	2	5	4	1	5	1
Alopecurus pratensis	4	2	5	4	2	5	2
Poa trivialis	4	2	5	4	2	5	2
Festuca pratensis	4	1	5	4	2	4	2
Gruppe 2							
Geum rivale	4	2	5	2	1	4	2
Colchicum autumnale	5	2	5	2	2	4	2
Lysimachia nummularia	4	1	4	4	1	4	1
Holcus lanatus	4	2	4	4	2	4	2
Sanguisorba officinalis	4	2	4	4	2	3	2
Ajuga reptans	4	2	4	3	2	4	2
Cardamine pratensis	4	2	4	3	2	3	2
Gruppe 3							
Filipendula ulmaria	4	5	5	3	1	4	2
Ranunculus auricomus	4	3	4	3	2	4	2
Myosotis palustris	4	3	4	3	2	3	0
Deschampsia caespitosa	4	5	4	2	2	3	0
Galium uliginosum	4	5	4	2	2	3	3
Leontodon autumnalis	5	3	3	3	3	3	0
Gruppe 4							
Chaerophyllum hirsutum	4	4	3	3	1	5	5
Polygonum bistorta	4	5	3	2	4	0	5
Trollius europaeus	5	3	4	3	3	3	4

einen Verbreitungsschwerpunkt in Molinietalia-Gesellschaften. In der nächsten Gruppe tritt bei sonst ähnlicher Faktorenkombination eine Bindung an höhere Lagen in Erscheinung.

Die ökologische Konstitution von *Poa trivialis* aus der Gruppe 1 und *Galium uliginosum* aus der Gruppe 3 (Tab. 5) zeigt Abb. 4. Wesentliche Unterschiede ergeben sich bei der Bindung an den Humusgehalt und an den K_2O-Gehalt. Beim pH-Wert und beim P_2O_5-Gehalt liegt das Optimum bei *Poa trivialis* im Gegensatz zu *Galium uliginosum* deutlich in höheren Klassen.

Die Pflanzen der 1. Gruppe in der Tabelle 6 schließen sich eng an die Molinietalia-Kennarten der Gruppe 4 (Tab. 5) an. Sie sind jedoch noch stärker an Gleyböden gebunden und besiedeln weniger nährstoffreiche Standorte, wie die Bevorzugung niedrigerer P_2O_5- und Ertragsklassen und höherer K_2O-Klassen zeigt. Die ersten drei Arten strahlen als Pflanzen mit Verbreitungsschwerpunkt in Molinietalia-Gesellschaften weit in Caricetalia fuscae-Gesellschaften ein. *Carex fusca* besiedelt regelmäßig auch den armen und nassen Flügel der Molinietalia-Gesellschaften.

In der Gruppe 2 dominieren Arten der sauren Kleinseggenrieder. Im Gegensatz zur vorhergehenden Gruppe bevorzugen diese Pflanzen Böden

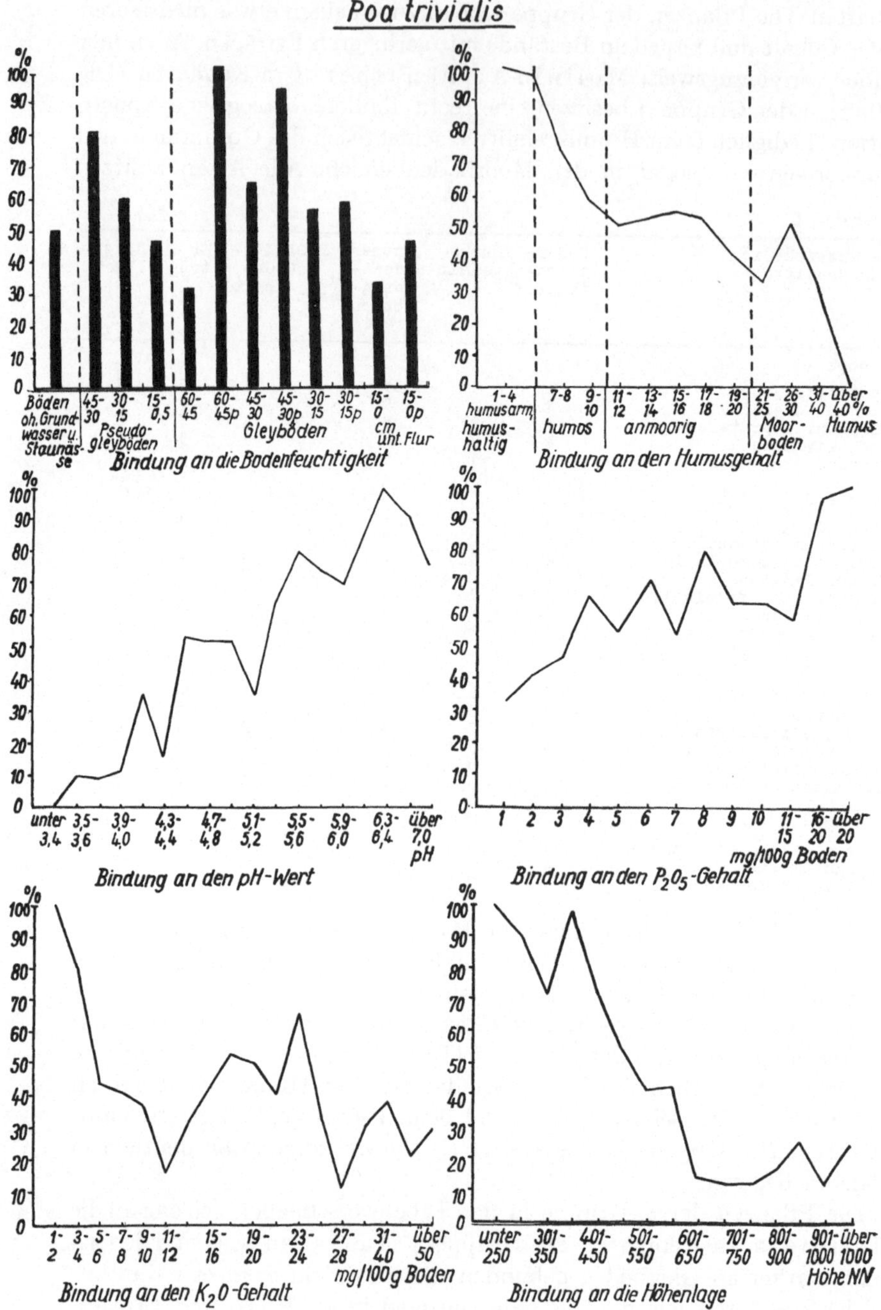

Abb. 4. Ökologische Konstitution von *Poa trivialis* und *Galium uliginosum*.

Galium uliginosum

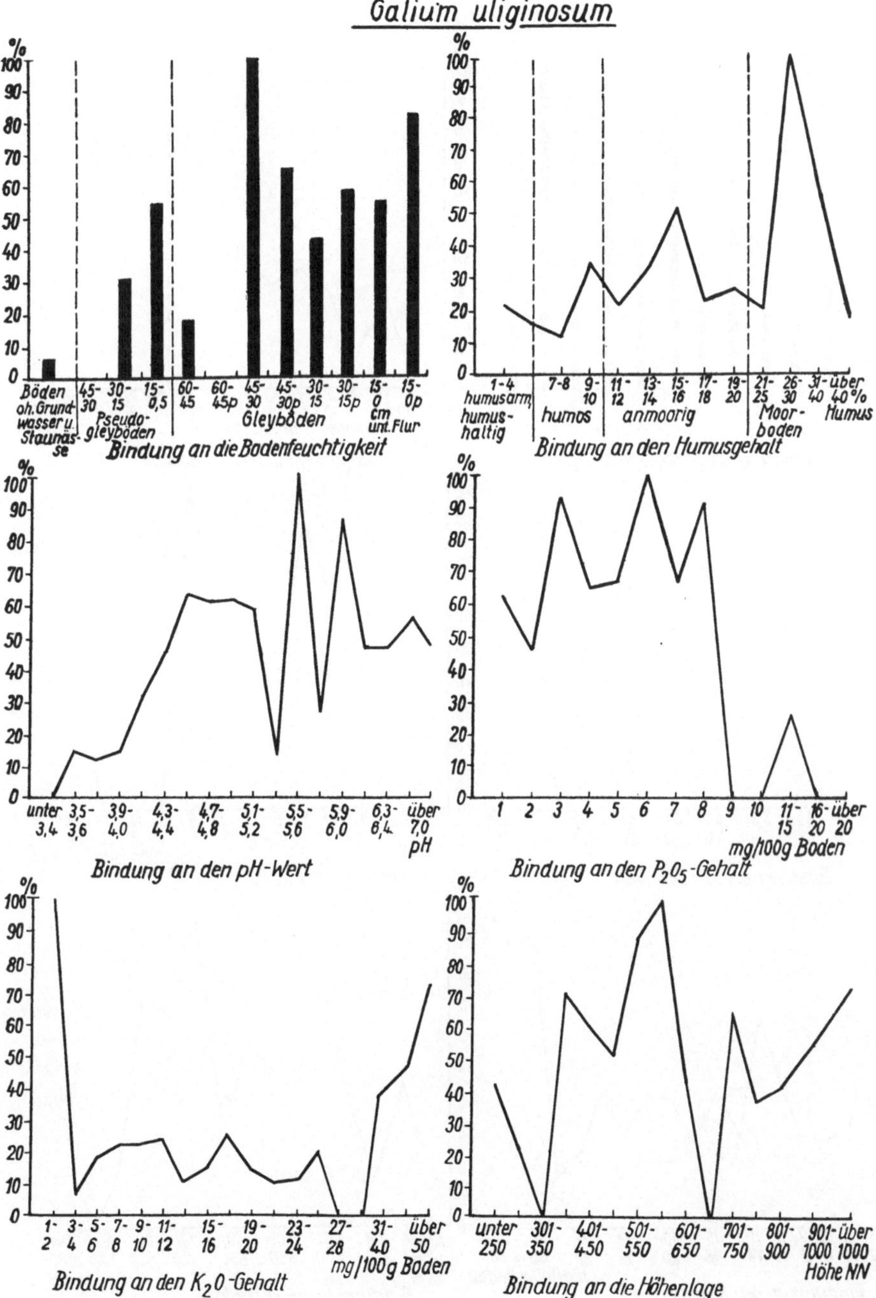

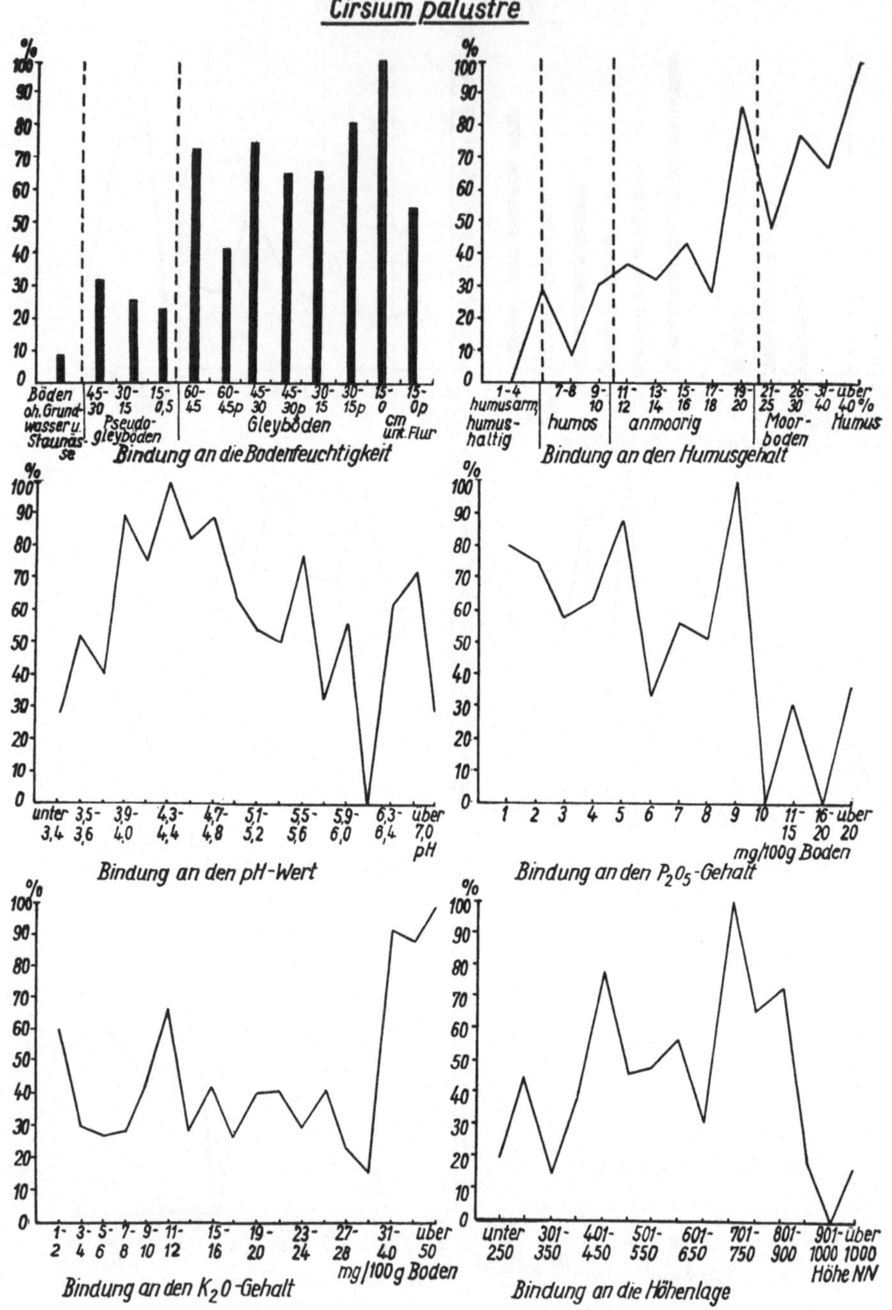

Abb. 5. Ökologische Konstitution von *Cirsium palustre* und *Viola palustris*.

Viola palustris

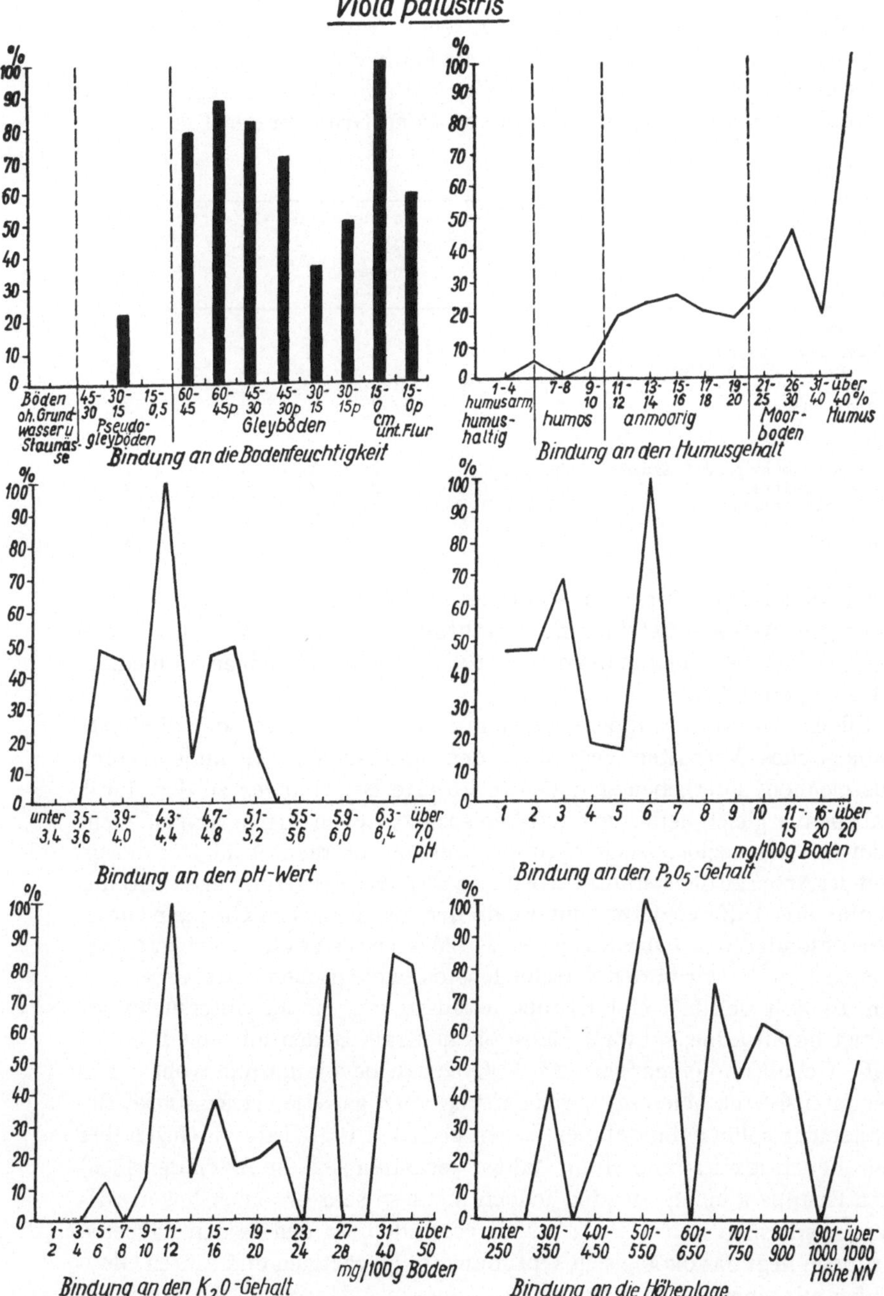

mit höherer Wasserstoffionen-Konzentration, einem sehr geringen P_2O_5-Gehalt und einem extrem hohen K_2O-Gehalt. Sie treten in höheren Lagen wegen der geringeren Nutzungsintensität häufiger auf. In der ökologischen Konstitution von *Cirsium palustre* und *Viola palustris* (vgl. Abb. 5) kommt der Unterschied zwischen den beiden Gruppen der Tab. 6 deut-

TABELLE 6.

Geländefaktoren und Heuertrag	Boden-feuchtigkeit	Humus-gehalt	Wasser-stoff-ionen-konzentration	P_2O_5-Gehalt	K_2O-Gehalt	Ertrag	Höhenlage
Gruppe 1							
Valeriana dioica	5	5	4	2	4	2	0
Juncus conglomeratus	5	5	4	1	5	2	4
Cirsium palustre	5	5	3	2	4	2	3
Carex fusca	5	5	3	1	4	2	4
Gruppe 2							
Eriophorum angustifolium	5	5	2	2	5	2	4
Carex panicea	5	5	2	1	5	2	4
Agrostis canina	5	5	2	1	5	2	4
Viola palustris	5	5	2	1	5	2	4
Ranunculus flammula	5	5	2	1	5	2	4

lich zum Ausdruck. Bei einer stärkeren Bindung an Gleyböden mit einem moorigen A-Horizont sind die Amplituden beim pH-Wert und beim P_2O_5-Gehalt bei *Viola palustris* wesentlich enger und bleiben an niedrige Klassen gebunden.

Bilden wir Artengruppen, die sich durch ein gleiches oder ähnliches ökologisches Verhalten gegenüber den untersuchten Geländefaktoren auszeichnen, so ergeben sich also recht gute Beziehungen zu den durch Tabellenvergleich herausgearbeiteten soziologischen Artengruppen. Geht man von den soziologischen Gruppen aus und betrachtet die Zugehörigkeit der Arten zu den herausgearbeiteten ökologischen Gruppen, so tritt uns häufig eine Differenzierung innerhalb der soziologischen Gruppen entgegen. Besonders deutlich wird das bei den Molinio-Arrhenatheretea-Kennarten, die wir in den verschiedensten ökologischen Gruppen antreffen. Es läßt sich hier eine Gruppe herausstellen, die im Untersuchungsgebiet humusarme, schwach saure bis neutrale Böden mit einem hohen P_2O_5-Gehalt und einem geringen K_2O-Gehalt bevorzugt und wohl wegen der intensiveren Wiesenbewirtschaftung vorzugsweise ertragsstarke Bestände der collin-submontanen Lagen besiedelt (vgl. Tab. 7). Gegenüber dem Feuchtigkeits- und Humusfaktor verhalten sich die Arten der nächsten Gruppe ähnlich, sie sind jedoch nicht so sehr an einen hohen pH-Wert und einen hohen P_2O_5-Gehalt gebunden. In den beiden nächsten Gruppen liegt das ökologische Optimum auf gleyartigen und echten Gleyböden mit einem humushaltigen bis humosen A-Horizont. Die Arten der Gruppe 3 bevorzugten eine geringere Wasserstoffionen-Konzentration und einen höheren P_2O_5-Gehalt. Die folgenden Gruppen sind weitgehend indifferent gegenüber der Bodendurchfeuchtung. Die Gruppen 5 und 6 bevorzugen einen geringen Humusgehalt. Sie unterscheiden sich durch ihre Bindung an den Nährstoffgehalt insofern, als die zuerst genannte ihr Optimum in höheren pH-, P_2O_5- und Ertragsklassen erreicht. Noch niedriger liegt das Optimum dieser drei Faktoren bei *Briza media*. Die Pflan-

Tabelle 7.   Molinio –Arrhenatheretea-Kennarten

Geländefaktoren und Heuertrag	Boden-feuch-tig-keit	Humus-ge-halt	Wasser-stoff-ionen-konzen-tration	P_2O_5-Ge-halt	K_2O-Ge-halt	Er-trag	Höhen-lage
1.Verbreitungsschwerpunkt auf frischen Standorten mit hohem Nährstoffgehalt							
Lathyrus pratensis	2	1	5	4	1	5	2
Taraxacum officinale	2	2	4	4	2	4	2
Plantago lanceolata	2	2	4	4	0	3	2
Poa pratensis	3	1	5	4	2	5	2
2.Verbreitungsschwerpunkt auf frischen Standorten mit mittlerem Nährstoff-gehalt							
Achillea millefolium	2	2	3	3	3	4	0
Leontodon hispidus	2	2	0	0	0	4	5
Vicia cracca	3	2	3	3	0	2	5
3.Verbreitungsschwerpunkt auf feuchten Standorten mit hohem Nährstoffge-halt							
Centaurea jacea	4	1	5	5	2	5	1
Alopecurus pratensis	4	1	5	4	2	5	2
Poa trivialis	4	2	5	4	2	5	2
Festuca pratensis	4	1	5	4	2	4	2
Prunella vulgaris	4	0	5	4	2	0	2
4.Verbreitungsschwerpunkt auf feuchten Standorten mit mittlerem Nährstoffgehalt							
Colchicum autumnale	5	2	5	2	2	4	2
Lysimachia nummularia	4	1	4	4	1	4	1
Holcus lanatus	4	2	4	4	2	4	2
Cardamine pratensis	4	2	4	3	2	3	2
Ajuga reptans	4	2	4	3	2	4	2
Leontodon autumnalis	5	3	3	3	3	3	0
Cynosurus cristatus	4	0	0	3	2	3	2
5.Verbreitungsschwerpunkt auf Standorten mit hohem Nährstoffgehalt ohne be-stimmte Ansprüche an die Bodenfeuchtigkeit							
Bellis perennis	0	1	5	4	2	5	2
Trifolium dubium	0	2	5	4	2	5	2
Cerastium holosteoides	0	2	4	4	2	5	2
6.Verbreitungsschwerpunkt auf Standorten mit mitt-lerem Nährstoffgehalt ohne bestimmte Ansprüche an die Bodenfeuchtigkeit							
Trifolium repens	0	2	4	3	2	4	2
Trifolium pratense	0	2	3	4	0	4	2
Helictotrichon pubescens	0	2	0	4	0	3	2
7.Verbreitungsschwerpunkt auf Standorten mit mäßi-gem Nährstoffgehalt ohne bestimmte Ansprüche an die Bodenfeuchtigkeit							
Briza media	0	3	3	1	0	2	0
8.Ohne besondere Ansprüche an Nährstoffgehalt und Feuchtigkeit des Bodens							
Ranunculus acer	0	2	0	0	0	4	0
Rumex acetosa	0	2	0	0	0	4	0
Festuca rubra	0	0	0	0	0	0	0
Anthoxanthum odoratum	0	0	0	0	0	0	0

zen der letzten Gruppe verhalten sich indifferent gegenüber den wichtigsten untersuchten Faktoren.

Wenn sich bei den aufgezeigten Untersuchungen auch gute Parallelen zwischen ökologischen und soziologischen Gruppen ergeben, so darf nicht übersehen werden, daß man die einzelnen Faktoren zwar formal isolieren kann, nicht aber ihre Wirkung auf die Vegetation und die Einzelarten. Jeder erfaßte Faktor ist nur ein Glied in einem komplizierten Wirkungsgefüge. Seine Wirkung auf die Pflanze wird durch andere Glieder beeinflußt, wie er selbst die Wirkung anderer Faktoren modifiziert. Ein hoher Grundwasserstand ist nicht nur entscheidender Faktor für den Wasserhaushalt der Vegetation, er beeinflußt u.a. auch die Durchlüftung und den Wärmehaushalt stark (vgl. ELLENBERG 1952b). Zunehmende Höhenlage wirkt sich im Untersuchungsgebiet nicht nur unmittelbar klimatisch auf die Pflanzen aus, sondern hat u.a. auch eine zunehmende Wasserstoffionen-Konzentration, zunehmende Podsolierungserscheinungen bei abnehmendem Nährstoffgehalt und eine geringere Nutzungsintensität zur Folge. Vor dem gleichen Problem steht man allerdings auch bei ökologischen Experimenten am Standort. Es ist hier nach MONTFORT (zit. bei ELLENBERG 1952b) geradezu falsch, die mit dem untersuchten Faktor gekoppelten Änderungen der übrigen Standortsbedingungen experimentell auszuschließen.

Mit diesen Untersuchungen wurde darüber hinaus nicht die Bindung der Pflanzen an die Faktoren an sich ermittelt. Die Ergebnisse beziehen sich zunächst nur auf die Wiesenformation unter den Bedingungen der edaphisch-klimatischen Gesamtsituation des Harzes, Thüringer Waldes und Erzgebirges einschließlich der Randbezirke ihrer collinen Vorländer.

ZUSAMMENFASSUNG

Durch die Auswertung von etwa 450 Vegetationsaufnahmen mit den dazugehörigen Bodenuntersuchungen, Bodenprofilen, Höhenangaben und Ertragsschätzungen wurde die Bindung von 96 Wiesenpflanzen an die Bodenfeuchtigkeit, den Humusgehalt, den pH-Wert, den P_2O_5-Gehalt, den K_2O-Gehalt, die Höhenlage und den Massenertrag der Bestände innerhalb der Wiesenformation des Harzes, Thüringer Waldes und Erzgebirges ermittelt. Die Pflanzen mit einem gleichen oder ähnlichen Verhalten gegenüber allen untersuchten Faktoren lassen sich zu ökologischen Gruppen zusammenfassen. Ein Vergleich dieser ökologischen Gruppen mit den soziologischen Gruppen des Grünlandes zeigt eine recht gute Übereinstimmung. So sind die meisten Kennarten des A r r h e n a t h e r i o n, des T r i s e t o - P o l y g o n i o n, der M o l i n i e t a l i a, der N a r d e t a l i a und der C a r i c e t a l i a   f u s c a e auch in ökologischen Gruppen vereinigt. Die ökologischen Untersuchungen führen darüber hinaus zu einer Differenzierung innerhalb der soziologischen Gruppen. Besonders deutlich wird das bei der großen Gruppe der Arten mit VS in M o l i n i o - A r r h e n a t h e r e t e a-Ges., bei der durch diese Untersuchungen 7 Untergruppen mit jeweils ähnlicher ökologischer Konstitution ausgeschieden werden konnten.

SUMMARY

About 450 relevés and their associated soil analyses and profile descriptions, altitude measurements and production estimates were evaluated, In this way the correlations of 96 meadow plants with soil moisture. humus content, pH, P_2O_5 and K_2O content, altitude and the bulk production of the stands within the meadow formations of the Harz, Thuringer Wald and Erzgebirge were ascertained. The plants with identical or similar behaviour in relation to all the factors investigated may be combined into ecological groups. A comparison of these ecological groups with the sociological groupings of grassland shows good agreement. Thus the majority of the character-species of the Arrhenatherion, the Triseto-Polygonion, the Molinietalia, the Nardetalia and of the Caricetalia fuscae form ecological groups. The ecological investigations also lead to a further differentiation within the sociological groups. This is particularly clear with species of the Molinio-Arrhenatheretea; it was possible to distinguish seven ecological sub-groups of species.

LITERATUR

Boeker, P.: Bodenreaktion, Nährstoffversorgung und Erträge von Grünlandgesellschaften des Rheinlandes. – Z. PflErnähr. Düng. Bodenk. **66**, 54–64. Weinheim u. Berlin 1954.

Ellenberg, H.: Kausale Pflanzensoziologie auf physiologischer Grundlage. – Ber. dtsch. bot. Ges. **63**, 25–31. Stuttgart 1950.

— Landwirtschaftliche Pflanzensoziologie II. Wiesen und Weiden und ihre standörtliche Bewertung. – Stuttgart 1952 (a).

— Physiologisches und ökologisches Verhalten derselben Pflanzenarten. Ber. dtsch. bot. Ges. **65**, 351–362. Stuttgart 1952 (b).

— Die Bedeutung der Mineralstoffe für die pflanzliche Besiedlung des Bodens. A. Bodenreaktion (einschließlich Kalkfrage). In: Handbuch der Pflanzenphysiologie 4, 638–708. Berlin-Göttingen-Heidelberg 1958.

Hundt, R.: Die Pflanzensoziologie im Dienste der Grünlandwirtschaft. Dtsch. Landw. **8**, 295–302. Berlin 1957 (a).

— Pflanzensoziologische Methoden zur Beurteilung der Grünlandwasserstufen und des Ertragswertes. – Dtsch. Landw. **8** (7). Berlin 1957 (b).

— Beiträge zur Wiesenvegetation Mitteleuropas. I. Die Auenwiesen an der Elbe, Saale und Mulde. – Nova Acta Leopold. N.F. **20** (135), 1–206. Halle (Saale) 1958.

— Die Bergwiesen des Harzes, Thüringer Waldes und Erzgebirges. Jena 1964.

— Ökologisch-geobotanische Untersuchungen an Pflanzen der mitteleuropäischen Wiesenvegetation. Jena 1966.

Klapp, E.: Wiesen und Weiden. 2. Aufl. – Berlin u. Hamburg 1954.

— Boeker, P., König, F. u. Stählin, A.: Wertzahlen der Grünlandpflanzen. – Das Grünland (Beil. z. Z. „Der Tierzüchter") 2, 38–40. Hannover 1953.

— u. Stählin, A.: Pflanzengesellschaften und Leistung des Grünlandes. – Stuttgart 1936.

— u. — Wiesen und Wiesenpflanzen in Mitteldeutschland. III. Häufigkeit, Standorte und Zeigerwert der Arten in Wiesen verschiedener Höhenlage, Feuchtigkeit und Versalzung: Wiss. Arch. f. Landw. Abt. A. **10** (3), 422–452. Berlin 1933.

— , — u. Wacker, F. W.: Wiesen und Wiesenpflanzen in Mitteldeutschland. IV. Verteilung und Zeigerwert der Arten und Bestände in Wiesen verschiedener Reaktion. – Wiss. Arch. Landw., Abt. A. **10** (4), 533–557. Berlin 1934.

Speidel, B.: Anwendungsmöglichkeiten und Grenzen pflanzensoziologischer

Erkenntnisse im Dienste der Landwirtschaft. – Kali-Briefe, Fachgeb. 4. **7**,
1–6. Hannover 1955.
Tüxen, R.: Die Pflanzengesellschaften Nordwestdeutschlands. – Mitt. flor.
soziol. ArbGemeinsch. Niedersachs. **3**, 1–170. Hannover 1937.
— u. Preising, E.: Erfahrungsgrundlagen für die pflanzensoziologische
Kartierung des westdeutschen Grünlandes. – Angew. PflSoziol. **4**. 28 pp.
Stolzenau/Weser 1951.
Volk, O. H.: Beiträge zur Ökologie der Sandvegetation der oberrheinischen
Tiefebene: Z.Bot. **24**, 81–185. Jena 1931.
Wagner, H.: Pflanzensoziologie des Acker- und Grünlandes. – Gerolds
Handb. Landw. **1**, 283–350. Wien 1950.

H. Ellenberg:

Herr Dr. Hundt hat das Verfahren angewandt, das ich 1950 oder 1952
bei Ackergrünland und Wiesengesellschaften benutzt habe, nämlich die
Gruppierung in ökologische Gruppen 1–5 und eine indifferente Gruppe
und auch die Kombination zu einem ökologischen „Steckbrief", wie er
das hier an diesen Zahlenreihen zeigte. Ich bin damals viel angegriffen
und in der letzten Zeit oft gefragt worden, was denn der Unterschied
gegenüber der soziologischen Gruppierung sei. Ich begrüße, daß Herr
Hundt diese beiden Gruppierungen einmal hier einander gegenübergestellt hat. Er ist vielleicht auf das Verfahren der Ermittlung dieser ökologischen Gruppierung zu kurz eingegangen. Aber Sie haben wohl gesehen,
daß er zunächst das gesamte Material der Aufnahmen genommen und sie
jeweils nach der Steigerung eines Faktors geordnet hat, z.B. nach dem
Phosphorgehalt oder nach dem Kali oder nach der Feuchtigkeit. Dann
ergeben sich Verteilungskurven für jede Art und man kann sie einstufen
danach, ob sie mehr nach dem Flügel geringer Werte oder nach dem
Flügel hoher Werte hin steht oder sich irgendwie intermediär verhält.
Dieses Verfahren arbeitet also an sich mit dem gesamten Material und
auch mit Tabellen, aber achtet zunächst mehr auf die einzelne Art und
den einzelnen Faktor. Das wird nun für jeden Faktor wiederholt bis dieser
„Steckbrief" durch die allerdings nicht vollständige Skala der Standortsfaktoren hindurch verfolgt wurde. Der Stickstoff-Faktor als ein sehr
wichtiger, regulierender Faktor fehlt in dieser Reihe. Er ist sehr schwer
zu erfassen.

Und so ergab sich dann diese Gruppierung, die also zunächst ohne Wissen von dem pflanzensoziologischen System gemacht werden kann. Das
pflanzensoziologische System ist ja bekannt. Das wurde dann gegenübergestellt. Es zeigte sich, daß weitgehende Übereinstimmungen da sind.
Das zeigt also, daß beide so unabhängig voneinander arbeitende Verfahren im Prinzip zu dem gleichen Endergebnis kommen. Man darf das wohl
nur als eine erfreuliche Bestätigung sowohl des soziologischen Verfah-
rens, welches das ältere ist, als auch des ökologischen werten. Ich glaube
jedenfalls, daß man diesen Schluß aus diesem schönen Vergleich ziehen
kann.

J. van Donselaar:

Bis jetzt ist nur die Rede gewesen von Pflanzengesellschaften und Einheiten, die schon soziologisch beschrieben waren, bevor man mit der ökologischen Auswertung der Arten anfing. Aber wenn man den Auftrag hat,

in einer Gegend Einheiten zu unterscheiden und zu klassifizieren, wo das
noch nie geschehen ist, da ist es manchmal besser, nicht soziologisch, sondern ökologisch anzufangen, um zu versuchen, erstens ökologische Gruppen zu unterscheiden und dann nachher zu sehen, ob es möglich ist, diese
auch als Kennartengruppen zu benutzen. In dieser Weise hat DUVIG-
NEAUD in Zentralafrika gearbeitet, und ich bin ihm in Surinam gefolgt, als
ich die Savannen dort zu beschreiben hatte, und es ging ganz gut. Ich
glaube, in dieser Reihenfolge geht es besser, zuerst ökologisch und dann
soziologisch, und beide Verfahren stimmen ganz gut überein.

R. TÜXEN:

Wenn die ökologischen Gruppen, Gruppen also von ökologisch gleichsinnig reagierenden Arten autökologisch gewonnen werden, ohne Rücksicht
auf ihre soziologische Stellung, dann kann man doch wohl oder muß man
sogar wohl zu heterogenen Gruppen kommen. Wir sind ja immer wieder
überrascht, wenn wir in einer Wald- oder Grünlandarbeit solche Gruppen,
die wir aus Erfahrung genau beurteilen können, finden, in denen oftmals
soziologisch ganz heterogene Arten miteinander kombiniert sind. Die
ökologischen Gruppen sind brauchbar in dem Augenblick, wo sie an wohl
definierten und nicht zu weit gefaßten Pflanzengesellschaften geeicht
werden. Ich meine also, wenn man die Gesamt-Amplitude der Standort-
möglichkeiten durch den Ausschnitt einer Ordnung, eines Verbandes oder
einer Assoziation oder noch enger faßt, daß man dann innerhalb dieser
soziologischen Einheiten sehr klar die ökologischen Gruppen finden kann,
die also verschiedene Feuchtigkeit, verschiedene P_2O_5-, K- oder N-Werte
usf. zeigen. Wenn man aber die gesamte Flora betrachtet und versucht
Feuchtigkeitszeiger zu finden, dann bekommt man sehr heterogenes
Material und diese Art von ökologischen Gruppen, die auf solche Weise
gefunden worden sind, haben bei mir viel Skepsis ausgelöst.

H. ELLENBERG:

Ich freue mich sehr über das, was Herr TÜXEN eben sagte. Es ist keinerlei
Widerspruch zwischen der Handhabung, wie ich sie mit den ökologischen
Gruppen von vornherein vorgehabt habe. Ich habe niemals quer durch
die ganze Flora ökologische Gruppen aufgestellt, sondern habe sie für die
Ackerunkrautgesellschaften oder für die Kulturwiesen der Umgebung
von Stuttgart aufgestellt, d.h. z.B. für das Arrhenatherion im weitesten Sinne, das von feucht bis ziemlich trocken übergreift. Herr HUNDT
ist noch etwas weiter gegangen. Er hat es innerhalb der Molinio-Arrhenatheretea gemacht. Auch das ist noch berechtigt. Und was wir eben
dort hörten von Surinam ist auch nicht quer durch die ganze Flora geschehen, sondern für die Savannen, d.h. also für eine bestimmte Formation,
innerhalb einer Gruppe von Pflanzengesellschaften, in denen die Lebensformen nicht völlig unterschiedliche Konkurrenzverhältnisse darstellen.
Also ich kann nicht einen Wald und eine Wiese oder sehr heterogene
Heiden usw. mit in diesen Vergleich einbeziehen. Aber, wenn ich innerhalb einer engeren Gruppe bleibe, ist dieses Verfahren berechtigt.

Allerdings möchte ich nun noch sagen, daß das, was ökologische Gruppen in der Literatur genannt wird, nicht immer dasselbe ist, was Herr

Hundt hier gebracht hat. Herr Hundt hat sich an das Vorbild gehalten, daß man diese ökologischen Gruppen auch durch Messungen bestimmt und nicht durch bloßes Dafürhalten findet. Ich will Beispiele nennen: In der forstlichen Standortskartierung wird häufig von „ökologischen" Gruppen gesprochen. Aber bei diesen „ökologischen" Gruppen handelt es sich nicht um ökologische Gruppen, sondern es handelt sich um *vermeintliche* ökologische Gruppen, wenn ich so sagen darf, um statistisch gewonnene, nämlich durch Vergleichserfahrung gewonnene Vorstellungen, über die ungefähren Lebensbereiche der Artengruppen, die man da aufstellt. Hier aber ist es ein induktives Verfahren, das mit jedem Faktor arbeitet, der gemessen wird und mit den Arten für sich, sauber gesondert, und erst zum Schluß eine Synthese bildet, wie Herr Hundt das so schön gezeigt hat durch diese Zahlenspektren, die sich da ergeben. Und so ist die Aufstellung der ökologischen Gruppen, wie ich sie gemeint habe, ein induktives Verfahren, genau wie die Pflanzensoziologie induktiv zu dem System gekommen ist durch Einzelstudien und nicht durch ein allgemeines Dafürhalten. Und ich möchte Sie alle bitten, – ich habe jetzt lange Zeit geschwiegen zu dem Thema „ökologische Gruppen", weil mich gestört hat, daß der Begriff verwässert wird, daß er benutzt wird für Dinge, die nicht dasselbe sind –, den Ausdruck „ökologische Gruppen" nur dann zu verwenden, wenn man auch Ökologie getrieben hat, d.h. wenn man die Standortsfaktoren gemessen hat und sich auf exakte Unterlagen beziehen kann.

R. Tüxen:

Ich darf hinzufügen, daß dann, wenn das so geschieht, die ökologischen Gruppen sich mit unseren Differentialarten decken müssen, vorausgesetzt, daß die Soziologen und die Ökologen beide richtig gearbeitet haben.

H. Ellenberg:

Das glaube ich auch. Ich glaube aber, daß das Verfahren dieser ökologischen Gruppierung als Ergänzung zum soziologischen den Vorteil hat, daß das, was man als Differentialartengruppe so ungefähr ökologisch anspricht, ein festeres, ein wohl umschriebenes Gesicht bekommt, sozusagen einen „Steckbrief", den jeder sich vorstellen kann. Und wenn ich mir eine Anregung erlauben darf, wäre es die, daß man versuchte, jeweils immer die Differentialartengruppen, mit denen man arbeitet, in dieser Weise ökologisch zu fundieren. Dann bekommt man u.U. noch eine feinere Gliederung und eine sozusagen allgemeiner mitteilbare.

A. Stählin:

Ich möchte doch sagen, die Ökologie darf wohl nur eine Ergänzung und eine Bestätigung der Pflanzensoziologie sein, weil wir gar nicht alle Faktoren messen können, die den ganzen Faktorenkomplex des Standortes ausmachen. Ich möchte beides vereinen. (Zustimmung). Dann sind wir also vollkommen einig. Vielleicht aber dürfen wir sagen, wir wählen das eine zuerst, was uns schneller und leichter erscheint, zur Gruppenbildung zu kommen. Ich sehe aber bei der Ökologie immer die Gefahr, die Herr Ellenberg bei seinem ersten Diskussionsbeitrag genannt hat: Hier fehlt der Stickstoffgehalt als Faktor, ein ganz wichtiger Faktor, denn hier handelt es sich ja immer um anthropogene, immer um Grünlandgesellschaften, bei denen die Bewirtschaftung sehr stark bei der Zusammensetzung der Bestände mitgewirkt hat.

I. S. Zonneveld:

Ich war in der glücklichen Lage, daß ich ein Gebiet studiert habe, worüber ich vor zwei Jahren berichtet habe. Dort gab es einige ganz ausgesprochene Standortsfaktoren, und da habe ich das Wort „ökologische Gruppen", vielleicht darf ich sagen aus politischen Überlegungen, nicht benützt. Aber diese Differentialarten-Gruppen sind eigentlich ganz genau ökologische Gruppen, geeicht innerhalb des Salicion und innerhalb der Phragmitetalia.

Man kann ökologische Gruppen eichen auf Kaligehalt, auf Phosphorgehalt usw. Aber was ist das? Das sind mehr oder weniger exakte Ziffern aus einem Labor. Es gibt auch andere Dinge, auf die man eichen kann. Wir haben in der Vegetationskunde den Begriff Vegetationseinheit. Es gibt aber auch phytogeographische Einheiten, es gibt auch bodenkundliche Einheiten, und man kann auf eine solche Einheiten eichen. Dann hat man wieder einen Komplex, auf den man eicht. Aber auch so eine Ziffer aus einem Labor ist auch nicht exakt, sondern auch ein Komplex. Und so glaube ich, wenn man alles nützt, was im Gelände gegeben ist, daß diese beiden Methoden zusammengehen können.

R. Hundt:

Ich hatte nicht die Absicht, die ökologische Gesamtkonstitution dieser 96 Wiesenpflanzen herauszuarbeiten. Wenn man derartige Untersuchungen anstellt, ist eine wesentliche Voraussetzung die Fülle des Materialsr weil das statistische Untersuchungen sind. Schon deswegen war es mi, nicht möglich, den Stickstoff-Faktor mit einzubeziehen. Ich wollte auch durch diese Gruppenbildung von wenigen Geländefaktoren aus gesehen nun nicht etwa die soziologischen Gruppen irgendwie zurückdrängen. Sondern ich bediene mich bei meiner Arbeit der soziologischen Gruppen, und ich wollte vor allen Dingen das eine zeigen, was schon in der Diskussion anklang, daß man oft mit ökologischen Gruppen arbeitet, die im Grunde genommen soziologische Gruppen sind, weil sie soziologisch, mit soziologischen Verfahren gewonnen wurden und dann aber ökologisch ausgewertet werden.

Als diese Untersuchungen anfingen in den dreißiger Jahren, vor allem durch Herrn Prof. Klapp, da meinte man, man müsse ein recht großes Territorium umfassen, um zunächst ganz allgemeine Anhaltspunkte über die Beziehungen zwischen den Faktoren und dem Auftreten der einzelnen Pflanzen zu bekommen. Aber das sind ganz allgemeine Ergebnisse; denn nun müßte man eigentlich einengen, und zwar nicht nur vom Vegetationstyp her, sondern auch einengen vom Wuchsraum her. Am besten sind die Ergebnisse natürlich, wenn man innerhalb eines gut umschriebenen Wuchsraumes, der eine gleiche Standortsituation im gesamten gesehen hat, ganz exakt definierte Vegetationstypen zugrunde legt. Ich habe 500 Aufnahmen, der Wuchsraum ist einigermaßen gut definiert als die montanen Gebiete der Hercynia. Ich habe allerdings die Einengung soziologisch nicht bis zur Gesellschaft treiben können, da hätte ich nur 70 oder 80 Aufnahmen zur Verfügung gehabt, und es wäre sinnlos gewesen, nur in der Richtung zu arbeiten.

D. RODI:

Mein Arbeitsgebiet ist ökologisch sehr weiträumig gewesen, einmal was die Bodentypen und was die Feuchtigkeitsstufen anbelangt. Da habe ich das messende Element mehr in den Bodentypen gesehen und dann versucht durch die ganzen Grünlandgesellschaften hindurch zu verfolgen, wie sich nun eine einzige Art auf den verschiedenen Bodentypen verhält, und dabei konnte ich zu ähnlichen statistischen Ergebnissen kommen. Eine bestimmte Art kommt z.B. nur auf den versauerten Sandböden innerhalb der Grünlandgesellschaften vor, die anderen kommen mehr auf den verdichteten Lehmböden vor, oder sie treten nur auf den lockeren Kalkböden auf. So konnte ich durch diese Vergleiche durch alle Gesellschaften hindurch solche Artengruppen aufstellen. Wenn man nun ein Gelände einige Jahre begeht, dann kann man einmal durch dauernde Aufnahmetätigkeit, dann vor allem durch die Kartierungsarbeit, die Einteilung kritisch beleuchten und vielleicht auch etwas schärfer fassen. Es ist dann also ein dauerndes Hand-in-Hand-Gehen einmal durch ökologische Anordnung und zum anderen wieder durch Betrachtung physiognomischer Art mehr im Gelände draußen.

Zum Schluß habe ich noch pH-Messungen gemacht und gesehen, daß das Meßverfahren nach den Bodentypen mit der pH-Bestimmung recht ordentlich übereingestimmt hat.

Die Arbeit, die ich unternommen habe, sollte mehr landschaftsökologischen Charakter haben, d.h. der Gesamtlandschaftshaushalt sollte gekennzeichnet werden, und zwar sowohl im Grünland als auch auf den Äckern und in den Wäldern. So war es notwendig, die Vegetation als ökologisches Instrument mit heranzuziehen. Sie ist ja eigentlich das feinste Instrument für diese Beziehungen. Daher ist es sehr wichtig, diese Gruppen zu haben. Man kann, wenn man das Gesamt-Artengefüge der einzelnen Gesellschaften berücksichtigt hat, über ihren Haushalt, und damit auch den des Gesellschaftmosaiks der ganzen Landschaft schöne Aussagen machen. Nun ist es vielleicht am besten nach dem Verfahren, wie es durch tabellarischen Vergleich nach der Anordnung nach den Bodentypen gewonnen wurde nicht von ökologischen, sondern, wie dies Herr Prof. SCAMONI und Herr Dr. PASSARGE zusammen vorgeschlagen haben, von soziologischen Artengruppen zu sprechen, wie Sie das ja auch in ihrem Referat gemacht haben.

H. MERKER:

Ich möchte gern hören, in welcher Jahreszeit oder in welchem Monat und wie die Proben für die P_2O_5- und K_2O-Bestimmungen und für die pH-Bestimmungen genommen wurden.

R. Hundt:

Sie sind kurz vor dem ersten Schnitt, als ich die Vegetationsaufnahmen durchgeführt habe, also Ende Juni bis Anfang Juli, innerhalb einer Spanne von 10 Tagen gemacht worden. Die Proben sind alle aus dem A-Horizont entnommen worden, etwa 10–20 cm tief. Der Humusgehalt ist durch Titration bestimmt worden. Die pH-Werte sind aus den gleichen Bodenproben in KCl-Lösung gewonnen worden.

E. Förster:

Ich habe eine Frage an Herrn Prof. Tüxen: Wir haben diese Aufstellung ökologischer Gruppen gesehen innerhalb einer definierten Gesellschaft durch Anordnung von Aufnahmen nach einem ansteigenden gemessenen Faktor. Und wir kennen andererseits ja auch das Verfahren der Eichung von Pflanzengesellschaften. In beiden Fällen ergeben sich nun Gruppen von Differentialarten. Worin besteht eigentlich jetzt der Unterschied zwischen Differentialartengruppen und den mit der Koinzidenzmethode gewonnen Artengruppen? Soweit ich sehe, doch eigentlich nur darin, daß bei den mit der Koinzidenzmethode gewonnenen Gruppen die Stetigkeit der Art keine Rolle spielt, während bei den Differentialartengruppen, soweit sie identisch mit den ökologischen Gruppen sind, Wert gelegt wird auf eine 50%ige Stetigkeit innerhalb der charakterisierten Untereinheit.

R. Tüxen:

Die Eichung auf einen gemessenen Faktor führt zu Zeigerarten, die sich dann ergeben, wenn man Bestände einer niedrigen pflanzensoziologischen Einheit nach dem steigenden oder fallenden Faktor anordnet. Man gewinnt damit Indikatorenarten, deren Stetigkeit allerdings keine Rolle spielt. Wenn wir soziologische Differentialarten oder Trennarten in einer Gesellschaft suchen, so finden wir sie allein aus dem Tabellenbild, ohne einen Faktor gemessen zu haben. So haben wir seit Jahrzehnten alle unsere Differentialarten gemacht. Wir haben also, sagen wir, die Aufnahmen von Arrhenathereten oder Lolio-Cynosureten, um nur diese beiden Beispiele zu nennen, in einer Tabelle vereinigt. Dann haben wir in dieser komplexen Tabelle die Arten gesucht, die miteinander zusammengehen, und solche, die als Gruppen einander ausschließen, wie das Ellenberg (1956) dargestellt hat. Dabei ist nichts gemessen worden, sondern wir haben einfach die soziologischen Einheiten gefragt, wer mit wem zusammengeht, und dann haben wir die Tabellen geordnet. Dabei achten wir darauf, daß nach unseren wachsenden Erfahrungen die Arten allgemein soziologisch und ökologisch zusammengehen. Ich habe z.B. abgelehnt, *Arrhenatherum* und *Corynephorus* in eine Differentialartengruppe hineinzunehmen, wie das einmal geschehen ist. Das geht soziologisch und ökologisch nicht, das ist nur eine statistische Spielerei.

Diese Differentialarten haben wir rein statistisch nach ihrem allgemeinen soziologischen Verhalten gefunden und an den allgemeinen ökologischen Erfahrungen, die jeder Geländemann sammelt, geprüft. Sie sollten aus diagnostischen Gründen 50% Stetigkeit haben, d.h. in jeder zweiten Aufnahme vorkommen, weil sie diagnostisch wertloser werden, je seltener sie werden. Ich bin ganz einverstanden, daß diese Differentialartengruppen nun quantitativ gemessen werden in ihrem Verhalten gegen bestimmte Faktoren und sozusagen über ihre qualitative Auswertbarkeit hinaus nun auch eine quantitative Charakteristik bekommen. Das ist, glaube ich, etwa das was ELLENBERG gesagt hat, und das sage ich aus voller Überzeugung auch.

WERTMASZSTÄBE FÜR EINZELNE ARTEN DER INTENSIVWEIDEN UND DIE SICH DARAUS ERGEBENDE FORDERUNG NACH EINEM FÜR DIE MÄHWEIDENUTZUNG OPTIMALEN PFLANZENBESTAND

von

GEORG SCHWERDTFEGER, Suderburg

Auf Intensivweiden ist die Artenzahl gegenüber extensiv bewirtschafteten Grünlandflächen viel geringer. Statt der 40–50 verschiedenen Pflanzen auf Wiesen haben Milchviehweiden gleicher Standorte oft nur 15–20 Arten. Bei nur wenigen Arten steigt jedoch die Bedeutung der einzelnen Pflanze für den Wert des gesamten Bestandes. Dieser Wert ist als Futterwert der bestimmende Faktor für den Flächenertrag. Neuzeitliche Landwirtschaft ist jedoch nur mit hohen Flächenerträgen möglich.

Der Futterwert einer Pflanze setzt sich aus einer Reihe von Einzelfaktoren zusammen. Somit stehen verschiedene Wertmaßstäbe nebeneinander, für die keine bestimmte Rangfolge angegeben werden kann. Daher ist die nachstehende Reihenfolge keine Abstufung.

Der *Gehalt* einer Art an Nährstoffen schwankt zwar in weiten Grenzen, ist jedoch durchaus artspezifisch. Zur landwirtschaftlichen Futterberechnung werden die Stärkeeinheiten, der verdauliche Rohproteingehalt, der Ballast und die Mineralstoffe einschließlich der Spurenelemente ermittelt. Von letzteren und dem Gehalt an hochmolekularen, organischen Stoffen, wie ätherischen Ölen und Alkaloiden wird die *Schmackhaftigkeit* und Bekömmlichkeit beeinflußt. Auch morphologische Besonderheiten einzelner Arten wie Behaarung, lederartige Cuticula oder Kieseleinlagerung können die Schmackhaftigkeit beeinflussen. Sie darf jedoch gerade beim Rindvieh nicht überbewertet werden, da auch dieses ebenso wie der Mensch erzogen und verzogen werden kann.

Der *Mengenertrag* einer Art ist für ihren Futterwert von besonderer Bedeutung. Für den Landwirt kommt es darauf an, durch seine pflanzenbaulichen Maßnahmen das Ertragspotential voll auszuschöpfen. Dies ist schon bei Reinsaaten nicht leicht. In natürlichen Pflanzengesellschaften ist es fast unmöglich, für alle Arten optimale Ertragsbedingungen zu schaffen. Der Ertrag wird im Einzelnen durch das Wuchsvermögen in der Zeiteinheit einschließlich der Regenerationsfähigkeit, die Ausdauer und die Wuchsform beeinflußt. Letztere bestimmt die Stellung der Art im Bestand. Ferner hat die Standortbindung einer Pflanze Auswirkungen auf den Ertrag. Mit Allerweltsarten, die sich als Klassencharakterarten mit recht unterschiedlichen Standorteigenschaften abfinden, läßt sich gut wirtschaften.

Nun haben KLAPP und Mitarbeiter eine zehnteilige Skala aufgestellt, die „den landwirtschaftlichen Wert der Pflanzen im allgemeinen" bezeichnet. Sie weisen jedoch ausdrücklich darauf hin, daß „diese Wertzahlen nur Anhaltspunkte sind, da ein und dieselbe Grünlandpflanze je nach Nutzung, Stärke ihres Auftretens und Verwendung als Grünfutter oder Heu verschieden beurteilt werden muß". Als Nutzung interessiert nur die Verwendung des Aufwuchses zur intensiv bewirtschafteten Mähweide (200 kg N/ha, 4 Nutzungen als Portionsweide und ein produktiver Schnitt von Junggras zur künstlichen Trocknung oder Einsäuerung). Die Heubewertungsschlüssel sind für Wiesenbestände aufgestellt. In ihnen wird der analytisch ermittelte Mineralstoffgehalt besonders hoch eingeschätzt. Daher besteht zu den Futterwertzahlen keine volle Übereinstimmung. ,,Besonders grasreiche Bestände werden im Futterwert mit dem dreiteiligen D.L.G.-Schlüssel zu niedrig bezw. mit den Wertzahlen nach KLAPP zu hoch bewertet". Daher kann das Optimum des Futterwertes nicht mit Reinsaaten von guten Gräsern erreicht werden. Das Verhalten der einzelnen Arten im Bestand ist wesentlich für ihre Bewertung. *Lolium perenne* gilt mit Recht als bestes Weidegras. Im Nährstoffgehalt und im Wuchsvermögen wird es kaum von einer anderen Art übertroffen. Die sehr dichten Horste lassen jedoch andere Pflanzen kaum aufkommen. Die Schmackhaftigkeit ist nur bei der blattreichen Form gut, während der Samentyp schon sehr früh hart wird. Bei über 40% ist jedoch sein Mengenertrag nicht hoch genug. Daher sollten leistungsfähige Weiden nicht überwiegend aus *Lolium perenne* bestehen. *Poa pratensis* hat im Reinbestand nur einen geringen Mengenertrag. Nur in Gesellschaft mit anderen Arten kommt ihr Wuchsvermögen positiv zur Geltung. Durch die unterirdischen Ausläufer schließt sie die letzten Lücken. Die langen Blattspreiten wachsen sehr rasch nach.

Festuca pratensis ist ein vollweidefähiges Obergras. Die lockeren Horste wirken nicht verdrängend. Bei hinreichender Feuchtigkeit liefert sie höchste Flächenerträge. Sie verträgt jedoch höchstens 5 Nutzungen im Jahr. Bei häufiger Beweidung reicht die Regenerationsfähigkeit nicht aus und der Anteil sinkt sehr rasch ab.

Phleum pratense ist in älteren Weiden nur dann in größerer Menge zu finden, wenn diese auf ackerfähigen Böden liegen. Hier bildet es vor allem für die zweite Sommerhälfte eine wichtige Ertragskomponente. Als Obergras hat es eine beachtliche Weidefestigkeit, ohne störende Bulten zu bilden. Alle anderen horstbildenden Obergräser scheiden schon aus diesem Grund für die Intensivweide aus.

Festuca rubra und *Agrostis alba* sind nur Lückenbüßer auf armen und kalten Böden. Weder in ihrer Ertragsfähigkeit noch in ihrer Schmackhaftigkeit können sie mit den bisher genannten vier Arten konkurrieren. Das Gleiche gilt für *Poa trivialis*, die jedoch auf allen feuchteren Standorten als Unterschicht zwischen den Hauptertragsbildnern zu finden ist.

Von den Kräutern ist nur *Trifolium repens* leistungsfähig genug, um am Ertrag einer Intensivweide wesentlich beteiligt zu sein. In der Schmackhaftigkeit kann kein Gras den Wettbewerb mit ihm bestehen. Trotzdem sollte sein Anteil am Bestand nur zwischen 4 und 6% betragen. Bei höherem Anteil wächst er in die Breite und bildet dann die kleinblättrige Form. Alle übrigen *Trifolium*-Arten spielen auf Weiden eine ganz untergeordnete Rolle.

Der restliche Kräuteranteil einer leistungsfähigen Weide bleibt immer unter 10% und beschränkt sich im wesentlichen auf *Taraxacum officinale*, *Achillea millefolium*, *Leontodon autumnalis*, *Bellis perennis*, *Ranunculus repens*, *Cerastium caespitosum*, *Potentilla anserina* und *Rumex* spec. Auf guten Weiden sind 85–90% des Bestandes Gräser.

Danach muß der für Mähweidenutzung optimale Pflanzenbestand etwa wie folgt zusammengesetzt sein:

		Wertzahl	Futterwertzahl
37%	*Lolium perenne*	8	2,96
10%	*Festuca pratensis*	8	80
8%	*Phleum pratense*	8	64
5%	*Poa pratensis*	8	40
25%	sonstige Gramineen	5	1,25
6%	*Trifolium repens*	8	48
9%	Kräuter	3	27
			6,80

Dieser Pflanzenbestand ist vorwiegend durch Düngung und Nutzung geprägt. Er findet sich daher auch unter wechselnden Standortverhältnissen, wenn nur die Wasserverhältnisse geregelt sind. Zwischen den einzelnen Beweidungen bezw. Schnitten müssen etwa 30 Ruhetage eingehalten werden. Erst damit wird es möglich, zu jeder Nutzung die „Weidereife" zu erreichen. Bei der Nutzung unreifer Bestände ist die Mineralstoff-Zusammensetzung ungünstig verschoben. In holländischen Untersuchungen ist festgestellt, daß z.B. der Kaligehalt bei nur 14 Tage bis 3 Wochen alten Beständen wesentlich höher ist, als bei etwas älteren Beständen, und hierin unter Umständen ein Grund für das Auftreten von Weide-Tetanie liegen kann. Die festgestellten jahreszeitlichen Schwankungen eröffnen in Verbindung mit neueren Ergebnissen über unterschiedliche Anforderungen an Nährstoffen bei Milchkühen in den verschiedenen Trächtigkeitsmonaten neue Perspektiven für die Handhabung der Weidetechnik. Um aber keinen Spekulationen zu verfallen, sind eingehende chemische Untersuchungen über den Nährstoffgehalt im Weidegras auf breitester Grundlage erforderlich.

Ein derartig zusammengesetzter optimaler Pflanzenbestand ist nach 30–35 Tagen Wachstumszeit nicht nur weidereif, sondern liefert auch einen wertvollen Grünschnitt. Wenn derartig intensiv bewirtschaftete Flächen neu angelegt werden sollen, fällt der bisher so krasse Unterschied zwischen Weide- und Wiesenmischungen fort. Dieser artenarme Bestand kann unter den verschiedensten Standortverhältnissen aus einer wohlausgewogenen Standardmischung aufwachsen. Damit öffnet sich die Möglichkeit, Ansaatempfehlungen für intensiv genutztes Dauergrünland wesentlich zu vereinfachen.

ZUSAMMENFASSUNG

Der Futterwert einer Pflanze ist vom Nährstoffgehalt, der Schmackhaftigkeit und dem Mengenertrag abhängig. Einzelne Arten werden auf ihre Eignung für die Nutzung in der intensiv bewirtschafteten Mähweide

überprüft. Der optimale Pflanzenbestand für die Mähweidenutzung wird
mit

85% Gramineen
6% *Trifolium repens* und
9% Kräutern angegeben

Die Bewirtschaftung dieses Pflanzenbestandes und die Möglichkeit für
Ansaatempfehlungen werden diskutiert.

SUMMARY

The feeding value of a plant species is dependant on its nutrient content,
its palatability and yield. The suitability of certain species for intensively
managed mown-pastures is examined. The optimum sward for mown-
pastures is composed of 85% grasses, 6% *Trifolium repens* and 9% herbs.

The management of this sward and the possibilities for seeding
recommendations are discussed.

LITERATUR

KÖNIG, F.: Die Sprache der Grünlandpflanzen. – Hannover 1956.
MOTT, N.: Die Anwendung von Futterwertzahlen bei der Beurteilung von
Grünlandbeständen. – Das Grünland **6**, 53–56. 1957.
SCHWERDTFEGER, G.: Ansaat für Feldfutterbau und Dauergrünland. – In
felder Reihe. Oldenburg 1957.

H. J. OVER:

Sie gehen mit den Kühen vielleicht 6–7 Mal auf eine kleine Oberfläche
einer Weide. Das gibt natürlicherweise eine Verbesserung der landwirtschaftlichen wertvollen Pflanzenbestände. Wenn man das macht, verschwinden z.B. die Horstpflanzen.

Bei einer Weidezeit von 220 Tagen pro Jahr, – ich glaube, in Nordwestdeutschland wird es auch so sein, – kann man etwa nach anderthalb
Monaten auf die gleiche Stelle zurückkommen. Nun ist von vielen parasitären Krankheiten bekannt, daß gerade in diesen 6 Wochen die Larven
zu infektiösen Stadien heranwachsen. Würde es vielleicht nicht bessei
sein, wenn man auch die parasitären Krankheiten in diese Beobachtung
einbeziehen würde?

G. SCHWERDTFEGER:

Dies sind eigentlich zwei Fragen. 1. Die Weidezeit:

Wir gehen mit unseren holländischen Kollegen nicht ganz konform. Sie
haben 220 Tage und können dann, wenn sie 30 Tage Nutzung haben, bei
denen etwa das Optimum und auch Maximum der Ruhezeit liegt, natür·
lich eine bis anderthalb Nutzungen mehr anschließen und kommen so auf
etwa 6–8 Nutzungen. Dazu kommt aber, daß im holländischen Raum
Poa trivialis eine sehr viel größere Rolle spielt. Sie ist dort auch ansaat-
würdig und wird in alle Mischungen aufgenommen. Wir beobachten immer wieder, daß die häufigere Nutzung dazu führt, daß wir die beiden
Obergräser *Festuca pratensis* und *Phleum pratense*, die mit 18% ja viel-

leicht besser mit 20% im Bestand vertreten sein sollen, verlieren. Ich habe sehr wenige Weiden in den Niederlanden gefunden, auf denen dieser Anteil vorhanden war. Nur ein Betrieb hat jahrelang mit bestem Erfolg 400–500 kg Reinstickstoff umgesetzt. Er nahm, damit er den produktiven Schnitt bekam, seine Kühe nur einmal zwei Stunden auf die Fläche. Dann hatten sie die volle Gesundheit und Bewegung und die übrige Mahlzeit wurde im Stall zugefüttert. Aus arbeitswirtschaftlichen Gründen hat er diese langjährige erfolgreich laufende Beispielswirtschaft leider umstellen müssen. Er hatte auf 20 ha zwischen 40 und 45 Milchkühe.

2. Die Frage nach der Gesundheit der Tiere ist aus anderer Sicht zu beantworten. Die Lungenwurm- und Leberegelfrage hängt nicht hiermit zusammen, sondern ist durch die Durchbrechung des Zyklus zu lösen. Die Lungenwurmfrage bewältigen wir, indem wir dafür sorgen, daß unsere Tiere sich nicht immer gegenseitig anstecken, zunächst also die Kälber gesund aufziehen. Die Leberegel werden über die kleinen Schnecken hin und her transportiert, und da müssen wir die Schnecken von den Flächen fernhalten. Das können wir am einfachsten erreichen, indem wir die Tiere nicht mehr an die Gräben heranlassen, in denen man die Schnecken nicht restlos totspritzen kann. Die Versuche, die von Prof. ENIGK gemacht worden sind, Leberegel-Schnecken aus dem Gelände herauszuspritzen, sind ganz bewußt abgebrochen worden, weil sich gezeigt hat, daß hier das Spritzen tatsächlich ein Eingriff in einen biologischen Lebensraum gewesen wäre, der zu dem, was man wirtschaftlich erreichen konnte, mit den Nachteilen, daß sämtliche Weichtiere und alles andere in den Gräben totgespritzt wurde, in gar keinem Verhältnis stand. Wir machen die Bekämpfung heute, indem wir einfach die Fläche mit dem Elektrozaun scharf von den Gräben abgrenzen. Damit kann man die Leberegel hinreichend ausschließen. Es ist erforderlich, im Herbst dann eine Kur zu machen.

H. J. OVER:
Ich bin sehr froh zu hören, daß Prof. ENIGK in Hannover dazu gekommen ist, die Probe mit dem Penta-Chlorphenolnatrium abzuschließen. Aber ich verstehe nicht recht, warum dann 1960 noch Publikationen über die Wirksamkeit des Penta-Chlorphenolnatriums auf die Schneckenpopulationen und auf die Wirksamkeit gegen die Distomathose erscheinen konnten. Und daß z.B. Prof. ENIGK holländischen Parasitologen den Rat gibt, Penta-Chlorphenolnatrium zu versuchen.

G. SCHWERDTFEGER:
Wissenschaftlich sind die Ergebnisse, die er erzielt hat, unbedingt einwandfrei. Aber wenn sie sich in einen größeren Rahmen hineinstellen, sind auch die anderen Folgerungen genau so einwandfrei, und ich glaube, daß der Erzeuger, die Farbwerke Höchst, als großes chemisches Werk sich auch dieser Verantwortung bewußt ist.

H. BRÜLL:
Ich weiß, daß der Landschaftsbiologe ein unangenehmer Mensch ist, weil er immer nur mit Warnungen auftritt und mit der Bitte, die chemotech-

nischen Dinge im Biologischen nicht zu hoch zu bewerten. Wir wollen
nicht im einzelnen auf v. Üxküll eingehen, der die subjektiven Welten
nach vorne gestellt und uns klargemacht hat, daß die Welt der Zecke sehr
viel ärmer ist, als die Welt des Menschen. Für die Zecke gibt es nur But-
tersäure und Wärme. Ich glaube auch nicht, daß wir die Wertmaßstäbe
an Wiesen- und Weidekräuter anlegen können, wenn wir das Weidevieh
ausklammern; sondern ich meine, – ich hoffe, daß ich Sie recht verstanden
habe, – daß der Wertmaßstab, der optimale Ertrag einer Weide entschieden wird von denjenigen, für den wir diese Dinge bereiten, nämlich
von dem Vieh. Ich weiß nicht, ob es richtig ist, daß man von vornherein
Proteingehalte als Ideal hinstellt, wenn nachher das Vieh sagt, ich will
sie gar nicht. Mir sind Fälle bekannt, daß das Vieh ausgebrochen ist aus
Weiden, die von unserem quantitativen Gesichtspunkt her als optimal
anzusehen sind, um sich auf Gebiete zu begeben, wo es sich endlich sätti-
gen konnte. Die Gefahr der Ausscheidung von 30–35 Arten von den Weiden alter Art, die Verminderung auf 15–20 Arten auf Intensivweiden
scheint mir auf dem biologischen Sektor zu suchen zu sein. Dieses soll
eine bescheidene Erinnerung daran sein, daß wir alle solche Dinge bedenken müssen und uns bemühen sollten, – hier stimme ich mit Herrn
SCHWERDTFEGER völlig überein, – eine Plattform zu finden, daß wir nicht
nur uns, sondern auch dem Weidevieh gerecht werden möchten.

A. STÄHLIN:

Herr Dr. BRÜLL, ich gebe Ihnen vollkommen recht, aber ich glaube, ich
kann Herrn SCHWERDTFEGER verteidigen, wenn er gesagt hat: „und die
Bekömmlichkeit". Das hat er allerdings in das Manuskript, was er mir
freundlicherweise gegeben hat, erst hinein korrigiert. Aber hier glaube
ich, darf ich ganz allgemein die deutschen Landwirte verteidigen, gegenüber den Engländern, die in ihre „lays", in ihre Wechselweiden nur zwei
Arten einsäen: *Trifolium pratense* und *Lolium perenne*. Ich glaube, daß
auch die Engländer hiervon abkommen. Das ist eine Intensität, wie sie
Herr DE BOER fast gehabt hat. Auf manchen Koppeln hat er wirklich
95% *Lolium perenne* gehabt, 3% *Trifolium repens* und sonst nichts mehr.
Das ist ganz bestimmt eine Gefahr! Ich habe Schwarzwaldweiden untersuchen müssen, deswegen, weil da Mangelkrankheiten vorgekommen sind.
Dort wo sie aufgetreten sind, war eine ganz extreme Artenarmut, und
dort, wo sie weniger stark gewesen sind, wo nicht nur die Kuhfamilien
sich länger erhalten haben, sondern nach den Besitzernamen die Menschenfamilien, da war die Artenzahl noch sehr viel höher. Das waren nämlich
die noch etwas extensiver wirtschaftenden Betriebe. Wenn wir daran
denken, daß die Schwarzwaldhöfe noch bis zum Jahre 1900 etwa autark
gewirtschaftet haben, so können das wirklich Beziehungen sein, die bis
zur Gesundheit, bis zur Fruchtbarkeit der Menschenfamilien gehen. Aber
hier sage ich etwas, was ich nicht weiß, was wir nur ahnen, wie es sehr
häufig der Fall ist.

ANTHROPOGENE WANDLUNGEN DER NATÜRLICHEN VEGETATION NACH POLLENANALYTISCHEN UNTERSUCHUNGEN

von

W. TRAUTMANN, Stolzenau

Bericht nicht eingegangen.

A. SCAMONI:

Bei uns im Bereich des Jung-Diluviums ist die Sachlage etwas anders als im nordwestdeutschen Flachland. Wir können zwei Typen der Entwicklung unterscheiden: Im ersten Typ nimmt die Buche in der jüngsten Zeit noch etwas zu. Im zweiten Typ ist die Buche zuerst spärlich vorhanden und erfährt dann in der jüngsten Zeit eine große Zunahme. Ich kann also nur bestätigen, daß nach den ganzen archivalischen und pollenanalytischen Untersuchungen die Buche in den letzten 150 Jahren ganz stark an Areal gewonnen hat. Sie hat Gesellschaften abgelöst, die nach den Untersuchungen Querceten, z.T. Potentillo-Querceten waren. Aus Ursachen, die wir noch nicht kennen, breitet sich die Buche noch mehr aus. Der Wert dieser pollenanalytischen Untersuchungen für die Aufzeigung der Veränderung des Waldbildes durch den Menschen ist sehr groß. Wenn wir davon ausgehen, daß z.B. die Rohhumus-Pollenanalysen, die wohl auch hier im Gebiet durchgeführt worden sind, ganz ausgezeichnet Aufschlüsse darüber geben, wie in einem Bestand die Entwicklung vor sich gegangen ist. Leider haben wir nicht überall solche analysenfähigen Ablagerungen, so daß diese Methode standörtlich beschränkt ist. Auch bei den Mooren kann man sehr gut in den letzten Abschnitten den Einfluß des Menschen erkennen. Wenn man Paralleluntersuchungen durchführt, also einmal archivalischer und dann pollenanalytischer Art, ergeben sich sehr schöne Ergänzungen und Übereinstimmungen, wie es z.B. in der östlichen Schorfheide gemacht wird, wo seinerzeit HAUSENDORFF eine ausgezeichnete wald- oder bestandesgeschichtliche Untersuchung durchgeführt hat für die letzten 150 Jahre, und wo er gezeigt hat, daß die vorherrschenden Eichenwälder dort, die zum Potentillo-Quercetum tendieren, infolge des kalten Winters 1939/40 abgehauen und durch Birken-Wälder, sozusagen Vorwälder abgelöst wurden. Dann erfolgte die Kultur der Kiefer auf großer Fläche. Das alles können wir auch im Pollendiagramm erkennen. Durch Untersuchung dreier Moore in diesem Gebiet ist die Parallelität zwischen den archivalischen und den pollenanalytischen Untersuchung hergestellt, so daß bei vorsichtiger Auswertung, – vor allem bei Beachtung der Überrepräsentation der Kiefer und der Birke – solche Fakten, die sich aus der anthropogenen Beeinflussung ergeben, im Pollendiagramm sehr gut zu erkennen sind.

H. Mayer:

Selbst im buchenfreien Alpen-Innern, – im Obersalzachtal-Gebiet am nördlichen Abfall der Zillertaler-Alpen, – sind diese *Quercus*-Kurven ähnlich zu erkennen, nur mit dem Unterschied, daß vor Beginn des menschlichen Einflusses die *Quercus*-Kurve ungefähr bereits mit Pollenwerten von 1–1,5% durchgehend auftritt, mit Beginn des anthropogenen Einflusses sich verdoppelt auf ungefähr 3% und dann wieder entsprechend abfällt. Diese Erscheinung ist auch im buchenfreien Alpen-Innern, also im ausgesprochenen Kontinentalklima zu verfolgen.

Nun zur *Fagus*-Kurve: Wir beschränken uns wieder auf den Nordabfall der Hohen Tauern als ein Gebiet, das an der Buchenausbreitungsgrenze liegt und ebenfalls mehr zum Kontinentalen neigt, ähnlich wie es hier auch in Einschränkung Herr Prof. Scamoni gezeigt hat. Nun haben wir im Prinzip eine ähnliche Kurve, die vielleicht nur graduell verschieden ist. Hier zeigt sich aber nun, auf Grund der Relikt-Vorkommen der Buche in diesem Gebiet, daß zugleich mit Beginn des anthropogenen Einflusses nach dem Ende der Buchenzeit ungefähr zwischen 800 und 1200, – das spielt ja keine Rolle, – gleichzeitig auch eine klimatische Veränderung vor sich gegangen sein muß. Denn heute können wir nicht mehr typisch ausgebildetes Abieti-Fagetum am Nordabhang der Hohen Tauern und in den Zillertaler Alpen feststellen, das aber zweifellos nach den pollenanalytischen Befunden damals vorhanden gewesen ist, so daß also für das Untersuchungsgebiet der Hohen Tauern und Zillertaler Alpen vom Übergang vom älteren Subatlantikum zur Jetztzeit dieser anthropogene Einfluß durch eine Klimaverschiebung oder Klimaveränderung, – welche Faktoren das nun im einzelnen sind, das kann man zunächst nicht analysieren, – praktisch überlagert wurde. Auch in der Neuzeit können wir nicht diese starke Buchenausbreitung feststellen, d.h. dieser Vorgang ist klimatisch bedingt und irgendwie irreversibel.

W. Trautmann:

Ich darf wohl noch ein Wort sagen, inwieweit die Klimaänderungen es zulassen, die natürlichen Wälder, die einmal vorhanden waren mit den heute natürlichen Wäldern zu vergleichen. Firbas hat ja in den Sudeten nachgewiesen, und ich habe dasselbe im Bayerischen Wald durch Pollenanalysen von Rohhumusdecken versucht, daß zwischen dem 13. u. 15. Jahrhundert doch eine geringe Klimaverschlechterung war, die die Buchenstufe herabgedrückt hat und eine Ausbreitung der Fichtenstufe oder des Fichtenwaldes zur Folge hatte. Hier in diesen Mittelgebirgen kann das keine Rolle spielen. Im Flachland kann diese Klimaverschlechterung auch nicht auf das Verhältnis von Buche zur Eiche sich auswirken. Wir sind hier im Buchenoptimum-Gebiet. Für uns ist das Weserbergland das europäische Buchenoptimum-Gebiet. Hier wird die Buche weder von der Tanne, noch von der Fichte, noch von der Eiche, wie bei Herrn Prof. Scamoni, bedrängt und in ihrer optimalen Vitalität eingeschränkt. Die höchsten Buchenpollenwerte, die in Europa gefunden worden sind, stammen aus dem Weserbergland, was nichts über das Alter dieser Wälder sagt. Daß auf dem Balkan die artenreichen Tertiär-Buchenwälder vor-

handen sind und dort das Relikt-Zentrum der Buchenwälder zu suchen
ist, sagt nichts über ihre Vitalität.

H. Merker:

In Skandinavien wird in der Gegenwart eine prinzipielle Frage lebhaft
behandelt, und das ist eine Parallele zu diesem Falle. Wir hatten in
Schonen, aber auch in Dänemark, einen Edellaub-Mischwald, der vor
5000 Jahren einen ganz rapiden Abfall zeigt. Nun geht der Streit darum,
ist dieser eklatante Fall rein anthropogen, ist er gemischt anthropogen-
klimatisch oder ist er hauptsächlich klimatisch zu deuten? Haben Sie die
Teile, die unterhalb dieses Zeitabschnittes liegen, auch untersuchen können, oder hatten Sie keine Ulmen, keinen Edellaubmischwald?

W. Trautmann:

Diese Diagramme gehen nicht so weit zurück. Aber im Zusammenhang
mit den pflanzensoziologischen Fragen interessiert uns ja auch vor allem
dieser Abschnitt. Dieser Ulmenabfall ist aus ganz Nordwestdeutschland
bekannt. Es geht schon, wie Sie sagen, seit langem der Streit, ob es der
Mensch gewesen ist, der für die Viehfütterung die Ulme dort ausrottete,
oder ob es auch klimatische Bedingungen waren. Man weiß darüber heute
noch nichts Endgültiges. Iversen und Troll-Smith haben sich dazu
geäußert.

H. Merker:

Ihre Ausführungen machen mir den Eindruck, daß hier der anthropogene
Einfluß offen zu Tage liegt, und das wäre ja eine sehr gute Parallele zu
diesem *Ulmus*-Fall. Aber Prof. Nilson teilt diese Theorie des anthropogenen Ulmen-Abfalles durchaus nicht, sondern sucht nach anderen Ursachen. Er ist ein scharfer Antagonist von Troll-Smith's Theorie und
glaubt, daß dieser Ulmenwald der Feuerstein-Axt zum Opfer gefallen ist,
und auch dem Feuer des Menschen, und daß dann die Weide und dann
der Ackerbau einzogen.

V. Westhoff:

Auch die niederländischen Palynologen haben sich im letzten Dezennium,
nach dem Vorbild Iversens, eingehend mit der Deutung der anthropo-
genen Einflüsse im Pollendiagramm beschäftigt und sind, wie in einem
Nachbarland auch zu erwarten war, zu denselben Ergebnissen gekommen.
Besonders sei hervorgehoben die Dissertation von Dr. C. R. Janssen
,,Palynological investigations in Southern Limburg (Netherlands)''
(,,Wentia'' 1961). Erstens weil sie sich auf ein collines Kalkgebiet bezieht, vor allem aber, weil hier eine engere Zusammenarbeit zwischen
Palynologie und Pflanzensoziologie vorliegt. Anlaß war die Frage nach
der Geschichte der Buche: *Fagus* fehlt im Gebiet jetzt fast ganz, die heutige Waldassoziation ist entweder Querco-Carpinetum-Niederwald
(oder -Mittelwald) in verschiedenen Ausbildungen, oder in den Tälern
Pruno-Fraxinetum und andere Assoziationen des Alno-Ulmion;
nichtsdestoweniger ist aber zu erwarten, daß *Fagus* hier Klimaxwaldart
ist. Die palynologische Forschung hat dies bestätigt. Sie ist aber weiter

gegangen, indem sie in den kleinen Mooren nicht nur Baumpollen, sondern
auch Kräuterpollen eingehend berücksichtigt hat. Durch die Zusammenarbeit von Janssen und mir ist es gelungen, die frühere Sukzession zu
rekonstruieren, nicht nur bezüglich der Waldgesellschaft, sondern auch,
was die anthropogenen Flach-, Übergangs- und Hochmoorgesellschaften
anbelangt. Dabei wurden auch (erstmals in unserer palynologischen Forschung) die Assoziationen des Alno-Ulmion und des Alnion glutinosae berücksichtigt.

Mit Prof. Scamoni bin ich ganz einverstanden, daß man methodisch
nur auf kleinen Mooren in dieser Weise vorgehen kann, da sonst zu komplexe Daten zusammengenommen werden und aus dem generellen, oberflächlichen Bild nichts wesentliches mehr zu entnehmen ist.

D. Rodi:

Im Schwäbisch-Fränkischen Wald wurde der Siedlungseinfluß (um 1000
n. Chr.) sehr schön durch Ansteigen der Birkenpollen festgestellt. Eine
gemeinsame Arbeit von Archivforschung (Jänichen) und Pollenanalyse
(Hauff) ergab interessante Übereinstimmungen.

R. Tüxen:

Ich möchte meiner Freude darüber Ausdruck geben, daß Herr Trautmann gezeigt hat, wie fruchtbar die Zusammenarbeit zweier an sich verschiedener aber benachbarter Disziplinen sein kann: In diesem Fall die
Zusammenarbeit der Palynologie mit der Pflanzensoziologie. Wir haben
ja im Laufe des Symposion schon mehrere Beispiele für ähnliche Zusammenarbeit bekommen, und wir glauben, daß wir überhaupt viel komplex-
er arbeiten sollten. Denn die wirklich fruchtbaren Probleme liegen oftmals
genau auf dem Grenzgebiet zweier Disziplinen und nicht so sehr bei den
Spezialisten, obwohl ich deren Arbeit durchaus zu schätzen weiß.

Ich möchte weiter an die Arbeit des jüngeren Rubner erinnern, die erst
vor wenigen Tagen erschienen ist: Eine Arbeit über die Hainbuche in den
europäischen Wäldern und ihr Schicksal, das sie im Laufe historischer
Zeiten erlebt hat, eine außergewöhnlich gründliche und frei von jeder
Polemik sich bewegende Forschungsleistung, die ich allen Interessenten
empfehlen möchte, obwohl sie in großen Teilen meine frühere Ansicht
z.T. mit Recht kritisiert. Aber ich schätze sie sehr hoch.

Endlich möchte ich daran erinnern, daß bei der Auswertung der Pollenanalysen für pflanzensoziologische Ziele, also etwa im Hinblick auf die
Erkennung der heutigen potentiellen natürlichen Vegetation für die Kartierung eines Landes, doch nicht die Ergebnisse der Pollendiagramme
ohne Korrektur, wenn ich so sagen darf, auf die heutige potentielle
Vegetation übertragen werden dürfen. Wenn in einer Zeit, als der menschliche Einfluß gering oder gar nicht vorhanden war, in einem bestimmten
Areal eine Reihe von verschiedenen Waldgesellschaften vorkam, so wird
zunächst in dieser Zeit das Pollendiagramm ein Mischspektrum von allen
hier vorhandenen Holzarten und ihrer Menge geben. Wenn nun aber der
Mensch, – ich darf an frühere Untersuchungen von Ellenberg erinnern,
– ganz bestimmte siedlungsfreundliche Waldgesellschaften herausrodete
und Weiden und Äcker anlegte, so muß sich aus den Restbeständen, spä-

ter wurde davon vielleicht auch manches gerodet, eine ganz bedeutende Verschiebung der Pollenspektren ergeben, indem ja einzelne Holzarten in ihrem Bestande zwar nicht vollständig verschwunden, aber – auch durch Ausbeutung der noch vorhandenen Wälder – doch in ihrer Menge stark verringert worden sein konnten. Es gibt also einige scheinbare Sukzessionen zugunsten jener Holzarten, deren Waldgesellschaften nicht zerstört oder nur verändert wurden. Siedlungsfeindliche Waldgesellschaften erscheinen jetzt stärker im Pollendiagramm. Die Pollenanalyse untersucht in Zeiten, in denen schon die reale natürliche Vegetation zum Teil oder gar zum großen Teil vernichtet worden ist, tatsächlich nur doch den Pollenregen der noch vorhandenen natürlichen oder der aus ihnen hervorgegangenen (sekundären) Waldgesellschaften. Sie gibt aber nicht mehr den Durchschnitt durch die Gesamtheit der (potentiellen) natürlichen Waldgesellschaften des ganzen Gebietes.

W. Trautmann:

Diese Frage kann nur in Alt-Siedlungsgebieten, also in Gebieten, die vor der restlichen Einwanderung der Baumarten und vor der Ausbildung des heutigen Klimas besiedelt waren, eine Rolle spielen. In den Jung-Siedlungsgebieten trifft diese Überlegung nicht zu. Da haben wir ja vom Menschen unbeeinflußte Diagrammteile, in denen bereits alle Holzarten vorhanden waren, und in denen ungefähr das heutige Klima herrschte. Die Veränderungen, die dann durch den Menschen bedingt sind, kann man deutlich ablesen.

V. Westhoff:

Prof. Tüxen hat sich mit Recht darüber geäußert, daß man bei der Auswertung der Pollendiagramme sehr darauf achten muß, nicht die Bedeutung der kulturfolgenden Waldgesellschaften zu hoch einzuschätzen, indem ja die kulturfeindlichen Gesellschaften relativ zu schwach vertreten sein möchten. Dieselbe Frage hat auch uns beschäftigt. Wir fanden in der Methodik diesen Ausweg, daß man nicht nur die Klimaxgesellschaften, sondern auch die Ersatzgesellschaften im Pollendiagramm voll berücksichtigen muß. Dies ist möglich, indem man nicht nur die Baumpollen, sondern vor allem auch die Kräuterpollen voll zur Geltung kommen läßt. Technisch ist dies jetzt möglich, und mein Mitarbeiter Dr. C. R. Janssen hat dadurch den von Prof. Tüxen erwähnten Fehler vermeiden können.

H. Mayer:

In diesem Fall, den Herr Prof. Tüxen dargestellt hat, ist es natürlich sehr schwierig, wenn man von vornherein bei der Parallelisierung der pollenanalytischen Ergebnisse und des heutigen soziologischen Zustandes von einem Gebiet ausgeht, das ein sehr starkes Mosaik von naturnahen Gesellschaften, Abwandlungstypen verschiedenen Grades und Forstgesellschaften aufweist. Man wird dann methodisch so vorgehen müssen, daß man menschlich einheitlich behandelte Gebiete heranzieht oder, wenn es möglich ist, größer ausgedehnte naturnahe Bestände analysiert, in denen der Anteil des Nahtransportes über den Ferntransport überwiegt.

In Jütland wurde dieses Verfahren von J. Iversen (Veröff. Geobot. Inst. Rübel 33. Zürich 1958) durchgeführt, wo er sehr gut die Parallelisierung der Naturgesellschaften auf Grund des Pollenspektrums machen konnte, weil, eben bedingt durch die Ausbildung einer naturnahen Gesellschaft, er auf Grund von Vergleichsprofilen den Anteil des Nah- und des Ferntransportes von dieser Gesellschaft sehr gut trennen konnte. Aber das sind meistens Glücksfälle, daß man solche Ausgangsbasen findet, und dann sollte man die Methode eben entsprechend eichen, damit man dann in den schwierigeren Fällen, die Herr Prof. Tüxen aufgezeigt hat, entsprechend vorgehen kann.

A. Scamoni:

Wir fragen uns ja immer, wie weit reicht eigentlich der Einzugsbereich eines Moores, für welche Umgebung sagt es aus? Je größer das Moor ist, desto größer ist der Einzugsbereich. Da vermischt sich allerhand von verschiedensten Standorten. Deshalb sind für solche Untersuchungen möglichst kleine Moore zu wählen. Meine Mitarbeiterin Frau Müller hat ein Meßtischblatt untersucht, auf dem ungefähr 30 Moore liegen. Das Meßtischblatt erstreckt sich von der Grundmoräne über die Endmoräne auf den Sandr in Südost-Mecklenburg. Frau Müller hat festgestellt, daß die Entwicklung in den einzelnen Naturräumen, an sich durchaus verschieden war, daß also in dem Grundmoränengebiet gleich mächtig die Buche auftritt und in dem Sandr-Gebiet die Buche überhaupt keine Rolle spielt (höchstens 2–3%), die Kiefer aber die absolute Dominanz hatte. Deshalb möchte ich darauf hinweisen, daß man die Waldentwicklungsgeschichte immer im Zusammenhang betrachten muß mit der entsprechenden standörtlichen Umgebung. Ist das Moor groß, erhalte ich mehr oder minder ein Mixtum compositum. Ist das Moor klein, dann finde ich sehr schön die Entwicklung der nächsten Umgebung. Man kann dann noch sehr vieles mit hineinnehmen, wenn man z.B. die Getreidepollen mitberücksichtigt, und dies dann auch für die verschiedenen Landschaften, die verschiedenen Naturräume entsprechend durchführt. Ich möchte darauf hinweisen, daß man für Studien, die für bestimmte Waldteile eine Aussagekraft haben sollen, möglichst kleine Moore nehmen sollte.

ABGRENZUNG DER NATÜRLICHEN FICHTENWÄLDER GEGEN ANTHROPOGENE FICHTENFORSTE UND DIE AUSWEITUNG DES FICHTENWALDAREALS IM ZUSAMMENHANG MIT DEM TANNENRÜCKGANG IM THÜRINGER WALD

von

HEINZ SCHLÜTER, Jena

EINLEITUNG

Für das Studium anthropogener Vegetation erscheint die Frage von besonderer Bedeutung, inwieweit wir überhaupt in der Lage sind, mit Hilfe pflanzensoziologischer Methoden eine klare Trennlinie zwischen menschlich bedingter und natürlicher Vegetation zu ziehen. Für die Forstwirtschaft ist die eindeutige Trennung und Abgrenzung natürlicher Wald- und anthropogener Forstgesellschaften von großem praktischem Interesse. Dabei liegen die Verhältnisse dort relativ einfach, wo durch den Menschen ein krasser Holzartenwechsel vom Laubholz zum Nadelholz in nachweislich ehemals reinen Laubwaldgebieten durchgeführt wurde. Hier lassen sich verschiedene Stufen der Abwandlung feststellen, für die v. HORNSTEIN (1958) ein differenziertes Schema aufgestellt hat.

Wo jedoch natürliche Nadelwälder und Forstgesellschaften aus den gleichen Nadelholzarten nebeneinander vorkommen, hängen die Ermittlung und Kartierung der natürlichen Waldgesellschaften sowie deren Auswertung für die forstliche Praxis vor allem von einer eindeutigen Trennung der natürlichen und der anthropogenen Vegetationstypen ab. Hier gilt es zu überprüfen, ob wir mit Hilfe pflanzensoziologischer Analysen diese Trennung und Abgrenzung eindeutig durchführen können. Ferner muß festgestellt werden, inwieweit die Vegetationsgrenzen Veränderungen unterliegen und welche natürlichen oder anthropogenen Ursachen wir dafür annehmen können. Die günstigste Konzeption für eine Lösung derartiger Probleme bietet die Kombination der Pflanzensoziologie mit der Waldgeschichte, wie sie v. HORNSTEIN wiederholt gefordert hat.

DAS UNTERSUCHUNGSGEBIET

Das Kammgebirge des Thüringer Waldes erscheint aus mehreren Gründen für vergleichende Untersuchungen der natürlichen Fichtenwälder und der anthropogenen Fichtenforste unter Hinzuziehung der Waldgeschichte besonders geeignet.

Einmal sind für dieses Gebiet verhältnismäßig viele Forstakten vorhanden, was auf die frühere politische Zersplitterung Thüringens zurückzuführen ist (vgl. JAEGER 1961). Die Auswertung dieser Akten durch H. v. MINCKWITZ ergab ein annähernd lückenloses Bild der Holzartenzusammensetzung und deren Wandlung etwa von der Mitte des 16. Jhs. ab. Ferner liegen einige Pollendiagramme aus Hochmooren der Kammlagen vor (JAHN 1930), die die Waldentwicklung recht gut widerspiegeln. Leider blieben die Nichtbaumpollen unberücksichtigt, so daß unmittelbare Hinweise auf den Beginn der menschlichen Besiedlung nicht zu entnehmen sind.

Die vergleichenden vegetationskundlichen Untersuchungen gewinnen gerade in Hinblick auf die Analyse der Fichtenwälder und Fichtenforste an Interesse durch eine den Kamm des Thüringer Waldes quer durchschneidende Grenzlinie, die mit den Nord- bis Westgrenzen des Tannen- und Fichtenareals zusammenhängt. Wie die in den letzten Jahren bearbeitete Vegetationskarte des Gebirges erkennen läßt, stehen sich zwei im Mosaik der Waldgesellschaften deutlich unterschiedene Teile gegenüber:

Im forstlichen Wuchsbezirk „Mittlerer Thüringer Wald" spielen Nadelhölzer eine bedeutende Rolle. In den Kammlagen bildet der natürliche Fichtenwald (Piceetum hercynicum) eine ausgesprochene Fichtenstufe, am Nordostabfall sind in Restbeständen Tannen-Buchenwälder (Abieti-Fagetum) und der Heidelbeer-Tannenmischwald (Myrtillo-Abietetum) nachweisbar, in denen von Natur aus auch die Fichte vorkommt sowie nahe am Gebirgsrand der Tannen-Kiefernwald (Abieti-Pinetum). Nur an Sonderstandorten der Talhänge findet man sehr vereinzelt reine Laubwaldreste. Dagegen ist der offenbar klimatisch begünstigte Südabfall von Natur aus viel buchenreicher, wie das Studium der hier noch reichlich vorhandenen Bestände des Luzulo-Fagetum gezeigt und die Waldgeschichte bestätigt hat.

Der sich in herzynischer Richtung anschließende Wuchsbezirk „Nordwestlicher Thüringer Wald" stellt ein auch archivalisch nachweisbares Laubwaldgebiet dar, das entsprechend der Höhenstufengliederung und den edaphischen Differenzierungen von verschiedenen Fagion-Gesellschaften beherrscht wird, die noch heute etwa 30–40% der Waldfläche ausmachen und unter denen das Luzulo-Fagetum flächenmäßig stark hervortritt. Die Tanne befindet sich hier an der absoluten Nordgrenze ihrer Verbreitung und greift nur wenig über die Wuchsbezirksgrenze in den Nordwestlichen Thüringer Wald hinein, ohne soziologische Bedeutung zu erlangen. Das Piceetum fehlt vollkommen, obwohl Höhenlagen bis über 900 m NN vorkommen. Die Fichte tritt, ohne eigene Gesellschaften zu bilden, nur in Stufenumkehr an Schatthängen enger Täler im weiteren Grenzbereich zum Mittleren Thüringer Wald auf.

ABGRENZUNG DES PICEETUM GEGEN DIE FICHTENFORSTE

Es erhebt sich nun die Frage, ob die soziologische Charakterisierung des natürlichen Fichtenwaldes und damit die Differenzierung und räumliche Abgrenzung gegenüber den weitverbreiteten anthropogenen Fichtenforsten ausreichend gesichert sind.

Aus der tabellarischen Bearbeitung umfangreichen Aufnahmematerials ergab sich für den herzynischen Berg-Fichtenwald des Thüringer Waldes eine kennzeichnende Artengruppe, die alle Ausbildungen des Piceetum zusammenhält (in Klammern die Stetigkeit):

Calamagrostis villosa (V), *Trientalis europaea* (V), *Plagiothecium undulatum* (IV), *Blechnum spicant* (III), *Barbilophozia floerkei* + *lycopodioides*

(III), *Bazzania trilobata* (II). Ferner hat *Galium hercynicum* (V) ebenfalls
seinen eindeutigen Schwerpunkt innerhalb der Wälder im P i c e e t u m,
während *Vaccinium myrtillus* (V) und *Deschampsia flexuosa* (V) als
hochstete Begleiter faziesbildend hervortreten können.

Für das P i c e e t u m des Thüringer Waldes charakteristisch ist das
Vorherrschen einer ausgesprochenen *Calamagrostis villosa*-Fazies, jedoch
erreicht dieses für den herzynischen Fichtenwald so bezeichnende Gras
auch in der Heidelbeer-Ausbildung noch Deckungswerte von 1–3. So
konnte bei den Kartierungsarbeiten im Gelände vor allem die Dominanz
von *Calamagrostis villosa* zur Begrenzung des P i c e e t u m mit ausreichender Sicherheit zugrundegelegt werden. Dieses Verfahren bewährte sich
vor allem bei den großen Kahlflächen, die aus Windbruch- und Borken-
käferkatastrophen herrühren. Zahlreiche Vegetationsaufnahmen und
deren tabellarische Auswertung hatten nämlich gezeigt, daß sich die
wesentlichen Züge der Artenkombination des natürlichen Fichtenwaldes
auf Kahlflächen viele Jahre halten und daß *Calamagrostis villosa* bei vol-
lem Lichtgenuß an Vitalität und Blühbereitschaft sogar noch zunimmt.
Nur an relativ bodentrockenen exponierten Kuppen und Oberhängen in
Süd- bis Westlage übernehmen im Laufe der Zeit *Calluna vulgaris* oder
Deschampsia flexuosa auf den Kahlflächen vollkommen die Herrschaft.

Gegen die sich nach unten anschließenden Fichtenforste der Tannen-
Buchen- und Buchenwälder sind die natürlichen Fichtenwälder durch
die genannte Artenkombination scharf abgesetzt, so daß bei der Kartierung kaum Zweifel der Zuordnung aufgetreten sind. Sehr eindeutig ist
auch das völlige Fehlen des natürlichen Fichtenwaldes im Nordwestlichen
Thüringer Wald durch die Vegetationsanalyse belegt. Hier besiedelt ein
reiner Buchenwald Höhenlagen bis über 900 m NN, und zwar in einer
hochmontanen Ausbildung des L u z u l o-F a g e t u m mit den Trennarten
Galium hercynicum, *Trientalis europaea* und *Calamagrostis villosa*, wobei
letztere nur geringe Deckungs- und Soziabilitätswerte erreicht. Trotz des
Vorhandenseins dieser P i c e e t u m-Arten konnten keine nennenswerten
Übergriffe in die künstlichen Fichtenbestände des Laubwaldgebietes festgestellt werden, so daß nirgends das Bild eines sekundären, anthropogen
bedingten P i c e e t u m entstand.

V E R G L E I C H E N D E   A U S W E R T U N G   D E R   W A L D G E S C H I C H T E

Nach Archivauszügen unseres Mitarbeiters H. v. MINCKWITZ haben wir
eine Karte der Holzartenverteilung im 16. Jh. entworfen. Dabei muß man
sich natürlich im klaren sein, daß auf diese Weise nur ein verhältnismäßig
grobes Bild vermittelt werden kann und daß manche Fehlerquellen vorhanden sind. Besonders ist hervorzuheben, daß zuweilen standörtlich getrennte Holzarten als Mischbestände erscheinen können, da die Beschreibungen die festgestellten Holzarten meist nur jeweils für einen
Forstort summarisch aufführen. So lassen sich einige Widersprüche
zwischen der waldgeschichtlichen und der vegetationskundlichen Karte
leicht erklären, z.B. wenn in einem Gebiet mit der waldgeschichtlich
belegten Holzartenkombination Buche-Tanne-Fichte auf dem Kamm
in ca. 850 m NN heute ein kleineres Fichtenwaldgebiet mit einem Hoch-

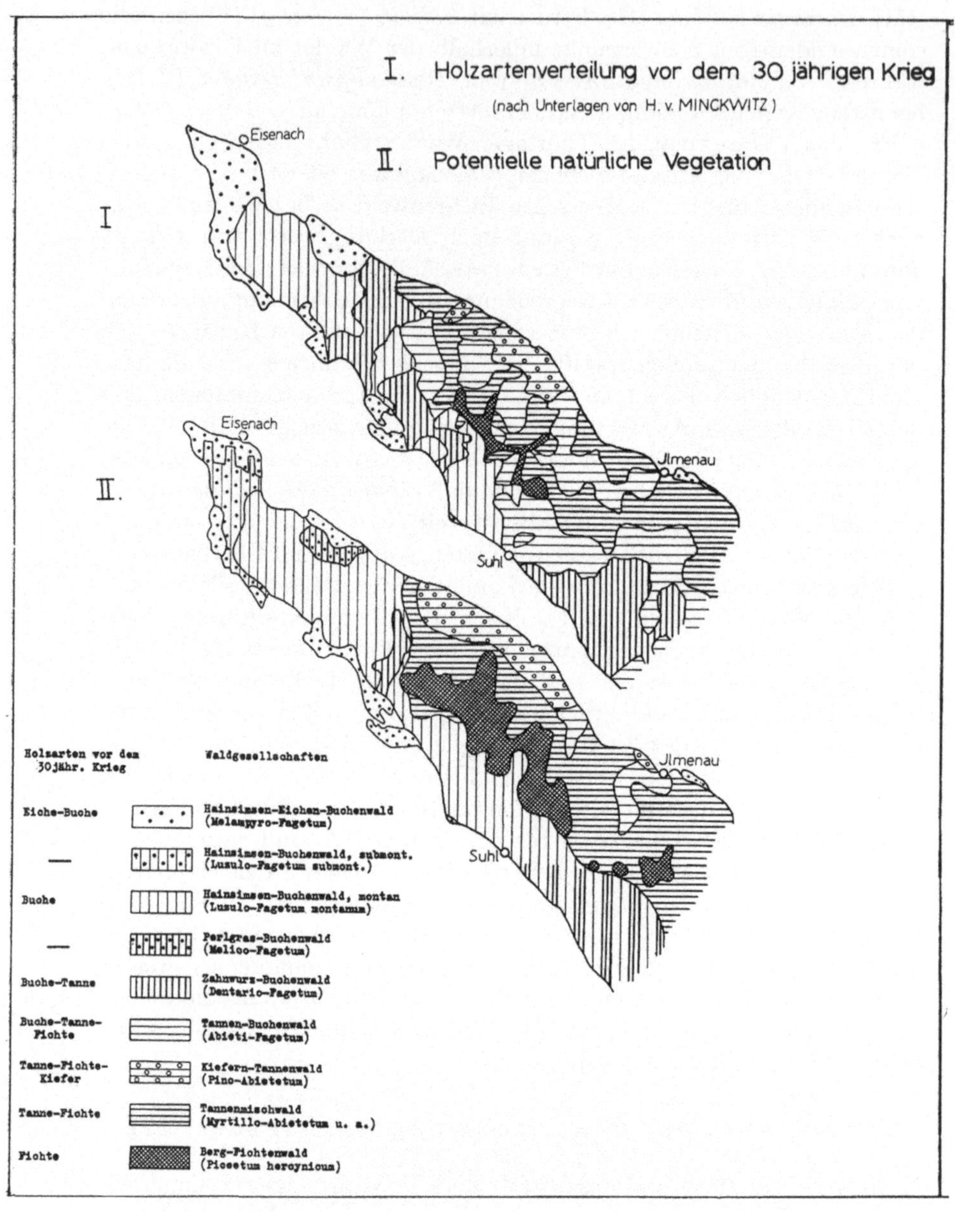

moor, an den anschließenden Hängen jedoch Buchenwald, der früher
sicher auch Tanne enthielt, angetroffen wird.

Trotz dieser Schwächen der Karte ergibt jedoch ein Vergleich mit der
rezenten Vegetationsgliederung wertvolle Hinweise. (Vgl. SCHLÜTER
1964). Die Flächen der Eichen-Buchen- und der Buchenwälder stimmen
im nordwestlichen Laubwaldgebiet weitgehend überein. Auffällig sind
dagegen Abweichungen im nadelholzreichen Mittleren Thüringer Wald.
Ein starker Rückgang der Tanne kommt vor allem darin zum Ausdruck,
daß in den früheren Buchen-Tannengebieten heute neben Fichtenforsten
Buchenwälder als naturnahe Restbestände vorhanden sind, in denen die

Tanne fast vollkommen fehlt. Am meisten fällt im Mittleren Thüringer Wald jedoch eine beachtliche Vergrößerung der Fläche des reinen Fichtenwaldes auf. Immerhin markiert das schmale Band der früheren Fichtenbestockung des Kammes recht gut die heutige Grenze des Piceetum gegen das Buchenwaldgebiet des relativ steilen Südabfalles. Der Fichtenwald hatte nach NO offenbar günstigere Ausbreitungsmöglichkeiten, weil sich hier einmal der breitere Kamm zwischen tief eingeschnittenen Tälern in Plateaus und Riedeln fortsetzt und weil hier bereits vorher nadelholzreiche Waldgesellschaften mit Tanne und Fichte als vorherrschende Holzarten vorkamen.

Daß die Ausbreitungstendenz der Fichte schon länger besteht, geht aus den Pollenanalysen des Thüringer Waldes (JAHN 1930) deutlich hervor. FIRBAS (1949/52) deutet den geringen Anteil der Fichtenpollen während des Optimums der Buchenzeit (IX = Ältere Nachwärmezeit) in der Weise, daß nur schmale Fichtengürtel um die Hochmoore herum vorhanden gewesen sein können und daß demnach eine eigentliche Fichtenstufe fehlte. So ist parallel zum allmählichen Rückgang der Buche bis zu den ersten Beschreibungen des 16. Jhs. bereits eine deutliche Vergrößerung der Fichtenfläche feststellbar.

DEUTUNG DER FICHTENWALDAUSBREITUNG UND DES TANNENRÜCKGANGES

Der Vergleich der Karte der potentiellen natürlichen Waldvegetation mit der Darstellung der Holzartenverteilung im 16. Jh. hatte eine auffällige Vergrößerung des Fichtenwaldareals und einen starken Rückgang der Tanne und ihrer Gesellschaften im Thüringer Wald ergeben. Beide Erscheinungen werden vor allem von forstlicher Seite im allgemeinen allein auf anthropogene Ursachen zurückgeführt. Daraus wird dann gefolgert, daß durch geschickte waldbauliche Maßnahmen der Tanne ihre ursprüngliche Verbreitung wiedergegeben und der reine Fichtenwald auf die waldgeschichtlich belegten Vorkommen zurückgedrängt werden könnte. Zu dieser Auffassung stehen die Ergebnisse der Vegetationskunde und der Pollenanalyse im Widerspruch. Bei der Deutung von Pollenanalysen aus verschiedenen Mittelgebirgen wurde schon mehrfach auf eine Klimaänderung im ausgehenden Mittelalter, für deren Nachweis die verschiedensten Kriterien herangezogen worden sind, als natürliche Ursache für den Fichtenvorstoß hingewiesen (FIRBAS 1952, 1954), und auch JAHN (1930) äußerte bei der Ausdeutung der postglazialen Waldgeschichte des Thüringer Waldes bereits ähnliche Gedanken. Darüber hinaus muß auch mit irreversiblen Standortsänderungen als Folge anthropogener Einflüsse gerechnet werden.

Wir konnten zeigen, daß mit Hilfe der vegetationskundlichen Analyse die natürlichen Fichtenwälder von den anthropogenen Fichtenforsten scharf differenziert und im Gelände gegeneinander abgegrenzt werden können. Da auch die heutigen Bestände des Fichtenwaldes fast alle ebenso wie die Fichtenforste aus Pflanzungen hervorgegangen sind, wie schon das Vorherrschen nicht autochthoner Fichtenprovenienzen beweist, besteht für die Bestände des Piceetum im allgemeinen die gleiche anthropogene Beeinflussung wie für die Fichtenforste. Die deutlich ausgeprägte Grenze des Fichtenwaldes ist darum als naturbedingt anzusehen und kann nur auf klimatische und edaphische Ursachen zurückgeführt werden. Eine Ausweitung des natürlichen Fichtenwaldareals ist ganz offensichtlich nur in einem bestimmten, durch natürliche Faktoren begrenzten Bereich möglich gewesen und kann demzufolge nicht allein auf anthropogenen Ursachen beruhen. Wir können also durch eine genaue vegetationskundliche Erhebung unter Hinzuziehung archivalischer Waldbeschreibungen die oben angeführten Schlußfolgerungen aus den Pollenanalysen auf das beste bestätigen.

Eine natürliche Ausbreitungstendenz der Fichte in den letzten Jahrhunderten bringt u.U. auch gewisse Schlußfolgerungen über die Ursachen des Tannenrückganges mit sich. Uns erscheint nämlich der Gedanke naheliegend, daß parallel zur Ausbreitung der Fichte beim Rückgang der Tanne dieser Klimaumschwung ebenfalls eine Rolle gespielt haben kann. Damit sollen jedoch keineswegs die Auswirkungen der menschlichen Eingriffe in den Wald auch auf die rapide Abnahme der Tanne besonders im letzten Jahrhundert geleugnet werden. Jedoch gibt allein schon die Tatsache zu denken, daß sich das Tannensterben in den verschiedenen Gebirgen in sehr unterschiedlicher Intensität gezeigt hat. Am geringsten sind doch offenbar die Tannenverluste in den Optimalgebieten, wie z.B. im Schwarzwald. An der Arealgrenze gegen Nord und West dagegen ist die Tanne schon vielfach fast vollkommen ausgestorben, wofür der ehemals tannenreiche südöstliche Thüringer Wald und sein Vorland ein gutes Beispiel abgeben.

Unsere Vermutung gewinnt weiter an Wahrscheinlichkeit durch einen Vergleich der Areale von Tanne und Fichte. Wenn ihre Verbreitung auch in den mitteleuropäischen Gebirgen weitgehend übereinstimmt, so weist sie doch das Gesamtareal als ausgesprochen gegensätzliche Typen aus. Es liegt auf der Hand und wird auch durch ihr soziologisches Verhalten in den verschiedenen Höhenstufen deutlich, daß die mediterran-subatlantisch-montane Tanne andere Klimaansprüche stellt als die nordisch-kontinentale(-alpine) Fichte; entsprechend entgegengesetzt müssen ihre Reaktionen auf Klimaschwankungen sein.

Betrachten wir das durchschnittliche Verhalten der Tanne in den Pollenprofilen aus dem Thüringer Wald (JAHN 1930), so fällt eine schwach ansteigende Tendenz im Bereich des ersten Abfallens der Buche und dem entsprechenden allmählichen Anstieg der Fichte auf. Dieser Anstieg, der in einigen Profilen sogar bis zu einer Überschneidung mit der Buchenkurve führt, ist jedoch immer noch so gering, daß er keiner absoluten Zunahme zu entsprechen braucht. Außerdem muß man seit Einsetzen der verstärkten menschlichen Eingriffe in den Wald mit einer Herabsetzung der Buchenkonkurrenz rechnen, da diese Holzart durch die Köhlerei für die Metallgewinnung und -verarbeitung am stärksten in Mitleidenschaft gezogen wurde, was einer indirekten Förderung der Tanne gleichkam (vgl. auch JAEGER 1961). So könnte man auch zu dem Schluß kommen, daß der hohe Tannenanteil in den Waldbeschreibungen des 16. und 17. Jhs. stark menschlich bedingt war, wofür auch das Zusammenfallen des Tannenoptimums mit einem Gipfel von Hasel und Birke als Hinweis auf verstärkte Rodungen spricht. Demnach könnten die natürlichen Waldgesellschaften der damaligen Zeit tannenärmer gewesen sein, als es die Waldbeschreibungen vermuten lassen.

BEDEUTUNG DER ERGEBNISSE FÜR DIE FORSTWIRTSCHAFT

Abschließend ist auf die Bedeutung hinzuweisen, die der Waldentwicklung für die Forstwirtschaft, speziell für die waldbauliche Planung zukommt, wobei vor allem die Differenzierung natürlicher und anthropogener Ursachen entscheidend ist. In unserem Falle muß die Ausweitung des natürlichen Fichtenwaldes in den Hochlagen des Thüringer Waldes berücksichtigt werden, da in diesem Bereich die Einbringung von Laubholz in größerem Umfang nicht möglich ist (vgl. auch JAHN 1930), auch wenn Tanne oder gar Buche waldgeschichtlich nachgewiesen sind. Die vegetationskundliche Analyse und ihre waldgeschichtliche Untermauerung führen ferner zu dem Schluß, daß der Hebung des Tannenanteils bzw. ihrer Wiedereinbringung trotz der zahlreichen archivalischen Nachweise heute die größten Schwierigkeiten entgegenstehen, die u.U. auch auf natürliche Ursachen zurückgehen. Offenbar handelt es sich in beiden Fällen um weitgehend irreversible Veränderungen, denen von der forstlichen Praxis entsprechend Rechnung getragen werden muß.

Am Beispiel des Thüringer Waldes haben wir uns bemüht zu zeigen, wie anthropogene und natürliche Faktoren gleichsinnig auf die Vegetationsentwicklung einwirken und sich gegenseitig steigern können und wie wichtig die Abgrenzung ihres mutmaßlichen Anteils und Wirkungsbereiches für die Vegetationskunde und ihre praktische Anwendung ist.

ZUSAMMENFASSUNG

Im Thüringischen Mittelgebirge konnte der natürliche Fichtenwald eindeutig gegen anthropogene Fichten-Forstgesellschaften abgegrenzt werden. Eine Kombination pflanzensoziologischer und waldgeschichtlicher Untersuchungen ergab eine Ausbreitung des lokalen Areals des natürlichen Fichtenwaldes seit dem Mittelalter. Es konnte wahrscheinlich gemacht werden, daß ebenso wie die Ausbreitung der Fichte auch das katastrophale „Tannensterben" nicht allein auf anthropogene Ursachen zurückzuführen ist. Eine verschiedentlich nachgewiesene Klimaänderung im ausgehenden Mittelalter dürfte ebenfalls eine Rolle gespielt haben; sie mußte sich naturgemäß an der unteren Grenze der Fichtenstufe und an der absoluten nördlichen Verbreitungsgrenze der Tanne für beide Holzarten besonders deutlich in Form von Ausbreitung bzw. Rückzug bemerkbar machen. Eine scharfe Trennung natürlicher und anthropogener Ursachen der Vegetationsentwicklung ist nicht nur für geobotanische Fragen, sondern auch für die Forstpraxis bedeutungsvoll.

SUMMARY

In the Thuringian mountains it was possible to distinguish clearly the natural spruce woodland from the anthropogeneous spruce forest com-

munities. A combination of phytosociological and forest-historical studies
have indicated that an extension of the local area occupied by natural
spruce woodland has taken place since the Middle Ages. The dramatic
decline of the fir and the increase of the spruce is probably not the result
of anthropogeneous interference alone. A well established climatic change
towards the end of the Middle Ages may also have played an important
role. This change was particularly effective at the lower limit of spruce
and at the absolute northern limit of fir – causing an extension of spruce
and a retreat of fir in both areas. In the development of vegetation, a
clear distinction between natural and anthropogeneous causes is important both for geobotanical problems and practical forest planning.

LITERATUR

FIRBAS, F.: Waldgeschichte Mitteleuropas. **1**. Jena 1949, **2**. Jena 1952.
— Über die nachwärmezeitliche Ausbreitung einiger Waldbäume. – Forst-
wiss. Cbl. **73** (1). Berlin 1954.
HORNSTEIN, F. v.: Vom Sinn der Waldgeschichte. – Angew. Pflanzensoz.
Festschr. E. AICHINGER II, 685. Wien 1954.
— Waldgeschichte – Vorgang und Darstellung. – Allg. Forstz. **13**, 733.
München 1958.
JAEGER, H.: Waldentwicklung und Waldbild zu Beginn der Neuzeit auf den
Meßtischblättern Eisenach-W., Suhl, Gräfenthal und Stadtroda als Beitrag
zur Beurteilung der natürlichen Waldvegetation im Thüringer Raum. –
Arch. Forstw. **10**, 171. Berlin 1961.
JAHN, R.: Pollenanalytische Untersuchungen an Hochmooren des Thüringer
Waldes. – Forstwiss. Cbl. **52**, 761. Berlin 1930.
MINCKWITZ, H. v.: Vorkommen und Zusammensetzung der Holzarten im
Wuchsbezirk „Mittlerer Thüringer Wald" in früherer Zeit. – Wiss. Veröff.
deutsch. Inst. Länderk. N.F. **15/16**, 316. Leipzig 1958.
SCHLÜTER, H.: Geobotanische Grundlagen einer Höhenstufen- und Wuchs-
bezirksgliederung im Thüringer Gebirge. – Arch. Forstw. **10**, 765. Berlin
1961.
— Zur Waldentwicklung im Thüringer Gebirge, hergeleitet aus Pollendia-
grammen, Archivquellen und Vegetationsuntersuchungen. – Arch. Forstw.
13, 283. Berlin 1964.
— Vegetationskundliche Untersuchungen an Fichtenforsten im Mittleren
Thüringer Wald. – Die Kulturpflanze **13**, 55. 1965.
SCHRETZENMAYR, M.: Verbreitung natürlicher Fichtenwälder in Thüringen. –
Forst u. Jagd, Sonderh. Forstl. Standortserkundung. Berlin 1955.

H. ELLENBERG:

Sie haben Arten genannt wie *Calamagrostis villosa, Bazzania* usw., die
Sie benutzen, um den natürlichen Fichtenwald abzugrenzen gegen die
Fichtenforsten. Ich habe nicht recht verstanden, woran Sie klar erkannt
haben, daß diese Arten für den natürlichen Fichtenwald charakteristisch
sind, d.h. womit Sie eindeutig bestimmt haben, daß die zugrunde liegenden Aufnahmen sich auf natürlichen Fichtenwald beziehen. Es ist ja
doch denkbar, daß diese Arten in einen gewissen Teil der Fichtenforsten
hineingewandert sind und daß Sie nun auf Grund dieser Arten das Areal
des Fichtenwaldes zu groß annehmen würden. Gerade im Vergleich zu
der historischen Karte erscheint Ihr Fichtenwald-Areal auf Ihrer Karte
größer, so daß es auf diese Weise zustande gekommen sein könnte.

H. Schlüter:

Diese Gesichtspunkte sind natürlich sehr wesentlich, und ich bin Herrn
Prof. Ellenberg dankbar, daß er den Einwand gemacht hat. Dies ist
aber auch der Einwand, den ich immer wieder selbst bedacht habe.
Es ist möglich, daß der Mensch die Ausbreitung der Arten bewirkt hat.
Es spricht aber die Erfahrung im nordwestlichen Thüringer-Wald dagegen, wo die Arten vorhanden sind als einwandfreie Trennarten einer
Montan-Rasse des L u z u l o-F a g e t u m. In die Fichtenforsten, die dort
bis 900 m hoch reichen, sind sie kaum eingedrungen. Man kann eindeutig
diese Kombination des hercynischen Fichtenwaldes schwerpunktmäßig
verbreitet in den ausgesprochenen Kammlagen finden, die wir ja als
Fichtenwald-Gebiet akzeptieren. Nur von dort aus ist im Zusammenhang
die Ausbreitung erfolgt. Einzelne Arten sind natürlich nicht als Zeiger
verwendet worden, sondern nur das starke Auftreten von *Calamagrostis
villosa* mit der stichprobenweisen Kontrolle der Artenkombination.

Wenn tatsächlich der Mensch durch die Fichtenaufforstung jene Arten
gefördert hat, so bleibt ja die Tatsache bestehen, daß diese Artenkombination eine scharfe Grenze bildet, die mit der Geländeform vielfach
übereinstimmt, daß also das menschlich geförderte P i c e e t u m nur auf
bestimmten Standorten sich eingestellt hat. Für praktische Maßnahmen
müssen wir ohne Rücksicht auf die Entstehungsursache, die nur mehr oder
weniger vermutet oder wahrscheinlich gemacht werden kann, zugrunde-
legen, daß jetzt der Fichtenwald vorhanden ist mit allen seinen Arten,
auch mit dem Bodenprofil. Es sind das Standorte gewesen, die zumindest
sich leicht in diese Richtung entwickeln konnten, während etwas tiefer
das nicht mehr der Fall war. Es sieht nicht so aus, als ob man das rückgän-
gig machen kann. Die Grundlage für die Praxis ist also nicht das Archiva-
lische, womit gern operiert wird mit der Behauptung, wir können den
alten Zustand wieder herstellen, sondern das jetzt auf Grund der heutigen
Vegetation Analysierte.

H. Mayer:

Zur Frage der anthropogenen Begünstigung der Tanne. Im Optimum
des A b i e t i-F a g e t u m in den nördlichen Kalkalpen zeigt sich ein Übergang von den naturnahen Waldgesellschaften, wo Fichte, Tanne, Buche
ungefähr zu gleichen Teilen vorkommen, über die verschiedenen Abwandlungstypen, sagen wir Ersatzgesellschaften 1., 2., 3. u. 4. Grades bis
schließlich zur Fichten-Forstgesellschaft auf einem Standort des A b i e t i-
F a g e t u m. Wir können gerade im Gebiet der Berchtesgadener Kalkalpen
diese Zusammenhänge sehr gut verfolgen, weil wir, abgesehen von pollenanalytischen Untersuchungen, von 1550 ab auf Grund der Forsttaxatio-
nen der Salinen, der Sudwälder, genau die Entwicklung der Baumarten
kennen und auch heute noch, wenn verschiedene Ersatzgesellschaften
2. u. 3. Grades wieder durch Kahlschlag genutzt werden, dann vergleichsweise diese Angaben der Forsttaxation überprüfen können. Wenn nun
hier ein Kahlschlag stattfand, dann wurde ja gerade in früherer Zeit
nicht alles radikal genutzt, sondern das, was nicht interessant war, wurde
stehengelassen. Das waren meistens die Unter- und Zwischenstände der
Tanne, die dann bei der neuen Generation zunächst dominierten. Die

Buche kam nunmehr nur in einem geringen Teil auf, und so erklärt sich
gerade bei uns im Gebiet die anthropogene Tannen-Begünstigung, die im
großen Umfang und sehr eindeutig in vielen Beispielen konform geht mit
den Verhältnissen im Thüringer Wald. Wenn nun noch einmal geschlagen
wird, dann fällt vielleicht die Buche ganz aus. Die Fichte gewinnt immer
mehr an Dominanz, bis dann schließlich die Fichten-Forstgesellschaft in
eine Ersatzgesellschaft 4. u. 5. Grades übergeht. Es ist einfach, soziologisch zu arbeiten in der natürlichen Waldgesellschaft, es ist einfach zu
arbeiten in einer Fichten-Forstgesellschaft. Aber eine genaue Beurteilung
des naturnahen Baumartengefüges auch soziologisch in diesem Übergangsbereich ist außerordentlich schwierig.

Eine zweite Frage ist die soziologische Bestimmung des natürlichen
Fichtenareals auf Kahlflächen. Dabei haben wir in den Berchtesgadener
Alpen folgende Erfahrung gemacht: Wenn wir auf Grund naturnaher
Reste finden, daß die Grenze zwischen hochmontanem Abieti-Fagetum adenostyletosum alliariae und dem Piceetum etwa
bei 1300–1400 m liegt, und nun auf nordseitigen Hängen, die wenig
von der Sonne bestrichen werden, Kahlschläge machen, so stellt sich
heraus, daß sich in der Kaltluftrinne des Schlagrandes ganz plötzlich
auf der Kahlfläche die natürliche Artenkombination des Piceetum
bis herab in Höhen von 900–1000 m ansiedeln kann, daß also auf der
Kahlfläche dann durch die ungünstigen klimatischen Verhältnisse
sich fast vollständig die Artenkombination, vielleicht von *Listera
cordata* abgesehen, einstellt. Was bedeutet das nun soziologisch oder
waldbaulich für den Forstmann? Daß beim Aufbau einer neuen
Waldgesellschaft, so möchte ich das nennen, eben die Fichte in diesem
lokalklimatisch bedingten tiefer gelegenen Fichtenwald die allein aufbauende Art in der Initialphase der Gesellschaft darstellt, und erst
wenn der Fichtenbestand aufgewachsen ist, aus lokalklimatischen
Bedingungen auch Tanne und Buche, die größere Ansprüche an den
Standort stellen, den Bestand allmählich unterwandern können, bis
dann im Übergang zu einer optimalen Terminal-Phase im Aufbau dieser
Gesellschaft – vielleicht nicht einmal in einer oder zwei Generationen –
im Gebiet des Abieti-Fagetum die natürliche Waldgesellschaft sich
wieder aufbauen kann. Gerade dadurch, daß im hochmontanen Bereich
die Fichte innerhalb des Abieti-Fagetum die natürliche Pionier-
Baumart ist, kann dann auch beim anthropogenen Einfluß die Fichte
als naturgegebene Pionierbaumart in den Ersatzgesellschaften 1., 2. u. 3.
Grades natürlich dominieren.

H. Schlüter:

Ich bin Herrn Mayer sehr dankbar für diese Hinweise. Ich habe leider
in Thüringen keine Gelegenheit gehabt, die Entstehung dieser großen
Kahlflächen zu beobachten, weil sie kurz nach dem Kriege, als für mich
an eine soziologische Arbeit noch nicht zu denken war, entstanden sind.
Ich bin um so erfreuter über die Aussage, als bei uns von Kollegen vielfach die Meinung vertreten wurde, daß *Calamagrostis villosa* zurückginge,
wenn ein Kahlschlag entstände. Das habe ich immer abgestritten und
meine Meinung durch Vergleiche der Vitalität bestätigt gefunden. Man

sieht, daß unter Umständen das Kahlschlagen den entscheidenenden Vorstoß gebracht haben kann. Was Herr Dr. MAYER sagte, ist entscheidend für die Praxis. Man kann nicht mehr machen als eben den Fichtenwald begründen, wobei noch hinzukommt, daß bei uns die Chance, daß sich daraus ein A b i e t i - F a g e t u m aufbaut, wegen der Situation, die ich geschildert habe, in bezug auf Tanne und auch auf Buche nicht gegeben ist, so daß also bei uns ein P i c e e t u m entsteht und höchstwahrscheinlich erhalten bleibt.

J. J. BARKMAN:

In Holland gibt es ein ähnliches Phänomen. Wir haben überhaupt keine natürlichen Nadelwälder, sondern nur Nadelforste. Und nun sehen wir sehr gut, daß im Süden Hollands diese Nadelforste in ihrer Zusammensetzung nicht viel von den Eichen-Birkenwäldern, aus denen sie abzuleiten sind, abweichen. Aber in unserer sub-boreal getönten Provinz Drente im Nordosten ist die Lage anders. Dort wandert jetzt die eine borealsubalpine Art nach der anderen in diese Nadelforsten ein. Das sind *Linnaea borealis, Lycopodium alpinum, Lycopodium selago, Listera cordata* und eine Anzahl borealer Moose und die Pilze *Russula paludosa, R. rhodopoda, Boletus elegans* usf. In den Lärchenforsten in der Provinz Drente könnte man sich in einen subalpinen Lärchenwald versetzt denken. Da gibt es z.B. Lärchenwälder mit 38 Moos-Arten, unter denen *Plagiothecium undulatum, Rhythidiadelphus loreus* und *Dicranum majus* sehr häufig sind. In diesem Sommer haben sich gerade diese drei Arten dort stark entwickelt. Man muß also sehr vorsichtig sein in Gebieten, wo man nicht so weit von dem natürlichen V a c c i n i o - P i c e e t e a - Klimaxgebiet entfernt ist, wenn man aus der Bodenvegetation entscheiden will, ob der Wald natürlich ist oder nicht. Diese Forsten nähern sich immer mehr den natürlichen boreal-subalpinen Nadelwäldern.

E.-W. RAABE:

Was Herr Kollege BARKMAN uns eben aus Holland berichtete, ist ein Vorgang, den wir wohl überall da beobachten können, wo *Picea, Pinus, Larix* usw. angeforstet werden. Bei uns in Schleswig-Holstein finden wir genau dieselben Arten, die hier genannt wurden, die sich außerordentlich ausbreiten und zur Vorsicht gemahnen. Andererseits wäre es aber sehr gut vorstellbar, daß die Erscheinung, die Herr SCHLÜTER im Thüringer Wald glaubt nachweisen zu können, allgemein sein könnte. Dann wäre es denkbar, daß heute *Picea excelsa* und *Abies* ebenfalls in Gebieten heimische Arten sein könnten, wo sie bisher pollenanalytisch für frühere Zeiten nicht nachgewiesen worden sind, wohin sie durch den Menschen inzwischen aber gekommen sind. Aber sie hätten sich vielleicht auf natürliche Weise einstellen können. Ich denke an die Rhön, die ja dem Thüringer Wald unmittelbar vorgelagert ist, mit Höhen, die denen des Thüringer Waldes entsprechen, und in der ausgedehnte Flächen mit subalpinen Arten innerhalb des Buchenwaldes vorkommen, wie *Mulgedium alpinum, Petasites albus* und dergleichen mehr, die also dafür sprechen, daß man dort *Picea* ebenfalls erwarten könnte, und daß die Fichte dort heute vielleicht auch dann vorhanden wäre, wenn der Mensch sie nicht hinge-

bracht hätte. Sie erreicht dort ja Höhen bis zu 48 m, also ausgesprochene
Musterexemplare. Man könnte sich gleichfalls vorstellen, daß *Abies* nach
Norden vordringen würde und heute von Natur aus vielleicht in Gebieten
vorhanden ist, wo wir sie gar nicht nachweisen können. Die ausgezeichnete Naturverjüngung, die wir bei *Abies* im Raum Schleswig-Holsteins
und vor allem in Jütland beobachten können, sofern das Wild, das *Abies*
verbeißt, weggehalten wird, würde für ein mögliches Indigenat dieses
Baumes sprechen. Wir müssen es für möglich halten, daß hier ein lang-
samer Wandel vor sich geht.

H. Schlüter:

Grundsätzlich möchte ich dem zustimmen, was Herr Prof. Raabe sagt.
Die Anwendung auf die Rhön wird aber nicht zutreffen, weil die Rhön
edaphisch im Durchschnitt wesentlich günstiger ist als der Thüringer
Wald und die Fichtenstufe nur an der unteren Grenze bei uns möglich
ist unter edaphisch entsprechenden Bedingungen. Eine gewisse Pseudo-
Vergleyung und eine Podsolierung muß möglich sein von der Geländeform und vom Substrat her. Das ist in der Rhön nicht der Fall, und
die Arten, die Herr Prof. Raabe nannte, sind wohl montan bis alpin, aber
sie haben mit dem Piceetum zumindest in Thüringen soziologisch
nichts zu tun. Wir haben im hercynischen Gebiet mit *Calamagrostis villosa* ein sehr schönes Geschenk von der Natur erhalten. Wo sie nicht vorkommt, dürfte die Ermittlung des Fichtenwaldareals wesentlich schwieriger werden, weil *Calamagrostis villosa* eine besonders auffällige und
recht treue Fichtenwald-Kennart ist. So finden wir im Buntsandstein-
Vorland des Thüringer Waldes, wo *Calamagrostis villosa* sonst allgemein
fehlt, im Bereich von Hochmooren, die dort auf dem armen Substrat
vorkommen, oder an vernäßten Stellen plötzlich wieder Herden dieses
Grases, jedoch ist dann auch die Fichte von Natur aus vorhanden und
archivalisch wie auch pollenanalytisch nachweisbar.

NEOPHYTEN IN NATÜRLICHEN PFLANZENGESELLSCHAFTEN MITTELEUROPAS

von

HERBERT SUKOPP, Berlin

In den letzten Jahren haben Fragen der Konstitution von Pflanzengesellschaften, ihrer Umwandlung und Neubildung sowie der zugrundeliegenden Konkurrenzverhältnisse starke Beachtung gefunden. Zur Untersuchung dieser Probleme steht – außer Modellversuchen im Labor und auf dem Versuchsfeld – ein großes Anschauungsmaterial in der Natur zur Verfügung. In Mitteleuropa wanderten innerhalb der letzten Jahrhunderte zahlreiche nicht-einheimische Pflanzenarten ein, von denen eine ganze Reihe als naturalisiert (eingebürgert) einen festen Platz in unserer Flora und Vegetation einnimmt. Diese Arten veränderten die Zusammensetzung natürlicher und anthropogener Pflanzengesellschaften aus ·einheimischen und archäophytischen Arten oder bauten neue Gesellschaften auf. Die naturalisierten Arten kann man nach ihrem Standort einteilen in

> Arten, die an natürlichen Standorten wachsen, scheinbar der wilden Flora angehören und vom Menschen unabhängig sind,

und

> Arten, die nur an künstlichen Standorten gedeihen und infolgedessen indirekt vom Menschen abhängen.

RIKLI (1903) und THELLUNG (1912) nannten die erste Gruppe Neophyten, die zweite Gruppe Epökophyten.

Der Neophytenbegriff ist in neuerer Zeit wegen der Schwierigkeiten einer solchen ökologischen Auslegung (vgl. KREH 1957, p. 93) immer stärker rein historisch gefaßt worden (z.B. HEYWOOD 1960, p. 226/27). Da aber eine Einteilung der Einwanderer nach dem Standort einen wichtigen Tatbestand erfaßt, soll der Begriff Neophyt hier in dem von THELLUNG gegebenen Sinne verwendet werden.

Berücksichtigt werden im allgemeinen nur Arten, die aus fremden Florengebieten stammen. Das möchte ich kurz begründen. Es ist in der Pflanzengeographie seit langem bekannt, daß viele Sippen sich nicht so weit ausgebreitet haben, wie die Standortsverhältnisse es gestatten würden. Historische Ursachen spielen bei der Arealgestaltung ebenfalls eine große Rolle. Das Auftreten von Neophyten ist nur dadurch möglich, daß klimatisch ähnliche Gebiete in verschiedenen Erdteilen von unterschiedlichen Floren besiedelt sind. Diese historische Voraussetzung der Neophytie hat kürzlich ELTON (1958) eingehend dargelegt. Sie soll hier auch zur Eingrenzung des Neophytenbegriffes dienen. Einheimische Arten, die Verschiebungen an den Grenzen oder innerhalb von Lücken ihrer Areale zeigen (*Erica tetralix, Digitalis purpurea, Juncus maritimus*), sollen nicht behandelt werden.

Ebenso schwierig ist eine scharfe Abgrenzung bei den ,,natürlichen

Pflanzengesellschaften" durchzuführen. Als konstitutives Merkmal der hier behandelten Pflanzengesellschaften soll gelten, daß sie einen Platz in der Naturlandschaft Mitteleuropas haben. Unter diesen natürlichen Pflanzengesellschaften gibt es zwei Gruppen. Zur ersten gehören Gesellschaften, die durch den Menschen nicht an Ausdehnung gewonnen haben, sondern eher eingeschränkt und zurückgedrängt worden sind, wie viele Gesellschaften der Küstendünen, der Gewässer und oligotrophen Moore, der Felsen sowie einige Gebüsche und die Mehrzahl der Waldgesellschaften. Eine zweite Gruppe bilden diejenigen natürlichen Pflanzengesellschaften, die durch den Menschen an Ausdehnung gewonnen haben, indem ihre Standorte in der Kulturlandschaft häufiger geworden sind. Hierzu sind z.B. zu zählen Flußufer-, Kahlschlag- und Waldunkrautgesellschaften, verschiedene Zwergbinsengesellschaften, Großseggenrieder und Kleinseggensümpfe, Trockenrasen, Schleiergesellschaften und Gebüsche. Bei diesen Gesellschaften kann man nicht sagen, daß alle, ja nicht einmal viele der heutigen Einzelbestände im strengen Sinne „natürlich" seien. Dennoch sollen auch diese Gesellschaften in die Betrachtung eingeschlossen werden, um einen möglichst umfassenden Überblick über das Auftreten von Neophyten zu gewinnen. Die Liste der berücksichtigten Gesellschaften wurde mit Hilfe der Merkmalsübersichten von Pflanzengesellschaften bei Tüxen (1956, Tab. 1–8) aufgestellt.

Zunächst soll anhand einiger Beispiele ein Überblick über wichtige Neophyten Mitteleuropas gegeben werden [1], aus dem dann einige allgemeine Schlußfolgerungen gezogen werden können. Bei dem Überblick können nur die in größeren Gebieten eingebürgerten Arten berücksichtigt werden, wogegen ganz lokale Einbürgerungen meistens zurücktreten müssen.

In den Watten der Nordsee wurde seit 1927 an verschiedenen Stellen *Spartina townsendii* Groves angepflanzt, die sich seitdem weiter ausgebreitet hat (König 1960). Das Gras wächst jedoch nicht nur in der Quellerzone, in der es die Anlandung fördern sollte, sondern auch in der Andelzone. Beim Zusammentreffen mit den einheimischen Arten der Watten gewinnt *Spartina* bald völlig die Oberhand, wie König (1948) dargestellt hat. Gegenüber der lichtbedürftigen *Salicornia stricta*, die sie zu sehr beschattet, hat sie außerdem den Vorzug der Mehrjährigkeit. Den Andel, *Puccinellia maritima* (Huds.) Parl., verdrängt sie infolge ihres hohen, dichten Wuchses. Die Veränderungen beim Auftreten dieser Art hat König (1948, p. 61) graphisch dargestellt. Mit Recht kann man von der Bildung einer neuen Pflanzengesellschaft (S p a r t i n e t u m t o w n s e n d i i) durch eine mehrjährige Art sprechen, die sich von dem einjährigen Quellerwatt scharf abhebt. Die Art hat den üblichen Entwicklungsverlauf nicht nur an der Westküste Schleswig-Holsteins gestört. Bereits seit 1870 hat sie die Vegetation der Südküste Englands stark modifiziert und dringt an der Südostküste Englands, am Humber und in den Niederlanden vor (Chapman 1960).

[1] Weitere Beispiele aus den Gesellschaften L e m n i o n, A s p l e n i e t e a r u p e s t r i s, C o r y n e p h o r i o n, N a n o c y p e r i o n, E p i l o b i e t e a a n - g u s t i f o l i i, A g r o p y r o - R u m i c i o n, P h r a g m i t i o n, F e s t u c o - B r o - m e t e a und O x y c o c c o - S p h a g n e t e a sind in den Ber. dtsch. bot. Ges. **75** (1962), 193–205 erwähnt.

In den Spülsaum-Gesellschaften der Cakiletea maritimae hat
sich im Ostseegebiet *Lactuca tatarica* (L.) C. A. Meyer, ursprünglich eine
osteuropäische Steppenpflanze, stark ausgebreitet (LEICK u. STEUBING
1957). Das Zentrum der Verbreitung bildet der Greifswalder Bodden. Die
Pflanze siedelt sich stets unmittelbar an der Küste an, und zwar dort, wo
keine geschlossene Pflanzendecke die Ausbreitung behindert: Atriplicetum litoralis sowie auch in lockerbewachsenen Dünen (LEICK u.
STEUBING 1957, BOCHNIG 1959). 1944 wurden weißblühende Exemplare
von *Lactuca tatarica* auf der Insel Hiddensee gefunden. Während die blau-
blütige Stammform noch 10–20% reife Früchte erzeugt, ist bei der weiß–
blühenden Sippe nur ein verschwindend geringer Teil der Früchte keim-
fähig. Diese Sippe ist – wie zahlreiche mehrjährige Neophyten – fast ausschließlich zur vegetativen Vermehrung übergegangen.

In den Strandhafer-Dünengesellschaften (Ammophiletea) der Nordsee ist *Oenothera ammophila* Focke heute zu einer häufigen Pflanze geworden.

Günstige Einwanderungs- und Ansiedlungsbedingungen bieten zweifellos die großen Flußtäler. Ihre Bedeutung für die Einwanderung kommt
in der Bezeichnung „Wanderstraßen der Pflanzen" zum Ausdruck und
ist in der Pflanzengeographie lange bekannt. TÜXEN u. LOHMEYER (1950)
haben die Standorte und Pflanzengesellschaften im Flußtal beschrieben,
die als Wanderstraßen dienen. Von diesen Voraussetzungen für die Einwanderung müssen wir die Bedingungen der Einbürgerung unterscheiden.
Auch hierfür ist die Aue gegenüber allen anderen Standorten begünstigt,
da Teile dieser Standorte vom Fluß periodisch offengehalten werden und
da sie überwiegend nährstoffreiche Böden und eine günstige Wasserversorgung bietet.

In den flußbegleitenden Gesellschaften des Chenopodion fluviatile ist *Bidens frondosus* L. in Norddeutschland seit längerer Zeit eingebürgert und gilt jetzt als Kennart dieses Verbandes. Im Süden ist die
Art in Einbürgerung begriffen (z.B. HEJNÝ 1948, 1960). Im ganzen seltener als die genannte Art tritt *Bidens connatus* Mühlenb. in Mitteleuropa
auf. Von den Assoziationen des Chenopodion fluviatile ist besonders das Xanthio-Chenopodietum rubri der kontinentalen Strom-
täler reich an Neophyten (LOHMEYER 1950). Die namengebenden *Xanthium*-Arten sind *X. riparium* u. *X. albinum* (Widder) H. Scholz (vgl. die
Verbreitungskarte bei WIDDER 1923). Die aufkommenden Unkräuter der
Chenopodietea werden von den wuchsfreudigen Arten des Chenopodion fluviatile überwuchert und ausgemerzt (LOHMEYER 1950, p. 19).
Vom Oberlauf der Flüsse ist noch das Vorkommen von *Erigeron canadensis*
im Chondrilletum zu erwähnen (SEIBERT 1958, p. 32). Es soll aber erwähnt werden, daß *Erigeron canadensis* bei seinem ersten Auftreten in
Deutschland auf einem natürlichen Bidention-Standort, auf Flußkies
an der Lahn, beobachtet wurde (DILLENIUS 1718, nach WEIN mdl.).

Die auffälligsten Veränderungen in der Aue haben die Schleiergesellschaften des Senecion fluviatilis erfahren. In die natürlichen Gesellschaften (meist das Cuscuto-Convolvuletum) sind zahlreiche
Neophyten eingedrungen, unter denen Gartenflüchtlinge eine große Rolle spielen. Besonders häufig sind die Goldrutenarten *Solidago gigantea*

Ait. und *S. canadensis* L., verschiedene *Aster*-Arten und *Impatiens glandulifera* Royle. Dazu kommen stellenweise *Solidago graminifolia* (L.) Ell., *Helianthus*-Arten, ferner *Rudbeckia laciniata* L., *Erigeron strigosus* Mühlenb., *Polygonum cuspidatum* S. et Z. und zahlreiche andere, noch seltene Arten. Diese Arten bauen zusammen mit einem Grundstock von heimischen Arten eigene Neophytengesellschaften auf, wie das von MOOR (1958) aus der Schweiz beschriebene Impatienti-Solidaginetum und das von TÜXEN und RAABE aus Österreich beschriebene Rudbeckio-Solidaginetum. Die Entstehung dieser Gesellschaften hat erst vor einigen Jahrzehnten begonnen und ist noch nicht abgeschlossen. Die Gesellschaften sind nicht gefestigt, ihre Artenzusammensetzung wird von den Besiedlungsmöglichkeiten bestimmt. Heute sind diese Arten innerhalb der Flußtäler in den weniger anthropogen beeinflußten Teilen noch seltener als in den stark veränderten. Das Expansionsvermögen der Gesellschaft ist aber groß, wie sich besonders bei Grundwassersenkungen sowie in aufgelassenem Gartenland und auf Trümmern zeigt. Jedoch wird die lichtliebende Gesellschaft in der Sukzession durch Beschattung regelmäßig zurückgedrängt und vernichtet (MOOR 1958, p. 261). Auf diesem Standort, an Säumen und in Lücken der Auenwälder, kommt zu relativ günstigen ökologischen Verhältnissen die historische Bevorzugung als Einwanderungsweg.. Beides zusammen bedingt es, daß in diesen Gesellschaften die meisten Neophyten Mitteleuropas auftreten.

Offenes Wasser scheint für eine Einbürgerung die gleichen günstigen Bedingungen zu bieten wie vom Menschen gestörter Boden (GOOD 1953, p. 330), wie z.B. die Ausbreitung von *Anacharis canadensis* (L. C. Rich.) Planchon in Europa zeigt. Die Ursache hierfür liegt aber wohl darin, daß der Einfluß menschlicher Eingriffe in die Gewässer weit stärker ist als man gemeinhin annimmt, worauf kürzlich HEJNÝ (1960, p. 9) nachdrücklich aufmerksam gemacht hat. Die Wasserpest ist seit 1859 in Mitteleuropa fast ausschließlich mit weiblichen Pflanzen verbreitet und gilt als Kennart der Potametalia. In Mitteleuropa scheint die Pflanze nach einer Zeit überstarker vegetativer Vermehrung zu einer normalen Vermehrungsrate gekommen zu sein.

In natürlichen Waldgesellschaften Mitteleuropas finden sich nur wenige Neophyten, zumeist Kulturrelikte in der Nähe heutiger oder ehemaliger Siedlungen. Bevor auf die Neophyten eingegangen wird, sollen einige heimische Arten erwähnt werden, deren Arealverschiebungen ausdrücklich nicht als neophytisch zu bezeichnen sind. Einige einheimische Arten, die im Laufe der nacheiszeitlichen Entwicklung in bestimmten Gebietsteilen noch fehlen, können sich bei einer Einführung durch den Menschen in natürliche Gesellschaften einfügen, wie *Picea abies* (L.) Karsten im Betuletum pubescentis des Sollings und des Hochsauerlandes, *Abies alba* Mill. im nordwestdeutschen Küstengebiet (PREISING 1959, p. 75; LOHMEYER mdl.), *Acer pseudo-platanus* L. in reichen Eichen-Hainbuchenwäldern z.B. des Münsterlandes und bei Hannover (LOHMEYER mdl.), *Hippophaë rhamnoides* L. auf einigen Nordseeinseln (LEEGE 1937, p. 265).

Auf diese heimischen Arten folgen einige Beispiele für Forstpflanzen. *Castanea sativa* Mill. verdankt ihre Verbreitung in Mitteleuropa dem

Menschen (über ihr Indigenat vgl. HEGI III, 1., 2. Aufl. p. 214–16). Sie wächst hier hauptsächlich im Fago-Quercetum des westlichen Mitteleuropas (BARTSCH 1940, FURRER 1958, WATTENDORFF 1960). Naturverjüngung ist die Regel. Ähnlich umstritten wie bei der Edelkastanie war lange Zeit das Indigenat der Walnuß, *Juglans regia* L. (HEGI III, 1. 2. Aufl. p. 10; ZOLLER 1958). Sie kommt im Carici-Fagetum in der Nähe von Ortschaften vor und wächst dort meistens bis zur Strauchgröße auf. Arten wie *Quercus rubra* L., *Robinia pseudo-acacia* L. und *Prunus serotina* Ehrh. kommen meistens in Forstgesellschaften vor. Dabei zeigt *Robinia* in den Forsten einen hohen soziologischen Bauwert; sie schafft sich eine eigene Gesellschaft (vgl. SCAMONI in GÖHRE 1952). In kontinentale und submediterrane Trockenwälder dringt die Robinie von einigen Anpflanzungen aus vor und verändert die Zusammensetzung der Wälder stark (WENDELBERGER 1955, p. 162/63, KOHLER 1960, p. 26/27).

Unter den in Waldgesellschaften eingebürgerten Kräutern spielt *Impatiens parviflora* DC. eine große Rolle. Außer ihrer Hauptverbreitung in Waldunkrautgesellschaften kommt sie auch in natürlichen Waldgesellschaften vor: im Fraxino-Ulmetum, im Melico-Fagetum sowie vereinzelt im frischen Luzulo-Fagetum und im Carici remotae-Fraxinetum. In anderen Gebieten scheint diese sich erst seit einigen Jahrzehnten stärker ausbreitende Art rein ruderal zu sein (Brandenburg, Nordostpolen, Thüringen). Die häufig wiederholte Angabe, daß diese Art die einheimische *Impatiens noli-tangere* L. verdränge, ist in der Mehrzahl der Fälle wegen der verschiedenen ökologischen Ansprüche der Arten irrig.

Nicht selten sind Kulturrelikte in den Wäldern wie *Scilla non-scripta* H. et L. in Nordwestdeutschland (SCHUMACHER 1939), *Eranthis hiemalis* (L.) Salisb. in Thüringen (SCHWARZ u. MEYER 1957, p. 189; SCHLÜTER 1960, p. 504), *Vinca minor* L. u.v.a. Zahlreiche Beispiele für zeitweiliges Ausdauern von Ansalbungen finden sich öfters; bekannt sind die etwa hundertjährigen Ansalbungen im Carici-Fagetum des Ebersteins und Rimbergs im Kreis Wetzlar (PETRY 1929, EBERLE 1958). Echte Einbürgerungen sind dagegen wohl die häufigeren Vorkommen von *Hesperis matronalis* L. und *Polygonum cuspidatum* S. et Z. im Alno-Padion (OBERDORFER 1956). Für ganz Mitteleuropa dürfte somit *Impatiens parviflora* der einzige großräumig verbreitete Neophyt in natürlichen Waldgesellschaften sein.

Abschließend sollen einige allgemeine Gesichtspunkte diskutiert werden, die sich aus dem vorgetragenen Material ergeben.

1. Nach unseren heutigen Kenntnissen kommen etwa 100 Arten von höheren Pflanzen neophytisch in mehr oder weniger natürlichen Gesellschaften Mitteleuropas vor. Verbreitung in einem größeren Gebiet und zahlreiches, konstantes Auftreten zeigen besonders folgende 16 Sippen (in systematischer Anordnung): *Anacharis canadensis, Spartina townsendii, Acorus calamus, Polygonum cuspidatum, Brassica nigra, Robinia pseudo-acacia, Impatiens parviflora, I. glandulifera, Oenothera* spec. div., *Solidago gigantea, Aster* spec. div., *Erigeron canadensis, Xanthium albinum, Bidens frondosus, B. connatus, Lactuca tatarica.* Dazu kommen weitere 30 Arten mit einer gewissen regionalen Bedeutung (wie *Cotula coronopifolia,*

Azolla filiculoides, Mimulus guttatus, Echinocystis lobata) oder mehr einzelnem Auftreten. Den größten Anteil an Arten stellen ganz lokale Vorkommen, häufig Ansalbungen. Wenn man Arten, die nach ehemaliger Kultur oder Ansalbung – ohne eine Ausbreitung – sich noch einige Zeit reliktisch halten, als „lokal eingebürgert" bezeichnet, und nur Arten mit mindestens regionaler Bedeutung und zahlreichem konstantem Auftreten als „in Mitteleuropa eingebürgert" gelten läßt, so zählen zu dieser letzten Gruppe knapp 50 Arten.

Zum Vergleich sei auf die Epiphyten verwiesen, unter denen BARKMAN nur einen Neophyten, *Orthodontium germanicum* F. et K. Koppe, erwähnte.

2. Unter den natürlichen Pflanzengesellschaften, die durch den Menschen nicht an Ausdehnung gewonnen haben, fallen die Gesellschaften der Felsstandorte und der oligotrophen Moore dadurch auf, daß in ihnen nur lokale Ansalbungen vorkommen. Zahlreiches Auftreten von Neophyten zeigen die Gesellschaften der Meeresküsten und der Flußtäler. In ihnen herrschen Kulturflüchtlinge und Eindringlinge (im Sinne von KREH 1957, p. 93) vor. Hierbei dürfte die Lage dieser Gesellschaften an Wanderwegen der Flora von Bedeutung sein. Frei von Neophyten sind die Gesellschaften der Zosteretea marinae, des Ruppion maritimae, der Littorelletea, des Armerion maritimae, der Scheuchzerio-Caricetea fuscae und das Ericetum tetralicis; überwiegend Gesellschaften extremer Standorte.

Unbeeinflußte natürliche Waldgesellschaften bieten nur äußerst wenige Beispiele für die Einbürgerung fremder Arten. Zusammenfassend können wir sagen, daß Neophyten vor allem in natürlichen Pionier- und Dauergesellschaften auf offenen oder zeitweilig offenen Standorten haben Fuß fassen können, dagegen kaum in Klimaxgesellschaften.

3. Bei einer Betrachtung der Verbreitung der Neophyten innerhalb Mitteleuropas fällt ihre Häufigkeit im Tiefland und im Hügelland auf. Im Bergland kommen bedeutend weniger neophytische Sippen vor, und aus der alpinen Vegetation sind bisher keine Beispiele bekannt.

4. Der Herkunft nach stammen viele Neophyten (sensu THELLUNG) aus ähnlichen Klimagebieten Nordamerikas und Asiens, wogegen bei den Ruderal- und Segetalpflanzen mediterrane Herkunft überwiegt. Eine Reihe von Arten stellt Beispiele für progressive Endemiten dar (verschiedene *Oenothera*-Arten, *Xanthium albinum, Spartina townsendii*). Viele der weitverbreiteten Neophyten gehören zu äußerst polymorphen Sippen.

5. Die Mehrzahl der Neophyten gliedert sich klar in die Struktur bestimmter Pflanzengesellschaften ein. Die soziologische Wertigkeit der Neophyten schwankt zwischen Assoziations-Kennarten (z.B. *Azolla, Veronica peregrina, Xanthium albinum*), Verbands-Kennarten (wie *Bidens frondosus*), Ordnungs-Kennarten (*Anacharis canadensis*) und Klassen-Kennarten (*Acorus calamus*) je nach Alter des Vorkommens, Größe des besiedelten Gebietes und Häufigkeit des Auftretens. Manche der Neophyten mit hohem soziologischem Bauwert schaffen sich ihre eigenen Gesellschaften wie das Spartinetum und das Impatienti-Solidaginetum.

6. Für die Entstehung solcher Pflanzengesellschaften hat TÜXEN

(1960) am Beispiel von *Juncus macer* folgendes Schema aufgestellt:
"ungesättigte" Gesellschaft + Neophyt →
Neubildung einer Pflanzengesellschaft.

Bei diesem Prozeß bleiben die Arten der alten, ungesättigten Gesellschaft alle erhalten. Daneben gibt es aber zweifellos noch einen anderen Fall: in eine „gesättigte" Pflanzengesellschaft, die ihren Standort mit hohem Deckungsgrad besiedelt, dringen konkurrenzkräftige Neophyten ein und bilden eine neue Gesellschaft wie im Impatienti-Solidaginetum. Einige Arten der alten Gesellschaft sind seltener geworden oder verschwunden. Der erste Vorgang soll *Einpassung*, der zweite *Verdrängung* genannt werden. Eine Verdrängung von einheimischen Arten durch Neophyten ist vielfach dadurch möglich, daß es sich bei den Neophyten um hochwüchsige, mehrjährige Pflanzen mit hoher Substanzproduktion handelt (vgl. KNAPP 1960, BORNKAMM 1961), wie bei vielen im Senecion fluviatilis eingebürgerten Sippen. Beschreibungen solcher Konkurrenzverhältnisse haben u.a. KÖNIG (1948, p. 69) für *Spartina*, LOHMEYER (1950, p. 19) für das Chenopodion fluviatilis und MOOR (1958) für das Senecion fluviatilis gegeben. Weitere Untersuchungen zu diesem Problem stellen eine wichtige Forschungsaufgabe dar.

7. In diesem Zusammenhang ist auch eine Betrachtung der Lebensformen der Neophyten von Interesse. Therophyten sind nur eine kleine Gruppe: *Bidens-* und *Impatiens*-Arten. Sie sind ebenso wie einige Bäume und Sträucher auf Samenverbreitung angewiesen. Die Mehrzahl der Neophyten sind aber ausdauernde Pflanzen mit starker vegetativer Vermehrung. Ausschließlich vegetativ vermehren sich bei uns z.B. *Acorus* und *Anacharis canadensis*, überwiegend vegetativ *Spartina, Polygonum cuspidatum, Lactuca tatarica* u.a. Zu den Kennzeichen der vegetativen Fortpflanzung gehört auch die Fähigkeit, dichte Bestände zu schaffen, die die Sämlinge anderer Pflanzen kaum aufkommen lassen (SALISBURY 1942).

8. Das vorliegende reiche Material über die Einwanderungs- und Einbürgerungsgeschichte vieler Arten enthält immer noch bedeutende Lükken, wenn man nach Angaben über Standorte und soziologischen Anschluß der Arten sucht. Hier bietet sich ein günstiges Feld für eine enge Zusammenarbeit zwischen Floristen und Vegetationskundlern.

Für Hinweise und Ergänzungen zu der vorliegenden Übersicht habe ich besonders den Herren Dr. W. LOHMEYER, Dr. H. SCHOLZ, Dr. J. TÜXEN und Prof. Dr. R. TÜXEN zu danken. Mit dem Dank an alle, auch hier nicht genannten, verbinde ich die Bitte um weitere Hinweise zu diesem Thema.

ZUSAMMENFASSUNG

Gegenstand der Arbeit sind Neophyten im Sinne von THELLUNG 1912. Es gibt ungefähr 100 nicht-einheimische Arten von höheren Pflanzen, die sich in natürlichen oder halb-natürlichen Pflanzengesellschaften Mitteleuropas eingebürgert haben. Verbreitung in einem größeren Gebiet und zahlreiches, konstantes Auftreten zeigen besonders folgende 16 Sippen:
Anacharis canadensis, Spartina townsendii, Acorus calamus, Polygonum cuspidatum, Brassica nigra, Robinia pseudo-acacia, Impatiens parviflora,

I. glandulifera, Oenothera spec. div., *Solidago gigantea, Aster* spec. div., *Erigeron canadensis, Xanthium albinum, Bidens frondosus, B. connatus, Lactuca tatarica.* Andere Arten besitzen nur regionale oder örtliche Bedeutung.

Die meisten dieser Neophyten werden in Pionier- oder Dauergesellschaften auf offenen oder zeitweilig offenen Standorten gefunden. Auf Felsstandorten und in nährstoffarmen Mooren haben sich Neophyten nur lokal angesiedelt. Mit wenigen Ausnahmen (z.B. *Impatiens parviflora*) fehlen Neophyten in der Klimax-Vegetation fast ganz. Zahlreiches Auftreten von Neophyten zeigen die Gesellschaften der Meeresküsten und der Flußtäler.

Die Mehrzahl der Neophyten stammt aus Gebieten mit ähnlichem Klima in Nordamerika oder Asien, wogegen bei Ruderal- und Segetalpflanzen mediterrane Herkunft überwiegt. Viele Neophyten gliedern sich klar in bestimmte Pflanzengesellschaften ein. Ihre Stellung im pflanzensoziologischen System wechselt zwischen Assoziations-Kennarten (z.B. *Azolla, Veronica peregrina, Xanthium albinum*), Verbands-Kennarten (*Bidens frondosus*), Ordnungs-Kennarten (*Anacharis canadensis*) und Klassen-Kennarten (*Acorus calamus*) je nach der Dauer der Einbürgerung, der Größe des besiedelten Gebietes und der Anzahl der Vorkommen.

Einigen Neophyten mit hohem soziologischen Bauwert gelang es sogar, eigene Pflanzengesellschaften wie das S p a r t i n e t u m t o w n s e n d i i oder das I m p a t i e n t i - S o l i d a g i n e t u m aufzubauen. Die Entstehung solcher Gesellschaften wurde von TÜXEN (1960) in folgender Art und Weise beschrieben: ungesättigte Pflanzengesellschaft und Neophyt → neue Pflanzengesellschaft. Daneben gibt es aber auch einen anderen Fall: Konkurrenzkräftige Neophyten verdrängen Arten der alten Gesellschaft und bilden eine neue Pflanzengesellschaft. Der erste Vorgang soll *Einpassung,* der zweite *Verdrängung* genannt werden.

SUMMARY

Subject of this publication is a survey on neophytes sensu THELLUNG 1912 or naturalised aliens. There are approximately 100 species of introduced higher plants which are established at natural or semi-natural habitats. The following 16 taxa listed systematically show distribution in a larger area and numerous constant occurrences:

Anacharis canadensis, Spartina townsendii, Acorus calamus, Polygonum cuspidatum, Brassica nigra, Robinia pseudo-acacia, Impatiens parviflora, I. glandulifera, Oenothera spec. div., *Solidago gigantea, Aster* spec. div., *Erigeron canadensis, Xanthium albinum, Bidens frondosus, B. connatus, Lactuca tatarica.* Others species do only show local naturalisation.

Most of these neophytes join in pioneer or permanent communities on open or intermittently open habitats. There are only a few neophytes to be found in rocky habitats or oligotrophical bogs. With a few exceptions (e.g. *Impatiens parviflora*) they will not be met with in climax vegetation. Coastal areas and river valleys seem to be their favorite places.

Most of these naturalised aliens have come from regions with a similar climate in North America or Asia. On the contrary most introduced

species which are established only in man-made habitats are of mediterranean origin.

A great number of neophytes have become part of distinct plant
communities. Their position in the phytosociological hierarchy is varied:
neophytic characteristic species are known for associations (*Azolla,
Veronica peregrina, Xanthium albinum*), for alliances (*Bidens frondosus*),
for orders (*Anacharis canadensis*) or for classes (*Acorus calamus*) according
to age of naturalisation, size of area and frequency of distribution. Some
neophytes even were able to create own plant communities (S p a r t i n e-
t u m t o w n s e n d i i, I m p a t i e n t i-S o l i d a g i n e t u m). The emergence
of such communities has been described by TÜXEN (1960) in the following
way: ,,unsaturated" plant community plus neophyte → new plant community. However, the naturalised alien will not always combine with all
the species of the indigenous plant community (,,*Einpassung*" = *adap-
tion*). Other strongly competitive neophytes will displace old species and
will form new plant communities (,,*Verdrängung*" = *displacement*).

LITERATUR

BARTSCH, J. u. M.: Vegetationskunde des Schwarzwaldes. – Pflanzen-
soziologie **4**. – Jena 1940.
BOCHNIG, E.: Vegetationskundliche Studien im Naturschutzgebiet Insel
Vilm bei Rügen. – Arch. Freunde Naturgesch. Mecklenburg **5**, 139–183.
Rostock 1959.
BORNKAMM, R.: Zur quantitativen Bestimmung von Konkurrenzkraft und
Wettbewerbsspannung. – Ber. dtsch. bot. Ges. **74**, 75–83. Stuttgart 1961.
CHAPMAN, V. J.: Salt marshes and salt deserts of the world. – London-New
York 1960.
DILLENIUS, J. J.: Catalogus plantarum circa Gissam nascentium. – 1718.
EBERLE, G.: Pflanzen und Tiere im Kreise Wetzlar. – Wetzlarer Heimathefte
11. Wetzlar 1958.
ELTON, CH. S.: The ecology of invasions by animals and plants. – London
1958.
FOCKE, W. O.: Oenothera ammophila. – Abh. nat. Ver. Bremen **18**, 182–186.
Bremen 1904.
FURRER, E.: Die Edelkastanie in der Innerschweiz. – Mitt. schweiz. Anst.
forstl. Versuchsw. **34**, 89–182. Zürich 1958.
GÖHRE, K.: Die Robinie und ihr Holz. – Berlin 1952.
GOOD, R.: The Geography of the Flowering Plants. 2nd ed. – London-New
York-Toronto 1953.
HEGI, G.: Illustrierte Flora von Mittel-Europa. – München 1908–1931.
2. Aufl. München 1935 ff.
HEJNÝ, S.: Zdomácněni dvouzubce listnatého (Bidens frondosus L.) v ČSR. –
Čs. bot. listy **1** (4–5). 1948.
— Ökologische Charakteristik der Wasser- und Sumpfpflanzen in den
slowakischen Tiefebenen. – Bratislava 1960.
HEYWOOD, V. H. (ed.): Problems of taxonomy and distribution in the euro-
pean flora. – Feddes Repert. **63**, 105–228. Berlin 1960.
KNAPP, R.: Kennzeichnung der sozialen Beziehungen, der gegenseitigen
Beeinflussung und der Konkurrenzkraft der Pflanzen bei Vegetations-
Analysen. – Ber. dtsch. bot. Ges. **73**, 418–428. Stuttgart 1960.
KÖNIG, D.: Spartina townsendii an der Westküste von Schleswig-Holstein. –
Planta **36**, 37–70. Berlin-Göttingen-Heidelberg 1948.
— Beiträge zur Kenntnis der deutschen Salicornien. – Mitt. flor.-soz. Arb.
Gemeinsch. N.F. **8**, 5–58. Stolzenau/Weser 1960.

KOHLER, A.: Ökologische Untersuchungen an Pflanzengesellschaften des Landschaftsschutzgebietes Spitzberg bei Tübingen. – Diss. Tübingen 1960.

KREH, W.: Zur Begriffsbildung und Namengebung in der Adventivfloristik. – Mitt. flor.-soz. ArbGemeinsch. N.F. 6/7, 90–95. Stolzenau/Weser 1957.

LEEGE, O.: Endozoische Samen-Verbreitung von Pflanzen mit fleischigen Früchten durch Vögel auf den Nordseeinseln. – Abh. nat. Ver. Bremen 30, 262–284. Bremen 1937.

LEICK, E. u. STEUBING, LORE: Lactuca tatarica (L.) C. A. Meyer als Wanderpflanze und Insel-Endemit. – Feddes Repert. 59, 179–189. Berlin 1957.

LOHMEYER, W.: Das Polygoneto brittingeri-Chenopodietum rubri und das Xanthieto riparii-Chenopodietum rubri, zwei flußbegleitende Bidention-Gesellschaften. – Mitt. flor.-soz. ArbGemeinsch. N.F. 2, 12–20. Stolzenau/ Weser 1950.

MOOR, M.: Pflanzengesellschaften schweizerischer Flußauen. – Mitt. schweiz. Anst. forstl. Versuchsw. 34, 221–360. Zürich 1958.

OBERDORFER, E.: Botanische Neufunde aus Baden (und angrenzenden Gebieten). – Mitt. bad. Landesver. Naturk. Natursch. N.F. 6, 278–284. Freiburg i. Br. 1956.

PETRY, L.: Nassauisches Tier- und Pflanzenleben im Wandel von 100 Jahren. – Jb. nassau. Ver. Naturk. 80, 197–237. Wiesbaden 1929.

PREISING, E.: Über standortsgerechte Holzartenwahl bei der Anlage von Neupflanzungen. - Schr. Reihe f. Flurbereinigung 22, 71–78. Stuttgart 1959.

RIKLI, M.: Die Anthropochoren und der Formenkreis des Nasturtium palustre DC. – Bericht VIII zürch. bot. Ges. 1903.

SALISBURY, E. J.: The reproductive capacity of plants. – London 1942.

SCHLÜTER, H.: Botanischer Streifzug durch das Saaletal. – Natur u. Heimat (Leipzig) 10, 504. Leipzig 1960.

SCHUMACHER, A.: Über Scilla non scripta H. et L. in Deutschland. – Feddes Repert. 47, 180–193. Berlin-Dahlem 1939.

SCHWARZ, O. u. MEYER, K.: Beiträge zur Flora von Thüringen. – Mitt. thür. bot. Ges. 1, 181–200. Jena 1957.

SEIBERT, P.: Die Pflanzengesellschaften im Naturschutzgebiet „Pupplinger Au". – Landsch. Pflege u. Vegetationsk. 1. München 1958.

THELLUNG, A.: La flore adventice de Montpellier. – Mém. Soc. nat. Sci. natur. math. Cherbourg 38. 1912.

TÜXEN, R.: Wanderwege der Flora in Stromtälern. – Mitt. flor.-soz. Arb Gemeinsch. N.F. 2, 52–53. Stolzenau/Weser 1950.

— Die heutige potentielle natürliche Vegetation als Gegenstand der Vegetationskartierung. – Angew. Pfl. Soziol. 13, 5–43. Stolzenau/Weser 1956.

— Über Bildung und Vergehen von Pflanzengesellschaften. – Mitt. flor.-soz. ArbGemeinsch. N.F. 8, 342–344. Stolzenau/Weser 1960.

— u. LOHMEYER, W.: Bemerkenswerte Arten aus der Flora des mittleren Weser-Tales und ihre soziologische Stellung in seiner Vegetation. – Jber. naturhist. Ges. Hannover 99–101, 53–75. Hannover 1950.

WATTENDORFF, J.: Über die Verbreitung der Edelkastanie im Buchen-Traubeneichen-Wald der Hohen Mark bei Haltern i. Westf. – Mitt. flor.-soz. ArbGemeinsch. N.F. 8, 222–226. Stolzenau/Weser 1960.

WENDELBERGER, G.: Die Restwälder der Parndorfer Platte im Nordburgenland. – Burgenländ. Forsch. 29. Eisenstadt 1955.

WIDDER, F. J.: Die Arten der Gattung Xanthium. – Feddes Repert., Beih. 20. Berlin-Dahlem 1923.

ZOLLER, H.: Pollenanalytische Untersuchungen im unteren Misox mit den ersten Radiocarbon-Datierungen in der Südschweiz. – Veröff. geobot. Inst. Rübel 34, 166–175. Bern 1958.

L. REICHLING:

Sie haben, glaube ich, gesagt, daß Fels-Vegetationen nur lokale Ansalbungen aufweisen, – ich glaube dieser Ausdruck bedeutet absichtliches Einpflanzen. Da muß ich als Luxemburger etwas protestieren. Luxemburg ist eine Stadt, die auf den Fels gebaut ist, und die Fels-Vegetation im ganzen Stadtgebiet, die wohl von den Festungsmauerwerken her eine ganze Anzahl von Pflanzen erhalten hat, die weist doch einiges auf, was nicht in dieses Konzept hineinpaßt. Die bekannte *Linaria cymbalaria* z.B., die ja als Charakterart der Mauerspaltenvegetation gelten mag, ist überall auf dem Fels; ebenso *Parietaria ramiflora, Artemisia absinthium, Cheiranthus cheiri, Lepidium latifolium* neuerdings an einer Stelle, *Lapsana intermedia* usw. Und auch im deutschen Moseltal habe ich bei der Herfahrt überall Beispiele gesehen, wie *Isatis tinctoria* auf den Felsen, *Artemisia absinthium* und *Cheiranthus cheiri* auch, die doch beweisen, daß vielleicht oft und gerade in der Nachbarschaft von Siedlungen die Einbürgerungen in Felsgesellschaften doch relativ zahlreich sein können.

H. Sukopp:

Wieviel Meter schätzen Sie von der Mauer bis zum Vordringen auf den Felsen?

L. Reichling:

Das ist sehr verschieden, natürlich ist mal die Mauer an den Felsen angebaut, auf den Felsen aufgebaut, aber die Pflanze beschränkt sich nicht auf die Partie des Felsens, die unmittelbar der Mauer benachbart ist, sondern sie geht manchmal hunderte von Metern weit und besonders an den Felsen des deutschen Moseltales – von Cochem oder von Bullay bis Koblenz, – sind gleichmäßig überall zwischen den Weinbergen *Isatis* und *Artemisia absinthium* auf einer Strecke von 50 km verbreitet und eingebürgert.

H. Schlüter:

Herr Sukopp erwähnte das Vorkommen von *Eranthis hiemalis* in Thüringen in den natürlichen Waldgesellschaften. Dazu möchte ich eine kleine Ergänzung geben. Bei Jena ist ein berühmter Fundort. Dort wächst *Eranthis* in einem ausgesprochen frischen Eichen-Hainbuchenwald, der also schon sehr dem A c e r i o n sich annähert, in einer ganz lokal begrenzten Massenausbreitung auf einer Fläche von vielleicht 100 × 150 m, die vollkommen gelb und dann fast wie abgeschnitten ist. Ich habe festgestellt, daß diese ausgesprochen frische Ausbildung der Gesellschaft ziemlich genau auf diese Fläche beschränkt ist, während rundherum ein Typischer Eichen-Hainbuchen-Wald steht, so daß also offenbar diese Pflanze dort ihre optimalen Bedingungen gefunden hat und sie nicht wesentlich überschreitet. Man darf dabei noch darauf hinweisen, daß das natürliche Vorkommen der Art, wie ich durch Befragen von Kollegen aus Südosteuropa erfahren habe, sich ähnlich verhält, daß man also dort ein Q u e r c o - C a r p i n e t u m c o r y d a l e t o s u m etwa als Schwerpunkt-Vorkommen für *Eranthis* annehmen muß. Damit besteht der zu erwartende, aber immerhin interessante Fall, daß die Pflanze sich dort hat einfügen können, wo die standörtlichen Verhältnisse etwa denen des Heimatgebietes entsprechen. Jena und das mittlere Saaletal um Jena sind ohnehin in ihrer Flora und ihrem Klima stark südlich geprägt.

Dann möchte ich noch, da die vegetative Vermehrung sehr betont wor-

den ist, darauf hinweisen, daß sich *Eranthis* dort wohl auch vegetativ
vermehrt. Die Knollen sind natürlich dauernd in Teilung. Aber es ist auch
eine ungeheuere Aussamung festzustellen. Wenn die Blüte vorbei ist,
und die Samen anfangen sich zu entwickeln, dann ist der ganze Bestand
nur grün von *Eranthis*, und zwar nicht nur von großen Exemplaren, die
lediglich nicht geblüht haben, sondern auch von Keimlingen in Massen,
so daß hier ganz optimale Bedingungen bestehen für beide Möglichkeiten
der Vermehrung. Hier ist eine direkte Einbringung, die wohl immer angenommen worden ist, eigentlich nicht sehr wahrscheinlich. Man kann
sie nicht ganz ausschließen. Man möchte eher annehmen, daß *Eranthis* aus
Weingärten stammt, die ja um Jena früher sehr häufig waren. Die Leute,
die den Wein kultiviert haben, z.B. Mönche, können sie ja auch mitge-
bracht haben. Von dort hat sie sich dann vielleicht in den Wald ge-
schmuggelt aus einem Weingarten, der vielleicht nur wenige Meter über
dieser Stufe auf der Kante des Muschelkalkes lag.

V. Westhoff:

Eine interessante Bemerkung von Herrn Sukopp war, daß in extremen
Gesellschaften wie im Littorellion und Ericetum Neophyten ganz
fehlen. Ein Beispiel des Gegenteils gibt es in unserem Lande. Der amerikanische *Oxycoccus macrocarpus*, eine *Ericacee*, hat sich, (wie van
Dieren 1934 ausführlich gezeigt hat), in der Mitte des vorigen Jahrhunderts auf den westfriesischen Inseln durch Schiffbruch eingebürgert und
hat sich ganz in den natürlichen Gesellschaften des Littorellion (Eleo-
charetum multicaulis) und des Caricetum trinervo-fuscae,
also einer Caricetalia fuscae-Gesellschaft eingebürgert, so daß, wenn
man es nicht wüßte, niemand glauben würde, die Art sei da nicht heimisch.
Als sie zum ersten Mal entdeckt wurde für die Niederländische Flora, hat
man noch gar nicht an einen Neophyten gedacht, sondern an ein Urvor-
kommen. Das ist wohl sehr bemerkenswert. Es gehört wohl mehr zur
„Verdrängung” als zur „Einpassung”.

Für die „Verdrängung” liefern bei uns ein gutes Beispiel *Prunus serotina* (und weniger auch *Amelanchier laevis*) hauptsächlich in den Waldgesellschaften des Querco-Betuletum und des Fago-Quercetum.
Im Fago-Quercetum ist stellenweise die Art ganz vorherrschend geworden und die ursprüngliche Gesellschaft fast zerstört. Sie haben die
Art nicht erwähnt, und ich möchte Sie fragen, ob dies nur eine lokale
Erscheinung ist, die es in Mitteleuropa nicht gibt. Dann wären wir die
einzigen Opfer dieser amerikanischen Invasion.

H. Sukopp:

Prunus serotina ist leider sehr weit verbreitet. In Berlin z.B. gibt es keine
Fläche von etwa 200 m², in der sie nicht wäre. Ich habe sie bisher
nicht erwähnt, weil ich sie in natürlichen Waldgesellschaften nicht als
eingebürgert kenne, sondern nur in Forstgesellschaften verhältnismäßig
stark veränderter Zusammensetzung. Da bin ich sicherlich beeinflußt
von Berlin, wo sie auch mit *Sambucus racemosa* zusammengeht. Dr.
Grosser hat z.B. aus Kiefern-Eichen-Birkenwäldern in der Niederlausitz
ihre Einbürgerung in naturnahe Bestände beschrieben. Die meisten An-

gaben beziehen sich auf die Nähe von Städten. Darum habe ich sie nicht genannt, obwohl sie in Mitteleuropa sehr verbreitet ist.

L. Fenaroli:

In den letzten Jahren hat sich das Auftreten von Neophyten auch im Süden sehr stark entwickelt. Wir haben eine große Menge neuer Neophyten, welche in Italien eingeführt worden sind in verschiedenen Standorten, meistens in Feldern, als Ruderalpflanzen und in den Wiesen.

Ich möchte nur erwähnen, daß Prof. Walo Koch eine lange Reihe von Neophyten aus den Reisfeldern Norditaliens beschrieben hat. (Zuruf: Prof. Fenaroli auch! Z.B. *Ammannia auriculata*.) Wir haben z.B. ein *Senecio*, welches in Venezien sehr verbreitet ist, das wahrscheinlich aus Südafrika mit der Schafwolle kam. Ferner eine Reihe von Pflanzen, welche noch studiert werden. Diese Neophyten treten meistens massenhaft auf wegen der fehlenden Konkurrenz in den Assoziationen. Das gilt nicht nur für die amerikanischen Pflanzen, welche nach Europa kommen, sondern auch in umgekehrter Richtung; z.B. unser schönes Habichtskraut *Hieracium aurantiacum*, welches bei uns in den Alpen nicht gemein ist, tritt in den Vereinigten Staaten (Maine) und im südlichen Canada (New Brunswick) massenhaft als Unkraut auf und bedeckt mit tausenden von Exemplaren sehr weite Äcker und Felder.

W. Müller-Stoll:

Unter den von Herrn Sukopp angeführten Neophyten nimmt *Spartina townsendii* eine ganz besondere Stellung ein für einen Neophyten. Sie ist eine Neupflanze und sie kommt aus keinem fremden Land. *Spartina townsendii* hat keine Heimat, die außerhalb liegt, sondern sie ist im Bereich der Kanalküste entstanden, seit 1870 bekannt, und ist ein polyploider Bastard, eine sogenannte amphidiploide Pflanze, die also zwei Eltern hat, einen europäischen und amerikanischen Ahnenteil, *Spartina stricta* und S. *alterniflora* der atlantischen Küsten von Amerika. In dem Bastard haben sich die beiden Eltern-Chromosomensätze jeweils verdoppelt, daß wir also eine Tetraploide vor uns haben, die amphidiploide Struktur hat. Sie ist also eine neuentstandene Pflanze der heimischen Flora, die sich nun einen Platz sucht. Und jetzt ist das bemerkenswerte: diese ist viel ausbreitungsfreudiger und auch konkurrenzkräftiger. Was die einheimische *Spartina stricta*, ihr Elternteil nicht konnte, das kann sie! Sie verdrängte den Queller und die Andel-Flur und baut eine neue Gesellschaft auf: eines der Argumente, die eben zugunsten einer besonderen Bedeutung der Polyploidie in der Raumgewinnung der Art sprechen.

Es haben sich in letzter Zeit Hinweise ergeben, daß *Hypericum*-Arten der Section *Brathys*, die aus Amerika stammen und dort mesotrophe bis oligotrophe Standorte einnehmen, auch bei uns anfangen in Littorellion-Gesellschaften und in oligotrophen Sumpf- und Moor-Gesellschaften sich auszubreiten, z.B. in Irland, den Niederlanden, Frankreich und jetzt auch bei uns in Brandenburg und in Bayern. Aus Italien ist dasselbe schon aus dem vergangenen Jahrhundert bekannt aus der Toscana. Es handelt sich um *Hypericum maius*, *H. canadense* und *H. mutilum*, die entsprechend ihrem Urbiotop nun hier in oligotrophe Feucht-Heide- und Moor-Gesellschaften eindringen.

J. J. Barkman:

Ich möchte noch hinweisen auf die wunderbaren *Rhododendron ponticum*-Wälder im Südosten Englands, die dort und in Irland (Killarney) ganze Berghänge besiedeln. Ich habe mit Prof. Tüxen in Canada gesehen, daß die Ackerunkrautflora und die Moose in den Wäldern fast europäisch sind. Ich habe Aufnahmen, in denen die Kraut- und Baumschicht völlig amerikanisch sind und die Moosschicht einfach europäisch ist. Das hat aber verschiedene Gründe. Die Kräuter sind dort aus Amerika eingeschleppt, die Moose nicht. Die Moose haben ja leichtere Sporen, können sich auf größere Distanzen verbreiten, sind auch geologisch gesprochen eine ältere Gruppe und haben wahrscheinlich darum größere Areale. Dennoch werden die Moose von den Menschen nicht verschleppt. Unter den Moosen gibt es fast keine Neophyten. Über *Orthodontium germanicum* oder *lineare* streiten wir uns noch. Das wäre der einzige Fall unter den Epiphyten. Unter den terrestrischen Moosen wüßte ich keinen Neophyten in Europa, unter den Flechten wüßte ich überhaupt keine Neophyten in Europa und auch bei den Pilzen nicht. Eigenartig ist, wir haben ja in Holland Fichtenwälder und darin gibt es jetzt eine ganze Reihe von Fichten-Pilzen aus Mitteleuropa. Dagegen gibt es keine amerikanischen Pilze in unseren Douglas-Wäldern. Nur eine Ausnahme möchte ich sagen, und das ist *Mutinus ravenellii*, der bei uns als Neophyt in den Douglas-Wäldern vorkommt.

L. Reichling:

Ich will als Moos noch *Lunularia* nennen, die in Luxemburg auf den Schattenseiten der Felsen vorkommt.

J. Duty:

Ich möchte zu dem, was Herr Sukopp sagte, noch hinzufügen, daß man, regional gesehen, einiges berücksichtigen sollte, was schon einmal in der Schrift von Prof. Ellenberg Erwähnung fand, als er die Versteppung von Europa abhandelte, und zwar dieses intensive Vordringen einiger südosteuropäischer Arten, wie *Cardaria draba*, die auch in natürliche Gesellschaften eindringt. Auch das Vordringen von *Senecio vernalis* war ein analoges Beispiel, und er hat sich heute in einigen Feldern einen ziemlich sicheren Platz erobert in einer Kombination mit *Silene dichotoma*, mit *Picris echioides* und mit *Cuscuta campestris*, die aus Nordamerika stammt.

Einige Pflanzen, die gesellschaftsbildend auftreten, sind nicht erwähnt worden, obwohl sie als Neophyten zu betrachten sind, z.B. die großen Gesellschaften auf unseren Gänse-Angern mit *Matricaria matricarioides*. Ebenso sind wohl die starken von früheren Kulturen herrührenden Einbürgerungen zu bewerten, die mir in Süddeutschland aufgefallen sind, z.B. von *Isatis tinctoria* in den Steppenheiden, oder von *Linum austriacum* an vielen Stellen. Geradezu erstaunlich ist es, wie sich andere Arten in die Acker- und Ruderal-Gesellschaften hineingefunden haben, wie die *Amaranthus*-Arten: *A. lividus*, *A. albus* und *A. retroflexus* auf den Äckern. Auffällig ist für die Wälder, daß sich in den Elb-Auen zwischen Leipzig und der Saale der durch den Menschen eingebrachte *Acer negundo* in einer fast unheimlichen Art vermehrt hat und stellenweise zu einer Verdrängung von *Cornus sanguinea* führt, daß er also die sich stärker behauptende Art ist. Weiterhin ist mir aufgefallen, daß auf Binnen-Dünen recht häufig Gesellschaften von *Plantago indica* wachsen, und daß es an den Ruderal-Standorten sehr merkwürdige immer wieder auftretende Kombinationen gibt mit *Bunias orientalis*, ebenso *Berteroa incana*, die als analog zu *Cardaria draba* auftritt, und daß wir in Norddeutschland eine sehr merkwürdige Umwandlung selbst der Weg-Gesellschaften innerhalb der Ackerfluren zwischen Dörfern erleben, wo man sie gar nicht erwartet, wo eine starke Entfaltung eintritt von Arten wie *Sisymbrium altissimum*, *Anchusa officinalis* und *Rumex thyrsiflorus*. Parallel dazu sind wahrscheinlich dann noch andere Arten zu werten, die heute schon ganz Europa besiedelt haben, aber auch noch in jüngster Zeit sich aktiv verbreiten. Das sind die kleinen nordamerikanischen *Lepidium*-Arten, *Lepidium ruderale* und *L. densiflorum* und dazu noch *Malva alcea*, die jetzt immer häufiger wird. Ich glaube, man könnte diese Liste sehr stark vermehren. Die *Diplotaxis*-Gesellschaften gehören auch bisher.

Man steht nun vor der Frage, gerade an den vom Menschen geschaffenen Standorten, etwa Autobahn- oder Eisenbahndämmen, wie man überhaupt diese Erscheinungen, wenn man sie plötzlich in einer immer wieder kehrenden Kombination findet, zu beurteilen hat. Es sind vielleicht noch nicht genügend Aufnahmen da aus den verschiedenen Gebieten, um das regional beurteilen zu können. Wir erleben das lokal, und ich war erstaunt, wie man z.B. in Norddeutschland an nur wenigen Stellen große Bestände findet von *Eragrostis poaeoides*. Aber schon in Brandenburg beginnt es sehr intensiv, wird nach Mitteldeutschland immer häufiger, und mir ist es ebenso aufgefallen in Süddeutschland, wo es dann regelrecht gesellschaftsbildend auftritt. Andererseits wollte ich hier nicht versäumen darauf hinzuweisen, daß es einige Arten gibt, die auch den hier so stark diskutierten Gesellschaftszerfall herbeiführen, wie ich es in Bayern auf Wiesen, an der Amper im grossen Maßstab sehen konnte durch *Veronica filiformis*, die dort so mächtig geworden ist in den Wiesen, daß sie den Bauern dort das Abmähen der Wiesen unmöglich macht. Sie unterdrückt die Wiesenkräuter und -gräser, so daß zum Schluß von diesen Wiesen nur eine fragmentarische Gesellschaft übrig bleibt mit einer Dominante. Das ist dann *Veronica filiformis*. Anders verhält sich eine andere Art, die sich merkwürdigerweise in den Moorwiesen Norddeutschlands immer wieder einfindet und die eigentlich drei Schwerpunkte hat. Das ist *Cardaminopsis arenosa*, von der wir eine südliche Form unterscheiden müssen, die vorwiegend an Schotterstandorte gebunden ist, z.B. im Moseltal sehr häufig und in der Schwäbischen Alb, während eine andere Form auf Bahndämme oder Ruderal-Standorte beschränkt ist, und die in einer dritten Form vorwiegend in Niedermoorwiesen Norddeutschlands sehr häufig auftritt, oft sogar so kümmerlich, daß ich mich frage, wie sie sich vermehrt, weil man an ihr regelmäßig kaum Früchte findet. Sie muß sich also sehr stark vegetativ vermehren können.

E.-W. Raabe:
Neben der Fülle der interessanten Einzelbeiträge, die wir eben in der Dis-

kussion gehört haben, glaube ich, sollten wir eine Bemerkung, die Herr
Sukopp beiläufig gemacht hat, nicht ganz vergessen. Die Erscheinung,
daß die meisten unserer Neophyten, und das gilt für den allergrößten
Teil der Arten, die seit etwa 4000 Jahren in Mitteleuropa eingewandert
sind, in solche Vegetationstypen eindringen, die mehr oder minder Störungszonen darstellen, die anthropogen bedingt sind, und daß jene Vegetationseinheiten, die seit eh und je festgefügt im Lande sind, verhältnismäßig immun dagegen sind.

H. Meissner:

Vaccinium macrocarpum Ait. wurde vor langer Zeit auch am Steinhuder
Meer (Bez. Hannover) ausgesetzt und kommt heute wie auf den westfriesischen Inseln in den Moorgesellschaften völlig eingebürgert vor.

Als Beispiel der Ansiedlung eines Neubürgers auf Gestein sei auf ein
seit langem bekanntes Massenvorkommen von *Artemisia absinthium* an
den Sandsteinklippen des Felsendorfes Draschen bei Dauba (Nordböh-
men) hingewiesen.

1942 beschrieb ich fast natürlich wirkende Vorkommen von *Saxifraga
umbrosa, Hemerocallis flava, Lilium bulbiferum* (dazu *Hesperis matronalis,
Mentha dalmatica, Dianthus barbatus, Lunaria annua* u.a.) von Gesteins-
fluren eines nordböhmischen Basaltberges (Langenauer Berg), die dem
Gärtchen einer längst in Vergessenheit geratenen ehemaligen Einsiedelei
entstammten.

1952 fand ich am Hochberge südl. Traunstein (Obbay.) einen kleinen
Bestand des der deutschen Flora fehlenden pannonischen *Galium rubioi-
des*. 1959 war diese Art in einem inzwischen herangewachsenen P r u n o -
F r a x i n e t u m massenhaft (aber nur noch steril) heimisch geworden.

Die nördlich nur bis Südtirol reichende *Silene italica* s. str. entdeckte
ich vor mehreren Jahren an einer Brückenböschung am Mittellandkanal
im Schaumburger Walde. Auch diese in Deutschland sonst fehlende Art
hat sich in einem *Bromus erectus*-Rasen eingebürgert und stark vermehrt.

A. Stählin:

Über die Verbreitung durch das Saatgut wurde noch nicht gesprochen.
Ich war 18 Jahre in der Samenkontrolle und konnte am Saatgut und in
den Beständen die Unkräuter feststellen, die aus fremden Gegenden gekommen sind. So z.B. *Helminthia echioides* sowohl in der Pfalz als auch
in Mittelungarn.

H. Sukopp:

Ich habe Beispiele aus oligotrophen Mooren eben ausgeklammert, außer
Oxycoccus sind es *Kalmia angustifolia, Pieris (Andromeda) floribunda.*

Im A r m e r i o n gibt es bei uns wohl keine Beispiele, aber dafür in
Skandinavien. Bei der Besprechung über Mitteleuropa habe ich das nicht
erwähnt, außerdem sind die Fragen umstritten, weil immer wieder der
Verdacht auftaucht, es könnte doch eine einheimische circumpolare Art
sein. – Es wurde mit Recht darauf hingewiesen, wie wenig niedere Pflanzen
vertreten seien. Ich möchte dem genannten Beispiel noch hinzufügen *An-
thurus aseroëformis*, das ist ein Pilz; dann unter Algen *Biddulphia sinensis.*

Lunularia ist wohl nur in Ausnahmen neophytisch. Herrn Duty möchte ich für seine Angaben danken. Ich möchte aber nochmals deutlich hervorheben, daß wir wohl einen etwas verschiedenen Sprachgebrauch für „Neophyt" hatten. Sie haben die historische Neophyten-Definition benutzt, ich habe die ökologische im Sinne von Thellung benutzt. Daher kommt die Verschiedenheit der Beispiele in unseren Ausführungen. Bei den *Isatis*-Steppenheiden möchte ich auch annehmen, daß die Mehrzahl der Fälle anthropogene M e s o b r o m i o n-Standorte sind und daß die Art nur ganz selten auf natürliche Fels-Trockenrasen-Standorte geht. Herrn Meissner danke ich auch für seine Beispiele, die wohl ebenfalls bestätigen, mit *Saxifaga umbrosa* und all diesen Arten, die ich als Beispiele nicht erwähnt habe, daß es sich ausgesprochen um Fälle von Siedlungsnähe handelt. Das bestätigt also das Bild, daß sehr viele Arten auch auf Siedlungsnähe lokal beschränkt bleiben und die Zahl der Neophyten in natürlichen Gesellschaften mit weiträumiger regionaler Verbreitung und konstantem Auftreten doch für Mitteleuropa relativ gering angesetzt werden muß. Wir können also sagen, daß natürliche Pflanzengesellschaften Mitteleuropas relativ wenige Neophyten eindringen lassen, sie relativ stabil sind und daß die Naturlandschaft Europas wenig Einwanderung zuläßt und auch wenig Veränderung der potentiellen natürlichen Vegetation Mitteleuropas durch Neophyten zu erwarten ist.

DER EINFLUSZ DER MENSCHLICHEN KULTUR AUF DIE VEGETATION DES MECSEK-GEBIRGES IN SÜDUNGARN

von

A. Oliver Horvát, Pécs

Die anthropogenen Eingriffe veränderten das natürliche Landschaftsbild in bewohnten Gebieten auf der ganzen Welt und führten zur Ausbildung einer Kulturlandschaft.

Der Phytozönologe stößt im Laufe der Erforschung der potentiellen Urvegetation auf Schritt und Tritt auf die Zeichen der Einmischung menschlicher Hand und vermerkt eine Wandlung, nach welcher die ursprüngliche natürliche Landschaft beinahe gänzlich verschwunden und zu einer Kulturfläche umgebildet worden ist.

So wurden im Komitat Baranya und im Mecsek-Gebiet, wie auch weit und breit in Europa, zu allererst die Wälder ausgemerzt und an ihrer Stelle erschienen Ackerfelder, so besonders auf dem weitverbreiteten Löß- und Holozänboden der Ebene und des Hügellandes. Diese Umbildung der Natur ist im Westen Ungarns geringer als auf der Großen Ungarischen Tiefebene, wo vor den stärkeren Kultureingriffen, also vor etwa 5000–6000 Jahren ein Flachland von tausenderlei Antlitz dalag und wo Szik-Landschaften, Sandpußten, Auenwälder mit sich auf große Flächen erstreckenden Eichenwaldungen wechselten. Es ist uns schon wohlbekannt, daß die Pflanzengesellschaften des Szikbodens und der Sandpußten d.h. der Kultursteppe infolge der Regulierung der Flüsse und des Ackerbaues auf Kosten der einstigen Wälder zur Herrschaft gelangten. In Transdanubien ist die Lage etwas günstiger. Hier verblieb zum großen Teil der Wald auf dem felsigen Boden der Gebirge, wo das Gelände zum Ackerbau ungeeignet ist, doch auf den sanft hügeligen Flächen, hauptsächlich auf Löß aber auch auf anderem Gestein wurden auch im Komitat Baranya die ursprünglichen Wälder durch Ackerfelder verdrängt. Ackerfelder ersetzten die natürliche Vegetation der Uferlandschaften und der einst mit Wasser überschwemmten, nachher aber entwässerten Gebiete. Außer diesen wasserbedeckten Flächen, die in der Vergangenheit viel größere Ausdehnung hatten, war alles mit Wald bedeckt und hier entwickelte sich eine Unkrautvegetation ohne Charakter. Diese Vegetation unterscheidet sich von derjenigen der im nördlichen Transdanubien gelegenen Kulturflächen nur durch einige submediterrane und kontinentale Differentialarten. Diese Unkrautgesellschaften sind die folgenden: die Unkrautassoziationen der perennierenden Schmetterlingsblütler (Plantagini-Medicaginetum), zu einem geringen Teil die kalkmeidenden Saatunkrautgesellschaften (Alchemillo-Matricarietum), auf den Ackerfeldern des Baranyaer Komitates hauptsächlich die kalkliebenden mitteleuropäischen Unkrautgesellschaften (Caucali-Setarietum). Dazu kommen an feuchten Stellen die Unkrautgesellschaften sumpfiger Stellen (Bidentetum tripartiti), ferner die Unkrautgesellschaften der Wegränder (Hordeo murino-Chenopodietum, Atriplicetum tataricae, Urtico-Malvetum), die Unkrautgesellschaften des dürren Bodens (Onopordetum, Echio-Melilotetum, Xanthietum), die frischen Unkrautassoziationen (Tanaceto-Artemisietum vulgaris, Arctio-Ballotetum, Lycietum halimifolii, Tussilaginetum), die Unkrautgesellschaften der Überschwemmungen (Rudbeckio-Solidaginetum) und mit dem zuerst genannten Plantagini-Medicaginetum zusammen die für die pannonische Vegetation bezeichnete Inundations-Unkrautgesellschaft: das Solidagini-Cornetum sanguineae. Zu diesen Unkrautgesellschaften gesellen sich noch die Assoziationen der betretenen Stellen (Lolio-Plantaginetum maioris, Poëtum annuae, Sclerochloëto-Polygonetum avicularis) und der feuchten Weiden (Lolio-Potentilletum anserinae, Ranunculetum repentis).

Wie wir aus dem obigen entnehmen können, wurde die Landschaft des Mecsek-Vorlandes und des Baranyaër Komitates verändert und an Stelle der einstigen Wälder des trockenen Bodens, also der Hainbuchen- und Zerreichen-Eichenwälder, wie auch in geringerem Umfange an Stelle der Buchenwälder bürgerten sich zum großen Teil die Kulturpflanzen der Ackerfelder und die angeführten Unkrautgesellschaften ein. Hier und da sind die Überreste dieser Wälder noch aufzufinden, so auf für den Ackerbau weniger geeigneten Flächen.

Die einstigen natürlichen Auenwälder (die Saliceta der Weichholzhaine: das Salicetum purpureae, triandrae, das Salicetum albo-fragilis, d.h. Weidenstrauchgesellschaften von zwei Arten und die Weidenhaine, sowie der Hartholzauenwald, das für die pannonische Vegetation bezeichnende Querco-Ulmetum hungaricum) wurden teils von Derivatwaldtypen anthropogenen Ursprungs, von degradierten Wäldern ersetzt: so wurde das kahlgeschlagene Querco-Ulmetum hungaricum von Pappelwäldern: Querco-Ulmetum hungaricum populetosum, als seinem Derivattypus und gleichzeitig degradierten Nachfolger, abgelöst. Für dessen Krautschicht sind folgende Arten kennzeichnend: *Chaerophyllum temulum, Stenactis annua, Cirsium arvense, Oxalis stricta*. Für den vom *Solidago gigantea* benannten Untertypus dieses Degradations-Derivattypus, der an Stellen mit Zwischenkultur entsteht, sind fremdländische *Astern* und *Erigeron canadensis* charakteristisch; einen zweiten Untertypus überzieht an trockenen Stellen *Calamagrostis epigeos*.

Nach dem Kahlschlag des Querco-Ulmetum hungaricum wird der Boden des sich sekundär entwickelnden Pappelhaines vorerst von einem 2,5 bis 4 m hohen Rodungsdickicht mit folgenden Arten bedeckt: *Cornus sanguinea, Crataegus monogyna, Ligustrum, Acer campestre, Euonymus europaeus, Populus alba*. Die letztere gelangt später zur Herrschaft und bildet einen Wald.

Im obigen trachtete ich die sekundäre Vegetation des flachen und sanft hügeligen Mecsek-Vorlandes, welches auf den Eingriff des Menschen stark gestört und in eine Kulturlandschaft umgewandelt wurde, zu charakterisieren.

Nun gehe ich zur Schilderung der anthropogenen Einflüsse über, die sich im Mecsek-Gebirge selbst und im benachbarten höheren Hügelland bemerkbar machen.

Gegenüber der Ebene und dem niederen Hügelland bewahrten das Mecsek-Gebirge und die höheren Hügelreihen der näheren Umgebung ihren ursprünglichen Charakter zweifellos in einem viel höheren Maß, obwohl die Wirkungen der menschlichen Kultur auch hier stark zur Geltung gelangen.

Erstens blieb in diesem Gebiet der Wald zu einem ansehnlichen Teil erhalten. In der Umgebung von Pécs, Villány und Szekszárd und vieler kleineren Ansiedlungen wurden die ursprünglichen Waldungen durch Garten- und Obstkulturen ersetzt. Die ursprüngliche Waldvegetation der Wein- und Obstgärten der Umgebung von Pécs versuchte ich in einem schon erschienenen Aufsatz zu rekonstruieren, und es konnte festgestellt werden, daß diese Wein- und Obstgärten auf dem Boden der einst aus der Flaumeiche bestehenden kalkliebenden Eichenwälder (Orno-Lithospermo-Quercetum pubescentis) und besonders der einstigen xerophytischen Zerreichen-Eichenwälder (Quercetum petraeae-cerris, Potentillo-Quercetum auct. hung.), also im großen und ganzen an Stelle trockener Eichenwälder angelegt worden sind. Doch finden wir in einem geringeren Umfang auch an Stelle der Hainbuchen-Eichenwälder Rebenpflanzungen von schwächerem Ertrag.

Westlich der Donau von der Drau von Süden gegen Norden vordringend und die an Stelle der einstigen Auenwälder, sodann an Stelle der Flachlandwälder entstandenen Ackerfelder überschreitend erreichen wir oberhalb Pécs die Waldungen des Mecsek-Gebirges. Diese Wälder sind Hainbuchen-Eichenwälder (Querco petraeae-Carpinetum), die sich dort im Klimax befinden. Am Südhang und an den Höhen selbst stehen (auf schwach saurem Boden) Wälder der Traubeneiche (Quercetum petraeae-cerris). In nördlicher und westlicher Lage finden wir, besonders in der Osthälfte des Gebirges extrazonale Buchenwälder (Fagetum silvaticae mecsekense) und in geringerer Ausdehnung im Mecsek-Gebirge selten vorkommende Waldgesellschaften: das Luzulo-Quercetum, Tilio-Fraxinetum, Luzulo-Fagetum und fragmentarisch Phyllitidi-Aceretum. Dagegen steht oberhalb Pécs auf einer Strecke von 3 km, in kleineren Flecken hier und da auch anderswo ein aus der Flaumeiche bestehender Karstbuschwald (Cotino-Quercetum) und ein kalkliebender Eichenwald (Orno-Quercetum pubescentis, Lithospermo-Quercetum auct. hung.). Wenn wir nun den anthropogenen Einfluß in diesen Wäldern untersuchen, können wir das folgende feststellen: Diese Wälder wurden zu Derivattypen degradiert. Während in Deutschland, in Österreich und in der Tschechoslowakei den Einfluß der menschlichen Umbildungstätigkeit die Aufforstung mit Nadelhölzern kennzeichnet, zeigen sich in Ungarn infolge der Störung des natürlichen Gleichgewichtes und infolge der nicht zutreffenden Forstwirtschaft andere Probleme. Die Wälder werden zu degradierten Wäldern. In diesen Wäldern ist die Zusammensetzung der Holzarten nicht entsprechend. Es gelangen, obwohl ohne das Herunterkommen der Fruchtbarkeit des Bodens, Schattenpflanzen von geringerem Wert zur Herrschaft: *Carpinus, Acer campestre* und im Mecsek-Gebirge die illyrischbalkanische *Tilia argentea. Acer campestre* bedeckt nur kleinere Flächen. An einigen Stellen, so bei Villány, ist die Ausbreitung der *Tilia argentea* in den Hainbuchen-Eichenwäldern auffallend, hier und da, den Verhältnissen in der jugoslawischen Fruška Gora ähnlich auch im Buchenwald. Die Hauptgefahr liegt aber, wie auch anderswo, im Vordringen der Hainbuche unter den schattenertragenden Arten. Nach anthropogenen Einflüssen, infolge Holzschlag, finden wir auf große Strecken an Stelle der einstigen Hainbuchen-Eichenwälder und Buchenwälder Bestände mit Hainbuchen-Monokultur. Diese herabgekommenen Derivattypen müssen wir auf die ursprünglichen, natürlichen potentiellen Assoziationen zurückführen und die Hainbuchen-Eichen- bzw. Buchenwälder wiederherstellen. Manchmal führt der Eifer der Forstleute zu Übertreibungen und die Hainbuche wird aus dem Querco-Carpinetum gänzlich ausgemerzt, obwohl sie im Kampf ums Dasein wegen ihrer belebenden Wirkung dortselbst von Bedeutung ist. Besonders im West-Mecsek ist die Überwucherung durch die Hainbuche bemerkenswert. Viel geringer ist diese Gefahr in der östlichen Hälfte des Gebirges. Unter den Baumarten mit hohem Lichtbedürfnis ist die Birke im Mecsek-Gebirge von keiner Bedeutung, sie ist dort eine floristische Seltenheit. Die Pappel spielt in den schon erwähnten Derivattypen der Auenwälder eine ansehnliche Rolle. Die Salweide erscheint in größeren Mengen nur hier und da, so auf dem Jakob-Berg. Dagegen ist im Mecsek-Gebirge, besonders im Jungwuchs, beinahe ausnahmlos in allen Waldtypen, stellenweise auch in den Buchenwäldern *Fraxinus ornus* weitverbreitet. Diese Holzart kann an trockenen Standorten, in jungen Beständen auf anthropogene Wirkungen besonders die trockenen Eichenwälder zurückdrängen, obwohl ihre Bekämpfung eine leichtere ist, als die der Hainbuche.

Die angeführten Arten sind, die Edelpappeln (*Populus serotina, P. marylandica*) ausgenommen, bei uns einheimisch, aber die A-D-Werte ihres Vorkommens in den natürlichen, von anthropogenen Einflüssen freien Wäldern geringer. Dabei befinden sich die Robinien-, Nadel- und Zerreichenwälder nicht auf ihrem ursprünglichen Standort. Im Mecsek-Gebirge gibt es wenige Robinienbestände, sie sind noch am meisten in der Nähe der Gemeindewälder in nördlicher Lage zu finden. Die Aufforstung durch Nadelhölzer begann auch nur in der neueren Zeit und ist dem Ausland gegenüber von geringem Umfang. Dagegen ist die Zerreiche in natürlichem Zustand auch in unseren Zerreichen-Eichenwäldern spärlich, doch gibt es besonders im östlichen Mecsek ausgedehnte Zerreichen-Monokulturen. Diese Bestände sind in den Zustand eines Mischwaldes der Zerreiche und der Traubeneiche zurückzuführen. Außer der spezifischen Zusammensetzung kann sich auf anthropogene Wirkungen auch die Waldstruktur umwandeln in dem die schattenertragende zweite Schicht wegfällt oder der Bestand in einem übertriebenen Maß gelichtet wird. Endlich nimmt auf anthropogene Einflüsse auch die Qualität der einzelnen Bäume ab, es entstehen Ausschlagtriebe von geringerem Wert, bzw. verkümmerte und buschige Bestände. Das Entstehen eines degra-

dierten Derivattypus, das Buschigwerden bedroht stellenweise die aus der
Flaumeiche bestehenden Karstbuschwälder und dies kann zur Entstehung von karstigen Blößen führen. Endlich können sich infolge ungeeigneter Forstwirtschaft tierische und pflanzliche Schädlinge vermehren und
wegen ungeeigneter Bodenvorbereitung und Bodenpflege entwickeln sich
schmachtende Jungbestände. Dabei verursacht auch das Abweiden eine
Umbildung der Waldtypen, und es entwickeln sich *Dactylis glomerata*-
oder *Poa nemoralis*-Fazies, während in gelichteten Beständen, so vornehmlich in Zerreichen-Monokulturen infolge schlechter Forstwirtschaft
der *Brachypodium*-Typus zur Herrschaft gelangt.

Alles zusammenfassend können wir feststellen, daß die Wälder der
ungarischen Gebirge und besonders jene des Mecsek-Gebirges im Vergleich mit den Wäldern des Westens die ursprüngliche Vegetation noch
besser bewahrten, obwohl die infolge der Mineralschätze entstehenden
Bergwerkanlagen und Niederlassungen, darunter Pécs selbst, immer und
immer größere Flächen von der ursprünglich bewaldeten Landschaft in
Anspruch nehmen und die wegen ihrer Flora und Vegetation so berühmte
natürliche Landschaft des Mecsek-Gebirges in eine eintönige Kulturlandschaft von nichtssagendem Charakter umwandeln.

ZUSAMMENFASSUNG

Im Mecsek-Gebiet wie auch weit und breit in Europa wurden zuerst
die Wälder ausgemerzt und an ihrer Stelle erscheinen Ackerfelder, so
besonders auf dem weitverbreiteten Löß- und Holozänboden der Ebene
und des Hügellandes. Außer den wasserbedeckten Flächen war alles mit
Wald bedeckt. Hier entwickelten sich Unkrautassoziationen. (Siehe Text).
Die einstigen natürlichen Auenwälder wurden teils von Derivatwaldtypen
von degradierten Wäldern ersetzt: so wurde das Querco-Ulmetum
von Querco-Ulmetum populetosum abgelöst.

Die Rekonstruktion der ursprünglichen Waldvegetation der Wein- und
Obstgärten der Umgebung von Mecsek siehe im Werk des Verfassers in
der Literatur (HORVÁT 1959).

Während in Mitteleuropa die Aufforstung mit Nadelhölzern den Einfluß der menschlichen Umbildung der Wälder kennzeichnet, zeigen sich
in Ungarn infolge der Störung des natürlichen Gleichgewichtes und infolge der Forstwirtschaft andere Probleme. Die Wälder werden degradiert,
indem die Zusammensetzung der Holzarten nicht entsprechend ist. So gelangt im Mecsek-Gebirge die balkanische *Tilia argentea* zur Herrschaft.
Die Hauptgefahr liegt aber, wie auch anderswo, im Vordringen der Hain-
buchenwälder an Stelle der einstigen, potentiellen Waldassoziationen:
Querco-Carpinetum und Fagetum. Diese herabgekommenen
Wälder müssen wir auf die ursprünglichen potentiellen Assoziationen
zurückzuführen. In Mecsek-Gebirge gibt es wenige Robinien-Bestände.
Die Aufforstung durch Nadelhölzer ist dem Ausland gegenüber von
geringem Umfang. Es gibt aber unnatürliche Zerreichen-Monokulturen;
diese sind auf das natürliches Quercetum petraeae-cerris zurückzuführen.

Alles zusammenfassend können wir feststellen, daß die Wälder des

Mecsek-gebirges im Vergleich mit den Wäldern des Westens die ursprüngliche Vegetation noch besser bewahrten.

SUMMARY

In the Mecsek region, as also in much of Europe, the woodlands were
first of all felled, and then replaced by tillage fields. This occurred particularly on the widespread loess and holocene soils of the lowlands and hill
areas. Except for areas covered by water all what was once woodland now
has weed communities (see in text).

The once natural flood-plain woodlands were partly replaced by degraded woodland types: thus also the clear felled Querco-Ulmetum
was superceded by the Querco-Ulmetum populetosum. For the
reconstruction of the original woodland vegetation of the vineyards and
fruit gardens in the neighbourhood of Mecsek see HORVAT 1959.

In Central Europe the effect of human influence on the woodlands is
shown by afforestation with conifers. In Hungary, following the upset of
the natural equilibrium and in the absence of afforestation, other problems
arose. The woodlands were degraded and the composition of the tree
species no longer corresponded with the original. Thus it happened that
in the Mecsek mountains the Balkan *Tilia argentea* became prominent.
The principal problem is, as elsewhere, the intrusion of the hornbeam-
beechwoods onto the site of the former potential woodland associations:
Querco-Carpinetum and Fagetum. These derived woodlands may
be traced back to the original potential associations. There are few *Robinia* stands in the Mecsek mountains. The afforestation with conifers is
negligible as compared with other countries. However, where unnatural
monocultures of *Quercus cerris* occur these may be traced back to the
natural Quercetum petraeae-cerris association.

Summarising, we can say that the woodlands of the Mecsek mountains
in comparison with the woodlands of the western countries remain more
close to the natural state.

LITERATUR

HORVÁT, A. O.: Mecseki tölgyesek erdötipusai. – Die Waldtypen des Mecsek-
    Gebirges. – Janus Pannonius Muz. 1956 évi évkönyve. p. 131. Pécs 1957.
— Mecseki gyertyános tölgyesek erdötipusai. – Die Waldtypen der Eichen-
    Hainbuchen-Mischwälder des Mecsek-Gebirges. – Janus Pannonius Muz.
    1957 évi évkönyve.
— A mecseki bükkösök erdötipusai. – Die Typen der Mecseker Buchen-
    wälder (Fagetum silvaticae mecsekense). – Janus Pannonius Muz. évi
    évkönyve 1958, p. 31. Pécs 1958.
— A Pécs környéki szölök és gyümölcsösök eredeti vegetációja. – Die
    ursprüngliche Vegetation der Wein- und Obstgärten in der Umgebung von
    Pécs. – Bot. Közl. Budapest 1959.
KÁRPÁTI, I.: A hazai Duna-ártér erdötipusai. – Die Waldtypen des Über-
    schwemmungsgebietes der Donau in Ungarn. – Erdö. 1958. p. 307.
MAJER, A.: A rontotterdök feljavitása. 1960. (Das Aufbessern der degradierten
    Wälder). Ungarisch.
Soó, R.: Conspectus associationum plantarum Hungariae. Editio 10. V. 1960.

KIEFERNFORSTEN

von

ALEXIS SCAMONI, Eberswalde

Von der anthropogenen Vegetation im Walde sind, abgesehen von den Kahlschlag- und Weg-Gesellschaften, die künstlich begründeten Bestände von großer Ausdehnung, die nach dem Vorschlag von TÜXEN (1950) als „Forstgesellschaften" bezeichnet werden.

Obgleich von ethymologischer Seite der Ausdruck Forstgesellschaft als Gegensatz zur natürlichen Waldgesellschaft anfechtbar ist – taucht doch der Begriff des Forstes erst im Mittelalter auf und hat eine mehr verwaltungstechnische Bedeutung – so ist er als „terminus technicus", als Forstgesellschaft doch recht einfach und einprägsam und verdient den Vorzug gegenüber anderen Bezeichnungen wie Abwandlung oder gar Kunstbestand.

Bei näherer Untersuchung erscheint sein Inhalt doch nicht so einfach zu deuten. Am klarsten erscheint er bei Beständen nicht autochthoner Baumarten; noch relativ klar ist er bei Monokulturen autochthoner Baumarten, dann gibt es aber bei der Regeneration der natürlichen Vegetation zahlreiche Übergänge, die eine Zuordnung erschweren. Und sind gar die Nieder- und Mittelwälder, die sehr starken anthropogenen Einflüssen ausgesetzt sind, zu ihnen zu rechnen?

Bei den Kiefernforstgesellschaften, die ich zum Gegenstand meiner Ausführungen machen möchte, treten diese Probleme zum Teil auch zutage, doch möchte ich auf sie erst später eingehen.

Sieht man das Kartogramm des heutigen Anteils der Kiefer an der Holzbodenfläche z.B. im Bereich des norddeutschen Pleistozäns an, das zwar nach der Statistik von 1927 von HESMER (1938) erarbeitet wurde, und wo die Kiefer heute wahrscheinlich noch an Fläche gewonnen hat, so erstreckt sich keilförmig ein breiter Streifen von Brandenburg und Südmecklenburg über die Altmark und Niedersachsen bis an die holländische Grenze. Hohe Prozentzahlen der Kiefer an der Holzbodenfläche zeichnen dieses Gebiet aus. Zum größten Teil sind dies alles Kiefernforsten. Nur gering ist ein natürlicher Kiefernwald, ein Pinetum, bei uns vertreten. Nach der Schätzung von HESMER (1939) nach Grenzen von 1937 hat die Kiefer 13% der Waldfläche eingenommen. Hierbei muß man noch bedenken, daß sie als Mischholzart auch in Laubwaldgesellschaften vorkommt.

Nach unserer, auf der Karte dargestellten Auffassung, ist ein natürlicher Kiefernwald nur auf sehr kleinen Flächen schlechtester Sandböden anzunehmen. Es sind dies Gebiete in Mittelbrandenburg und in der

Lausitz, kleine Flächen in Nordbrandenburg und an der Ostseeküste. Größer sind die Flächen, in denen die Kiefer als Mischholzart zur Eiche und Buche auftritt, doch auch sie haben ihre Begrenzung in Mittelmecklenburg und an der Elbe, wo linkselbisch nur in der Letzlinger und in der Dübener Heide auf größerer Fläche Mischwälder mit Kiefer auftreten. Wieweit weiter westlich, so in der Göhrde oder im östlichen Westfalen, die Kiefer, sei es auch als Mischholzart ursprünglich auf größeren Flächen auftrat, die vergleichsweise im selben Maßstab darzustellen wären, bezweifle ich. Vielmehr ist an ein mehr oder minder punktförmiges Auftreten zu denken, wie es in Westmecklenburg und in der Altmark der Fall ist.

Die Frage des Unterschiedes eines Kiefernforstes und eines natürlichen Kiefernwaldes, auf die ich noch zu sprechen komme, bewegt in erster Linie uns Märker und Lausitzer. Für die weitesten Teile dieses Kiefernforstgebietes liegt die Sachlage ganz klar. Von Interesse ist es, die Ursachen dieser künstlichen Massenausbreitung der Kiefer zu ergründen. Diese Ursachen sind vielfach, liegen aber im Grunde in der relativ leichten künstlichen Begründung von Beständen mit dieser Baumart und nicht zuletzt in ihrer sehr vielseitigen Verwendungsmöglichkeit. Innerhalb ihres natürlichen Verbreitungsgebietes hat sie sich schon frühzeitig halbnatürlich ausgebreitet, besonders im 18. Jahrhundert, einer Zeit großer Waldverwüstung, wo namentlich die Waldweide ihr Aufkommen sehr begünstigte. Viele aus der Zeit als aus Naturverjüngung entstanden bezeichneten Kiefernbestände, sind infolge der Hintanhaltung der Laubhölzer durch Verbiß, der Bodenverwundung durch Weidetritt und Dezimierung der anderen Bodenvegetation entstanden. Stellenweise hat auch das Waldfeuer diese Baumart sehr begünstigt.

Auch die Streunutzung, die gegendweise sehr stark ausgeübt wurde, trug sehr zur Verbreitung der Kiefer bei. Mit dem Einsetzen einer geregelten Forstwirtschaft ging man daran, schlechtwüchsige Laubholzbestände auf Kiefer umzuwandeln, ja man ging weit auch in den Bereich gutwüchsiger Laubwaldgesellschaften und wandelte sie unter dem Hinblick auf eine größere Massen- oder Wertleistung der Kiefer in Kiefernforsten um. Mit der Einschränkung einer extensiven Landwirtschaft, der Unrentabilität der Schafzucht, wurden weite Heideflächen, die sich bis in die Lausitz erstreckten, mit Kiefern aufgeforstet, auch zur Aufforstung sonstigen Ödlands nahm man vorzugsweise die Kiefer. Auch bei der Aufforstung nicht rentabler Äcker wurde in erster Linie auf die Kiefer zurückgegriffen, und es ist interessant, festzustellen, auf welch großen Flächen namentlich im vorigen Jahrhundert Äcker aufgeforstet worden sind.

Nach Untersuchungen von RICHTER und seinen Mitarbeitern sind im Bereich des nordostdeutschen Pleistozäns nur ca. 50% sogen. alter Waldboden, die heute mit Wald bestandenen übrigen Flächen haben wenigstens zeitweilig eine andere Nutzung gehabt und tragen heute fast alle Kiefernforsten.

Alle diese Maßnahmen haben dazu geführt, riesige fast reine Kiefernforsten anzulegen, mit allen ihnen innewohnenden Gefahren, namentlich im Hinblick auf den Forstschutz.

Wenn auch außerhalb des natürlichen Verbreitungsgebietes der Kiefer die Ansprache einer Kiefernforstgesellschaft als solche bis auf die erwähnten Grenzfälle eindeutig erscheint, so entsteht innerhalb ihres natürlichen Verbreitungsbereichs die Frage, welche Merkmale eine Kiefernforstgesellschaft gegenüber einem natürlichen Kiefernwald auszeichnen und umgekehrt. Anzuführen ist zunächst eine Gleichaltrigkeit der Bestände, die aber auch in einer Naturverjüngung nach Waldbrand entstehen kann. Gleichaltrigkeit in Verbindung mit sichtlichem Stand der Bäume in Reihen nach Saat oder Pflanzung zeigt sicher einen Kiefernforst an. Als Kriterium für einen natürlichen Kiefernwald hat man oft eine Naturverjüngung der Kiefer angeführt. Nun zeigt sich, daß nach Streunutzung, Acker- und Heideaufforstung in ganz bestimmten Regenerationsphasen auch auf Laubwaldstandorten temporär sich eine lebhafte natürliche Verjüngung der Kiefer einstellt und trotz dieser Naturverjüngung diese Bestände als Forstgesellschaften angesprochen werden müssen. Das beste Beispiel hierfür ist das sehr bekannte Revier Bärenthoren am Fläming.

Wir fragen uns weiter, ob es auch floristische Merkmale gibt, die einen Kiefernforst von einem Kiefernwald unterscheiden lassen. Diese Frage ist dort leicht zu entscheiden, wo syngenetische Arten die Verbindung bzw. die Herkunft zu Laubwaldgesellschaften erkennen lassen. Nach Devastierung oder im Bereich bodensaurer Laubwälder versagt dies Kriterium. Und wie steht es in dieser Hinsicht mit Kiefernforsten auf Standorten eines natürlichen Kiefernwaldes? Dies führt zu der Frage des Unterschiedes zwischen Kiefernforst und Kiefernwald nach floristisch-soziologischen Gesichtspunkten.

Geht man in unserem Bereich vom Dicrano-Pinetum marchicum aus, einer Assoziation, die vor der Aufstellung des Begriffs der Forstgesellschaften, wie der Name schon sagt, aus der Mark beschrieben und aufgestellt wurde und sieht man ihre Charakterarten an, so ist *Pinus silvestris* zur Lösung der Frage sowieso nicht zu gebrauchen, da deren natürliches Vorkommen nicht leicht zu beweisen ist. *Dicranum undulatum*, die weitere namengebende Art, ist aber nach unserer Feststellung gerade eine ausgesprochene Art bestimmter Kiefernforsten. So ist – und die Tabellen und Karten aus dem Königswald bei Potsdam zeigen es sehr deutlich – das Dicrano-Pinetum in Kiefernforsten aufgestellt worden, es ist eine Forstgesellschaft, die auch die kleinblättrige Mistel nicht rettet, auch nicht die *Lycopodien* und die *Pyrolaceen*, die in Kiefernforsten genau so vorkommen können. Im übrigen sind die letzteren im Binnenland äußerst selten, treten gehäuft nur in den Dünenkiefernwäldern an der Ostsee auf, die eine extrazonale Erscheinung des borealen Kiefernwaldes darstellen, wo sie wirklich in den Nadelwäldern signifikant vorkommen.

Die bei uns vorkommenden echten Kiefernwälder sind äußerst arm, ja man kann sagen leer an besonderen Arten und weisen in floristischer Hinsicht keine Unterschiede zu vergleichbaren Kiefernforsten auf. Dies kommt daher, daß mit Ausnahme der Dünenkiefernwälder an der Ostsee auch weiter ostwärts die echten Kiefernwälder arm sind, sie sind Relikte auf besonders schlechten Standorten, da das Laubholz – Buche oder Eiche – von Natur aus auf etwas besseren Standorten gleich die natürliche Waldgesellschaft bestimmen. Merkmale des Bestandesaufbaus, waldentwicklungsgeschichtliche Befunde, Vergleich der Standortsbe-

dingungen lassen doch in den meisten Fällen eine Ansprache als Kiefernwald oder Kiefernforst zu.

Eine weitere Frage ist die Klassifikation der Kiefernbestände, in denen
das Laubholz einen großen Anteil wiedererlangt hat. Sehr oft geschieht
es auf dem Wege der Hähersaat, wie man auch feststellen kann, daß sich
die Eiche und Buche in bestimmten Kiefernforsten natürlich sehr gut
verjüngen. Diese Bestände, die gewiß Kiefernforsten waren, gelangen
immer mehr und mehr unter den Einfluß des Laubholzes, so daß wir uns
entschlossen haben, sie als eine besondere zwischen den Forstgesellschaften und den natürlichen Waldgesellschaften vermittelnde Kategorie ein-
zuschalten.

Die Beurteilung der einzelnen Ausbildungsformen der Kiefernforsten
wird erleichtert, wenn man ihre Entwicklung ins Auge faßt, insbesondere
den Einfluß der bestandesbildenden Baumart, der Kiefer, untersucht.

In dichtem Bestand wird die Kiefer, sei es nach einem Kahlschlag, sei
es auf einem aufgelassenen Acker oder auf einer Ödlandfläche eingebracht.
Nach Überwindung der Jugendgefahren tritt in der Dickung ein dichter
Schluß ein, wodurch die Bodenvegetation weitgehend vernichtet wird
und große Mengen an Streu auf den Boden gelangen. Im Stangenholz
sind die Bestände zwar noch sehr dicht, der Streuabfall hoch, jedoch regt
sich das Leben der Bodenvegetation und schattenertragende Arten, vornehmlich Moose, überziehen den Boden. Nach Auflichtung im Baumholzalter tritt nun eine weitgehende Differenzierung je nach Standort ein,
wobei zu den temporären Standortseigenschaften auch Eingriffe des
Menschen gehören. Die Frage ist, wieweit sind der Boden und die Bodenvegetation in der Lage, die sehr saure Kieferstreu zu verkraften, wobei
nach den Untersuchungen von WITTICH (1938) die Kiefernnadeln zur
vollständigen Zersetzung in den Boden gelangen müssen, wo sie abgebaut
werden. Geschieht dies nicht, so bildet sich Rohhumus, und es wandern
Sauerhumuspflanzen ein, die zum Teil die ungünstigen Wirkungen er-
höhen.

Es ist also eine Primärwirkung, die vom Boden ausgeht, auch das
Groß- und Kleinklima spielen mit. Als Sekundärwirkung tritt die Tätigkeit bestimmter Bodentiere, aber auch von Arten der Bodenvegetation
hinzu, die einen Ausgleich schaffen können, da manche Arten der Bodenvegetation, insbesondere Gräser außer *Molinia*, eine günstige Streu haben,
welche die ungünstige Kiefernstreu in sehr komplexen Vorgängen kom-
pensieren kann. Andere Arten, insbesondere die Zwergsträucher begünstigen, wie schon angedeutet, durch ihre Wurzelkonsistenz die Rohhumusbildung. Generationsweiser Anbau der Kiefer kann die natürliche
Resistenz der Standorte allmählich stark abschwächen, ja eliminieren,
was auch in der Vitalität der Kiefern sich schließlich ausdrückt. Mit der
Auflichtung der Bestände im Baumholzalter kommt zwar eine größere
Wärmemenge auf den Boden, die sich aber nur dort in einem Humusab-
bau und einer gesteigerten Nitrifikation auswirken kann, wo entsprechende, nicht allzu ungünstige Bedingungen schon vorhanden sind. Die er-
höhte Nitrifikation zeigt sich in der Ausbreitung von *Rubus idaeus*, aber
auch *Urtica dioica* und *Galeopsis tetrahit* können auftreten. Je besser die
Standortsbedingungen sind, desto eher treten diese Arten schon im Stan-

genholzalter auf. Auf der anderen Seite können sich im Baumholzalter
Gräser ausbreiten, die im allgemeinen zu den trockenheitertragenden
Arten gehören, so *Agrostis tenuis*, *Anthoxanthum odoratum*, *Poa pratensis*
var. *angustifolia*, auch *Deschampsia flexuosa* bevorzugt Kiefernforsten.
In besonderen Ausbildungen treten in verstärktem Maße auch *Brachypodium silvaticum*, *Brachypodium pinnatum*, *Arrhenatherum elatius*,
Dactylis glomerata und auch *Festuca ovina* auf. Mit der Kiefer erscheinen
auch Moose wie *Scleropodium purum*, *Entodon schreberi*, *Dicranum scoparium* und *Dicranum undulatum*, das als Kennart bestimmter Ausbildungen gelten kann. Im subatlantischen Bereich breitet sich *Lonicera
periclymenum* örtlich sehr stark aus, auf grundwasserbeeinflußten Standorten können *Pteridium aquilinum* und *Molinia coerulea* eine Förderung
erfahren. Für bestimmte Kiefernforsten sind ferner *Carex hirta*, *Potentilla
erecta*, *Rumex acetosella* und eine Landform von *Calamagrostis canescens*
sehr bezeichnend. Streunutzung ist besonders durch *Hypnum cupressiforme*, *Dicranum spurium*, *Dicranum scoparium* und *Calluna vulgaris* zu
erkennen.

Durch die Kombination der standörtlichen Bedingungen mit den Be-
einflussungstufen entstehen bestimmte Ausbildungen der Kiefernforsten,
die man mit Hilfe der soziologischen Artengruppen sehr wohl definieren
kann. Im Folgenden möchte ich einen vorläufigen Überblick über die
Kiefernforsten im Bereich des nordostdeutschen Pleistozäns geben. Für
die nordwestdeutschen Bereiche haben wir die umfassende Bearbeitung
von Frau Dr. MEISEL. Die Ausbildungsformen der Kiefernforsten lassen
sich zu Gruppen zusammenfassen, die nach bestimmten Gesichtspunkten
ausgeschieden werden. Eine Übersicht über die größeren Gruppen, die
örtlich eine starke Differenzierung erfahren, sei hier gegeben.

In besseren Kiefernforstgesellschaften tritt *Rubus idaeus* als eine sehr
bezeichnende Art auf, verschiedene Arten der Laubwaldgesellschaften
können noch angetroffen werden. So tritt auf lehmigen Standorten ein
Deschampsia caespitosa-Kiefernforst auf, vor allem im Bereich der
Buchenwälder, in dem die Buche sehr oft in der Strauchschicht vertreten
ist. Ähnliches gilt auch für den *Festuca altissima*-Kiefernforst, der eine
ganze Reihe von Laubwaldarten enthalten kann. Man kann beobachten,
daß selbst auf besseren Standorten *Vaccinium myrtillus* in die Kiefernforsten einwandert, so im Bereich des *Rubus*-Kiefernforstes im *Brachypodium silvaticum*- und im *Milium effusum*-Kiefernforst. Je nach den Wald-
gebieten kann man hier die Rotbuche oder die Hainbuche in der Strauchschicht oft beobachten.

Die genannten Kiefernforsten stellen Ersatzgesellschaften des M e l i c o -
F a g e t u m, besserer Ausbildungen des P e t r a e o - F a g e t u m, des T i l i o -
C a r p i n e t u m und besserer Ausbildungen des F e s t u c o - C a r p i n e t u m.
Im Bereich der wärmeliebenden Eichenwälder, so des P o t e n t i l l o -
Q u e r c e t u m, tritt ein Süßgras-Kiefernforst auf, in dem *Arrhenatherum*,
Dactylis, *Anthoxanthum* oder *Brachypodium pinnatum* oft herrschend auf-
treten. Durch den hohen Anteil dieser biologisch günstigen Gräser stellen
diese Kiefernforsten sehr resistente Pflanzengemeinschaften dar. Als
Ersatzgesellschaften schlechter Ausbildungen des P o t e n t i l l o - Q u e r -
c e t u m und des F e s t u c o - C a r p i n e t u m der besseren Ausbildungen

des Pyrolo- bzw. Tilio-Quercetum sind einmal reiche *Deschampsia flexuosa*-Kiefernforsten vorhanden, die eine ganze Reihe von Gräsern und Kräutern enthalten, die auf bessere Standortsbedingungen hinweisen. Ähnlich sind die Bedingungen in einem *Oxalis-Deschampsia flexuosa*-Kiefernforst, der örtlich viel Hainbuche in der Strauchschicht aufweisen kann. Etwas besonderes stellen die *Corylus*-Kiefernforsten dar, deren Anblick an die Frühe Wärmezeit erinnert, wo unter der Kiefer eine dichte Strauchschicht der Hasel ausgebildet ist. Als natürliche Waldgesellschaft ist hier ein Tilio-Carpinetum anzunehmen. Im Bereich des Grundwassers begegnet uns ein *Pteridium*-Kiefernforst, wo der Adlerfarn sich sehr üppig entwickelt und die Bodenbiologie weitgehend bestimmt. Es sind dies vornehmlich Ersatzgesellschaften des Stellario-Quercetum. Etwas schwächer ist der *Oxalis-Molinia*-Kiefernforst, der als Ersatzgesellschaft der Periclymeno-Fagetum vorkommt. Bei allen diesen genannten Kiefernforsten ist zwar der Einfluß der Kiefer auf die Bodenvegetation zu erkennen, doch man kann kaum schon von Degradationsstufen sprechen.

Eine Übergangsstellung nimmt der *Oxalis-Myrtillus*-Kiefernforst ein, der noch ein schwaches Vorkommen der Himbeere aufweist. Hier ist die Förderung der Blaubeere durch die Kiefer sehr deutlich. Es ist als Ersatzgesellschaft schwächerer Ausbildungen des Petraeo-Fagetum anzusehen, wie auch die Buche sehr oft in der Strauchschicht hier erscheint. Damit wären wir am Ende der Gruppe der *Rubus*-Kiefernforsten.

Eine weitere Gruppe läßt sich nach dem Vorkommen von *Calamagrostis arundinacea* bestimmen. Es sind Ersatzgesellschaften mittlerer Buchen- oder Eichenmischwälder, wobei *Calamagrostis arundinacea* zuweilen nur als einzige Art auf die Herkunft der Forstgesellschaft hinweist. Im Waldgebiet der Kiefern-Traubeneichenwälder tritt ein *Calamagrostis arundinacea-Viola canina*-Kiefernforst auf, wobei eine Anzahl wärmeliebender Arten, aber auch *Deschampsia flexuosa* und *Vaccinium myrtillus* vorkommen. Der *Calamagrostis arundinacea-Convallaria majalis*-Kiefernforst ist als Ersatzgesellschaft des Tilio-Quercetum zu werten, in dem die Maiglöckchen flächenweise den Boden überziehen. In der ersten Kieferngeneration ist auf Standorten der beiden genannten Kiefernforsten noch keine Degradation zu bemerken, bei mehrfachem Anbau der Kiefer wird sie sehr verstärkt, da die Resistenz dieser Pflanzengemeinschaften nicht sehr groß ist. Schlechter zu werten ist der *Calamagrostis arundinacea-Vaccinium myrtillus*-Kiefernforst, in dem manchmal nur *Calamagrostis arundinacea* die einzige Art ist, die auf die Laubwaldgesellschaft hinweist. Als Ersatzgesellschaft der betreffenden Ausbildung des Petraeo-Fagetum oder des Calamagrostido-Quercetum weist sie je nach Waldgebiet Rotbuche oder Traubeneiche in der Strauchschicht auf.

Die weitere Gruppe der Kiefernforsten kann physiognomisch sehr verschiedenartig sein. Die beste hiervon ist ein auf großen Flächen vorkommender *Calluna-Myrtillus*-Kiefernforst, in dem neben der herrschenden Blaubeere auch *Calluna vulgaris* und *Vaccinium vitis-idaea* in wechselnder Artmächtigkeit auftreten. Als Ersatzgesellschaft des Kiefern-Buchenwaldes, eines Kiefern-Traubeneichenwaldes, oder des echten Zwergstrauch-Kiefernwaldes ist er kaum als Degradationsstufe anzusprechen, zeigt auch örtlich eine gute Naturverjüngung der Rotbuche oder der Traubeneiche.

Auf Standorten der Eichen-Buchenwälder oder der Eichen-Hainbuchenwälder stellt er eine erste, aber sehr deutliche Degradationsstufe dar.

Im Grundwasserbereich treten Kiefernforsten auf, in denen *Molinia coerulea* bezeichnend vorkommt, es gibt hier verschiedene Kombinationen mit *Vaccinium myrtillus* bis zum reinen *Molinia*-Bewuchs. Da diese Standorte auch unter natürlicher Bestockung des M o l i n i o - Q u e r c e t u m oder M o l i n i o - F a g e t u m sowieso stark podsoliert sind, kann man diese Kiefernforsten kaum als Degradationsstufen ansprechen. Etwas anderes ist es auf Standorten des Pseudogley vornehmlich im Altdiluvium, wo solche *Molinia*-Kiefernforsten als deutliche Degradationsstufen anzusprechen sind. Auf größere Flächen kann man ärmere *Deschampsia flexuosa*-Kiefernforsten ausscheiden, in denen die Drahtschmiele in verschiedenen Kombinationen, die besondere Ausbildungsformen bedingen, oftmals mit Moosen wie *Entodon schreberi* vorkommt. Je nach ihrer Zusammensetzung sind sie Degradationsstufen oder auch Regenerationsstufen, oftmals mit guter Kiefernnaturverjüngung. Sie sind für unseren Bereich sehr bedeutsam. Verbreitet sind auch *Calluna*-Kiefernforsten, die echte Degradation oftmals nach Streunutzung anzeigen. Wenig verbreitet sind *Vaccinium vitis-idaea*-Kiefernforsten, die meist an verhagerten Stellen auftreten. Mit das ärmlichste sind die Hagermoos-Kiefernforsten, die eine sehr starke Degradationsstufe darstellen. Wenig höhere Pflanzen, so *Deschampsia flexuosa, Calluna vulgaris, Festuca ovina* findet man hier. Dagegen sind auf dem Boden Moose verbreitet, wie *Hypnum cupressiforme, Entodon schreberi, Dicranum scoparium, Dicranum undulatum, Dicranum spurium, Leucobryum glaucum* und verschiedene Flechtenarten. Am ärmlichsten sind wohl die Flechten-Kiefernforsten, die fast alle nach Devastierung entstanden sind, denn die Standorte eines echten C l a d o n i o - P i n e t u m sind sehr selten. Auch sie kann man nach den Flechtenarten noch weiter untergliedern.

Wie schon erwähnt, ist die Streunutzung ein starker degradierender Eingriff in die Kiefernforsten. Die Vegetationsentwicklung nach Streunutzung ist von WAGENKNECHT (1939) eingehend untersucht worden, so daß ich hier nicht näher darauf einzugehen brauche.

Eine besondere Gruppe der Kiefernforsten bilden die Ackeraufforstungen, die besonders in der 1. Generation noch verschiedene Arten der Ödlandrasen, wie *Ornithopus perpusillus, Knautia arvensis, Hypericum perforatum, Viola tricolor, Jasione montana* u.a. aufweisen können. Je nach Standort zeichnen sich bestimmte Ausbildungsformen ab.

Wenn man die Kiefernforstgesellschaften zusammenfassend betrachtet, so sind die mit vorherrschenden Zwergsträuchern, Hagermoosen und Flechten in bodenbiologischer und ertragskundlicher Hinsicht in ihrer Entwicklung als ungünstig anzusprechen. Auf diese Tatsache hat KOPP (1954) in seiner Arbeit besonders hingewiesen. Bei Kiefernforsten mit vorherrschenden Gräsern – *Molinia* vielleicht ausgenommen – und Adlerfarn kann man dagegen in dieser Hinsicht nicht mit einem Leistungsabfall rechnen. Bei pfleglicher Behandlung, wie es z.B. in dem bekannten

Revier Bärenthoren am Fläming der Fall ist, ist sogar eine Steigerung um mindestens eine Ertragsklasse festgestellt worden, wobei natürlich die primären Standortsbedingungen nicht die schlechtesten sind.

Eine neue Gruppe von Kiefernforsten ist im Entstehen, nämlich die nach erfolgter biologischer oder chemischer Melioration. Von den ersteren ist besonders das Revier Sauen zu erwähnen, wo mit Robinienunterbauten in Kiefernforsten eine beachtliche Leistungssteigerung erzielt wurde. In den meisten Kiefernforstgesellschaften ist der Stickstoffhaushalt arg gestört, ja nur minimal vorhanden. An der Bodenvegetation ist dies sofort zu erkennen. So laufen die Maßnahmen zur Hebung des Ertrages dieser Ersatzgesellschaften darauf hinaus, zunächst den Stickstoffhaushalt zu beleben und bei Mineralleere des Bodens durch Zufuhr von nachhaltigem Dünger wie Basaltmehl, Hochofenschlacke auch den Mineralstoffhaushalt zu verbessern. Die große Ausdehnung und die teilweise Degradation der Kiefernforsten stellen der Forstwissenschaft und Forstwirtschaft große Aufgaben, an deren Lösung die forstliche Vegetationskunde erfolgreich mitarbeitet.

Eine weitere Frage ergibt sich, ob man die Forstgesellschaften, in unserem Fall die Kiefernforstgesellschaften, in eine natürliche Ordnung der Vegetation eingliedern kann. Diese Frage wird z.B. von Tüxen (1950) und Meisel-Jahn (1955) durchaus negativ beurteilt. Als Argumente werden angeführt, die Forstgesellschaften seien zu labil und verändern sich schnell, ihnen fehlen Kennarten, sie seien nicht selbständig lebensfähig. Dieser Argumentation ist entgegenzuhalten, daß andere in das System aufgenommene Vegetationseinheiten, z.B. die Kahlschlaggesellschaften, eine noch kürzere Lebensdauer haben als alle Forstgesellschaften. Mithin dies kein Grund sein kann, die Forstgesellschaften aus einem System auszuklammern. Das zweite Argument des Fehlens von Kennarten ist nach unserer Auffassung auch nicht stichhaltig. Denn nach Überwindung der dogmatischen Kennartenlehre ist es offensichtlich, daß es auch Vegetationseinheiten im Range einer Assoziation gibt, die keine Charakterarten haben, und die dennoch durch eine spezifische Artengruppenkombination signifikant zu kennzeichnen sind. Das allgemeingültige Prinzip der soziologischen Artengruppen und der aus ihnen zusammengesetzten Vegetationseinheiten gestattet es, auch die Forstgesellschaften zwanglos in eine natürliche Ordnung einzugliedern. Das letzte Argument der nicht selbständigen Lebensfähigkeit widerlegt sich von selbst durch die Aufnahme der anthropogenen Vegetation in ein System, einer Vegetation, deren meiste Einheiten auch nicht selbständig lebensfähig sind.

Die Forstgesellschaften können als besondere und als solche zu kennzeichnende anthropogene Vegetationseinheiten der Kulturwälder in Verbände, Ordnungen etc. eingegliedert werden. Sie sind nicht Subassoziationen, Varianten oder Fazies natürlicher Waldgesellschaften, sondern mehr oder minder stark beeinflußte Pflanzengemeinschaften, deren Zuordnung zu einer höheren Einheit nach der soziologischen Ähnlichkeit erfolgen muß. Ist ihre Kennzeichnung mit deutschen Namen eindeutig, so könnte man die Kiefernforsten z.B. als Pseudopineten auszeichnen, deren Stellung je nach ihrer Bodenvegetation in verschiedenen Verbänden,

Ordnungen gegeben ist. Leider werden nach mehr als 10 Jahren der
Publizierung des Begriffs der Forstgesellschaft, Forstgesellschaften als
natürliche Waldgesellschaften beschrieben oder auch mit diesen ver-
mengt, ebenso wie es vorkommt, daß sehr naturnahe Bestände als Forstgesellschaften angesprochen werden.

Noch eine letzte Frage möchte ich im Zusammenhang mit den Forstgesellschaften anschneiden. Es wird im allgemeinen behauptet, daß die
Vegetation der Ausdruck des Gesamtkomplexes der Standortsfaktoren
darstellt. Ist dies bei den Forstgesellschaften auch der Fall? Ich glaube,
daß hierbei eine Einschränkung notwendig ist. In den Forstgesellschaften
hat der Mensch sehr stark eingegriffen, einmal durch den Anbau einer
Baumart, wobei man auch die Kahlschlag- und Dickungsphase mit in
Betracht ziehen muß, andermal durch weitere Einwirkungen auf die
Biologie der Bestände. Hierbei sind diese großen ineinandergreifenden
Beziehungen gestört worden, die in einer natürlichen Vegetation gegeben
sind. In welchem Maße, habe ich schon zu Anfang meiner Ausführungen
angedeutet. Die Erfahrungen zeigen, daß die Vegetation der Forsten in
vielen Fällen nur der Ausdruck des aktuellen Zustandes des Standorts
ist, d.h. die Aktualität und nicht die Potenz angezeigt wird. Doch auch
diese Aussage kann nicht als absolut angesehen werden, da bei der großen
Differenzierung der Forsten, alle Abstufungen anzutreffen sind. Am geringsten ist die Diskrepanz in den Forstgesellschaften, die noch eine Anzahl der Arten der natürlichen eu- und mesotrophen Waldgesellschaften
enthalten. Schwieriger wird die Frage im Bereich der oligotrophen Waldgesellschaften, die von Hause aus eine ärmliche Vegetation aufweisen,
aber auch wenig resistent gegen Degradation sind. Die Vegetation zeigt
also nur den Standort an, der für sie vorhanden ist, darüber hinaus ist die
Vegetation überfragt.

Es erweist sich als sehr notwendig, zur Beurteilung der Forstgesellschaften auch andere Merkmale heranzuziehen, um die Zusammenhänge
zu ergründen. Ein solches Merkmal ist z.B. die Vitalität, forstlich ausgedrückt, die Bonität der Kiefer, obgleich ihre Anwendung nach Ertragstafeln, z.B. SCHWAPPACH 1908, nur Näherungswerte geben kann. Das
Diagramm zeigt einen solchen ersten Versuch von GANSSEN (1942), der
auf 750 Probeflächen basiert. Obwohl die Eingangsgrößen dieser Aufstellung problematisch sind – uneinheitliche Ansprache der Vegetationseinheiten, Verwendung verschiedener Klimabezirke für die Mittelung, Benutzung der Ertragstafel, die wiederum eine Mittelung aus sehr verschiedenen Flächen enthält – ist eine deutliche Korrelation gegeben, die bei
Bereinigung der Eingangsgrößen wahrscheinlich noch enger sein würde.
Es würde hier zu weit führen, unsere Ergebnisse in dieser Hinsicht mitzu-
teilen, die den gesamten Wachstumsgang in verschiedenen Kiefernforsten
in verschiedenen Klimabezirken erfassen. Es zeigt sich, daß man bei den
Kiefernforstgesellschaften wie auch bei den natürlichen Waldgesellschaften regional vorgehen muß und die Wachstumabläufe und Erträge in den
untersuchten Kiefernforstgesellschaften sich signifikant unterscheiden.
Die Herausarbeitung der Beziehungen zwischen den Vegetationseinheiten,
dem Wachstumablauf und dem Ertrag der auf ihnen stockenden Bestände
ist eine äußerst interessante Aufgabe der forstlichen Vegetationskunde.

Weiterhin sind die Kiefernforstgesellschaften sehr dazu geeignet, eine biologische Kontrolle der betreffenden Bestände auf eine verhältnismäßig einfache Art und Weise durchzuführen. Nur muß man verstehen, das Instrument der Vegetation richtig zu spielen. Wie gesagt, sind hierfür die Artengruppen sehr geeignet, die primär als soziologische Gruppen ausgeschieden, mit ökologischem Inhalt erfüllt werden und so eine weitere Untergliederung erfahren können. Damit kann man sehr gut den biologischen Zustand erfassen und durch wiederholte Kontrollen die Entwicklung verfolgen. Wie überhaupt das Erkennen der Entwicklung in den Kiefernforstgesellschaften von großer praktischer Bedeutung ist. Man sollte sich jedoch hüten, spekulative Prognosen zu stellen, sondern sich auf dem Boden der Tatsachen bewegen. Hierbei erweist uns die Strauchschicht gute Dienste, die schon die ungefähre Richtung der Entwicklung angeben kann.

Der in den Forstgesellschaften eingeschränkte Aussagewert der Vegetation macht die alleinige allgemeingültige Anwendung der Vegetationskunde für eine Klassifizierung der Standorte unmöglich, da wir es hier auf großen Flächen mit Teilaussagen zu tun haben und es bei der Klassifizierung nicht sosehr auf die Aktualität, sondern auf die Potenz ankommt. In manchen Fällen kann man eine Forstgesellschaft einer natürlichen Waldgesellschaft durch floristisch-soziologischen Vergleich zuordnen. Bei der Subassoziation, Variante etc. wird die Zuordnung immer schwieriger, wenn nicht unmöglich. Eine Zuordnung durch Standortsvergleich ist auch möglich, bringt aber spekulative Momente und hat größenordnungsmäßig auch ihre Begrenzung. Dies wird von manchen Forschern, die fast ausschließlich mit naturnahen Wäldern zu tun haben, nicht verstanden, man redet aneinander vorbei, wie es der Botaniker-Kongreß 1959 in Montreal zeigte.

Bei den bei uns in großem Ausmaß vorhandenen Kiefernforsten konnten wir daher in der forstlichen Standortserkundung und Kartierung nicht das vegetationskundliche Verfahren allein anwenden, sondern haben ein kombiniertes vegetationskundlich-standortskundliches Verfahren eingeführt, bei der aber die natürliche Vegetation gerade im Hinblick auf die Potenz der Forstgesellschaften eine zentrale Stellung einnimmt. Die vegetationskundliche Arbeit in den Kiefernforsten ist nicht einfach, der Einfluß des Menschen ist nicht immer abzuschätzen, eine ganze Reihe von Problemen erwächst aus ihnen, die von vegetationskundlicher Seite in theoretischer und praktischer Hinsicht zu lösen sind.

ZUSAMMENFASSUNG

1. Das Dicrano-Pinetum marchicum ist eine Kiefernforstgesellschaft.
2. Wie die Waldgesellschaften lassen sich auch die Forstgesellschaften in eine natürliche Ordnung der Vegetation eingliedern und können eine wissenschaftliche Bezeichnung erhalten.
3. Die Forstgesellschaften zeigen im allgemeinen nur den aktuellen Standortszustand an.

4. Zwischen den Wald- und den Forstgesellschaften ist eine Kategorie von Übergangsbeständen vorhanden.

5. Zwischen den Forstgesellschaften und dem Ertrag ihrer bestandesbildenden Baumarten besteht eine enge Korrelation.

SUMMARY

1. The Dicrano-Pinetum marchicum is a pine forest community·

2. As with the woodland communities the forest communities can be arranged in a natural order and do retain a scientific meaning.

3. The forest communities generally only indicate the actual habitat condition.

4. There is a category of transitional stands between the woodland and forest communities.

5. There is a close correlation between the forest communities and the yield of their principal stand-forming tree species.

L. Kutschera:

Durch extreme menschliche Beeinflussung kann der Standort so verändert werden, daß wir ein reines Saatbeet für die Kiefer schaffen und sie dort natürlich aufkommt, als wäre sie in einem Forstgarten. *Dicranum undulatum* fand ich als guten Zeiger für extrem beeinflußte Kiefernstandorte. Auch das Gedeihen einer Holzart kann eine wesentliche Hilfe für die Unterscheidung verschiedener Vegetationsgruppierungen und Standorte sein.

A. Scamoni:

Die Vitalität ist nur ein akzessorisches Merkmal. Die Kiefernforsten werden ja floristisch-soziologisch gegliedert. Die Feststellung der Vitalität, also der Bonität, letzten Endes des Ertrages, wird darauf aufgebaut. Die Gliederung der Bestände erfolgt nicht nach der Bonität, sondern nach den soziologischen Merkmalen. Die Tatsache, daß nach Streunutzung die Kiefern-Verjüngung sehr gut ankommt, führt uns zu der Frage nach der natürlichen Verjüngung der Kiefer überhaupt. Die natürliche Verjüngung der Kiefer ist eine Frage der Bodenvegetation.

P. Seibert:

Prof. Scamoni schnitt die Frage an, von welchem Punkt an man von Forstgesellschaften sprechen sollte oder wann nicht. Prof. Aichinger, vertrat (mündlich) die Auffassung, daß man nur dann von Forstgesellschaften sprechen solle, wenn eine Baumart außerhalb ihres natürlichen Areals irgendwo angebaut wird. Das ist eine extreme Auffassung. Wir haben bei unseren Kartierungen, als ich noch in der Bundesanstalt war, in Eichen-Birkenwald-Gebieten (Querco roboris-Betuletum) Eichenforsten kartiert: Eichenbestände in denen die Mischholzarten fehlten, weil die Eiche rein angebaut war, haben wir als Forstgesellschaften bezeichnet. Auch das ist eine extreme Auffassung. Es ist vielleicht am vernünftigsten, wenn man dann von einer Forstgesellschaft spricht, wenn eine Baumart angebaut wird, die nicht zu dem Gesellschaftsring im Sinne von Schwickerath des betreffenden Gebietes gehört.

A. Scamoni:

Die Frage der Klassifizierung, also der abgewandelten Bestände und der
Ersatzgesellschaften ist sehr wichtig. Wir haben da Vorschläge von v.
Hornstein und von Weck. Diese Klassifikation ist außerordentlich
kompliziert. Wir müssen zusammenfassen, etwa eine Klassenbildung
durchführen. Dabei erhebt sich die Frage, was ist als Forstgesellschaft
zu betrachten? Da scheinen die Meinungen noch auseinander zu gehen.
Wie weit ist ein Niederwald oder ein Mittelwald eine Forstgesellschaft?
Was für eine Kategorie der Reihe der anthropogenen Einflüsse stellt diese
Wirtschaftsform dar? Als was ist zu betrachten ein Regenerationsstadium
mit sehr viel Anteil der natürlichen Holzarten? Usw. Wir müssen also die
Fragen klären, welche Bestände als echte Forstgesellschaften anzusprechen sind und welche nicht, und welche Kategorien innerhalb dieser
ganzen Abwandlungen auszuscheiden sind.

R. Tüxen:

Nachdem ich vor einer Reihe von Jahren das Wort Forstgesellschaft eingeführt habe, fühle ich mich verpflichtet, etwas zu diesem Begriff zu sagen.
Ich bin mir bewußt, daß der Begriff Forstgesellschaft gegenüber dem der
Waldgesellschaft keine strenge Grenze hat, sondern daß es ganz fließende
Übergänge gibt. Wir müssen hier zu einer Konvention kommen, um diesen Grenzbereich, der ganz vage ist, gleichmäßig aufzufassen. Ich könnte
mir unter Verzicht auf frühere Gepflogenheiten durchaus den Standpunkt
von Herrn Seibert zu eigen machen, daß ich nicht mehr, wie seinerzeit,
vorschlagen brauchte, einen natürlichen Mischwald, wenn er in einen
Bestand einer ihm eigenen Holzart verwandelt wird, als Forstgesellschaft
aufzufassen wie, sagen wir einen Eichen-Hainbuchenwald (Querco-
Carpinetum) – in einen *Carpinus*- oder *Quercus robor*- oder *Quercus
petraea*-Bestand. – Aber das andere Extrem, daß man nur gebietsfremde
oder gar exotische Holzarten, wenn sie rein angebaut werden, als Forstgesellschaften bezeichnen solle, scheint mir doch viele Möglichkeiten,
die nützlich zu unterscheiden wären, außer acht zu lassen. Wenn z.B.
in einem Gebiet *Pinus*-oder *Picea*-Arten im Bereich des Querco-Betuletum oder Fago-Quercetum rein angebaut werden, so will ich unbedingt von Forstgesellschaften sprechen, auch wenn diese Holzarten im
Gebiet in anderen Gesellschaften natürlich vorkommen. Dann möchte ich
noch einmal betonen, daß es eben gleitende Übergänge gibt von den
Waldgesellschaften zu den Forstgesellschaften. Dies ist ja kein systematischer Begriff, sondern dies ist ja nur ein Wort, um den anthropogenen
Einfluß deutlich zu machen und solche sehr anthropogenen Kunstbestände
eben von den natürlichen mit einem Schlagwort zu unterscheiden. Mit
Herrn v. Hornstein habe ich lange darüber diskutiert. Er beanstandete
den Ausdruck als philosophisch wohl nicht ganz haltbar, aber wir kamen
überein, daß er sich eingebürgert habe, und daß er praktisch sei. Das
lehrt ja der Sprachgebrauch, und darum sollten wir ihn· beibehalten,
aber nun nicht eine allzu strenge Definition verlangen.

Herrn Scamoni möchte ich sagen, daß eine Kiefern-Forstgesellschaft im Pinetum-nahen Gebiet – (für die Piceeten gilt wenigstens im Harz dasselbe, anscheinend im Gegensatz zum Thüringer Wald) – daß solche *Pinus*- und *Picea*-Forstgesellschaften in der zweiten oder dritten Generation durchaus in Pineten oder Piceeten übergehen können. Aus der Forstgesellschaft kann eine vom Menschen als Initiale entfachte und begründete natürliche Waldgesellschaft hervorgehen, indem die Entwicklung dann irreversibel wird.

V. Westhoff:

Das Wort Forstgesellschaft als spezifisch deutscher Begriff läßt sich nicht buchstäblich übersetzen, weil es das Wort Forst in anderen Sprachen überhaupt nicht gibt. Weil das Wort äußerst nützlich ist, – und ich bin mit den Ausführungen von Herrn Prof. Tüxen begrifflich vollkommen einverstanden und werde es auch so verwenden, – handelt es sich um die Frage, wie man das in anderen Sprachen nennt, und ich möchte Sie fragen, ob Sie mit folgenden Bezeichnungen einverstanden sind? Niederländisch: cultuur-bos, Englisch: artificial forest community, Französisch: groupements des forêts artificielles.

E. Hübl:

Kann man den Terminus „Forstgesellschaft" nicht einfach auch in andere Sprachen übernehmen, wie das z.B. in der Bodenkunde auch geschehen ist (Podsol, Rendzina usf.)?

H. Sukopp:

Wir haben eben gehört von Devastationsstadien. Es wurden erwähnt die Termini von von Hornstein und Weck. Wir haben hier gehört über Fragment-, Rumpf- und Restgesellschaften. Wir haben mindestens fünfzehn Termini für verhältnismäßig ähnliche Beziehungen anthropogen veränderter Vegetation. Ich möchte vorschlagen, einmal bei Gelegenheit auch darüber zu sprechen, wie diese Terminologie behandelt werden kann, damit nicht noch mehr Begriffe eingeführt werden, vom Acker diese, von Mooren diese und von Wäldern diese, ohne daß in diesen Begriffen ein Zusammenhang für die gesamte Vegetation geschaffen wird.

A. Scamoni:

Ich bin durchaus mit den Vorschlägen von Herrn Prof. Tüxen einverstanden. Dort wo eine natürliche Holzart wirklich maßgebend auf die Ökologie sich auswirkt, wie in einem Carpinetum die Hainbuche, in einem Fagetum die Buche, mag sie auch halbnatürlich oder künstlich eingeführt sein, dort sprechen wir von Waldgesellschaften. Und wo wirklich der Forstmann einen Bestand, womöglich nach Vollumbruch usf., künstlich hingebracht hat, dort müssen wir von einer Forstgesellschaft sprechen.

E. Oberdorfer:

In persönlichem Gespräch mit Prof. Scamoni (in Gegenwart von Prof. Müller-Stoll, der unseren Standpunkt unterstützte) stellte ich folgendes fest:

1.) Die Forstgesellschaften können im allgemeinen, also fast immer, einer Assoziation oder einem Verband zugeordnet werden.

2.) Wenn dies nicht der Fall ist, kann man für die Praxis unter örtlicher, tabellarischer Aufgliederung des Materials, durchaus auch ohne eine solche Zuordnung arbeiten. Die Unmöglichkeit der Zuordnung zu einer bekannten Einheit ist keineswegs ein zwingender Grund dafür, den Assoziationsbegriff aufzugeben oder ihn zu verwässern.

3.) Von der Feststellung der Zugehörigkeit einer Forstgesellschaft zu einer Assoziation ist scharf zu trennen die Frage nach der Ursache. Oft ist diese nicht allein in anthropogenen Einflüssen, sondern auch in klimatischen oder sonstigen Vorgängen (Bodenreifungen) zu suchen und gar nicht so eindeutig und einfach zu klären!

Eine andere Frage ist auch die nach der weiteren Zukunft des „Standortes", ob also die Vorgänge reversibel oder irreversibel sind, wie infolgedessen der Forstmann praktisch vorgehen muß u.a.m. (dazu wird es auch der Bodenuntersuchungen bedürfen usw.). Die Praktiker sollen auch noch etwas zu tun haben. Wir möchten bei der Klarheit unserer Methodik bleiben, die primär eine reine Feststellungs-Methodik ist!

ZUSAMMENHÄNGE FORSTGESELLSCHAFT–BODEN – HYDROLOGIE UND BAUMWUCHS IN EINIGEN NIEDERLÄNDISCHEN PINUS-FORSTEN AUF FLUGSAND UND AUF PODSOLEN

(Vorläufige Mitteilung)

von

I. S. ZONNEVELD, Bennekom

I. EINLEITUNG, PROBLEMSTELLUNG UND METHODE

Am niederländischen Institut für Bodenkartierung resultiert die Zusammenarbeit der Abteilung für forstliche Bodenkartierung (Leiter: Ir. K. R. Baron VAN LYNDEN) mit der Abteilung für Vegetationskunde unter Leitung des Verfassers in einer besseren Erfassung der Zusammenhänge Bestand – Umweltbedingungen (Standort). Die landschaftliche (,,kartologische'') Forschungsmethode, also das Kartenbild und dessen Auswertung, hat dabei eine zentrale Stellung.

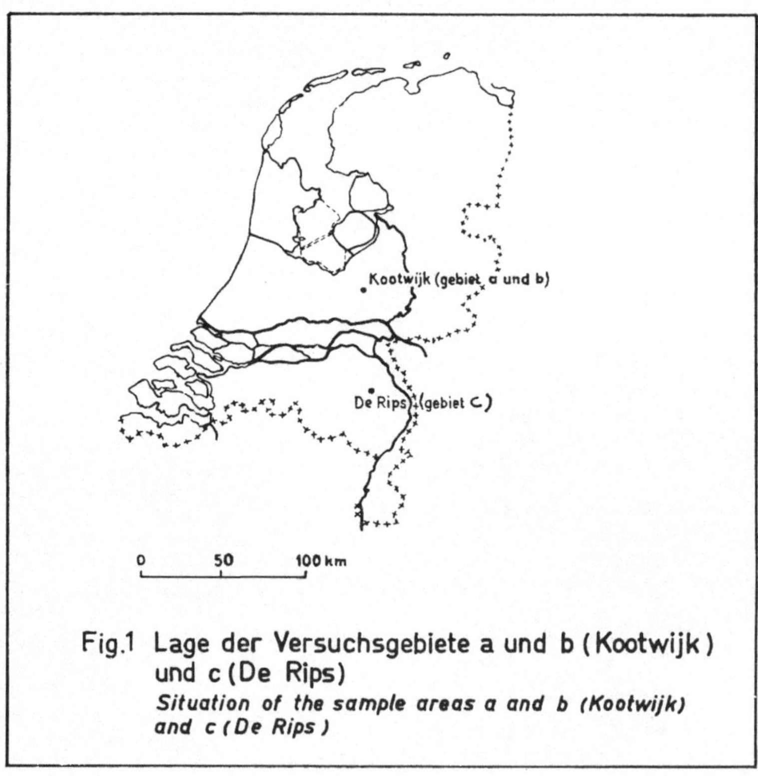

Fig.1 Lage der Versuchsgebiete a und b (Kootwijk) und c (De Rips)
Situation of the sample areas a and b (Kootwijk) and c (De Rips)

Besonders *Pinus*-Forsten auf Flug- und Decksand (= denudierter periglazialer Flugsand mit Podsolböden) sind bis jetzt studiert worden. Es ist das Ziel dieser Publikation zu zeigen, daß und wie die anthropogen beeinflußte Vegetation (Forstgesellschaften) eine wichtige Rolle spielen kann und muß beim Studium der Geobiozönose. Dazu werden die Beziehungen zwischen Boden (einschließlich Grundwasser) – Baumwuchs – Vegetation analysiert. Nebenbei wird betont wie die sogenannte „synthetische (physiographische) Methode" der Boden- und Vegetationskunde selbständig zu wertvollen Erfolgen bei der Standortsbeurteilung führen kann. Da Klima und Hanglage innerhalb der untersuchten Gebiete wenig unterschiedlich sind, werden Standortsunterschiede hauptsächlich durch den Bodenzustand bestimmt.

In dieser Publikation handelt es sich um drei Kiefernforstgebiete mit erster Generation *Pinus sylvestris* im Alter von 40 bis 60 Jahren.

a. Ein etwa 100 ha großer Kiefernforst auf trockenem Flugsandboden in den Staatsforsten bei Kootwijk auf der Veluwe (Gelderland);

b. Ein Forst von etwa 100 ha auf teilweise durch „Schein" -Grundwasser nassen Flugsandböden, ebenfalls in den Staatsforsten in der Nähe von Kootwijk (Kootwijk Radio) gelegen;

c. Ein Forstgebiet (etwa 130 ha groß) des Gutes „Stippelberg" bei „De Rips" (Noord-Brabant) (siehe Abb. 1 und 10).

Die Böden des Gebietes a sind schon 1955 durch SCHELLING, untersucht und kartiert worden. Diese Kartierung und Forschung sind später durch VAN LYNDEN (1960) und Mitarbeiter weitergeführt und auch auf Gebiet b („Kootwijk Radio") erweitert worden. Gebiet c, in der Folge auch „De Rips" genannt, wurde durch Ir. VAN LYNDEN als Versuchsgebiet besonders zum Studium der Zusammenhänge Bodeneinheit – Grundwasser – Baumwuchs auf Podsolböden auf Decksand (VAN LYNDEN u. WAENINK n.p.) gewählt.

Die Untersuchungsmethode war folgende: Die Abteilung für Forstliche Bodenkartierung und die Abteilung für Vegetationskunde kartierten unabhängig voneinander das Versuchsgebiet im Maßstab 1 : 5000. Die Bodenkartierung wurde mit 4 bis 6 Bohrungen pro ha ausgeführt. Die Abteilung für Forstliche Bodenkartierung wählte innerhalb des Versuchsgebietes kreisförmige Probeflächen von je 100 m², aus, die gleichmäßig über die Bodentypen verteilt sind und, auf denen die Baumhöhe an 6 mittleren Bäumen ermittelt, das Bodenprofil beschrieben, der Wasserstand einige Male während extremer Perioden notiert und nachher durch die Abteilung für Vegetationskunde die Vegetation aufgenommen wurde. Weiter wurden in den Probeflächen Bodenproben zur chemischen Analyse entnommen.

Die Legende der Vegetationskartierung stützt sich sowohl auf die anderswo gewonnene Erfahrung als auch auf die Feststellungen in den oben genannten Probeflächen. Die Bodenlegende stützt sich fast ganz auf Erfahrungen, die in anderen Gebieten gewonnen wurden, wobei die physiographische Situation (Reliefunterschiede) besonders wichtig ist.

Nachher können die Koinzidenz der Böden und Vegetationseinheiten, sowohl auf jeder Probefläche als auch im ganzen Versuchsgebiet (Kartenbild), qualitativ und quantitativ bestimmt und auch die Zusammenhänge von Baumhöhe (als Maßstab für Wuchskraft), Grundwasser-, Bodenprofil- und Vegetationsangaben auf der Probefläche zahlenmäßig ausgedrückt werden.

Es wird dabei nicht der Mode gefolgt, auch da, wo es sich noch um übersehbares Angabenmaterial handelt, die Wirklichkeit zu verstecken hinter pseudoexakten Ziffern, am liebsten versehen mit schein-exakten Mittelfehlern, Regressionskoëffizienten etc. etc.

Lieber geben wir alle Daten in einfachen graphischen Darstellungen, in denen Jedermann den Grad von Zuverlässigkeit ohne weiteres visuell abschätzen kann, ohne die mathematischen Angaben zu kennen.

Erst in einem späteren Stadium dieser Studien, wenn mehr schwer zu übersehendes Material vorhanden sein wird, kann eine eingehende mathematische Behandlung Zweck haben.

Die Bestimmung der Koinzidenz zwischen Boden und Vegetationseinheiten mit Hilfe der Kartenbilder nimmt in dieser Publikation eine zentrale Stellung ein. Dazu wurde eine spezielle Methode entwickelt. Diese wurde schon beschrieben in ZONNEVELD u. LEYS 1962 (i.v.). Die Koinzidenz wird erst durch einen visuellen Vergleich der Kartenbilder untersucht. Man kann diese weiter zahlenmäßig vermessen um festzustellen, welche Boden- und Vegetationseinheit mit jedem Punkt eines gleichen Punktnetzes (Raster), das man über beide Karten legt, koinzidiert. Mit der Punktnetzmethode ist es möglich, Frequenzgraphiken („Bodenspektren") für jeden Vegetationstyp bezw. „Vegetationsspektren" für jede Bodeneinheit aufzustellen. Die visuelle Methode berichtet besonders über die Art der Abweichungen.

Wir unterscheiden:

I. Technische Kartierungsfehler

a. Orientierungsfehler
b. Klassifikationsfehler (Deutungsfehler) im Gelände

II. Technische Abweichungen

c. Zu vermeidende Abweichungen, weil abstrakte Klassifikationsgrenzen immer mehr oder weniger willkürlich festgestellt sind

III. Reelle, nicht zu vermeidende Unterschiede

d. „Analoge Böden"
e. Nicht klassifizierte ökologische Bodeneigenschaften
f. Außerhalb des Bodens gelegene Umweltbedingungen

In Abb. 2 sind Beispiele gegeben. II c ist immer eine Kombination von Sonderfällen von d und e. Hier sind speziell die Unterschiede gemeint, die man vermeiden kann, wenn man vorher versucht, die Legenden von Boden- und Vegetationseinheiten so viel wie möglich aufeinander abzustimmen. Für d, e und f ist das prinzipiell nicht möglich, darum sind kartentechnisch gesehen diese Unterschieden „reell". c ist aber eine, wenn auch schwer, im Prinzip aber doch vermeidbare Abweichung.

Mit der Kartierung und der meisten anderen Arbeit im Gelände waren die Assistenten des Institutes für Bodenkartierung, die Herren J. F. BANNINK und H. N. LEYS (vegetationskundliche Assistenten) und A. W. WAENINK, P. H. SCHOENFELD, J. F. FIRET (bodenkundliche Assistenten), betraut. Für ihre Arbeit sei hier gerne Dank ausgesprochen. Ganz besonders danke ich Ir. K. R. Baron VAN LYNDEN für seine Zustimmung zur

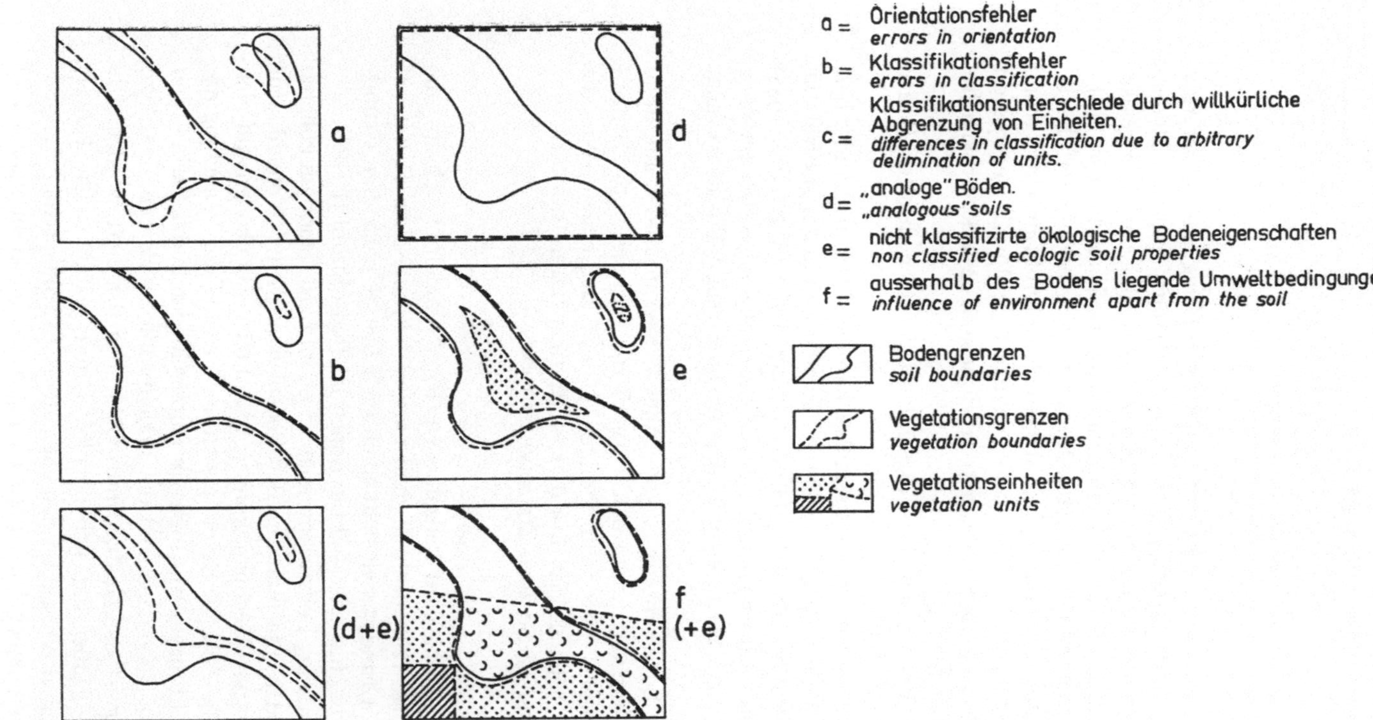

Fig. 2 Beispiele von Abweichungen zwischen Boden-und Vegetionskarte infolge verschiedener Ursachen.
Examples of deviations between soil map and vegetation map resulting from various causes.

Benutzung vieler seiner noch nicht publizierten Angaben und für unsere
Diskussion über die hier, seiner Ansicht nach etwas frühzeitig veröffent-
lichten Probleme und Schlußfolgerungen.

2. DER BODEN

Gebiet a und b

Das junge Flugsand (Kootwijk) gibt Anlaß zur Bildung eines verhältnismäßig offenen, oft tiefgründigen, mehr oder weniger humosen Bodens
(SCHELLING 1955). Er ist entstanden durch Verwehung aus einer podsolierten Heidelandschaft. Es gibt nur sehr wenig Bodenbildung im pedogenetischen Sinne. SCHELLING (1955) machte folgende Unterschiede:

1.) Flugsand mit einem alten begrabenen Podsolprofil im Untergrund
(a) und Ausblasungsflächen, wo das ehemalige Podsolprofil wegerodiert
ist und also das alte C-Material direkt mit Flugsand bedeckt ist oder frei
an der Oberfläche liegt (c).

2.) Nach der Mächtigkeit der Flugsandauflage auf dem alten Boden
(oder altem C-Material).

3.) Nach der Humosität des Flugsandes, hauptsächlich als Bänder herbeigeführt durch die Vegetation während Rastpausen in der Aufwehung
(initiale A-Horizonte). Die Bodenfarbe korreliert nach SCHELLING (1955)
gut mit der Humosität und ist gut abzuschätzen, obwohl es sich um einen
Gehalt von nur < 1 bis 4 (bis 6)% Humus im Gesamt-Trockengewicht
handelt.

In Gebiet b gab stellenweise stagnierendes Wasser im Boden auf altem
begrabenem B-horizont („iron-pan") Anlaß zur Bildung eines „Scheingrundwasser"-Pegels mit dazugehörigen „Gley"-Merkmalen. Wie die
Entstehung vor sich geht, ist diskutiert in ZONNEVELD u. BANNINK 1961
und zit. Literatur (siehe auch ZONNEVELD 1962).

Gebiet c

Bei dem Versuchsgebiet auf Podsolboden (Rips) handelt es sich um eine
Heideaufforstung. Wie so oft in dem nordwesteuropäischen Raum auf
Sandböden mit Grundwasser sieht man auch hier je nach dem Grund-
wassereinfluß verschiedene Modifikationen im Podsolprofil (Relief).

Es entstanden echte Podsole mit noch Eisen im B-Horizont auf höheren
Stellen und Böden, die man zu Gley-Podsolen nach der Nomenklatur
von MÜCKENHAUSEN rechnen könnte und Podsol-Gleyböden auf den
niedrigeren (siehe Abb. 3). Besonders an der Art und der Verteilung des
Humus über das Profil – erkennbar an Unterschieden in der Farbe – und
an der relativen Höhenlage sind die Bodenprofile zu deuten. Während
der Aufforstung ist das Gelände mittels Gräben drainiert worden. Die
Profilentwicklung aber hat sich nachher kaum geändert. Die Hauptmerkmale weisen also noch auf den ehemaligen hydrologischen Zustand.
Da der Grundwasserspiegel im Untersuchungsgebiet ungefähr gleichmäßig
abgesenkt worden ist, zeigt die ursprüngliche Bodenentwicklung innerhalb
des Versuchsgebietes noch relative Unterschiede in der Grundwasserre-
gion. Die Tiefe des permanent reduzierten (anaeroben) Horizontes. „G"
ist – obwohl ziemlich schwer nur an schwachen Farbtonunterschieden

festzustellen – wahrscheinlich mehr absolut mit der aktuellen Bodenhydrologie im Einklang (tiefster Grundwasserstand). Das ganze kartierte
Gebiet c, soweit auf Abb. 10 angegeben, war erst im Ackervorbau begriffen. Der Boden wurde bis etwa einen halben Meter umgearbeitet. Die
Hauptmerkmale davon sind noch wahrnehmbar.

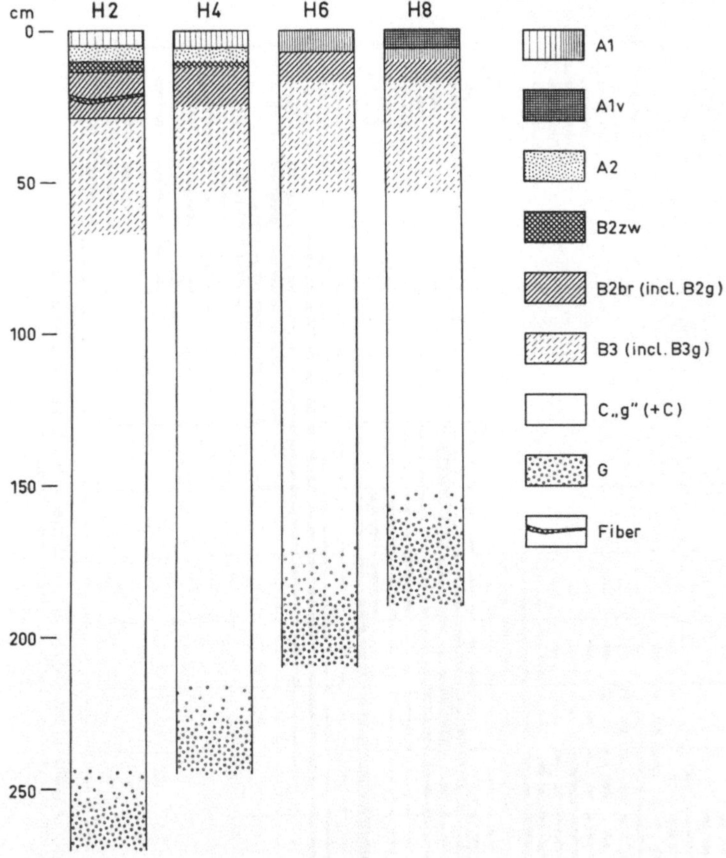

Fig. 3 Schematische Darstellung der Bodenprofilen im
Gebiet c („Stippelberg", De Rips)
Outline of soil profiles of the area c („Stippelberg", De Rips)

In Abb. 3 sind die Decksandbodeneinheiten schematisch dargestellt.
Über die chemischen Eigenschaften des Bodens wird in Abschnitt 3 und
in 4 berichtet. Alle gehören der Reaktion und dem chemisch bestimm-
baren Mineralgehalt nach zu den relativ armen bis sehr armen Böden.
Durch Schelling (1955) wurde ein gewisser Zusammenhang zwischen
P-„total" und Humusgehalt im Flugsand (Gebiet a) nachgewissen.

3. DIE VEGETATION UND IHRE ÖKOLOGISCHE WERTUNG

Die Vegetationseinheiten wurden festgestellt mit der in der Braun-
Blanquet-Schule üblichen tabellarischen Methode (siehe Ellenberg
1956). In jedem Gebiet konnte eine zu einer Reihe anzuordnende
Gruppe von Einheiten aufgefunden werden (Abb. 4 und 5). Nach der

Literatur (WESTHOFF 1959, MEISEL-JAHN 1955 und vielen anderen dort
zitierten Arbeiten) und der eigenen Erfahrung in anderen und teilweise
auch den hier studierten Gebieten konnten wir feststellen, daß diese
Reihen ein ökologisches Trajekt anzeigen von „arm" bis „relativ reicher",
das heißt wahrscheinlich reicher an wirklich für Pflanzen verfügbaren
Mineralstoffen.

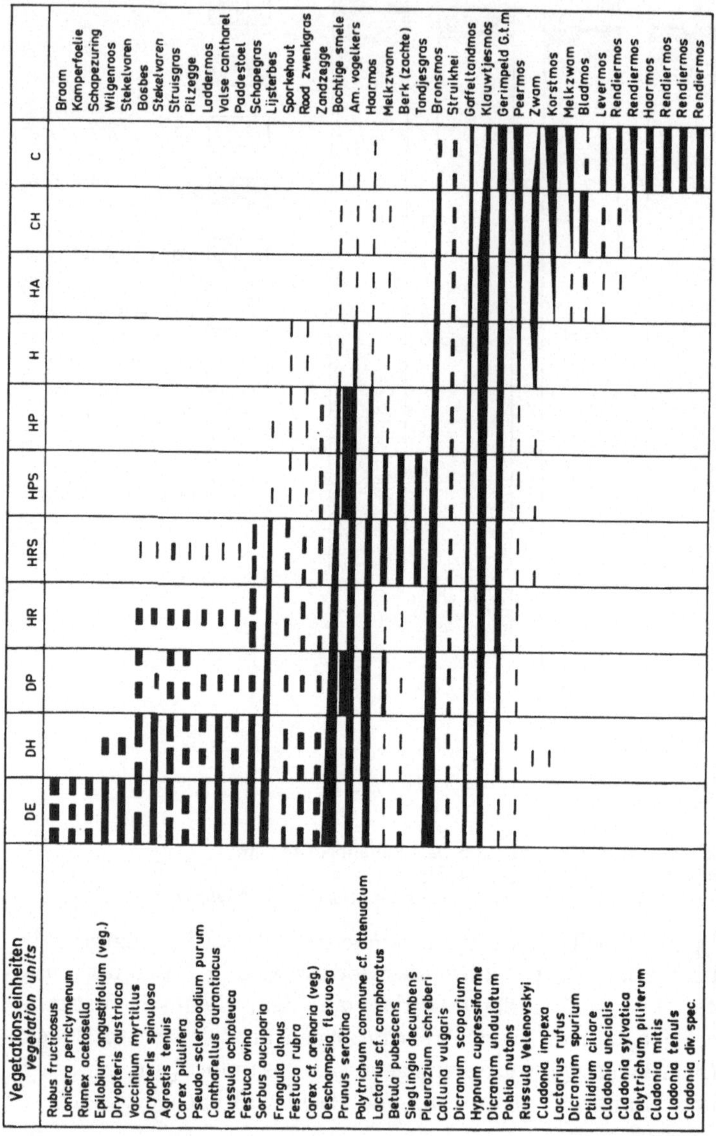

Fig. 4 Schematische Übersicht der Vegetationseinheiten mit Angabe der wichtigsten Arten in den Gebieten a und b (Kootwijk).
Outline of the vegetation units and the most important species in areas a and b (Kootwijk)

Dieses Ergebnis ist eine Frucht der Eichung auf physiographische
(Gelände-) Merkmale und (grobe!) chemische und physikalische Daten.
So wissen wir aus der Literatur und eigenen Untersuchungen, daß die
„reicheren Vegetationseinheiten" statistisch (nicht immer absolut!) mehr
als die ärmeren mit lehmigen und/oder humosen und/oder gedüngten
und anderswo mit mineralisch als reicher bekannten Böden zusammen-

gehen. Auch aus den hier beschriebenen untersuchten Gebieten zeigen wir noch Beispiele von physiographischer Eichung (Abschn. 4b). Leider konnten wir bis jetzt noch keine Eichung auf mehr direkte chemische Analysen weiterführen. Es hat sich vorläufig gezeigt, daß es sich um wahrscheinlich sehr kleine Unterschiede handelt, die für Baumwuchs und Vegetation zwar schon wichtig, chemisch aber mit den normalen Routinemethoden schwer zu bestimmen sind. Die Artenzusammenfassung weist übrigens auch schon in diese Richtung. Es handelt sich bei den ,,reichsten" Einheiten doch schon um Pflanzen (wie *Holcus mollis*), die im Acker- und Wiesenbetrieb als Indikatoren des ,,ärmsten" Bodenzustandes gelten!

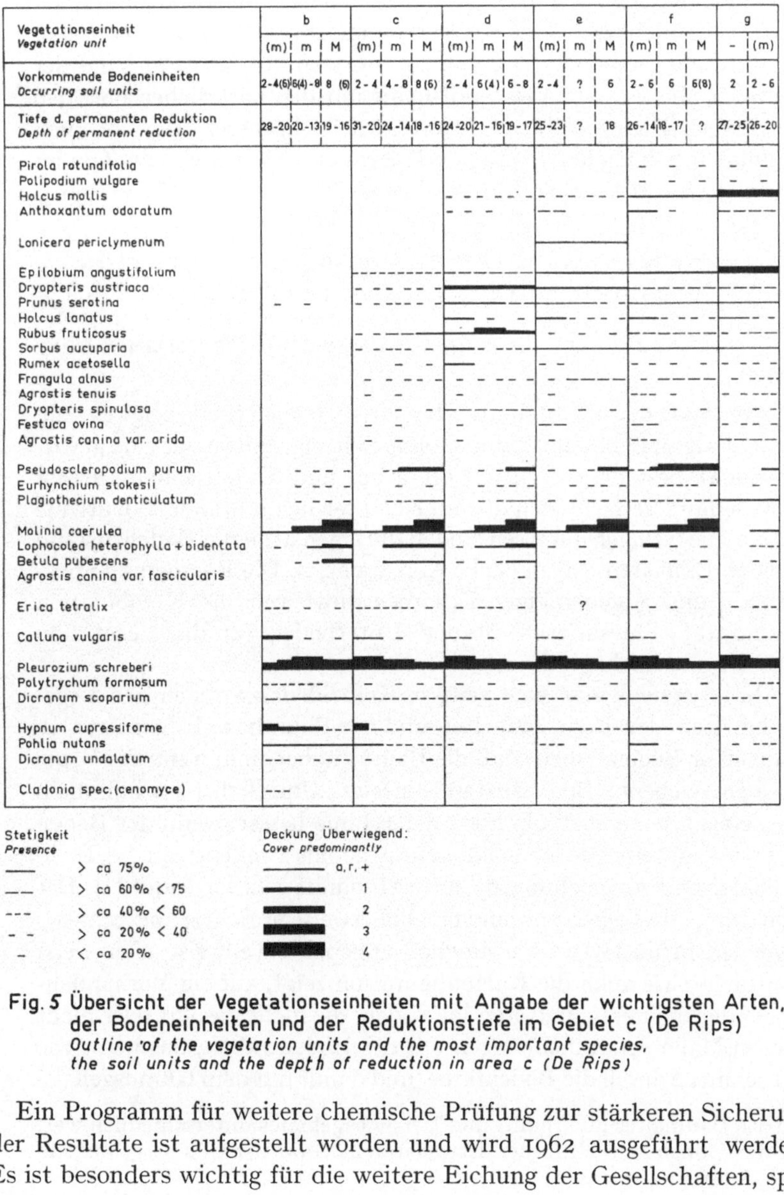

Vegetationseinheit
Vegetation unit
b c d e f g
(m) m M (m) m M (m) m M (m) m M (m) m M - (m)
Vorkommende Bodeneinheiten
Occurring soil units
2-4(6) 6(4)-8 8 (6) 2-4 4-8 8(6) 2-4 6(4) 6-8 2-4 ? 6 2-6 6 6(8) 2 2-6
Tiefe d. permanenten Reduktion
Depth of permanent reduction
28-20 20-13 19-16 31-20 24-14 18-16 24-20 21-16 19-17 25-23 ? 18 26-14 18-17 ? 27-25 26-20
Pirola rotundifolia
Polipodium vulgare
Holcus mollis
Anthoxantum odoratum
Lonicera periclymenum
Epilobium angustifolium
Dryopteris austriaca
Prunus serotina
Holcus lanatus
Rubus fruticosus
Sorbus aucuparia
Rumex acetosella
Frangula alnus
Agrostis tenuis
Dryopteris spinulosa
Festuca ovina
Agrostis canina var. arida
Pseudoscleropodium purum
Eurhynchium stokesii
Plagiothecium denticulatum
Molinia caerulea
Lophocolea heterophylla + bidentata
Betula pubescens
Agrostis canina var. fascicularis
Erica tetralix
Calluna vulgaris
Pleurozium schreberi
Polytrychum formosum
Dicranum scoparium
Hypnum cupressiforme
Pohlia nutans
Dicranum undalatum
Cladonia spec. (cenomyce)
Stetigkeit
Presence
> ca 75%
> ca 60% < 75
> ca 40% < 60
> ca 20% < 40
< ca 20%
Deckung Überwiegend:
Cover predominantly
a, r, +
1
2
3
4

Fig. 5 Übersicht der Vegetationseinheiten mit Angabe der wichtigsten Arten, der Bodeneinheiten und der Reduktionstiefe im Gebiet c (De Rips)
Outline of the vegetation units and the most important species, the soil units and the depth of reduction in area c (De Rips)

Ein Programm für weitere chemische Prüfung zur stärkeren Sicherung der Resultate ist aufgestellt worden und wird 1962 ausgeführt werden. Es ist besonders wichtig für die weitere Eichung der Gesellschaften, speziell auf die verschiedenen Elemente im einzelnen. Man muß sich aber immer bewußt sein, daß jede chemische Analyse, wie sorgfältig sie auch ausgeführt sein mag, ebensosehr wie jede physiographische Methode nur eine grobe annähernde Bestimmung ist von dem was die Pflanzen in Wirklichkeit aus dem Boden verwerten können!

Vorläufig ist die Einteilung für das Flugsandgebiet auf die Veluwe (Gebiet a und b) und das Decksandgebiet (Gebiet c) in Brabant getrennt gehalten. Es handelt sich um Gebiete, die pflanzengeographisch unterschieden sind. In Abb. 4 und 5 ist die floristische Zusammensetzung der Einheiten angegeben. Es ist klar, daß wir mit Forstgesellschaften zu tun haben, da großflächige monospezifische *Pinus*-wälder in den Niederlanden jetzt nicht einheimisch sind. Die ganze Artenkombination zusammen mit dem, sei es auch noch seltenen Vorkommen von *Cladonia rangiferina* und *Lycopodium complanatum* in einigen Forsten auf dem Flugsand der Veluwe weist aber hin auf Verwandtschaft mit den natürlichen borealen und nordischen Kiefernwäldern. Interessant ist in dieser Hinsicht auch die Bildung eines initialen *Sphagnum*-Moores aus *Sphagnum rubellum* im Nordhanglage auf trockenem Flugsand (siehe ZONNEVELD u. LEYS 1961).

4. DIE KOINZIDENZ ZWISCHEN BODEN, VEGETATION, HYDROLOGIE UND BAUMWUCHS

a. *Die Koinzidenz der Vegetations- und Bodeneinheiten im trockenen Flugsandgebiet*

Nach Anwendung der in Abschnitt 1 beschriebenen Methode zeigt es sich, daß in den Flugsandgebieten a und b ohne Scheingrundwasser eine gewisse Koinzidenz besteht zwischen Vegetation und Humusgehalt, in der Art, daß die humoseren Böden die auf einen reicheren Standort deutende Vegetation, die weniger humosen Böden die einen ärmeren Bodenzustand anzeigenden Einheiten tragen (siehe Abb. 6 und 7). Die Karten und Spektren (Abb. 6 und 7) geben einen Eindruck, inwieweit die Kombination von Humosität, Flugsandschicht und Unterboden für die Vegetation „analog" ist oder nicht.

Aus Abb. 8 ersieht man eine gewisse Koinzidenz zwischen den Vegetationseinheiten, den Bodeneinheiten und der Baumhöhe [1]. Es zeigt sich innerhalb einer Bodeneinheit, daß die Bäume höher sind, wenn die Vegetation einen reicheren Bodenzustand anzeigt. Umgekehrt ist innerhalb einer Vegetationseinheit die Bonität der Bäume besser, wenn der Boden humoser ist. Teilweise spielen bei diesem Ergebnis zweifellos auch „Technische Fehler und Abweichungen" mit (Abschnitt 1 unter I und II). Der Boden und/oder die Vegetation sind möglicherweise unrichtig abgeschätzt, die Legenden nicht soweit wie möglich angepaßt. Teilweise aber weist diese Tatsache, wie auch die Kartenfiguration zeigt, auf ein Vorhandensein eines oder mehrerer Faktoren im Boden, die nicht absolut oder nicht im gleichen Maße zusammenhängen mit der Bodeneinheit, das heißt wie sie in Abschnitt 2 durch die Bodenfarbe (und damit mit dem Humusgehalt)

[1] Wo das Baumalter innerhalb eines Versuchsgebietes unterschiedlich war, wurden die Höhen mit Hilfe der Ertragstafeln GRANDJEAN'S 1955 auf ein mittleres Alter umgerechnet.

und die Mächtigkeit von Schichten beschrieben sind. Wir haben schon in Abschnitt 3 berichtet und werden weiter unten sehen, daß die (an den Humus gebundenen) pflanzenverfügbaren Mineralien und auch das durch Humus absorbierte Wasser in dieser Hinsicht wichtig sind.

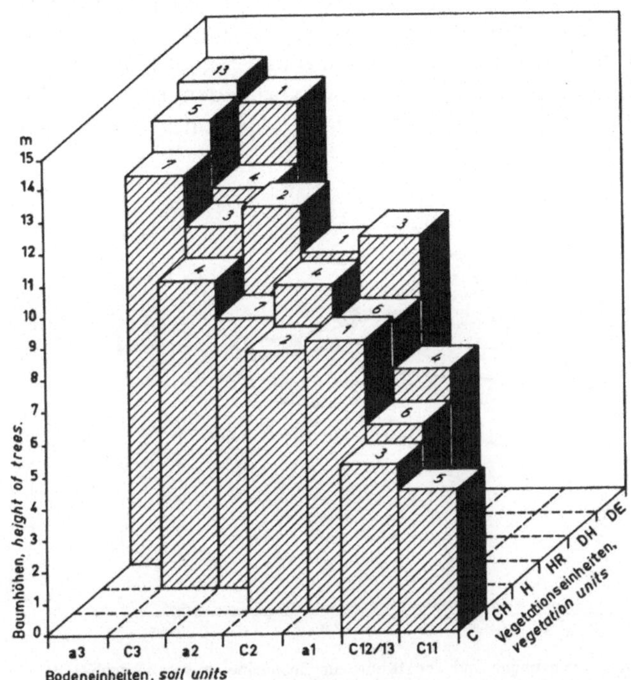

Fig. 8 Beziehung von Boden und Vegetation zur Baumhöhe im Versuchsgebiet a.
Relation of soil and vegetation to the height of trees in the sample area a.

Anzahl der Versuchsflächen
number of sample plots

b. *Einfluß von Grundwasser und „Mineralverfügbarkeit"*

Die Aufnahmen in Gebiet b (Radio Kootwijk) beschränken sich alle (29) auf eine Legenden-Bodeneinheit (Einheit 24). Innerhalb dieser Einheit gab es aber einen großen Unterschied in der Baumhöhe. Durch VAN LYNDEN wird nachgeprüft, ob die Bodenhydrologie hier Einfluß auf den Baumwuchs hat. Diese Untersuchung wird noch fortgeführt werden.

Die Gleymerkmale, die wir schon in Abschnitt 2 nannten, zeigen keine Verbindung mit der Baumhöhe, wenn man die Vegetation nicht beachtet. Zieht man aber die Vegetation mit heran, dann erhält man folgendes Bild (Abb. 9): Innerhalb jeder Vegetationseinheit ist eine gewisse Koinzidenz von Baumhöhe und Grundwassereinfluß nachweisbar. Die auf relativen (pflanzenverfügbare Mineralstoffe) Reichtum weisenden Vegetationseinheiten gehen zusammen mit höheren Bäumen, je nach dem Grundwassereinfluß, erkennbar an den Reduktionsflecken, die höher anstehen. Die auf relativ extreme Armut deutenden Einheiten aber zeigen ein umgekehrtes Bild. Die übrigen stehen dazwischen in der selben Rangordnung wie die Reichtumsindikation. Obwohl es sich um noch wenige Angaben handelt, weist der Umstand, daß die Linien, wie man sich in

Abb. 9 überzeugen kann, einander entsprechen, auf die Zuverlässigkeit
hin. Die Bedeutung dieser Ergebnisse werden unten diskutiert.

Die Kartierungserfolge auf Decksandboden im Gebiet c (Rips) sind
in Abb. 10 dargestellt. A gibt die Bodenkarte, B die Vegetationskarte
ohne die *Molinia*-Angaben, C gibt die *Molinia*-Bedeckung ingesamt, das
Vorkommen von Feuchtigkeitszeigern, D wird erst unten besprochen
(Abschnitt 4b). Aus dem Vergleich der Karten A und B geht klar hervor,
daß überhaupt keine wesentliche Koinzidenz vorhanden ist. Die Ab-
weichungsquellen müssen in den Ursachen d und e (Abschnitt 1) zu suchen

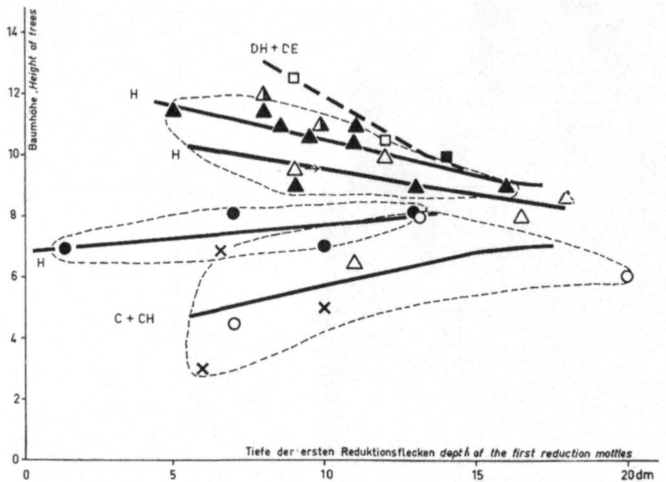

Fig. 9 Beziehung von Gley-erscheinungen und Vegetation zur Baumhöhe im versuchsgebiet d.
Relation of gley phenomena and vegetation to the height of trees in the sample area b.

sein. Es wurde schon bemerkt, daß die Bodeneinheiten in diesem Gebiet
mit dem Grundwasser korrelieren. Bei dem „pflanzenverfügbaren Mineralreichtum", soweit dieser durch die Vegetation angezeigt wird, ist das
offenbar nicht der Fall.

Karte C, die einigermaßen eine Feuchtigkeitsindikation gibt, zeigt
demgemäß etwas mehr Übereinstimmung mit der Bodenkarte.

Obwohl neben *Molinia* auch andere Feuchtigkeitsindikatoren vorhanden sind
(Abb. 5), ruht das Schwergewicht der Feuchtigkeitsanzeige, besonders bei
großmaßstäblicher Kartierung wie hier, auf *Molinia*, weil die anderen
Feuchtigkeitszeiger, wie *Erica* und *Betula pubescens* nur kleinflächig vorkommen und die feuchtigkeitsanzeigenden Moose zu wenig ins Auge fallen, um
praktisch für die Kartierung in Frage zu kommen.

Die Koinzidenz zwischen A und C ist aber bei weitem nicht absolut. Bemerkenswert ist das Fehlen einer wichtigen *Molinia*-Bedeckung auf den
„reicheren" Parzellen. Nach mündlicher Mitteilung von Ir. C. VAN GOORS
von der Forstlichen Versuchsanstalt in Wageningen wurde *Molinia* bei
Düngungsversuchen mit Phosphat auf gleichem Standort zurückgedrängt
und durch *Holcus mollis* ersetzt! Das könnte auch hier der Fall sein (siehe
Abschnitt 4b). Jedenfalls ist klar, daß auf ökologisch reicheren Böden
Molinia weniger häufig ist als auf ärmeren und als Feuchtigkeitsanzeiger
also innerhalb einer reichere Böden anzeigenden Vegetation anders gewertet werden muß als auf ärmeren.

In Abb. 11 ist die Baumhöhe in Zusammenhang mit den Vegetationseinheiten und dem wahrscheinlich aktuellsten Grundwasserkriterium im
Boden, der Oberseite des permanent reduzierten Horizonts („G"), auf-
getragen. Es zeigt sich, daß zwischen „G", dessen Oberseite etwa koinzidiert mit einem extrem niedrigen Grundwasserstand (gemessen im extrem trockenen Sommer 1959), und der Baumhöhe ein gewisser Zusammenhang besteht, der aber im nassen Bereich eine sehr breite Streuung
aufweist (VAN LYNDEN en WAENINK n.p.). Bezieht man aber die Vegetation in den Korrelationsversuch ein, so sieht man einen schönen Fächer

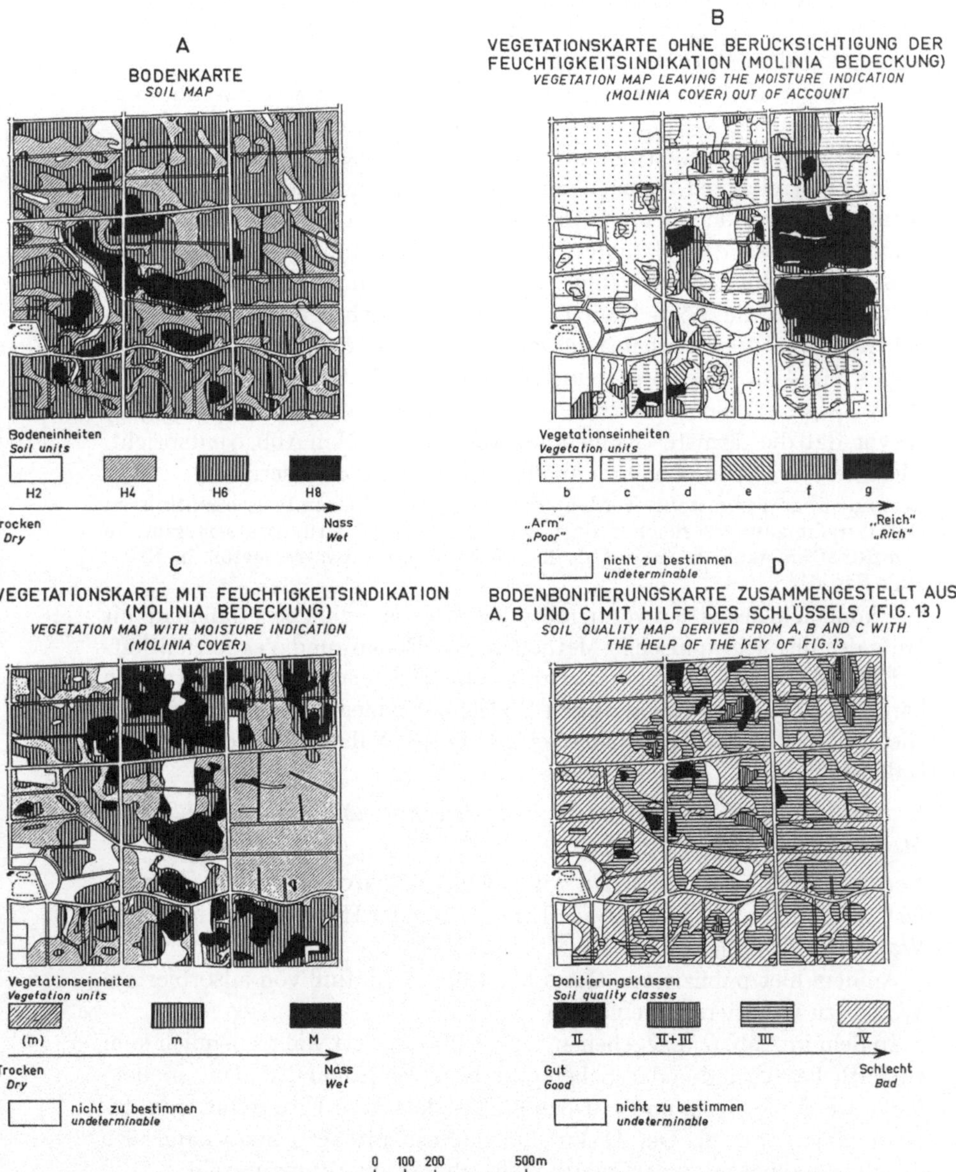

Fig. 10 Boden, Vegetation und Bonitierung im Versuchsgebiet c (Stippelberg, Rips)
Soil, vegetation and soil quality of the sample area c (Stippelberg, Rips)

entstehen wie bei Abb. 9. Nur gibt es hier keine Linie mit absinkender Baumhöhe nach den feuchtesten Stellen hin. Alle Linien steigen an.

Die Erscheinungen in beiden Untersuchungsgebieten b und c (Abb. 9 und 11) müssen wahrscheinlich folgendermaßen erklärt werden (in ZONNEVELD en LEYS 1961 und ZONNEVELD en BANNINK [n.p.] ist das ausführlicher diskutiert): Auf trockenen Decksandböden mit humusfreiem Unterboden und auf trockenem, sehr humusarmem Flugsand ist die Wasserversorgung der Kiefer meistens im Minimum. Mineralzufuhr, also auch Düngung, hat also wenig oder keinen Erfolg. Ist aber die Wasserversorgung besser durch höheren Grundwasserstand, dann kann die Kiefer die zusätzlichen Nährstoffe um so besser verwerten je mehr sich die Wasserversorgung dem Optimum nähert.

Es ist klar, daß bei einer gewissen Höhe des Grundwasserstandes das Optimum erreicht werden muß. Die Kiefer ist ja keine „Sumpfpflanze". Darüber wird unten noch die Rede sein. Aber auch bevor noch ein „Sumpfzustand" erreicht ist, können unter gewissen Umständen relativ hohe Grundwasserstände schaden. Das ist der Fall bei extremer Nährstoffarmut, wo also das Nährstoffniveau im Minimum ist. Je höher der Grundwasserstand, desto weniger mächtig ist der durchwurzelbare Raum, desto geringer die Möglichkeit für die Bäume, sich der schon sehr spärlichen Mineralstoffe zu bemächtigen. Das ist nun der Fall in Abb. 9 bei Typus CH + C. Eine so extreme Armut zeigende Vegetation ist in „De Rips" (Abb. 11) nicht vorhanden. Aus der Artenzusammensetzung geht hervor, daß die „ärmste" Einheit aus Abb. 11 etwa H in Abb. 9 entspricht. Diese beiden Typen reagieren analog auf das Grundwasser.

Es muß aber festgestellt werden, daß man diesen Grundwassereinfluß im Detail nicht ganz vergleichen darf, weil das „echte" Grundwasserregime in „De Rips" ein ganz anderes ist als das „Schein"-Grundwasserregime in Kootwijk Radio!

Wir können also aus den vorangehenden Angaben schließen, daß man mit Hilfe der physiographischen Methoden, wie Boden- und Vegetationskartierung, den Einfluß von Nährstoff- und Wasserversorgung entwirren kann. Besonders auf diesen armen Böden erscheinen schon kleine, schwer chemisch nachzuweisende Unterschiede in der Nährstoffversorgung sehr bedeutsam.

c. *Einfluß absorbierten Wassers und Reichtum an pflanzenverfügbaren Mineralien* (Gebiet a, b und c)

Verfügbares Wasser im Boden wird nicht nur durch Grundwasser geliefert. Auch feine Bestandteile wie Lehm, Ton oder Humusteilchen können Wasser spreichern.

An dem hier publizierten Material ist dieser Einfluß von adsorbiertem Wasser zu illustrieren (Gebiet a).

In dem in Abb. 6 angegebenen Gebiet (a) existiert wahrscheinlich kein wesentliches Grund- oder Scheingrundwasser, jedenfalls nicht in dem Maße wie in Gebiet b und c. Doch gibt es da starke Unterschiede in der Baumhöhe (Abb. 8). Der Diskussion in Abschnitt 4b gemäß kann also die Wasserversorgung der Kiefer nicht überall im Minimum sein.

Es ist also sehr wahrscheinlich, daß sich dort, wo die Kiefern gut wachsen, verfügbares Wasser im Boden befindet. In diesen völlig ton-

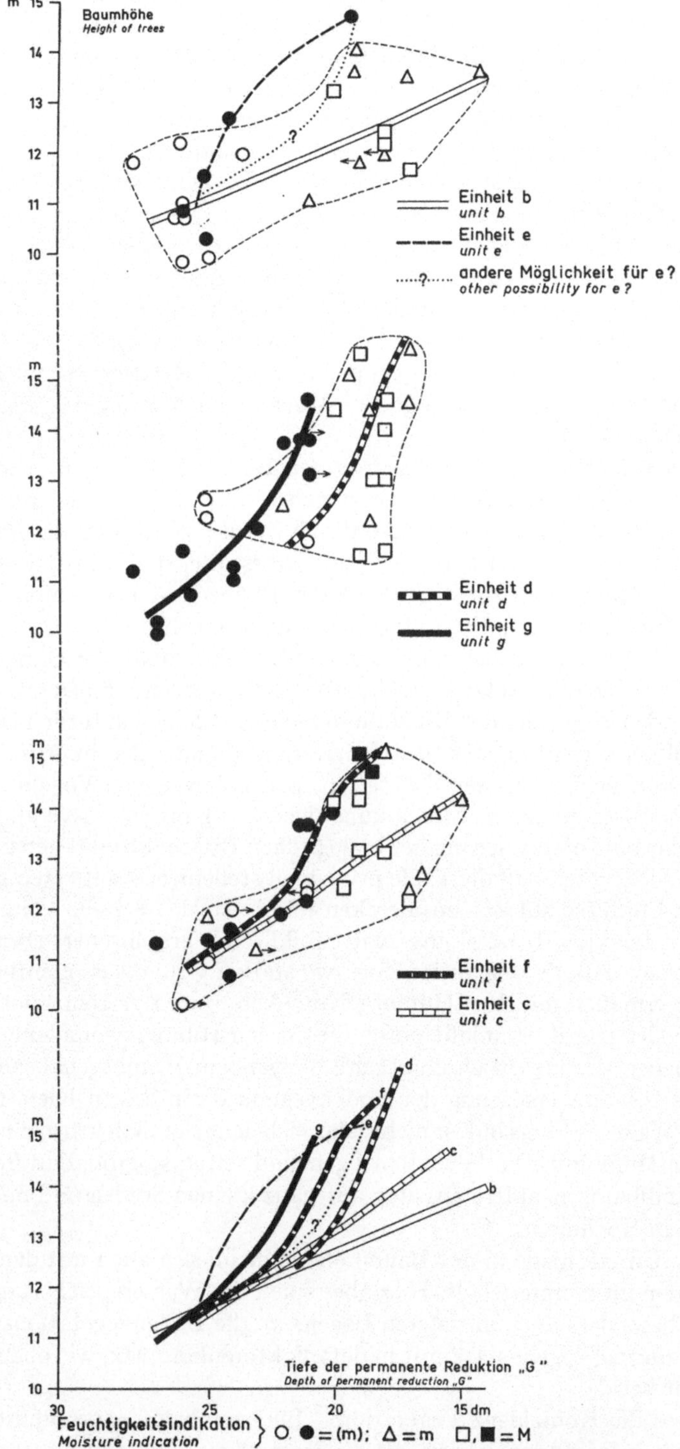

Fig. 11 Beziehung von der Tiefe der permanente Reduktion zu der Baumhöhe und der Vegetationseinheiten im Versuchsgebiet c (Stippelberg, De Rips)

Relation of the depth of permanent reduction to the height of trees for the vegetation units established in the sample area c.

losen, nicht lehmigen Böden kann das (wo keine Stagnierung auf dichten pedogenetischen Horizonten auftritt) nur von organischen Stoffen absorbiertes Wasser sein.

Nach dieser Erkenntnis können wir auch die Bilder von Abb. 8 besser verstehen. Die organischen Stoffe in diesen reinen, verhältnismäßig groben Sandböden sind der Träger sowohl des Adsorptionskomplexes für Mineralien als auch der Wasserspeicherungskapazität.

Zunahme des Humusgehaltes wird also im Durchschnitt Wasser- und Mineralienversorgung steigern. Der Gehalt an Wasser pro Einheit Humus ist abhängig von allgemeinen klimatologischen Daten wie Niederschlag und Evapotranspiration. Beide sind innerhalb der Versuchsgebiete als ziemlich homogen zu betrachten. Wassergehalt und Humus sind also, wie auch aus den Untersuchungen von SCHELLING (1955) folgt, im Flugsandgebiet verhältnismäßig eng gekoppelt. Für die Relation Humusgehalt – wirklich für Pflanzen verfügbarer Mineraliengehalt ist das weniger zu erwarten.

Es ist doch so, daß in solchen armen Böden der Absorptionskomplex größtenteils von H-Ionen eingenommen wird. Ohne die Absorptionskapazität stark zu beeinflussen, kann durch Zufuhr von Basen die Basenversorgung geändert werden. Auch für Nährstoffe, die außerhalb des Absorptionskomplexes zur Verfügung der Pflanzen stehen (Anionen usw.), ist anzunehmen, daß diese, ohne den Humusgehalt und damit auch ohne die Wasserkapazität beträchtlich zu ändern (innerhalb der Dimensionen, um die es sich hier jetzt handelt), zugeführt werden können.

Für den Ursprung der Mineralunterschiede können natürlich Ursachen wie Mineralreichtum des Muttermaterials (Sand), der in Abschnitt 4e beschriebene Einfluß der Vegetation, Brutkolonien von Vögeln oder andere Naturdüngung oder auch künstliche Düngung inklusive aller damit korrelierten Intensivierung der biologischen Bodenaktivität genannt werden. Wichtig ist, daß diese alle prinzipiell stellenweise auftreten und also deren Einflüsse auf kurzen Strecken relativ stark wechseln können.

Wir könnten bereits aus Kartenbild und graphischer Darstellung schließen, daß die Vegetation dort, wo starker Grundwassereinfluß fehlt, gewissermaßen mit dem Humusgehalt (Abb. 6 und 7) koinzidiert. Diese Koinzidenz wird veranlaßt durch die an den Humus gebundene Mineralienmenge, die im Durchschnitt mit steigendem Humusgehalt zunimmt.

Die Feuchteversorgung der Bodenvegetation in diesen Kiefernforsten auf trockenem Flugsand ist nicht oder vielleicht nur in den ärmsten Typen (C) im Minimum. Die Feuchtemengen sind selten so groß, daß Feuchtigkeitsindikatoren auftreten (nur auf ganz kleinen Stellen und mit beginnendem Hochmoor).

Die Unterschiede in der Baumhöhe koinzidieren auch mit den Unterschieden im Humusgehalt. Hier aber spielt die Wasserspeicherungskapazität besonders auch in tieferen Lagen, wo die Bodenvegetationswurzeln nicht durchdringen, stark mit in dem Faktorenkomplex, wie oben bereits betont wurde.

Also: die Koinzidenz Vegetation – Bodeneinheit (= größtenteils Humosität) wird anders regiert als die Koinzidenz Kiefernwachstum – Bodeneinheit.

Jetzt ist auch klar, warum innerhalb einer gleichen Bodeneinheit das Kiefernwachstum mit der Vegetationseinheit schwankt und umgekehrt (Abb. 8). Im ersten Fall zeigt die Vegetation Unterschiede in total für Pflanzen verfügbaren Mineralen bei gleicher Bodeneinheit (das heißt bei gleicher Farbe, gleichem Humusgehalt, gleicher Wasserkapazität). Im letzten Fall zeigt die Bodeneinheit bei gleicher totaler Nährstoffverfügbarkeit Unterschiede im Humusgehalt, dass heißt in der Wasserkapazität!

In Abb. 9 ist der behandelte sehr humusarme Boden (Einheit 24) ohne Grundwasser; offenbar ist die Feuchteversorgung beinahe im Minimum, da bei tiefsten Grundwasserständen nur noch geringe Unterschiede in der Bonität zwischen den Vegetationseinheiten bestehen.

d. *Wirkung des Oberflächenwassers* (Gebiet c)

Kehren wir noch einmal zurück zum Gebiet c mit Decksand mit Podsolen in Gut Stippelberg (Rips). Bis jetzt haben wir da nur die (tiefsten) Grundwasserstände beobachtet nach der Tiefe des „G"-Horizontes. Es ist aber unwahrscheinlich, daß nur diese die Baumhöhe und die Vegetation beeinflussen sollten. Auch oberflächliches Wasser kann wichtig sein, sowohl die höheren Grundwasserstände und deren Fluktuation als besonders auch Wasser, das über den Boden oberflächlich transportiert wird.

So wurde beobachtet, daß *Molinia* am dichtesten wächst (Type M) in muldenartigen Teilen der Forsten, zum Teil ehemaligen Vennen, aber auch an anderen Stellen, wo das Wasser direkt nach jedem Schauer oberflächlich aus der näheren Umgebung zuströmen kann. Die tieferen Grundwasserstände brauchen da nicht höher zu sein als auf anderen niedrigen, nicht muldenartigen Stellen, wo *Molinia* weniger dicht wächst. Aus anderen Untersuchungen ergibt sich die Wahrscheinlichkeit, daß tatsächlich derartige Umweltbedingungen *Molinia* begünstigen (extreme Wechselfeuchtigkeit, siehe u.a. ZONNEVELD und BANNINK 1960). Leider liefern die morphologischen Profiluntersuchungen an Bodeneinschlägen bis jetzt noch keine zuverlässigen Merkmale, an denen der aktuelle Wassereinfluß in den obersten Teilen abzulesen ist. In Abb. 12 ist nun wie in 11 der Zusammenhang zwischen Vegetation und Boden und Baumhöhe graphisch dargestellt, doch ist hier nicht die Reduktionstiefe, sondern es sind die klassifizierten Bodeneinheiten, wie sie kartiert sind, in Abb. 10 A eingetragen. Die Rangordnung der Typen korrespondiert mit abnehmender Grundwassertiefe (siehe auch Abb. 3). Der Unterschied zwischen Typus H 6 und H 8 beruht mehr auf den höchsten als auf den niedrigsten Wasserständen während der Profilentwicklung (Pedogenese).

Der Hauptunterschied zwischen Abb. 11 und 12 ist, daß in 12 auf der Abszisse nicht nur Bodenmerkmale, sondern auch Vegetationsmerkmale eingetragen sind. Wir haben da die Bodentypen H 6 und H 8 unterteilt nach *Molinia*-Bedeckung als Anzeiger der oberflächlichen Bodenhydrologie, worüber das Bodenprofil selbst wenig sagt. Es zeigt sich nun, daß zwischen H 6 und H 8 das Optimum des Kiefernwachstums zu liegen scheint. Starker oberflächlicher Wassereinfluß (sich zeigend durch *Molinia*-Bedeckung) scheint bei H 6 noch günstig, bei H 8 aber schon ungünstig zu wirken. Auch wenn wir nur die durch die Vegetation gegebene

Feuchte-Indikation auf der Abszisse auftragen, bekommen wir ein ähnliches Bild. Es gibt aber verschiedene Gründe, das durch den Boden indizierte Grundwasser mit einzubeziehen. Es sind besonders auch die tieferen Grundwasserstände, die für die Kiefer wichtig sind, und diese werden durch die Vegetation nicht direkt angezeigt. Dazu kommt noch, daß der wichtigste Feuchtindikator in diesen Forstgesellschaften, *Molinia*, wie oben schon erwähnt, verschieden gewertet werden muß in den

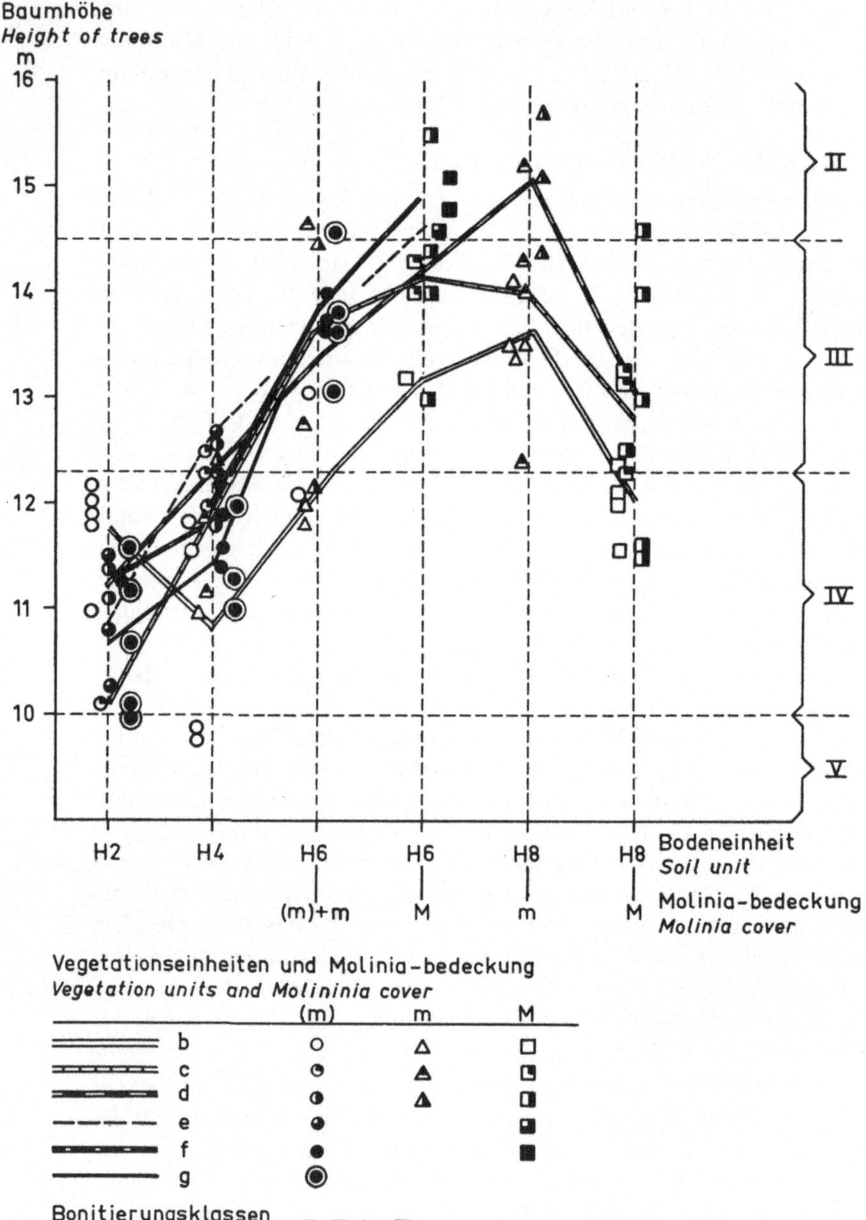

Fig. 12

verschiedenen Vegetationstypen, was eine Behandlung noch komplizierter macht. Schließlich ist zu bemerken, daß doch eine Bodenkartierung notwendig ist, um die Bodenart (Textur) und ander Bodeneigenschaften (zum Beispiel extreme Heterogenität in durchwurzelten Horizonten) festzustellen, ohne die, wie aus dem Vorgehenden klar wird, die detaillierte ökologische Bedeutung der Vegetationseinheiten nicht festzustellen ist.

e. *Einige Bemerkungen über die Entstehung der Unterschiede im ,,Reichtum" innerhalb der Bodeneinheiten*

Wenn Mineralien zugeführt werden durch Mensch oder Tier, ist das Problem der Entstehung der Reichtumsunterschiede nicht schwer. So ist bemerkungswert, daß die Vegetationsunterschiede auf Karte 10 B teilweise mit den Forstabteilungsgrenzen koinzidieren. Rechteckige Grenzen deuten fast immer auf menschlichen Einfluß, denn nur der Mensch denkt und arbeitet demgemäß in regelmäßig begrenzten Flächen. Wahrscheinlich ist hier die Rede vom Unterschied in der Düngung und nicht vom Ackervorbau, der in dieser Gegend nachgewiesen wurde. Die oben erwähnten chemischen Untersuchungen müssen hier eine weitere Sicherung geben. (Siehe auch das über *Molinia* und *Holcus mollis* und Düngung in Abschnitt 4b gesagte).[1]

Für größere Flächen, besonders in den Flugsandgebieten (a und b) muß wahrscheinlich die ehemalige oder rezente Vegetation als wichtigste Ursache der Reichtumsunterschiede gelten. SCHELLING 1955 bemerkt, daß *Pinus* imstande ist, einen günstigen Bodenzustand auf ehemals nicht bewaldetem Flugsand herzustellen. MEISEL-JAHN (1955) weist auch auf den Unterschied zwischen Heide- und Waldbodenaufforstungen und die Verbesserung des ersten unter *Pinus*-Forsten hin (siehe auch die rezente Literatur über N-Bindung durch Pionierpflanzen (STEVINSON).

Es ist also möglich, daß zerstreute Wälder im Gebiet schon da waren vor der Aufforstung. SCHELLING (1955) meldet solche Baum- und Krüppelholz-Vegetation. Oft ist der Humusgehalt auf derartigen Stellen höher als anderswo und der Unterschied tritt also auch in der Bodeneinheit zutage. Wenn die Bodenfarbe aber wenig abweicht, der ,,Reichtum" aber doch da ist, entstehen die Abweichungen zwischen Vegetations- und Bodenkarte. Die rundlichen reicheren Vegetationsflecken in Gebiet b inmitten der relativ armen Bodeneinheit 24 könnten so entstanden sein.

Auch ist es möglich, daß ephemere Flugsandvegetationen während der Aufblasung immer wieder sicheren ,,Reichtum" überliefert haben von einen (überlagerten) A1-Horizont zu dem jüngeren.

Auch die Bäume können durch den Mineralkreislauf ,,Reichtum" aus dem Unterboden nach oben bringen.

Für die beiden letzten Hypothesen sprechen folgende Beobachtungen:
a. Es ist festzustellen u.a. in Abb. 7, daß Bodeneinheiten, die nur von anderen unterschieden sind durch die Anwesenheit eines begrabenen Podsolprofils außerhalb des Wurzelbereichs der Bodenvegetation, durch diese Vegetation als etwas reicher angezeigt werden. Die Lieferung von Mineralstoffen aus dem Podsolprofil während der Anwehungsstadien

---

[1] Siehe Nachschrift.

durch Vegetation und Mineralkreislauf der Bäume spielt hier wahrscheinlich eine Rolle.

b. Die ökologisch extrem armen Vegetationseinheiten (C und CH) auf
Bodeneinheit 24 (Abb. 9) sind wahrscheinlich mit (sicher nur teilweise)
durch das Grundwasser bestimmt. Das Grundwasser könnte die Über-
führung von Mineralstoffen aus dem Unterboden verhindert haben (in
ZONNEVELD und LEYS 1962 ist das näher diskutiert).

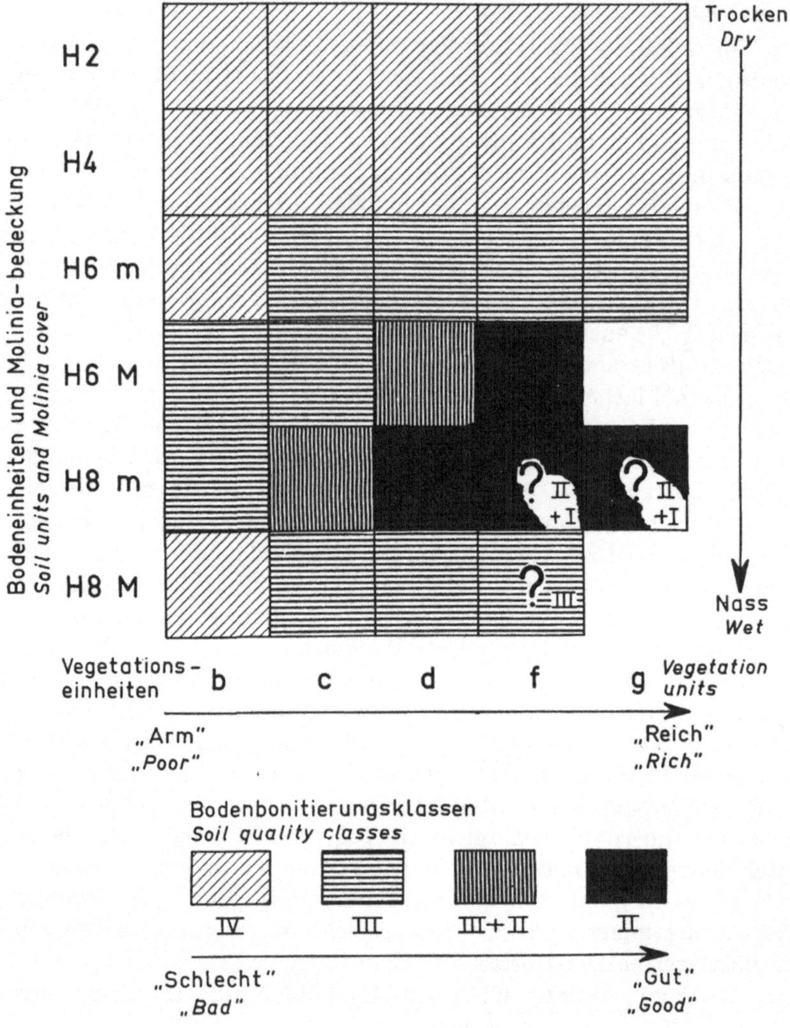

Fig. 13 Bodenbonitierungsschlüssel
für das Versuchsgebiet c.
Soil quality key for the sample area c.

Es sei zum Schluß nochmals betont, daß besonders auch bei allem der
Einfluß der Vegetation in Betracht gezogen werden muß, daß es nicht
immer um absolute Mengen von Mineralstoffen geht. Die Verfügbarkeit
für die Pflanzen (nicht für chemische Lösungsmittel im Labor) ist das

wichtigste. Spezielle, durch alle biologischen Aktivitäten einschl. der Vegetation beeinflußte Humusformen, Bodenstruktur usw. können eine wichtige Rolle spielen.

f. *Standorts-(Boden-)Bonitierung*

Für das Versuchsgebiet „De Stippelberg" (Rips) ist schließlich ein noch nicht für die Praxis bestimmtes Beispiel gegeben, wie die Angaben von Boden und Vegetation zusammen zum Nutzen einer Standortsbonitierung (hier wegen des Fehlens klimatologischer Unterschiede fast ganz „Bodenbonitierung") synthetisiert werden können.

In Abb. 13 ist ein Schlüssel gegeben, der auf Abb. 12 basiert. Horizontal ist der „Bodenreichtum" angegeben, wie dieser durch die Vegetationseinheiten angezeigt wird. Senkrecht sind hydrologische Angaben, Bodenprofil und Vegetation entnommen, eingetragen.

Die Bonität ist in Höhenklassen per Alter (nach den Ertragstafeln von GRANDJEAN 1955), wo bei den Unterschieden Kombinationen zu erwarten sind, angezeigt.

Abb. 10 D zeigt das kartographische Ergebnis.

Es muß noch weiter untersucht werden, welche Detaillierung für die Praxis nützlich ist. Für den Zweck dieser Publikation ist nur wichtig, daß in Abb. 10 D auch im Kartenbild gezeigt wird, wie stark die zu erwartende Kiefernbonität innerhalb einer Boden- und einer Vegetationseinheit wechseln kann, und daß aus der Kombination aller Karten auf die Ursache des guten oder schlechten Wachstums und eventuell auf Maßnahmen, dieses zu verbessern, geschlossen werden kann.

SCHLUSSFOLGERUNGEN

A. Die vorliegende Arbeit zeigt, daß es möglich ist, mit rein „synthetischen" („kartologischen") Feldmethoden, wie Bodenkartierung und Vegetationskartierung, Schlüsse auf geobiozönotische Zusammenhänge und die Standortsbeurteilung für die Praxis zu ziehen. Brauchbare chemische Analysen standen wegen des Scheiterns orientierender normaler Routineuntersuchungen noch nicht zur Verfügung. Obwohl man Auskünfte über chemische Laboruntersuchungen niemals als exakten Beweis, sondern nur als weitere Sicherung betrachten darf, ist es doch klar, daß eine weitere Koinzidenz mit chemischen Angaben gesucht werden sollte, besonders um nachzuforschen, welche Nährstoffe bestimmend sind für die unterschiedenen Vegetationseinheiten. Das ist der Grund für den vorläufigen Charakter dieser Publikation. Es sei aber bemerkt, daß dieser Charakter nicht vorläufiger ist als Untersuchungen, bei denen nur chemische und physikalische Profilanalysen an einigen Bodeneinschlägen gemacht worden sind ohne die Auswertung kartographischer Darstellungen, die so wertvolle und mindestens ebenso exakte Angaben liefern können.

B. Es zeigt sich, daß, obwohl Vegetation und Kiefernwachstum statistisch beide mit Bodeneinheiten koinzidieren, die Ursache davon unterschiedlich ist. Die Vegetationsunterschiede korrelieren wahrscheinlich hauptsächlich nur mit der (wirklichen) Pflanzenverfügbarkeit der Mineralien, Unterschiede im Kiefernwachstum außerdem mit dem Wassergehalt, besonders auch in den tieferen Lagen des Bodens. Der weitaus größere Wasserbedarf der Baumschicht im Vergleich mit dem viel weniger Wasser brauchenden und in seiner Masse viel kleineren Unterwuchs spielt hierbei eine wichtige Rolle.

C. Auf extrem armen Flugsandböden scheint die Mineralnährstoffversorgung im Minimum zu sein. Grundwasserzufuhr steigert da nicht den Baumwuchs, sondern wirkt eher nachteilig infolge Einschränkung des durchwurzelbaren Raumes.

D. Auf trockenen, im Untergrund humuslosen Böden, wie entwässerten Humuspodsolen auf Decksand und äusserst humusarmen Flugsandböden, scheint die Feuchteversorgung im Minimum zu sein. Zufuhr von Mineralien (wahrscheinlich auch Düngung) hat da keinen Erfolg.

E. In Böden werden Feuchtemengen besonders in tieferen Horizonten, die für das Kiefernwachstum schon längst wichtig sind, nicht durch die Vegetation angezeigt. Dafür braucht man eine Bodenkartierung; starker oberflächlicher Wassereinfluß wird durch die Vegetation angezeigt, besonders durch *Molinia*. Die *Molinia*-Deckung wird aber auch beeinflußt durch den Nährstoffreichtum und muß also für jede der unterschiedlichen Vegetationseinheiten anders gewertet werden.

F. Für die Kiefer scheinen auf den feuchteren Böden sehr geringe, schwer chemisch nachzuweisende Mineralienmengen schon wichtig zu sein. Diese werden durch die Vegetation bereits klar indiziert.

G. Auf den Deck- und Flugsandböden kann mit Hilfe der Bodenkartierung *und* der Vegetationskartierung zusammen eine bessere Bodenbeurteilung (Standortsbonitierung) erfolgen als nach Boden- oder Vegetationskarten allein, denn die Bodenkartierung berichtet besonders über die tieferen Grundwasserständen und das absorbierte Wasser (Wasserkapazität); die Vegetationskartierung über die Mineralienversorgung und oberflächliche Hydrologie (höchste Grundwasserstände, Überschwemmungen, Schwankungsrhythmus).

SUMMARY

This paper deals with the relationship between the synthetic environment indicators, i.e. vegetation communities and soil types on the one hand and Pine growth and hydrology on the other.

Methods of analysing the maps of soil and vegetation are briefly described.

A. Differences between the two maps may be due to:

I. Technical mapping errors made in the field

a. orientation errors

b. classification errors

II. Technical deviations (that theoretically could be avoided)

c. the more or less arbitrary nature of abstract classification units

III. Real deviations (that could not be avoided)

d. „analogous" soils

e. unclassified but ecologically important soil differences

f. environmental influences outside the soil (see Fig. 2).

B. Another quantitative method can be followed by making „soil spectra" of vegetation types and vegetation spectra of soil units (see Fig. 7). This can be done by counting the coincidences of soil and vegetation units with the aid of a uniform system of points distributed at random over both maps.

The vegetation communities are distinguished by means of vegetation tables, following the usual practice of the BRAUN-BLANQUET school (see ELLENBERG 1956). A study of the literature (see in particular MEISEL-JAHN 1955) and experience in gauging physiographical conditions elsewhere are also important.

The investigation was carried out in two blown sand areas (area a and b, near Kootwijk, Veluwe) and in one cover sand area (c). The blown sands a and b were studied by SCHELLING 1955 and Baron VAN LYNDEN 1960. There is little profile development. There are differences in humus content owing to vegetation influences during the formation of the sand deposits (fossil A1-horizons). Buried podzols are sometimes present. Water sometimes stagnates on these podzols and causes gley phenomena in the covering inland dune sands (area b). Several modifications of podzols and podzol gleys, connected with the water tables during formation of the soil, were developed in the cover sand (area c) studied by VAN LYNDEN (not yet published). This area has now been drained, but in a relative sense there still is a correlation with soil hydrology. When *Molinia* is used as a guide the vegetation shows a predominance of what are probably recent water influences, particularly in the topsoil and surface water.

The vegetation shows that differences must exist in the availability of minerals to the plants within the same soil units (viz. the same humus content). Physiographical evidence (map picture) shows that these differences are probably due to past and recent vegetation. The evidence from the literature points in this direction (SCHELLING 1955; MEISEL-JAHN 1955). Vegetation could accumulate or transport minerals from lower horizons to higher ones, or merely create a humus form that supplies the absorbed minerals to plants and trees with greater ease. It could also originate from the minerals supplied by parent material, animals or man (manuring or artificial fertilizing). The map (cover sand area, Fig. 10 B) also shows that certain differences in „richness" there must be due to fertilizing. The rectangular patterns can only be due to human activity and in this case there is probably no natural cause.

It is fairly difficult to show these differences by chemical analysis because Scots Pine seems to respond to amounts of minerals so small as to escape detection by normal routine analysis. More research is needed in this direction. The cartographic method, however, is as reliable as the chemical one. A combination of the two is more reliable.

In the blown sand area the Scots Pine and the vegetation of the forest floor are both statistically correlated with the soil units, viz. the humus content is mainly indicated by the soil colour. But there is a difference in the actual cause of correlation. The forest floor vegetation chiefly denotes differences in the availability of minerals related to the humus. Scots Pine responds to differences in both the mineral content and the moisture conditions, especially in the subsoil. The forest floor vegetation apparently only indicates a very high watertable and surface water, not the differences in adsorbed water. *Molinia* is greatly affected both by surface water and mineral content, as can be shown by comparing maps 10 B and C. The mineral supply factor is at the minimum (viz. Fig. 9) on very poor blown sands characterized by vegetation type C and CH. In this case the ground-water supply does not stimulate Pine; in fact it may be even injurious because the root space is limited by high watertables.

There is a minimum of moisture on most of the dry, non loamy, coarse, sandy soils without subsoil humus. A mineral supply and hence also a fertilizer supply is useless without ground water (viz. Figs. 9, 11, 12).

In the cover and blown sand areas the site quality can be classified. This is done using the vegetation as an indicator of soil fertility together with surface hydrology and the soil profile as indices of the ground water conditions, especially in the subsoil. Figs. 12, 13 and 10 D suggest how this can be done. The site quality is expressed as tree-height in relation to age. It would seem, therefore, that the method of morphological ,,synthetic" description, combined with a vegetation and soil survey in connection with some measurement of tree-length, gives a reasonably good description of the relationship between vegetation, tree-growth, soilwater relations and soil fertility. Moreover this method suggestis a site quality classification based on soil and vegetation maps.

We are very grateful to Ir. Baron K. R. van Lynden for his kindness in allowing us to publish here a considerable amount of data assembled by himself and his assistants.

LITERATUR

Ellenberg, H.: Aufgaben und Methoden der Vegetationskunde. In: H. Walter: Einführung in die Phytologie IV, **1**. Grundlagen der Vegetationsgliederung. – Stuttgart 1956.
Grandjean, A. J.: Opbrengsttafels grove den in Nederland. 1955.
Lynden, K. R. van: De bodemgesteldheid van de Boswachterij Kootwijk. – Rapport no. **493**. Stichting voor Bodemkartering (stencil). 1960.
— en Waenink, A. W.: De Stippelberg (Ms. n.p.).
Meisel-Jahn, Sofie: Die Kiefern-Forstgesellschaften des nordwestdeutschen Flachlandes. – Angew. PflSoziol. **11**. Stolzenau/Weser 1955.
Schelling, J.: Stuifzandgronden. – Uitv. verslagen Bosbouwproefstation T.N.O. **2**. Wageningen 1955.
Stevinson, G.: Fixation of nitrogene by non-nodulate seed-plants. – Ann. Bot. **23**: 622–635. London 1959.
Westhoff, V.: Een gedetailleerde vegetatiekartering van een deel van het bosgebied van Middachten. – Wageningen 1957. (With a detailed summary).
Zonneveld, I. S. en Bannink J. F.,: Studies van Bodem en Vegetatie op het Nederlandse deel van de Kalmthoutse heide. – Rapport no. **2429**. Stichting voor Bodemkartering. (Stencil). 1960.
— en — Voorlopig verslag van de Vegetatiekundige bijdrage aan het onderzoek in grove denopstanden van het Landgoed de Stippelberg (Rips). (n.p.).

— en LEYS, H. N.: Groeiend veen op het Kootwijkse stuifzand. – Levende
Natuur **64**: 247–253. Arnhem 1961.
— en — Een onderzoek van het verband tussen opstand, bodem en onder-
groei in eerste generatie stuifzand bebossingen bij Kootwijk. – Rapport;
Stichting voor Bodemkartering. (With a summary), (stencil). Wageningen. 1962 (i.v.).

NACHSCHRIFT

Nach Fertigstellung dieses Manuskripts wurde gefunden, daß der
„Reichtum" höchstwahrscheinlich korreliert ist mit dem Teil des Boden-
phosphats, das sich im mineralisierenden Humus befindet, also anorganisch vorhanden und noch nicht fixiert ist in schwer verfügbaren Verbindungen.

There is proved to be a correlation between phosphate and the
„richness".

DER EINFLUSZ DER NIEDERWALDWIRTSCHAFT AUF DIE VEGETATION

von

PAUL SEIBERT, München

Die Niederwaldwirtschaft ist eine forstliche Betriebsform, bei der die Naturverjüngung des Bestandes aus den Ausschlägen der Wurzelstöcke hervorgeht. Sie ist deshalb nur bei Laubbäumen anwendbar, und hier auch nur bei den Baumarten, die ein ausreichendes Stockausschlagvermögen haben. Als besonders ausschlagfähig gelten bei uns die *Alnus-*, *Populus-* und *Salix*-Arten. Gut ausschlagfähig sind unter den bestandsbildenden Baumarten *Carpinus*, *Quercus*, unter den weniger bestandsweise auftretenden Baumarten *Acer, Castanea, Fraxinus, Tilia* und *Ulmus*. Ein schlechtes Ausschlagvermögen finden wir dagegen bei *Fagus* und *Betula*. Die übliche Umtriebszeit liegt zwischen 1–6 Jahren bei *Salix* und 15–25 Jahren bei den übrigen Baumarten, bei *Alnus glutinosa* kann sie 40–60 Jahre betragen.

Als Wirtschaftsform ist der Niederwaldbetrieb weit verbreitet und sehr alt, stellt er doch eine der einfachsten und regellosesten waldwirtschaftlichen Nutzungsformen dar. Wenn auch PLINIUS erwähnt, daß die Römer den Niederwaldbetrieb nach Gallien eingeführt hätten, so ist doch nicht anzunehmen, daß er nur an einer Stelle erfunden wurde. Vielmehr dürfte die Erfahrung, daß manche Baumarten aus dem Stock ausschlagen, an vielen Orten der Erde unabhängig voneinander zur Entwicklung dieser Betriebsform geführt haben.

Eine verwandte Betriebsform ist der Mittelwald, der aus einem niederwaldartig behandelten Unterholz und dem hochwaldartigen Oberholz besteht.

Der Niederwald ist in der Bundesrepublik heute vor allem in Bauernwaldungen noch überall zu finden. Auf größeren Flächen ist er jedoch nur in ganz bestimmten Gebieten verbreitet, wobei wir den „Auen-Niederwald" vom „Land-Niederwald" unterscheiden wollen. Der „Auen-Niederwald" begleitet vor allem die von den Alpen herkommenden Flüsse Iller, Wertach, Lech, Isar, Inn, Salzach sowie Abschnitte der Donau, die sich alle durch sommerliche Hochwässer auszeichnen, welche diese Flußtäler für eine landwirtschaftliche Nutzung wenig geeignet erscheinen lassen. Auch am badischen Rheinlauf sind Niederwälder noch stärker verbreitet. Der „Land-Niederwald" besitzt seine Hauptverbreitung im Rheinischen Schiefergebirge, wo sich verschiedene Nutzungsformen entwickelt haben.

Der regelloseste und wohl auch älteste ist der Brennholzbetrieb, bei dem ohne besonderen Plan Holz gefällt wird, solange es geht, wobei die

Umtriebszeit immer kürzer wird. Geregelter ist der Stangenholzbetrieb, der auf die Gewinnung gerade gewachsener Hölzer hinzielt und z.T. mit der einst bedeutsamen Köhlerei eng verknüpft ist, weil sich das Stangenholz besser verkohlen läßt als Stamm- oder Baumholz. Die bekannteste Nutzung des Niederwaldes ist der Schälwaldbetrieb, dessen Hauptnutzung, die Eichenrinde, seit alters her als brauchbares Gerbemittel bekannt ist. Im Gegensatz zur Brennholz- und Stangenholznutzung ist beim Schälwald die Betriebsform des Niederwaldes unbedingte Voraussetzung und eine Umtriebszeit von 17–20 Jahren wegen des optimalen Gerbstoffgehaltes der Eichenrinde in diesem Alter die Regel. Die Holzartenzusammensetzung wird durch sorgfältige Pflege und Nachpflanzen der Eichen stärker vom Menschen beeinflußt, als dies bei den anderen waldwirtschaftlichen Nutzungsformen üblich ist. Bei der landbaulichen Niederwaldnutzung wechseln im Lauf einer Nutzungsperiode Feldbestellung und Waldbau miteinander ab (Rottwirtschaft). Nach Abtrieb des Stangenholzes – die Wurzelstöcke bleiben stehen – wird das Gestrüpp abgebrannt, der Boden gelockert und mit Ackerfrüchten bestellt. Nach dem Fruchtanbau wachsen die aus den Wurzelstöcken ausgeschlagenen Bäume und Sträucher erneut zu einem Niederwald zusammen. Schließlich haben auch die viehwirtschaftlichen Nutzungen, zu denen das Laub- und Streusammeln und die Waldweide gehören, für den floristischen Aufbau der Niederwaldgesellschaften Bedeutung. Oft fallen bestimmte Nutzungen auf einer Fläche zusammen wie bei der Haubergwirtschaft des Siegerlandes, die eine Verbindung von Schälwaldbetrieb mit Brennholz-, Rott- und Weidenutzung darstellt. Einen ähnlichen Betrieb stellen die Hackwaldungen im hessischen Odenwald, die Reutberge im badischen Schwarzwald (Kinzig- und Renchtal), die Birkenberge in den unteren Lagen des Bayerischen Waldes und die Schiffelwirtschaft in Eifel und Hunsrück dar. Die Lohrindenerzeugung belebte sich um die Mitte des 19. Jahrhunderts. Hierbei wurden die Mittelwälder auf den warmen Hängen des Mosel- und Rheintales restlos in Eichen-Schälwald umgewandelt.

Die floristischen Veränderungen, die der Niederwaldbetrieb hervorruft, sind bei den einzelnen natürlichen Waldgesellschaften unterschiedlich, auch hängen sie von Art und Intensität der Niederwaldwirtschaft ab. Einer unmittelbaren Einwirkung ist die Baumschicht unterworfen. Von der Ausschlagfähigkeit der Baumarten hängt es ab, ob sich die Baumschicht nach Arten und ihren Mengenanteilen unverändert erhält, oder ob gewisse Baumarten von anderen (ausschlagfähigeren) zurückgedrängt werden. Wenn die neu auftretenden oder sich stärker ausbreitenden Baumarten in ihrer Lichtdurchlässigkeit den vorhergehenden gleichwertig sind, ändert sich an der Bodenvegetation nichts, im anderen Fall bringt das veränderte Licht- und Wärmeklima des Bestandes auch hier Art- und Mengenverschiebungen mit sich. Als lichtdurchlässig gelten die *Betula-*, *Salix-*, *Populus-*Arten und *Fraxinus excelsior*, eine Mittelstellung nehmen *Quercus*, *Ulmus*, *Carpinus*, *Alnus* und *Corylus* ein, während *Tilia*, *Acer* und *Fagus* als stark schattende Baumarten anzusehen sind. Unmittelbar wird die Bodenvegetation durch Ackerbau, Brand und Weidenutzung beeinflußt.

Wir können hinsichtlich der Auswirkung des Niederwaldbetriebes demnach 3 Gruppen von Pflanzengesellschaften unterscheiden, nämlich

1. Gesellschaften, bei denen die floristische Zusammensetzung nicht verändert wird;

2. Gesellschaften, bei denen nur die Baumschicht,

3. Gesellschaften, bei denen durch die veränderte Baumschicht auch die Bodenvegetation beeinflußt wird und teilweise durch Ackerbau, Brand oder Weidenutzung zusätzliche Abwandlungen erleidet.

Zur 1. Gesellschaftsgruppe gehören:

a) Verschiedene Assoziationen der Salicetea purpureae. Diese setzen sich aus stark ausschlagfähigen *Salix*-Arten zusammen und vertragen sogar die kurzen, bei 5–6 Jahren liegenden Umtriebszeiten, die bei Faschinennutzung üblich sind.

b) Die Gesellschaften, in welchen fast ausschließlich *Alnus glutinosa* als bestandsbildende Baumart auftritt. Hierzu gehören die Assoziationen des Alnion glutinosae, das Stellario-Alnetum unserer Mittelgebirgsbäche sowie die eschenarmen Ausbildungen des Carici remotae-Fraxinetum. *Alnus glutinosa* verträgt ohne weiteres die gewöhnlich zwischen 20 und 60 Jahren liegenden Umtriebszeiten des Niederwaldbetriebs.

c) Das Alnetum incanae, in dem bei Umtriebszeiten vom 15–20 Jahren *Alnus incana* unvermindert erhalten bleibt.

d) Das Querco roboris-Betuletum, auf dessen armen Standorten auch ausschlagkräftigere Holzarten als *Quercus robur* nicht wachsen können.

Die 2. Gesellschaftsgruppe, bei welcher der Niederwaldbetrieb nur die Baumschicht verändert, umfaßt u.a. folgende Gesellschaften:

a) Pruno-Fraxinetum. In dieser Assoziation wird von Natur aus die Baumschicht aus *Fraxinus excelsior*, *Prunus padus* und *Alnus glutinosa*, gebietsweise auch *Alnus incana* gebildet. Die *Alnus*-Arten sind an Ausschlagfähigkeit überlegen und drängen vor allem *Fraxinus* stark zurück. So fanden wir beispielsweise an der niederbayerischen Rott Bestände mit folgenden Extremwerten:

	Hochwald	Niederwald
Fraxinus excelsior	4.4	1.1
Alnus incana	2.2	3.4
Alnus glutinosa	1.2	2.2

b) Ähnliches gilt für die eschenreichen Ausbildungen des Carici remotae-Fraxinetum und das Fraxino-Ulmetum.

c) Durch sehr kurze Umtriebszeiten, wie sie die Faschinennutzung mit sich bringt, kann auch beim Alnetum incanae die Baumschicht umgewandelt werden. *Alnus* wird dabei durch *Salix*-Arten abgelöst. Bei Faschinenbetrieb geht sogar das Fraxino-Ulmetum in Weidenbestände über.

Da die Lichtverhältnisse in den vorgenannten Assoziationen durch den Niederwaldbetrieb nicht oder nur unwesentlich beeinflußt werden, bleibt die Bodenvegetation unverändert, oder es verschieben sich nur die Mengenanteile der vorhandenen Pflanzenarten. Deshalb ist im typischen

Falle mit Hilfe der Bodenvegetation die Ausgangsgesellschaft erkennbar. Ein *Salix*-Gebüsch, das bei Faschinenbetrieb aus einem F r a x i n o - U l - m e t u m entstanden ist, hat dessen Bodenvegetation, die aus anderen Arten besteht als die eines S a l i c e t u m. Ein *Alnus incana*-Wald, der durch Niederwaldwirtschaft aus der gleichen Auenwaldgesellschaft hervorging, ist trotz des Vorherrschens von *Alnus incana* noch lange kein A l n e t u m   i n c a n a e. So einfach diese Dinge theoretisch klingen, so schwierig ist die richtige Ansprache der Bestände oft in der Praxis, da man es keineswegs immer mit typischen Ausbildungen dieser Gesellschaften zu tun hat, sondern sich mit allen sukzessionsbedingten Übergangsformen auseinandersetzen muß.

d) Auch beim Q u e r c o - C a r p i n e t u m bewirkt der Niederwaldbetrieb meist nur eine Veränderung der Baumschicht. *Carpinus*, vor allem aber auch *Corylus avellana* breiten sich auf Kosten von *Quercus*, noch mehr aber auf Kosten von *Fagus* aus, wo diese Baumart zur Artengarnitur des Q u e r c o - C a r p i n e t u m gehört.

e) Ebenso geht im F a g o - Q u e r c e t u m   p e t r a e a e die Buche zurück.

Zur 3. Gesellschaftsgruppe gehören alle F a g i o n - und L u z u l o - F a - g i o n-Gesellschaften, bei welchen die stark schattende *Fagus silvatica* durch den Niederwaldbetrieb zurückgedrängt und durch andere lichtdurchlässigere Baumarten ersetzt wird. Hier bewirkt das veränderte Bestandsklima so große floristische Verschiebungen, daß die Niederwaldgesellschaften in ihrer Artenkombination meist anderen Assoziationen ähnlicher sind als denjenigen, aus welchen sie hervorgegangen sind. Die Niederwälder des M e l i c o - F a g e t u m und anderer meso- und eutropher F a g e t e n entwickeln sich zum Q u e r c o - C a r p i n e t u m, während die azidophilen L u z u l o - F a g i o n-Wälder bei Niederwaldbetrieb zum Q u e r c i o n   r o b o r i - p e t r a e a e hin tendieren. Die letztgenannte Entwicklung konnte ich während meiner Tätigkeit an der Bundesanstalt für Vegetationskartierung näher studieren. Sie soll deshalb auszugsweise hier mitgeteilt werden.

In der beigefügten Vegetationstabelle sind die wichtigsten Untereinheiten des L u z u l o - F a g e t u m, die durch Hochwald-Aufnahmen (H) belegt sind, ihren Niederwaldgesellschaften (N), ihren durch zusätzliche landwirtschaftliche Nutzung stärker abgewandelten Hauberggesellschaften (Hau) und in einem Falle auch den noch stärker veränderten *Sarothamnus*-Gesellschaften (S) gegenübergestellt. Die nach den Baumarten aufgeführten Kenn- und Trennarten des L u z u l o - F a g e t u m lassen dessen Gliederung in eine *Vaccinium*-, eine typische, eine *Athyrium*- und eine *Dryopteris linnaeana*-Ausbildung erkennen, die sich hauptsächlich durch expositionsbedingte Standortsunterschiede herausgebildet haben. Bei Niederwaldwirtschaft verändert sich die Artenzusammensetzung, wobei das Auftreten von Artengruppen am meisten auffällt, die in der Tabelle als Trennarten der Niederwald- und solche der Hauberggesellschaften zusammengestellt sind. Die Trennarten der Niederwaldgesellschaften zeigen eine Dreigliederung, die mit der Gliederung der Buchenwälder parallel geht. In allen Ausbildungen stellt sich die *Betula*-Gruppe ein, während die *Teucrium*-Gruppe die *Vaccinium*-Ausbildung meidet. In *Athyrium*- und *Dryopteris linnaeana*-Ausbildung sind die anspruchsvolleren Pflanzen der *Carpinus*-Gruppe zusätzliche Niederwald-Trenn-arten.

Das Auftreten dieser Pflanzen ist die floristische Bestätigung der durch den Niederwaldbetrieb hervorgerufenen Veränderungen der Holzarten-zusammensetzung, des Bestandesklimas und des Bodens.Denn Bestandes-aufbau und Ökologie des L u z u l o -F a g e t u m als Ausgangsgesellschaft werden in solcher Weise verändert, daß sie den Verhältnissen in F a g o -Q u e r c e t u m   p e t r a e a e und Q u e r c o -C a r p i n e t u m   l u z u l e t o -s u m, in denen diese Pflanzen von Natur aus verbreitet sind, sehr ähnlich werden.

Im einzelnen erklärt sich das Auftreten der Baum- und Straucharten vornehmlich durch die Ausschaltung oder zumindest Einschränkung der Konkurrenzkraft der Buche. Das gilt insbesondere für *Corylus*, *Carpinus* und *Frangula*, während bei den *Betula*-Arten und *Populus tremula* auch ihre Eigenschaft als Pionierholzart eine große Rolle spielt. Bei *Corylus* und *Carpinus* scheint auch das wärmere Bestandesklima des Niederwal-des von Bedeutung zu sein, denn nur so läßt sich ihr Auftreten in Höhen-lagen von mehr als 600 m erklären, wo diese Holzarten unter natürlichen Verhältnissen nicht mehr verbreitet sind. Von den Kräutern gelten *Melampyrum pratense, Teucrium scorodonia, Hypericum pulchrum, Soli-dago virgaurea* und *Hieracium laevigatum* als Kenn- und Trennarten des F a g o -Q u e r c e t u m, die zwar in das Q u e r c o -C a r p i n e t u m l u z u l e -t o s u m übergreifen, in unserer Betrachtung aber auf jeden Fall als licht-liebende Eichenwaldpflanzen zu gelten haben. Ein noch größeres Licht-bedürfnis haben *Calluna vulgaris, Galium saxatile* und *Agrostis tenuis*, die sonst vorwiegend außerhalb des Waldes vorkommen. *Calluna* läßt gleichzeitig auf eine oberflächliche Verarmung des Bodens schließen und tritt daher in den anspruchslosen Untereinheiten mit höherer Stetigkeit auf als in den anderen. Sie breitet sich auf den abgetriebenen Flächen der Niederwälder jeweils sehr rasch aus, bis die hochwachsenden Gehölze ihren Lebensraum wieder einschränken. Schließlich ist auch *Vaccinium myrtillus* eine lichtliebende Art, die sich in allen Einheiten des L u z u l o -F a g e t u m sofort einstellt, wenn anstelle von *Fagus Quercus* angebaut wird.

Während die Niederwald-Trennarten im wesentlichen als Folge des Zurückdrängens der *Fagus silvatica* und der damit verbundenen Verän-derung des Bestandesklimas aufzufassen sind, überwiegen bei den Trenn-arten der Hauberge Pflanzen, die eine sehr weitgehende Veränderung des Bodens anzeigen. Es handelt sich teilweise um Arten, die von Natur nicht mehr in Laubwaldgesellschaften, sondern in Nadelwäldern und offenen Pflanzengesellschaften wie Heiden, Magerrasen und Wiesen verbreitet sind. Hiervon weisen die Moose *Entodon schreberi, Hylocomium proliferum, Scleropodium purum, Rhytidiadelphus squarrosus, R. loreus, Hypnum cupressiforme, Lophocolea bidentata* und *Plagiochila asplenioides* auf die fortschreitende oberflächliche Verarmung der an sich schon basen- und nährstoffarmen Böden hin, welche durch den hohen Nährstoffentzug der Haubergwirtschaft bedingt ist. *Sarothamnus scoparius, Rubus* spec. und das Massenauftreten von *Holcus mollis* sind Folge der ackerbau-lichen Nutzung; das Aufkommen von *Sarothamnus* wird außerdem durch

den Brand gefördert, der mit dem Feldbau verbunden ist. Durch Verlichtung und landbauliche Nutzung dürfte auch das Vorkommen von *Anthoxanthum odoratum* bedingt sein. Zuletzt sei auch noch auf die hohe Stetigkeit von *Quercus robur* hingewiesen. Bei Schälwaldnutzung werden die Eichen besonders gepflegt und nachgepflanzt. Auch ohne daß man eine bewußte Bevorzugung von *Quercus robur* voraussetzt, ist allein durch die Tatsache der Eichenpflanzung die Einbringung dieser Eiche möglich gewesen.

Mit dem Auftreten der Niederwald- und Hauberg-Trennarten geht eine Verminderung von Pflanzen, die als ausgesprochene Waldarten gelten, parallel. Besonders deutlich zeigt sich das bei den Hauberggesellschaften, wo durch die starke Begünstigung der Eichen besonders in den ärmeren Ausbildungen die Buche fast ganz verdrängt ist. Mit dieser Baumart nehmen auch Menge und Stetigkeit von *Luzula nemorosa*, einem ausgesprochenen Buchenbegleiter auf sauren Böden, ab. Auch *Milium effusum*, *Oxalis acetosella*, *Athyrium filix-femina* und *Dryopteris filix-mas* vertragen die häufige Freistellung auf Kahlflächen nicht, noch weniger die starken Eingriffe der Haubergwirtschaft. In alten und stark genutzten Niederwaldgebieten führt das Zurückgehen dieser Arten zu einer Vereinheitlichung der Pflanzendecke, welche die expositionsbedingten Unterschiede in der Vegetation nicht mehr erkennen läßt.

Die Degradation der ehemaligen Buchenwälder kann über das Stadium des F a g o - Q u e r c e t u m hinausführen zu Heiden und *Sarothamnus*-Gebüschen. Vergleicht man die Niederwaldgesellschaften mit den entsprechenden natürlichen Eichen-Waldgesellschaften – in unserem Falle F a g o - Q u e r c e t u m p e t r a e a e und Q u e r c o - C a r p i n e t u m l u z u l e t o s u m, *Athyrium*-Variante – so zeigen sich im Artengefüge nur geringe Unterschiede. Die auffälligste Abweichung besteht darin, daß *Betula pendula* in den Niederwäldern eine wesentlich höhere Stetigkeit erreicht, was wegen ihrer Eigenschaft als Pionierbaum nicht zu verwundern braucht. Andererseits zeigen bei den Eichenwäldern *Pteridium aquilinum* und *Calamagrostis arundinacea* höhere Stetigkeiten, und es ist denkbar, daß beide Arten, die im Untersuchungsgebiet ausgesprochene Waldpflanzen sind, den Niederwaldbetrieb nicht vertragen.

Es braucht nicht zu verwundern, daß die weitgehenden Änderungen der Vegetation, die der Niederwaldbetrieb in diesen Gebieten hervorgerufen hat, bei manchen Autoren zu einer irrtümlichen Auffassung über die potentielle natürliche Vegetation geführt hat, so bei MÜLLER-WILLE (1938), der vom „atlantischen Typ des Eichenmischwaldes, der in der niederrheinischen Bucht und im Sieg-Ruhr-Block herrscht," spricht. Auch HUECK (1936) stellt in der Vegetationskarte des westlichen Mitteldeutschland den Teil des südwestfälischen Berglandes, in dem die Niederwälder am weitesten verbreitet sind, als natürliches Eichenwaldgebiet dar, bemerkt allerdings dazu „„daß die bodensauren Eichenniederwälder heute vielfach das Gebiet ehemaligen Buchenhochwaldes einnehmen."

Die genannten Beispiele zeigen, daß nicht nur bei dem Anbau fremder Baumarten, sondern auch bei extremer waldbaulicher Behandlung die natürliche Artenkombination der Wälder stark abgewandelt werden kann. Das ist bei der Erforschung der potentiellen natürlichen Vegetation zu beachten, wenn keine falschen Schlüsse gezogen werden sollen. Die Untersuchung von Gesellschaftskontakt, Standort und Sukzession hilft hier den wahren Sachverhalt zu finden. Darüber hinaus ist dieser durch Vergleich mit den Ergebnissen der Pollenanalyse und Waldgeschichte zu überprüfen.

ZUSAMMENFASSUNG

Durch Niederwaldbetrieb wird die floristische Zusammensetzung bei manchen Waldgesellschaften gar nicht, bei anderen dagegen sehr stark abgeändert. Keine oder nur geringfügige Änderungen erleiden Wald- und Buschgesellschaften aus stark ausschlagfähigen Gehölzen (*Salix, Alnus*). Bei anderen Waldgesellschaften, vor allem des A l n o-P a d i o n-Verbandes, tritt ein Baumartenwechsel zugunsten der ausschlagfähigeren Arten ein; die Krautschicht bleibt unverändert. Bei einer dritten Gruppe werden Schattbaumarten durch Lichtbaumarten ersetzt. Hierbei ändert sich das Lichtklima, und es treten z.T. starke floristische Verschiebungen in der Krautschicht ein. Zusätzliche Abwandlungen der Krautschicht bewirken eingeschalteter Feldbau, Brand und Beweidung. Bei den F a g i o n-Gesellschaften des südwestfälischen Berglandes wurde versucht, derartige floristische Veränderungen auf diese verschiedenen Ursachen zurückzuführen.

SUMMARY

The floristic composition of some woodland communities is little altered by coppicing practices, while that of others may be markedly changed. Woodland and shrub communities composed of woody species tolerant of cutting (e.g., *Salix, Alnus*) display few changes. With other woodland communities, especially those of the A l n o-P a d i o n alliance, a change in the tree species make-up occurs in favour of species tolerant of cutting; the herb layer remains unchanged. In the case of a third group, closed canopy trees replace open canopy ones. In this way the light conditions are altered and for a while considerable displacement occurs in the herb layer. The introduction of field cultivation, burning and grazing results in additional changes in the herb layer. It has been attempted to refer the floristic changes in the F a g i o n communities of the mountains of southern Westphalia to these different causes.

LITERATUR

Hueck, K.: Pflanzengeographie Deutschlands. – Berlin-Lichterfelde 1936.
Meisel-Jahn, S.: Die pflanzensoziologische Stellung der Hauberge des Siegerlandes. – Mitt. flor.-soz. ArbGemeinsch. N.F. **5**, Stolzenau/Weser 1955.
Müller-Wille, W.: Der Niederwald im Rheinischen Schiefergebirge. – Westf. Forschungen 1. Münster 1938.
Seibert, P.: Die Niederwaldgesellschaften des südwestfälischen Berglandes. – Allg. Forst- u. Jagdz. **126**. Frankfurt 1955(hier weitere Literaturangaben).

H. Schlüter:

Im Thüringer Wald ist das gesamte Laubwaldgebiet als Schlagwald meist in 20-jährigem Umtrieb, hauptsächlich für die Verkohlung bewirtschaftet worden. Dort gab es nach den Archivalien, – für die Schlagwälder wird vielfach angegeben, welche Holzarten darin waren, – offenbar eine obere Grenze des verstärkten Eichen-Anteils und in dem Optimalbereich des Buchenwaldes, also im Montanbereich dieses Laubwaldgebietes muß nach Auswertung dieser Quellen damit gerechnet werden, daß tatsächlich die Buche dort auch in der Lage war, den Ausschlag, wenn wahrscheinlich auch nicht in gleicher Schnelligkeit zu meistern. Denn wir haben keine Belege über Eichenvorkommen, erst recht nicht über *Carpinus*, und das Holz, das zum Verkohlen genommen wurde, war ja in der Hauptsache Buchenholz. Also muß man auch Niederwaldbetrieb und Ausschlagvermögen in klimatischen Optimalgebieten für die Buche annehmen.

P. Seibert:

Was Dr. Schlüter sagt, können wir auch in unserer Tabelle ablesen. In der Ausbildung mit *Dryopteris linnaeana* ist ja die Buche wesentlich wuchskräftiger, und ihre ganzen Standortsbedingungen sind für die Buche wesentlich günstiger. Die Tabelle zeigt, daß hier die Abwandlung in Niederwald viel weniger stark stattgefunden hat als etwa in der *Vaccinium* – oder in der typischen Ausbildung. Die Niederwald-Trennarten sind in der *Dryopteris*-Ausbildung viel schwächer vertreten.

R. Tüxen:

Als wir vor mehr als 30 Jahren mit der Untersuchung der nordwestdeutschen Waldgesellschaften begannen, wußten wir ja von diesen Einflüssen gar nichts, und ich gestehe gern, daß Herr Seibert mich diskret verschwiegen hat unter den Leuten, die den Fehler gemacht haben, die Buche falsch einzuschätzen. Ich erinnere mich gut, daß ich mit meinem holländischen Freunde Forstmeister Dr. Sissingh in Schleswig-Holstein in der Landschaft Schwansen einen Gutswald fand, wo in einem reinen 200-jährigen Buchenbestand *Melica uniflora* alles bedeckte mit *Mercurialis, Daphne, Elymus europaeus* und *Dentaria bulbifera*, und daß daneben hinter einem kleinen Erdwall ein echtes Querco-Carpinetum wuchs. Wir haben damals nicht gewußt, ob nun das Querco-Carpinetum die natürliche Waldgesellschaft sei, die in Buchenwald umgewandelt worden war, wie wir beide damals zu glauben geneigt waren, oder ob der Buchenwald natürlich und in den Mittelwald des Eichen-Hainbuchenwaldes, d.h. Querco-Carpinetum umgewandelt sei. Es hat lange gedauert, bis wir uns über den anthropogenen Einfluß auf diese Buchen- und Eichenwälder klarer waren. Wir sind als Systematiker froh über die Tabelle von Herrn Seibert, die wir eben bekommen haben. Wir haben in den letzten Monaten mit Herrn und Frau Matuszkiewicz viel über die Systematik der Eichen-, Buchen- und Kiefernwälder diskutiert, und diese Tabelle ist eine ausgezeichnete Bestätigung der Auffassung von Herrn Matuszkiewicz, die ich vollkommen teile, daß z.B. *Holcus mollis*, *Melampyrum pratense*, *Pteridium aquilinum* im Luzulo-Fagion gar nichts zu bedeuten haben. Natürlich fehlen auch die atlantischen Arten, wie *Holcus mollis*, im Pinion. Dies ist eine Quercion robori-petraeae-Art.

Ich möchte, was Herr Seibert gesagt hat nicht nur bestätigen, sondern noch erweitern: nämlich, daß das Luzulo-Fagion erstens mit dem Quercion robori-petraeae nichts zu tun hat, sondern, daß dies zwei getrennte Klassen sind, und zweitens, daß die Buchenwälder je nach ihrer ursprünglichen Artenverbindung durch Niederwald umgewandelt werden können: das Luzulo-Fagion in Richtung auf Quercion robori-petraeae, das Eu-Fagion in Richtung auf Querco-Carpinetum und das Carici-Fagetum in Richtung auf Quercion pubescentis. Das ist der Einfluß des Niederwaldes auf die Buchenhochwälder, und wenn nun diese Niederwälder mit benutzt werden, um das System zu machen, dann kommen eben die Verbindungen heraus mit Ordnungen und Klassen, mit denen die ursprünglichen und reinen Hochwälder gar nichts zu tun haben. Wir müssen also für die Systematik ganz unbedingt nur alte aus Kernwüchsen hervorgegangene Hochwälder miteinander vergleichen und dürfen nicht die Niederwälder nehmen. Sonst werden wir Irrtümern unterliegen. Dieses wollte ich gerne gesagt haben auch im Hinblick auf das nächstjährige Fagion-Symposion.

V. Westhoff:

Wenn ich recht verstanden habe, stehen in der Tabelle von Herrn Seibert nebeneinander Niederwald und Hochwald. Im Hochwald des Luzulo-Fagetum fehlen alle Kennarten der Klasse, Ordnung und des Verbandes, also der Querco-Fagetea usf. und ich sehe nur Trennarten der Quercetalia roboris. Ich habe mir immer gedacht, daß die Niederwaldwirtschaft, wie das Herr Prof. Tüxen eben so klar dargestellt hat, die Ursache dafür sei. Aber in dem Hochwald sehe ich auch nur Trennarten der Quercetalia roboris. Was ist denn eigentlich der Grund, daß man meine, das Luzulo-Fagion gehöre nicht zu den Quercetalia roboris, da es doch nach meiner Meinung ganz klar aus Ihrer Tabelle hervorgeht, daß eben die Hochwaldausbildung viel besser zu der Ordnung Quercetalia roboris als zu den Fagetalia paßt? Ich sehe aus der Tabelle nicht die Gründe für diese Zuordnung. Aber ich muß natürlich ohne weiteres zugeben, daß dies nur ein ganz bestimmtes Gebiet darstellt, und daß Herr Matuszkiewicz mit seiner europäischen Schau das vielleicht ganz anders sehen möchte. Aber aus dieser Tabelle geht das nicht hervor. Die einzigen Arten, die man zu den Querco-Fagetea stellen kann, wie *Anemone nemorosa*, *Viola silvatica*, *Carpinus betulus*, kommen nur ganz vereinzelt vor und nicht einmal speziell im Buchenwald. Sie sind ganz bedeutend in der Minderheit, auch in der Menge und Stetigkeit, gegenüber der überwältigenden Mehrzahl der Trennarten der Quercetalia roboris, wie *Vaccinium myrtillus*, *Deschampsia flexuosa*, *Quercus petraea*, *Melampyrum pratense*, *Solidago virgaurea*, *Hypericum pulchrum*.

P. Seibert:

Es ist richtig, die Querco-Fagetea-Arten sind außer *Fagus* nur in einem Teil der Tabelle vorhanden. Man darf aber auch in Spalte 6 oder 9 die Arten des Quercion roboris nicht überbewerten: sie stehen hier mit Stetigkeit I, mit Menge + oder auch mit 1–2. Das ist einmal *Betula*, das ist *Melampyrum pratense,* die zu den Trennarten gehören. Aber es kann ja durchaus sein, daß hier auch einmal Bestände aufgenommen wurden, die zwar jetzt als Hochwald dastehen, die aber aus einem Niederwald hervorgegangen sind. Wir haben auch L u z u l o - F a g e t e n ganz rein ohne diese Arten, und zwar auf großen Flächen. Die Bindung an die Q u e r c o - F a g e t e a ist tatsächlich schwach. Sie beruht zur Hauptsache auf *Fagus* und auf *Luzula.*

E. OBERDORFER:

Die Tabelle SEIBERTS erweckt tatsächlich den Eindruck, als ob F a g o - Q u e r c e t u m und L u z u l o - F a g e t u m nicht getrennt werden könnten. Ich glaube, das hängt in diesem Falle mit der Grenzlage der Gesellschaften zusammen. Im Schwarzwald bereits trennen sich die Assoziationen viel schärfer. Einmal ist das Q u e r c e t u m m e d i o e u r o p a e u m ($\pm$ F a g o - Q u e r c e t u m) extremer ausgeprägt (z.B. viel geringere Menge und Stetigkeit von *Fagus* und *Luzula luzuloides*), andererseits kommt im L u z u l o - F a g i o n zur optimalen *Luzula* noch *Prenanthes purpurea.* Der Eichen-Niederwald des Schwarzwaldes ist trotz der eingedrungenen Q u e r c i o n r o b o r i s -Arten immer leicht durch die optimale Entwicklung der *Luzula* und *Prenanthes* vom eigentlichen Q u e r c e t u m m e d i o e u r o p a e u m zu unterscheiden.

Im übrigen gibt es in Europa weite Gebiete, in denen sich Q u e r c i o n r o b o r i s und L u z u l o - F a g i o n überhaupt nicht berühren, woraus (neben vielen anderen Gesichtspunkten) die Unmöglichkeit resultiert, L u z u l o - F a g i o n und Q u e r c i o n r o b o r i s zu vereinen. So habe ich soziologische Aufnahmen eines montanen L u z u l o - F a g e t u m aus den Beskiden und aus den Rhodopen (nahe der bulgarisch-thrazischen Grenze), die sich in fast nichts vom Schwarzwald-L u z u l o - F a g e t u m unterscheiden, aber natürlich gar nichts mit dem Q u e r c i o n r o b o r i s zu tun haben.

Melampyrum pratense ist sehr gut weiter für die Gesellschaftscharakterisierung zu verwenden, wenn man nur auf die gut unterscheidbaren Unterarten achtet! So ist die ssp. *concolor* bei uns ausgezeichnete Q u e r c i o n r o b o r i s -Art. In höheren Lagen dagegen gibt es Unterarten (ssp. *oligocladum* usw.), die eindeutig V a c c i n i o - P i c e e t e a -Arten sind! Das L u z u l o - F a g e t u m der mittleren Lagen ist frei von *Melampyrum.*

E.-W. RAABE:

Die hier vorgelegte Tabelle zeigt, wie ein Vegetationstyp sich durch anhaltende Wirtschaftsweise verändern kann. Und für dieses Beispiel können wir gerade in Schleswig-Holstein eine Wirkung erkennen, die noch viel extremer ist, als die eben schon vorgetragene, insofern als in unsere durch Jahrhunderte als Niederwälder bewirtschafteten Eichen-Buchenwälder Arten eingedrungen sind und sich bis heute erhalten haben, die sonst der gesamten Landschaft fast absolut fremd sind. Es sind dies jene Kratt-Gebiete auf der Altmoräne, die heute reine Eichenbestände (*Quercus petraea, Qu. robur*) sind, und die heute noch als Niederwald bewirtschaftet werden. Lediglich in diesen Niederwaldbeständen treffen wir Arten wie *Anthericum ramosum* und *A. liliago, Calamagrostis arun-*

dinacea, Hypochoeris maculata (gelegentlich in Heiden übergehend). Vor allem aber auch *Carex montana* und *Melica nutans*, Arten, die wir sonst in unserer gesamten Landschaft nicht finden, und die zeigen, wie extrem sich die Wirtschaftsweise auf die Krautflora eines Waldes im Laufe von Jahrhunderten auswirken muß, abgesehen davon, daß unsere Kratts reine Eichenbestände geworden sind. In diesem Zusammenhang ist zu bedenken, daß die Niederwaldwirtschaft von frühgeschichtlichen Zeiten an bis in das Mittelalter z.T. bis in neuzeitliche Bereiche in vielen Gebieten ja *die* Wirtschaftsweise gewesen ist und maßgeblich das Waldbild beeinflußt hat, und daß wir in unseren pollenanalytischen Auslegungen diesen Faktor häufig vielleicht nicht richtig mit würdigen, wenn wir eine oder eine andere Art als normale Waldart für jene Zeit entsprechend ihren Pollenvorkommen beurteilen, vielleicht aber ganz anders bewerten müßten.

K. Walther:

Es ist auffallend, daß in der Hochwald-Spalte der Tabelle *Dicranella heteromalla* besonders häufig ist, während sie in den übrigen Spalten zurücktritt. Das ist verständlich, denn im Hochwald wird der Boden um die Stämme von Laub entblößt, und dort kann sich *Dicranella heteromalla* ansiedeln. Andererseits tritt in den Haubergen eine ganze Reihe von Moosen auf. Hier ist also offenbar der Boden auch nicht vollständig mit Laub bedeckt, denn diese Arten meiden das Fall-Laub. Ihr Vorkommen zeigt also nicht allein Säuregrade, sondern geringere Laubbedeckung.

K. H. Grosser:

Im Hügelland und niederen Bergland der Oberlausitz ist die Buche möglicherweise auf bestimmten Standorten aus dem natürlichen Waldbild durch Niederwaldbetrieb verschwunden. Für eine landschaftsökologische Beurteilung, auch für die Kenntnis der potentiellen natürlichen Vegetation ist eine Klärung dieser Frage wesentlich. Zu diesem Zwecke wurde eine Anzahl von Naturschutzgebieten eingerichtet, in denen die natürliche und ungestörte Entwicklung der Bestände neben den ständig niederwaldartig behandelten Nachbarflächen beobachtet werden soll. Dieses Verfahren dürfte sich auch für andere Niederwaldgebiete, in denen es auf ähnliche Fragestellungen ankommt, empfehlen.

ZUR WALDBAULICHEN BEURTEILUNG ANTHROPOGEN BEEINFLUSZTER FICHTEN-TANNEN-BUCHENWÄLDER (ABIETI-FAGETUM) IN DEN CHIEMGAUER ALPEN

von

H. MAYER, München

Das Referat wurde in etwas erweiterter Form bereits im Forstwissenschaftlichen Centralblatt **81** (11/12): 357–371, Hamburg 1962 veröffentlicht, so daß wir hier von einer Wiedergabe absehen.

S. SEGAL:

Die Arten, die als Differentialarten genannt werden, z.B. *Phyllitis scolopendrium, Cystopteris fragilis* und *Dryopteris robertiana*, wachsen hauptsächlich in Felsspalten. Nach meiner Meinung haben sie gar nichts zu tun mit den eigentlichen Waldassoziationen. Sie haben eigentlich eine ganz verschiedene Ökologie und gehören wahrscheinlich auch in eine ganz andere Gesellschaft. Ich habe in den Niederlanden an zwei Orten zusammen *Phyllitis* und *Dryopteris* gefunden. Es gab dort keinen Schluchtwald.

H. MAYER:

Im Bereich des Nordabfalls sowohl der schweizerischen Alpen als auch der bayerischen und noch zum Teil auch der österreichischen Kalkalpen auf tiefmontanen, schattseitigen Kalkschutt-Steilhängen tritt großflächig eine Vegetationseinheit auf, die dadurch charakterisiert ist, daß unter Bergahorn, Ulme und etwas Fichte auf diesen nachschaffenden Hangschuttböden sich *Phyllitis scolopendrium*, teilweise in einer eigenen Variante mit *Lunaria rediviva*, einstellt. Diese Gesellschaft ist so charakteristisch und so umfangreich, daß man gerade bei einem Vergleich mit den MOOR'schen Arbeiten aus dem Jura und den Arbeiten von KUOCH unbedingt dieser Gesellschaft einen eigenständigen Charakter zuerkennen muß, wobei allerdings darauf verwiesen werden muß, daß es sich in diesem Fall um keine Klimax-Gesellschaft, sondern um eine ausgesprochene Dauergesellschaft, eine Spezialistengesellschaft auf ständig nachrieselnder mittelskelettiger Kalkschutthalde, in schattseitiger, luftfeuchter Lage handelt.

FICHTENANBAU IN DER FAGION-STUFE UND DIE DADURCH VERURSACHTEN VEGETATIONS- UND STANDORTSÄNDERUNGEN

von

Robert Neuhäusl, Praha

Die ökonomischen Beweggründe, welche von der stürmischen Entfaltung der Industrie und des Handels abhängig waren, zwangen die Waldwirte zu immer intensiverer Ausnützung der Waldfläche. In den letzten 150 Jahren erwies sich dieses Streben vor allem durch einen intensiven Anbau der rasch wachsenden und ökonomisch wertvollen Holzarten, unter denen die Fichte ohne Zweifel die wichtigste Rolle spielte. Die Fichtenforsten wurden mit Ausnahme der xerothermen Standorte fast in alle Gebiete von Böhmen und Mähren eingeführt, ohne Rücksicht auf die Standortsverhältnisse und ökologischen Ansprüche dieser Holzart. Wegen der beträchtlichen Mißerfolge wurde der Fichtenanbau in den Niederungen und in der kollinen Stufe verlassen und die Frage der Einführung der Fichte in der submontanen Stufe der Buchenwälder bleibt ein Gegenstand häufiger Streitigkeiten. Der größte Teil der Wälder in der Fagion-Stufe des hercynischen Gebietes Mährens wurde schon in Fichtenforsten geändert; ebenso in den Ostsudeten und im mährischen Teile der Karpaten sind die Verhältnisse nicht befriedigend.

Die Auffassung der Pflanzengesellschaften, in deren Struktur der Mensch mit seiner zielbewußten (aber nicht immer zweckmäßigen) Tätigkeit eingriff, ist heute noch nicht ganz klar und nicht einheitlich begriffen. Die Ansichten über die ursprünglichen und natürlichen Pflanzengesellschaften, welche durch das natürliche Zusammenleben der einzelnen Komponenten (der Pflanzenarten und Individuen, sowie auch der zugehörigen Bestandteile der Zoozönose) entstanden sind und sich erhalten, sind heute schon ziemlich einheitlich. Diese Pflanzengesellschaften kennzeichnen sich durch ein bedeutendes Gleichgewicht nicht nur innerhalb der biotischen Bestandteile, sondern auch zwischen der Phytozönose und der Umwelt. Das äußert sich meistens durch eine ausgeprägte Artenzusammensetzung, durch die gesamte Struktur und Dynamik der Pflanzengesellschaft. Die natürlichen Pflanzengesellschaften kann man einfach typisieren und klassifizieren. Wenn wir die anthropogenen Eingriffe in den Aufbau (aber nicht in das Milieu) der natürlichen Waldvegetation verfolgen, treffen wir meistens auf folgende Arten des anthropogenen Einflusses:

1. Kahlschlagartige Entfernung der Baumschicht und deren Wiederaufbau durch einen spontanen Prozeß. Es ändert sich vor allem die Zusammensetzung der Baumschicht und zwar zugunsten der biologisch ex-

pansiveren Arten. In der Strauch- und Krautschicht entstehen meistens
nur quantitative Veränderungen. Die Pflanzengesellschaft kann man einfach auf Grund der Artenzusammensetzung erkennen, denn sie unterscheidet sich grundsätzlich nicht von den natürlichen Phytozönosen.

2. Das Vorherrschen einer für die Gesellschaft autochthonen Holzart in
den ursprünglichen Mischwäldern, durch Anbau und durch künstliche
Eingriffe bedingt, (z.B. reine Eichenwälder an Orten der Eichen-Hainbuchenwälder, Tannenwälder statt der Tannen-Buchenwälder u. ä.).
Dem biologisch-ökologischen Charakter der Leitholzart nach können auch
wesentliche Veränderungen in der Artenzusammensetzung (vor allem in
der quantitativen Vertretung) der Kraut- und Strauchschicht entstehen.
Die hauptsächlichste Arten-Garnitur der Gesellschaft bleibt aber meistens
im natürlichen Zustande erhalten.

3. Die natürliche Struktur der Gesellschaft ist in vielen Fällen nur so weit
gestört (gewöhnlich durch den Anbau allochthoner Holzarten), daß es
durch eine floristische Analyse möglich ist, die gesamte Artenzusammensetzung festzustellen, auch wenn die Mengenverhältnisse sehr verändert
sind. Solche Fälle finden wir z.B. auf Standorten eutropher Buchenwälder nach dem Anbau der ersten Generation von Fichte oder in Kiefer-
kulturen auf Standorten azidiphiler Eichenwälder. Solche Gesellschaften
sind auf natürliche Weise reversibel und regenerationsfähig.
    Alle unter 1. bis 3. angeführten Fälle kann man durch eine floristisch-
soziologische Methode ebenso gut analysieren und klassifizieren wie natürliche Gesellschaften. Die unter 3. angeführten Fälle kann man als Kultur-
Fazies betrachten.

4. Bei einer totalen Änderung der Baumschicht durch eine allochthone
Holzart kommt es aber meistens schon in der ersten Generation zu bedeutenden Änderungen in der Artenzusammensetzung der Gesellschaft
und zum Eindringen von Degradationselementen. Diese Gesellschaften
können wir in den Fällen als Kulturphytozönosen betrachten, falls man
auf Grund der Artenzusammensetzung die ursprüngliche Gesellschaft
erkennen kann. Solche Forstkulturen können wir in das floristisch-soziologische System einschließen, in dem sie aber bis zu einem bestimmten
Maße eine selbständige Stellung im Rahmen der zugehörigen Assoziation
oder des Verbandes einnehmen. Kulturphytozönosen können auf natürlichem Wege zur ursprünglichen Zusammensetzung zurückkehren.

5. Die breite und verschiedenartige Gruppe der sogenannten künstlichen
Waldkulturen stellt die Endphase in der Reihe der durch Menschenhand
geänderten Waldgesellschaften dar. Die Artenzusammensetzung der
künstlichen Kulturen ist vollkommen verändert, die Struktur unaus-
geglichen und das biologische Gleichgewicht sehr gestört. Die künstlichen
Waldkulturen können auf natürlichem Wege nicht erneuert werden. Bei
der Untersuchung und Typisierung der künstlichen Kulturen sind die
Standortsverhältnisse am wichtigsten. Die Klassifikation der Kulturen
auf Grund ihrer Standorte ist vorläufig das zuverläßigste Mittel für eine
vergleichende Bewertung.

Über die Möglichkeiten einer floristisch-soziologischen Klassifikation der Kulturphytozönosen werde ich im weiteren Verlauf meines Vortrages berichten, wo ich einige Fragen behandeln werde, welche die Änderungen im Gesellschaftsaufbau und der Bodenverhältnisse der Standorte im Zusammenhang mit dem Fichtenanbau auf Standorten von Buchenwäldern betreffen. Das Material zu dieser Arbeit wurde in Mähren und Ostböhmen gesammelt, wo die Buchenstufe ausgedehnte Flächen einnimmt, vor allem im Raume der Böhmisch-Mährischen Höhe, der Ostsudeten und der westlichen Karpaten. Die Lösung der Fragen bezüglich der künstlichen Änderung der Baumschicht in der Waldgesellschaft hat nicht nur vom praktischen, sondern auch vom theoretischen Gesichtspunkt eine große Bedeutung. Bei der Untersuchung der Forste wird die Pflanzensoziologie oft sehr unterschätzt und das ganze Forschungsproblem wird auf die Lösung der standörtlichen, synökologischen oder autökologischen Zusammenhänge verlegt. Bei der Kartierung der natürlichen Vegetation Mährens war es nicht möglich, die Forschungsergebnisse mit mühevollen Standortserforschungen konsequent zu belegen, und es war notwendig, durch eine schnelle floristisch-soziologische Methode auch in anthropogen geänderten Kulturen zu arbeiten. In diesem Vortrage fasse ich einige wichtige Resultate zusammen, die in dieser Hinsicht bei den Kartierungsarbeiten in Mähren gewonnen wurden und auch einige Resultate aus den phytozönologisch-ökologischen Untersuchungen in anthropogen geänderten Gesellschaften der Buchenstufe im Eisengebirge (Ostböhmen).

Das untersuchte Gebiet der Buchenwälder gehört zu den drei verhältnismäßig ausgeprägten Florenbezirken: dem hercynischen, sudetischen (Ostsudeten) und karpatischen (westliche Karpaten). Die florogenetische und standörtliche Verschiedenheit dieser Gebiete bedingt auch die Abweichungen in dem Aufbau der natürlichen Buchenwaldgesellschaften. Wir entbehren bisher eine genügende Anzahl von Aufnahmen, um eine systematische Bewertung der mährischen Buchenwälder durchführen zu können und unterscheiden vorläufig folgende Klimaxgesellschaften: hercynische krautreiche (Tannen)-Buchenwälder, sudetische krautreiche Tannen-Buchenwälder, westkarpatische krautreiche Tannen-Buchenwälder und Buchenwälder, Hainsimsen-(Tannen)-Buchenwälder und montane azidiphile Buchenwälder. Die ersten drei Gruppen haben eine regionale Gebundenheit, das Vorkommen der letzten zwei Gruppen ist edaphisch und klimatisch bedingt. Die hercynischen Buchenwälder sind in Seehöhen über 400–500 m verbreitet, im Gebiet mit einer durchschnittlichen Jahrestemperatur unter 7° C und mit einem gesamten Jahresniederschlag über 600 mm. Die geologische Unterlage besteht überwiegend aus Granit, Gneis und Phyllit, im nördlichen Teile aus Oberer und Unterer Kreide und Perm, im Bereich der Drahaner Hochebene aus Schiefern und Grauwacken des Kulm. Die ostsudetischen Buchenwälder sind in den Seehöhen zwischen 500–(400) m und 1100–(1000) m vertreten, in einer Klimazone mit Jahrestemperaturen zwischen 7–7,5° C und 2° C und mit einem Gesamtniederschlag zwischen 700 und 1200 mm. Die geologische Unterlage besteht überwiegend aus Gneis, Granit und Phyllit, im östlichen Teile aus Schiefern und Grauwacken des Kulm. Die westkarpatischen Buchenwälder, die an die äußere Flyschzone gebunden sind, treten im nördlichen Teile bei ca. 400 m ü. d. Meer, im Südteile bis zu 600 m ü. d. Meer auf und nehmen eine Klimazone mit einer durchschnittlichen Jahrestemperatur zwischen 6–7,5° C und 4° C und einem Gesamtniederschlag zwischen 800–1000 und 1400 mm ein.

Die Artenzusammensetzung der natürlichen Buchenwälder ist aus der Vergleichstabelle ersichtlich. Ich verzichte vorläufig auf die systematische Bewertung der einzelnen Gesellschaften. Aus der Vergleichstabelle ist klar, daß zwischen den ostsudetischen und hercynischen krautreichen Buchenwäldern keine großen Unterschiede bestehen. Die Gebundenheit der montanen Arten *Lonicera nigra* und *Circaea alpina* an die sudetischen und umgekehrt von *Carex digitata* an die hercynischen Buchenwälder sind, gemeinsam mit der gesamten Artenarmut und dem Vorherrschen der mehr oligotrophen Begleiter im hercynischen Bereich, die wesentlichsten Unterschiede. Die bergahornreichen Ausbildungsformen der hercynischen Buchenwälder auf Schuttböden weichen schon wesentlicher aus dem Rahmen der sonstigen Buchenwälder ab und werden wahrscheinlich eher zum A c e r i o n-Unterverband gehören. Die den beiden Gruppen ähnlichen karpatischen Tannen-Buchenwälder besitzen einige geographisch wichtige Differentialarten (*Salvia glutinosa, Euphorbia amygdaloides, Dentaria glandulosa*). Wesentlich abweichend sind die reinen karpatischen Buchenwälder, welche sich durch positive und negative Merkmale deutlich abtrennen lassen (s. Tab. im Anhang). Eine selbständige Stellung haben die Hainsimsen-Buchenwälder (incl. der Heidelbeer-Buchenwälder), die von den krautreichen wesentlich abweichen, und nur eine schwache Gebundenheit an F a g i o n- (sowie auch F a g e t a l i a-) Gesellschaften zeigen. Die azidiphilen montanen Buchenwälder wurden nur vom standörtlichen Standpunkt aus untersucht; für die phytozönologische Auswertung steht eine ausreichende Anzahl von Aufnahmen nicht zur Verfügung.

Im Bereich der F a g i o n-Stufe Mährens wurden die Fichtenforsten auf den Standorten der Buchenwälder untersucht und ihre floristischen und ökologischen Eigenschaften mit denen der natürlichen Wälder verglichen. Unter den untersuchten Fichtenforsten kann man grundsätzlich zwei Gruppen unterscheiden: 1. Fichtenforsten, in denen man, der Zusammensetzung ihrer Krautschicht nach, deutliche Spuren der krautreichen Buchenwälder finden kann. Solche Fichtenforsten wurden in die Vergleichstabelle eingereiht (unter F) und werden noch näher besprochen werden. Diese Gesellschaften kann man für Kulturphytozönosen (s. o., Punkt 4) oder seltener für Kultur-Fazies der Buchenwälder (s. Punkt 3) annehmen. 2. Fichtenforsten mit ganz vernichtetem natürlichem Unterwuchs, welche, dem wirtschaftlichen Zustande nach, eine verschiedene Physiognomie haben können (nackte, moosreiche, heidelbeerreiche Fichtenforsten u. ä.). Es handelt sich meistens um Fichtenforsten der zweiten oder dritten Generation, vor allem auf weniger eutrophem Substrat. Eine Rekonstruktion oder die Feststellung der Beziehungen zu den ursprünglichen Gesellschaften ist meistens nur auf Grund der Untersuchungen des Bodenprofils oder, wenn die Bodendegradation schon weit vorgeschritten ist, kaum noch möglich. Die Artenzusammensetzung solcher künstlicher Forstkulturen (s. Punkt 5) hängt sehr von dem wirtschaftlichen Zustande des Forstes ab. Mit bestimmten Erfahrungen kann man für enge Kleingebiete auch bestimmte typologische Einheiten der künstlichen Fichtenkulturen erfassen, die uns Auskünfte über die Standortsverhältnisse und die Produktionsfähigkeit geben können.

Wir haben in den drei höher angeführten Florengebieten die zum Bereich der krautreichen Tannen-Buchenwälder gehörenden Fichtenforste verfolgt. Das Ziel der Untersuchungen war, eine Antwort auf folgende Fragen zu geben: 1. Nach welchen Merkmalen kann man die Kulturforsten zu den natürlichen Gesellschaften einreihen? 2. Welche Unterschiede bestehen zwischen den natürlichen Buchenwäldern und den Fichtenforsten? 3. Was für eine Stellung nehmen die Fichtenforsten im Verhältnis zu den pflanzensoziologischen Einheiten ein? 4. Welche Standortsänderungen folgen den zugehörigen Vegetationsänderungen?

Wie aus der Vergleichstabelle ersichtlich ist, kann man bei der Bewertung der Fichtenforsten, die den Charakter von Kulturphytozönosen haben, gut mit den floristischen Merkmalen auskommen. Nicht nur bei der Synthese mehrerer Aufnahmen, sondern auch auf den einzelnen Probeflächen, finden wir manche Arten, die in den natürlichen Gesellschaften eine wichtige diagnostische Rolle spielen. Es ist aber unbedingt nötig, die Struktur der natürlichen Gesellschaften zu kennen, wenn wir die konsequenten anthropogenen Kulturphytozönosen analysieren wollen. In unserem Falle können wir sehen, daß die Gebietsunterschiede zwischen den Fichtenforsten noch bedeutend geringer sind als bei den Buchenwäldern. Die schwach ausgeprägten Unterschiede zwischen den sudetischen und hercynischen Buchenwäldern bleiben zwar bei der Synthese sichtbar, kommen aber mit niedriger Präsenz vor. Die Eigentümlichkeit der karpatischen Tannen-Buchenwälder wird in den Fichtenforsten praktisch ganz verdeckt. Die höhere Anwesenheit von *Gentiana asclepiadea* kann man eher durch phytogeographische als phytozönologische Gründe erklären. Aus der höheren Anwesenheit der Ordnungs- und Klassencharakterarten können wir die klaren Beziehungen zur krautreichen Buchenwaldgruppe feststellen. Die von Hainsimsen-Buchenwäldern abgeleiteten Fichtenforsten kann man aber nach unseren Erfahrungen von den anderen stärker degradierten Fichtenkulturen kaum zuverlässig unterscheiden. In solchen Fällen muß man sich bei der Bewertung mit standörtlichen, historischen oder anderen Methoden behelfen. Im Bereich der karpatischen reinen Buchenwälder wurde eine genügende Anzahl befriedigender Vergleichsflächen in Fichtenforsten nicht gefunden. Dasselbe gilt auch für die bergahornreichen Ausbildungsformen der hercynischen Buchenwälder.

Die Unterschiede im Gesellschaftsaufbau zwischen den natürlichen und Kulturphytozönosen betreffen hauptsächlich die diagnostisch sehr wichtigen Arten. Solche Arten, welche die feineren Einheiten abtrennen (*Dentaria enneaphyllos*, *Polystichum lobatum*, *Melica uniflora*), verschwinden als erste; ebenso verschwinden spurlos die karpatischen Differentialarten (*Salvia glutinosa*, *Euphorbia amygdaloides*, *Dentaria glandulosa*) und die bezeichnenden Arten der krautreichen Buchenwälder (*Dentaria bulbifera*, *Elymus europaeus*, *Veronica montana*), mit Ausnahme von *Festuca*

Additional material from *Anthropogene Vegetation*
ISBN 978-94-010-3560-6 (978-94-010-3560-6_OSFO6),
is available at http://extras.springer.com

altissima. Dagegen dauert die Artengruppe der eutropheren Tannen-
Buchenwälder, welche eine Rohhumusschicht und eine größere Beschattung erträgt, auch in den Fichtenforsten aus. Diese Arten kommen auch
(mit geringer Präsenz) in den Hainsimsen-Tannen-Buchenwäldern der
höheren Lagen vor. Für die Fichtenforsten auf Standorten der krautreichen Buchenwälder ist eine bedeutende Vertretung der Ordnungs- und
Klassencharakterarten bezeichnend. Von den Ordnungscharakterarten
fehlen nur die wahrscheinlich empfindliche *Pulmonaria officinalis* und
weitere seltene Arten (*Daphne mezereum, Ranunculus lanuginosus, Lilium
martagon, Cardamine impatiens*). Von den Klassencharakterarten fehlen
nur *Stachys silvatica, Circaea lutetiana, Bromus benekenii* und *Euphorbia
dulcis*. In der Gruppe der Begleiter kommt es zu einem Umbau der quantitativen Verhältnisse in Abhängigkeit von dem Fichtenanbau. Wahrend
die Anwesenheit der häufigen Tannen-Buchenwald-Begleiter *Oxalis acetosella, Senecio nemorensis, Athyrium filix-femina* in den Fichtenforsten
praktisch unverändert bleibt und nur die Dominanz von *Senecio nemorensis* ssp. *fuchsii* wesentlich steigt, wachsen in den Fichtenforsten die
Degradationszeiger *Vaccinium myrtillus, Luzula nemorosa, L. pilosa,
Deschampsia flexuosa* mit bedeutend erhöhter Präsenz und Dominanz.
In den Fichtenforsten fehlen nur die lichtliebenden und rohhumusmeiden-
den Begleiter. Es ist interessant, daß keine ,,absolut'' neuen (in natürlichen
Wäldern fehlenden) Arten in bedeutender Menge in die Fichtenforsten
eindringen. Dies ist wahrscheinlich dadurch bedingt, daß die natürlichen
Reste der Buchenwälder nur kleine, von ausgedehnten Fichtenforsten
umgebene Fragmente darstellen. Das Vorkommen von *Melampyrum ne-
morosum, Galium vernum* und *Luzula flavescens* nur in den Hainsimsen-
Buchenwäldern und Fichtenforsten hat nur lokale Bedeutung.

Wenn wir eine phytozönologische Bewertung der untersuchten Fichtenforsten versuchen, finden wir eine ganz klare Gebundenheit an die Klasse
der Querco-Fagetea und an die Ordnung der Fagetalia. Vereinzelt
gibt es auch Arten, die uns auf die Zugehörigkeit zum Fagion-Verband
aufmerksam machen. Der gegenwärtige Zustand der Kulturphytozönosen
gibt uns aber, nach der Charakterartenlehre, keine weitere Möglichkeiten
für eine detailliertere Klassifikation. Die Zusammenhänge mit der ursprünglichen Assoziation kann man eher ahnen oder auf Grund der indirekten Methoden (Standortsverhältnisse, geographische Lage, historische
Nachrichten u. ä.) ableiten. Im pflanzensoziologischen System sollten
diese Kulturgesellschaften zu jenem Rang zugeordnet werden, welchen
sie durch ihre Artenzusammensetzung zeigen. Es ist aber sehr wichtig,
auch die verbindenden Leitfäden zur ursprünglichen Assoziation auf-
zuspüren. Für eine feinere Gliederung solcher Kulturphytozönosen kann
man auch eine eingehendere typologische Gliederung benützen, welche
vor allem die quantitativen Verhältnisse und die Anwesenheit bestimmter
Artengruppen betont. Es ist aber zu empfehlen, ein einheitliches typolo-
gisches Schema für die Forstkulturen im Bereich einer einzigen breiten
Braun-Blanquet'schen Assoziation auszuarbeiten.

Die Standortsänderungen, welche der Fichtenanbau in der Fagion-
Stufe verursacht, werden zu einem sehr wichtigen, aber sehr schwierig
feststellbaren Problem. Wie die Forschungen aus den Buchenwäldern im

Eisengebirge gezeigt haben, kommt es in den Fichtenforsten, welche noch klare Beziehungen zu den ursprünglichen krautreichen Buchenwäldern aufweisen, zu folgenden Änderungen der Bodeneigenschaften: Im Bodenprofil ist eine schwache Verschiebung der Bodenkolloide in den B-Horizont feststellbar. Auf der Bodenoberfläche stellen wir eine schwache Anhäufung von Rohhumus und Waldstreu fest. In den A-Horizonten wurde eine niedrigere Hygroskopizität und ein niedrigerer Gehalt an Restwasser festgestellt. Der Wassergehalt, die absolute und die größte Wasserkapazität stimmen mit den Verhältnissen in den natürlichen Buchenwäldern überein. Auch die Luftkapazität ist etwa die gleiche, der Luftgehalt sinkt etwas. Niedriger ist auch der Gehalt an organischer Substanz und an Humus. Auch die Azidität und die pH-(KCl-) Werte sind etwas niedriger. Die Atmungsgröße der Böden ist die gleiche wie in den Buchenwäldern, die Ammonifikationsfähigkeit ist nur wenig niedriger. Für eine weitere durch Fichtenanbau bedingte Degradation dieser Standorte ist eine mäßige Podsolierung des ursprünglichen Braunerdeprofils und die Bildung einer größeren Schicht von Rohhumus und Waldstreu charakteristisch. Die relative Bodenfeuchtigkeit steigt weiter und der Luftgehalt, die absolute Wasserkapazität und der Gehalt an organischer Substanz sinken. Bedeutend sinken auch die pH-Werte, die Atmungsgröße und die Ammonifikationsfähigkeit in den A-Horizonten.

Aus dem Vorhergesagten ist klar ersichtlich, daß der Anbau von Fichtenkulturen auf Standorten von Buchenwäldern – trotz erhöhter Erträge am Anfang – eine deutliche Bodendegradation verursacht, vor allem eine Anhäufung ungünstiger Humusformen, eine Verminderung der biologischen Aktivität des Mikro-Edaphons, eine Versauerung der oberen Horizonte und eine Verschlechterung der Wasser- und Luftverhältnisse im Boden. Die Pflanzensoziologie, die sich bei der angewandten Forschung der Feld- und Wiesengesellschaften sehr gut bewährt hat, könnte auch bei der Untersuchung der anthropogen geänderten Forstkulturen sehr helfen. Die Charakterartenlehre wird hier zu einem guten Ausgangspunkt.

ZUSAMMENFASSUNG

Der Verfasser unterscheidet fünf Stufen der Gesellschafts-Degradation, die in Wirtschaftswäldern infolge anthropogener Einflüsse bestehen, und zwar: 1. durch Niederwaldbetrieb, wobei sich vor allem nur die Zusammensetzung der Baumschicht zugunsten der expansiveren Arten bedeutend ändert; 2. durch die Förderung einer einzigen, für die Gesellschaft autochthonen Holzart, wobei sich das quantitative Verhältnis der Strauch- und Krautschicht-Arten ändert; 3. durch den Anbau standortsfremder Gehölze, welche die gesamte Artenzusammensetzung nicht wesentlich ändern; 4. durch eine totale Änderung der Baumschicht, welche eine grundsätzliche Änderung der Strauch- und Krautschicht verursacht, wobei aber der Artenzusammensetzung nach die Zugehörigkeit zum Verbande oder zur Ordnung noch erkennbar ist; 5. durch wiederholten Anbau standortsfremder Gehölze, welche zu floristisch ganz veränderten Kulturforsten führt.

Am Beispiel der Buchenwälder in Mähren und Ostböhmen wird die Frage der durch Fichtenanbau verursachten Änderungen im Gesellschaftsaufbau und der Bodenverhältnisse gelöst. Die Artenzusammensetzung der naturnahen Buchenwälder ist aus der Vergleichstabelle ersichtlich. Mit den naturnahen Buchenwäldern wurden die Fichtenforsten der 3. und der 4. Degradationsstufe (s. o.) verglichen. Wie aus der Vergleichstabelle ersichtlich ist, kann man bei der Bewertung solcher Kulturgesellschaften gewissermaßen mit den floristischen Merkmalen auskommen. Die Gebietsunterschiede zwischen den Fichtenforsten sind noch bedeutend geringer als zwischen den naturnahen Buchenwäldern. Nur die von Hainsimsen-Buchenwäldern abgeleiteten Fichtenforsten kann man durch die Artenzusammensetzung von den stark degradierten Fichtenforsten an Orten der krautreichen Buchenwälder (Verband E u - F a g i o n) nicht zuverlässig unterscheiden.

Die Unterschiede im Gesellschaftsaufbau zwischen den naturnahen und Forstgesellschaften betreffen hauptsächlich die diagnostisch sehr wichtigen Arten (Assoziations- und Verbandscharakterarten, geographische Differentialarten). Am längsten dauern die Ordnungs- und Klassencharakterarten aus, mit Ausnahme einiger gegen Rohhumus empfindlicher Arten. In der Gruppe der Begleiter kommt es zu einem Umbau der quantitativen Verhältnisse in Abhängigkeit vom Fichtenanbau; (es erhöht sich der Deckungsgrad und die Stetigkeit der Degradationszeiger).

Die schwach degradierten Fichtenforste (Stufe 3 und 4) an Orten der E u - F a g i o n Gesellschaften weisen eine ganz klare Gebundenheit an die Klasse Q u e r c o - F a g e t e a und die Ordnung F a g e t a l i a auf, selten treten auch Arten des F a g i o n-Verbandes hinzu. Die Zusammenhänge mit der ursprünglichen Assoziation kann man nur auf Grund indirekter Methoden (Standortsuntersuchung, geographische Lage, historische Angaben) ableiten. Für eine mehr detaillierte Gliederung solcher Kulturgesellschaften kann man auch eine typologische Gliederung benützen, welche die quantitativen Verhältnisse und die Anwesenheit bestimmter Artengruppen betont.

Auf den Standorten der Fichtenforsten im Bereich der F a g i o n-Stufe wurden folgende Änderungen der Bodenverhältnisse beobachtet: auf der Bodenoberfläche eine Anhäufung von Rohhumus und Waldstreu, in den A-Horizonten eine niedrigere Hygroskopizität und Wasserkapazität und ein niedrigerer Gehalt an Restwasser und Humus, niedrigere pH-Werte und eine niedrigere Ammonifikationsfähigkeit und Atmungsgröße. Im Bodenprofil ist eine schwache Verschiebung der Bodenkolloide in den B-Horizont feststellbar. Der Anbau von Fichtenkulturen auf Standorten der Buchenwälder verursacht eine deutliche Bodendegradation, vor allem eine Anhäufung ungünstiger Humusformen, eine Verminderung der biologischen Aktivität des Mikro-Edaphons, eine Versauerung der oberen Horizonte und eine Verschlechterung der Wasser- und Luftverhältnisse in: Boden.

SUMMARY

In the paper five degrees of degradation resulting from anthropic influences on forest and woodland communities are distinguished: 1. By means of tree-cutting with spontaneous regeneration which changes the quantitative composition of the tree layer; 2. by the preferential felling of only one tree species of the native community which changes the quantitative relations between species of the shrub and herb layer; 3. by the planting of allochthonous tree species, while the composition of the phytocenoses is not essentially changed; 4. by the total change of the tree layer connected with a basic change in the composition of the phytocenoses without, however, changing the phytosociological alliance or order; 5. by the repeated planting of allochthonous trees which leads to a completely different cultivated forest community.

Taking the beechwoods in Moravia and east Bohemia as an example, changes in the structure and habitat of woodland communities caused by spruce planting are investigated. The composition of the native beechwoods in different territories is shown in the table. The spruce forests of the third and fourth degradation degree are compared with native beechwoods. By using this table it is possible, to a certain extent, to evaluate these cultivated communities on the basis of floristic characters. The differences between spruce forests in different territories are much smaller than those between the native beechwoods. Only the spruce forests derived from the acidophilous beechwoods (L u z u l o-F a g i o n) are impossible to distinguish on the basis of floristic characters from the strongly degraded spruce forests on the sites of eutrophic beechwoods (E u-F a-g i o n).

The structural differences between the native and cultivated woodland communities mainly affect important diagnostic species (character-species of association and alliance, geographic differential-species). The character-species of the order and the class (with the exception of species which are sensitive to raw humus) survive for the longest time. By the planting of spruce the proportions of the companion species also change (the cover and constancy of the degradation indicators increases).

Slightly degraded spruce forests (third and fourth degree) on the sites of the E u-F a g i o n communities show a clear correspondence to the class Q u e r c o-F a g e t e a and to the order F a g e t a l i a; the species of the F a g i o n alliance also occur. It is possible to derive the relations to the original association only by indirect methods (investigation of the environment, historical data).

The following changes of soil conditions were determined in spruce forests planted on beechwood sites: a) an accumulation of raw humus on the soil surface; b) a lower content of hygroscopic water and humus in the A horizon; c) a lower water capacity as well as a lower ammonification and biological activity and pH value. A slight displacement of soil colloids into the B horizon is observable.

Conclusion: The planting of spruce on the habitats of beechwoods causes a distinct soil degradation, especially the accumulation of unfavourable forms of humus, a reduction of the biological activity of microedaphon, an increase in the acidity of the upper horizons as well as a deterioration of the water and air conditions in the soil.

ANTHROPOGENE VEGETATION IM BRASILIANISCHEN AMAZONASGEBIET

von

HARALD SIOLI und HANS KLINGE
Hydrobiologische Anstalt der Max-Planck-Gesellschaft, Plön, Holstein

Wenn wir etwas über anthropogene Vegetation im brasilianischen Amazonasgebiet berichten möchten, so wollen wir uns dabei nicht mit den wenigen derzeitigen Pflanzungskulturen in Amazonien befassen, auch nicht mit der Assoziation des Sekundärwaldes, der sog. Capoeira, welche beide ja relativ leicht beschreibbare und, gerade im Falle der Capoeira, von Botanikern öfters und gut analysierte Formationen darstellen.

Vielmehr möchten wir einige in ihrem Ursprung noch immer problematische und umstrittene Vegetationsformen und Standorte zur Diskussion stellen, und zwar gehen wir bei unseren Ausführungen von Bodenuntersuchungen im Amazonasgebiet aus, zu denen Gewässerstudien die Anregung gegeben haben. Diese Studien weiteten sich im Verlaufe vieler Jahre immer mehr aus zum Versuch eines Verständnisses der Zusammenhänge zwischen, oder der Vergesellschaftung von Gewässertypen, Bodenformen und Pflanzenformationen und gestatten so auch Bemerkungen zur Frage menschlichen Einflusses auf die amazonische Natur.

Zunächst und am Rande ganz kurz ein paar Worte zum Problem der Flecken von Schwarzerde, der sog. „terra preta", oder auch „terra de índio" genannt. Die Schwarzerdeflecken finden sich vor allem am Rande der mehr oder weniger hohen tertiären „terra firme" Unteramazoniens dort, wo diese terra firme zum Tal des unteren Amazonas oder auch des unteren Rio Tapajós abfällt. In örtlich verschiedener Mächtigkeit von wenigen Dezimetern bis zu 1–2, selten mehr Metern, lagert in der Schwarzerde hier ein humoser Horizont über den üblichen Braunlehmhorizonten des amazonischen Hochwaldes.

Über den Ursprung dieser Schwarzerdeflecken ist allerlei spekuliert worden, u. a. auch, daß es sich um den Grund ausgetrockneter Seen oder Tümpel handele aus einer Zeit, in welcher der Amazonas und seine Nebenflüsse ihre Betten noch nicht bis zur heutigen Tiefe in die weichen Sedimente des pliozän-pleistozänen Süßwasserbinnensees eingegraben hatten, welche die Amazonassenke erfüllen. Aber die Ansicht von der anthropogenen Entstehung der terra preta Amazoniens hat sich heute bei allen, welche die Verhältnisse kennen, durchgesetzt. Wir wissen aus archäologischen Arbeiten (CURT NIMUENDAJÚ, PETER PAUL HILBERT, Pater PROTASIUS FRIKEL OFM u. a.), daß in Amazonien bedeutende indianische Kulturen vorhanden gewesen sind, die sich am unteren Amazonas konzentrierten, auf der Südseite vornehmlich um die Mündung des Rio Tapajós herum und weiter westlich, auf der Nordseite am reichsten zwischen den Orten Oriximiná und Faro. Die Belege dieser Kulturen in Gestalt von Keramiken verschiedener Stilarten werden von den Archäologen vorzüglich aus den oberflächlich humosen, dunklen Böden eben dieser Schwarzerdeflecken geborgen. Und zwar beginnen die Keramikreste unten fast stets gleichzeitig mit der Humusanreicherungszone der Schwarzerde, wechseln dann sogar oft nach oben hin in der Stilart, woraus zu sehen ist, daß der Schwarzerde-Humushorizont im Verlauf der Aufeinanderfolge verschiedener Indianerkulturen gewachsen ist. Damit ist nicht gesagt, daß die Schwarzerdeflecken, die heute als besonders fruchtbar gelten und daher gern durch Ackerbau genutzt werden, von den damaligen Indianern absichtlich geschaffen wurden, sondern nur, daß sie in zeitlicher und räumlicher Verbindung mit menschlicher Tätigkeit entstanden. Diese amazonische terra preta hat nichts mit den Schwarzerden der eurasiatischen Steppen, den Tschernosemen, oder den subtropisch-tropischen Schwarzerden, den Tirsen oder Reguren, zu tun, sondern ist den Eschböden Nordwesteuropas vergleichbar; es handelt sich bei ihr um einen podsoligen Braunlehm, dessen A-Horizont durch Siedlungsabfälle, Speisereste usw., nicht aber durch Bodenbewirtschaftung mit gut humifizierter organischer Substanz angereichert ist. Die Entstehung der Schwarzerde muß vor mehreren hundert, vielleicht sogar 1000–2000 oder mehr Jahren begonnen haben, und ihre Weiterbildung mit gleichzeitigem menschlichem Einfluß hörte auf im 17. bis gegen Anfang des 18. Jahrhunderts, als die indianischen Kulturen Unteramazoniens zerstört wurden. Heute stockt auf den Schwarzerdeflecken der übliche amazonische Regenhochwald, dessen floristische Zusammensetzung bei HUBER (1909) sowie neuerdings bei DUCKE und BLACK (1953) am besten charakterisiert ist. Der Hochwald, der von den indianischen Besiedlern in der Nähe ihrer Siedlungen sicherlich seinerzeit zerstört worden war, ist also im Verlaufe von einigen Jahrhunderten vollständig, d.h. auch in seiner Artenzusammensetzung regeneriert und nicht nur in seinem Aspekte, bei anderer artlicher Zusammensetzung, die eine Capoeira heute auch nach über 50 Jahren nach ihrer Entstehung noch aufweist und die, nach DUCKE und BLACK, zwar im Laufe der Jahre der des ursprünglichen Waldes immer ähnlicher wird, aber derselben doch nie wieder gleicht.

So kann man bei den Schwarzerdeflecken nicht von anthropogener Vegetation sprechen, wohl aber von einem Boden, der unter Beeinflussung durch den Menschen entstanden ist.

Wenn sich nun schon aus der Zeit präcolumbianischer Indianerkulturen Bodenzeugen für den verändernden Einfluß des Menschen finden lassen, um wieviel mehr darf dann für jüngere Besiedlungszeiten mit starken menschlichen Eingriffen in den ,,harmonischen Organismus'' gerechnet werden, als den BLUNTSCHLI das Amazonasgebiet bezeichnete?

Das eigentliche und problematische Thema des heutigen kurzen Referates betrifft nun die Nichtwaldformationen im Bereich der amazonischen ,,Hyläa'', die sog. Campos, Campinas und Caatingas (des Rio Negro, nicht zu verwechseln mit den laubabwerfenden Caatingas der Trockengebiete Nordostbrasiliens!). Verschiedentlich wird vermutet, daß manche amazonischen Savannen, vor allem manche der Campos, anthropogen beeinflußt seien, und seit geraumer Zeit steht in der wissenschaftlichen Diskussion über die brasilianische, besonders die amazonische Vegetation das „Savannenproblem'' im Vordergrunde, wie es Lauer genannt hat.

Ein Teil dieser Nichtwaldformation wächst auf Braunlehm, ein anderer Teil auf mehr oder weniger podsolierten Böden. Aus gewässerchemischen Untersuchungen in Amazonien konnte Sioli Rückschlüsse auf in den Böden der Einzugsgebiete ablaufende Prozesse einerseits der Podsolierung und andererseits der Laterisierung ziehen und weiterhin bei den Geländearbeiten feststellen, daß die drei Gewässerformen Amazoniens, die Weiß-, Klar- und Schwarzwässer, mit gewissen Pflanzenformationen und unter diesen zu findenden Böden vergesellschaftet sind. Als Nichtbodenkundler mußte Sioli sich mit diesen Befunden begnügen, doch waren derartige Konsequenzen aus limnochemischen Untersuchungen wohl bis dahin noch nicht gezogen worden. Heute kann festgestellt werden, daß eine erste bodenkundliche Bearbeitung amazonischer Bodenproben durch Klinge die damals gezogenen Folgerungen – zunächst zwar nur für die Podsolierung – voll und ganz bestätigen konnte. In einer Tabelle ist die Vergesellschaftung von Böden, Pflanzenformationen, Relief und Gewässertypen in Amazonien nach den bisherigen Ergebnissen unserer Untersuchungen dargestellt. Es interessiert uns hier vor allem, daß es innerhalb der Hyläa auch Vegetationstypen gibt, die nicht zum Hochwald gehören – von einem lichteren Walde bis zu Savannen – und die einerseits auf Braunlehmen, andererseits auf Podsolen wachsen, während der Hochwald stets auf Braunlehmen oder auch stellenweise – je nach geologisch-petrographischer oder auch menschlicher Geschichte gewisser Standorte – auf relativ nährstoffreicher und weniger saurer terra roxa bzw. terra preta stockt, welch letzte wir vorhin erwähnten. Es muß hier hinzugefügt werden, daß die Braunlehme des allgemeinen amazonischen Hochwaldes sehr nährstoffarm und sauer sind.

Gewässertypen als Ausdruck der in ihren Quellgebieten herrschenden Umweltverhältnisse in Amazonien.

Gewässertyp	Wasserfarbe	Quellgebiet und Relief	Böden	Vegetation	Beispiele
Schwarzwasser (água preta)	oliv- bis kaffeebraun, transparent	Verebnungen	Podsole	Caatinga, sandiger Campo, Campina	Rio Negro Rio Cururú, Bäche aus Campinas
Klarwasser	gelb- bis olivgrün, klar, transparent	Massive Zentralbrasiliens und Guianas, tertiäre Terra firme Amazoniens	Braunlehme	amazonischer Hochwald	Rio Tapajós, meiste Bäche der tertiären Terra firme
Weißwasser (água branca)	lehmgelb, trüb	Anden	Braunlehme	andiner Hochwald	Rio Amazonas, Rio Madeira

Ein Bild möge einen Campo zeigen, der auf einem Braunlehm ausgebildet ist. Solche Campos, auf denen *Curatella americana, Hancornia speciosa* usw. charakteristisch sind, schließen eng an den Campo Cerrado Zentralbrasiliens an; ihre Flora ist extra-hyläisch. Sie dürften natürlichen Ursprunges sein, und gerade von Botanikern, besonders von DUCKE und BLACK, werden sie als Reste einer Flora aufgefaßt, die älter ist als die jetzige der Hyläa, des amazonischen Regenwaldes, und von dieser bis auf einige größere oder kleinere „Inseln" in den klimatisch trockeneren Teilen Amazoniens zusammengedrängt wurde.

Auf Podsolen gibt es verschiedene Pflanzengesellschaften, die anscheinend je nach der Feuchtigkeit, d.h. nach der Regenmenge und Verteilung der Regen über den Jahresverlauf sowie nach dem Grundwasserstande unter sich verschieden sind.

Am oberen Rio Negro treten auf kleineren oder vielfach auch sehr großen Flächen die botanisch hochinteressanten Caatingas auf, mit denen zuerst SPRUCE vor über 100 Jahren bekannt machte.

In den Caatingas des oberen Rio Negro erreicht die Flora der amazonischen Hyläa ihren Höhepunkt, was die Zahl der Gattungen, der Arten und der Endemismen anbetrifft. Man unterscheidet zwei Typen von Caatinga. Der Typ der „Caatinga alta" ist ein zwar niedrigerer und lichter, aber immerhin noch wirklicher Wald. Nach unserer Erfahrung ist der Grundwasserspiegel hier ständig recht hoch und liegt dicht unter der Erdoberfläche. In knapp 1 m Tiefe beginnt ein dichter, wasserundurchlässiger B-Horizont von schwarz-brauner Farbe.

Der Typ der „Caatinga baixa" ist dagegen eher ein niedriges, nur wenige Meter hohes Gebüsch, in dem die höheren Bäume fehlen. Besonders auffallend sind in der Caatinga baixa die Caraná-Palmen, eine kleine Mauritia-Art (*Mauritiella aculeata*), die in der Caatinga alta nicht vorkommen. Im Boden – einem Podsol wie in der Caatinga alta – liegt der Grundwasserstand tiefer, bei etwa 80 cm, und ist zumindest bis auf gut 2,50 m Tiefe durch keinen B-Horizont gestaut. Bei gleichem, dauernassem Klima mit nur wenig ausgeprägter Regenzeit (A_{fl}), wie es im oberen Rio-Negro-Gebiet herrscht, dürfte der Grundwasserstand, der Wasserhaushalt der sauren, extrem nährstoffarmen Bleichsande entscheidend sein dafür, ob eine Caatinga alta oder eine Caatinga baixa dort wächst.

Auf ganz entsprechenden Podsolen aber in einem Klima mit ausgesprochenerer Trockenzeit im Jahre (A_{ml}) finden wir, z.B. in der Nähe von Manáus, sog. Campinas. Zunächst eine hohe Campina, die an eine Caatinga alta erinnert; auch hier liegt unter dem Bleichsand in geringer Tiefe ein kompakter B-Horizont. Hingegen wurden unter dem Bleichsand einer niedrigen Campina bei einer Bohrung bis über 2 m Tiefe weder ein Podsol-B-Horizont noch Grundwasser angetroffen. Beide Campina-Typen schließen sich, laut DUCKE und BLACK, floristisch mehr oder weniger eng an die Caatingas an. Bei der niedrigen Campina sind besonders die vielen *Cladonia*-Polster sowie *Schizaea* auffallend.

Ein weiterer Typ von Savannenvegetation auf podsoligen Böden – in diesem Falle Campo genannt, die Bezeichnungen Campo und Campina gehen im lokalen Sprachgebrauch öfters durcheinander – liegt in der Nähe der Atlantikküste nordöstlich von Belém-Pará. Hier ist der Grundwasserstand sehr hoch, in der Regenzeit ist dieser Campo z.T. bis knietief überstaut. An Bäumen sind nur kleine *Mauritia*-Palmen vorhanden, sonstige Vegetation besteht aus *Cyperaceen*, vereinzelt kommen *Drosera* und *Sphagnum* dort vor, wo das schwarze Grundwasser austritt. Es kann aber nicht entschieden werden, ob menschlicher Einfluß (häufiges Abbrennen dieses Campo in der Trockenzeit) die Vegetation verändert und das Fehlen von Bäumen verursacht hat.

Sonst dürften aber alle die gezeigten Vegetationsformen auf den podsoligen Böden natürlich sein. Das geht einmal aus dem Artenreichtum der Caatingas hervor und zweitens daraus, daß die extrem armen Sandböden für Ackerbau völlig ungeeignet sind, so daß weder die heutigen Caboclos noch die früheren Indianer diese Terrains jemals für ihre Roças, ihre Pflanzungen, benutzt haben.

Hingegen kommen im Gebiet des oberen Rio Negro künstliche Campinas als Folge menschlicher Ackerbautätigkeit vor. Hier stand ursprünglich Hochwald, der Boden war der übliche dazugehörige Braunlehm. Nach mehrmals wiederholter Nutzung nach jeweiligem Schlagen und· Brennen, der üblichen Anlage einer Roça, und dann wieder Aufgabe der Pflanzung, sodaß jedesmal die Capoeira, der Sekundärwald, mehrere Jahre hindurch nachwachsen konnte, war aber nach etwa 40 Jahren der Boden völlig erschöpft, eine Pflanzung gab keinerlei Ertrag mehr, sodaß sie endgültig aufgegeben wurde; seit 8–10 Jahren war nicht mehr an den Fleck gerührt worden. Heute sehen wir nun eine ganz typische Podsolierung mit Bleichsand und darunter einen schwarzen B_h-Horizont über den Resten des ursprünglichen Braunlehms. Und die Vegetation ist nicht mehr die sonst übliche Capoeira, die stets recht dicht ist, sondern eine offene Campina, auch mit *Schizaea* und *Cladonia*. Wir haben also hier ein Beispiel, daß menschliche Tätigkeit den ursprünglichen Hochwald auf Braunlehm in eine Campina auf Podsol verwandeln kann, wenigstens dem Aspekte, dem Habitus nach; eine floristische Bestandsaufnahme konnte SIOLI, außer für die *Cladonia* und die *Schizaea*, als Nichtbotaniker natürlich nicht machen. Die menschliche Tätigkeit hat hier nicht direkt eine anthropogene Vegetation geschaffen, sondern zunächst die Entwicklungsrichtung des Bodens verändert, nämlich die Podsolierung eingeleitet. Der veränderte Boden erst ist es, der dann die Ursache für eine veränderte Vegetation, also eine indirekt anthropogene Vegetation ist.

Und nun das Problem der Campos in der Gegend von Santarém am unteren Amazonas, um die Mündung des Rio Tapajós herum, deren natürlicher oder anthropogener Ursprung immer noch umstritten ist.

Die Botaniker (DUCKE und BLACK) halten aus floristischen Gründen – obwohl z.B. *Hancornia* fehlt – auch diese Campos für natürlich und – wie alle Campos und Campinas – für eine Formation, die älter sei als der gegenwärtige Hochwald der Hyläa, nicht zu derselben gehörig, und schließen sie an den „Campo Cerrado" Zentralbrasiliens an. Jedoch scheinen uns Gründe vorzuliegen, die dafür sprechen, daß gerade diese Campos durch menschliche Tätigkeit zwar vielleicht nicht ab initio entstanden sind, aber sich doch im Laufe der Zeit räumlich stark ausgebreitet haben. Sehen wir uns den Boden dieser Campos an, so finden wir – ganz im Gegensatz zu dem echten natürlichen Campo bei Vigia mit den vielen

Curatella-Bäumen, den wir vorhin besprochen haben – hier eine oberflächliche Podsolierung des Braunlehmes, und die deutet vielleicht auf eine relativ junge Entblößung der Bodenoberfläche von schützender Vegetation hin. Durch längere oder wiederholte Entblößung des Bodens vom schützenden Walde verarmt erstens der Boden an anorganischen Nährstoffen für den Pflanzenwuchs, zweitens wird der Wasserhaushalt des Bodens gestört, und das besonders in der Gegend von Santarém, in der das Klima am ausgeprägtesten eine jährliche Trockenzeit aufweist. Und drittens beginnt damit eine Auswaschung der Basen und schließlich Podsolierung des Bodens, die dann das Wiederaufkommen von echtem Regenwald endgültig verhindert.

Schon das Klima der Gegend von Santarém mit nur rund 1600 mm Regen im Jahre und einer jährlichen Trockenzeit von zuweilen 4 Wochen ohne jeden Tropfen Regen läßt vermuten, daß es sich hier schon aus klimatischen Gründen um ein Kampfgebiet zwischen Hochwald und Campo handelt (KOEGEL), zumindest sind hier nicht optimale Bedingungen für den amazonischen Regen-Hochwald vorhanden, sodaß ein relativ kleiner Anstoß durch den Menschen genügte, um nach Nutzung des Bodens anstelle von hohem Wald Campo entstehen zu lassen.

Historische Gegebenheiten sprechen in solchem Sinne auch für die anthropogene Entstehung dieser Campos östlich und westlich um die Tapajós-Mündung herum. Santarém selbst war schon vor der Entdeckungszeit ein alter Sitz dichter indianischer Bevölkerung von relativ hoher Kultur; das beweisen die Berichte der alten Missionare und die großen Mengen von Keramikscherben, die dort zu finden sind. Dann hatten bis zur Mitte des 18. Jahrhunderts die kolonisierenden Jesuiten in Vila Franca auf der Westseite des untersten Rio Tapajós ein großes Missionszentrum aufgebaut und dort bis zu 10 000 Indianer zusammengebracht und diese vorwiegend zum Ackerbau angehalten. Es läßt sich leicht vorstellen, welche Flächen Waldes diese Indianer immer wieder schlagen und brennen mußten, um die nötige Ernährung für ihre große Zahl auf relativ kleinem Raum zu schaffen.

Die Böden der terra firme Amazoniens haben sich bei den noch wenigen Bodenanalysen und vor allem durch limnochemische Studien wie schon gesagt als sehr arm erwiesen an anorganischen Nährstoffen für den Pflanzenwuchs, was ihre nur kurzfristige rentable Nutzung bestätigt. Wenn solche armen Böden trotzdem einen üppigen Hochwald zu unterhalten vermögen, so ist dies neben den günstigen klimatischen Bedingungen, die eine das ganze Jahr über ausreichende Wasserversorgung gewährleisten, nur dadurch zu erklären, daß das Nährstoffkapital dieser Standorte schnell und direkt zwischen lebender Pflanzendecke und Streu bzw. Humus zirkuliert. Wird nun bei Waldvernichtung dieser Kreislauf unterbrochen und der Boden zudem noch den Atmosphärilien direkt ausgesetzt, so ist eine verstärkte Auswaschung der Nährstoffe die Folge, um so mehr als die Tonminerale meist kaolinitischen Typus' zu sein scheinen, die eine recht geringe Sorptionsfähigkeit besitzen, und die Podsolierung kann sich damit vollziehen. Das erneute Aufkommen von Hochwald kann dann unmöglich werden, besonders wenn infolge der Waldvernichtung eine Störung des Wasserhaushaltes des Bodens (zeitweilige Austrocknung bei sowieso tief liegendem Grundwasserspiegel) eintritt.

Sandige Campos auf podsolierten Braunlehmen, wie sie gerade in der Gegend von Santarém vorhanden sind, scheinen uns derartige Standorte zu sein, und wir betrachten sie als wenn nicht ganz anthropogener Entstehung, so doch zumindest als in ihrer Ausdehnung vom Menschen beeinflußt und begünstigt.

Seit 1961 sind zahlreiche Untersuchungen über Böden, Vegetation und Gewässer des Amazonasgebietes sowie über die zwischen ihnen bestehenden Verknüpfungen veröffentlicht worden. Auch liegen seit kurzem mehrere C_{14}-Datierungen von Terra preta-Horizonten vor. Für ein Symposium über tropische Podsole, das im Rahmen des Humid Tropic Research Programme der UNESCO für 1967 in Manáus geplant ist, bereitet H. KLINGE derzeit einen umfassenden Bericht vor, der sich besonders auch mit den Podsolen des Amazonasgebietes befassen wird.

ZUSAMMENFASSUNG

Das Amazonasgebiet wird hauptsächlich von natürlichem tropischen Regenwald eingenommen. Für die Frage anthropogenen Einflusses auf Vegetation und Böden sind die Standorte der Campos und Campinas von Interesse. Die Ausdehnung der Campos ist möglicherweise durch menschliche Eingriffe erweitert worden. Bei anthropogener Bodendegradierung kann eine Campina-ähnliche Sekundärformation entstehen.

SUMMARY

The main part of the Amazon basin is covered by natural tropical rain forest. Possible anthropogenic influences on campina and campo are discussed. The extension of the campos may be enlarged by human activity. Due to anthropogenic soil degradation a campina-like vegetation has developed.

LITERATUR

HUBER, J.: Mattas e madeiras amazônicas. – Bol. Mus. Goeldi 6, 91–225. 1909.
DUCKE, A. & BLACK, GEORGE, A.: Phytogeographical notes on the brazilian Amazon. – An. Acad. Bras. Ci. 25, 1–46. 1953.
BLUNTSCHLI, H.: Die Amazonasniederung als harmonischer Organismus. – Geogr. Z. 27, 49–67. Leipzig 1921.
SIOLI, H.: Über Natur und Mensch im brasilianischen Amazonasgebiet. – Erdkunde 10 (2), 89–109. Berlin 1956.

H. ELLENBERG:

Wir hörten, daß Podsol-Profile unter der verschiedensten Vegetation in den Tropen möglich sind. Übrigens handelt es sich dort meist um sandige Böden. Ich habe solche auch gesehen in dem Gebiet von Iquitos (Peru), d.h. im echten Regenwaldgebiet, wo nie eine Trockenzeit so herrscht, daß dadurch der Wald geschwächt werden könnte. Diese Profile beschreibe ich am besten als Heidepodsol mit Zapfen in dreimaliger Vergrößerung und mit viel hellerer Färbung des Oberhorizontes. Selbst die Bänder sind da, nur die TÜXEN'schen Doppelbänder fehlen. Darauf steht ein Wald, der im Durchschnitt 40 m hoch ist, und der sehr dicht und sehr dunkel ist, so daß man unten durchgehen kann, der keinen Krautwuchs hat, weil er eben ein so wüchsiger üppiger Primärwald ist. Es muß also durchaus möglich sein, daß der Primärwald auch auf Podsol ein sehr reicher Wald ist, mindestens im Regenwald. Wie in jedem Podsolprofil gibt es dort eine Rohhumusdecke von etwa 4–8 cm, und diese ist soweit ich bodenkundlich orientiert bin, die eigentliche Ursache der Podsolierung. Denn ohne einen solchen Rohhumus wäre keine Podsolierung möglich.

Von hier aus gesehen halte ich für unmöglich, daß nach relativ kurzfristiger, etwa nach 50-jähriger Beackerung mit mehrfachem Umarbeiten des Bodens auf einem Braunlehm ein so starker Podsol entsteht, wie Sie es auf dem Bild zeigten. Erstens halte ich selbst unter tropischen Verhältnissen für unmöglich, daß die Podsolierung so rasch zum ausgeprägten Podsol vor sich geht. Und zweitens halte ich es für gänzlich ausgeschlossen, daß sie ohne eine Humusdecke vor sich gehe. Und wenn zwischendurch geackert war, dann kann ja die Humusdecke nur sehr schwach gewesen sein. Also glaube ich – das ist mehr eine Frage an Herrn Kollegen SIOLI – ob man nicht dort vielleicht nur aus Indizien geschlossen hat, da sei vorher eine Braunerde gewesen und jetzt ein Podsol geworden, und ob nicht vielleicht doch vorher schon unter dem hohen Walde, genau wie ich es bei Iquitos beobachtet habe, auch schon ein Podsol da war, der dann beackert wurde, und der dann gerade dadurch einen schlechten Ackerbauerfolg ergeben hat. Ich halte die Podsolprofile der Campos, die auch keine Rohhumusdecke haben, für subfossil und die Campos für mehr oder minder anthropogen, zumal die Besiedlung früher dichter war als heute.

H. SIOLI:

Das Bild von der sogenannten künstlichen Campina am oberen Rio Negro stammt von einem Gelände, das seit Ende des vorigen Jahrhunderts einem Spanier gehört, bei dem KOCH-GRÜNBERG, der Ethnologe, mehrere Jahre zu Gast war. Ich war bei seinen jetzt schon alten Söhnen, die mir erzählten, daß zu Zeiten ihres Vaters, als sie noch Kinder waren, dort Pflanzungen (Roças) gemacht, die dann in der üblichen Weise nach zwei Jahren verlassen wurden, und nach etwa 8–10 Jahren wieder, und das mehrere Male wiederholt, bis sie jetzt vor 8 Jahren keinerlei Ertrag mehr ergaben. Solche Pflanzungen werden nie auf Podsolboden angelegt. Es war ein Braunlehm, es war Hochwald, und zwar war jetzt der Sand oben sehr dünn. Darunter war dann ein schwarzer Horizont und dann begann der ursprüngliche Braunlehm. Es handelt sich ganz zweifellos um einen menschlichen Einfluß, eine menschliche Umwandlung des Braunlehmbodens zu dieser von oben her fortschreitenden Podsolierung.

H. ELLENBERG:

Ich hatte den Eindruck nach dem Bilde, daß die Horizonte viel mächtiger gewesen seien. Kann das nicht eine Brandwirkung gewesen sein? Daß das also keine Podsolierung war. Ich kann mir trotzdem nicht vorstellen, daß eine Podsolierung ohne eine Rohhumusdecke entsteht. Vielleicht kann Herr KLINGE als Bodenkundler die Frage beantworten, ob meine Vorstellung falsch ist.

H. Klinge:

Auffällig ist, daß bei all den Proben, die wir von dem brasilianischen Amazonasgebiet haben, keine Rohhumusdecke vorhanden ist. Auch in der Caatinga alta, jenem wie ein Stangenholz aussehenden Bestand ist zwar eine richtige Humusbildung, doch keine Rohhumusbildung vorhanden. Bei allen anderen Standorten ist überhaupt kein Humus auf der Oberfläche zu finden. Es sind nur im Bleich-Horizont selbst die Huminsäuren, z.T. geflockt, vorhanden. Aber es ist nirgends eine stärkere Humusbildung zu beobachten. Nur in einem einzigen Fall haben wir eine sehr geringe Torfbildung gefunden.

H. Ellenberg:

Das wäre mir ein weiterer Beweis dafür, daß das anthropogen degradierte Freiflächen sind. Denn ich habe Ähnliches bei Iquitos beobachtet. Die Rohhumusdecke gibt es unter dem intakten Hochwald. Wenn man jetzt zur Weide und zur Beackerung und zum Sekundärwald übergegangen ist, dann ist diese Rohhumusdecke nicht mehr vorhanden. Und deshalb glaube ich, daß auch in Ihrem Falle die Podsole nur entstehen konnten unter der natürlichen Vegetation und sich jetzt hinterher darauf alle möglichen anthropogenen Abwandlungsstadien gebildet haben. Ich möchte aber nochmal konkret die Frage wiederholen: Kann Podsol ohne eine Rohhumusdecke entstehen?

H. Klinge:

Die bisher beschriebenen Podsole haben alle eine Rohhumusdecke gehabt, sofern es sich um rezente Bildungen handelt. Nun wäre es möglich, daß diese Podsole aus einer früheren Zeit stammen, und wenn sie nicht mehr rezent sind, heißt das, daß heute keine Podsolierung mehr abläuft. Das zu beweisen ist uns heute nicht – und wahrscheinlich nie – möglich.

H. Ellenberg:

Deshalb würde ich immer noch an meiner anthropogenen Deutung festhalten.

H. Klinge:

Ich darf dazufügen, daß selbst auf der Terra firma im Hochwald, wo also keine Bleich- und keine B-Horizonte ausgebildet sind, die Humusbildung außerordentlich gering mächtig ist, geringer als im allgemeinen in unseren Waldungen.

H. Ellenberg:

Das stimmt allgemein. Auf allen reicheren Typen findet man fast keinen Humus, besonders keinen sichtbaren, weil der Humus z.T. hell ist und nicht schwarz wie bei uns; es ist eine andere Form des Humus. Aber auf den Podsolprofilen findet sich regelmäßig eine Rohhumusdecke.

H. Sioli:

Es besteht ein Unterschied zwischen dem westlichen Amazonasgebiet, wo Herr Prof. Ellenberg war, und dem östlichen, besonders dem unteren

Amazonas. Die Terra firme-Böden des unteren Amazonasgebietes scheinen mir bedeutend ärmer zu sein als die im westlichen. Im östlichen handelt es sich um Sedimente des reinen Süßwassersees, im westlichen Amazonasgebiet liegen zwischen den Süßwassersedimenten aus dem Pliozän-Pleistozän auch Schichten mariner- oder Brackwasserablagerungen, z.T. auch dünne Kalkschichten dazwischen, die es am unteren Amazonas überhaupt nicht gibt. Weiterhin ist das Sediment vom unteren Amazonas von Norden und Süden her von den alten archaischen Granit-Gneis-Massiven Guianas und Zentralbrasiliens dahingekommen, während sich das Amazonasbecken im Westen auch mit Material aufgefüllt hat, das von den Anden heruntergekommen ist und ganz anderen geologischen Schichten entstammt und wahrscheinlich Kalk enthält. Jedenfalls ist bekannt, daß die Böden im westlichen Amazonasgebiet besser sind als auf der Terra firme im Osten. Auch die Wässer sind nicht so sauer wie im Osten.

Zur Bekräftigung des natürlichen Ursprungs mancher Campos vom unteren Amazonasgebiet, Campos auf Braunlehmboden, wird angeführt, daß dort Klapperschlangen (*Crotalus*) vorkommen, die reine Camp-Schlangen sind, also nicht durch den Wald gekommen sein können. Denn diese Campos sind mehrere hunderte km voneinander und vom Campo Cerrado Zentralbrasiliens entfernt. Das deutet darauf hin, daß dort die Reste ehemaliger Campos gewesen sind, die wahrscheinlich dann vom Menschen ausgeweitet wurden.

I. S. Zonneveld:

Es ist wirklich ganz merkwürdig, daß es Podsolierung geben soll ohne Rohhumusbildung. Im klassischen Beispiel des Schwankungsbereiches zwischen Steppe (Prärie) und Schwarzerde degeneriert der Wald die Schwarzerde. Wenn Äcker angelegt werden, regeneriert sich die Schwarzerde wieder. Das ist in gemäßigten Gebieten der normale Fall. Herr Prof. Ellenberg hat nach Podsolierung ohne Rohhumus gefragt. Ich habe ein Beispiel: Unter saurem Wasser in dystrophen Teichen sieht man zuweilen einige cm dicke Auslaugungshorizonte. Ist vielleicht die Erklärung, daß unter Acker nur oberflächlich Humus abgebaut wird, wodurch der vorher gebleichte A_2-Horizont getarnt wird (wie bei „brownpodsolic soil" podsolierter Braunerde)? Es ist nachgewiesen, daß Ackerbau Humus zehrt. Auch Fossilisation (Überwehung mit Sand) hat auf Kreideposol-A_2 denselben Effekt. Unter tropischer Umständen kann der Abbauprozeß vielleicht viel stärker sein. Wenn das Ausgangsmaterial typischer Braunlehm ist, ohne stark humosen A_1, ist diese Annahme aber nicht wahrscheinlich.

Zur Frage „Pseudoschwarzerden": Sind es wirklich aufgehöhte Plaggenböden oder nur homogenisierte, eutrophierte Böden? Haben die Indianer auch Plaggenböden wie bei uns?

H. Klinge:

Nein. Diese Humusbildung ist nicht durch eine Humusauflage wie bei unseren Esch-Böden zustande gekommen. Aber insofern kann man sie damit vergleichen, weil die Humuszufuhr dort erfolgt ist im Bereich der Siedlung durch Speiseabfälle und Ähnliches, während bei uns ja eine Zufuhr von Humus aus anderen Standorten vorliegt.

H. Merker:

Die Löslichkeitsverhältnisse für Fe, Al und Si folgen bestimmten pH-
Werten gemäß der graphischen Darstellung von Correns, Hutten-
locher u.a. Bei tropischen Temperaturen verlaufen diese Prozesse rascher
als in temperierten Bereichen. In diesem Falle hat wahrscheinlich das pH
eine ausschlaggebende Bedeutung.

H. Sioli:

Aus allen Caatingas und Campinas kommt Schwarzwasser mit pH-Werten
um 4 herum.

ÜBER STRUKTURVERÄNDERUNGEN IN WALDGESELLSCHAFTEN DER AUSTRALISCHEN ALPEN ALS FOLGE VON BUSCHFEUERN

von

MAX MÜLLER, Bamberg

Die australischen Alpen gehören zu den seltenen Gebieten der Erde, in welchen der anthropogene Faktor erst in neuerer Zeit zu bedeutender Auswirkung gelangt ist. Dem australischen Geographen OWENS, der im Jahre 1840 die Alpen in der Südostecke des Kontinents entdeckt hat, sind dort keine Ureinwohner begegnet. Alle historischen Nachrichten aus dieser Zeit betonen, daß nur vereinzelte Horden der Ureinwohner die winterkalten Savannen beiderseits der Alpen durchstreift haben. Sie haben dort Grasbrände zur Unterstützung ihrer Jagd auf Känguruhs und Opposums praktiziert. Ihre gelegentliche Anwesenheit in Bergwäldern der Alpen ist durch einzelne Funde von Artefakten erwiesen. Die nackt lebenden Ureinwohner konnten in die höheren Lagen der schneereichen montanen Stufe wohl nur im Sommer vordringen. Feste Anhaltspunkte für diese Annahme sind durch Auszählung der in Eukalyptusstämmen eingeschlossenen Feuermarken gewonnen worden (Abb. 1).

Zwanzig Jahre nach Entdeckung der Alpen haben Scharen von Goldgräbern samt ihren Viehherden einige, aber räumlich recht beschränkte Gebiete in den Alpen heimgesucht. Mindestens von diesem Zeitpunkt ab sind größere Viehherden aus dem Murray Tiefland westlich der Alpen alljährlich zur Sommerweide in die Hochlagen getrieben worden. Damals muß die Brandwirtschaft zur Erschließung von Weideflächen intensiv eingesetzt haben. Ohne Feueranwendung ist nämlich keine Weidemöglichkeit gegeben. Die natürlichen Gras- und Krautschichten der Bergwälder und genau so der Bergwiesen bieten weder Schafen noch dem Großvieh genügend Weidefutter. Die alten Grasschöpfe der Horstgräser müssen erst durch Bodenfeuer reduziert und die erstaunlich großen Abfallmassen aus der Baumschicht durch heiße Brände beseitigt werden. Erst der darauf folgende Jungaustrieb der Horstgräser und mehr noch der Sekundärwuchs von Kräutern und Gehölzsämlingen in den durch Brand geöffneten Bodenlücken ermöglichen Weidebesatzdichten in der Größenordnung von 1 Stück Großvieh je 4–10 Hektar.

Durch die Brand-Weidewirtschaft ist die natürliche offene Wuchsstruktur der in den Bergen vorherrschenden feuchten und trockenen Hartlaubwälder in Richtung anwachsender Feueranfälligkeit und zunehmender Entflammbarkeit verändert worden. Die Wirkung der Bodenfeuer, die während kühler Witterung langsam gegen den Wind brennen, bleibt für die Gras- und Krautschichten verhältnismäßig harmlos. Dagegen ist die Wirkung von Kronenfeuern in den Snowy Mountains während der trockenen Jahreszeit ungeheuerlich.

Abb. 1. Die Gebirgswälder der Snowy Mountains, Australische Alpen, von Westen.

Abb. 2. Schnee-Eukalyptus-Bestand am Spencer's Creek, Snowy Mountains ca. 1800 m, Australische Alpen.

Die wilde Periode der Brand-Weidewirtschaft dauerte in den Alpen etwa von 1860 bis 1900. Damals existierten überhaupt keine Weide- und Brandschutzbestimmungen in den staatlichen Pachtverträgen. Es blieb dem Wagemut oder auch dem Unverstand einzelner Hirten überlassen, die ungefährliche Praxis des Buschbrennens während der kühlen Jahreszeit bis in den Frühsommer hinein auszudehnen, oder vorzeitig im Herbst zu beginnen. Damit ist das lebensgefährliche Risiko des plötzlichen Übergreifens von Bodenfeuern in den Kronenbereich verbunden. Weidevieh ist in den Alpen häufig im Feuer umgekommen und mancher Hirte hat dem selbstgezündeten Kronenfeuer nicht mehr entrinnen können.

Höchste Feuergefahr entsteht in den Alpen bei trocken-heißem Wetter in Verbindung mit heftigen Westwinden. Bei 38° C beginnen die ätherischen Öle aus den Eukalyptusblättern auszutreten. Sie erzeugen brennbare, im Kronendach hängende Gasgemische. Unter bestimmten maximalen Temperatur- und Windverhältnissen können deshalb Brände in den Alpen explosionsartig um sich greifen. Die Flammenwalze über dem Kronendach erreicht dann 50 m Höhe. Der heiße Aufwind wirbelt brennende Rindenfetzen und Laubzweige über die Feuerwalze hinaus und verfrachtet sie als neuen Zündstoff weit vor die Feuerfront. Daraus entstehen Marschgeschwindigkeiten des Feuers bis zu 35 km pro Stunde. Solche Riesenfeuer können tiefe Schluchten in Sekundenschnelle überspringen. Im Frühsommer 1939 ist aus einem kleinen Buschbrand am Westfuß der Alpen die Tragödie des schwarzen Freitags in den Snowy Mountains entstanden. An diesem Tag sind 70 Menschen in den Flammen umgekommen. Zahlreiche Wohnhäuser und Sägewerke sind niedergebrannt und 800 km² Hochwald total ausgebrannt. Diese Katastrophe veranlaßte strikte Brandschutzbestimmungen in den staatlichen Pachtverträgen. Im Jahr 1943 folgte die Proklamierung des Kosciusko-Naturschutzparkes, der rund 6000 km² im New South Wales-Teil der Alpen umfaßt. Einige Pachtlose in den Hochlagen wurden damals vorübergehend stillgelegt. Im übrigen blieb die Praxis des Gras- und Buschbrennens während der kühlen Jahreszeit erlaubt. Sechs Parkwächter wurden zur Überwachung der Brand-Weidewirtschaft installiert. Die Unterdrückung des rücksichtslosen Buschbrennens außerhalb der erlaubten Perioden scheiterte in der Praxis.

Um das Jahr 1950 war schließlich so viel Verständnis unter den Farmern erwachsen, daß sie selbst ihren Hirten die Einhaltung der Feuerschutzbestimmungen auferlegten. Schon während der 40er Jahre war die jährliche Anzahl der Kronenfeuer zurückgegangen. Die Wuchsstruktur war jedoch praktisch im ganzen Gebiet als Folge der langen Brandwirtschaft derartig verdichtet, daß fast aus jedem kleinen Kronenfeuer verheerende Waldbrände entstanden. Um diese Zeit sind in beträchtlichen Gebietsteilen Vorgänge des beschleunigten Bodenabtrages, wie Flächen- und Grabenerosion und Bodenversetzungen größeren Ausmaßes an Steilhängen entstanden und selbst einige Bergstürze passiert.

Die Abflußspitzen der Alpenflüsse sind seit der Jahrhundertwende nachweisbar angestiegen, vielleicht infolge der exploitativen Brandweide. Die Schwebstoffbelastung war seit 1951 im Ansteigen. In einzelnen Hochlagen mit erosionsanfälligen Böden über metamorphen Gesteinen und in mikroklimatisch ungünstigen Lagen sind Vorgänge des beschleunigten Bodenabtrages wieder angefacht worden, welche durch die Vegetationsentwicklung während des Postglazials völlig zum Stillstand gekommen waren. Bei weiterer Zunahme der anthropogenen Bodenerosion und Vegetationszerstörung mußte die künftige Beeinträchtigung der technischen Wirksamkeit des begonnenen Wasserkraftausbaues in den Alpen und die unwirtschaftliche Verringerung der Lebensspanne gewisser Teilwerke befürchtet werden. Nach langer Aufklärungstätigkeit durch die Snowy Mountains Wasserkraftbehörde hat das Parlament des Staates New South Wales im Jahre 1958 die Sperrung der Weidewirtschaft in den Hochlagen des New South Wales-Teiles der Alpen bis zur Höhenlinie 1370 m herunter beschlossen. Leider wird im kleineren Alpengebiet des Staates Victoria noch immer untersucht, ob eine mäßige Brand-Weidewirtschaft wirklich schädliche Dauerfolgen verursacht.

Wir haben die Brandschäden in den Alpenwäldern am genauesten in der Klimaxgesellschaft des Schnee-Eukalyptuswaldes in der subalpinen Stufe untersucht. Die Gesellschaft tritt in unmittelbaren Kontakt mit der subalpinen Schneerispengras-Bergwiese auf. Die Assoziationstabellen beider Gesellschaften liegen in Tabelle 1 und 2 bei.

Natürlich erhaltene Individuen der Schnee-Eukalyptusgesellschaft [1] sind heute in den Alpen nur schwer aufzufinden. Der Altersbestand hat ein zusammenhängendes Kronendach. Die Tiefe des Kronendaches übertrifft die Länge der kurzen Stämme bedeutend.

In einigermaßen windgeschützten Lagen erreichen die Bestandshöhen 10–12 m. Die bis 15 m breiten Kronen und auch die Stämme sind im Lee der Hauptwindrichtung häufig exzentrisch verbreitert. Das führt zu Stammumfängen nahe der Basis von 3 bis 4,5 m. Das Höchstalter liegt bei 200 Jahren.

Natürliche Bestände weisen zwei deutliche Wuchsschichten auf, die Altkronen der Schnee-Eukalyptus und eine dicht geschlossene Gras- und Krautschicht. Die Laubentwicklung erfolgt nur an der Peripherie der Krone, die im Alter ausgesprochene Schirmkronenform annimmt. Die Grasschicht erhält daher noch ungefähr 1/20 bis 1/10 des Lichteinfalles. Die ungestörte Grasschicht besteht zu 95% aus den flach ausgebreiteten Horsten des Schneerispengrases (*Poa caespitosa* Forst. f.). Zahlreiche Arten perennierender Kräuter, meist Chamaephyten und Rosettenpflanzen füllen vorübergehende Lücken in der Grasschicht. Abhängig von der Höhe des Lichtgenusses am Waldgrund treten einzelne Zwergsträucher auf. In ungestörten Beständen fehlen die Moose ganz. [2]

Der Generationswechsel im Altbestand erfolgt nester- oder horstweise nach Abgang von Altstämmen durch Windwurf, viel häufiger durch schweren Schneebruch, welcher durch massenhaften Rauhreifanhang in der Auswirkung verschlimmert wird. In der Bestandslücke bildet sich eine dichte Strauchschicht von gut einem Meter Höhe, welche die Grasschicht verdämmt. Sie stellt die Schlaggesellschaft dar und ist aus den

---

[1] Eucalyptus niphophila Alliance A. Costin 1954.
Eucalyptus niphophilae subalpinae Ass. M. Müller 1956.
[2] Vergl. Tabelle 1, Aufnahmen No. 202, 422, 93, 200, 427.

Charakterarten der **Phebalium-Strauchgesellschaft**[1] zusammengesetzt. Diese bestockt im Kontakt mit der Schnee-Eukalyptusgesellschaft Granitblockhalden, glazialen Moränenschutt und Steinschutthalden mit geringem Feinbodengehalt. Im Schutz dieser vorübergehenden Strauchschicht wachsen die Eukalyptussämlinge rasch heran. Sie verdrängen die Sträucher später durch Lichtentzug.

Der Schnee-Eukalyptuswald stockt auf tiefen A/C Profilen aus organisch-mineralischen Alpenhumus. Das Profil entwickelt sich einheitlich über sauren und basischen Ausgangsgesteinen auf Gneisgranit, Phyllit, Basalt und auch humifizierten flachen Torfschichten. Die pH-Werte im A-Horizont liegen zwischen 3.9 und 5,0. Der dunkelbraune A-Horizont geht am Grunde in eine etwas hellere und humusarme Mineralschicht über; oder er liegt auf Hängen dem Steinskelett unmittelbar auf.

Die klimatischen Bedingungen und besonders der biologische Faktor der Bodenentwicklung weichen von den Bedingungen in unseren Alpen ab: Niederschläge von 2000 bis 3000 mm, zu 2/3 in Form von Schnee, Regenfälle an 100 bis 140 Tagen und zusätzlich horizontaler Niederschlag aus häufigen Nebeln; relativ hohe Sommerwärme mit Temperaturmitteln der Sommermonate um 15° C. Im Winter sinken die Monatsmittel bis — 2,7° C. Da die Schneedecke in der subalpinen Stufe 2–4 Monate anhält, kann der Frost in den vegetationsbedeckten Boden nicht eindringen. Die Westwinde lagern nährstoffreichen Feinstaub aus dem Inneren des Kontinents auf den nord-südlich verlaufenden Hochplateaus der Alpen ab.

Der biologische Faktor hat eine ganz ungewöhnliche Bedeutung für die Bodenentwicklung. Das Schnee-Rispengras produziert große Mengen organischer Abfälle. Die Grasstreu ist reicher an Sesquioxyden als das mineralische Ausgangsmaterial. Die organischen Abfälle werden durch eine reiche Bodentierwelt rasch zerkleinert. Besonders bemerkenswert sind die zahlreichen Regenwürmer einer unbeschriebenen Art der Gattung *Megascolex*. Dieser Riesen-Regenwurm erreicht 12 mm Durchmesser und 24 cm Länge. Er tritt in großer Zahl im alpinen Humusboden auf und hat sich offenbar an die saure Bodenreaktion völlig angepaßt.

Versuche mit Paraffinkugeln, die in der Bodenoberfläche eingebettet wurden, zeigten, daß selbst heiße Feuer, welche die gesamte Streuschicht verzehren, den Boden nur im obersten Zentimeter wirklich erhitzen. Diese Erhitzung verursacht eine starke Keimstimulierung für zahlreiche im Boden ruhende hartschalige Samen von Sträuchern. Die Samen von 6 Straucharten aus der Familie der Papilionaceen können durch Feuereinwirkungen zu höchstprozentiger Auskeimung gebracht werden. In der Feuerresistenz ist der Schnee-Eukalyptus mit seiner ungewöhnlich dünnen Rinde stark benachteiligt. Epikormische Knospen sind am Stamm und an allen Ästen in großer Zahl vorhanden. Sie treiben nach einem leichten Kronenfeuer sehr lebhaft aus. Schwere Kronenfeuer in der trockenen Jahreszeit töten jedoch den ganzen Stamm. Es folgt dann aus dem halbunterirdisch gelagerten Lignotuber an der Stammbasis kräftiger Stockausschlag. Die dritte Generation dieser Stockausschläge leitet auch unter

[1] Vergl. Tabelle 1, Aufnahme No. 129.

Abb. 3. Schnee-Eukalyptus-Wald: erster Stockausschlag nach schwerem
Waldbrand mit pyrogener Strauchschicht.

Abb. 4. Zweiter Stockausschlag durch Waldbrand vernichtet – Wieder-
ausschlag zwei Jahre nach dem Brand

Abb. 5. Dritte und vierte Stockausschläge – Wurzelgeflecht ist infolge häufiger Bodenfeuer und dadurch gefördertem Bodenabtrag bis 25 cm entblößt.

Abb. 6. Rezessionsstadium der Schnee-Eukalyptus-Gesellschaft, mit Strauchwuchs nach wiederholten Bodenfeuern – Tennut Riya-Einzugsgebiet, 1600 m, Australische Alpen

günstigen Boden- und Lageverhältnissen zur Entwaldung über (Abb. 3, 4, 5).

Das erste Ziel des Buschbrennens war die Reduzierung der für das Weidevieh ungenießbaren Grashorste. Selbst Schafe kommen nicht an die jungen Schosse im Grasschopf der rauhen alten Grasblätter heran. Ungestörte Grasschichten weisen nur wenige Lücken für Futterkräuter auf. Die Bodenfeuer beseitigen nur den äußeren Teil der Grashorste. Sie entflammen jedoch zu großer Heftigkeit, wenn sie die vorher geschilderten Strauchinseln in natürlichen Regenerationsflächen erfassen. Alle diese Sträucher tragen grünes und leicht entflammbares Hartlaub. Die charakteristische Art *Phebalium* und zwei weitere Rutaceen brennen im vollen Saft mitten im Hochsommer weit heftiger als unser harmloser Diptambusch. Innerhalb der Grasschicht öffnet das Bodenfeuer nur Lücken. Strauchbestände brennen dagegen bis zur nackten Bodenoberfläche ab.

Die erwünschte Weideverbesserung tritt unmittelbar nach dem Brand ein. Die Grashorste treiben lebhaft aus. In den Lücken entsteht massenhaft Krautwuchs. Dort kommen aber auch zahlreiche Strauchsämlinge und Jungwuchs von Schnee-Eukalyptus auf. Der Strauchaufwuchs wird durch die erwähnte Keimstimulierung der hartschaligen Samen sehr begünstigt. Die zum Kronendach aufsteigende Brandhitze kann die plötzliche Entleerung des gesamten Samenvorrats aus den Eukalyptusfruchtkapseln bewirken, die sich normalerweise über einen langen Zeitraum erstreckt. Gelegentlich treten nach Kronenfeuern nitrophile Kräuter massenhaft auf, die sonst nur selten, zum Beispiel an Tierlagerstätten vorkommen. Die Nitratanreicherung nach Feuer muß wohl hauptsächlich der Inaktivierung der denitrifizierenden Bodenbakterien durch die Brandhitze zugeschrieben werden. Neben dieser gelegentlichen Nitratanreicherung kommt der Weidewirtschaft auch die düngende Wirkung der Brandasche zugute, soweit sie nicht durch Oberflächenabfluß oder Wind vorzeitig abgetragen wird.

Die üblichen Weidebesatzdichten reichen selten zur vollständigen Abweidung des Feueraufwuches der Gehölzsämlinge aus. Auch werden nicht alle Arten von Strauchsämlingen durch das Vieh angenommen. Nach einigen Bodenfeuern ist mit Sicherheit eine durchgehende Strauchschicht als dritte Wuchsschicht im Schnee-Eukalyptusbestand etabliert. Die von Bodenfeuern beschädigten Stammabschnitte antworten mit heftigem Austrieb von Wasserreisern. Da Bodenfeuer im Schnee-Eukalyptuswald leicht in die Krone aufschlagen, werden große Lichtlücken auch durch Bodenfeuer bewirkt. Der plötzliche Lichteinfall begünstigt den Strauchwuchs. Dieser verdämmt seinerseits die Grasschicht so weit, daß dem massenhaften Jungwuchs von Eukalyptussämlingen freie Bahn geöffnet ist.

Wenn ein natürlicher Bestand gleich zum ersten Mal von einem heißen Kronenfeuer erfaßt wird, sterben die Stämme ganz ab. Der Stockausschlag aus der Stammbasis erfolgt dann mit 3 bis 8 Seitenstämmen. Sie wachsen bald über die pyrogene Strauchschicht hinaus, wobei der Graswuchs völlig zurücktritt. In solchen Beständen wurden die ,,heißen Brände'' praktiziert, die den ganzen pyrogenen Aufwuchs beseitigen. Es folgt als zweite Generation ein 10- bis 30-stämmiger Stockausschlag aus den

Altstubben. Die Verdichtung des Bestandes erreicht in dieser Phase auf guten Standorten ein Höchstmaß. Es entsteht ein undurchdringlicher Dschungel, der auch für die Weidetiere unpassierbar ist. Solche Bestände wurden früher mitten im Hochsommer gezündet. Der dritte Stockausschlag entwickelt sich meist nur noch kümmerlich. Das Bodenprofil ist dann oft schon bis zur Hauptwurzelschicht abgetragen. Die Fortsetzung des Buschbrennens führt schließlich aus Mangel an neuer Saatzufuhr zur gänzlichen Entwaldung.

Die nachfolgende anthropogene Rasengesellschaft ist der echten Schneerispengras-Bergwiese nur mehr im Aspekt ähnlich. Sie unterliegt mit fortschreitendem Bodenabtrag unter besonders lebhafter Einwirkung verschiedener Formen der Frosterosion der Verbuschung durch jene Strauchgesellschaft, welche die feinbodenärmsten Standorte in den Alpen bedeckt. Die Praxis der Bodenfeuer muß daher weiter fortgesetzt werden, um wenigstens etwas frischen Graswuchs zu erzeugen. Das traurige Endresultat sind in stärker geneigten Hängen anthropogene Steinskeletthalden, teilweise noch von unregelmäßigen Strauchherden bestockt (Abb. 5). In ebenen Flächen mit tiefgründigem Boden kann bei gut kontrollierter Brandpraxis ein parkartig aufgelöster Altbestand übrig bleiben. In der Bodenschicht wechseln dann pyrogene Strauchherden und wieder ausheilende Unkrautherden im Turnus der Bodenfeuer miteinander ab. Hier wirken aber Frosterosion und Deflation so zusammen, daß schließlich der Boden unter den Altstubben unterhöhlt wird.

Während der 100 jährigen Brandwirtschaft ist auf etwa $1/5$ des Gesamtareals der Schnee-Eukalyptusgesellschaft völlige Entwaldung eingetreten. Etwa $3/5$ des Gesellschaftsareals sind zu Stockausschlägen der 1. bis 3. Generation reduziert. $1/5$ weist Schäden verschiedener Stufen auf. Natürlich erhaltene Bestände existieren in wenigen, flächenmäßig unbedeutenden Flecken.

Die feuchten Hartlaubwälder der montanen Stufe sind trotz viel heftigerer Feuer nur auf verhältnismäßig geringen Flächen gänzlich untergegangen. Die Waldweide in der geschlossen bewaldeten Montanstufe war immer nur zweitrangig gegenüber der Sommerweide in den Hochlagen betrieben worden. Um aber in den Bergwäldern überhaupt Weidefutter zu erzeugen sind die Bodenfeuer während der kühlen Jahreszeit viel häufiger in der montanen Stufe ausgeführt worden als im Schnee-Eukalyptuswald. Die absichtliche Entfachung von Kronenbränden während der trockenen Jahreszeit ist wegen der damit in der Waldstufe verbundenen Lebensgefahr wohl nur selten geschehen.

Die höchste Entwicklung erreicht die Klimaxgesellschaft von Mountain Ash und dem Berg-Eukalyptus in kühlen Schluchtwaldlagen (Eucalyptus delegatensis – Eucalyptus dalrympleana Alliance A. Costin 1954). Diese etwa 50 bis 60 m hohen Bestände dürfen wohl zu den großartigsten Waldgesellschaften der Erde gerechnet werden. Ihr Höchstalter beträgt 300–400 Jahre (Abb. 7).

Die Mountain Ash formt kerzengerade Säulen. Die Seitenäste setzen manchmal erst in 40 m Höhe an. Die dicke, wollig-faserige Rinde ist gegen Feuer höchst empfindlich. Nach einem Kronenfeuer stirbt die Mountain Ash auf großen Flächen ab. Sie entwickelt überhaupt keine

Abb. 7. Mountain Ash-Fazies der Berg-Eukalyptus-Mountain Ash-Assozia-
tion, Cabramurra, Australische Alpen: Saatverjüngung von Mountain Ash
nach schwerem Kronenfeuer.

Stockausschläge und hat auch keine epikormischen Knospen, erzeugt
aber reichlich und häufig Saat. Die Sämlinge sind außerordentlich rasch-
wüchsig. Sie erreichen in 8–10 Jahren bis 20 m Höhe. Die Mountain
Ash bildet zusammenhängende Reinbestände in geschützten Schluchtwaldlagen mit tiefgründigen Böden. Solche Reinbestände mögen wohl
auch unter natürlichen Verhältnissen gelegentlich durch Blitzschlag-
zündung begründet worden sein.

Der Berg-Eukalyptus formt sehr breite Kronen. Die mächtigen Seitenäste setzen oft schon nahe über dem Boden an. Seine Regenerationsfähigkeit nach Feuer durch epikormischen Auswuchs ist sehr hoch, seine
Stockausschlagsfähigkeit verhältnismäßig gering. Die Stämme sind
durch dicke Rindenlagen gegen Feuer geschützt. Eine Folge der Brandwirtschaft ist die Zunahme des Berg-Eukalyptus und die Abnahme der
Mountain Ash.

Natürlich erhaltene Bestände sind außerordentlich selten. Sie weisen
3 bis 4 Altersklassen auf mit entsprechend tiefer Stufung in der Kronen-
schicht. Die Hauptwirkung der schweren Kronenfeuer ist die Ausbildung
weithin gleichaltriger Bestände. Der Lichteinfall auf den Waldboden
nimmt in den gleichaltrigen Beständen stark zu. Daraus und als Folge der
häufigen Bodenfeuer entstehen pyrogene Strauchherden und massenhaf-
ter Aufwuchs von Eukalyptussämlingen. Alle Nachrichten aus früher

Zeit weisen immer wieder auf die leichte Passierbarkeit der Wälder hin,
in denen man zu Pferd rasch voran gekommen ist. Heute ist der undurch-
dringliche Dschungel der Strauchwildnis auf dem Waldgrund die Regel.

Alle Weidewirtschafter und die interessierten Viehbesitzer haben die
heutige Wuchsstruktur der Gebirgswälder und ihre ständige Verwüstung
durch Waldbrände als natürlichen Zustand betrachtet. Es war deshalb
notwendig, die Feuergeschichte der Alpen auch in historischen Sicht
aufzuhellen. Dazu wurden vor allem Feststellungen über die Feuermarkenhäufigkeit in frischen Baumstubben im ganzen Gebiet betrieben.
Nur im kühlen Alpenklima bilden die *Eucalyptus* reguläre Jahresringe
aus, die eine genaue Datierung der Feuermarken ermöglichen. Die zahlreichen Baumfällungen während der Straßenaufschließungsperiode des
Energie-Wasserausbaues ermöglichten die ausreichende Streuung solcher
Beobachtungen. Jedes größere Feuer hinterläßt in einigen Stämmen
charakteristische Mißformungen im Radialverlauf der Jahresringe. In
den Beständen der montanen Eukalyptuswälder sind einige etwa 200
und 150 Jahre alte Feuermarken gefunden worden. Im Schnee-Eukalyp-
tusgebiet erschienen die ersten Feuermarken vor rund 100 Jahren, also
mit Beginn der Brandweidewirtschaft. In allen Stammabschnitten des
ganzen Alpengebietes nahm die Feuermarkenhäufigkeit in den peripheren
Zonen der Stubben auffällig zu. Die häufigen Waldbrände im Alpengebiet sind also erst seit der Ankunft des weißen Menschen in Australien
verursacht worden.

LITERATUR

Costin, A. B.: A Study of the Ecosystem of the Monaro Region of New
    South Wales. – Sydney Australia 1954.
Jacobs, M. R.: Growth Habits of Eucalyptus. – Canberra 1955.
Müller, M.: Plantecological Systematics of the Snow Gum Belt Vegetation
    in the Australian Alps. – SMHEA. Cooma NSW Australia 1956.
— The Soil Conservation Problems of the Snowy Mountains. Internal
    SMHEA Report. Cooma 1956.
Raeder-Roitzsch: Internal SMHEA Report on firemarks chronology in
    Eucalyptus of the Snowy Mountains Area. – 1955.

DIE LÜNEBURGER HEIDE,
WERDEN UND VERGEHEN EINER LANDSCHAFT

von

REINHOLD TÜXEN

Wir geben hier in gekürzter Form einen öffentlichen Vortrag wieder, den der Verfasser während des Symposion mit zahlreichen Farbbildern gehalten hat.

Wir haben eine Fülle von wissenschaftlichen Problemen erörtert und in altgewohnter Harmonie in unserem Kreise nach Lösungen gesucht für neue Erkenntnisse, indem wir unsere Ansichten ausgetauscht und versucht haben, neue Einblicke in unbekannte wissenschaftliche Regionen zu finden. Wir sind in neue Gebiete der Forschung vorgestoßen, und das nicht nur auf unserem eigenen Gebiet der Vegetationskunde, der Lehre von den Pflanzengesellschaften, sondern auch in einer ganzen Reihe von Nachbarwissenschaften, die in diesen dreieinhalb Tagen immer wieder zur Sprache gekommen sind: Wir haben von unserer Pflanzensoziologie Einblicke in die Jagdwissenschaft getan: Sie erinnern sich an den glänzenden Vortrag von Herrn BRÜLL; wir haben die Biozönotik, die Lehre von den Lebensgemeinschaften beleuchtet, wir sind in die Urgeschichte vorgedrungen, wir haben von der Siedlungsgeschichte gehört, von der Geographie haben wir gesprochen, von der Limnologie: ich darf an den schönen Vortrag von Herrn SIOLI über den Amazonas erinnern. Wir haben das Gespräch über Bodenkunde leider heute abbrechen müssen. Wir sind in philosophische Bereiche geführt worden durch Prof. FRIEDERICHS, wir haben die Physiologie gestreift, wir sind sogar an das Gebiet der Medizin herangekommen. Wir haben die Probleme der Genetik und der Caryologie kennengelernt und dazu Beziehungen gefunden, und natürlich nicht zu vergessen: Pflanzengeographie und Floristik. Wir haben immer wieder, wenn wir offen waren für solche Eindrücke, gesehen, wie überraschend vielseitig unsere schöne Wissenschaft ist. Und wir haben ebenso Brücken gefunden zu jenen Wirtschaftszweigen, die sich in irgend einer Form mit der Pflanzendecke der Erde beschäftigen: der Landwirtschaft, der Grünlandwirtschaft, der Forstwirtschaft, der Kulturtechnik, der Wasserwirtschaft und zum Naturschutz, der von wachsender, lebenswichtiger Bedeutung wird, und zur Pädagogik. Wir waren in allen Erdteilen in diesen Tagen (wenn auch Asien etwas zu kurz gekommen ist), vor allem in Südamerika durch die Vorträge der Herren SIOLI und ELLENBERG, durch die wir an beiden Abenden unvergeßliche Eindrücke gewonnen haben von diesem ungeheuren Kontinent.

Und wir waren eine richtige Gesellschaft im Sinne der Pflanzensoziologie: eine sich selbst regulierende und sich selbst erhaltende und sich selbst entwickelnde Gesellschaft, die, wie ich hoffe, ihre Klimax noch lange nicht erreicht hat! Jetzt scheint es, daß wir, um mit Herrn BRUN zu sprechen, eine „Fragmentgesellschaft" geworden sind, die allerdings um viele „Neophyten", unsere Gäste, sich inzwischen bereichert hat.

Nun wollen wir einen Einblick gewinnen in das Land, welches hier um Stolzenau liegt. Denn wir dachten, daß viele von Ihnen, die aus fernen Landen von Amerika bis nach der Türkei und von Finnland bis nach Sizilien hierher zu uns gekommen sind in diesen Tagen, daß Diese doch eigentlich ein Recht haben, zu erfahren, wie es bei uns aussieht, wie es aussah, und wie es in Zukunft vielleicht aussehen wird.

Ein gewaltiges Eisschild, wohl mehr als 1000 m mächtig, ließ seine Eismassen mehrmals nach Süden fließen wie ein ungeheurer Asphaltkuchen, ungefähr wie Grönland oder die Antarktis heute noch von Inlandeis begraben sind. Zwischen einer Linie, die über das südliche Irland und England hinweggeht und dann nach Osten bis Rußland sich weiter zieht, der maximalen Ausdehnung der Hauptvereisung, und der um die Ostsee im Westen und Süden verlaufenden Grenze der jüngsten Eiszeit liegt dieses kleine Nordwestdeutschland neben Holland noch in Nordwesteuropa. Dieses Gebiet steht unter atlantischem Einfluß, während weiter östlich zunächst schwach und dann stärker kontinentales Klima herrscht. Und dieses holländisch-nordwestdeutsche Flachland, das vollständig aus den Ablagerungen der Hauptvereisung aufgebaut ist, die aus Fennoskandien kamen, ist mit Eigenschaften ausgestattet, die auf der ganzen Erde nirgends wieder vorkommen. Es ist aufgebaut aus Locker-Gestein, aus Sand oder Kies. In haustiefen Sandgruben sieht man diese Sandschichten, die Schmelzwässer vor dem Inlandeis abgelagert haben, und darüber liegt die Grundmoräne als eine Lehmdecke von wechselnder Mächtigkeit, in der erratische Blöcke, Findlinge skandinavischen Ursprungs, eingebettet sind. Das Eis ist, als die Schmelzwässer schon vor seiner vorderen Front diese mächtigen Sandschichten ausgefächert hatten, darüber geflossen und hat dies alles begraben und hat, als es abschmolz und sich zurückzog, diese Lehmschicht mit Steinen, eben die Grundmoräne, zurückgelassen. Und so besteht unser ganzes holländischnordwestdeutsches Flachland mit Ausnahme der See- und Fluß-Marschen, die ja ganz jung sind, aus Sandschichten oder Lehmdecken, in denen sich zahlreiche verschiedene Spuren eiszeitlichen Klimas erhalten haben, die überall in unseren Sandgruben zu finden sind.

Je nachdem, ob die anlehmige Grundmoräne oder ob die reinen Sande die Oberfläche unseres nordwestdeutschen Flachlandes bilden, entwickeln sich zwei ganz verschiedene Landschaften. Die eine, auf der Moräne, erkennt man an der Fülle der kleinen Steine, – die großen sind alle schon seit Jahrhunderten abgesammelt und zu Kirchen, Straßen und anderen Einrichtungen verbaut, – die andere aber auf dem Quarz-Sande besteht auch aus Lockergestein, hat aber dazu noch drei weitere Eigenschaften, die sie wirklich einmalig auf der ganzen Erde machen. Diese Sande sind sehr *alt*, sie sind sehr *arm*, denn sie bestehen fast nur aus Quarz (SiO_2) mit nur sehr geringen Mengen von Silikaten, und sie stehen unter dem Einfluß des *atlantischen* Klimas. Alte, arme, lockere Sande unter atlantischem Klima gibt es wohl nirgends auf der ganzen Erde.

Bleiben wir aber zunächst bei den anlehmigen Böden der Moräne, oder auch der Flottsande, die Buchenwald mit Eichen darin, oder Fichten-Forsten tragen, die besonders in der Ferne durch eine eigentümliche Färbung ausgezeichnet sind, wenn sie frisch gepflügt sind. Sie haben einen ausgesprochenen violetten Ton, der noch deutlicher wird, wenn das Getreide keimt. Dann sieht man im Kontrast zu seinen grünen Farben den eigentümlich violetten Ton dieser grobscholligen Böden. Sie sind nie feinsandig, und sie tragen Roggen- und Kartoffel- und auch Hafer-Äcker. Und etwas weiter im Jahre, Ende Mai, blüht in dieser Landschaft, die immer sich durch weite Ackerflächen von jener sehr eigenartigen Farbe auszeichnet, auf diesen Moränenböden der Besenginster (*Sarothamnus scoparius*). Überall findet man einzeln oder zu lockeren Dörfern zusammengefügt von Eichenkämpen umgebene Bauern-Höfe. Etwas später kurz vor der Roggenmahd ist diese Landschaft, die im Frühling aus einem Mosaik, einer „Intarsien-Fläche", zu bestehen schien: aus violetten, recht fruchtbaren nackten Böden und grünenden frisch keimenden Äckern, dann ist sie dreidimensional geworden. Dann erlebt man diese merkwürdige Veränderung, daß die reinen Acker-Ebenen wie mit flachen Kissen bedeckt daliegen und sich gliedern in die niederen Sommerfrüchte oder Kartoffelschläge und in die hochwüchsigen Roggenäcker. Immer wieder sieht man weit über die großen, waldfreien Acker-Lichtungen, die ringsum umgeben sind von Eichen- und Buchenwäldern. Im Hochsommer und Herbst sieht es nicht anders aus: wieder die weiten Ackerflächen, dahinter die Buchen-Eichenwälder, und an den Feldwegen erkennt man eine zweite Zeigerpflanze für diese Landschaft, das ist *Tanacetum vulgare*, der Rainfarn. Mit dem Ginster zusammen ist diese Art ein vorzüglicher Zeiger für diese weite Ackerlandschaft mit ihren, wenn nach der Ernte das Feld umgebrochen ist, violetten Ackerböden. Dazwischen wachsen Birke und Vogelbeere (*Sorbus aucuparia*) und auch kleine Heide-Reste, meist mit *Genista*-Arten.

Das sind die oberflächlichen Züge dieser Landschaft. Der naturnahe oder natürliche Wald auf diesen Moränenböden aus anlehmigen silikatreichen Sanden ist ein Eichenwald mit *Quercus petraea*, der Trauben-Eiche, aber auch *Quercus robur* kann darin sein, und mehr oder weniger Buche; ja die Buche kann ihn nahezu beherrschen. Anfang Mai pflegt sie sich zu entfalten. Der Unterwuchs dieser Wälder ist, je mehr Buche darin wächst, um so spärlicher. Im Oktober pflegt dann ein solcher Wald nach einem langen Sommer unentwegter Arbeit, in dem er Holz produziert hat, sich zur Ruhe zu begeben. Er hat sein Laub zum größten Teil fallen gelassen, und der Grund ist davon leuchtend braun gefärbt.

Im Boden unter einer etwa einen Meter mächtigen Krume finden wir einen grob gebankten Unterboden. Diese Bänke können handbreit, sie können auch nur zwei Finger breit sein. Sie sind von einer lederbraunen Farbe und härter als die Sandschichten dazwischen. Sie folgen meistens den Schicht-Fugen, aber sie können auch quer dazu verlaufen. Sie sind braun, ganz anders gefärbt als die roten Eisenrost-Absätze (g) des Bodenwassers. Diese Bänke sind von oben hineingewaschen, sie sind der B-Horizont des F a g o - Q u e r c e t u m, wie wir kollektiv diese Waldgesellschaft nennen.

So sieht also der Einwaschungs- oder B-Horizont des F a g o - Q u e r c e - t u m aus, der uns für die Erkennung des natürlichen Areals dieser Waldgesellschaft ein wichtiges Merkmal ist, innerhalb dieses Raumes, den wir hier behandeln wollen.

Von einer kleinen Anhöhe, etwa südlich des Steinhuder Meeres sieht man im Winter diese grobscholligen violett-braunen Böden und erkennt einige Waldreste als Fragmente jenes Buchen-Eichenwaldes und am Fuße dieses Hügels einen Erlenbestand (*Alnus glutinosa*) und daneben große, weite Moorwiesen, die im Frühling eigelb sein werden oder doch vor einigen Jahren noch eigelb waren von *Caltha palustris*, der Sumpfdotterblume (C a l t h i o n - oder B r o m i o n r a c e m o s i-Wiesen). Überall in diesen Wiesen wachsen einzelne Erlen oder auch Weiden- (*Salix cinerea-*) Büsche und etwas weiter ein großes Erlenbruch: das ist eine A l n e t u m - oder Erlenbruchwald-Landschaft, die im Kontakt mit der Landschaft des F a g o - Q u e r c e t u m zu stehen pflegt. Denn sie braucht einen gewissen Basengehalt ihres hoch stehenden Grundwassers, und der findet sich dort, wo dieses Wasser des F a g o - Q u e r c e t u m-Gebietes aus den silikatreicheren Hügeln austritt. Aber dieses A l n e t u m, das einst eine ungeheure Rolle in dem holländisch-nordwestdeutschen Flachland gespielt haben muß, wie die Pollenanalysen und wie auch seine Ersatzgesellschaften zeigen, eben dieses A l n e t u m ist keineswegs mehr überall intakt. Es wurde schon frühzeitig beweidet. Dadurch verschwinden die KennArten sehr schnell, wenn es nicht zu naß ist und der torfige Boden nicht zu sehr durchgetreten wird. Dann bleiben zwar die Erlenbäume stehen, aber darunter entsteht ein Rasen aus gemeinen Weide-Gräsern, die etwas Halbschatten ertragen können. Und wenn dann diese Bäume, von denen nicht ein einziger sich verjüngen kann, solange geweidet wird, weil die Rinder jeden Baumkeimling abbeißen, wenn dann diese Bäume eines Tages sterben, dann ist die Weide fertig. So sind viele Weiden entstanden; so sind auch unsere Flußtäler im nordwestdeutschen Flachland waldfrei geworden, soweit sie Erlenwald oder Eschen-Ulmen-Auwald trugen. Als vor etwa dreißig Jahren die Pflanzensoziologie sich bemerkbar machte, da stießen solche Äußerungen auf den Zweifel älterer Grünlandkenner. Denn sie hatten gelernt, daß diese Flußtäler von Natur aus waldfrei seien, weil Überschwemmungen und Eisgang dort keinen Wald erlauben sollten. Es ist aber gerade umgekehrt: am Hang, wo kein Eisgang und keine Überschwemmung wirken können, sind Weiden oder Wiesen, dort wird nämlich geweidet und gemäht, d.h. dort wird jeder Baumkeimling vernichtet. Hochwasser und Eis tun aber selbst den jungen Bäumen am Flußufer nichts, wenn sie vor der Sense oder durch einen Stacheldraht vor dem Verbiß der Weidetiere geschützt werden. Und so ist also die potentielle natürliche Vegetation in diesen Flußtälern und in Niederungen mit nährstoffreichem hoch anstehendem, schwach bewegtem Grundwasser auf torfigen Böden unser Erlenwald C a r i c i e l o n g a t a e-A l n e - t u m g l u t i n o s a e oder häufiger auf Mineralböden wohl S t e l l a r i o - A l n e t u m oder eine verwandte A l n o - P a d i o n-Gesellschaft. Und anstelle dieser A l n e t e n sind unsere Feuchtwiesen getreten, die bei fehlender oder sehr schwacher Düngung durch ihre Farbenpracht beweisen, daß Farben, Formen und ihr Wechsel im Laufe des Jahres in einer ausgeglichenen Pflanzengesellschaft harmonisch wirken. Man kann sich schwer schönere Farb-Harmonien vorstellen als dieses Rostrot von *Rumex acetosa*, dieses Rosarot von *Lychnis flos-cuculi* gepaart mit dem Eigelb des *Ranunculus acer*, und dem Hellgelb von *Rhinanthus major*, den man überall darin erkennt, und das alles abgesetzt gegen den grünen Untergrund der Gras- und Krautblätter, die wiederum ganz zart überhaucht und gemischt sind mit dem Grau der Gräser-Blüten mit violetten und gelben Tönen, die das Auge aus der Ferne im einzelnen nicht unterscheidet, die aber alle zusammen dieses feine Gemenge so vieler Farben und ihrer Abstufungen ausmachen.

In dieser Landschaft der Moränen mit den vielen fruchtbaren Senken und Tälern darin, die mit Fago-Quercetum und Erlen-Wäldern potentiell bedeckt wäre – ich nenne nur diese beiden Waldgesellschaften, es kommen noch andere darin vor, die aber räumlich keine Rolle spielen – liegen unsere Niedersachsen-Höfe, umgeben und beschützt von mächtigen Eichen und gelegentlich auch Buchen als Beweis dafür, daß hier das Fago-Quercetum-, das Buchen-Eichenwald-Gebiet herrscht. In einzelnen dieser Eichenkämpen weiden noch immer Schweine, dort halten sich noch Pferde auf und nähren sich von den Eicheln. Das ist der Grund, warum man diese Eichen gepflanzt hat. Sie sind nichts anderes als die Frucht-Haine, die in Spanien aus der Steineiche (*Quercus ilex*) bestehen. Sie sind unsere niedersächsischen Fruchthaine und die heutige ist ihre letzte Generation. Denn kein Bauer wird, wenn diese Eichen geschlagen wurden, neue pflanzen, weil sie wirtschaftlich ihren Sinn verloren haben. Er wird billiger Kunstfutter kaufen und auch das Eichenholz hat an Wert eingebüßt. Und so haben der Eichenkamp und auch die Hausform des Niedersachsenhauses ihre Daseinsberechtigung verloren, und die Jüngeren unter uns werden eine kaum ahnbare Veränderung unserer niedersächsischen Landschaft in den nächsten Jahrzehnten erleben; es wird sozusagen nichts von diesen Kämpen und von den Häusern übrig bleiben. Auf vier mächtigen Eichenträgern ruht das Balkengerüst dieser Niedersachsenhäuser, das den großen Dach- bezw. Speicherraum trägt. Dies ist ein Haus, das einen relativ geringen Viehstapel hat, das auf vorwiegenden Ackerbau eingestellt ist, und darum große Vorratsräume in dem Obergeschoß braucht, wo man Stroh, Heu, Korn usw. unterbringen kann. Dieses Haus ist vorwiegend in der Landschaft des Fago-Quercetum, die wir eben geschildert haben, verbreitet.

Wenn wir jetzt in die Gebiete gehen, wo keine fruchtbare Moränedecke die Quarzsande zudeckt, sondern wo diese armen Sande mit nur geringen Mengen von Silikaten, d.h. von Feldspäten, Glimmern und ähnlichen Mineralien unmittelbar an die Oberfläche kommen, da finden wir eine Landschaft, die ganz verschieden ist von der eben gezeigten: Im Vordergrund eine Heide, die infolge der zahlreichen Besucher allmählich in einen Grasbestand überzugehen droht. Birken stehen vor ungeheuren Kiefern-Wäldern im Hintergrund. Wenn man aber genau zusieht und die Geschichte dieser Landschaft kennt, dann sagt man besser Kiefern-*Forsten*: denn erst seit 250 Jahren sind hier anstelle ehemaliger Calluna-Heiden, die das Land überzogen, dank des Fleißes der Forstleute diese Kiefern-Forsten, entstanden und entstehen heute noch.

Das Land sieht aus wie ein einziger geschlossener Kiefernwald. Aber wenn man etwas höher steht oder darüber hinweg fliegt, oder ein Meßtischblatt in die Hand nimmt, dann sieht man, daß überall kleine Lücken darin sind, kleine offene Flächen. Sei es, daß sie mit Wiesen bedeckt sind auf den feuchten Böden, oder sei es, daß sie durch kleine Ackerflächen in trockenen Lagen gebildet werden. Dies ist die Landschaft, in der es noch Heide gibt mit einem so bezeichnenden Boden-Profil, daß sogar das Volk diesen Boden mit einem Namen belegt, nicht nur in Deutschland, sondern auch in anderen Sprachen. Wir nennen ihn Ortstein, in Frankreich heißt er ,,alios'', im Englischen ,,hardpan'', im Russischen ,,podsol'', d.h. unter der Asche. Diese Landschaft, in der aus den weiten Kiefern-Forsten heute Kiefern überall auf der Heide anfliegen, dort wo neben der Kiefer die Birke der herrschende Baum ist mit wenig Stieleiche (*Quercus robur*) gepaart, dort findet man Züge dieser holländisch-nordwestdeutschen, wir können in weiterem Sinne ruhig sagen, dieser ,,niederländischen'' Landschaft, die immer wieder an holländische Landschafts-Gemälde erinnern. In kleinen Lücken zwischen den geschlossenen Kiefern-Forsten sieht man den hellen, grauen, nicht violetten Sandboden ohne jede Krümelung mit reiner Einzelkorn-Struktur. Hier wachsen an den Rainen nur schmalblättrige feinblütige Gräser wie *Agrostis tenuis* und *Festuca ovina*, und hier werden nur Roggen und Kartoffeln angebaut. Die Kiefern-Forsten schieben sich wie Kulissen auf einem Theater, zwischen sich kleine Flächen offen lassend, eine vor die andere. Man darf nicht zu große Waldstücke roden und als Acker bewirtschaften. Sie bleiben im Frühling, im Herbst und im Winter über längere Zeit wund, und dann wird der Sand bei unseren scharfen West- und Südwestwinden verweht. Wenn der Roggen gemäht ist, werden gelbe Lupinen (*Lupinus luteus*) und Seradella (*Ornithopus sativa*) an seiner Stelle gebaut, damit dieser graue Sand nicht offen liegt, und die spärliche Fruchtbarkeit dieses Bodens durch die Stickstoff sammelnden Pflanzen selbst erhöht wird. Im Hintergrunde gleich wieder der Kiefern-Forst, den man den Forstleuten überläßt. So entstehen diese merkwürdige Kulissenlandschaften, deren Bilder im Spätherbst, ja auch im Winter nicht so sehr an niederländische Maler, sondern eher an einen deutschen, an KASPAR DAVID FRIEDRICH erinnern, wenn man diese Kulissen in der Ferne verblauen sieht: Nur eine ganz kleine dunkel- oder hellgraue Ackerlücke, dann Heide, und Kiefern-Rücken schieben sich dahinter.

Grau sind diese Böden, ganz grau, aber nur dort, wo sie trocken sind, wo also ein trockener Kiefern-Forst, ein trockener Lupinen-Acker oder eine trockene Calluna-Heide an diese offenen ,,verwundeten'' Ackerböden stoßen. Dort wo *Molinia* steht, Bentgras nennt man die Pflanze hier auf plattdeutsch, dort sind auf den Wegen kleine Wasserpfützen, und dort wird der Boden dunkel. Dieses Gras ist ein Feuchte-Anzeiger: Wo der dunkle Boden beginnt, verläuft die Grenze zwischen dem trockenen und dem feuchten Boden. Die feuchten Weg-Ränder, die nicht mehr gepflügt werden, sind ganz von der fahlen, im Herbst vergilbten *Molinia* bestanden. Noch tiefer liegt ein Wald, in dem die Eiche fehlt, in dem es nur noch *Betula pubescens* gibt, das B e t u l e t u m p u b e s c e n t i s oder das Birkenbruch, das auf echtem Torf wächst.

Auf den trockenen Böden dieser Quarzsand-Landschaft bildet sich, ob der Mensch es bemerkt oder nicht, ob er will oder nicht, in ganz kurzer Zeit, wo eine Fläche ohne Bewirtschaftung oder Beweidung liegen bleibt, der natürliche Wald aus Birke (*Betula*) und Stieleiche (*Quercus robur*). Darin gibt es etwas Vogelbeere (*Sorbus aucuparia*) und vielleicht hier und da einmal einen Faulbaum-Busch (*Frangula alnus*) und darunter Gräser und wenige Moose. Dies ist der echte Eichen-Birkenwald, das Q u e r c o - r o b o r i s - B e t u l e t u m. Nie wachsen Traubeneiche (*Quercus petraea*) oder Buche (*Fagus silvatica*) darin.

Der Eichen-Birkenwald wird im Gegensatz zum Eichen-Hainbuchen-wald – wie ELLENBERG zuerst bemerkte – von oben her grün. Lange bleibt der Unterwuchs gelb und matt und grau, aber *Betula, Sorbus aucuparia, Lonicera periclymenum*, das Jelängerjelieber, werden zuerst grün, wenn die Krautschicht noch ganz fahl ist.

Überall an den Rainen der Felder stellt sich dieser Wald ein: immer wächst die Birke in Menge in dieser Landschaft und die Stieleiche kommt gleichzeitig auf oder früher oder später hinterher. Und wie wunderbar selbst diese kleinen Raine sind, und welche Rolle sie in der Landschaft spielen, das haben wir in diesen Tagen schon öfter gesagt und gehört. Wenn wir klare Nächte gehabt haben, und wenn in den Niederungen Nebelschwaden daherziehen und dann ausgekämmt werden von den Birken, und wenn die Sonne noch nicht sehr stark war, der Wind sich nicht rührt, dann können Rauhreif-Bilder von unvergleichlicher Schön-heit entstehen. Aber so wie die Sonne stärker wird, so wie der Wind auf-kommt, dann knistert es in diesen Birken und ein Rauhreifstück nach dem anderen fällt herab und gibt das zarte Filigran der feinen Äste wieder frei.

Im Boden finden wir nicht den grob gebankten B-Horizont, sondern feine, bleistiftdünne Bänder durchziehen den von Schmelzwässern ab-gesetzten oder vom Winde aufgewehten Quarzsand als braune von Eisen-oxyd gefärbte Streifen; sie sind manchmal auch senkrecht oder durch eigentümliche Figuren miteinander verbunden und jeder Schnitt, den man durch den Boden macht, enthüllt neue Linien. Man erkennt manch-mal merkwürdige Spitzen, die offensichtlich, – sie liegen alle unterein-ander, – miteinander in Beziehung stehen, und die sich dann in weißen Zapfen fortsetzen: offenbar ehemalige Bahnen von Pfahlwurzeln längst vergangener Bäume. Der Oberboden ist völlig entschichtet und darunter laufen diese feinen, dünnen Bänder, oben etwas zittrig, weil sie öfter von Wurzeln durchstoßen worden sind. Hier sieht man auch solche weiße Wurzelbahnen, deren Spuren nachher wieder ausgeheilt sind.

Als diagnostisch wichtigstes Merkmal fassen wir diese Bänder auf, die nicht dicker werden können, weil einfach nicht mehr da ist, was von oben her hineingewaschen werden könnte, weil eben der Ausgangsboden, der Mutterboden, oben so arm ist. Die Wurzeln der Eichen, auch gelegentlich der Birken, dringen in der Regel nicht so tief. Sie bohren sich nur manch-mal in die Bänder hinein und wenn sie dann sterben, dann „errötet" der Sand rings um die tote Wurzel: die Wurzel gibt organische Säuren ab, sie lösen etwas Eisen auf, ja sie fressen sogar einfach die Bänder auf. Diese sehr verwickelten Vorgänge sind neuerdings von OEHMICHEN [1] im Institut für Bodenkunde in Göttingen chemisch aufgeklärt worden.

Nach einiger Zeit geht die rote Farbe zurück. Es bleibt ein weißer Streifen zurück, und so zeichnet sich noch nach Jahrtausenden eine ehemalige Eichenwurzel in diesem gebänderten Profil ab, dessen Bänder sich neu bilden können, wenn auch nicht immer genau an der Stelle, wo sie einst von den Wurzeln zerstört wurden. Diese Bänder sind etwas härter als der angrenzende Sand: sie bestehen aus Ton und einem Eisenoxyd, die an den Schichtfugen oder an anderen Stellen den Sand verkittet haben.

Wenn etwa an einer Südwand einer Grube der Sand austrocknet, und wenn der Wind dagegen bläst, dann entstehen kantige Treppen-Gebilde. Jedes Band verhindert den weiteren Abbruch. In kleinen senkrechten Absätzen, die an gotische Baukunst erinnern: an winzige senkrechte Pilaster und Pfeiler, steht der Sand zwischen einem solchen Band und dem nächsten. Und am Fuße dieser wunderbaren Formen sammelt sich in natürlichem Böschungswinkel von etwa 40° der trockene, lockere, staubfeine Sand, rieselt von einer kleinen Terrasse zur anderen herab und baut dabei die vergänglichsten Sandgebilde auf. Das also ist, genau entsprechend dem des F a g o - Q u e r c e t u m, das Bodenprofil des Q u e r c o r o b o r i s - B e t u l e t u m des Stieleichen-Birkenwaldes auf den grauen feinsandigen Böden, die sehr arm, sehr alt und in atlantischem Klima entstanden sind und heute noch entstehen.

Dieser Eichen-Birkenwald ist eine in Nordwestdeutschland und Holland endemische Lebensgemeinschaft (Biozönose), unser alter „Para-Klimax", so haben wir ihn früher genannt, weil er nicht auf allen Boden-arten, sondern nur auf Quarzsand als Schluß-Gesellschaft vorkommt.

Er ist in den Tälern, wo in der Landschaft des F a g o - Q u e r c e t u m Erlen-Wälder wachsen, mit dem Birkenbruch (B e t u l e t u m p u b e s c e n-t i s) gepaart oder mit *Myrica*-Gebüschen und *Erica tetralix*-Heiden, mit *Molinia*-Beständen (J u n c o - M o l i n i e t u m) oder mit armen Ausbil-dungen der Feuchten Weidelgras-Weißkleeweide (L o l i o - C y n o s u r e-t u m l o t e t o s u m). Hier in dieser Landschaft, die vorwiegend auf Grün-landwirtschaft abgestellt ist – das Grünland spielt in der Landschaft des Buchenwaldes eine viel geringere Rolle – in dieser Landschaft haben sich die alten Zweiständer-Häuser am längsten erhalten. Ihre Ständer-Reihen gehen durch das ganze Haus hindurch, und auf beiden Seiten ist je ein kleiner Viehstall-Raum nur angelehnt worden. Diese alten Häuser haben einen kleineren Dachraum und sind mehr auf Viehwirtschaft neben ge-ringerer Ackerwirtschaft eingerichtet. Die ältesten sind noch mit Stroh oder Schilf (*Phragmites*) gedeckt und ihr Rücken ist mit Heide-Plaggen (Heide-Soden) belegt. Das ist die alte bodenständige charaktervolle Bauweise in der Eichen-Birkenwald-Landschaft.

Und in dieser Landschaft, die lange nicht so intensiv bewirtschaftet wird wie die andere, die lehmig-sandige Moränen-Landschaft, dort gibt es noch in der Heide oder in den Niederungen umgeben von künstlichen Kiefern-Forsten – das ganze Land ist ja verkiefert worden – kleine Tüm-

---

[1] OEHMICHEN, J. – 1958 – Untersuchungen zum Podsolierungsprozeß, ins-besondere des Polymerisations-, Reduktions- und Komplexbildungsvermögen wässriger Extrakte der Humusauflage. – Diss. Göttingen.

pel mit Litorellion-Gesellschaften, mit meergrünen *Carex rostrata*-Herden mit Sphagnetum medii daneben und *Eriophorum*-Beständen, die im Herbst einen kupferfarbenen Ton annehmen. Das sind heute kostbare Naturschutzgebiete. Von den ungeheuren Flächen lebender Hochmoore die sich einst ausdehnten, gibt es nur noch letzte Reste. Man erkennt noch die leicht uhrglasartig gewölbte Oberfläche eines solchen Hochmoores, in dem man Bulten des Sphagnetum medii oder des Sphagnetum papillosi und die Schlenken mit *Eriophorum angusti-folium* und *Sphagnum recurvum* unterscheiden kann. Sie sehen in dieser Eichen-Birkenwald-Landschaft ganz anders aus als die Hochmoore des Nordens, aus dem südlichen Finnland z.B., umgeben von spitzen Fichten und fast ebenso spitzen Kiefern. Die Eigenart der Eichen-Birkenwald-Landschaft wird aber erst ganz deutlich, wenn man sie mit einer „normalen" mitteleuropäischen Landschaft – etwa unserer Mittelgebirge, in der Nähe von Hannoversch-Münden – vergleicht. Das Hügelland ist hier mit Löß bedeckt. Die Böden sind braun. Hier gibt es keine Raine zwischen den Acker-Stücken, außer einem Weg, wo der Bauer fahren muß, der mit *Lolium perenne* bestanden ist. Auf diesen fruchtbaren Böden werden Weizen und Zuckerrüben gebaut. An den Feld-Terrassen, die durch das Pflügen entstanden sind, wachsen *Prunus spinosa*-Gebüsche, Prunetalia-Gesellschaften. Ein Eichen-Hainbuchenwald (Querco-Carpinetum) ist an der unruhigen Oberfläche leicht zu erkennen, und auf den südlich und südwestlich geneigten warmen Hängen stocken Obsthaine, sogar weiter von den Dörfern entfernt. Diese, hier als geschlossene Haufen-Dörfer zusammengedrängt, enthalten nie eine Eiche, sondern sie sind umgeben und durchsetzt von Kirsch-, Apfel-, Birn- und Pflaumenbäumen. Sie verschwinden geradezu im Frühling in einem weißen Blüten-Kranz von diesen Obstbäumen.

Und noch eine Erscheinung ist kennzeichnend für diese Landschaft, das ist der Rauch. Sehr selten sieht man im nordwestdeutschen Flachland im Fago-Quercetum oder im Querco-Betuletum-Gebiet wie hier Rauch gegen den Himmel aufsteigen. Das hat zwei Gründe: In diesem Hügelland gibt es mehr Windschutz. Dann aber blickt man im Hügelland immer gegen Hänge mit dunklen Farben, vor denen sich der bläuliche, helle Rauch scharf abzeichnet; im Fachlande sieht man den Rauch nicht gegen den gleichfarbenen Himmel, hier hebt er sich von dem braunen Hintergrund ab. Nur dann, wenn die vielen Kartoffelfeuer etwa vor dunklen Kiefern-Kulissen brennen, ist auch im Flachlande der Rauch nicht zu übersehen.

Überhaupt bedeutet der Himmel in der Landschaft des Flachlandes viel mehr als im Hügelland, wo der Erdboden einen weit breiteren Teil des Blickfeldes einnimmt als in der Ebene mit ihrem tiefen Horizont. Niemand hat das treffender geschildert als FRITZ OVERBECK.[1]

Pollendiagramme aus Kleinst-Mooren spiegeln die Waldgeschichte ihrer nächsten Umgebung scharf wieder. Sie haben das Vorhandensein und die Vernichtung des Eichen-Birkenwaldes im niedersächsischen Flachlande bestätigt. Noch vor dreißig Jahren konnte dieser Vorgang, der zur Schaf-

<hr>

[1] OVERBECK, F. – 1950 – Vom flachen Lande Niedersachsens und vom Erleben der Landschaft überhaupt. – Studium Generale 3, 4/5. Berlin.

fung der Calluna-Heide führte, an manchen Orten studiert werden. Der Stieleichen-Birkenwald ist im reifen Zustand ein Eichen-Wald, dessen Stämme mit Flechten bedeckt sind. Seine lockere Strauchschicht aus Vogelbeere und Faulbaum vermag nicht die Krautschicht zu dämpfen, in der manchmal Herden von Adlerfarn (*Pteridium aquilinum*) wachsen. Dieser Farn ist eine territoriale, aber keine absolute Charakterart des Quercion robori-petraeae oder gar der Klasse (Quercetea robori-petraeae). Er kommt ebenso im Pinion vor, ja er wächst am Kilimandscharo oder in Japan und anderswo in ganz anderen Gesellschaften, allerdings auch in anderen Unterarten. Darunter findet man etwas Heidelbeere (*Vaccinium myrtillus*), einige Gräser wie *Deschampsia flexuosa* und *Holcus mollis*, ferner Moose und einige hundert Pilzarten.

Die Eiche hat, ich erinnere an den Vortrag von Herrn SEIBERT (S. 336), im Eichen-Birkenwald ein immerhin noch beträchtliches Stockausschlagvermögen. So treibt sie, wenn sie in nicht zu hohem Alter gefällt worden ist, noch einmal wieder aus und bildet dann mehrere krumme Stämme. Im Eichen-Birkenwald wird diese Niederwaldwirtschaft allerdings leicht verhängnisvoll. Sein gesundes Waldgefüge, in dem das Vorkommen des Adlerfarns altes nie entblößtes Waldgebiet anzeigt, wird durch diese Wirtschaftsweise gestört: halbkugelige Polster von *Leucobryum glaucum* stellen sich als Krankheits-Symptom dieses mißhandelten Niederwaldes ein, andere Moose werden auch begünstigt, und die eigentlichen Kenn-Arten dieses Waldes verschwinden und an ihre Stelle tritt *Calluna vulgaris*, das unscheinbare Heidekraut. Wenn dieser Niederwald erneut abgeschlagen und dadurch gelichtet wird, dann breitet sich *Calluna* aus auf all den Flächen, die Mittagssonne haben; im Schatten gedeiht sie nicht. Das ist auch gar nicht nötig, denn bald wird ja dieser Wald wieder geschlagen, – um den Holzbedarf der Lüneburger Saline zu decken sind ungeheuere Flächen unserer Eichenwälder abgeholzt worden, von anderen Nutzungsweisen ganz zu schweigen.

Aus dem Wechselgefüge von Wald mit Heideflecken dazwischen wird jetzt eine Calluna-Heide mit Waldresten (Stühbüsch, Kratt), bis auch diese zum Verschwinden gebracht werden. So ist die „Lüneburger Heide'', so ist die Heide auf der Campine im nördlichen Belgien, so ist die Heide auf der Veluwe in Holland, so ist auch die Heide im mittleren Jütland entstanden; überall findet man die letzten Eichen-Überhälter, die noch übrig geblieben sind als alte verkrüppelte Stockausschläge. Näher an der Küste sterben sie rascher, weil sie im heftigen Winde einfach vertrocknen, oder sie bleiben als kleine Kissen vom Wind geschützt, eben das Heidekraut überragend, noch Jahrzehnte am Leben, und in ihrem Schutze wachsen dann die letzten Waldgräser, die letzten Waldmoose, die letzten Waldpilze. Auf der freien Heide ist aber nichts mehr davon zu sehen, und niemand ahnt, daß diese Heide noch vor einigen Jahrhunderten, oder vor Jahrtausenden einen kräftigen, gesunden Eichenwald getragen hat.

Der Wacholder (*Juniperus communis*) ist die einzige Holzart, die sich in manchen unserer Heiden erhält, und immer noch kann man einige solcher Wacholder-Heideflächen bei uns finden, die, je seltener sie werden, durch ihre melancholische Schönheit um so mehr ergreifen.

Durch diese Schilderung muß ich nun leider für Manchen die Landschaft entzaubern. Denn eine solche Wacholder-Heide oder die Calluna-Heide überhaupt sind das letzte Ergebnis menschlicher Raub-Wirtschaft am natürlichen Walde, entstanden durch Schlag, Brand oder Beweidung.

Von den noch vor hundert Jahren unübersehbaren Heideflächen sind heute nur noch kleinste Reste geblieben. Diese Heiden, die, wenn sie alt werden, so unscheinbar, struppig und kümmernd aussehen, haben, so lange sie jung sind, zwei Höhepunkte im Laufe des Jahres. Der erste zeigt sich im Frühling, wenn *Genista anglica* und etwas später *Genista pilosa* blühen und der andere entfaltet im August, wenn *Calluna* selbst blüht, diese zauberhaft schönen Töne ihrer unzählbaren Blüten, die ganze Heide wie ein Hauch überdeckend.

Auf unserer Heide weiden die Heidschnucken, kleine, sehr dünnbeinige und zierliche Schafe, die Fleisch und Wolle geben, und die äußerst hart und anspruchslos sind, wenn sie auch nicht nur allein von *Calluna* leben können. Sie laufen über die Heide, sie stehen eigentlich nie still, sie sind immer in Bewegung und brauchen ein großes Feld. Sie knabbern am Heidekraut, äsen die spärlichen Gräser ab und verbeißen jeden Baumkeimling, dessen Samen durch Wind oder Vögel hergebracht, sich entwickelt hat. So e r h a l t e n sie die Heide, die der Mensch aus dem Wald geschaffen hatte.

Nur in den Wacholderbüschen wächst hie und da eine Vogelbeere (*Sorbus*), die von Drosseln gesät wurde. Sie fressen die Beeren, setzen geschützt vor Raubvögeln die Samen in einem Wacholderbusch ab, wo sie keimen und zu Bäumen heran wachsen. Der Wacholder, der ihre Amme war, ist längst gestorben, wenn so ein Vogelbeerbaum in reichem Fruchtbehang dasteht. Und was geschieht dann? Jetzt säen die Drosseln Wacholder-Samen unter dem Vogelbeer-Baum. Und so entsteht unter dem alten *Sorbus* ein kleiner Hain von *Juniperus*.

Die Heidschnucken werden vom Schäfer mit seinen Hunden bewacht und finden im Sommer über Mittag, wenn es zu heiß wird, Schatten in Schafställen, die keine Mauern haben, die einfach als ein Dach auf den Boden gestellt sind, und die es hie und da in den Naturschutzgebieten bei uns noch gibt. Sie gehen nachmittags wieder über die Heide und kommen abends gesättigt zurück. Neben ihrer Trift verbeißen sie die Wacholder wie eine geschorene *Crataegus*-Hecke und zertreten auf ihrem Wege die Heide. Sie verträgt keinen Tritt und kein Befahren, sondern stirbt bald ab. Dort kann dann der Wind eingreifen, den Sand fortblasen, bis die Steine, die im Boden liegen, so weit bloßgelegt sind, daß sie ein Pflaster bilden, das nun den Boden vor weiterer Ausblasung schützt. Der ausgeblasene Sand aber bildet Dünen. Hier herrscht ein ständiger Kampf. Der Sand begräbt einzelne Bäume, andere werden freigeweht, so daß sie frei auf ihren Wurzeln stehen. Der offene Sand aber besiedelt sich mit *Corynephorus canescens*, mit dem Silbergras, und so entstehen Silbergras-Rasen (C o r y n e p h o r e t e n), in denen es im Initial-Stadium und im Optimum ihrer Entwicklung nichts anderes gibt, als diesen kleinen unscheinbaren *Corynephorus canescens* mit *Carex arenaria*, die darin aufmarschiert und mit ihrem wenige Zentimeter unter der Oberfläche hinkriechenden Wurzelstock diese Löcher „zunäht" (VAN DIEREN). Später besiedelt sich diese Fläche mit weiteren Gräsern (*Agrostis coarctata*

Ehrh., *Festuca ovina*) und einzelnen Rosetten-Kräutern und zuletzt auch mit Moosen und Flechten. Man hat früher manchmal Strandhafer (*Ammophila arenaria*) hier gepflanzt. Aber er kann nicht recht wachsen. Selten kann auch die Heide zurückkehren. Eher kommt aber die Birke auf und dann folgt die Stieleiche, und so führt eine progressive sekundäre Sukzession wieder zum Querco roboris-Betuletum zurück.

Eine Heide, die nicht stärker beweidet wurde als nötig war, um die Baumkeimlinge zu vernichten, wurde nie durch den Tritt der Schnucken beschädigt. Sie wurde aber alt, und schließlich stirbt dann das Heidekraut seines natürlichen Alters-Todes. Schon im Alter verliert es erheblich an Nährwert, auch für die anspruchslosen Schafe. Darum wurden früher solche zu alt werdenden Heiden durch einen sehr wirksamen Eingriff verjüngt. Der alte Heide-Bauer schälte die Heide-Narbe ab, er „plaggte" sie ab, um die gewonnene moos- und flechtenreiche Streu für seine Ställe und zum Abdecken von Hausfirsten oder Mieten zu benutzen. Dieser Eingriff des Abplaggens verjüngt eine alte Heide, die altersschwach im Sterben liegt: wo sie im Vorjahre abgeplaggt worden ist, wachsen ihre Keimlinge jetzt in neuer Jugendfrische und im nächsten Jahre werden sie in voller Blüte stehen.

Wenn eine Heide etwas zu tief geplaggt wird, entstehen bloße Stellen, die sich mit Flechten (*Cladonien*) besiedeln. Die Heideplaggen wurden allerdings nicht gewonnen, um die Heide zu verjüngen und zu erhalten, sondern sie wurden für die bäuerliche Wirtschaft gebraucht. Auf alten Karten ist nicht selten zwischen zwei Dörfern eine Heide eingezeichnet die den Namen „Streitheide" trägt. Die Plaggen waren also wertvoll; sie wurden auf Wegen, deren Spuren man oft in angeschnittenen Bodenprofilen finden kann, wenn sie auch selbst nun unter der Heide wieder verschwunden sind, in die Dörfer gefahren, in die Ställe gestreut und, bereichert um die Exkremente der Tiere als Dünger auf die Äcker gebracht. So sind bis zu zwei Meter hohe Plaggenböden entstanden, auf denen jahraus, jahrein Roggen gebaut wurde.

Die Calluna-Heide, die durch die Verwüstung der ehemaligen Eichen-Birken- (aber auch der Buchen-Eichen-)Wälder entstanden war, durch die Schafweide erhalten und durch das Plaggenhauen verjüngt wurde, war also kein Ödland, sie war ein unentbehrliches Glied der früheren Landwirtschaft.

Neben der Schnucken-Weide war die Bienenzucht hochentwickelt. Sie war schon in der Bronzezeit von entscheidender Wichtigkeit: die (verlorenen) Gußformen, die man benutzte, um Geräte aus Bronze zu gießen, waren aus Wachs gefertigt, und Wachs ist ein Erzeugnis der Bienen. Honig, d.h. Zucker, ist ein zweites, und vor der Einführung des Zuckerrohrs und vor dem Anbau der Zuckerrübe, also noch gar nicht lange her, waren die Bienen die einzigen Lieferanten von Zucker für die menschliche Ernährung. Sie waren auch die einzigen Erzeuger von Wachs für die Herstellung von Gußformen.[1] So waren also die Bienen und mit

---

[1] Vgl. Jacob-Friesen, K.H. – 1960 – Vom Kult und von der Wirtschaft der Ursiedler im Naturschutzpark Lüneburger Heide. – Naturschutzparke 18. Stuttgart. S. 16.

ihnen die Heide bedeutende Träger der menschlichen Kultur und Ernährung geworden.

In der blühenden Heide werden frühmorgens, wenn der nächtliche
Tau darauf liegt, zu Tausenden und Abertausenden die Netze der Spin-
nen sichtbar. Darin gehen die Bienen zugrunde, wenn nicht die Heidschnucken, die früh am Morgen, bevor die Bienen sich aus der nächtlichen
Ruhe aufraffen können, die Bienenfallen der Spinnennetze zertreten.
Neben dem Plaggenhieb, der die Heide verjüngte, und damit ihre Blüte
förderte, haben die Schafe recht eigentlich erst die Bienenwirtschaft auf
der Heide ermöglicht. Wo aus irgend welchen Gründen nicht geplaggt
werden konnte, griff man gelegentlich wohl auch zum Feuer, um die
Heide zu verjüngen. Keimt sie doch nach dem Brande so reichlich wie
nach dem Plaggen.

Wenn aber die Heide nicht mehr geplaggt und nicht gebrannt wird,
wenn sie einfach alt wird, dann stirbt sie nach etwa 14–16 Jahren. Dann
sehen solche Heideflächen räudig aus, dann sind große tote Flächen darin.
Hier und da, wo der Boden vielleicht etwas frischer ist, bleibt sie etwas
länger am Leben. Die toten Heideflächen vergrößern sich mehr und mehr.
Es ist immer noch ein Problem, wie an diesen Stellen, auch ohne menschlichen Einfluß, wieder *Calluna*-Heide entsteht. Manchmal sieht man zwischen den toten Ästen des Heidekrautes viele neue *Calluna*-Pflänzchen
sich entwickeln, die sich rasch zusammenschließen. Auf stark beweideten
Flächen kann sich auch ein Schafschwingel- (*Festuca ovina*-) Stadium
einschalten, das nach einiger Zeit wieder von der Heide verdrängt wird.

Was hat aber die Heide, die sich immer weiter ausdehnte, und die
immer wieder verjüngt wurde, mit dem Boden gemacht? Sie hat den
gesunden, tiefen, feingebänderten Boden des Eichen-Birkenwaldes in
ihren Ortstein-Boden (Podsol) umgewandelt. Sie hat unter einem 25–
30 cm tiefen Bleichsand einen schwarzen Einwaschungs-(B)Horizont
aus Humus und Eisenoxyden, einen Humus-Ortstein (Bh) und darunter
einen rötlichen Eisenortstein (Bs) erzeugt mit merkwürdigen in die Tiefe
hinabreichenden Zapfen, die mit Bleichsand gefüllt sind, und die durch
zahlreiche schwarze Humusbänder miteinander vergittert und verbunden
sind.

Diese Zapfen stellen nichts anderes dar als die Wurzelkanäle der alten
Eichen vom Eichen-Birken-Wald. Ganz unten in etwa 1 m Tiefe und
darunter erkennt man die braunen Bänder dieses Waldes. Auf den obersten aber liegen schwarze Bänder von Heidehumus, die sich auf den
braunen Bändern des Eichen-Birkenwaldes abgesetzt haben. Diese
„Doppelbänder" sind gewissermaßen zwei Aufnahmen auf einem Film;
zuerst hat das Q u e r c o - B e t u l e t u m seine Bänder in den Sand gezeichnet. Dann hat die C a l l u n a - H e i d e ihre schwarzen Bänder auch hin-
eingemalt und auf die oberen Bänder draufgesetzt. Dies sind nun die
besten archivalischen Dokumente unserer C a l l u n a - H e i d e für die
Geschichte, die allein freilich nur auf die Frage: „W a s geschah hier"
Auskunft geben. Wenn die Frage nach dem „W a n n" gestellt wird, müssen andere Forschungszweige wie historische Disziplinen helfen. Vereinen
wir ihre Ergebnisse mit dem Studium der Boden-Profile, so ergibt sich,
daß die ältesten Heiden Nordwestdeutschlands etwa 5000 Jahre alt sind,

d.h. aus der jüngeren Steinzeit stammen. In der Bronzezeit waren sie schon weit verbreitet – damals wurden Heideplaggen zum Bau der Grabhügel verwandt – und in der Eisenzeit nahmen sie weiter zu, und vom Mittelalter bis zum 18. Jahrhundert erreichten sie wohl ihre größte Ausdehnung als Folge der Waldzerstörung, der Schnuckenweide und des Plaggenhiebes. So ist also die „Lüneburger Heide" entstanden.

Heiden, die schon in der Bronzezeit bestanden haben, hinterließen einen deutlichen Bleichsand und starken Ortstein, wie er bei Ausgrabungen immer wieder unter bronzezeitlichen Hügelgräbern gefunden wird, die also auf einer Heide angelegt worden sind.

In der Regel sieht der Bleichsand der Heide unter einem solchen Grabhügel so weiß aus wie die brasilianischen Podsole, die Prof. SIOLI gezeigt hat. Das ist aber nicht seine natürliche Farbe, die dunkler mit einem leichten Schimmer ins Violette ist. Im Bleichsand gibt es normalerweise auch keine Bänder. Unter einem Grabhügel enthält er aber schwarze Humusbänder, die zu dem darüber liegenden viel jüngeren Ortstein gehören, der von der Heide gebildet wurde, die den Hügel später besiedelte und oft noch immer bedeckt.

Sie haben sich hier auch in dem ehemaligen Bleichsand abgelagert, der ursprünglich ganz frei von diesen schwarzen Humusbändern war. Auf der alten Oberfläche und wenig tiefer, findet man schwarze Kohle-Splitter, meist von Eiche. Hier war also einmal ein Holzfeuer. Wir hörten in dem Referat von Dr. MÜLLER über die Waldbrände in Australien, daß mit Paraffin-Kugeln nachgewiesen worden sei, daß selbst ein heißer Brand den Waldboden nicht stark erhitzt, weil schon 1 cm unter der Oberfläche das Paraffin nicht geschmolzen sei. Ich hatte früher angenommen,[1] daß der Humus, der den Bleichsand grau färbt, und der hier offensichtlich verschwunden ist, weg geglüht (geschwelt) worden sei, und daß sogar der Humus, der den Ortstein so hart macht, auch z.T. weg geschwelt sei. Das ist nicht richtig.

Durch den Brand von Eichenästen entsteht Asche von Eichenholz. Mein früherer Mitarbeiter Dr. KLAUSING und Prof. NICOLAISEN von der Technischen Hochschule in Hannover sprachen während einer Ausstellung unserer Profile in der Technischen Hochschule in Hannover die Vermutung aus, daß die Asche sich chemisch auswirken müsse. Mit KLAUSING zusammen haben wir dann Ortstein mit Eichenholz-Kohle und Wasser behandelt.[2] Holzasche in Wasser gelöst, enthält Kalium-Karbonat (K_2CO_3), das, in Wasser gelöst, durch Hydrolyse Kalilauge (KOH) ergibt. Und diese Kalilauge zerfrißt den Humus in wenigen Stunden. Was man immer wieder unter alten Hügelgräbern findet, ist also eine Korrosion des Humusortsteins durch KOH. Ortstein, der mit reinem Wasser behandelt wird, verändert sich selbst nach Jahren nicht sichtbar, außer daß ein wenig Humussäure in Lösung geht, die das Wasser leicht gelblich färbt.

Der Regen, der den Grabhügel über dem Aschenhaufen durchsickerte,

<hr>

[1] TÜXEN, R. – 1957 – Die Schrift des Bodens. – Angewandte Pflanzensoziologie **14**. Stolzenau/Weser.

[2] KLAUSING, O. u. Tüxen, R. – 1958 – Die Zerstörung des Ortsteins durch Brand. – Die Kunde. N.F. **9**. Hannover

korrodierte also mit der gelösten Kalilauge den alten Ortstein unter dem Grabe, wusch auch den Bleichsand aus und machte ihn ganz weiß. Ich möchte glauben, daß auch in Brasilien Feuer und Asche und die Kalilauge ähnliche Wirkungen entfalten können wie hier bei uns in Nordwestdeutschland.

Mancherlei andere Brand- und Körpergräber von Menschen und Pferden bergen nicht nur historische Funde, sondern auch viele naturwissenschaftliche Phänomene. Aus ihren Farben und Linien, aus dieser „Schrift des Bodens" läßt sich die Pflanzendecke der sie umgebenden Landschaft und ihre eigene genau ablesen.

Wo die Calluna-Heide etwas feuchter ist, finden wir auch diese Zapfen, aber nur schwarze Bänder verbinden sie und niemals findet man Doppelbänder. Denn dort gab es vor der Heide keine braunen Bänder des Trockenen, sondern nur leichte Oxydations- und Reduktionsflecken eines Gley-Horizontes des Feuchten Eichen-Birkenwaldes. So können wir also mit bodenkundlichen Methoden erkennen, ob Wald, Heide oder auch Rasen,[1] und welche Ausbildung dieser Formationen die Oberfläche bedeckte und mit Hilfe historischer Methoden erfahren, wie alt z.B. die Heiden sind.

Es ist noch gar nicht lange her, da meinten selbst die besten Kenner unserer Vegetation, daß wenigstens an den Diluvial-Küsten der Nordsee, etwa auf Sylt über dem Roten Kliff, wo also der Wind vom Westen mit voller Kraft herüberbläst, daß an diesen Küsten die Heide natürlich und nicht von Menschen erzeugt worden sei. Ich habe seit fast 30 Jahren die westeuropäischen Küsten bereist, kenne aber nur ganz wenige Orte außer dem Norden, wo auf Diluvialboden (Dünen ausgeschlossen) oder Felsboden Natur-Heiden vorkommen. Fast alle anderen Heiden, außer denen der Dünen, sind vom Menschen gemacht. Der Wind ist nicht waldfeindlich genug. Nur wo er auf hohe Steilküsten mit sehr flachgründigen und nährstoffarmen Böden trifft, konnte kein Wald, sondern nur Heide aufkommen, z.B. an einigen Caps der Bretagne.

In unseren pleistozänen Moränenböden finden wir aber auch an den Kliffs der Nordseeküsten die groben Bänke des B-Horizontes, die unter dem F a g o - Q u e r c e t u m vorkommen. Eine stärkere Podsolierung hat auch unter der heute an den Steilküsten von Sylt wachsenden Heide nicht stattgefunden. Wir haben daraus den Schluß abgeleitet, daß der natürliche Wald noch nicht sehr lange vernichtet worden sein kann und glauben dafür um so eher den Menschen und nicht den Wind verantwortlich machen zu müssen, als die Westküste von Sylt in früheren Zeiten weiter westlich lag, so daß die heutigen Kliff-Heiden sich damals in einer gewissen Entfernung von der Küste befanden.

Nach meinen jüngsten Beobachtungen an fossilen Böden in Japan, die mit vulkanischen Aschenlagen bedeckt wurden, halte ich aber die Möglichkeit, ja die Wahrscheinlichkeit für gegeben, daß die grob gebankten B-Horizonte der Moränenböden z.B. am Roten Kliff von Sylt schon im letzten Interglazial gebildet wurden, was allerdings keineswegs aus-

[1] Tüxen, R. – 1960 – Zur Geschichte des Sand-Trockenrasens (Festuco-Sedetalia) im nordwestdeutschen Alt-Diluvium. – Mitt. flor. – soz. Arb Gemeinsch. N.F. **8**: 338–341. Stolzenau/Weser.

schließt, daß die heutige potentielle natürliche Waldgesellschaft darauf das Fago-Quercetum sei.

Noch am Ende des 18. Jahrhundert gab es in Nordwestdeutschland ungeheure Moore. Die holländisch-deutsche Grenze verlief fast ganz im Moorgebiet. Riesige Flächen waren mit Calluna-Heide bedeckt. Dafür gab es im Flachland fast keine Wälder mehr und nur wenig Ackerland. Und 150 Jahre später war von den lebenden Mooren nicht mehr viel, heute ist fast gar nichts mehr übrig geblieben. Und auch die Heide, die noch 1930 einige größere Flächen bedeckte, ist heute bis auf winzige Reste zusammengeschrumpft, die in Naturschutzgebieten erhalten werden. Dafür haben Wald und Acker gewaltig zugenommen. Nicht alle ehemaligen Heiden aber, die heute bewaldet sind, wurden aufgeforstet. Auf vielen stellte sich der Wald durch Anflug von selbst ein als die Beweidung aufhörte. Die Kiefer flog aus den angrenzenden Forsten überall auf der Heide an und erdrückte das Heidekraut. Man sieht heute noch an vielen Orten, wie ein sekundärer, subspontaner Kiefernforst, oder ein natürliches Birken-Initialstadium, dem sich Stieleichen zugesellen, die Heide nun erobert und in einer sekundären progressiven Sukzession zum Walde und schließlich zum Querco-Betuletum zurückführen.

Werfen wir jetzt noch einmal einen Blick auf diese merkwürdige Landschaft, die seit der Jüngeren Steinzeit, in ihren Anfängen seit der Mittleren Steinzeit, sich von Holland bis zur Elbe und vom Wiehengebirge bis zur Nordsee und nach Schleswig-Holstein hinein auf diesen Quarz-Sandböden sich entwickelte und die wirtschaftliche Grundlage einer Bevölkerung, die viele Schicksale erlebt hat, bildete, und deren Ordnung nach der Einführung des Kunstdüngers sinnlos geworden war, so daß die Heide aufgeforstet oder zu Acker verwandelt wurde.

Jetzt steht sie in einer neuen Wandlung. Setzen wir alle uns dafür ein, daß wir diese Landschaft, die Vielen heimatlicher Lebensraum ist, so erhalten, entwickeln und pflegen, wie es unseren Einsichten in die Lebensvorgänge und ihre Verkettungen und der Ehrfrucht vor dem Leben entspricht!

ZUSAMMENFASSUNG

Im Altmoränen-Gebiet des nordwestdeutschen Flachlandes werden zwei Landschaften unterschieden: Auf den silikatreicheren anlehmigen eigentlichen Altmoränen und auch auf dem äolischen Flottsand mit grobscholligen, violett-braunen Böden mit grob gebanktem B-Horizont bildet das Fago-Quercetum die heutige potentielle natürliche Waldgesellschaft, die in den Niederungen im Kontakt mit Erlenbruch-Wäldern (Carici elongatae-Alnetum glutinosae) und ihren Ersatzgesellschaften steht. Hier herrscht im Ganzen der Acker vor mit Laubwald-Resten und Fichten- (*Picea*-)Forsten. Die Hausformen (Vierständer-Häuser) und die Siedlungen (Eichen-Kämpe) sind dieser Wirtschaftsweise angepaßt.

Auf den ärmeren Quarzsand-Böden herrscht als heutige potentielle natürliche Vegetation das endemische Querco roboris-Betuletum. Es steht im Kontakt mit dem Betuletum pubescentis, Myricetum und Ericetum tetralicis der feuchten Niederungen. Seine Er-

satzgesellschaften, wie Calluno-Genistetum, Corynephoretum
u.a. sind Charaktergesellschaften dieses Gebietes.

Die Entstehung der Calluna-Heide, ihre Erhaltung durch die Schafweide und ihre Verjüngung durch Plaggenhieb und Brand ist eine Folge
der eigenartigen ehemaligen Wirtschaftsweise in diesem Gebiet, die erst
durch die Umstellung auf Mineraldünger beendet wurde. Seitdem ver-
schwand die Heide, indem sie zu Äckern oder Kiefern-Forsten umgewandelt wurde.

Die weitere Intensivierung der wirtschaftlichen Nutzung sollte unter
Berücksichtigung der Natur-Gesetze vorgenommen werden.

SUMMARY

In the Altmoränen-Gebiet (old morraine region) of the northwest
german flatlands two landscapes were distinguished. On the silica rich,
sandy-loams of strictly old morraines, and also in the aeolian Flottsand
with heavy, clod-forming, violet brown soils characterised by thick
compact layers („Bänke") in the B-Horizon, Fago-Quercetum de-
velops. At present this community is a potential natural forest community, the same which, in the lowlands, occurs in contact with the alder
forests (Carici elongatae-Alnetum glutinosae) and its man-
induced replacement communities. In the main, cultivated lands domi-
nate here, along with scattered broad-leaved forest relicts and spruce
forest. The house construction („Vierständer-Häuser", a type of framework) and the villages (with oak groves) are adapted to this type of land
occupation.

The poorer Quartz ands soils at present support a dominant potential
natural vegetation of the endemic Querco roboris-Betuletum,
as well as the Betuletum pubescentis, Myricetum and Ericetum tetralicis of the moist lowlands. Their anthropogenic replacement communities, such as Calluno-Genistetum, Corynephoretum a.o., are Character communities of this area.

The formation of Calluna heath, its conservation through sheep-
grazing, and its regeneration through top-soil cutting by man, and by
fire, is a sequence characteristic of land use in former times in this area.
This sequence was ended by introduction of inorganic (Mineral) fertilizers.
Since then the heathland has been replaced by cultivated fields and pine
forests.

Further intensification of agriculture should take into consideration
the biological laws of nature.

SCHLUSZWORT

W. Matuszkiewicz:

Meine Damen und Herren, unsere schönen Symposionstage sind vorbei. Wir haben uns in verschiedene Probleme der anthropogenen Vegetation in fast allen Weltteilen einführen lassen. Wir haben in diesen Tagen 39 Vorträge und über 80 Diskussionsbemerkungen gehört und daraus erfahren, daß unsere Wissenschaft auch auf diesem Teilgebiet sowohl interessante theoretische Probleme zu lösen hat, als auch für die wirtschaftliche Praxis des Alltagslebens wertvolle Ergebnisse bringen kann. Wir haben aber während dieser Tage nicht nur wissenschaftlich, sondern auch menschlich viel erlebt. Wir sind aus 13 Ländern zusammen gekommen und trotz der Sprachunterschiede und trotz der verschiedenen Meinungsdifferenzen, die sich oft in heftigen, aber immer sachlichen Diskussionen äußerten, haben wir immer den Eindruck gehabt, als ob wir Mitglieder einer gemeinsamen Familie wären. Diese freundliche, unmittelbare und wirklich heimische Atmosphäre haben uns Prof. Tüxen mit seinen Mitarbeitern geschaffen. Er hat uns praktisch gezeigt, daß in unserem unruhigen Zeitalter des Atoms gerade die Wissenschaft dazu berufen ist, die Brücke des Vertrauens, der Freundschaft und der internationalen Zusammenarbeit im besten und idealen Sinne aufzubauen. Dafür gebührt ihm unser herzlichster Dank. Bevor ich mein Präsidentenamt ablege, möchte ich im Namen aller Teilnehmer, aber auch ganz besonders von mir persönlich Herrn Prof. Tüxen für alles uns Geleistete nochmals wirklich von Herzen danken.

For language corrections of english summaries and for translating some german synopses, we express our sincere thanks to Father J. J. Moore, Dublin, Dr. A. O'Sullivan, Wexford (Irland) and Prof. M. Bell, Victoria (Canada).

R. Tx.

REFERATE ÜBER DAS STOLZENAUER SYMPOSION
FÜR ANTHROPOGENE VEGETATION 1961.

BARKMAN, J. J.   – 1961 – Mens en vegetatie. Verslag van een symposion te Stolzenau (Dld.) op 27 t/m 30 maart 1961, met commentaar van de schrijver. – Meded. bot. Tuinen en Belmonte Arboretum d. Landbouwhogeschool Wageningen **5**: 71–80. Wageningen. (Niederl.) – Idem: Belmontia IV, **6**: 71–80. Wageningen.

BRACKER, H.-H.   – 1961 – Internationales Symposion „Anthropogene Vegetation". – Z. Kulturtechnik **2**: 183–186. Berlin u. Hamburg.

FURRER, E.   – 1961 – Mensch und Vegetation. (Bericht über das Stolzenauer Symposion über anthropogene Vegetation 1961). – Neue Zürcher Ztg. Nr. 1309 v. 11. 4. 1961. – Spanische Übersetzung in „Humboldt", Z.f.d. iberische Welt, Nr. 8. v. Okt. 1961. Hamburg (Übersee-Verlag).

KOP, L. G.   – 1961 – Verslag van het Symposion over anthropogene vegetatie te Stolzenau (Weser), 27–30 maart 1961. – Proefstation voor de Akker- en Weidebouw. S. 2311. (Vervielf. Mskr.) (Niederl.).

MOORE, J. J.   – 1963 – Summary report of the International Symposium on Anthropogenous Vegetation held at Stolzenau/Weser, 27–30 March, 1961. – Vegetatio **11**: 136–139. Den Haag.

MÜLLER, TH.   – 1963 – Bericht über das Internationale Symposion über anthropogene Vegetation in Stolzenau/Weser vom 27.–31. März 1961. – Vegetatio **11**: 121–135. Den Haag.

SCHMIDT, G.   – 1961 – Internationales Symposion über anthropogene Vegetation in Stolzenau. – Petermanns geogr. Mitt. **105**: 199. Gotha.

WESTHOFF, V., LEEUWEN, C. G. VAN en STAPELVELD, E.   – 1961 – Rapport inzake deelneming aan het internationale Symposium „Anthropogene Vegetation" georganiseerd door de Association Internationale de Phytosocio-

logie te Stolzenau/Weser, West-Duitsland,
van 27–30 maart 1961. (Gevolgd door een
rapport inzake deelneming aan een internationale conferentie over vegetatie – syste-
matiek van 23–27 maart 1961 door Dr. V.
WESTHOFF). – 7 + 3 pp. Als Mskr. vervielf.
(Niederl.).